石油行业计算机新技术应用论文集

（2008）

孙晓岗　田　军　木黑提·科可乃依　沈建林　等编

石油工业出版社

内容提要

本书汇编了中国计算机用户协会并行处理分会、新疆石油学会和克拉玛依信息技术协会共同举办的“2008年度信息技术交流会”征集的优秀论文。论文涉及油田勘探开发、信息化建设等领域。全书共分5个部分：第一部分高性能计算；第二部分计算机网络应用技术与信息安全；第三部分实用软硬件技术；第四部分数据库应用技术；第五部分油田信息化建设技术及应用。

本书可供石油石化企业读者了解计算机新技术在石油行业的应用现状及信息技术的发展状况和前沿问题，对石油企业领导和相关人员了解和规划企业计算机应用及信息系统的建设也具参考价值。

图书在版编目（CIP）数据

石油行业计算机新技术应用论文集：2008/孙晓岗等编．北京：石油工业出版社，2010.4
ISBN 978-7-5021-7595-5

Ⅰ．石…
Ⅱ．孙…
Ⅲ．计算机应用－石油工业－文集
Ⅳ．TE19-53

中国版本图书馆CIP数据核字（2010）第003827号

石油行业计算机新技术应用论文集（2008）
孙晓岗　田　军　木黑提·科可乃依　沈建林　等编

出版发行：石油工业出版社
（北京安定门外安华里2区1号　100011）
网址：www.petropub.com.cn
发行部：（010）64523620
经　　销：全国新华书店
印　　刷：石油工业出版社印刷厂

2010年4月第1版　2010年4月第1次印刷
787×1092毫米　开本：1/16　印张：36.25
字数：918千字　印数：1—1000册

定价：130.00元
（如出现印装质量问题，我社发行部负责调换）

序

能源是当今世界各国最为关心的话题，因为争夺能源，在中东战火连绵，这是世人不争的事实。我国虽然有地大物博的美称，但人均的资源（包括石油）藏量不但不占优势，反而处于劣势。所以说，包括石油在内的能源问题是维系我国经济发展和人民生活的首要问题。

2009 年，中国已经成为仅次于美国的第二大能源消费国。如果今后中国人均能源消费水平达到世界人均水平，中国能源总消费量占世界总量的比重就会从 2005 年的 15% 达到 2030 年的 20% 以上，先是超过欧盟 25 国，不久还会超过美国，这是一个危险的信号。

石油对我们国家而言是关系到生存、发展的攸关问题。石油行业是国民经济体系的一部分，而石油发展战略也是国家战略的一部分。我国目前发展石油的战略是鼓励企业“走出去”，获取国际资源。在保障供应安全的同时对内进一步加强勘探开发力度，力求探明资源，精细开发。

长期以来，石油行业利用科技的推动力，着力提高生产力，增加石油产能。近年来，更是利用计算机为代表的电子信息新技术进行勘探开发科学研究和企业管理，显著提高了生产效率和企业管理水平。

以“信息化与工业化融合，打造数字石油石化”为主题，在中国计算机用户协会并行处理分会、新疆石油学会和克拉玛依信息技术协会通力合作下，2008 年 9 月国内 IT 界各路精英汇聚在克拉玛依，交流经验，学习 IT 新技术，增进友谊，倡导“信息化与工业化融合”、“石油与计算机融合”、“协会与会员融合”、“厂商与用户融合”多种融合方式，收到了良好的活动效果。以这次会议优秀论文为基础编撰的论文集，更是代表了当前石油行业计算机应用的水平，是石油行业科技工作者宝贵的科技成果和经验的总结，其出版的意义非常重要。本论文集可以作为工程师参考用书。

作为用户与用户之间、用户与厂商之间的纽带，新疆石油学会、中国计算机用户协会等发挥了非常重要的作用。希望广大石油行业科技工作者积极参与和支持学会、协会的工作，做到“人人为我，我为人人”，做个热心人，做一名“志愿者”，为应用信息技术推进石油工业的发展作出贡献。

中国计算机用户协会理事长　陈正清

前　言

2008年9月，中国计算机用户协会并行处理分会、新疆石油学会和克拉玛依信息技术协会，在新疆克拉玛依市共同举办了“2008年度信息技术交流会”。会议由中国石油新疆油田公司承办，来自大庆油田、塔里木油田、吐哈油田、玉门油田、吉林油田、大港油田、华北油田、青海油田、河南油田、江苏油田、西北油田、东方地球物理勘探有限责任公司、中国石油独山子石化公司、中国石油乌鲁木齐石化公司、中国石油克拉玛依石化公司、中国石化扬子石油化工股份有限公司、中国石油西部管道公司、中国石油西部钻探工程公司、克拉玛依市、东北石油大学，以及20多家国内外知名IT企业约280名代表参加了会议。

本次会议以“信息化与工业化融合，打造数字石油石化”为主题，开展了信息技术交流和会员单位论文交流。中国移动新疆分公司、联想集团、惠普公司、思科公司、甲骨文软件公司（Oracle）等多家企业介绍了各自的新技术、新理念、新产品，令人耳目一新，给与会代表留下深刻印象。

当今时代，信息技术飞速发展，信息技术的应用深入到各行各业，信息化水平已经成为衡量一个国家和企业的现代化程度、竞争能力和综合实力的重要标志。我国面临“工业化、信息化、城镇化、市场化、国际化”深入发展的新形势，党的十七大提出要大力推进信息化与工业化的融合。中国计算机用户协会并行处理分会、新疆石油学会和克拉玛依信息技术协会坚持每年召开一次信息技术交流会，目的就是加强信息技术人员的交流和沟通，持续推动石油、石化领域信息化的快速发展，促进信息技术的深化应用。

在本次信息技术交流会上，各会员单位提交信息技术论文267篇，涉及数字油田、软件研发与应用、身份认证、GPS监控、计算机辅助设计、网络等诸多方面，均为石油、石化行业在信息化建设过程中取得的成果和经验，其水平与往年相比有较大幅度提高。经过大会组委会评选，有89篇优秀论文入选本书。

在本书编写和出版过程中，中国石油天然气股份有限公司科技发展部、中国石油新疆油田公司科技信息处、石油工业出版社、中国计算机用户协会并行处理分会秘书处和北京怡立北方系统集成有限公司等单位给予了大力支持和帮助。中国计算机用户协会理事长陈正清先生亲自为本书提序，常务副理事长汪煜凯、秘书处办公室伦小燕参加了组稿工作，在此表示最真诚的谢意。

如果读者有何建议请联系：lunxy60@263.net；wfs4321@263.net。

目　录

第一部分　高性能计算

并行文件系统应用研究…………………………………… 王帅华　张海勇　张慧林　(3)
TN-C-S 接地方式解决 PC 集群机房接地分析
………………………………………………………… 贾亚军　李　铁　雷宏声　(16)
地震解释系统协同工作环境账号管理优化研究………… 龚建新　林新巧　玛热孜亚　(20)
地震速度数据归档方法研究…………………………… 王洪义　刘亚村　张　蓉　(23)
确保信息系统安全平稳的群集技术…………………… 任广彦　王　勇　吴永利　(26)
三维地震网格参数提取方法研究与应用……………… 张文书　李淑兰　王洪义　(31)
石油勘探开发数据元技术应用研究初探………………………… 李中泉　谭向农　(36)
Kirchhoff 积分叠前深度偏移处理技术 …………………………………… 苑金玉　(41)
各种反褶积技术研究及应用……………………………………………… 孙　凯　(44)
深层地震资料处理方法研究及应用……………………………………… 张恩臣　(56)
燕南地区地震资料处理技术研究………………………………………… 李　晶　(65)

第二部分　计算机网络应用技术与信息安全

Bakbone Netvault 在中国石油西部管道公司备份系统中的应用 ……………… 金　剑　(73)
SIS 系统的网络与数据安全分析及防范措施 ……………… 任广彦　王　勇　吴永利　(77)
采用 UDDI 技术建立企业服务目录中心 ……………………………………… 武建军　(82)
用户权限管理的设计与实现……………………………………………… 黄玉华　(88)
无线通信网络技术在油田的应用及分析………………… 郑心泉　杨国光　王月成　(95)
飞机干扰卫星通信分析与对策…………………………… 唐定贵　张英忠　常　立(101)
基于 B/S 模式的设备管理系统开发与应用 ……………… 董智昆　秦　莉　刘明哲(107)
局域网环境网络安全监测方法的研究…………………… 杨　敏　董玉敏　关　宇(117)
中国石油克拉玛依石化公司局域网改造的设计与实现…………………… 裴志刚(122)
企业单点登录统一授权系统的实现……………………… 陈　锐　吴金峰　段恒亮(125)
企业信息门户系统在吐哈油田的推广应用……………………………… 马金萍(130)
浅谈中国石油新疆油田公司采油二厂网络数据安全与备份
………………………………………………………… 王金和　邵占兴　李　红(136)
浅谈利用 Symantec10.1 企业版做好防病毒系统维护工作 ………………… 刘　钰(141)
硬盘数据恢复浅谈………………………………………… 戚　培　黄伟军　周　勇(145)
浅谈油田生产自动化数据的应用……………………………… 郭　森　李　辉(157)
中国石油吐哈油田公司基于 SOA 应用集成系统 ……………… 郭　强　梁若渺(163)

第三部分　实用软硬件技术

Google-Earth 卫星地图技术在油田边探井管理中的应用
……………………………………………………………… 何君毅　周光华　王永昌(171)
INFI-90 控制系统在集控改造中的研究………… 盛　荣　何　旭　殷　娟　陈　斌(190)
ZFS 文件系统应用测试浅析…………………………… 张　毅　林新巧　何　芸(197)
StarFire 在油气田工程测量中的应用探讨 ……………………… 吐尔逊江　刘尊良(202)
采油厂三维建模技术及应用…………………………… 吴　军　游　莉　郭　英(207)
地理信息系统的应用……………………………………… 吴慧敏　李华山　蔺胜利(213)
存储虚拟化的技术研究………………………… 于会丰　薛银河　孙　兵　于会松(218)
存储区域网络技术在辽河数据处理中心的应用…………………………… 王力争　朱龙芳(223)
"我的应用" Portlet 的开发与应用 ………………………………… 潘广海　马金萍(227)
叠前时间偏移技术在辽河油田的开发与应用………………………………………… 张恩臣(241)
分析化验数据库管理系统中的样品动态流程信息监测…… 张重昭　罗　玲　杨　可(245)
基于 OmniFind 开发的搜索引擎在中国石油新疆油田公司的应用
……………………………………………………………………… 陈海霞　胡顺全(250)
基于不同 PLC 和组态王软件的处理站自动控制系统集成
…………………………………………………………… 官洪斌　丁　璐　张　虎(256)
克拉 2 气田自控系统供电模式与系统稳定性关系的研究
…………………………………………………………… 赵晓东　朱和平　范明国(266)
利用 Excel 函数自动查表功能解决加油站库存油品计量计算问题 …………… 陈津煌(270)
利用 PB 技术实现钻井现场数据的采集、审核和远程传输
…………………………………………………………… 常　涛　张锦江　史金贵(277)
浅谈仿真及仿真技术…………………………………… 刘　为　邹宪忠　徐根法(286)
燃机 Mark Ⅴ控制系统在集控改造中的研究…… 何　旭　陈　斌　盛　荣　殷　娟(294)
软件辅助钻头管理与优选实践………………………………………… 刘秀益　徐根法(299)
数据监督管理方法与实践…………………………………………… 刘　英　陈思璘(305)
塔里木油田 PowerExploper 定制开发 …………… 刘　宝　陈　鑫　刘　爽　李　涛(310)
塔里木油田物资管理条形码技术应用研究与实践……………………… 杨彩虹　蔡明勤(315)
信息技术在燃气企业中的应用与前景…………………… 刘伟焕　王　平　吕海波(321)
浅谈信息管理系统在企业医院中的应用…………………………… 冉润浓　胡　梅(325)
一种新型办公自动化系统的实现过程介绍……………… 周　勇　黄伟军　汤泽宁(330)
应急救援模拟演练系统设计与实现初探……………………………… 孙成江　刘　林(334)
应用服务器性能测试应用……………………………………………………… 黄　涌(341)
用 .net 开发新一代录井仪…………………………… 周远福　沈文星　赵玉杰(347)
油田地面工程信息系统应用研究…………………………………………………… 华　磊(354)
油田机抽设备动态远程监测和防盗……………………… 官洪斌　刘晓刚　周　盈(361)
油田数据共享与交换服务研究与设计…………………… 武建军　李　辉　顾　伟(372)

GPGPU 编程技术初探 …………………………………… 林 茂 董玉敏 邹 杰(376)

第四部分 数据库应用技术

3D 技术在输油气场站管理中的应用与前景 ………………… 张 监 王新生 郭晓峰(385)
CDS_AO 成果归档数据管理模式分析与研究 ………… 魏 伟 赵金玲 努尔恰西(391)
Delphi 环境下利用 Socket 开发数据库系统 ……………………… 庹发金 吴伯莲(396)
OpenWorks 项目数据模型研究与分析 ………………… 谭向农 艾 民 刘 鸿(401)
Oracle Standby 在冗灾备份中的应用 ………………… 张锦江 蒋元明 李 辉(407)
Oracle 数据库系统内存优化探讨……………………………………… 卢友娥 游 莉(415)
多个数据库实例的集中管理和物理 Standby 数据库的建立
……………………………………………………………… 陈晓右 哈撒古丽 宋滨涛(419)
管控一体化技术在采气一厂的应用……………… 单鸿飞 蔺胜利 李华山 杜 宏(425)
利用快照备用数据库快速搭建测试环境…………………………… 李永坡 赵桂英(436)
浅谈 Hash Join 优化 Oracle 海量数据表关联查询 …………………… 胡显成 刘 菊(443)
使用 EMC Legato NetWorker 实现对业务数据的 SAN 备份
……………………………………………………………… 张振华 宋滨涛 王彦南(450)
数据库在网站建设中的应用………………………………………… 罗扬淑 柏中兴(456)
地震勘探数据库系统的开发和应用………………………………………… 姜元刚(464)
小型数据库应用系统的快速开发实践………………… 赵士坤 刘秀益 张讲丽(470)

第五部分 油田信息化建设技术及应用

A2 系统在塔里木油田的推广实践与认识 ……………… 张振华 赵丽宏 哈撒古丽(481)
LOD 技术在三维模型发布中的应用研究 ……………………………… 黄 健 梁 洁(485)
地理信息在数字油田中的建设与应用………………………………… 支志英 戴双玲(491)
浅谈地面工程数据正常化管理……………………………… 郭 英 郑金凤 游 莉(497)
风城油田信息化建设规划探讨………………………………………………… 蒋其斌(502)
高效构建油田信息网络基础体系……………………………………………… 陈仕意(508)
基于 SOA 架构的采油生产管理应用集成 ………………… 李庆显 赵美刚 张新政(512)
企业成功实施 ERP 的几点建议 ……………………………………………… 程 才(517)
企业信息系统需求工程方法探讨……………………… 马秦晋 徐小辉 王 鹏(520)
浅谈三维建模方法及在数字油田中的应用…………………………… 姜 力 刘 菊(527)
如何避免需求管理的误区……………………………………………………… 解香梅(532)
无线数据传输在石油和工程技术行业中的应用研究…………………… 韩承伟 赵丽萍(534)
新疆油田的集成应用环境建设………………………………………………… 石 峰(548)
创建信访资源应用网络平台，提高信访工作水平…………………… 苏秦娟 宗 伟(554)
需求工程在地震勘探计算环境管理平台开发中的应用研究………… 董玉敏 王校民(561)
油田信息项目管理探讨……………………… 杨 斌 李华山 蔺胜利 王 敬(564)

第一部分　高性能计算

并行文件系统应用研究

王帅华　张海勇　张慧林

（中国石油新疆油田公司勘探开发研究院）

摘　要　2006年中国油田第一套协同工作环境——中国石油新疆油田公司勘探协同工作环境的建立，使整个勘探处理解释的科研环境变得更加灵活和高效。但是，近年随着准噶尔盆地勘探速度的加快，需要的存储数据越来越多，访问频率也越来越快，原来的NFS的存储共享方式已经出现上述瓶颈。当多用户通过解释图形工作站群频繁的向勘探协同存储系统访问数据时，必然会造成NFS文件服务器因负载过大而不能及时地将数据分发到有需要的客户端，从而造成勘探解释工作效率的下降。为解决此问题，勘探协同工作环境引进并行文件系统架构来改进用户与存储间的瓶颈问题。本文介绍了现在主流的并行文件系统架构，着重介绍新疆油田勘探研究院所采用的Lustre并行文件系统的搭建过程。

关键词　并行文件系统　Lustre

1　引言

2006年中国油田第一套协同工作环境——中国石油新疆油田公司勘探协同工作环境的建立，使整个勘探处理解释的科研环境变得更加灵活和有效，勘探解释工作人员可以在协同工作环境中的任何一台客户图形工作站端使用所需的软件和访问所需的勘探数据，从而达到让石油地质研究的各个领域方面的技术人员，同时能在统一的应用平台，调用统一的科研数据，共同实施研究，充分利用更多地质专家的宝贵经验认识和成果，使得新疆油田的勘探研究水平提高到一个高的层次。

勘探协同工作环境建立时有客户端30台通过1000M/s网络与存储连接，存储采用NFS文件系统提供数据访问。客户端通过挂载本项目的磁盘空间来存储和读取数据。拓扑图如图1所示。

2　NFS文件系统简介

NFS网络文件系统（Network File System），它可以使用户在计算机间共享文件。NFS对用户几乎是透明的，并且是“无状态的”，这意味着当NFS服务器崩溃时不会丢失任何信息。客户机只是等着服务器恢复正常，然后就好像什么也没有发生过一样继续工作。

NFS由Sun Microsystems公司在1985年推出。它最初是用于作为无盘客户机的一种替代文件系统而设计的，这种协议经证实设计得很好，作为一种通用的文件共享解决方案非常有效。实际上，已经很难记得在NFS出现以前的情形是怎样的了。所有Linux和Unix系统现代发行版都至少在最低程度上提供NFS的支持。

NFS由许多部分组成，包括一种安装协议与安装服务器、协调基本文件服务的守护进程以及几个诊断实用工具。服务器端和客户端软件都有一部分驻留在内核中。不过NFS的这些部分不需要配置，而且从管理员角度来看，它在很大程度上都是透明的。

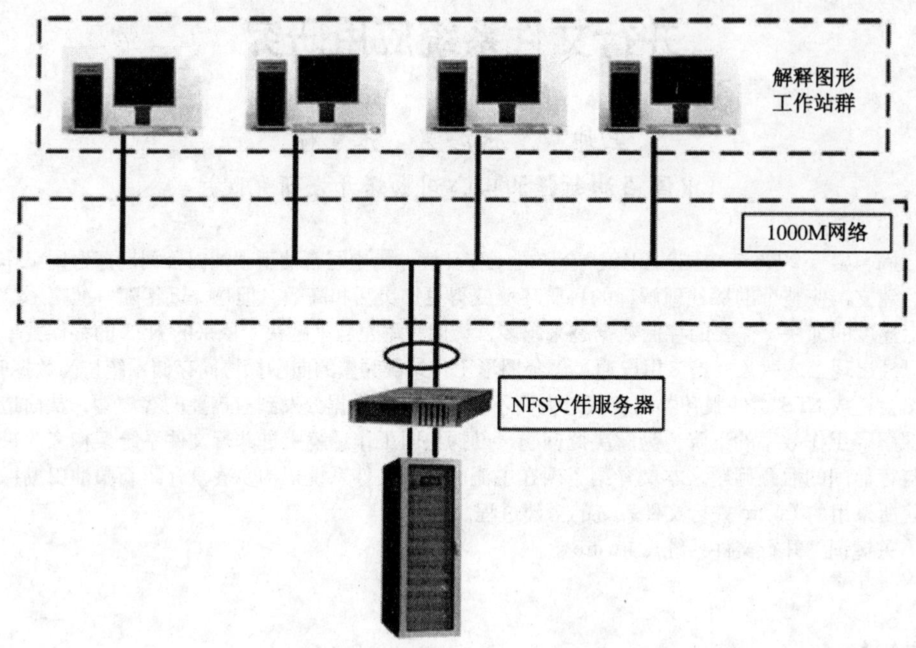

图 1　勘探系统工作环境存储架构

但是，NFS 也有自己的不足之处：

(1) 性能差：因为所有的文件访问都必须经过网络和 NFS 服务器，所以在访问流量比较大的情况下，网络带宽和 NFS 服务器都会成为系统的瓶颈。

(2) 单点失效：如果 NFS 服务器的系统失效或者网络失效都会使得其他节点无法得到数据，从而使整个集群系统瘫痪。

当然使用多个互为备份的 NFS 服务器可以改善性能和避免单点失效，但是这样又会带来如何实时保持备份服务器间数据一致性的问题。NFS 方式适合于共享访问数据量不大的小型集群系统（图 2）。

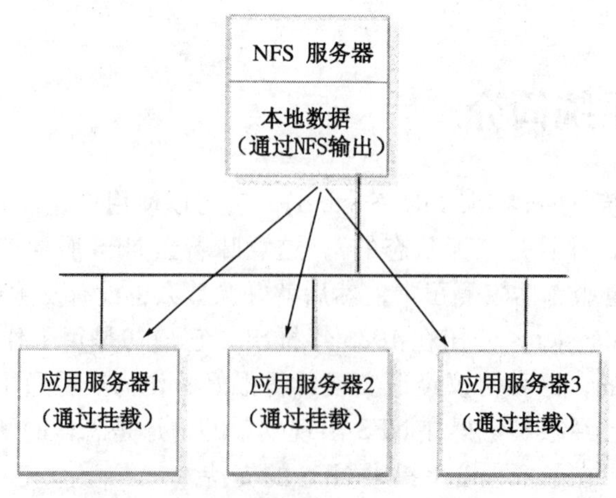

图 2　用 NFS 实现集群中的文件共享

近年，随着准噶尔盆地勘探速度的加快，需要存储的数据越来越多，访问频率也越来越快，原来的 NFS 的存储共享方式已经出现上述瓶颈。当多用户通过解释图形工作站群频繁的向勘探协同存储系统访问数据时，必然会造成 NFS 文件服务器因负载过大而不能及时地将数据分发到有需要的客户端，从而造成勘探解释工作效率的下降。

为了解决这个瓶颈，就需要对存储的架构进行调整。业内普遍使用的解决办法就是引入并行文件系统。

3 并行文件系统概述

3.1 并行文件系统分类

目前分布式或并行文件系统研究情况大致可以分为 3 类： 商业用途的并行文件系统；公开的分布式并行文件系统；供研究的并行文件系统。 其中较为成熟的商用并行文件系统，像 IBM 的 GPFS，Intel 的 PFS 等在性能、可用性上均有良好表现，但都价格昂贵，且需要特殊的存储设备的支持，给普通用户构建集群服务器带来困难。对于公开源码的并行文件系统，声誉最好的是 Clemson 大学和 NASA 实验室联合开发的 PVFS，它相对与传统的集中存储 NFS 具有良好的性能。由于它采用单一元数据服务器的集中管理方式和存储节点的静态配置，因而不具备容错性和动态可扩展性，另外，有 HP、Intel 赞助，Cluster File System 公司开发的，面向对象存储的并行文件系统 Lustre 吸收了很多文件系统（Code，InterMezzo）的优点，采用智能化的对象存储设备（Object Storage Device），在性能方面具有很大优势，在可用性和动态可扩展性上的表现仍然有待研究和完善。XFS 是最早的 Serverless 分布式文件系统，主要侧重于通过合作式缓存来提高读写性能，不具备系统的在线动态扩展功能，并没能真正实用起来。

3.2 业界主流的并行文件系统介绍

3.2.1 XFS

XFS 是一种采用了无服务方式以提供可扩展的文件服务的机群文件系统。同 Zebra 一样，XFS 集成了存储分组结构和日志结构，并且也实现了数据存储于元数据管理的彼此分离。XFS 通过全部分布数据存储于元数据管理的功能减少了集中的瓶颈。为了获得更高的性能，XFS 采用了合作缓存，一种通过各客户缓存的协调合作来替代传统的集中的服务端缓存。在 XFS 中，任何机器都可以缓存、存储或者控制任意的数据块，这种方式可以提供比传统文件系统结构更好的性能和扩展性（图 3）。

XFS 的一个主要的特点是它的合作缓存的算法，即是“N−Chance”算法。这种算法动态地把每个客户端的缓存分开成块，以提供给当地的和那些存储在合作缓存的应用程序的应用。算法的置换机制是综合应用了当地“LRU”信息和重复避免（Duplicate Avoidance）以决定所最应该置换的块。实际上，XFS 所应用的缓存结构与远端缓存结构以及“Feeley”描述的全局存储服务（GMS）具有相类似的构想。GMS 比“N−Chance”算法更具有通用性，但它没有提供一致性机制并且依靠一种集中式的算法来决定块的置换。Sarkarand Hartman 提出了一种基于提示（Hint−Based）的合作缓存方式，这种方式可以减少客户机在通过提示调用和置换块时对管理者的依靠性。实验表明这种方式可以在增加少量的负载的情况下获得同 XFS 所相似的效果。但是它有一个缺点，它必须维护在文件级粒度下的缓存一致性，否则可能导致在某些情况下的共享错误问题（False-Sharing Problem）。

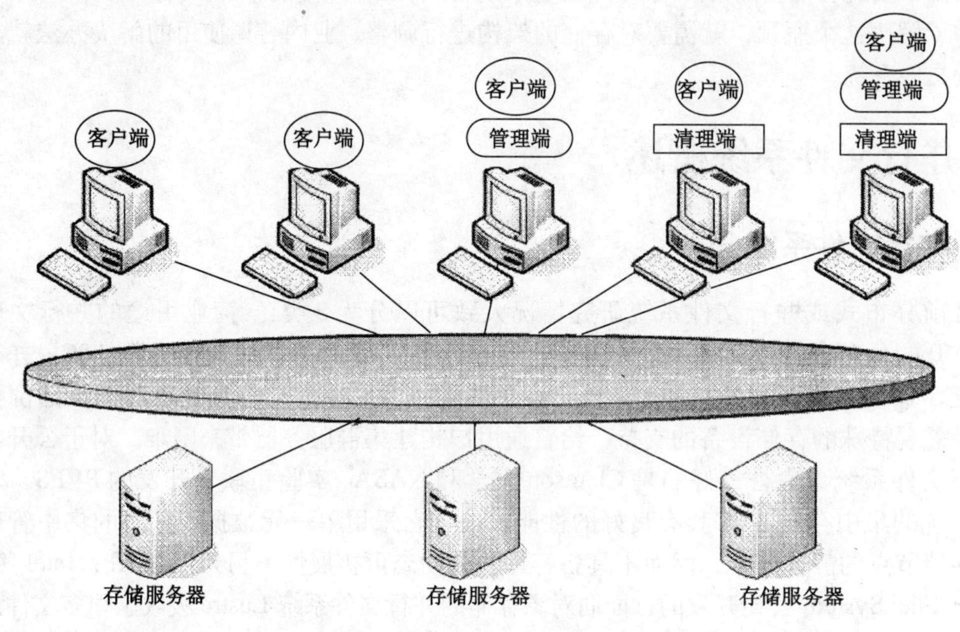

图 3　XFS 的系统结构图

3.2.2　COSMOS

COSMOS 是在曙光 3000 超级服务器上实现的一种可扩展单一映象集群文件系统。COSMOS 的底层基于 AIX 文件系统 JFS，系统中每个节点通过高速网络互相连接，COSMOS 构建于这些操作系统平台之上，向用户提供文件服务。如图 4 所示，COSMOS 由核心相关层（Kernel）和用户层两部分组成。核心层是在虚拟文件系统一级中实现的，它接收来自逻辑文件系统的 I/O 请求，并以一定的格式转发给用户层。COSMOS 的用户层由 3 类用户进程构成，被分别称为客户（Client）、元数据管理器（Manager）和存储服务器（Storage），它们协调工作，共同完成核心层转发过来的 I/O 请求。其中 Storage 实现具体的数据存储，Client 完成数据及元数据的缓存，而 Manager 负责缓存一致性的维护及元数据的存储管理。需要存取 COSMOS 文件系统的节点要配置 Client，本地磁盘上存有 COSMOS 子文件数据的节点要配置 Storage，对于 Manager，通常是平均每数个节点才配置一个。

COSMOS 中文件数据的定位是由管理服务器来完成的，并且在 COSMOS 中实现的是分布式的元数据管理机制以提供可扩展的定位服务。另外，管理服务器的另一个任务是维持缓存的一致性。在 COSMOS 中，每一个管理服务器负责维护整个文件系统的一个子集的位置信息，管理服务器可以应用这种信息来转发 I 或 O 需求到正确的位置信息（合作缓存或附属存储器）。管理服务器也控制对相同数据块的并行存取。COSMOS 利用一个管理服务器映射来实现分布式元数据管理。这种映射包括了一系列的机器标志符，运用这个可以知道哪个机器管理文件系统的哪一部分子集。

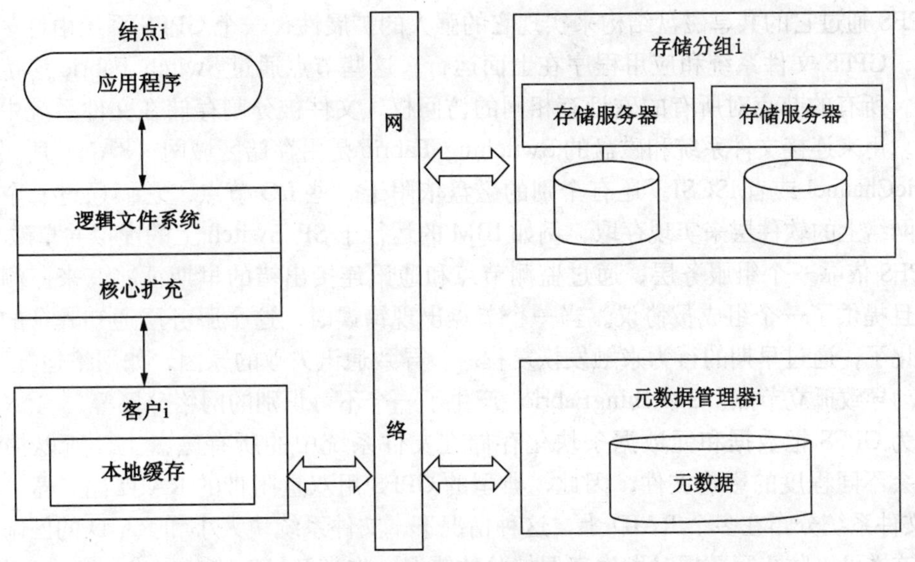

图 4　COSMOS 系统结构

相比较 XFS，COSMOS 的低层是基于 JFS 来实现的，没有实现日志管理功能，因此元数据的内容和组织是不同的。在 COSMOS 中，没有必要记录在一个节点中记录每个数据块的磁盘位置信息，而是“块组 ID，起始节点”对信息被记录在节点中。起始节点标志了问家的起始块存储在哪个机器上。因为不同的缓存一致性协议，缓存相关的元数据的内容和组织也是不相同的。为了减少网络的负载，COSMOS 直接将元数据和目录文件存储在管理服务器上，这是与 XFS 不同的另一个方面，在 XFS 中，目录文件和元数据都存储在存储服务器上，这是由 XFS 采用的日志结构所决定的。

3.2.3　GPFS

GPFS 是用于 IBM Linux 集群系统的高性能、可扩展、并行文件系统。它可以通过所有的集群节点来共享文件。GPFS 可以充分利用 IBM Linux 集群系统中的“虚拟”共享磁盘，使得在多节点上运行的多个应用程序可以同时读写同一文件；它包含了 IBM 可扩展集群系统技术（RSCT），可将存储内容自动恢复到活节点，在发生故障时，记录（日志）能够快速恢复数据，并恢复数据的一致性；具有文件访问的单一镜像，可以从任意节点访问文件，而无需改变应用程序。如图 5 所示。

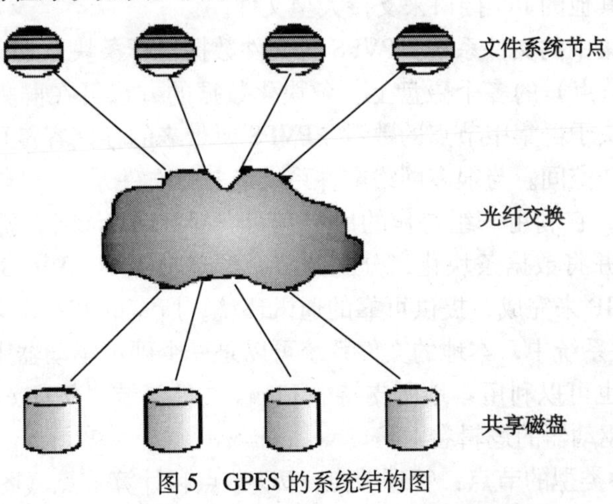

图 5　GPFS 的系统结构图

GPFS 通过它的共享磁盘结构来实现它的强大的扩展性，一个 GPFS 系统由许多集群节点组成，GPFS 文件系统和应用程序在上面运行。这些节点通过 Switch Fabric 连接磁盘和子磁盘。所有的节点对所有的磁盘有相同的访问权。文件被分割存储在文件系统中所有的磁盘上。用来连接文件系统和磁盘的 Switching Fabric 是由存储区域网（SAN）所组成，例如 FabricChannel 或者 iSCSI。还有个别的磁盘依附于一些 I/O 节点，它们通过一个运行在通用的网络上的软件层来实现存取，例如 IBM 的运行于 SP Switch 上的虚拟共享磁盘。

GPFS 依靠一个组服务层，通过监测节点和通讯连接出错的早期征兆，来监测节点错误，并且提供了一个组成员协议。当一个节点出现错误时，这个服务层通知其余的节点组成员变化了，通过早期的行为来触发恢复程序。导致通讯失败的原因，如网络适配器损坏、线缆松动导致孤立节点、SwitchingFabric 产生了一个不可识别的网络分区等。

因为 GPFS 把数据和元数据条块化存储在文件系统中的所有磁盘上，所以损失单个磁盘也会不同程度的影响文件。因此，典型的 GPFS 用双重附带的 RAID 控制器。大型的 GPFS 文件系统分布在多个 RAID 上，这种情况下，文件系统块大小和 RAID 的匹配就非常重要，这样可以防止写数据时发生奇偶校验的错误。作为 RAID 的替代或补充，GPFS 支持替代机制，它为每个数据和元数据块都分配空间，将两份拷贝存在两个不同的磁盘上。当一个磁盘不可靠时，GPFS 会追踪上面文件块的更新，以便磁盘恢复时恢复数据。如果磁盘完全无效了，它会用备份来代替所有可能影响到其他磁盘的块。数据和元数据可以单独的运行这种恢复机制。事实上当一个磁盘部分磁道不可读时，元数据的恢复保证了只需要恢复很少的几个数据块，而不需要彻底的去恢复很多文件。

3.2.4 PVFS

Clemson 大学的并行虚拟文件系统（PVFS）项目用来为运行 Linux 操作系统的 PC 群集创建一个开放源码的并行文件系统。PVFS 已被广泛地用做临时存储的高性能的大型文件系统和并行 I/O 研究的基础架构。作为一个并行文件系统，PVFS 将数据存储到多个群集节点的已有的文件系统中；多个客户端可以同时访问这些数据。并行文件系统具有众多优势：

（1）提供一个全局命名空间。

（2）将数据分配到多个磁盘上。

（3）允许使用不同的用户界面。

（4）可以包含其他的 I/O 接口来支持大型文件。

为高速访问群集中的文件系统，PVFS 将文件数据进行条块化划分，分散存储到某些群集节点（称作 I/O 节点）的多个磁盘上。条块化数据的方法可在群集上提供相当大的存储容量，具体容量取决于群集中节点的数量。PVFS 所带来的存储容量可以为用户提供整个集群内的大型全局操作空间。与很多网络文件系统或并行文件系统一样，PVFS 是利用客户—服务器架构实现的。它利用一组协作的用户空间进程（Daemon），提供一个群集范围内的一致的命名空间，并将数据条块化，分配到多个群集节点中。PVFS 客户和服务器之间的消息传递通过 TCP/IP 来完成，提供可靠的通讯环境。所有的 PVFS 文件系统数据都保存在 I/O 节点的本地文件系统中，本地的文件系统可以是一个硬盘驱动器上的一个分区，可以是整个磁盘驱动器，也可以利用本地所支持的 Linux 文件系统（例如 ext2，ext3 和 ReiserFS）所提供的多个磁盘驱动器的逻辑卷。

PVFS 使用 3 种类型的节点：管理节点，I/O 节点和计算节点（图 6）。一个群集节点可以提供其中的一种功能，也可以同时提供其中的两种功能或3种功能。当前的PVFS实现中拥有一个管理节点，一个或多个I/O节点和多个计算节点。

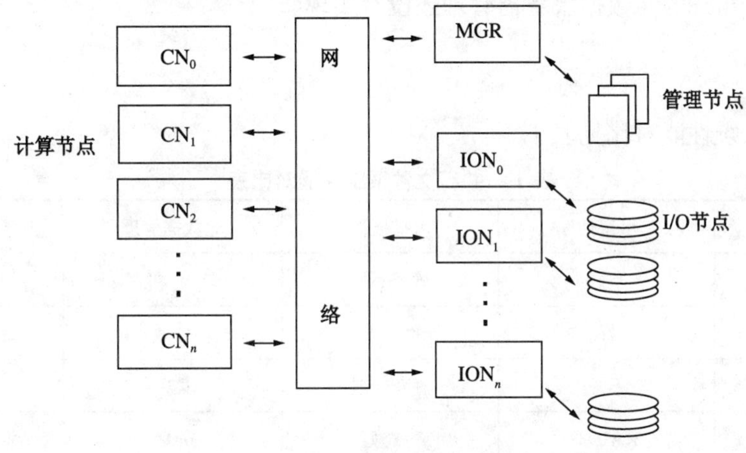

图6　PVFS系统结构图

PVFS存在的问题：

(1) 集中的元数据管理成为整个系统的瓶颈，可扩展性受到一定限制。

(2) 数据没有采取相应的容错机制，系统的可用性有待提高。

(3) 静态配置，不具备动态扩展性。

3.2.5　Lustre

Lustre是HP，Intel，Cluster File System公司联合美国能源部开发的Linux集群并行文件系统。该系统目前推出1.0的发布版本，是第一个基于对象存储设备的，开源的并行文件系统。其结构如图7所示，它由客户端、两个MDS、OSD设备池通过高速的以太网或QWS Net所构成。目前可以支持1000个客户端节点的I/O请求，两个MDS采用共享存储设备的Active—Standby 方式的容错机制，存储设备跟普通的，基于块的IDE存储设备不同，是基于对象的智能存储设备。

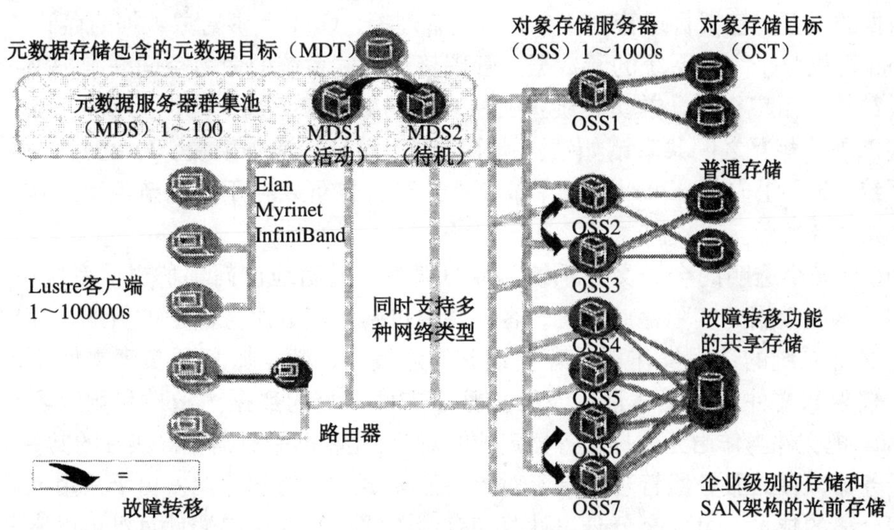

图7　Lustre系统结构图

Lustre 采用分布式的锁管理机制来实现并发控制，元数据和文件数据的通讯链路分开管理。与 PVFS 相比，Lustre 虽然在性能、可用性和扩展性上略胜一筹，但它需要特殊设备的支持，而且分布式的元数据服务器管理还没有实现。

3.3 比较

并行文件系统性能对比见表 1。

表 1 并行文件系统性能对比表

名称	可用性	可扩展性	元数据管理	基于特定存储设备
NFS	不好	静态不好	集中	无
GPFS	好	静态好	分散	虚位存储磁盘
PVFS	不好	静态一般	集中	无
XFS	RAID3	静态好	分散	无
Lustre	好	静态好	高度集中（目前）	对象存储服务器

经过对并行存储架构的研究与考证，最后决定使用 Lustre 并行文件系统存储架构来解决客户端对数据访问瓶颈问题。

4 Lustre 并行文件系统介绍

Lustre 文件系统主要由 3 个部分组成：客户端（Client）、对象存储服务器（OST，Object Storage Target），也称为 OSS 和元数据服务器（MDS，MetaData Server）。Client 通过标准的 POSIX 接口向用户提供对文件系统的访问。对于 Client 而言，Lustre 是一个透明的文件系统，它无需知道具体数据所在的位置，可以透明地访问整个文件系统中的数据。Client 同 OST 进行文件数据的交互，包括文件数据的读写，对象属性的改变等；同 MDS 进行元数据的交互，包括目录管理，命名空间管理等。OST 负责对象数据的存储。MDS 负责向 Client 提供整个文件系统的元数据，管理整个文件系统的命名空间，维护整个文件系统的目录结构、用户权限，并负责维护文件系统的数据一致性。3 个组成部分除了各自的独特功能以外，相互之间共享诸如锁、请求处理、消息传递等模块。Lustre 是一个高度模块化的系统，3 个组成部分可以在一个节点上工作，也可以在不同的节点上工作。其 3 个主要部分如图 8 所示。

Lustre 是一个透明的全局文件系统，客户端可以透明地访问集群文件系统中的数据，而无需知道这些数据的实际存储位置。客户端通过网络读取服务器上的数据，存储服务器负责实际文件系统的读写操作以及存储设备的连接，元数据服务器负责文件系统目录结构、文件权限和文件的扩展属性以及维护整个文件系统的数据一致性和响应客户端的请求。 Lustre 把文件当作由元数据服务器定位的对象，元数据服务器指导实际的文件 I/O 请求到存储服务器，存储服务器管理在基于对象的磁盘组上的物理存储。由于采用元数据和存储数据相分离的技术，可以充分分离计算和存储资源，使得客户端计算机可以专注于用户和应用程序的请求；存储服务器和元数据服务器专注于读、传输和写数据。存储服务器端的数据备份和存储配置以及存储服务器扩充等操作不会影响到客户端，存储服务器和元数据服务器均不会成为性能瓶颈。

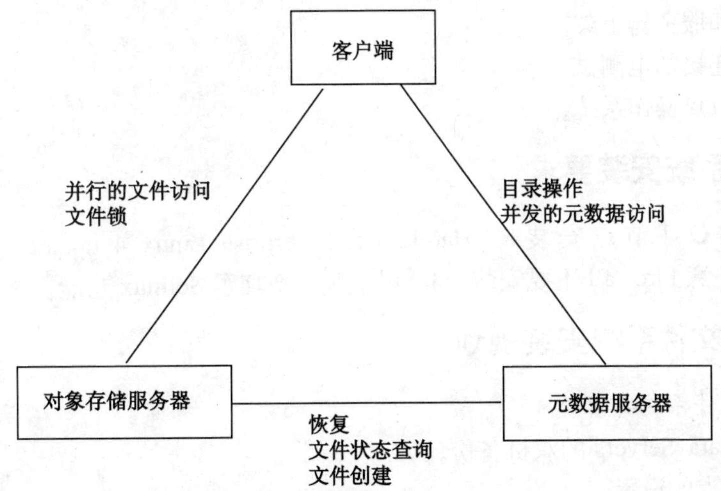

图 8 Lustre 文件系统的组成

Lustre 的全局命名空间为文件系统的所有客户端提供了一个有效的全局唯一的目录树，并将数据条块化，再把数据分配到各个存储服务器上，提供了比传统 SAN 的“块共享”更为灵活的共享访问方式。全局目录树消除了在客户端的配置信息，并且在配置信息更新时仍然保持有效。

5 Lustre 并行文件系统搭建

5.1 设备选型

设备选型见表 2。

表 2 设备型号表

序号	产品号	描述	数量
1 Lustre MetaData Servers 节点			
1.1	Sun X4200	Sun X4200 服务器 2×2.8GHz/1MB Processor，16GB Memory，2×146GB SAS HDD	2
2 Lustre Object Storage 数据节点			
2.1	Sun X2200	Sun X2200 服务器： 2×2.6GHz/1MB Processor，8GB Memory， 2×250GB SATA HDD，X−Option Slide Rail Kit for Sun Fire X2100	3
3 Lustre MateData 数据存储			
3.1	SUN STK6540	Sun STK6540 Array 5×16×300GB FC 硬盘 4GB/s 光纤连接 2×16 口光纤交换机（4GB/s）	1

5.2 硬件安装调试

（1）安装机柜。

（2）存储和服务器上架。

（3）电缆连接加电测试。

（4）安装节点操作系统。

5.3 Linux 系统安装要求

在 MDS 和 OST 节点安装 RedHat Linux: Enterprise Linux 4 updata 4 for X86_64 操作系统，特别注意 Firewall 不要安装，4.0 以上版本新加了 Selinux 功能，选择 Disable。

5.4 Lustre 文件系统安装规划

5.4.1 Lustre 文件系统要素

（1）MetaData Servers 的双机备份。

（2）Oss 节点的设置。

（3）mdt 的参数设置。

5.4.2 Lustre 文件系统架构示意图（图 9）

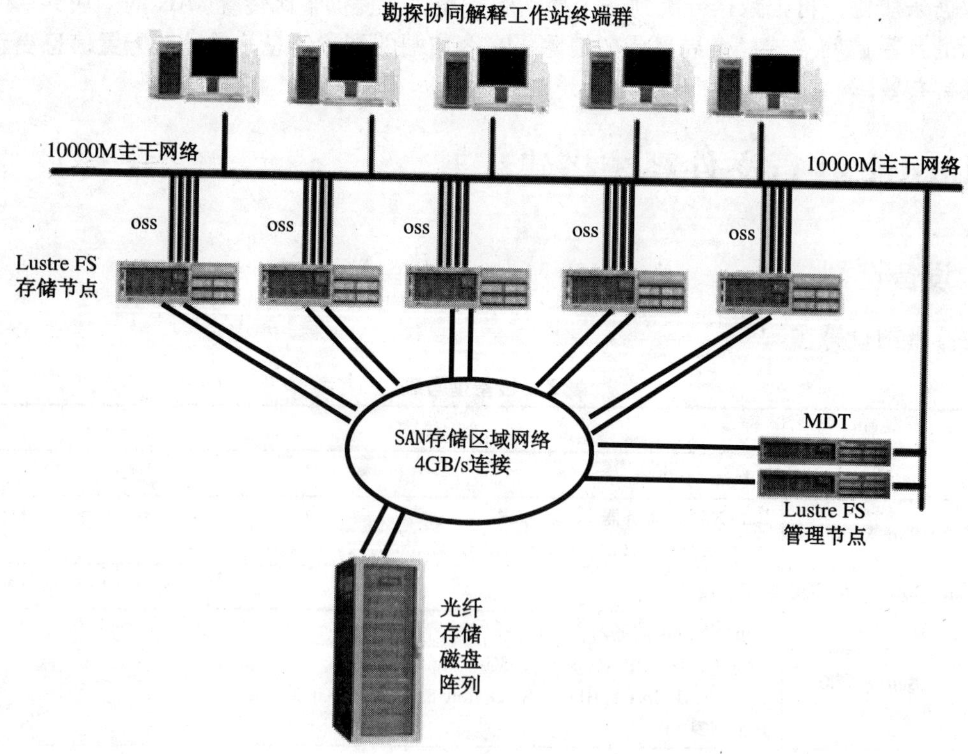

图 9　勘探协同环境 Lustre 架构拓扑图

Lustre 系统版本。

Service 端 Lustre 1.6.0 64 bit for x86_64。

Client 端 Lustre 1.6.2 64 bit for x86_64。

6　Lustre 软件安装步骤

6.1　获得 Lustre 软件

Lustre 软件可以通过网络下载，具体网站：http://wiki.lustre.org。

主要的软件包有：

（1）内核软件包：

kernel−lustre−smp−2.6.9−67.0.4.EL_lustre.1.6.4.3.x86_64.rpm

kernel−lustre−source−2.6.9−67.0.4.EL_lustre.1.6.4.3.x86_64.rpm

（2）Lustre　软件包：

lustre−1.6.4.3−2.6.9_67.0.4.EL_lustre.1.6.4.3smp.x86_64.rpm

lustre−1.6.4.3.tar.gz

lustre−debuginfo−1.6.4.3−2.6.9_67.0.4.EL_lustre.1.6.4.3smp.x86_64.rpm

lustre−ldiskfs−3.0.4−2.6.9_67.0.4.EL_lustre.1.6.4.3smp.x86_64.rpm

lustre−ldiskfs−debuginfo−3.0.4−2.6.9_67.0.4.EL_lustre.1.6.4.3smp.x86_64.rpm

lustre−modules−1.6.4.3−2.6.9_67.0.4.EL_lustre.1.6.4.3smp.x86_64.rpm

lustre−source−1.6.4.3−2.6.9_67.0.4.EL_lustre.1.6.4.3smp.x86_64.rpm

lustre　软件包和内核版本有非常严格的对应关系，在下载时需要根据实际情况选择。

6.2　安装软件（mdt　服务器安装方式）

（1）Lustre 软件有一定的安装顺序，先安装内核包（rpm），安装完成后修改启动选项，选用 Lustre 内核，重新启动。

（2）安装 Lustre 软件包前，根据需要安装 e2fs 1.4 版本。

（3）安装 Lustre 文件系统软件包。

（4）安装 Ldisk 软件包。

（5）修改 /etc/modprobe.conf，添加下列字段，重启服务器：

options　lnet　networks=tcp

（6）安装双机软件 Heartbeat 并调试，使两台 MDT 服务器互为冗余。

6.3　OSS 服务器安装

OSS 和 mdt 安装有区别，因为需要加入 rdac（光纤动态多路径软件），所以采用源码编译方式进行安装。

（1）安装 Lustre 内核包，注意：使用原码包（tar）方式安装，　安装完成后修改启动选项，选用 Lustre 内核，重新启动。

（2）安装 Lustre 文件系统软件包。

（3）修改 /etc/modprobe.conf，添加字段，重启服务器。

（4）安装动态多路径软件包（rdac）。

（5）安装 Ldisk 软件。

（6）加载驱动（Modprobe　Luster；Modprobe　Ldisk。）

（7）修改 /etc/modprobe.conf，添加“options lnet networks=tcp”。

6.4 客户端安装

和 mdt 服务端安装顺序一样，请下载使用以下软件包。

客户端安装 redhat linux 4u6， Lustre1.6.4.3。

（1）Lustre 内核软件安装。

（2）e2fs 软件包版本更新为 1.4 版本。

（3）安装 Lustre 软件包。

（4）修改 /etc/modeprobe.conf，添加：options lnet networks=tcp。

（5）检查：lsmod |grep Lustre。

（6）如果没有看到，可用：modprobe Lustre（客户端配置后，会自动装载到内核）。

6.5 维护所有服务器和客户端的 Hosts 表

编辑所有设备上的 /etc/hosts 文件，把服务器和客户端的 IP 地址加入。

7 Lustre 文件系统配置

7.1 配置 mdt

只在一个 mdt 节点运行：

#mdtsvr> mkfs.lustre−−fsname lustre1−−mgs−−mdt−−param lov.stripecount=−1−−failnode=sun4200b/dev/sdc1

如果报错：sdc1 已经有 Lustre 文件系统了，就在上述命令中增加 −−reformat 参数，文件系统做好后挂载到 /mdt 上。

另一个节点不需要做，在双机热备软件中设置，使其能够在一个节点 down 机后另一个节点接替其工作。具体设置过程参考 Heartbeat 软件说明。

7.2 Lustre OSS 数据服务节点配置

3 个 OSS 节点，主机名为 Lustreio−1，Lustreio−2，Lustreio−3。

Lustreio−1 主机上连接 STK6540 卷：OSS1，OSS2，OSS3；

Lustreio−2 主机上连接 STK6540 卷：OSS4，OSS5，OSS6；

Lustreio−3 主机上连接 STK6540 卷：OSS7，OSS8，OSS9。

7.2.1 创建 Lustre OST 文件系统

创建文件系统：

[lustreio−1]# mkfs.lustre−−fsname=lustre1 −−ost −−mgsnode=sun4200a@tcp0−−mgsnode=sun4200b@tcp0 /dev/sdb1

依次做完 3 个连接的存储设备：

[lustreio−1]# mkfs.lustre−−fsname=lustre1 −−ost −−mgsnode=sun4200a@tcp0−−mgsnode=sun4200b@tcp0 /dev/sdc1

[lustreio−1]# mkfs.lustre−−fsname=lustre1 −−ost −−mgsnode=sun4200a@tcp0−−

mgsnode=sun4200b@tcp0 /dev/sdd1

7.2.2 修改 /etc/fstab 文件

建立文件系统挂载点 OST1，OST2，OST3：

#mount–t luste /dev/sdb1 /ost1

#mount–t luste /dev/sdc1 /ost2

#mount–t luste /dev/sdd1 /ost3

加入到系统的 fstab 文件表中。同理，在 Lustreio−2，Lustreio−3 上同样操作。

7.2.3 创建完成

创建完成后，重启 OSS 节点。

7.3 客户端设置

在客户机上执行：

#mkdir lustredata

#mount–t lustresun4200a:sun4200b:/lustre1/lustredata

修改 /etc/fstab 表，设置自动挂载。

8 效果测试

搭建完成后对 Lustre 系统和以前使用的 NFS 系统方式进行了测试比较：

（1）NFS 测试：

```
[fbow01@kthp190 FB]$ time dd if=/dev/zero of=50g bs=1024k count=50000
22668+0 records in
22667+0 records out
0.060u 44.090s 1:37:32.29 0.7%  0+0k 0+0io 142pf+0w
```

（2）Lustre 测试：

```
[root@kthp165 lustredata]# time dd if=/dev/zero of=50g bs=1024k count=50000
50000+0 records in
50000+0 records out
real    8m4.263s
user    0m0.200s
sys     3m50.130s
```

从数据可以看出 Lustre 系统创建 50GB 的数据只用了 NFS 系统创建 50GB 数据的大约 8%，在创建数据的同时对客户端的网卡进行监控发现客户端的网卡数据流量基本等于网络带宽。因此，可以看出 Lustre 系统解决了勘探协同环境中 NFS 模式中的瓶颈问题。使用 Lustre 系统使得勘探协同的性能和工作效率得到巨大的提升。

TN–C–S 接地方式解决 PC 集群机房接地分析

贾亚军　李　铁　雷宏声

（中国石油新疆油田公司勘探开发研究院）

摘　要　本文根据作者工作单位在 PC 集群机房扩充阶段中所遇到的零地电压变化的现象，分析了零地电位漂移的原因并根据本单位的具体情况采取了切实有效地方法解决了零地电压异常。

关键词　零地电压 Vn–g　TN–C　TN–S　TN–C–S　谐波　隔离变压器

1　引言

PC 集群在石油地震勘探资料处理方面的应用已有 10 年的历史，规模也越来越庞大。然而，对维持大规模 PC 集群系统正常运转的基本元素——电源系统，其发展却显得相对落后。近两年，大规模计算机机房供配电问题才得到国内外高性能计算领域重视，以节能降耗为目标的绿色计算已由理论正在向现实推进。本文作者针对 PC 集群机房接地这一个问题，研究 PC 集群运行特性与接地系统的相互关系，有效地解决了机房接地难题，保证系统的正常运转。

2　PC 集群机房与配电系统分析

2.1　机房扩充前供配电

尽管零地电压问题在计算机机房设计国标中没有硬性规定，但在大规模计算机机房中，一些特殊负载（如服务器、PC 集群等），会对自身所使用的 UPS 电源的输出零地电压有较高的要求，通常情况下要求小于 1V。一旦零地电压高于某一规定值系统就会受限。可见设法降低或消除零地电位差，纠正机房配电系统负荷侧零地电位漂移的现象，是高端计算机机房配电系统中必须要解决的问题。

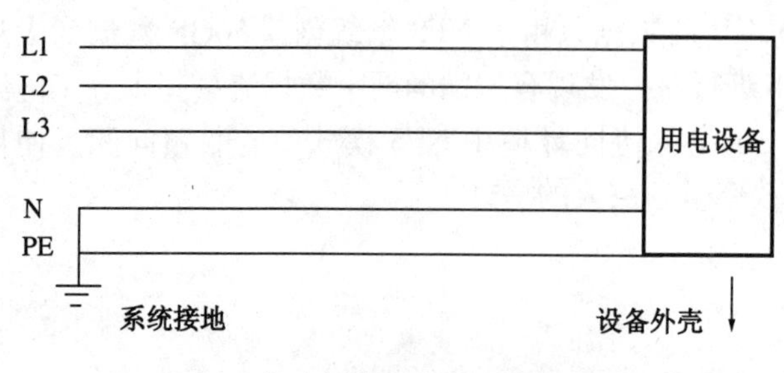

图 1　机房扩充前接地关系示意图

中国石油新疆油田公司勘探开发研究院地球物理研究所（以下简称地物所）机房在早期投入使用时考虑到机房计算机及存储系统以单相负载为主，采用的是 TN–C 接地方法的配电方式，即整个系统的 N 线和 PE 线是合一的。如图 1 所示。UPS 输入端采用 TN–C，输出端采用 TN–S 方式。如图 2 所示。

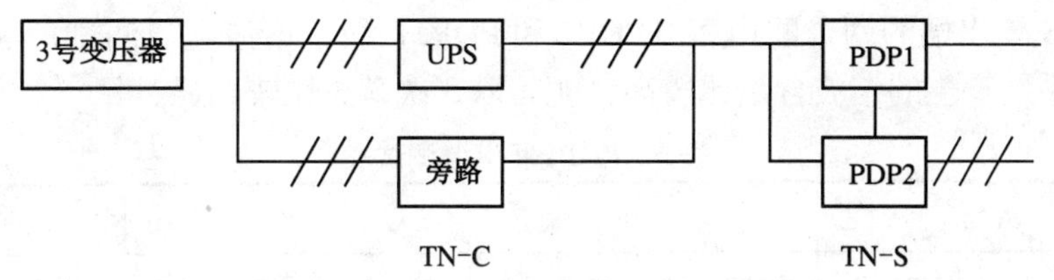

图 2　UPS 输入、输出示意图

TN-C（三相四线制）方式的缺点是当三相负荷不平衡或保护中性线断开时因零地电压升高造成设备金属外壳带电。在 UPS 输出端的 PDP 配电柜采用 TN-S（三相五线制），其优点是 PE 线在正常情况下没有电流通过，因此不会对接在 PE 线上的其他设备产生电磁干扰。这两种接地方式在机房扩充前运行效果正常。

2.2　机房扩充后 Vn-g 升高技术分析

当机房扩充 PC 集群后，大量的三相负荷占主要负荷时，PC 集群待机时测量输出零地电压还基本满足要求，开机上电后测量 UPS 的输出零地电压迅速上升，出现零地电压超出了正常要求范围的现象。随着负荷量的进一步增加，零地电位漂移严重，系统基本无法正常运行。如表 1 所示。

表 1　PC 集群负荷与 Vn-g 采集数据表

设备	状态	配电柜三相电流，A			零地电压 Vn-g，V
		A	B	C	配电柜
所有 BC	配电柜断路器关闭	48	42	42	0.98
Rack1	PowerOn	52	45	47	1.20
Rack1	空载	68	62	63	1.33
Rack2	加入，PowerOn	72	66	67	1.41
Rack2	空载	89	83	83	1.66
Rack3	加入，PowerOn	91	85	87	1.73
Rack3	空载	108	102	103	2.04
Rack1	负载	120	112	113	2.08
Rack2	负载	129	123	124	2.19
Rack3	负载 (3Racks/18BCs/240Nodes)	140	134	135	2.34

实际测量表明，机房接地阻值均在 1Ω 以内，在正常范围内。接地电阻不是问题成因。通过进一步的数据采集和分析，造成 Vn-g 升高的原因如下：

（1）原配电接地方式对三相负荷不平衡不适应。

（2）较大的谐波源不仅会污染公共电网，也同样会使负荷侧的用电设备零地电位发生漂移。

通过合理配置三相负荷使负荷电流的不平衡度不超过 4%。电缆的截面配置确定为（3×185+95），配电系统的电缆容量是基本满足要求的。但是 Vn-g 指标没有改善。

在对 UPS 输出端的两个配电柜（PDP1 和 PDP2）做了谐波电流测试后（表 2，表 3），认为由 UPS 系统产生的谐波含量比较高，尤其以 3 次谐波比较明显。

表 2　PDP1 柜谐波测试表

n	A 相		B 相		C 相		零线	
	电流值，A	THDI，%	电流值，A	THDI，%	电流值，A	THDI，%	电流值，A	THDI，%
n=1	150.2	12.1	120.2	15.3	128	16.7	45	9.5
n=3	16.2	10.8	16.5	13.7	18.5	14.4	17	7
n=5	6.00	4.7	4.50	3.8	7.40	5.8		

表 3　PDP2 柜谐波测试表

n	A 相		B 相		C 相		零线	
	电流值，A	THDI，%	电流值，A	THDI，%	电流值，A	THDI，%	电流值，A	THDI，%
n=1	170	10.2	177	9.6	178.6	10.6	51	4.2
n=3	16.6	9.7	16.5	9.2	18.4	10.2	1.3	2.8
n=5								

一般来说多相换流设备是较大的谐波源，整流元件的导通，截止的特性，强行接通和切断电源。它是一个较典型的谐波源。但其主回路通常不带中性线。地物所使用的 UPS 系统为梅兰日兰 GALAXY2000，单机 200KVA，4 台（3+1）在线冗余式并机 。采用可关断的大功率晶闸管，触发装置脉冲数为 6。通常情况下，开关电源中复杂的交变电路还会对电流产生大量的高频杂波和同相干扰信号。其次，这种 UPS 谐波抑制能力还是有限的。这些干扰如果未经阻隔而传播出去，将会使整个电网的电流杂乱不堪。解决办法是在一些关键部位设置滤波电路。国家强制性电器规范要求开关电源必须在输入端和整流电路前端都设置 EMI 电路，以阻隔电网和电源内部之间的干扰。

GALAXY 系列 UPS 在单机的输出端都增加有隔离变压器（有中性点抽出），不仅使 UPS 的抗过载的能力有所提高，同时也限制了负荷侧的谐波对 UPS 系统的干扰。而且其中性点的抽头与 UPS 的输入电源低压系统的 PEN 线也是一致的 TN−C 方式。这种电源系统的结构下，UPS 谐波对负荷侧是会有一定程度的干扰。

除了 UPS 谐波原因外，造成 Vn−g 的幅值明显过大的另一个原因是 PDP 配电柜负荷侧 PC 集群电源转换模块产生的谐波。PC 集群电源分配采用三相入机柜，单相分配给各节点工作电流。由三相电源转换成单相电源，从其电源转换模块的结构中可以看到，转换模块存在有大量容性和感性元器件。随着运行的节点数的增加，零地电压不断累积，迅速提高。

从以上的分析可以看出，零地电压的变化，谐波的影响是主要原因，但谐波源不仅来自电源侧的 UPS 系统，还有源于负荷自身的谐波源。

3　采用 TN−C−S 解决零地电压

经过多个解决方案的分析研究，选择了以 UPS 为对象的 TN−C−S 配电接地方案。即结合机房负载现状因地制宜实施 TN−C−S 系统。工作原理：利用 UPS 内部的隔离变压器，UPS 的输出零点取自隔离变压器的次级 Y 形绕组的中性点，在输出端零地短接，并把机房的交流工作地排上单独引线至该输出点能抑制零地电位漂移，由该 UPS 输出端 PEN 线分出 PE 线和 N 线满足 TN−S 制或单相三线制供电方式，如图 3 所示。

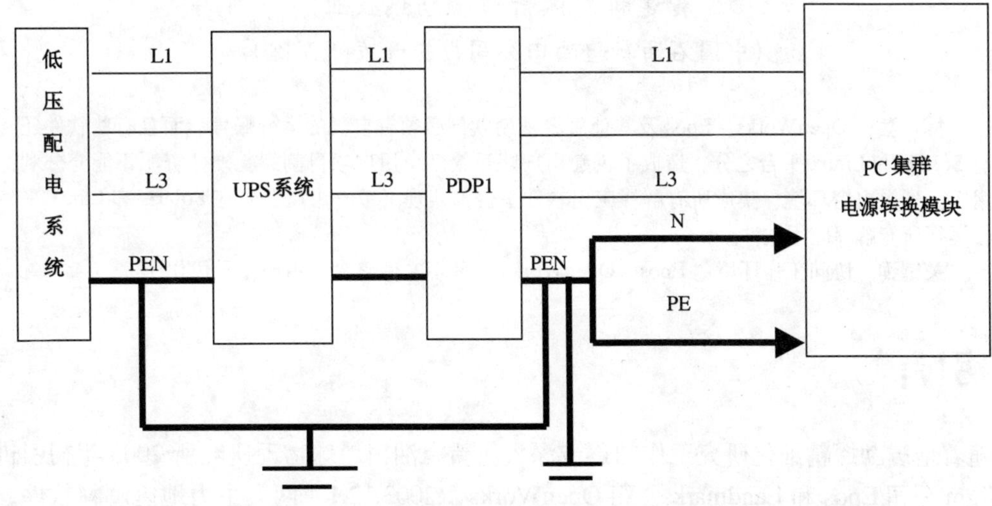

图 3　机房 TN−C−S 配电接地示意图

TN−C−S 的接地方式使机房零地电压降至接近零伏，保证了 PC 集群在正常供配电环境的运行。

4　结论

零地电压的漂移抑制在大规模 PC 集群机房的配电基础环节上，虽是一个原因多发的问题，但在采集数据的基础上作进一步的分析，分析透彻，方案选择得当，实施自然简捷、经济、有效、安全。同时，地物所对零地电压问题解决的过程也是转换思路的认识过程。TN−C 和 TN−S 配电系统匹配单相负荷的运行模式在地物所保持了较长时期。但这两种接地系统不适应新形式下三相负荷引发的谐波环境。在这种情况下，必须开拓思路，技术先行，打破传统意识，才能顺利解决难题。

随着 PC 集群不断扩大，还有类似供电、制冷等机房环境建设课题有待研究，本文所解决的零地电压问题仅仅是其中之一，期望能借本文推动高性能计算领域关注高效、节能的绿色计算的发展。

参 考 文 献

1　王兆安，杨　君，刘进军，王跃编著．谐波抑制和无功功率补偿．北京：机械工业出版社，2005

2　中国航空工业规划设计研究院编．工业与民用配电设计手册．北京：中国电力出版社，2005

3　本书编辑委员会编．电气工程师手册．北京：机械工业出版社，1989

地震解释系统协同工作环境账号管理优化研究

龚建新　林新巧　玛热孜亚
(中国石油新疆油田公司勘探开发研究院)

摘　要　OpenWorks、Epos 及其他解释辅助软件必须有自己的运行账号，而且有些软件还有 Solaris 和 Linux 平台之分。造成了创建用户账号繁多、用户项目割裂、硬件资源不能充分利用等。通过整合环境、集成所有解释应用软件平台，实现了单一用户账号在 Solaris 和 Linux 平台运行所有解释应用软件。

关键词　协同工作环境　Epos　OpenWorks　环境文件整合　用户账号优化

1　引言

随着地震勘探精细化研究工作的逐步深入。新疆油田地球物理研究所 2005 年初引进了 Paradigm 公司 Epos 和 Landmark 公司 OpenWorks R2003.12.1.4 两大主力地震解释软件。这些地震解释软件都以 Sun Solaris 和 PC Linux 为系统平台。为了实现协同工作环境目标，此次 OpenWorks 安装，Oracle 实施了服务器或客户端模式，做到了用户项目数据集中存储。所有解释应用软件安装采取了网络集中安装模式。尽管如此，实际工作中还是存在诸多不协同的实际问题。表现为：OpenWorks、Epos 及其他解释辅助软件必须有自己的运行账号，而且有些软件还有 Solaris 和 Linux 平台之分，如：OpenWorks。这就势必造成了创建的用户账号繁多、用户项目割裂而不能协同解释工作、硬件资源不能充分利用等。为此展开了所有解释应用软件环境平台的整合、集成及用户账号的优化工作。

2　解释系统协同工作环境用户账号管理优化研究

2.1　引入 NIS 机制简化用户账号管理

为了减少每个客户端重复创建用户账号，引入 NIS 机制。NIS（Network Information Service）是对网上用户、宿主机、网络本身进行集中管理的系统。通过建立 NIS 服务器和客户端，在网络存储上建立统一的用户 Home 目录，实现了解释环境下用户账号统一创建与管理。但此时创建的用户账号还不能直接投入使用，因为目前该账号对应用软件而言还是个裸账号，它还没有任何解释应用软件相关的应用环境。接下来是必须对诸多应用软件环境文件进行有效统一整合，并将这些有效的环境及时加入到该用户账号。

2.2　整合 OpenWorks 解释应用软件不同平台环境

在整合应用软件环境文件过程中，发现难点在 OpenWorks 应用系统。由于 OpenWorks 应用系统是针对平台的，也就是说软件安装、用户账号创建、软件运行都是针对某一系统平台，或者 Solaris，或者 Linux。而每个平台都有一套自己的环境文件。其中设置了软件安装环境变量、Oracle 客户端环境变量、终端类型变量等。这些环境变量都是静态设置的，就是说，用户一经登录，这些变量就设置完成。这些环境文件包括：.cshrc、.lgclogin、.lgctermlogin、.lgctermprofile、.lgcprofile、.lgc_cde_startow 等。关键是两种不同平台的环境文件的文件名相同。

对上述 OpenWorks 环境文件仔细研究分析后，对 Solaris 和 Linux 两种平台的环境文件进行了相应修改和合并。用 Shell 语句进行系统平台的自动识别，然后根据识别系统平台的结果，分别设置 Solaris 和 Linux 所对应的诸多不同环境变量。这样就分别将两套不同平台的环境文件整合为能自动识别的一套环境文件。从而实现了 OpenWorks 用户账号不分平台运行的目标。改变了 OpenWorks 原有的工作模式。

2.3 集成解释软平台优化用户账号

解释系统协同工作环境，除了用到 Epos 和 OpenWorks 主力解释软件外，还会用到其他辅助解释软件。如：反演 Isis、Jason，地质综合分析 Enen，成图 Earthvision、绘图 Zeh 等。在此之前，这些软件都是专门账号安装和运行的。也就说，安装有这些辅助解释软件的计算机系统，必须创建对应的用户账号。这样当用户需要用某辅助软件时，必须切换用户身份至对应账号。这繁多的用户账号，势必造成用户使用不便及工作的非连续性，也造成用户项目数据不共享、分散难管理的问题。

为此进行了解释系统单一用户账号使用所有解释应用软件的集成和优化工作。首先，对所有解释软件的启动、运行机制，进行了仔细分析研究。发现大多数应用软件是采用静态环境变量设置，也就是用户一经登录环境变量就设置完成。少数应用软件采用的是动态环境变量设置，在软件启动的过程中进行环境变量设置。研究中发现，若单一用户账号采用静态环境变量方式设置所有解释应用软件环境变量时，会导致某些应用软件一些环境变量冲突，而导致软件运行失败。如：LD_LIBRARY_PATH。也会导致一些环境变量重复设置嵌套过深而截断，由此产生的故障难以排查。由此结论，动态设置优于静态设置。采用动态环境变量设置。首先创建调用各应用软件的总控制文件，利用别名机制，用户通过输入简单命令，就能分别动态设置对应应用软件的环境变量并启动运行。其次，按应用软件分类，对 NIS 用户 Home 目录构建了对应软件环境数据结构。并适度进行了一些环境文件的重命名和调整。对一些单一平台的辅助解释软件，也做到清晰提示用户该软件所运行的系统平台。

最后，将整合后的各解释软件系统环境文件，按结构关系逐一加入 NIS 用户账号。至此就完成了单一用户账号调用所有解释应用软件的集成工作。图 1 为用户账号优化及应用软件平台整合的简单示意。

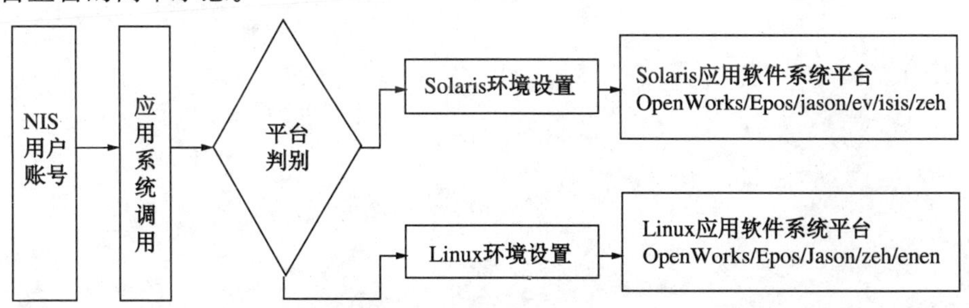

图 1 用户账号优化及应用平台整合简单示意图

2.4 开发用户账号管理工具提高管理效率

综上所知，由于整合、集成了所有解释应用软件环境平台，优化了用户账号。原来那种某单一应用用户账号的创建模式，就不适合目前协同工作环境需求。只能按搭建的协同工作环境要求，手动逐一做如下工作：建立 NIS 账号、手动拷贝相应软件要求的环境文件至相应目录、根据用户项目数据盘的使用而修改相应应用软件配置文件、建立一些软件要求的数据结构、加用户为 Oracle 外部用户、对用户 Home 实施限额等。如此烦杂的操作，稍有不慎就会搞错或遗忘。这样创建的用户账号就不能正常工作。为了提高管理工作效率，用 Shell 开发了 Owpguser 用户账号管理工具。

该工具提示系统管理员输入所创建用户名、Home 目录位置及用户项目磁盘位置。而后在 Passwd Uid 规定的范围内，按空位插入和排满附加原则，自动给出合适的用户 Uid 和缺省 Gid。创建者也能根据特殊需求灵活定义用户 Uid 和 Gid。Owpguser 管理工具也会提示使用中的错误，并引导管理员自动完成全部工作，从而提高了用户账号的管理效率。

3 结论

通过协同工作环境账号优化管理的研究，解释环境统一创建 NIS 用户账号。整合了 OpenWorks 应用软件 Solaris 和 Linux 两种系统平台的环境文件。集成了所有解释应用软件平台。使得一个用户账号在 Solaris 和 Linux 任意平台就能运行所有解释软件。减少了繁多用户账号的创建所导致的用户项目数据割裂，达到了数据共享目的，实现了用户更好的协同解释工作，充分提高了硬件资源的利用率，同时也简化了系统维护工作方式，提高了维护效率。

地震速度数据归档方法研究

王洪义　刘亚村　张　蓉
（中国石油新疆油田公司勘探开发研究院）

摘　要　地震叠后数据中，地震速度数据和道数据体配套对应，分开归档容易造成混乱。本文提出将速度数据与道数据合并到一个SEGY数据体中归档的思路，经过测试，证明是有效的解决办法。

关键词　地震速度数据　SEGY　归档

1　问题的提出

每个地震勘探区块有很多套处理成果数据，每个地震处理成果包括：

（1）道数据体。

（2）导航数据。

（3）速度数据体。

（4）处理历史。

（5）处理工作总结报告。

这些数据资料对解释研究工作至关重要，不可或缺。对于完整的处理成果数据，各类数据配套对应，相互关联。而目前数据管理模式是各类数据分别归档、分散管理。由于种种原因，分散的各类地震处理成果数据的名称也无法统一，这就给数据资料造成一定程度的混乱，特别是勘探程度较高地区，数据量大，历史数据多，很容易丢失数据间的关联关系，发生张冠李戴现象，数据甄别的难度越来越大。

这就需要寻求一种方法，将各类数据有机地整合在一起。在以前的数据管理过程中，已经成功实现了导航数据和道数据体的整合，速度数据与道数据的整合成为一个较突出的问题。

2　解决思路

针对上述情况，从数据库角度进行过多种尝试，均没有达到满意的效果，因为块状数据有其独特性。根据块状数据的特点，速度数据与道数据真正意义上的整合，应是相关数据都集中存放到一个“数据块”中，将各种数据整合成一个数据包，解包后就是一套完整、准确的数据。SEG发布的地震数据格式标准SEGY 1中，为解决这个问题提供了一个间接方法，可以将速度数据与道数据写入一个SEGY格式的数据文件。

3　归档方法

以前最通用的格式是SEGY 0。SEGY 1在SEGY 0的基础上增加了扩展文本头块

(Extended Textual Stanzas)，如图 1 所示。

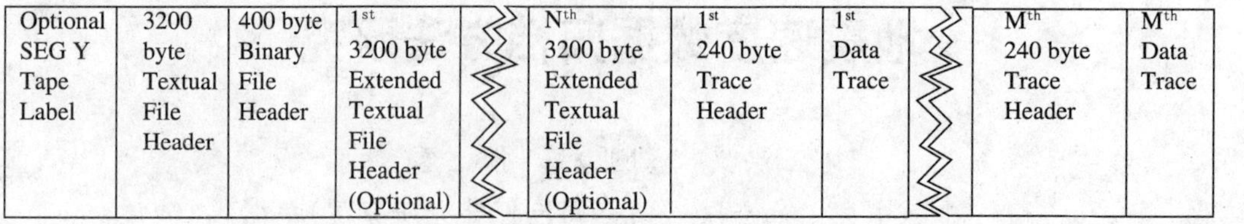

Optional SEG Y Tape Label	3200 byte Textual File Header	400 byte Binary File Header	1st 3200 byte Extended Textual File Header (Optional)	≶	Nth 3200 byte Extended Textual File Header (Optional)	1st 240 byte Trace Header	1st Data Trace	≶	Mth 240 byte Trace Header	Mth Data Trace

图 1　SEGY1 结构示意图

扩展文本文件头在二进制头块之后，第一个数据道之前。扩展文本文件头由一个或多个 3200 字节记录组成，用于在 SEG Y 文件中灵活记录一些必要的信息。扩展文本文件头中包含的信息可能有导航投影、3D 网格、处理历史及采集参数等。

扩展文本文件头由一个或多个 3200 字节记录组成，每个记录包含 40 行文本卡片，与文本头块不同，所有的扩展文本文件头记录是连续的，也就是说，3200 字节间的间隔没有意义。

扩展文本文件头中的文本行被组织成"stanza"，一个"stanza"以"stanza"头开始，以一个新"stanza"或扩展文本文件头的结束而结束。"stanza"头以双左括号开始，以双右括号结束，第一个左括号必须在行首第一列。为阅读方便，"stanza"名称中可以有空格，但将被忽略，如（(SEG：Recording Parameters)）与（(seg：RECORDING-PARAMETERS)）等效。

文本行的格式由"stanza"的定义所决定，"stanza"的基本规则如下：

（1）每行由键和值对组成，形式"keyword = value"。

（2）关键字和值可以包含双左括号、双右括号、等号之外的所有可打印字符，但也不建议使用其他标点符号。

（3）关键字大小写不敏感。

（4）为了阅读方便，关键字中允许使用空格，但空格忽略不计。

（5）关键字的值为从等号后的第一个非空字符一直到本行的最后一个非空字符。

（6）关键字的值域可以包含多个子域，其间用逗号","分隔。

（7）空行被忽略。

（8）如果一行的第一个非空字符为"#"，该行作为注释行被忽略。

（9）如果一行的最后一个非空字符为"&"，下行为该行的继续。

（10）扩展文本文件头中的每行以回车和换行结束。

扩展文本头以 EndText stanza 结束。如果二进制文件头 3505−3506 字节是 −1，EndText stanza 是必须的；如果二进制文件头 3505−3506 字节大于 0，EndText stanza 是可选的。

根据以上规则，可以定义中国石油新疆油田公司地震速度数据归档约定：

（1）扩展文本文件头也采用 EBCDIC 编码。"stanza"名称前的公司名称统一为：PetroChina−XJ。

（2）SEG−Y Rev 1.0 规定 3505−3506 字节记录 3200 字节扩展文本文件头块记录的数量，0 表示没有扩展头块。尽管还规定该值（−1）表示数量不定，最后的记录以（(PetroChina−XJ：EndText)）结束，但在此约定：不使用数量不定的表示（−1），但仍要求最后以（(PetroChina−XJ：EndText)）结束。

（3）速度数据的文本格式见表 2。

表 2　速度数据的文本格式

Stanza 和关键词	格　式	备　注
((PetroChina–XJ：Velocity ver 1.0))	Text	Stanza 名称
Velocity Type =	Text	
Velocity Sample =	Number	line，CDP，X，Y，time（ms），velocity（m/s）

样例：

((PetroChina–XJ：Velocity ver 1.0))

Velocity Type = Stack Sample.

Velocity Sample = 580,299,15608583,5026714,300,1200

Velocity Sample = 580,299,15608583,5026714,568,1438

Velocity Sample = 580,299,15608583,5026714,780,1669

……

Velocity Sample = 740,1099,15600583,5006714,4656,4076

Velocity Sample = 740,1099,15600583,5006714,6800,4600

((PetroChina–XJ：EndText))

4　归档效果

选择滴 6 井区 2006 年三维处理成果数据进行了测试，利用自行研制的地震数据整理工具 SegyQC 将叠加速度合成到 SEGY 数据体中，在最常用的地震解释软件中进行了数据加载测试：

（1）兰德马克公司的 SeisWorks 可以识别、应用 SEGY1.0 的数据；

（2）斯伦贝谢的 GeoFrame4.0 暂不兼容 SEGY1.0 的数据（GeoFrame 的最新版本是 4.4）。

5　结束语

将地震速度数据与地震道数据进行捆绑式整合，两类数据的对应关系固定在数据体内部，简化了数据归档程序，也避免了应用中对数据资料的甄别、确认的过程，是解决数据一致性的最好方法。同时，这一方法的推广应用，要求应用软件能够兼容 SEGY1 格式，另外归档数据格式的更改，还有待在地震勘探人员、决策者之中达成共识。

参 考 文 献

1　Barry，K M，Cavers，D A，Kneale，C W. Recommended Standards for Digital Tape Formats. Report on Recommended Standards for Digital Tape Formats：Geophysics，40，1975，02：344 ~ 352

确保信息系统安全平稳的群集技术

任广彦　王　勇　吴永利

（中国石油新疆油田公司克拉玛依电厂）

摘　要　群集的基本概念与原理、群集的类型与结构、群集的关键技术等。通过服务器提供的冗余设计来避免可用性中断，从而大大提高了信息系统的可用性。

关键词　群集　故障转移

1　引言

随着计算机技术的发展和越来越广泛的应用，工作越来越多的依赖于计算机技术的应用系统。在带来方便和效率的同时，也使得各行各业对于计算机技术的依赖程度越来越高。尽管随着计算机技术以日新月异的速度发展，单台计算机的性能和可靠性越来越好，但还是有许多现实的要求是单台计算机难以达到的，在这些情况下，往往需要将多台计算机组织起来进行协同工作来解决问题。这种技术称为集群技术。目前应用最为广泛的集群计算技术可以分为3大类：高可用性集群技术、高性能计算集群技术和高可扩展性集群技术。

2　基本概念

2.1　群集（Cluster）

群集技术是近几年兴起的发展高性能计算机的一项技术。它是一组相互独立的计算机，利用高速通信网络组成一个单一的计算机系统，并以单一系统的模式加以管理。其出发点是提供高可靠性、可扩充性和抗灾难性。一个群集包含多台拥有共享数据存储空间的服务器，各服务器通过内部局域网相互通信。当一台服务器发生故障时，它所运行的应用程序将由其他服务器自动接管。在大多数模式下，群集中所有的计算机拥有一个共同的名称，群集内的任一系统上运行的服务都可被所有的网络客户所使用。

2.2　群集管理器（Cluster Manager）

提供对集群系统的动态管理，包括增加和删除节点以及对运行节点的动态监控，它提供一个集群系统管理工具。

2.3　群集服务器（Cluster Server）

群集服务器是控制服务器群集操作的所有方面并管理群集数据库的核心软件组件，接受从群集管理器发送来的控制命令和信息。服务器群集中的每个节点都运行一个群集服务实例。在微软操作系统中称为MSCS（Microsoft Cluster Server，即微软群集服务器），微软群集服务可以监视群集内每一个服务器或者节点的运行情况。如果其中一个服务器出现故障，MSCS 会将寄存应用程序的责任转移到另一个节点上。在 Windows Server 2003 中，群集服务器提供了新的功能，以增强群集的性能。如提供了没有共享磁盘但是使用其他技术（比如日志传送、软件磁盘、文件系统复制和镜像）使数据在群集的多个节点上可用的低成本解决方案或设备类型的高可用性解决方案，其优点是简化了存储系统，使存储子系统得到了解放，它用最为适宜的方式管理多个站点之间的数据复制，同时不必担心共享的仲裁磁盘，并且仍然可以支持单一虚拟群集的概念。

2.4 群集心跳（Cluster Heartbeat）

群集心跳是由群集节点的节点管理器周期性发送的单一用户数据包（UDP），该数据包的大小是 48 个字节。这些数据包，称为心跳信号。群集就是通过节点周期性地向彼此发送数据包来检验其他节点是否联机和是否是活动的。

2.5 故障转移（Fail Over） 与故障恢复（Fail Back）

群集中的节点共享一组公共的群集资源，如：磁盘驱动器。每个节点通过一个专用网络连接到群集中的其他节点，并在专用网络上定时发送心跳信息，如图 1 所示。如果服务器群集检测不到群集中某个节点的心跳，那么将对那个节点执行故障转移。

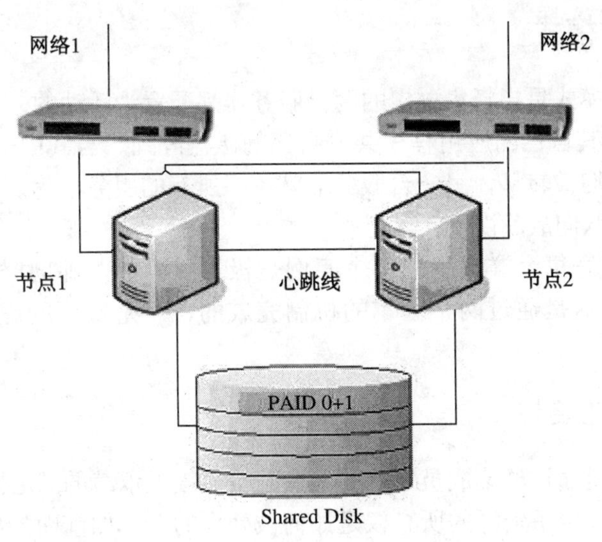

图 1 典型的双节点群集

故障恢复是指在失效的节点修复好故障重新可用时，将服务迁移到原节点的功能。用户可以配置系统，使其可手动迁移也可以自动迁移。服务器群集无法保证无间断运作，但是确实能够为多数关键任务应用程序提供足够的可用性。群集服务可以对应用程序和资源进行监控，并能够自动识别和恢复众多故障状况。这为在群集中管理工作负荷提供了灵活性。另外，还提高了整个系统的可用性。当一个节点出现故障时，服务器群集将检测到心跳消失，并对问题节点启动故障转移。在执行故障转移时，要求各个客户端重新连接到数据库。

3　群集结构

从图 2 可见，群集，就像这个网络的大脑，担负数据的采集，存储，转发。

从图 2 可以看出群集的工作方式。

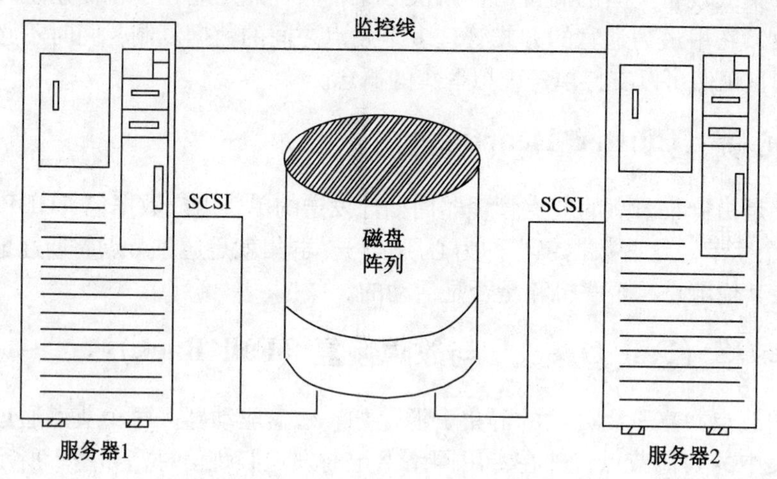

图 2　群集结构

3.1　主动或主动模式

主动或主动配置模式是指将集群中的两台服务器都配置为活动的，即都作为主服务器，它们同时主动地管理其自己的应用程序共享自己的磁盘阵列。当其中一台服务器发生故障时，其所有应用程序均被转移，另一台服务器就承担所有的服务，为所有的客户提供服务，这样互为备份，提供双向故障恢复。

如前所述，维护好每个群集中的单个实例是极端重要的，即同时确保其容错性并防止“裂脑”的发生。这是通过两个基本的机制完成的，一是资源的虚拟化，二是节点间的通信。

3.2　Quorum 的重要性

节点之间的通信是通过群集成员之间的冗余网络连接上承载的“心跳”信号和 Quorum 的展示实现的，这就决定了资源的所有权是如何被处理的。正如前面指出的，Quorum 还有额外的重要功能，如将最新的群集资源配置存储起来，并将其复制到每个节点的一个专用的注册表项目中。在启动过程中的节点加入到群集中时，就会参考本地的资源。

4　使用群集的好处

为了减少因日常维护或者发生计划外故障而造成停机的时间，为了在不中断客户端访问的情况下，升级节点、资源和应用程序，为了提高服务器对执行关键任务的应用程序和网络服务的可用性等功能时，就应该考虑实施群集。实施群集服务有很多好处，主要有以下几点：

4.1　高可用性

通过服务器群集，资源 [例如：磁盘驱动器和 Internet 协议（IP）地址] 的所有权会自动从故障服务器转移到可用的服务器。当群集中的某个系统或应用程序发生故障时，群集软件会在可用的服务器上重新启动故障应用程序，或者将工作从故障节点分散到剩下的节点上。由此，用户只在瞬间感觉到服务的暂停。

4.2　故障恢复

当故障服务器重新回到其预定的首选所有者的联机状态时，群集服务将自动在群集中重新分配工作负荷。该特性可配置，但默认禁用。

4.3　可管理性

您可以使用“群集管理器”工具（CluAdmin.exe），将群集作为一个单一的系统进行管理，并对犹如运行于一个单一服务器的应用程序实施管理。您可以将应用程序转移到群集中的其他服务器。“群集管理器”可用于手动平衡服务器的工作负荷，并针对计划维护释放服务器。您还可以监控群集的状态、所有节点以及来自网络任何地方的资源。

5　群集的基本配置

5.1　软件要求

（1）群集中的所有计算机上可以安装。可以用 Windows 2000 安装和配置群集服务，并在这些服务器上用 SQL Server2000 或者安装 Microsoft Windows Server 2003 Enterprise Edition 或 Windows Server 2003 Datacenter Edition。

（2）一个名称解析法，如：域名系统（DNS）、DNS 动态更新协议、Windows Internet 名称服务（WINS）、HOSTS 等。

（3）一个现有的域模型。

（4）所有的节点必须是同一个域的成员。

（5）一个域级账户，必须是每个节点上的本地管理员组的成员。建议采用专用账户。

5.2　网络要求

（1）一个唯一的 NetBIOS 名称。

（2）每个节点上的所有网络接口均拥有静态 IP 地址。

（3）每个节点至少要拥有两个网络适配器。

6　结束语

本文所述的高可用性群集技术，已经在克拉玛依电厂厂级监控系统（SIS）中应用，它为网络用户提供不间断的服务，并取得了很高的实用价值。在当今的信息化、网络化大环境下，根据厂级监控系统的性质与实际情况，建立基于 Windows 2003 群集服务和

SQL Server2000 虚拟服务器上的关键应用具有明显的高可用性、可伸缩性和可管理性，从而能够更好地为中国石油新疆油田公司克拉玛依电厂提供高效、不间断的服务。

参考文献

1　马淑萍，陶　滔．Web 站点的故障转移群集的应用．计算机应用研究，2003，(11)： 140 ~ 142
2　张小芳等．高可用性集群技术的研究和应用．计算机工程，2004，(4)：26 ~ 28

三维地震网格参数提取方法研究与应用

张文书　李淑兰　王洪义
（中国石油新疆油田公司勘探开发研究院）

摘　要　有些三维地震网格参数不准确，会影响到地震解释工作的正常进行，本文给出了一个有效的解决办法，即从实际的叠后数据体中提取三维地震网格参数。

关键词　三维地震网格　网格参数　参数提取

1　引言

众所周知，三维地震网格参数主要由矩形网格的 4 个拐点组成，三维地震网格定义是三维地震解释的第一步，该参数也就尤为重要。但有的三维网格不是矩形，由于种种原因，归档的三维地震叠后数据体文本头块（EBCDIC）中，有的缺少地震工区的 4 个拐点数据，有的 4 个拐点数据有误，如：将第一条 Inline 和最后一条 Inline 的端点作为该工区的 4 个拐点，如果中间的部分 Inline 长于第一条和最后一条，那么给出的 4 个拐点不能真实反映出工区网格的最大范围。针对这些现状，本文通过对地震数据体的研究，开发出三维地震网格参数的自动提取程序，通过扫描地震数据体道头数据，获取真实的地震工区拐点，并将该参数重新置入地震数据体的带头块（EBCDIC）中。

2　网格参数的提取方法

提取三维地震网格参数的原理如图 1 所示。

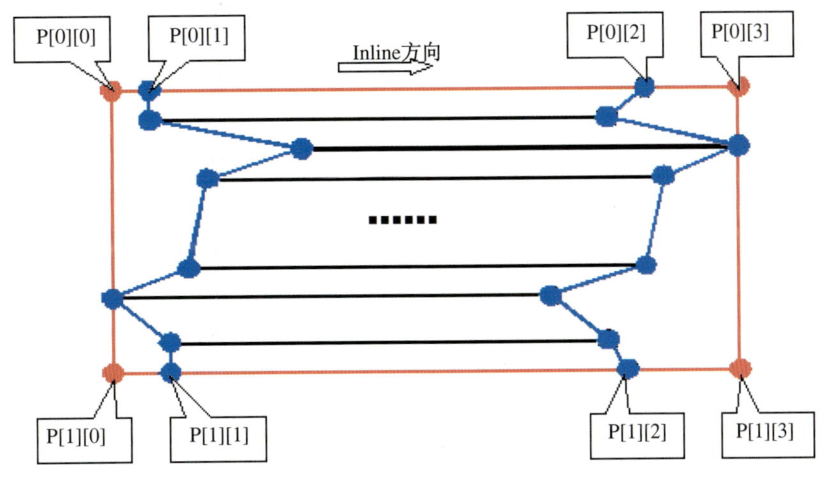

点的构成 P（Sort,Index,CDPX,CDPY）

蓝点为实际的CDP，红点是计算出的虚拟CDP。规则数据的网格中，红点与蓝点重合。

图 1　提取网格参数原理图

黑色线代表 Inline，蓝点组成的轮廓表示实际数据体的覆盖范围，显然，第一条 Inline 和最后一条 Inline 的端点围成的矩形不能代表工区的实际范围。从图示中看出，如果将第一条 Inline 和最后一条 Inline 的端点向两端延伸，形成红线表示的矩形范围，并使该范围涵盖所有的 CDP，红色矩形的 4 个拐点就是该工区的真实拐点。

3 提取方法的实现

本方法中涉及两条线，即第一条 Inline 和最后一条 Inline。

每条线上取 4 个点，其中两个点是实际数据点（蓝色），另外 2 个点是通过实际点的线性插值得到的虚拟点（红色）。

每个拐点有 4 个属性：线号（Sort）、点号（Index）、*X* 坐标（CDPX）、*Y* 坐标（CDPY）。

数据结构定义如下：

```
struct
{
        int Line;
        int CDP;
        int X;
        int Y;
} P[2][4];
int CDPMin，CDPMax;
```

其中：

P[0][] 代表第一条 Inline 上的点；

P[1][] 代表最后一条 Inline 上的点。

每条线上：

P[][1] 和 P[][2] 代表实际的端点；

P[][0] 和 P[][3] 代表虚拟的端点，将通过插值计算得到。

通过对 SEGY 数据体的每一个数据道进行扫描，获取以下数据：

(1) 最大 CDP（CDPmax）。

(2) 最小 CDP（CDPmin）。

(3) 第一条 Inline 两个实际端点 P[0][1] 和 P[0][2]。

(4) 最后一条 Inline 两个实际端点 P[1][1] 和 P[1][2]。

(5) 第一条 Inline 两个虚拟端点 P[0][0] 和 P[0][3] 的线号（Sort）、点号（Index）。

(6) 最后一条 Inline 两个虚拟端点 P[1][0] 和 P[1][3] 的线号（Sort）、点号（Index）。

根据线性插值公式：

$$\frac{X - X_1}{Y - Y_1} = \frac{X_2 - X_1}{Y_2 - Y_1}$$

$$X = \frac{Y - Y_1}{Y_2 - Y_1} \times \left(X_2 - X_1\right) + X_1$$

4 个虚拟端点坐标的计算公式如下：

$$P_{[0][0].X}=\frac{\left(P_{[0][0].CDP}-P_{[0][1].CDP}\right)}{\left(P_{[0][2].CDP}-P_{[0][1].CDP}\right)}\times\left(P_{[0][2].X}-P_{[0][1].X}\right)+P_{[0][1].X}$$

$$P_{[0][0].Y}=\frac{\left(P_{[0][0].CDP}-P_{[0][1].CDP}\right)}{\left(P_{[0][2].CDP}-P_{[0][1].CDP}\right)}\times\left(P_{[0][2].Y}-P_{[0][1].Y}\right)+P_{[0][1].Y}$$

$$P_{[0][3].X}=\frac{\left(P_{[0][3].CDP}-P_{[0][1].CDP}\right)}{\left(P_{[0][2].CDP}-P_{[0][1].CDP}\right)}\times\left(P_{[0][2].X}-P_{[0][1].X}\right)+P_{[0][1].X}$$

$$P_{[0][3].Y}=\frac{\left(P_{[0][3].CDP}-P_{[0][1].CDP}\right)}{\left(P_{[0][2].CDP}-P_{[0][1].CDP}\right)}\times\left(P_{[0][2].Y}-P_{[0][1].Y}\right)+P_{[0][1].Y}$$

$$P_{[1][0].X}=\frac{\left(P_{[1][0].CDP}-P_{[1][1].CDP}\right)}{\left(P_{[1][2].CDP}-P_{[1][1].CDP}\right)}\times\left(P_{[1][2].X}-P_{[1][1].X}\right)+P_{[1][1].X}$$

$$P_{[1][0].Y}=\frac{\left(P_{[1][0].CDP}-P_{[1][1].CDP}\right)}{\left(P_{[1][2].CDP}-P_{[1][1].CDP}\right)}\times\left(P_{[1][2].Y}-P_{[1][1].Y}\right)+P_{[1][1].Y}$$

$$P_{[1][3].X}=\frac{\left(P_{[1][3].CDP}-P_{[1][1].CDP}\right)}{\left(P_{[1][2].CDP}-P_{[1][1].CDP}\right)}\times\left(P_{[1][2].X}-P_{[1][1].X}\right)+P_{[1][1].X}$$

$$P_{[1][3].Y}=\frac{\left(P_{[1][3].CDP}-P_{[1][1].CDP}\right)}{\left(P_{[1][2].CDP}-P_{[1][1].CDP}\right)}\times\left(P_{[1][2]Y}-P_{[1][1].Y}\right)+P_{[1][1].Y}$$

从而得到三维地震矩形网格定义所需的 4 个拐点参数。

4 应用效果

本方法应用于叠后地震数据体的整理，对应用效果进行了对比测试，实际效果如下所示：

整理之前的带头信息如下：

=============== EBCDIC header ===============

C01 SURVEY TYPE： 3D

C02 LINE NAME：

C03 SURVEY NAME： HONGSHANZUI 3D

C04 AREA： ZHUNGERPENDI HONGSHANZUI

C05 DATA TYPE： PSTM_HIRAB

C06 PROCESSED DATE： 2007.10.20

C07 PROC SYSTEM： HIRAB

C08 PROCESSED BY:
C09 CLIENT:
C10 DATUM PLANE:
C11 (LINE0065, CDP0637) = (X15333470, Y5014256)
C12 (LINE0065, CDP1594) = (X15345433, Y5014256)
C13 (LINE1204, CDP0748) = (X15334858, Y5028493)
C14 (LINE1204, CDP1819) = (X15348245, Y5028493)

整理之后的带头信息如下:

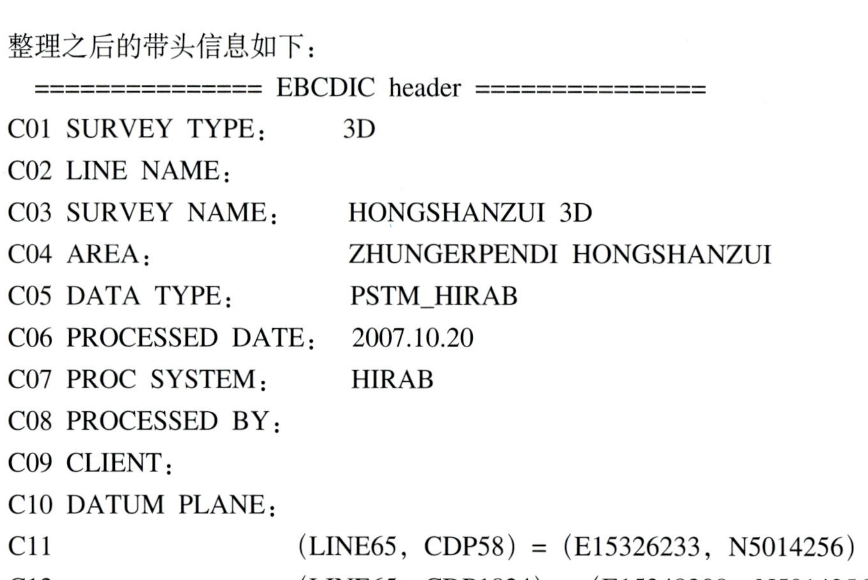

=============== EBCDIC header ===============
C01 SURVEY TYPE: 3D
C02 LINE NAME:
C03 SURVEY NAME: HONGSHANZUI 3D
C04 AREA: ZHUNGERPENDI HONGSHANZUI
C05 DATA TYPE: PSTM_HIRAB
C06 PROCESSED DATE: 2007.10.20
C07 PROC SYSTEM: HIRAB
C08 PROCESSED BY:
C09 CLIENT:
C10 DATUM PLANE:
C11 (LINE65, CDP58) = (E15326233, N5014256)
C12 (LINE65, CDP1824) = (E15348308, N5014256)
C13 (LINE1204, CDP58) = (E15326234, N5028493)
C14 (LINE1204, CDP1824) = (E15348307, N5028493)

整理前、整理后网格比较示意图见图 2。

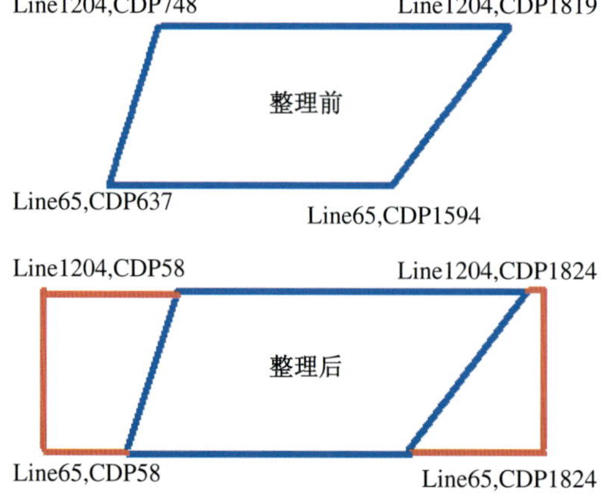

图 2 整理前后网格比较示意图

从图 2 可以看出，数据体在整理前将第一条 Inline 和最后一条 Inline 的端点作为该工区的 4 个拐点，呈菱形，不是三维地震网格的真实范围。通过三维地震网格参数的自动提取程序，从地震数据体中提取出真实的工区范围（红色矩形），效果明显。

5　结束语

三维地震网格参数提取方法，很好地解决了三维地震网格参数是否准确、可靠的问题，满足了科研生产的需要。同时也为地震数据的质量监控找到了一个可行性的途径。

参 考 文 献

1　Barry, K M, Cavers, D A, Kneale, C W. Recommended Standards for Digital Tape Formats. Geophysics, 40, 1975, 02: 344 ~ 352

石油勘探开发数据元技术应用研究初探

李中泉　谭向农

（中国石油新疆油田公司数据中心）

摘　要　数据元技术可为油田数据共享提供统一的数据元标准，为勘探开发数据交换提供在“数据”层上统一的、各学科可以共同遵守的数据交换规范。本文介绍数据元技术的基本概念和发展趋势，结合近年来制定油田勘探开发信息数据标准和应用的实践，探讨在油田勘探开发信息中通过应用数据元技术进一步规范勘探开发数据，提高数据交换、共享、服务和应用能力的可能性。

关键词　数据元　Data Element　数据词典　数据共享　勘探开发

1　引言

随着油田信息化建设的不断深入，信息系统的建设重心逐渐由初期的基础设施建设转向以数据资源和业务应用为主的阶段，数据作为勘探开发业务的中心，已经成为信息化建设中最重要、核心内容之一。

由于业务应用对资源管理共享程度的不断提高，对数据标准化建设提出了更高的要求，用传统方法在部门和单一专业领域，甚至在企业层面进行的数据标准化，越来越不能满足数据管理和共享应用的需求。因此，数据的标准化程度直接关系到数据交换、共享、服务和应用的水平，特别是在实施更大范围和更高层次的一体化信息整合中，数据的标准化程度越加显现出重要性。

数据元作为对数据的一种“元”描述，可最大限度地保证信息交换的一致性和信息的共享，数据元理论研究和实践活动正在成为信息化建设中的研究主题。石油勘探开发数据元标准体系的研究则可以为石油勘探开发数据共享提供统一的数据元标准，保证相同概念的数据元在语义上的无歧义性。

2　数据元的基本概念及其发展趋势

2.1　数据元的基本概念

数据元（Data Element）可定义为通过标识、定义、表示以及允许值等一系列属性描述的数据单元，是用一组属性描述定义、标识、表示和允许值的一个数据单元。

在一定语义环境下，数据元通常用于构建一个语义正确、独立且无歧义的特定概念语义的信息单元，在特定语义环境中被认为是不可再分的最小数据单元，一般由对象类词、特性类词和表示 3 部分组成。

（1）对象类词：是指人们希望研究、搜集和存储其相关数据的事物，如：井、钻头、钻杆、套管、原油等。

(2) 特性类词：是某个对象的一个特征。例如，套管这个对象类可以具有很多特征，如套管有内径、外径、长度、钢级等特征。

(3) 表示是值域、数据类型的组合，必要时也包括度量单位或字符集。它所表达的是数据元概念的数据类型及可能的取值范围。表示类词可以是一个编码，也可能是一个取值范围，如钻头直径的取值。

对象往往有多个特性，对象与其任何一个有意义的特性的结合就组成一个数据元概念。例如，套管这个“对象”可以有内径、外径、长度、钢级等多个“特性”，将它与其中的某一个特性结合在一起就组成一个“数据元概念”，如套管—内径、套管—外径、套管—长度、套管—钢级等都是数据元概念的例子。

数据元是数据元概念与值域的结合。即一个特定的数据元概念与一个特定的值域结合创建一个数据元。例如在石油勘探开发数据库中，定义的一个数据元概念“油井日产量”，与日产量的表示值域结合，构成数据元“油井日产量值”；而与日产量平均值域结合，则构成“油井日产量平均值”这个数据元。显然，这是两个不同的数据元。

数据元概念与数据元之间存在一对多的关系，即一个数据元概念与不同的表示组合后可以生成不同的数据元。一个数据元必须对应一个数据元概念，而一个数据元概念可以有多个数据元，换句话说，多个数据元可以共享一个数据元概念，其结构模型如图 1 所示。

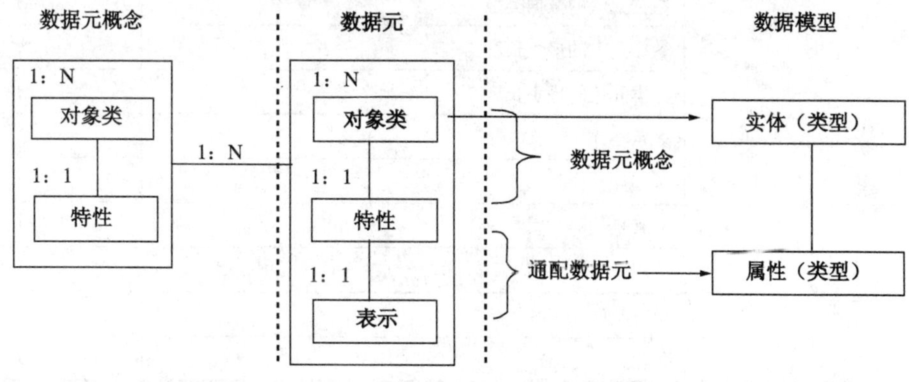

图 1　数据元的结构模型

2.2　数据元的基本属性

数据元的表示规范是通过描述数据元的一系列属性来实现的，主要有标识类属性、定义类属性、关系类属性、表示类属性和管理类属性，见表 1。

(1) 标识类属性包括名称、标识符、版本、注册机构、同义名称、相关环境、语境等，适用于数据元标识的属性；

(2) 定义类属性是描述数据元语义方面的属性；

(3) 关系类属性包括分类模式、关键字、相关数据参照、关系类型等，描述各数据元之间相互关联和（或）数据元与分类模式、数据元概念、对象、实体之间关联的属性；

(4) 表示类属性包括表示类别、表示形式、表示格式、度量单位及数据元值的数据类型、最大长度、最小长度、允许值等，描述数据元表示方面的属性；

(5) 管理类属性包括主管机构、注册状态、提交机构、备注等，用于数据元管理与控制方面的属性。

表 1　数据元的基本属性

属性种类	数据元属性名称	约束
标志类	名称	M
	标识符	C
	版本	C
	注册机构	C
	同义名称	O
	相关环境	C
定义类	定义	M
关系类	分类模式	O
	关键字	O
	相关数据参照	O
	关系类型	C
表示类	表示类别	M
	表示形式	M
	数据元值的数据类型	M
	数据元值的最大长度	M
	数据元值的最小长度	M
	表示格式	C
	数据元允许值	M
管理类	主管机构	O
	注册状态	C
	提交机构	O
	备注	O

注：M—必选； C—条件选； O—可选。

2.3　数据元的发展趋势

国际标准化组织（ISO）于 1965 年开始数据元标准化研究工作，制定有关描述数据元和数据交换中涉及数据元表示法的国际标准。

我国于 2002 年颁布了 GB/T 18391《信息技术　数据元的规范与标准化》。该标准系统描述了数据元的规范与标准化框架、数据元分类、数据元的基本属性、数据元的标识和命名原则及数据元的注册等。在国家数据元标准的指导下，我国在电子政务、水利、农业、卫生等领域的信息系统建设中相继开展了数据元研究，并取得了一定的进展。

数据元标准最突出的领域是电子数据交换（EDI），不同专业、行业，甚至不同国家和语言，只要人们对信息按共同约定的规则进行统一组织、分类和标识，使用同一概念，并用相同的表示，就能做到共识，不至于产生歧义。这种简化的概念表述，大大减少了人工及计算机处理的差错，有效提高了数据资源在不同部门、行业之间的交换、共享、服务和应用能力。

在石油行业，中国石油勘探开发研究院与大庆石油学院于2007年编写了《石油工业数据元设计原则》行业标准，阐述了数据元方法在企业数据元分析与设计的原则，说明数据元体系的基本框架模型、数据元分类方法以及基于这些不同的分类方法分析数据元的过程以及通过这些过程分析，提炼出企业数据元规范化过程的一般性指导方法，为数据元技术在石油行业的应用确立了基本原则和方法。

3　数据元在勘探开发数据共享服务中的应用

3.1　建立基于数据元的数据交换应用模式

石油勘探开发数据元指油田业务活动中涉及的油气勘探、开发、储运、经营、生产管理、科学研究等所有的数据单元，它遵循一般数据元的概念和结构，同时具有石油行业特定领域的特点。新疆油田信息标准化建设从勘探开发信息建设初期就致力于数据标准化建设，主要经历了结构规范化和数据自身规范化两个阶段。

在结构规范化方面，一是从数据建设初期就确立了“有什么数据采集什么数据的思想”，在这一思想指导下，对初期的数据结构进行了大规模扩充，保证了数据结构基本框架的稳定；二是在集团公司率先开展勘探开发数据结构一体化整合，从勘探开发信息的最底层——数据层保证了勘探开发信息系统一体化整合的顺利实施。

在数据自身的规范化方面，2000年依据石油专业技术标准，对物探、钻井、录井、试油、测井、地质试验等数据模型中的全部数据项进行了规范性定义；2006年对勘探开发数据规范值进行了优化。但随着信息化建设的不断推进，需要进一步提高数据在不同信息系统间的交换和共享能力。同时，随着自行研发软件系统和引进软件系统数量的不断增加，二次开发大量的点对点的数据接口，将使企业信息交换与共享建设的成本大幅度提高。

数据元技术可为油田数据共享提供统一的数据元标准，为勘探开发数据交换提供在“数据”这一层上的统一的、各学科可以共同遵守的数据交换规范。即，具体的应用可以不必关心各学科的数据是存在什么样的数据模型中，或者以何种格式存储。也不必关心这些不同学科内部数据的具体组织形式，只要求各学科都来在“数据元”这一层上来遵守。这样具体的一个应用只要求各学科按照数据元这一规范来统一向该层映射，之后按照标准的XML提供给具体的应用，见图2。

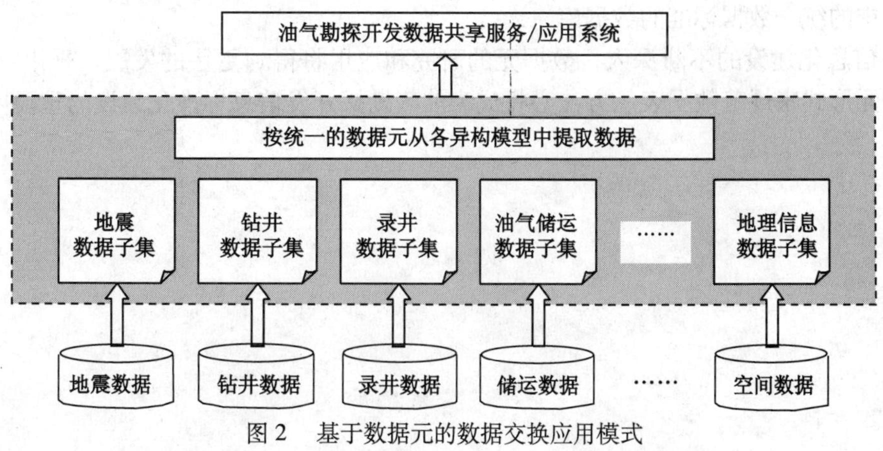

图2　基于数据元的数据交换应用模式

该数据交换应用模式的建立，有利于各数据库、应用系统之间的数据交换，解决了应用层对数据需求经常变化的问题，从而形成以“不变”应“万变”的良性循环，符合“数据是稳定的，处理是多变的”需求思想。

3.2 对开展石油勘探开发数据元词典研究的几点认识

（1）数据元标准体系主要包括数据元设计与管理标准、数据元词典两大部分。2007 年中国石油勘探开发研究院与大庆石油学院编写的《石油工业数据元设计原则》成为石油行业数据元设计标准。实际应用过程中，还需要结合勘探开发数据模型，进一步探讨基本数据元与应用数据元提取规则、数据元的分类模式、数据元值域名称定义规范、对象术语规范的原则与方法，然后对数据元进行提取统一分析和规范定义。

（2）石油行业对数据元技术的应用还处在探索阶段，不仅需要建立面对整个行业的数据元设计与管理标准，同时应结合油田实际开展数据元规范化方法应用研究。2008 年新疆油田参与了集团公司信息化标准委员会的《数据元规范化方法应用研究》课题，探索建立油田数据元词典的工作方法和流程，最终构建一套涵盖勘探开发专业数据项的“名称”、“语义”、“表示”、“标识”、“允许值”等全方位理解语义的数据词典，为油田信息模型和数据交换等奠定坚实基础，该项目的研究对油田信息标准化具有重要的推进与指导意义。

（3）开展勘探开发数据元词典研究，应站在整个石油行业的层面确定数据元标准体系结构，在确定本行业统一的数据元框架、数据元表达格式、数据元设计方法的基础上建立数据元词典。

（4）数据元是信息资源开发以及信息一体化整合所需要的高度统一的数据词典，对数据元的抽取，通常不涉及数据库的表结构，与系统或数据库无关，就好比“新华字典”与文章的结构、体裁无关一样。如果数据元的抽取和定义不能与数据库表结构完全分离，就不是真正意义的数据元。

4 结论

数据元是数据交换的基本单元，制定勘探开发数据元词典，是在更大范围和更高层面进一步实现油田信息交换，最大限度实现油田信息共享的基础。数据元标准体系的研究将有利于消除勘探开发信息交换和共享中的技术壁垒和信息孤岛，有利于建立勘探开发信息共享服务中的统一数据标准的数据库。

随着信息化建设的不断深入，数据元的研究和应用将得到更快的发展，采用统一、标准的数据元形式来规范数据表示方法必将成为油气勘探开发信息标准化建设的重要内容。

Kirchhoff 积分叠前深度偏移处理技术

苑金玉
（中国石油辽河油田公司勘探开发研究院）

摘　要　叠前深度偏移要解决的是构造复杂、横向速度变化剧烈的地区的地震资料的成像问题。Kirchhoff 积分法叠前深度偏移处理实现过程主要包括旅行时计算和深度偏移两方面。Kirchhoff 叠前深度偏移是在共炮检距数据上实现的，在叠前深度偏移过程中，首先要对叠前数据体进行共炮检距数据体的分离，然后对每个共炮检距数据体分别进行偏移处理，最后对各个共炮检距数据体的偏移结果进行叠加。叠前深度偏移处理技术在成像方面有明显优势，Kirchhoff 积分法叠前深度偏移处理技术在地震资料处理方面具有较大的发展空间。

关键词　Kirchhoff　叠前深度偏移　旅行时　成像　处理

1　引言

叠前深度偏移要解决的是构造复杂、横向速度变化剧烈的地区的地震资料的成像问题。对于水平层状均匀介质，叠后时间偏移就能达到成像精度要求；对于倾斜介质，横向速度变化不大，叠前时间偏移就能很好成像；对于倾斜介质，特别是陡倾角地层，横向速度变化剧烈，在这种条件下，只有叠前深度偏移才能准确成像。理论上来说，叠前深度偏移技术可以应用于多种构造成像：盐下构造、潜山内幕、高陡构造、逆冲构造、复杂断裂等。

2　偏移方法原理

地震资料成像处理是利用地震波场的传播理论来推断地下各点的地震波震动情况，并根据时间成像条件确定地下每个点的地震波场的振幅。把每个地震波场的振幅连接在一起，形成地震剖面。各种偏移的基本理论类似，其差别主要是偏移实现方法不同。

地震资料成像处理概括地说就是地震波场延拓过程处理，它的理论基础是标量波动方程：

$$\left[\frac{\partial^2}{\partial x^2}+\frac{\partial^2}{\partial y^2}+\frac{\partial^2}{\partial z^2}-\frac{1}{v^2(x,y,z)}\frac{\partial^2}{\partial t^2}\right]P(x,y,z,t)=0 \tag{1}$$

在式（1）中，P（x，y，z，t）为介质中以 v（x，y，z）传播的地震波场。通过对式（1）用不同的算法进行求解，可以得到不同的偏移方法——Kirchhoff 积分法、有限差分法、频率—波数域算法等。

Kirchhoff 积分法是以波动方程的 Kirchhoff 积分理论为基础，通过对瞬时时间 t 在点（x，y，z）以速度 v（x，y，z）在介质中传播的地震波场进行积分求解，它是 Kirchhoff 偏移的基础。同样，Kirchhoff 解是惠更斯原理的数学表达，其原理是：时间 $t+\Delta t$ 时的波场是 t 时点震源产生的球面波的叠加。

Kirchhoff 偏移的积分解在实际应用中以离散形式给出，具体为：

$$P_{\text{out}} = \frac{\Delta x \Delta y}{4\pi} \sum_{A} \frac{\cos\theta}{vr} \frac{\partial}{\partial t} P_{\text{in}} \tag{2}$$

式（2）中，Δx、Δy 分别为横测线和纵测线的道间距，A 为偏移孔径，θ 为绕射源与检波点连线与垂向夹角，$P_{\text{in}} = \left(x_{\text{in}}, y_{\text{in}}, z = 0, \tau = t - {r}/{v}\right)$、$P_{\text{out}} = \left(x_{\text{out}}, y_{\text{out}}, z, \tau = {2z}/{v}\right)$ 分别为输入波场和为输出波场。

3 Kirchhoff 叠前深度偏移实现过程

实现叠前深度偏移，在叠前地震数据与深度速度模型准备好的情况下，要完成两项工作：第一项是旅行时计算、第二项是叠前深度偏移。通过第一项工作计算出地震波场的射线路径、射线与地面的出射角 θ、射线旅行时间以及相应的几何扩散因子等。第二项工作，通过标量波动方程的 Kirchhoff 积分解，沿着旅行时轨迹，对经过几何扩散补偿因子补偿的振幅进行加权求和，得到偏移成果。

3.1 旅行时计算

旅行时计算的一个直接方法，是通过具体的速度—深度模型进行射线追踪。射线在经过地下界面传播过程中，由于速度梯度变化和地层边界的速度差异，引起射线弯曲，形成弯曲的旅行时轨迹。

如何保证旅行时轨迹的精度，具体的旅行时计算方法有：最小旅行时法、最短路径法、最大能量法等。通过以上方法，从地面炮点到地下反射界面反射点、地下反射界面反射点到检波点的旅行时，通过对沿着射线路径的单位距离除以相应的速度的积分来获得。

3.2 叠前深度偏移

Kirchhoff 叠前深度偏移是在共炮检距数据上实现的。因此，在叠前深度偏移过程中，首先要对叠前数据体进行共炮检距数据体的分离，然后对每个共炮检距数据体分别进行偏移处理，最后对各个共炮检距数据体的偏移结果进行叠加，形成叠前深度偏移剖面。其基本算式为：

$$image(offset) = \sum_{i=1}^{A1} \sum_{j=1}^{A2} \text{data}\left[i, j, \text{ts}\left(x_s, y_s, z_s, x, y, z\right) + \text{tg}\left(x_g, y_g, z_g, x, y, z\right)\right] \tag{3}$$

式（3）中 *image*（*offset*）表示共炮检距道集，*A*1、*A*2 为纵、横向的偏移孔径，dada（i，j，t）为叠前地震数据，（x，y，z）为成像点位置，（x_s，y_s，z_s）为炮点位置，（x_g，y_g，z_g）为检波点位置，*offset* 为偏移距大小，它与炮点与检波点的关系为：

$$offset = \sqrt{\left(x_s - x_g\right)^2 + \left(y_s - y_g\right)^2 + \left(z_s - z_g\right)^2} \tag{4}$$

$\text{ts}\left(x_s, y_s, z_s, x, y, z\right)$表示炮点到成像点的地震波场走时，$\text{tg}\left(x_g, y_g, z_g, x, y, z\right)$表示成像点到接受点的地震波场走时。

偏移道集叠加算式：

$$image(stacked) = \sum_{i=1}^{N} image\left[offset(i)\right] \tag{5}$$

式中　N——偏移后叠加资料的覆盖次数。

以上的分析表明：影响偏移质量的因素主要是速度—深度模型和偏移孔径。通过精确的速度—深度模型可以得到准确的旅行时轨迹，偏移效果就好，成像精度高；反之偏移效果就差。偏移孔径是影响偏移质量和效率的主要因素之一，过大的偏移孔径增大了无谓的运算时间，降低工作效率；较小的偏移孔径则产生较差的偏移效果，使陡倾角地层不能成像。特别是深层，容易出现水平同相轴。

4 应用实例

Kirchhoff 积分法叠前深度偏移处理技术在辽河盆地兴隆台—冷东三维应用，处理成果与叠前时间偏移结果相比，在陡倾角横向速度差异大的区域成像位置更精确；从地震剖面总体看：曙光斜坡带的中、低潜山构造形态有明显改善；兴隆台潜山构造形态、冷东断裂带陈家逆断层位置、大洼断层成像清楚；中生界和太古界潜山形态较清楚（图 1）。

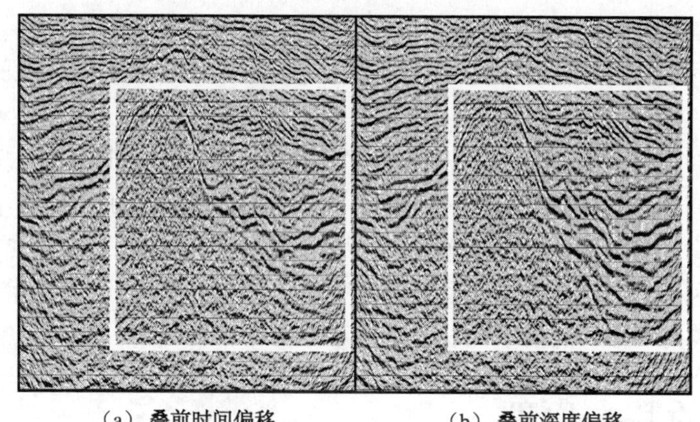

（a）叠前时间偏移　　（b）叠前深度偏移

图 1　叠前时间偏移与叠前深度偏移剖面对比图

5 结论

叠前深度偏移处理技术在成像方面有明显优势，是提高陡倾角横向速度差异大地区资料成像精度的主要技术。Kirchhoff 积分法叠前深度偏移处理与叠前时间处理相比，在计算机的运算能力和处理周期要求相对较高。但就目前的设备能力来看，一般的处理中心都有 Kirchhoff 积分法叠前深度偏移处理的能力。因此，Kirchhoff 积分法叠前深度偏移处理技术在地震资料处理方面具有较大的发展空间。

参考文献

1 （美）R.E. 谢里夫，（加）L.P. 吉尔达特．勘探地震学．初英等译．北京：石油工业出版社，1999

2 （美）渥·伊尔马滋．地震资料分析—地震资料处理、反演和解释．刘怀山等译．北京：石油工业出版社，2006

3 周锦明，熊　翥．地震数据精细处理．北京：石油工业出版社，2003

各种反褶积技术研究及应用

孙　凯

（中国石油辽河油田公司勘探开发研究院）

摘　要　反褶积是地震资料处理中的一项重要技术，理想的反褶积不但能很好地压缩地震基本子波，提高资料的垂向分辨率，还能够消除资料的多次波能量。为了使反褶积能真正地为地震资料处理服务，本文首先详细地阐述了反褶积的基本假设及其物理含义，介绍了各基本假设对反褶积效果的影响和实际应用中的一些克服措施；最后，还从功能和实现方法两方面对反褶积进行分类介绍，并进行了理论模型及实际数据的效果测试对比。

关键词　反褶积　子波　基本假设

1　引言

在实际的资料处理中，反褶积方法及参数的选用，多数是通过反复试验来确定的，此过程甚至是在没有理论指导的情况下进行的，一旦发现问题便无所适从。随着资料处理要求精度的不断提高，必须对反褶积进行深入了解，掌握其产生背景、实现机理及存在的问题等，以更好地利用它。通过本文研究，能够对反褶积有更深的理解，能正确分析实际资料，判断其是否满足反褶积的基本假设，更好地运用这项处理技术。

2　反褶积的基本原理

反褶积的概念其实是由数学中的褶积概念演化而来的。根据叠合原理，地震纪录是由地层的脉冲响应与地震基本子波褶积的结果。地震资料处理的目的是消除地震子波的影响，得到能反映地层界面的反射系数。那么如何才能实现这个目的呢？于是就提出了反褶积的概念。

2.1　叠合原理

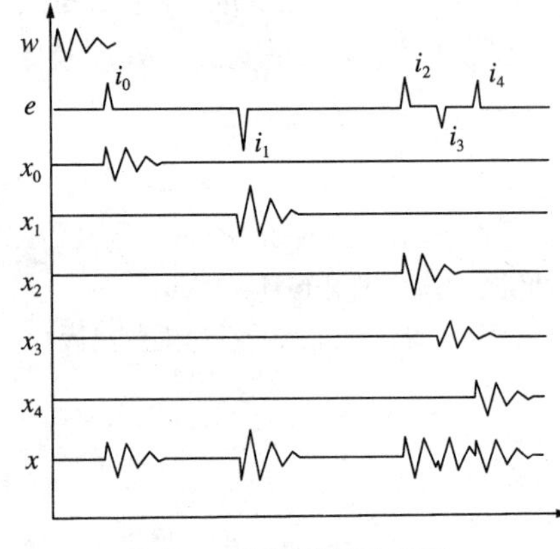

图 1　叠合原理示意图

如图 1 所示，图中 w 代表基本地震子波，e 代表一系列稀疏的地层界面反射系数。在子波的传播过程中，遇到地层界面 i_0，i_1，i_2，i_3 及 i_4 时，子波将产生再现，分别形成 x_0，x_1，x_2，x_3 及 x_4，其振幅大小及极性取决于反射系数。对层状介质而言，反射系数可由界面两侧的地层的波阻抗 I 来定义，即：$r=(I_2-I_1)/(I_2+I_1)$，其中，I_1 为上层介质的波阻抗，I_2 为下层介质的波阻抗。结果是，所有这些重现的子波叠加在一起形成最终的地震道 x。

图 1 中的过程可以用以下的公式来描述：

$$\left.\begin{aligned} x_0(i) &= e(i_0)w(i-i_0) \\ x_1(i) &= e(i_1)w(i-i_1) \\ x_2(i) &= e(i_2)w(i-i_2) \\ &\vdots \\ x_k(i) &= e(i_k)w(i-i_k) \\ &\vdots \\ x_n(i) &= e(i_n)w(i-i_n) \end{aligned}\right\} \Rightarrow x(i) = \sum_{k=0}^{n} e(i_k)w(i-i_k) \tag{1}$$

式（1）便是叠合原理的数学模型。当反射系数序列$e(i_k)$不断加密，直至$i_k - i_{k\text{-}1} \rightarrow$采样间隔时，式（1）可写成：

$$x(i) = \sum_{j=0}^{n} e(j)w(i-j) \tag{2}$$

即为褶积公式的离散表达式。

当采样率→ 0 时，为数学中的褶积公式：

$$x(t) = e(t) * w(t) = \int_{-\infty}^{+\infty} e(\tau)w(t-\tau)\mathrm{d}\tau \tag{3}$$

2.2　褶积模型

叠合原理告诉我们，在理想的情况下，地震道可以表示为地层的脉冲响应与地震基本子波的褶积形式。地层的脉冲响应被定义为当地震子波为一个尖脉冲时所记录的地层信息，既包括真正的反射系数又包含各种多次信息，而地震子波则更为复杂，它包含诸多成分：震源信号、记录滤波器、地表反射及检波器响应等等。在一系列基本假设的基础上，褶积模型可以表示如下：

$$x(t) = w(t) * e(t) + n(t) \tag{4}$$

式中　$x(t)$——地震道；

$w(t)$——地震子波；

$e(t)$——地层的脉冲响应；

$n(t)$——随即噪音，与地层信息无关。

2.3　基本假设及物理意义

现在，尽管得到了一个实用的褶积模型，但它与实际的地球物理模型还存在许多差异。所以，给出了一系列的假设条件：

假设 1：地层是由常速的水平层组成；

假设 2：震源产生一个平面压缩波，以正入射角撞击地层界面，即不产生剪切波；

假设 3：地震波形在地下传播过程中不变，即它是稳定的；

假设 4：噪音成分 $n(t)$ 为零；

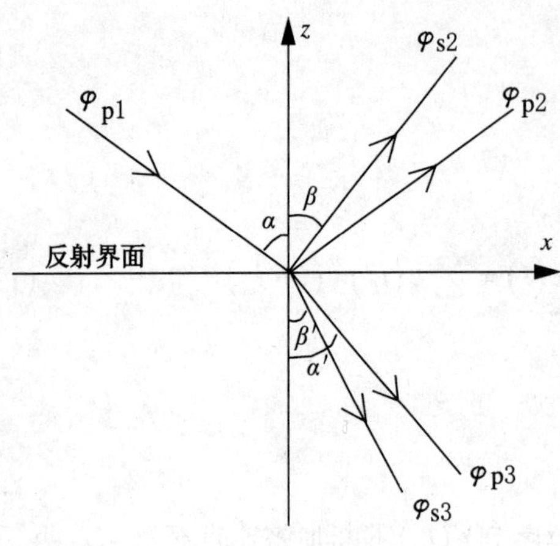

图 2　几何反射示意图

假设 5：反射系数序列是随机过程；

假设 6：地震子波是最小相位的。

其中，假设 1、假设 2、假设 3 是建立褶积模型的基础，假设 4、假设 5、假设 6 是实现反褶积的前提。

下面对以上假设的物理意义进行详细阐述。如图 2 所示的二维空间中，设在$z>0$的空间，地层的介质系数为μ_1和λ_1，密度为ρ_1，纵波速度为v_{p1}，横波速度为v_{s1}；在$z<0$的空间，地层的介质系数为μ_2和λ_2，密度为ρ_2，纵波速度为v_{p2}，横波速度为v_{s2}。在均匀介质中，波场满足二维波动方程：

$$\left[\frac{\partial^2}{\partial x^2}+\frac{\partial^2}{\partial z^2}-\frac{1}{v^2}\frac{\partial^2}{\partial t^2}\right]\varphi\left(x,z,t\right)=0 \tag{5}$$

当只有纵波入射时，在两种介质中求解方程，其解包括 5 组：入射纵波φ_{p1}、反射纵波φ_{p2}、透射纵波φ_{p3}、反射横波φ_{s2}以及透射横波φ_{s3}：

$$\begin{cases}\varphi_{p1}=A_1\exp\left[i\omega\left(\dfrac{x\sin\alpha}{v_{p1}}-\dfrac{z\cos\alpha}{v_{p1}}-t\right)\right]\\ \varphi_{p2}=A_2\exp\left[i\omega\left(\dfrac{x\sin\alpha}{v_{p1}}+\dfrac{z\cos\alpha}{v_{p1}}-t\right)\right]\\ \varphi_{p3}=A_3\exp\left[i\omega\left(\dfrac{x\sin\alpha'}{v_{p2}}-\dfrac{z\cos\alpha'}{v_{p2}}-t\right)\right]\\ \varphi_{s2}=B_2\exp\left[i\omega\left(\dfrac{x\sin\beta}{v_{s1}}+\dfrac{z\cos\beta}{v_{s1}}-t\right)\right]\\ \varphi_{s3}=B_3\exp\left[i\omega\left(\dfrac{x\sin\beta'}{v_{s2}}-\dfrac{z\cos\beta'}{v_{s2}}-t\right)\right]\end{cases}$$

式中　A_1，A_2，A_3，B_2，B_3——分别为各成分的振幅；

α，α'，β，β'——分别为纵波入射角（等于反射角）、纵波透射角、横波反射角及横波透射角，且有：

$$\frac{\sin\alpha}{v_{p1}}=\frac{\sin\alpha'}{v_{p2}}=\frac{\sin\beta}{v_{s1}}=\frac{\sin\beta'}{v_{s2}}$$

同理，对于入射横波，也包括 5 个解，这里不做介绍。

根据在$z=0$时（界面处）的边界条件，从以上解中可以得到如下一组关系式：

$$
\begin{cases}
1+\dfrac{A_2}{A_1}-\mathrm{ctg}\beta\dfrac{B_2}{A_1}=\dfrac{A_3}{A_1}+\mathrm{ctg}\beta'\dfrac{B_3}{A_1} \\
\mathrm{ctg}\alpha\left(1-\dfrac{A_2}{A_1}\right)-\dfrac{B_2}{A_1}=\mathrm{ctg}\alpha'\dfrac{A_3}{A_1}-\dfrac{B_3}{A_1} \\
v_{\mathrm{p1}}v_{\mathrm{p2}}\rho_1\dfrac{\sin^2\beta}{\sin\alpha\sin\alpha'}\left(\left(\mathrm{ctg}^2\beta-1\right)\left(1+\dfrac{A_2}{A_1}\right)+2\mathrm{ctg}\beta\dfrac{B_2}{A_1}\right)= \\
\qquad v_{\mathrm{p2}}^2\rho_2\dfrac{\sin^2\beta'}{\sin^2\alpha'}\left(\left(\mathrm{ctg}^2\beta'-1\right)\dfrac{A_3}{A_1}+2\mathrm{ctg}\beta'\dfrac{B_3}{A_1}\right) \\
v_{\mathrm{p1}}v_{\mathrm{p2}}\rho_1\dfrac{\sin^2\beta}{\sin\alpha\sin\alpha'}\left(2\mathrm{ctg}^2\alpha\left(1-\dfrac{A_2}{A_1}\right)+\left(\mathrm{ctg}^2\beta-1\right)\dfrac{B_2}{A_1}\right)= \\
\qquad v_{\mathrm{p2}}^2\rho_2\dfrac{\sin^2\beta'}{\sin^2\alpha'}\left(2\mathrm{ctg}\alpha'\dfrac{A_3}{A_1}+\left(\mathrm{ctg}^2\beta'-1\right)\dfrac{B_3}{A_1}\right)
\end{cases}
\tag{6}
$$

通过以上关系式，可以解出A_2/A_1，A_3/A_1，B_2/A_1及B_3/A_1，它们皆为与入射角有关的值，非常复杂。

当只有纵波且为垂直入射时，α、α'、β及β'都趋于0，则有：

$$
\begin{cases}
\dfrac{A_2}{A_1}=\dfrac{\rho_2 v_{\mathrm{p2}}-\rho_1 v_{\mathrm{p1}}}{\rho_2 v_{\mathrm{p2}}+\rho_1 v_{\mathrm{p1}}} \\
\dfrac{A_3}{A_1}=\dfrac{2\rho_1 v_{\mathrm{p1}}}{\rho_2 v_{\mathrm{p2}}+\rho_1 v_{\mathrm{p1}}} \\
\dfrac{B_2}{A_1}=\dfrac{B_3}{A_1}=0
\end{cases}
\tag{7}
$$

式中　A_2/A_1 ——反射系数。

以上过程说明了假设2的物理意义，即震源为平面压缩波（纵波）且垂直入射的情况下，所有的转换波分量（B_2/A_1和B_3/A_1）为零，并且反射系数与波阻抗的关系和构想的一致。由此也可以解释假设1的意义，即要使在所有介质分界面处都满足假设2，则介质必须是平行的均匀介质。

另外，还有$A_3=A_1+A_2$，即透射波的能量等于入射波能量减去反射波能量，说明波在下传时能量在不断衰减；再加上，实际的地层存在“黏性”，对子波造成衰减，形成频散。而实际上，在定义的褶积模型时，根本无法将子波与深度建立关系，所以就引出了假设3。

要解释假设4～6的意义，则必须从反褶积的实现机制着手。首先，分析一下褶积模型中的各变量，其中，$x(t)$是可知的，通常情况下$w(t)$是未知的，$e(t)$是所要求取的，而$n(t)$则是永远不得而知。无奈，先把它冲零，否则无法再走下去了，于是提出了假设4。其实这一假设相当于把地震道中噪音看作为信号的一部分来处理，必然带来不良的后果(图3)。

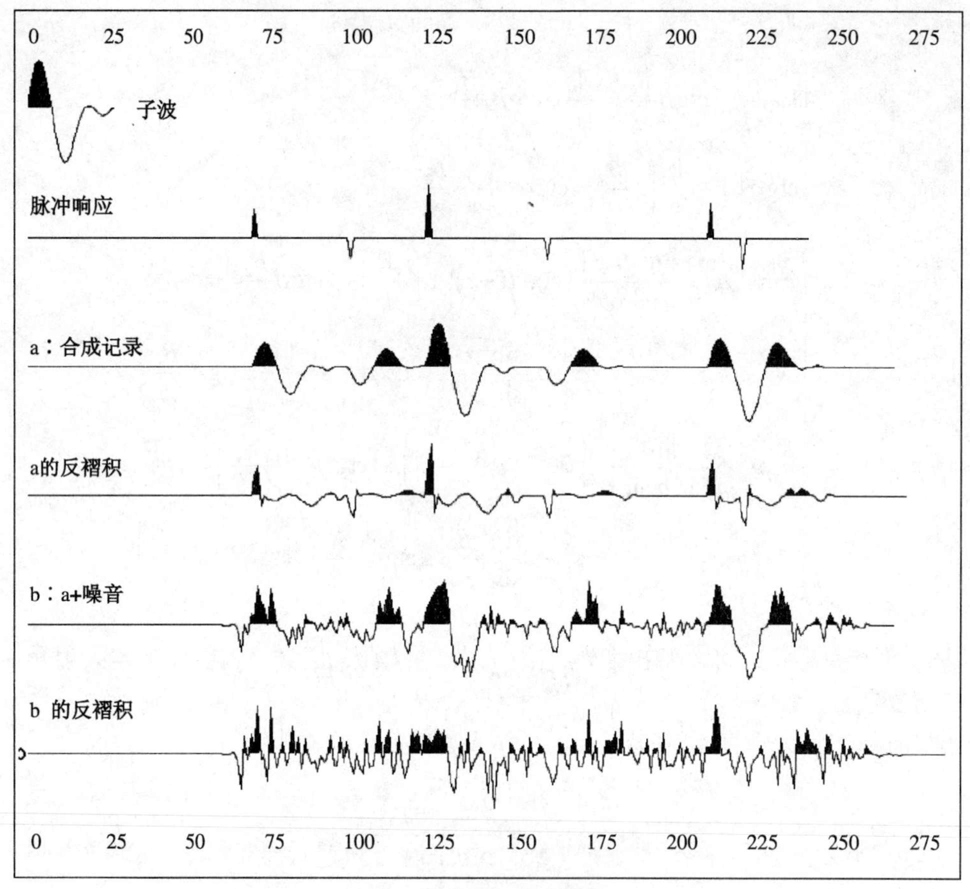

图 3　噪音对反褶积影响

接下来，从反滤波出发来了解反褶积的实现过程。假设存在一个反滤波器 $f(t)$，使其与地震道褶积正好能够获得脉冲响应，即：

$$x(t)\times f(t)=e(t)$$

那么，由褶积模型可知：

$$w(t)\times f(t)=\delta(t)$$

式中 $\delta(t)$ 只有在 t=0 等于 1，即 $f(t)$ 为 $w(t)$ 的逆。将等式两边做 z 变换，并引入子波自相关的 z 变换，有：

$$\left.\begin{array}{l} W(z)F(z)=1 \\ R_{\mathrm{w}}(z)=W(z)\bar{W}(z^{-1}) \end{array}\right\}\Rightarrow R_{\mathrm{w}}(z)F(z)=\bar{W}(z^{-1}) \tag{8}$$

其中，$\bar{W}$ 是 W 的复共轭。可以设：

$$\begin{cases} R_{\mathrm{w}}(z)=\sum\limits_{i=0}^{m} r_i\left(z^i+z^{-i}\right) \\ F(z)=\sum\limits_{i=0}^{m} f_i z^i \\ \bar{W}(z^{-1})=\sum\limits_{i=0}^{m} w_i z^{-i} \end{cases}$$

则有：

$$\sum_{i=0}^{m} r_i\left(z^i+z^{-i}\right)\sum_{i=0}^{m} f_i z^i=\sum_{i=0}^{m} w_i z^{-i} \tag{9}$$

展开后，两边取 z 各阶的系数建立方程组：

$$\begin{bmatrix} r_0 & r_1 & r_2 & \cdots & r_m \\ r_1 & r_0 & r_1 & \cdots & r_{m-1} \\ r_3 & r_1 & r_0 & \cdots & r_{m-2} \\ \vdots & \vdots & \vdots & \cdots & \vdots \\ r_m & r_{m-1} & r_{m-2} & \cdots & r_0 \end{bmatrix}\begin{bmatrix} f_0 \\ f_1 \\ f_2 \\ \vdots \\ f_m \end{bmatrix}=\begin{bmatrix} w_0 \\ 0 \\ 0 \\ \vdots \\ 0 \end{bmatrix} \tag{10}$$

式（10）是最佳维纳滤波的特殊形式，等式右边可认为地震子波与期望输出的互相关。w_0 为地震子波的零延时样点振幅，相当于子波与零延时脉冲（期望输出）的互相关。用 w_0 对两边归一化，有：

$$\begin{bmatrix} r_0 & r_1 & r_2 & \cdots & r_m \\ r_1 & r_0 & r_1 & \cdots & r_{m-1} \\ r_3 & r_1 & r_0 & \cdots & r_{m-2} \\ \vdots & \vdots & \vdots & \cdots & \vdots \\ r_m & r_{m-1} & r_{m-2} & \cdots & r_0 \end{bmatrix}\begin{bmatrix} a_0 \\ a_1 \\ a_2 \\ \vdots \\ a_m \end{bmatrix}=\begin{bmatrix} 1 \\ 0 \\ 0 \\ \vdots \\ 0 \end{bmatrix} \tag{11}$$

式（11）就是脉冲反褶积的基本算法，只要知道地震子波的自相关函数，就可以获得一滤波器 a_i，使子波得到压缩。但是，前面提到过，子波的自相关是无法知道的，于是就有了假设 5。反射系数是随机序列意味着是其振幅谱为平的，是白化的，而其自相关只有在零延时处不为零，即：t=0 时，$r_{\mathrm{e}}(t)=c$；$t\neq 0$时，$r_{\mathrm{e}}(t)=0$。也就有：

$$r_x(t)=r_{\mathrm{w}}(t)\times r_{\mathrm{e}}(t)=c\cdot r_{\mathrm{w}}(t) \tag{12}$$

式（12）说明：地震子波的自相关与地震道的自相关是相似的，可以用地震道子相关来代替子波自相关。图 4 可以说明假设 5 的实际意义，当子波未知时（统计反褶积），稀疏的反射序列不满足假设 5，导致反褶积结果变差；而子波已知时（确定性反褶积），则不需要该假设条件。

假设 6 的意义从数学上说明比较麻烦。先了解最小相位的定义：如果一个子波 z 变换的复数根都落在单位圆内，则该子波为最小相位的。最小相位子波的能量大部分集中在波形的起始端。最小相位子波是物理可实现的和因果的，即它为有限延续的和单边的（图 5）。脉冲反褶积的算子严格地为地震子波的逆，子波只有为最小相位时，才能获得稳定的逆，否则，其逆为发散不收敛的，无法将子波压缩为尖脉冲。实际中，尽管可以通过谱分解得到子波的最小相位当量，从而得到一个稳定的反褶积算子，但如果地震子波不为最小相位，与该算子进行褶积也得不到好的结果。对不同相位的子波进行反褶积试验发现，各反褶积因子相同（因为都是由子波的最小相位当量估计出来），而输出结果各异（图 6）。

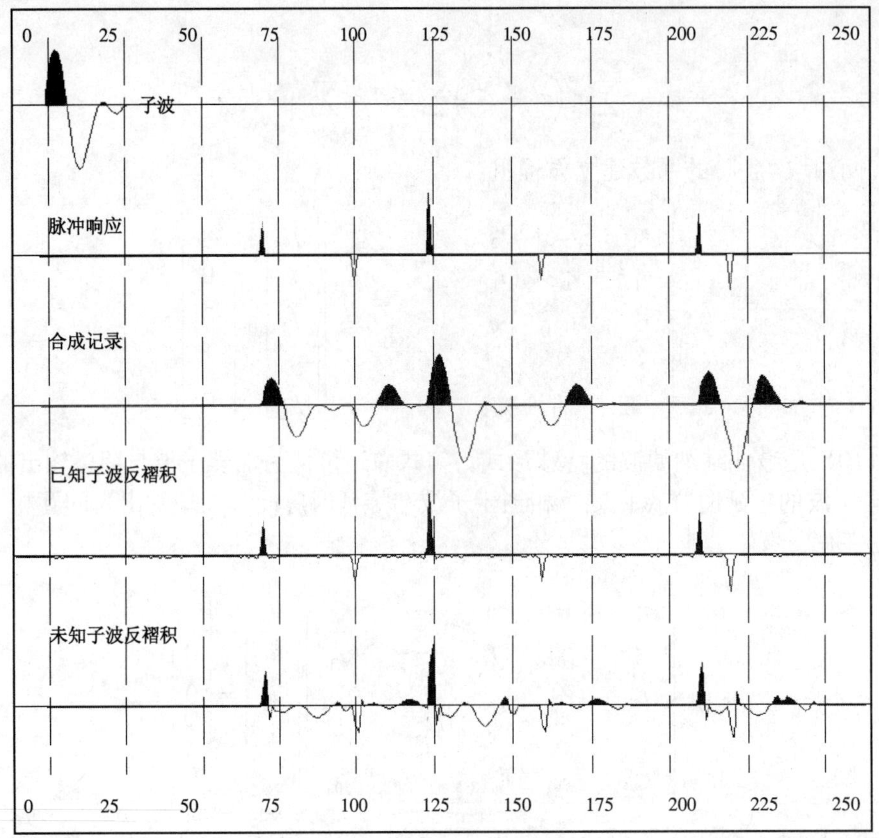

图4　假设5的实际意义

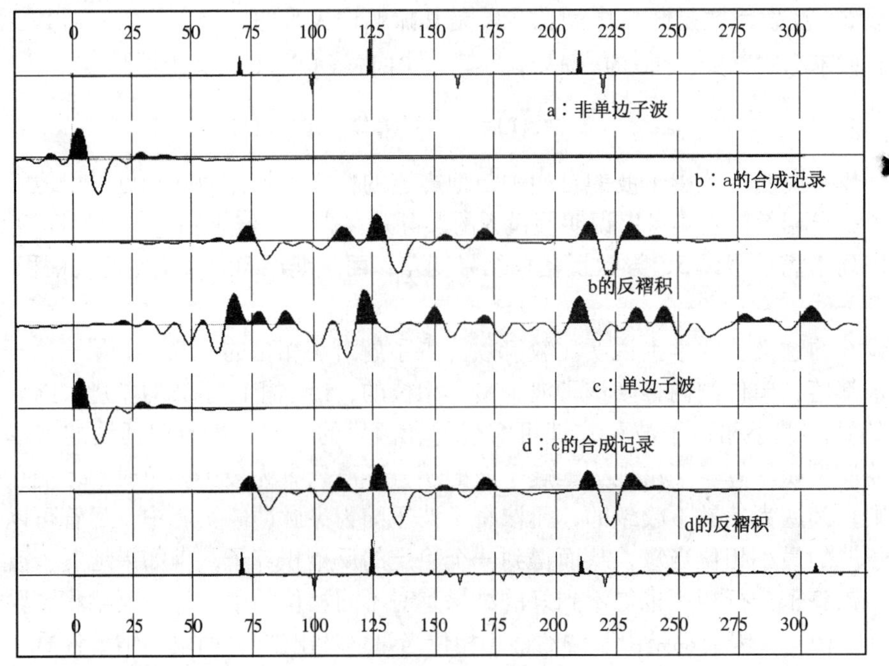

图5　子波为物理可实现

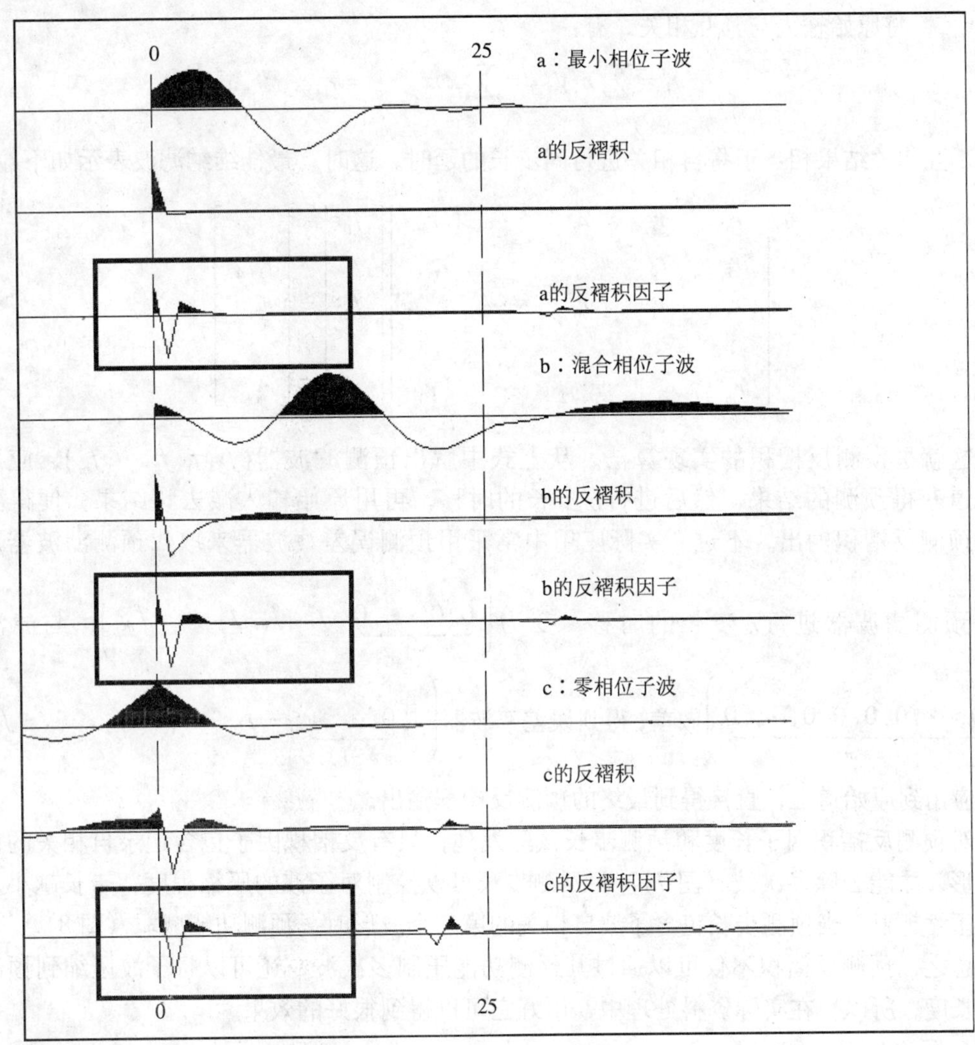

图 6　相位对反褶积影响

3　反褶积的分类及应用对比

3.1　功能分类

3.1.1　尖脉冲反褶积

尖脉冲反褶积在数学上与反滤波是相同的。但在实际应用中有所不同，反滤波是在子波已知的情况下，直接用子波的自相关来求解反滤波器的，为确定性反褶积；而尖脉冲反褶积则是在子波未知的情况下，借助假设 5 用地震道自相关代替子波自相关来解反滤波器的，为统计性反褶积。脉冲反褶积是理想的反褶积，它严格地符合反褶积的正演模型，对不违背基本假设的地震资料可以获得完美的结果。但实际遇到更多的是不完全满足基本假设的资料，如噪音的存在、混合相位子波等，不得不放弃将子波压缩成尖脉冲的想法。

3.1.2　预测反褶积

预测反褶积是最佳维纳滤波的特殊情况。将输入按预测步长α延时，作为期望输出

$y_i = x_{i+\alpha}$，将原始输入与其互相关，有：

$$r_i' = \sum_j x_j y_{j+i} = \sum_j x_j x_{j+i+\alpha} = r_{i+\alpha}$$

可见，互相关结果相当于将自相关进行同步长的延时。这时，最佳维纳滤波表示如下：

$$\begin{bmatrix} r_0 & r_1 & r_2 & \cdots & r_m \\ r_1 & r_0 & r_1 & \cdots & r_{m-1} \\ r_3 & r_1 & r_0 & \cdots & r_{m-2} \\ \vdots & \vdots & \vdots & \cdots & \vdots \\ r_m & r_{m-1} & r_{m-2} & \cdots & r_0 \end{bmatrix} \begin{bmatrix} f_0 \\ f_1 \\ f_2 \\ \vdots \\ f_m \end{bmatrix} = \begin{bmatrix} r_\alpha \\ r_{1+\alpha} \\ r_{2+\alpha} \\ \vdots \\ r_{m+\alpha} \end{bmatrix}$$

这就是预测反褶积的实现算法。从上式中解出预测滤波器$(f_0, f_1, f_2, \cdots, f_m)$，应用到输入道获得预测的结果，然后进行$\alpha$步长的时移，再用原始输入减去该结果，便得到最终的预测反褶积输出。不过，实际应用中常采用预测误差滤波器来取代预测滤波器，即先将预测滤波器进行α步长的时移，变为$\left(\underbrace{0,0,\cdots,0}_{\alpha个}, f_0, f_1, f_2, \cdots, f_m\right)$，与滤波器$\left(1,\underbrace{0,\cdots,0,0,0,0,0,\cdots,0}_{\alpha+m个}\right)$做差，得到误差率波器$\left(1,\underbrace{0,\cdots,0}_{\alpha-1个}, -f_0, -f_1, -f_2, \cdots, -f_m\right)$，将其应用到原始道上，直接得到最终的预测反褶积输出。

对预测反褶积因子长度和预测步长试验发现，只有反褶积因子包含记录自相关的前两个波形，才能去除多次波（图 7）；而预测步长可以控制对子波的压缩程度，步长越小，对子波压缩越狠。当预测步长包含子波自相关的第二个波形时，预测功能减弱（图 8）。

总之，预测反褶积不仅可以通过其预测功能压制多次波，还可以将子波压缩到预测步长的长度。所以，在实际资料处理中，用好它可以得到很好的效果。

3.1.3　子波处理

子波处理就是设计滤波器，使得最佳维纳滤波的期望输出为所需的任意形式。子波处理包括对振幅谱的处理和对相位的处理。二者可以同时使用，也可以分别使用。其实，更常使用的是子波整形处理，如：延时脉冲反褶积、子波提取、最小相位反褶积及零相位反褶积（俗称去相位）等。

（1）延时脉冲反褶积是指，对于一个任何相位的子波，可以定义一系列有不同延时的期望输出进行最佳维纳滤波，使延时与误差成函数关系，取误差最小的延时来定义期望输出，求出滤波因子与子波褶积，便可以将子波转换为延时尖脉冲。

（2）子波提取是通过某种方式从地震资料中估计出蕴含的地震子波（任何相位的）。常用的方法有指数加权法和“四阶累积量匹配法”。

（3）相位反褶积就是将任何相位子波的地震道，转换为最小相位或零相位。利用子波提取求得的任意相位子波，通过谱分解法（Hilbert 变换）可以获得该子波的最小相位当量。以最小相位当量为期望输出，任意相位子波为输入，利用最佳维纳滤波，可以求得子波最小相位化算子，将其与原始地震道褶积，完成最小相位反褶积；如将期望输出的相位谱置零，则为零相位反褶积（图 9）。

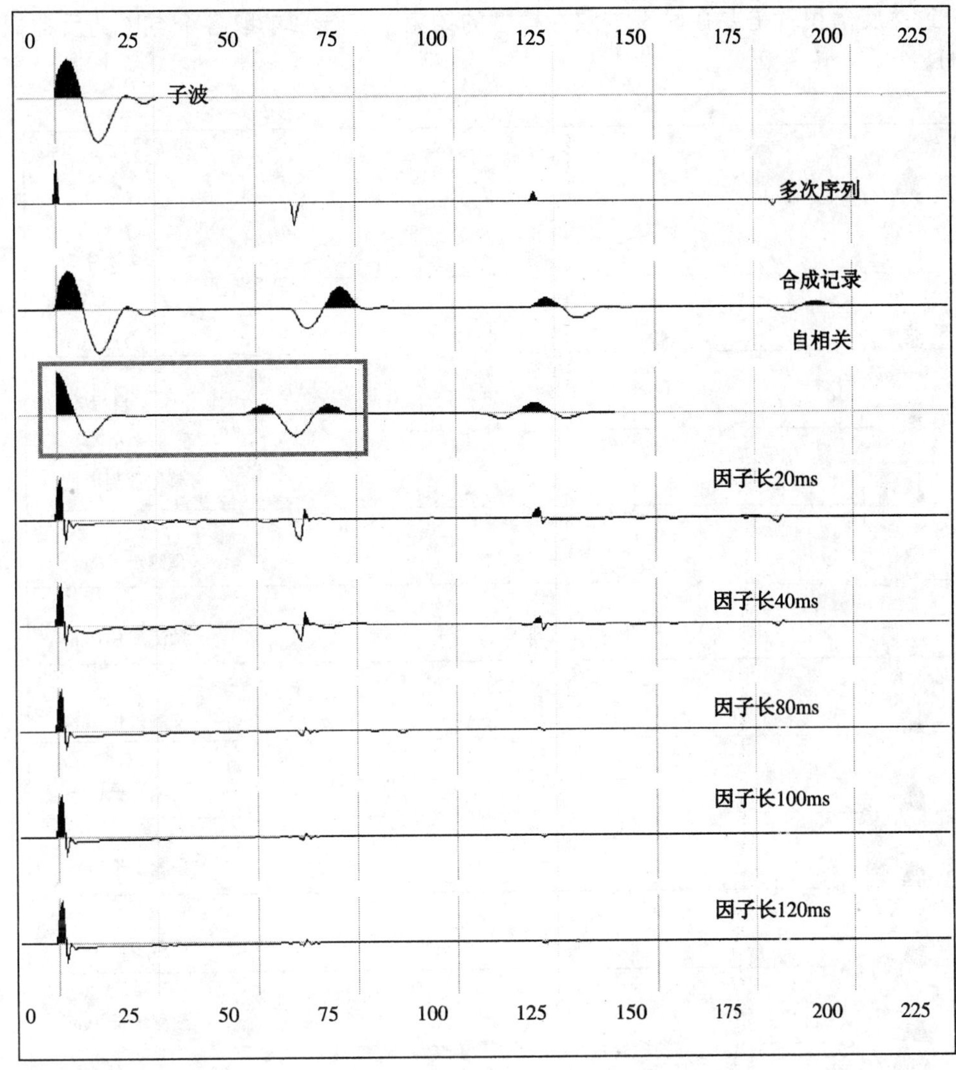

图 7　预测反褶积因子长度试验

3.2　方法分类

（1）单道反褶积是指反褶积算子是在单个地震道中进行计算的，各道之间互不相干。特点是计算速度快，但算子的质量没有保证。多道反褶积弥补了单道方法存在的不足，它是在一组有共同褶积属性的地震道（如单炮道集）中提取反褶积因子，它能降低噪音等因素对反褶积的影响作用。

（2）带限反褶积其实可以归为子波处理的一类，它是通过一个钟形滤波器，限制反褶积对子波频谱的白化程度，从而避免反褶积对噪音的放大作用。滤波器的带宽应根据实际数据带宽来定。

（3）地表一致性反褶积是一种在多域实现的多道反褶积，是地表一致性模型在反褶积中的实现。每个地震道都可以表示为有以下特征的 4 个滤波器的组合：震源位置、接收点位置、CDP 点、炮检距。同一炮点的道有相同的震源滤波，接收点、CDP 点等同理。

地表一致性反褶积就是要在地表一致性模型的约束下，分别求取各个域中的反褶积因子(图 10)。

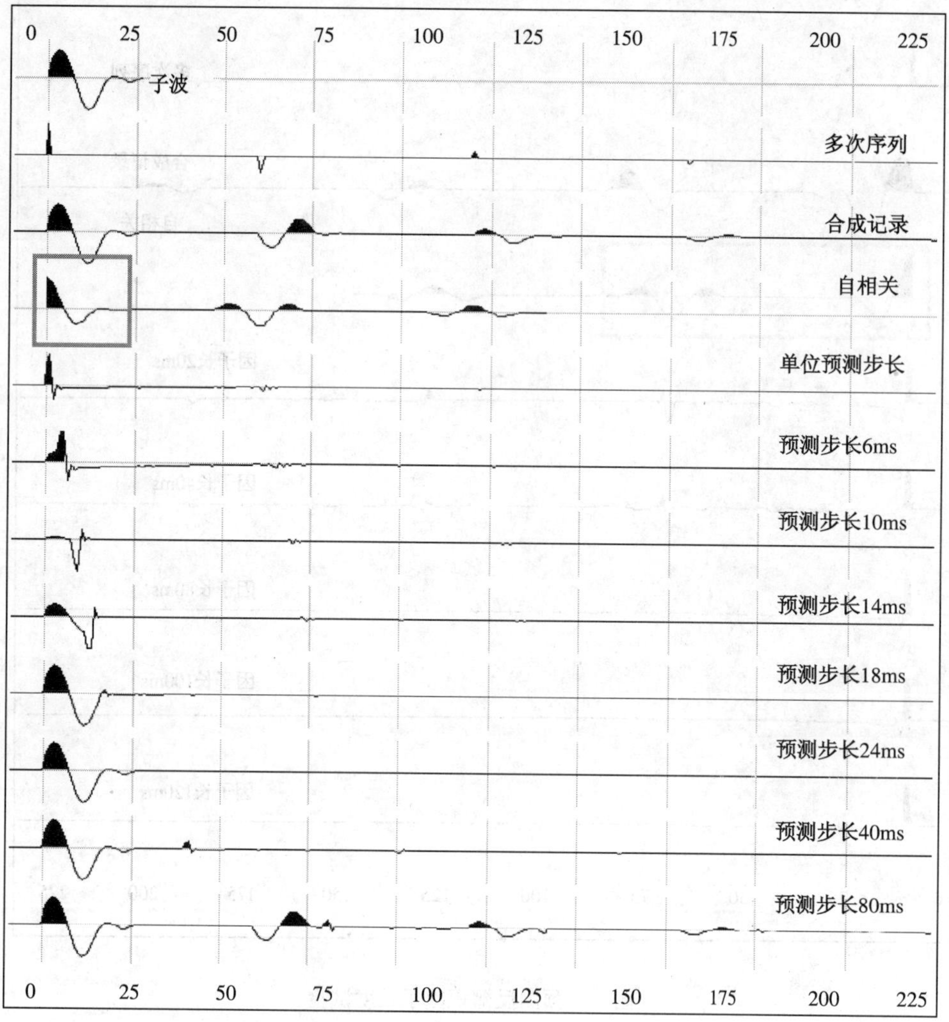

0 25 50 75 100 125 150 175 200 225

子波

多次序列

合成记录

自相关

单位预测步长

预测步长6ms

预测步长10ms

预测步长14ms

预测步长18ms

预测步长24ms

预测步长40ms

预测步长80ms

0 25 50 75 100 125 150 175 200 225

图 8　预测反褶积预测步长试验

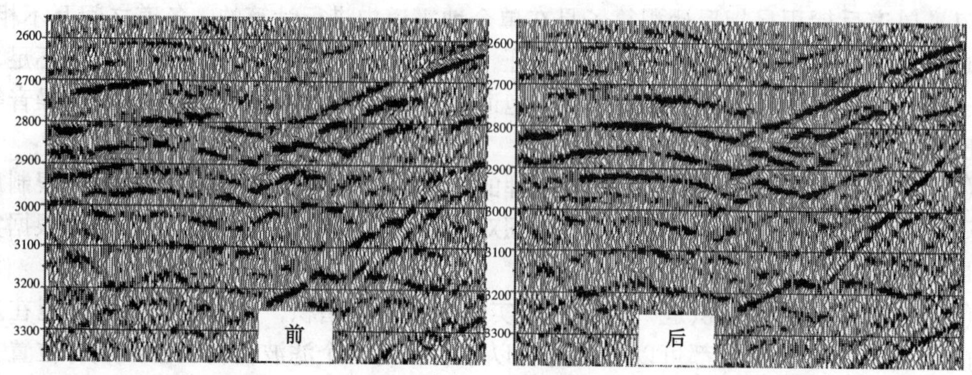

图 9　零相位反褶积效果对比

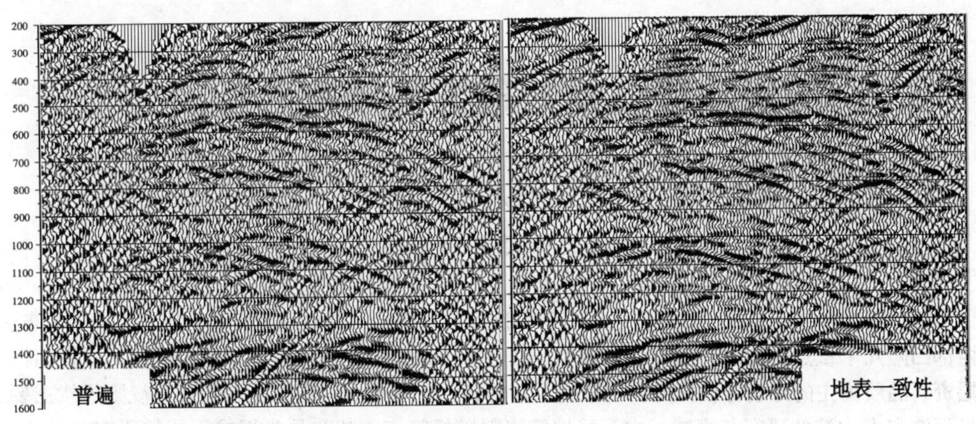

图 10　地表一致性反褶积效果对比

4　结论

反褶积原理完全是建立在理想的模型下，但它具有很大的实际意义。只要能满足各基本假设条件，会取得好的效果。在实际处理工作中，如果发现反褶积没有效果，多半是因为违背了某条基本假设。在实际资料处理中，进行反褶积之前，应先分析资料是否已满足反褶积的 6 个基本假设，如果没有，考虑如何将其改进。

参 考 文 献

1 （美）渥·伊尔马滋著．地震数据处理．黄绪德等译．北京：石油工业出版社，1994

2 杨宝俊等编著．勘探地震学导论．长春：吉林科学技术出版社，1992

3 陆基孟等编著．地震勘探原理．东营：石油大学出版社，2005

4 黄绪德等编著．反褶积与地震道反演．北京：石油工业出版社，1992

深层地震资料处理方法研究及应用

张恩臣

（中国石油辽河油田公司）

摘　要　本文结合辽河盆地深层资料信噪比和分辨率低、资料品质较差的特点，从辽河东、西部凹陷几个重点区的现有地震资料着手，结合多年来深层地震勘探的经验，进行了以提高深层资料品质为主的处理方法研究，均取得了新的认识。主要有：中深层地震资料规则干扰主要是面波和多次波的研究与衰减；中深层地震资料随机噪声干扰和异常振幅干扰的研究与消除，研究了利用叠前三维数据体的拟四维 RNA 去噪技术消除随机干扰技术；提高中深层地震资料分辨率研究，并总结了提高资料的信噪比和分辨率的迭代方法；提高深层成像精度研究，比较了目前常用的几种偏移方法的特点，总结了偏移速度在偏移中的影响。针对辽河深层和中浅层火山岩屏蔽严重的现实，研究了基于广角反射地震学的理论方法，应用于深层地震勘探的探索方面，取得了可喜的突破。研究成果较好的应用于西部凹陷的鸳鸯沟地区、东部凹陷的欧北和荣兴屯地区的三维和二维地震资料处理中，使资料品质得到明显提高，构造形态及基底反射清楚。通过这些技术的开发和研究，完善了辽河深层处理技术系列，为今后更好地进行辽河深层地震资料处理打下了基础。

关键词　地震勘探　深层处理　去噪　地震偏移　广角反射

1　引言

辽河盆地作为我国的主要含油气区，在近 30 年的勘探中，历经了由下第三系砂岩油气藏到基底潜山油气藏，由背斜、断块等构造油气藏到地层、岩性油气藏，由凸起到凹陷，由浅层到深层，由陆地到滩海的多期、多层次、多目标勘探，中、浅层已成为高成熟区。探井密度达 0.5 口 /km^2，陆上探明储量集中于 3500m 以上的中浅层，而深层探明储量仅占辽河盆地陆上已探明储量的 1%，探井密度仅达 0.03 口 /km^2，相比较而言深层勘探程度很低。为了开辟新的勘探领域，进一步寻找新的储量，实现资源储量序列的良性循环，开展深层勘探和研究已十分必要。

深层地震勘探和资料处理技术主要包括两大主要方面：一是常规观测方式下的反射波地震采集和突出深层的资料处理；二是基于广角反射地震学的地震观测和资料处理。目前国内深层资料的处理基本上是进行上述第一方面的工作，即对常规观测的反射波资料进行突出深层的处理。总体思路是从干扰背景中提取和增强深层很弱的有效信号，提高剖面的信噪比和分辨率。

本文紧密联系目前和下一阶段辽河盆地深层勘探的整体部署，从本区地质研究的需要出发，从辽河东部凹陷、西部凹陷选择重点区块，包括热河台—欧力坨、双台子、荣兴屯等几个重点区带的现有地震资料着手，进行深层资料处理方法研究，为深层的地质研究提供高品质的地震成果，努力使该有利区的勘探有新的进展。

2 深层资料研究现状及存在的问题

常规采集资料的深层处理技术研究，目前主要围绕如何提高深层资料品质，即将微弱的有效信号从较强的噪声背景下提取出来；同时，在如何提高深层资料的成像精度上进行研究。在提高深层资料的分辨率技术方面所见文献很少，难度也比较大。

2.1 国内外研究现状

目前国内深层资料的处理基本上是对常规观测的反射波资料进行突出深层的处理。总体思路是从干扰背景中提取和增强深层很弱的有效信号，提高剖面的信噪比和分辨率。

江苏油田的做法是[1]：针对深层反射能量弱的特点，在激发上加强低频微弱信号，有条件时使用人工控制振源信号频谱。针对苏南地表复杂的特点，在起伏较大的地区，接收上注意了每道的检波器串的埋置，不采用过大的面积组合。由于新生界地层倾角相对变化小，一般采用增大排列长度来压制多次波。要有足够大的炮检距，以穿透深部的屏蔽带，取全地下地质信息，排列的长度原则上依最大目的层深度而定。在处理上，针对中深层资料信噪比低、同相轴连续性差、受各种干扰严重特点，首先是做好资料的预处理工作。其次，主攻中深层叠加成像和偏移成像两个关键环节。叠后处理采用波场分离去噪模块适应低信噪比和中深层资料处理。

松辽盆地的做法是[2]针对深层火山岩发育，从地震和地质两方面对火山岩的特征和分布规律进行了研究，一方面通过火山岩相地震反射特征，对火山岩的分布范围和厚度预测等进行了细致的解释；另一方面从钻井揭示的地质因素出发，对火山岩的分布规律进行了研究。并以此来指导深层火山岩发育地区的资料处理。

大港油田的做法是[3]：针对深层目标区开展了老资料的连片目标处理，重点开发了几项具有特色的目标处理技术。如去多次波技术，建立了一个去多次波宏模块；拟合P波剖面技术，分辨率较原剖面有所提高；AVO碳烃检测技术；叠前时间偏移技术和叠后深度偏移技术等。

2.2 辽河深层勘探现状及资料存在的主要问题

1995年以前，辽河盆地的主要勘探目标集中于中浅层的二级正向构造带上， 洼陷区及其周边二、三维地震勘探程度均较低，且资料品质很差。从1996年开始，为了开拓深层新领域，寻找后备储量接替区，加强了深层目标区的二、三维地震采集和处理工作。仅1996—1999年，深层区内共采集二维大偏移距、高次覆盖地震（96次，120次）1382km，三维地震1227km^2，实现了深层区内三维资料全覆盖。同时，针对重点目标区，开展了二、三维资料的重新处理和目标处理，使深部地震资料品质有了明显的改善。

为了更准确地落实深层构造， 预测有利储集体展布和油气分布，针对重点目标区，近两年来分别在热欧地区、青龙台地区、双台资地区等在原常规三维的区域，又进行了针对深层目标的大偏移距、高次覆盖的新一轮的三维地震采集。部分新采集资料的最大偏移距达到7000m，覆盖次数达到60次，资料的观测方式较原三维有很大的改进或不同，所以，为充分处理和利用好这些新采集资料，开展该区针对深层目标的处理方法研究意义重大。

近几年来，辽河油田也开展了小规模的提高资料品质的处理方法研究。针对影响深层资料品质的几个主要问题，开展了全面的方法试验与攻关，探索有效的处理手段在深层处理上的应用。首先对影响深层资料品质的能量、噪音、频率等进行了全面的分析，在此基础上主要进行了以下几方面的技术研究：在提高信噪比方面研究了区域滤波技术、$F—x$ 域去噪技术、各种能量补偿技术、大地吸收衰减因素探索、高精度速度谱制作等；在提高成像精度方面，进行了 DMO 技术试验、不同偏移方法的试验、不同速度模型对深层准确成像作用试验，同时试验了二维叠前深度偏移技术在深层成像中的作用，在提高分辨率方面还没有进行较全面的试验，所以也就没有较成熟的技术系列。

资料存在的主要问题是：深层主频低，频带窄，面波、虚反射及多次波等干扰严重，偏移归位困难。

3 辽河深层资料处理技术研究

通过近两年的研究，针对：中深层资料规则干扰、深层随机干扰、深层分辨率及深层偏移成像等 4 个方面的问题，灵活结合现有技术，研究开发出了一些新的技术，取得了新的认识。

3.1 中深层地震资料规则干扰的研究与消除

由于地表、地下地震地质条件等各种复杂因素的影响，野外采集的地震记录经常存在各种干扰，尤其是在复杂地表地区，所获得的地震记录的信噪比低，严重地影响了叠加剖面的质量，要想获得具有较高信噪比的地震剖面，就必须对这些地震资料进行叠前去除各种噪声的处理。

对辽河各个地区的地震资料进行了细致的调查和分析研究，认为辽河地区的地震资料在叠前主要噪声有：(1) 异常振幅噪声，表现为面波、声波、50Hz 工业电、高频噪声、不规则尖脉冲等，其特征是能量相对较强、频率分布范围相对集中；(2) 规则噪声，主要表现为多次波、倾斜干扰（主要在外围地区），其特征是在空间分布上具有一定的规律性；(3) 随机噪声等。尤其是深层地震资料，反射能量弱，已接近环境噪声。同时深层资料信噪比低，有效波与噪声难以识别。因此，对深层地震资料处理而言，能否有效压制地震记录中的各种噪声，提高资料的信噪比，是关系到深层地震勘探能否取得效益的关键问题。针对上述分析的几种噪声，研制开发了相应的技术：

3.1.1 面波的压制技术

原始单炮中往往存在低频干扰，尤其是面波比较发育，由于面波的主频一般较低，所以以往采用区域高通滤波的方法滤除面波。但这并不是一种可取的方法，因为高通滤波在滤除面波的同时也完全损失了有效信号的低频成分，而这种低频成分无论是对提高分辨率还是对做波阻抗反演都是非常重要的。

通过对面波进行综合分析，可以发现，从表现的视速度、能量、频率分布范围等方面来看，面波与有效波均存在较大的差异，因此利用时频分析的方法可以确定面波的存在范围，并根据加权衰减来对面波进行压制。目前，共有两种压制面波的技术：

(1) 首先确定面波存在的区域范围，然后根据提供的面波主频、视速度，分离出面波，最后让原始数据减去面波，得出面波压制后的结果。应用范围：压制低频、低速、线性关系不好的面波；

(2) 利用有效波与面波在空间和频率域的分布特征及能量衰减特性等方面的差异，利用统计分析的方法来识别和压制面波。适用于有效波和面波差异较大的资料(图 1)。

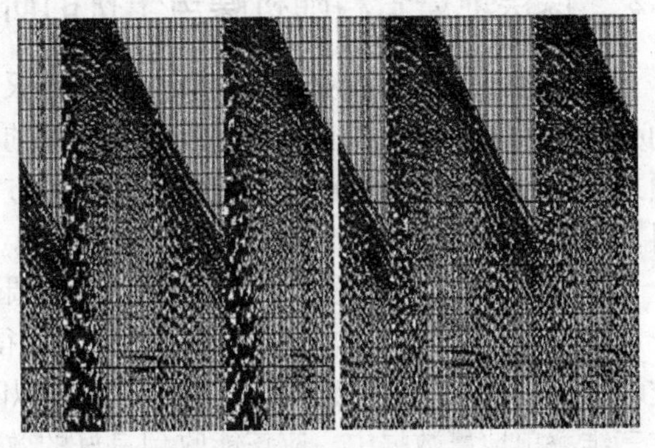

图 1　欧北地区面波压制前（左）后（右）对比

3.1.2　压制高能干扰

原始地震数据中常常存在着各种各样的干扰，强能量的声波、尖脉冲、簇状噪声等高能干扰，给叠前多道处理（如地表一致性振幅补偿、统计子波反褶积等）带来了极为严重的影响。在各种叠前、叠后地震记录上，有效信号的分布是有规律可循的，其能量和频率的变化相对缓慢；而强能量噪声则不同，它的横向变化规律与有效信号有较大差异，可以利用这种差异对噪声进行衰减。

本方法采用多道识别、单道处理的策略，对地震数据进行逐窗分析、分频对记录的振幅综合统计，选加权中值为识别参量，识别出噪声，再进行压噪处理。本方法可对叠前各种强能量的噪声进行压制，对不同的资料都有较好的效果。

另外，由于强能量干扰在不同的频段范围内的特征表现不同，因此本方法在实现过程中采用了分频处理的手段。

3.1.3　多次波去除技术

在辽河东、西两个凹陷，普遍存在严重的多次波干扰，有效信息被掩盖，给资料处理和地质研究带来很大困难。压制多次波主要基于多次波的以下特性：(1) 一次波与多次波的视速度区别；(2) 倾斜地层时一次波与多次波在叠加剖面上倾角的区别；(3) 一次波与多次波频率成分的区别；(4) 多次波的周期性。下面是根据辽河资料特点所采取的几项压制技术（图 2）：

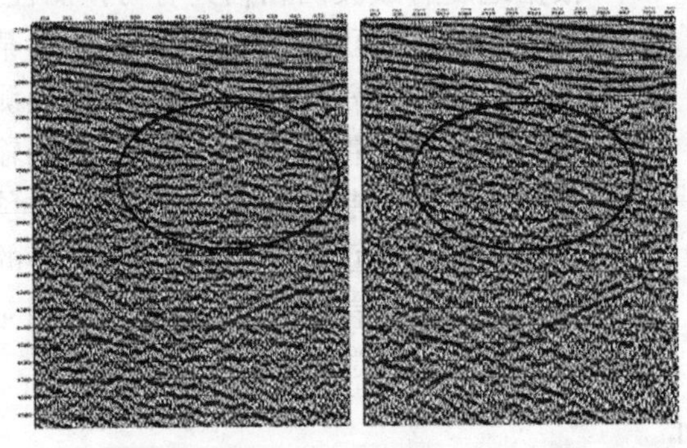

图 2　双台子地区去多次波前（左）后（右）对比

(1) 调整叠加速度方法：通过原始资料的分析，结合对该区的地质认识，从速度分析上避开多次波。不论是分析常规叠加速度还是分析 DMO 叠加速度，在保证叠加质量的前提下，尽可能地绕过低速能量团；

(2) 内切除及近道衰减技术经过对分偏移距 DMO 叠加与共 CDP 道集分析，发现大部分多次波的能量集中在小偏移距范围内，可以通过在内切除带做近道衰减，减少多次波对一次波的影响。

(3) *F*—*K* 域去多次波是一种常用方法，也是一种较有效的方法，只要仔细地试验其衰减强度与有关参数，也可以做到既衰减多次波又保持一次波的效果。在一定的偏移距范围内运用 *F*—*K* 域去多次波，效果较好。

(4) τ—p 域去多次波也是目前常用的一种手段，它是通过拟双曲线方式实现多次波的消除，有较好的应用前景。

3.2 深层地震资料随机噪声干扰的研究与对策

深层地震资料的信噪比低，有效波被湮灭在随机噪声中，给速度分析、反褶积等后续的处理带来很大困难，在叠前必须提高资料的信噪比。以前在叠前提高信噪比的方法有多项式拟合、二维随机噪声衰减技术，这两种方法主要应用在二维叠前资料上。对于三维资料，目前，研制开发了拟四维 RNA 去噪技术。

二维 RNA 以其理论上的严密性和实际效果上的显著性在地震资料数字处理中得到了广泛应用。在二维 RNA 去噪技术基础上，发展得到了三维 RNA 技术，即 *F—xy* 域预测去噪技术。如果进一步扩展到叠前使用，即成为拟四维 RNA（*F—xyz* 域）预测技术，将其应用在三维叠前地震数据中，应该能收到良好的效果。本方法正是基于这样的认识，假设地震记录的有效波在 *F—xyz* 域上具有可预测性，而随机噪声无此特性。利用最小平方原理求取三维预测算子，用该预测算子对该频率成分的拟四维地震数据体进行预测滤波，便可得到去噪之后的结果。

一般在时空域进行去噪，多是利用有效信号在空间方向具有相干性，而噪声在空间不具相干性的原理建立起来的。对于复杂地区的地震资料，要求使用的时空窗不能太大，同时要求地震资料要有一定的信噪比。本方法则是在一个较大的时窗范围内从整体上分离有效信号和随机噪声，它对时窗大小和信噪比的要求相对要宽松一些。

F—xyz 预测去噪技术基于地震数据在 *F—xyz* 域的地震有效同相轴具有可预测性。在实际地震数据中，由于道间时差 Δt_j 是未知的，可以应用最小平方原理来求取预测算子。

采用 *F—xyz* 域预测技术对三维叠前地震数据进行去噪，可以更充分地利用三维叠前地震数据，因而其去噪能力强。假设预测算子长度为 L，对于 *F—x* 域预测技术和 *F—xy* 域预测技术，它们的去噪能力分别近似为$\sqrt{L}$和 L；而对于 *F—xyz* 域预测技术，其去噪能力则可接近 $L\sqrt{L}$。

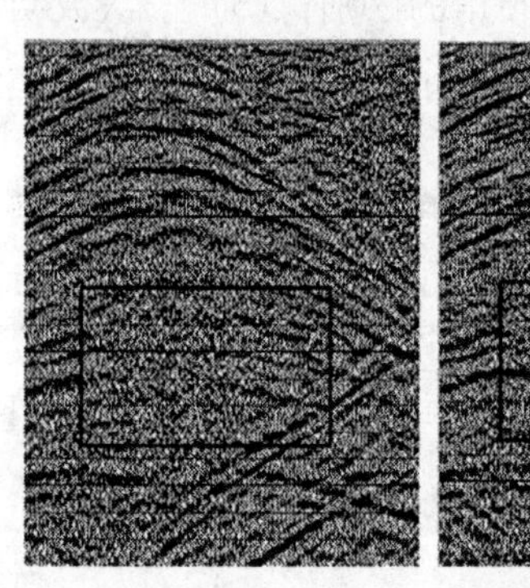
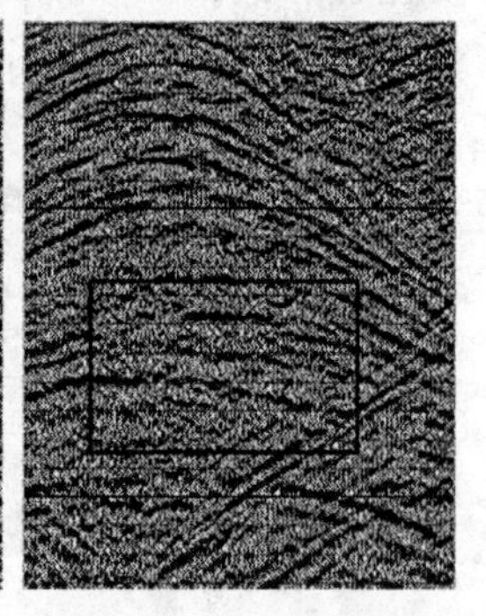

图 3　欧北地区随机噪音衰减前（左）后（右）对比

根据地震有效波同相轴具有可预测性，而随机干扰不具有可预测性，那么，对于某一频率 f_0，如果信噪比高，则输出（即预测值）能量与输入能量近似相等；反之，则输出能量远小于输入能量。用此信噪比值对预测值进行加权，便可使地震数据信噪比高的频率相对加强，而信噪比低的频率成分相对减弱，从而进一步提高去噪能力（图 3）。

3.3 提高深层地震资料分辨率 [10 ~ 12]

深层地震资料普遍表现为主频低、信噪比低，如果提高分辨率，必须首先解决信噪比的问题。因此，处理的思路是：在叠前以提高信噪比为主，同时保持频带宽度，在叠后进行提高分辨率的处理。目前，叠后提高分辨率的方法是和提高信噪比的方法相互结合，合理搭配、迭代进行才能取得好的处理效果。

叠后提高分辨率，就是进一步压缩地震子波，消除子波的影响，最终得到地层的反射系数。目前，主要方法有反 Q 滤波、谱模拟反褶积、蓝色滤波、最佳信噪比调频滤波等，在实际应用中，在提高分辨率和数据的保真度方面，效果较明显。

叠后提高信噪比和分辨率的原则是：(1) 去除规则干扰，随机干扰；(2) 去噪要适当，避免损失有效信息；(3) 提高频率要有度（图4）。

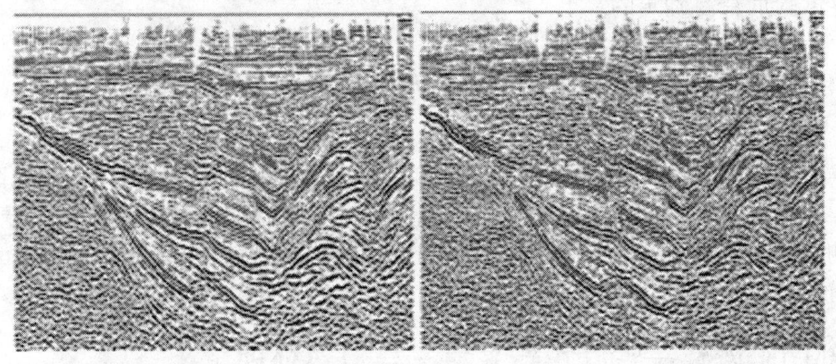

图4　欧北地区偏移剖面提高分辨率前（左）后（右）对比

3.4　深层偏移技术及深层成像研究

辽河油田东部凹陷的深层地层倾角大，盆地较窄，横向速度变化剧烈，构造复杂，成像困难。因此，三维一步法偏移至关重要。为了提高成像质量，主要做了以下两方面的研究工作。

3.4.1　偏移方法的选择

目前各套处理系统的偏移方法较多，每一种方法都有一定的使用条件。比如相移法偏移是在频率—波数域通过相位移动来实现波场延拓，具有归位准确，频散低，实现陡倾角归位等特点，但其算法是基于一个常速来实现的；*F—x* 偏移方法虽然使陡倾角很好成像，但要求横向速度变化不能太大。因此，在偏移方法的选择上，要根据实际资料特点，建立合适的速度模型，才能取得好的偏移效果。

3.4.2　偏移速度场建立

对于复杂构造地区，除了偏移算法影响外，偏移效果也取决于偏移速度的准确与否。试验过程中，发现偏移速度微小变化将导致处理目标区偏移成像的明显差异。如图5所示，

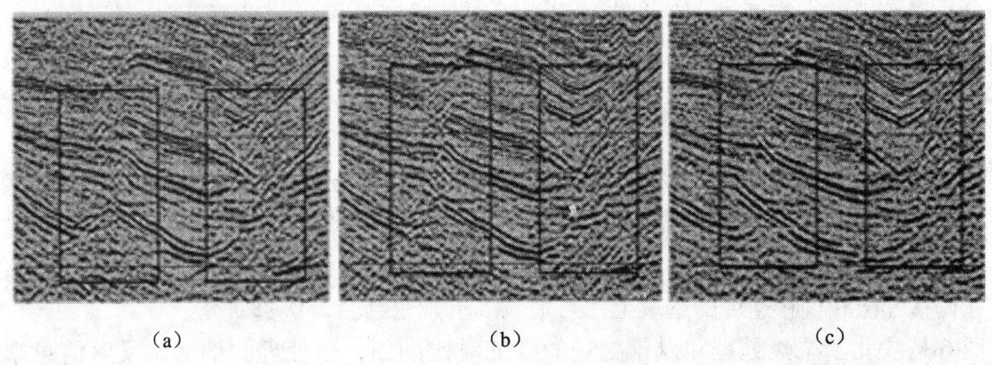

图5　不同偏移速度场的偏移结果对比

(a) 低速度场偏移结果；(b) 精确速度场偏移结果；(c) 高速度场偏移结果

是3种相差5%的速度的偏移结果，可以看出，偏移速度的误差会对偏移结果产生非常大的异常。因此偏移速度场的合理与否，将直接影响到最终成果质量。通常偏移速度场是根据DMO速度在井速度约束的条件下，结合本工区的地质特征，通过多次调整、平滑，并经反复偏移试验而最终确定的。

4　辽河深层地震资料处理技术应用

通过以上这些有针对性技术的开发研究，把叠前各种噪声的压制、多次波的去除、叠前提高资料的信噪比、叠后提高资料的信噪比和分辨率以及偏移方法的研究等新技术，应用在东部凹陷欧北—铁匠炉新采集的三维和西部凹陷鸳鸯沟—双台子地区新采集的两个区块上，见到了明显的效果。

4.1　东部凹陷欧北—铁匠炉新采集三维资料处理

辽河盆地欧北—铁匠炉地区是辽河盆地目前勘探程度最低地区，仅有探井10余口，近年的小22井和欧39井的钻探结果表明了该区中、深层有着巨大的勘探潜力。而原有的三维资料中、深层资料品质无法满足构造解释和储层研究的需要，为此，2000年中油股份公司在该区部署了379.7km^2、共计21束线的三维重新采集工作量。采集工作由辽河物探公司完成，2000年10月至2001年1月初共完成9～21束线、253km^{2}的三维采集任务。2001年3—6月辽河研究院完成了上述资料的处理任务。

工区构造位置位于辽河盆地的东部凹陷的中段，区内主要发育有北东向和近东西向两组断裂，局部构造有欧利坨子半背斜构造、大湾鼻状构造、黄沙坨构造和铁匠炉构造。该区受界东、界西及铁匠炉断层活动的影响，不同时期、不同性质、不同级次的断层十分发育。这些断层互相交切，构成了该区复杂的断裂系统。在东部凹陷的东西两翼，地层倾角较大，反射能量发散严重，东斜坡断裂构造比较发育，资料信噪比差。由于存在不同时代各种岩石类型的潜山而且曾发生不同规模、多期次的火山喷发，使得沙三中段、房身泡组发育的玄武岩对下伏地层的地震反射产生较强的屏蔽作用，造成沙三下段的砂岩储集层和潜山顶面构造难以追踪落实，内幕结构研究和裂缝等储集空间预测存在很大困难。

根据原始资料的特点及处理难点，采取了以下有针对性的技术：

(1) 原始资料存在面波、工业电、异常振幅等噪声的干扰，必须采取有效的方法进行压制，为后续处理打下基础，保证各项处理技术的应用效果；

(2) 由于受火山岩的屏蔽作用，潜山下部的反射弱，资料信噪比低，因此采取叠前提高信噪比技术；

(3) 原始资料的深层频率较低，单炮主频在10～20Hz之间，无法满足地质任务的要求，采取提高分辨率的处理技术；

(4) 由于该区地层倾角较大，断裂发育，必须提高偏移精度，保证断层准确归位。因此，在偏移方法和偏移速度的选取上，与地质人员紧密结合，认真研究。

图6是欧北新采集处理和以前处理的叠加对比剖面，新处理的剖面，反射信息丰富，信噪比高，频带较宽；图5是处理的两套最终偏移剖面，一套是常规处理，另一套是提高分辨率处理的剖面，最终剖面上各套地层反射齐全，剖面层次丰富，构造形态及基底反射清楚，层间信息丰富，地层接触关系清楚，主干断层在展布方面以及三界泡潜山顶面和内

幕都较清楚。利用该资料，在该区部署了3口探井，湾19井已经通过验收。图7为过湾19井的纵线偏移剖面。

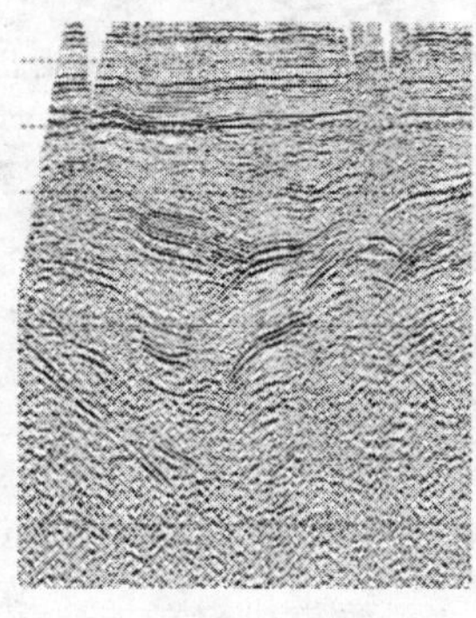

图6　欧北新处理（左）和以前处理（右）的叠加对比

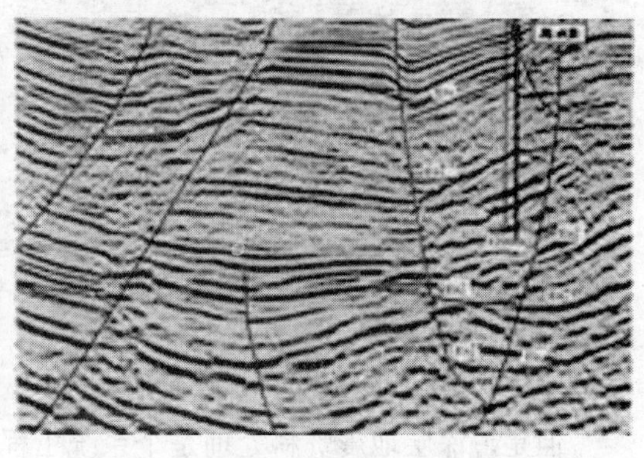

图7　欧北过湾19井的纵线偏移剖面

4.2　西部凹陷双台子新采集三维资料处理

该区块也是辽河油田二次采集的重点区块，总处理满覆盖面积340.82km^2 。该区块属西部凹陷中央构造带中、南段，基底起伏不平，物源充足且横向变化快，尤其主要目的层的储层横向变化更快。双台子区块位于双台子断裂背斜构造带内，鸳鸯沟区块位于凹陷南端断阶带的下台阶，全区紧临西部凹陷最大的生油洼陷鸳鸯沟—清水洼陷，是中国石油辽河油田公司目前乃至今后一段时期内勘探的重点地区。区内断裂发育，主要为北东向主干断裂及东西向次级断裂。该区经钻井揭示的地层，自下而上有：太古界、中上元古界和第三系等，发现了太古界、中上元古界、中生界、沙四段、沙三段、沙一段、沙二段及东营组8套含油层系。该区南有双南油田，西临欢喜岭油田，北接曙光油田，具有良好的勘探潜力。

该区资料的处理，除了解决叠前各种噪声的压制、提高深层资料信噪比的问题之外，还有一个最大难点就是多次波的压制，多次波在全区存在，对资料的品质造成极大的影响，通过应用以上几种压制多次波的方法，取得了明显的效果，最终资料得到了较大改进。与原始资料相比，资料品质得到明显提高；与以往资料相比，最终偏移结果明显改善（图8）。以往由于深层地震资料品质较差，无法落实深层构造情况。解释人员通过运用新采集处理的双台子资料，进一步落实了双台子地区沙三段的构造，并部署了双216探井（图9），同时发现落实了潜山圈闭，面积达9km^2，收到了很好的勘探效果。

5　结论与建议

经过一年多的研究和攻关，针对提高辽河深层资料品质，研究开发了叠前各种噪声去除技术；开发应用了叠前提高深层资料的信噪比技术；在叠后提高深层资料分辨率方面，总结了迭代提高资料的信噪比和分辨率的方法；在成像方面，对几种偏移方法进行了测试和研究；基本掌握了基于广角反射地震学的理论，通过理论模型计算和实际资料试处理，对该方法有了一定的认识。进一步完善了辽河地区深层地震资料处理技术系列。

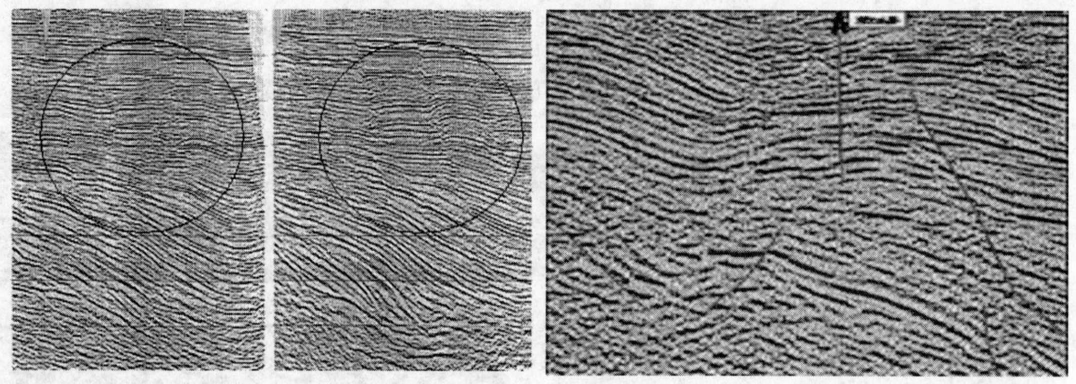

图 8　双台子地区新(右)老(左)纵线偏移结果对比　　　　图 9　双台子地区过双 216 井纵线偏移剖面

但是，深层地震资料处理是个系统工程，需要集成目前有效的和将来可能有效的多项处理技术，需要长期的研究，才能取得好的成果。同时随着大型计算机的引进，一些处理技术如叠前深度和叠前时间偏移技术应用在深层资料处理中，定会取得一些好的效果和新的认识。

参 考 文 献

1　陈凤庆，蒋治萍．苏北中深层资料处理方法研究．小型油气藏，1996，1（3）：15 ~ 20

2　邵正奎，孟宪禄．松辽盆地火山岩地震反射特征及其分布规律．长春科技大学学报，1999，29（1）：33 ~ 36

3　徐常练，许　云．浅层速度横向变化对深层速度分析的影响．石油地球物理勘探，1999，34

4　张凤莲等．辽河盆地深层勘探综合地质研究及重点目标评价， 辽河油田公司科学技术报告，2000

5　张文坡，刘文霞等．深层地震资料处理方法研究．辽河油田公司科学技术报告，2000

6　牟永光．地震勘探资料数字处理方法．北京：石油工业出版社，1981

7　（美）渥·伊尔马滋著．地震数据处理．黄绪德等译．北京：石油工业出版社，1994

8　罗省贤．几种叠前去噪方法．石油地球物理勘探，1997，32（3）：411 ~ 417

9　张　山．*F—x* 域内提高地震资料的信噪比．石油地球物理勘探， 1992，27（5）：648 ~ 654

10　Claerbout，J F. Foundamentals of Geophysical Data Processing. McGraw—Hill Book Co，Inc，1976

11　Common Desk Environment：Programmer's Guide.SUN

燕南地区地震资料处理技术研究

李　晶
（中国石油辽河油田公司勘探开发研究院）

摘　要　该课题针对燕南资料特点，开展滩海地区配套处理技术研究。针对连片三维研究了振幅调整、地表一致性反褶积、分频地表一致性剩余静校正、时空变反Q滤波技术，使地震资料的连续性增强；针对资料干扰严重研究了最大熵叠加法去噪、多域组合消除多次波技术，提高地震资料的信噪比；而针对资料构造复杂，开展速度场建场方法、偏移成像方法研究，提高了地震资料的横向分辨率，改善了潜山的成像精度。所研究的技术推广应用到燕南断裂构造带北段365km²的连片三维实际生产中，有效地提高了勘探基础资料的品质。应用新的处理成果，燕南地区在潜山勘探取得了突破，部署了葵东3预探井。

关键词　滩海资料　连片三维　地表一致性处理　分频剩余静校正　时空变反Q滤波　多域组合去噪　叠前　时间偏移

1　引言

根据“深化盆地、加强海上、突破外围、准备新区”的勘探思想，辽河滩海东部凹陷作为下一步滩海勘探的工作重点。特别是葵东1井的钻探成功，不仅为滩海东部地区的勘探开辟了新的勘探领域，也为下一步燕南潜山披覆构造带的评价和勘探提供了有利的依据。这些充分展示了辽河滩海天然气勘探的良好前景，燕南地区已成为辽河油田“十一五”天然气勘探的重点地区。

为下一步勘探部署提供可靠依据，有必要对该区不同采集条件的三维区块进行连片目标处理，一是解决多年来该区没有统一数据体，很难进行整体评价；二是提高该区馆陶组分辨率，提高对岩性油气藏预测精度；三是解决中生界和古生界成像问题，以达到对其准确评价的目的。

燕南地区地震资料不但施工年度跨度大，而且激发和接受因素大不一样，由陆地到浅海，采集参数不一、施工队伍不同，造成施工质量参差不齐，表现在信噪比、频率、相位、能量等方面差异较大。这样的资料难以满足该区勘探的需求，因此，必须进行针对性的处理技术研究，为构造精细研究和储层预测提供可靠的基础资料。

2　处理技术研究

针对多块资料拼接、激发和接收因素不同的处理难点，开展三维地表一致性处理技术研究，提高地震子波的同向性；针对干扰严重的处理难点，开展叠前去噪技术研究，提高地震资料的信噪比；针对资料构造破碎、断裂纵横交错、地层倾角大且浅的处理难点，开展速度场建场方法、偏移方法、参数的研究，提高成像精度。

2.1　三维地表一致性处理

由于研究区地震资料施工年度跨度大，接收仪器、采集参数、施工队伍等各不相同；加上地表激发、接收条件变化较大，造成资料品质不尽相同，所以如何实现多块三维资料的拼接处理，就显得尤为重要。连片三维地震资料处理的重点是做好地表一致性处理，即地表一致性振幅补偿、地表一致性反褶积、地表一致性剩余静校正。

2.1.1　振幅调整技术

为了保证叠前道集能量的一致性，防止偏移画弧现象。针对资料能量差异大的特点，开展振幅调整技术研究。首先自编“振幅空间调整”程序进行调整；在此基础上，采取球面扩散补偿和地表一致性振幅补偿相结合的方法。

球面扩散补偿是为了补偿地震波在地下传播时波前扩散造成的能量衰减；地表一致性振幅补偿是为了消除不同区块、不同炮点、不同检波点、不同激发能量和不同接收仪器等造成的反射波能量不一致性。采取上述振幅调整技术，不但较好地补偿了深层能量的损失，而且消除了激发、接收和偏移距因素的影响，使反射波的振幅已趋于一致，确保后续叠前时间偏移的质量。

2.1.2　地表一致性反褶积

波形胖瘦不一致，会造成静校正计算有误差，速度解释错误以及叠加波形失真。这是地震资料处理最头痛的问题，解决问题的出路是做好反褶积。

依据资料的实际情况——气枪和炸药两种震源、多块拼接、多次波发育，在大量试验对比的基础上，最后采取：先做子波最小相位化调整，以满足反褶积的假设条件[1]；再做地表一致性预测反褶积，既压缩地震子波，又压制了部分多次波；最后做地表一致性子波零相位化调整。地表一致性反褶积不但拓宽了反射信号的频带，而且使不同区块之间、不同炮检距之间，子波趋于一致，从而消除了不同区块在频率上的差异。在参数选取时，针对不同区块、同一区块不同资料分别应用不同反褶积参数，取得了较好的反褶积效果。如图 1 所示，为反褶积前后的叠加剖面。

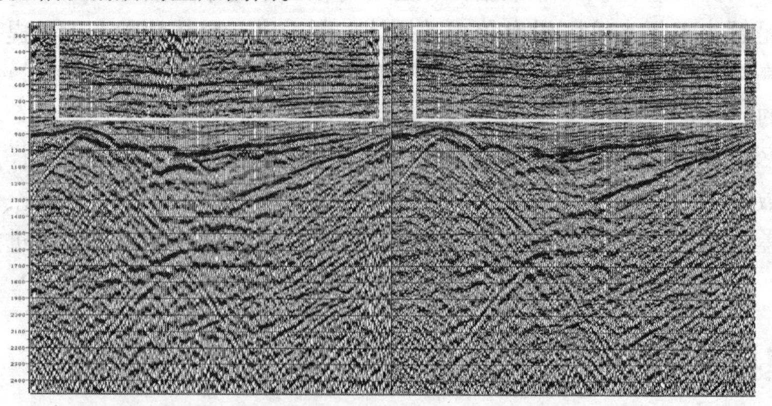

图 1　反褶积前（左）后（右）叠加剖面

2.1.3　分频地表一致性剩余静校正

常规的剩余静校正不能解决较大的静校正量问题，这时需要分频进行剩余静校正。首先通过扩大面元求取静校正的低频分量，解决大的静校正量。

在应用地表一致性剩余静校正低频分量的基础上，又求取剩余静校正的高频分量。在做地表一致性剩余静校正时，采取变时窗、变频带、速度分析与静校正反复迭代，直到地表一致性剩余静校正达到收敛，校正量在一个采样点以下。

如图2所示，为应用地表一致性剩余静校正前后的叠加剖面，可见通过应用分频地表一致性剩余静校正，进一步调整了不同区块资料的时差问题及其频率差异，提高了中深层资料的信噪比，实现同向叠加。

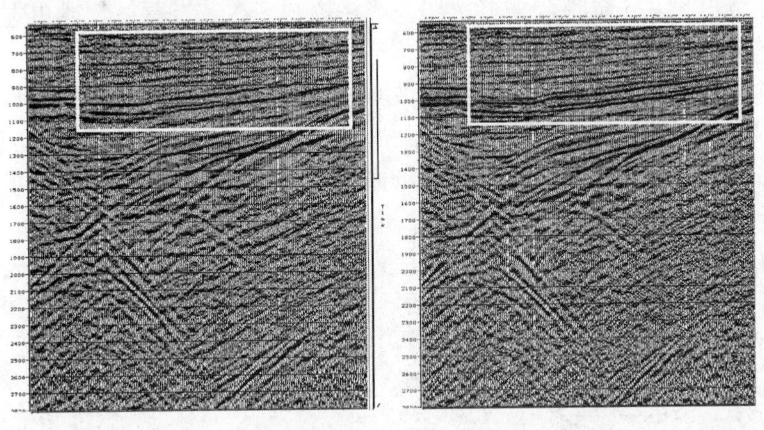

图2　分频剩余静校正前（左）后（右）叠加剖面

2.2　多域去噪技术

资料的信噪比是分辨率的基础，要提高分辨率首先要提高信噪比。叠前去噪的目的不仅仅是提高信噪比，还有利于后续的叠加速度分析、静校正量的求取以及偏移成像精度的提高[2]。因此，叠前各种去噪处理十分必要。

2.2.1　*t—x* 域去噪

包括交互手工编辑、多道统计去噪、最大熵叠加法去噪。

由于燕南三维有很多空白道，并且利用处理系统已有的程序还消除不掉这些空白道。为了提高效率，保证按期完成处理任务，自编程序予以解决。针对老资料存在短记录和气枪二次激发现象，逐炮进行了交互手工编辑，尽量做到干净、彻底。如图3所示，是利用最大熵叠加法去噪前后的叠加剖面。

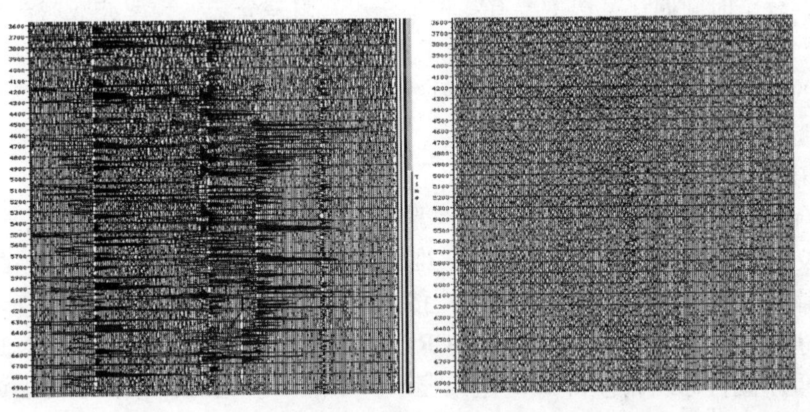

图3　最大熵叠加法去噪前（左）后（右）叠加剖面

2.2.2　多域组合消除多次波

针对研究区多次波发育这一难题，主要采取如下技术来消除：

(1) 注意在速度谱解释时识别多次波，即参考相邻谱点的解释，有意避开多次波。

(2) 在反褶积方法的选择上，选用 t—x 域的预测反褶积，这样既能提高分辨率，又能压制一定周期的多次波。

(3) f—k 域和 τ—p 域联合去多次波，严格控制多次波发育区，既可保证不损失有效反射，又可提高资料的信噪比。

(4) 共炮检距域去多次波，针对多次波集中于小炮检距的特点，利用加权叠加来消除多次波。

如图 4 所示，是去多次波前后的叠加剖面，可见多次波得到了很好的消除，突出了有效反射。

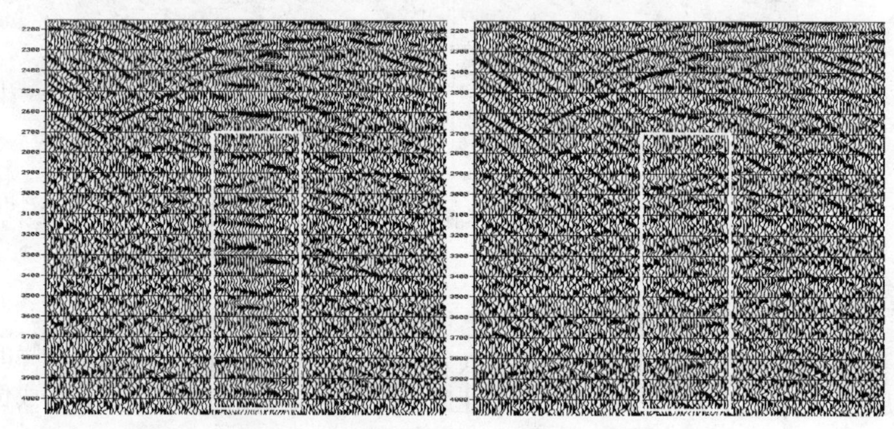

图 4　去多次波前（左）后（右）叠加剖面

2.3　速度场扫描结合井资料约束，提高成像精度

由于本区断层发育、构造复杂、速度横向变化大，这就要求在前面精细处理得到的高质量叠前道集的基础上，开展叠前时间偏移技术研究。主要从以下方面入手：

2.3.1　偏移算法的选择

目前，叠前时间偏移算法主要有：积分法、有限差分法、频率波数域法、频率空间域法、τ—p 域法等。经过比较，选择克希霍夫积分法。

具体的偏移方法有直射线法、弯曲射线法、射线追踪法，经试验对比选择——射线追踪法。

2.3.2　偏移速度场的构建

如何合理地求取资料的真实速度，是得到好的偏移成像关键所在。针对该区构造破碎、断裂纵横交错、速度横向变化剧烈的成像难题，探索总结出一套有效的速度建模方法。

首先输入 DMO 速度作为初始速度，按不同百分比速度扫描，做试偏移，并输出相应 CRP 偏移道集；然后，根据偏移剖面和 CRP 偏移道集，进行速度拾取；再以此次速度为输入速度，重新做目标线偏移和 CRP 道集显示。如果 CRP 道集不平，重复上述工作，直到得到满意速度为止，即 CRP 道集较平。并且用合成记录和井分层资料对偏移剖面进行质量监控。

2.3.3 偏移参数的优选

对于克希霍夫积分法，偏移孔径和偏移倾角是主要参数。选取太小，陡倾角反射不归位；太大，偏移噪声大、运行时间长。

成像质量和偏移振幅的可靠性取决于偏移孔径的选取。参考实际资料的最大炮检距和最大地层倾角，分别做了纵向和横向孔径试验。最后，选纵向孔径为4000m、横向孔径为4500m。

射线追踪法可以实现任意角度的偏移。因此，选择合理的偏移角度、准确地给出构造倾角，才能可靠地计算出反射波走时，对偏移成像是非常重要的。

根据叠加剖面中最陡反射的倾角而定，这样既保证了偏移算法的精度，又减少运算量。分别做了10°，15°，20°，25°，30°，35°，40°，45°，50°，55°，60°，65°，70°，75°，80°，85°试验，最后由浅至深选取10°，15°，30°，65°。

3 应用成果

研究的处理技术，推广应用到燕南地区的燕南断裂构造带北段连片三维地震资料的实际生产中，共完成叠前时间偏移处理工作量365km²，取得很好的效果。应用新处理的资料，使得潜山勘探取得实质性进展，并部署了葵东3预探井。

通过该课题的研究，从地震资料的处理上基本解决了该区提高馆陶组分辨率及中、古生界的成像问题，在此基础上搞清浅层及深层的成藏控制因素，对于该区下一步的勘探，具有十分重要的指导意义。

4 结论

针对燕南地区地震资料的特点，主要研究了3方面的处理技术。针对连片处理问题，研究了三维地表一致性处理技术，使CMP道集的同向性增强，从而叠后在不同区块交接处连续一致；针对干扰波发育的问题，研究了叠前去噪技术，提高地震资料的信噪比；针对资料构造破碎、地层倾角大且浅的问题，研究了叠前时间偏移技术，既提高了地震资料的横向分辨率[4]，又改善了潜山的成像精度。

总之，研究的处理技术，从整体上改善了燕南地区地震资料的品质，为发现新的储量作出了贡献。随着各油田陆上勘探程度的加大，滩海地区将是下一步产能新的增长点。因此，针对海陆过渡带资料的特殊处理技术，将有着更广阔的应用前景。

参考文献

1 (美) R.E. 谢里夫，(加) L.P. 吉尔达特．勘探地震学．初 英等译．北京：石油工业出版社，1999

2 周锦明，熊 翥．地震数据精细处理．北京：石油工业出版社，2003

3 王棣，王华忠，马在田等．叠前时间偏移方法综述．勘探地球物理新进展，2004，(5)：313 ~ 320

4 云美厚，丁 伟，王新红．地震水平分辨力研究与应用．勘探地球物理新进展，2005，(2)：102 ~ 107

第二部分　计算机网络应用技术与信息安全

Bakbone Netvault 在中国石油西部管道公司备份系统中的应用

金　剑

（中国石油西部管道公司科技信息处）

摘　要　随着企业对生产经营数据安全重要性认识的提高，数据信息的存储、备份、管理以及与之相关的各种问题，也摆在了企业面前。本文介绍了Bakbone Netvault软件在西部管道公司数据备份系统中的应用。

关键词　Bakbone　备份　数据　应用

1　引言

随着信息、网络技术的迅速发展，企业各种信息系统的应用日益成为企业提高管理水平、增加企业经济效益、提升企业决策支持水平的重要手段。各种业务数据是企业各种信息系统的基础，因此，对各种数据进行集中存储、管理与备份，并在此基础上充分利用现有数据，是企业信息化建设稳固发展的重要保证。在数据的安全保护方面，数据的备份管理是最为必要的手段，是数据安全的最后一道防线。企业对信息资源的依赖程度越高，对数据安全性、可用性、可恢复性的要求也就越高。

2　Bakbone Netvault 软件特点

NetVault备份软件是Bakbone公司针对企业级的Unix、Windows NT/2000/2003、Mac OS X、Linux和Netware异构环境的全面的备份和恢复方案。通过NetVault备份软件，用户可快速添加和配置新的服务器、设备和客户端并集中控制。NetVault备份软件具有以下特点。

2.1　虚拟磁带库功能

（1）内建虚拟磁带库（Virtual Tape Library，VTL）的功能，可将硬盘仿真成虚拟磁带库，全面支持IDE，ATA，SATA，SCSI及FC等硬盘及磁盘阵列。

（2）虚拟磁带库操作管理等同于真实磁带库，可提供无限制的虚拟读写头，能同时进行多个备份或恢复进程，增加备份及恢复的效率。

（3）虚拟磁带库可当成实际备份储存设备，节省备份设备的投资；虚拟磁带库可以升级至SAN环境中成为共享虚拟磁带库（Shared Virtual Tape Library，SVTL），由客户端直接共享并进行数据的写入或读出。

（4）内建动态的可调式缓冲区（Dynamic Share Memory）及可调整式的磁带区块功能（Adjustable Block Size），能将备份硬件设备的效能发挥到极限，以增加备份及恢复的效率。

2.2　图形化操作界面（GUI），简化操作

（1）全屏幕监视服务器可由单一管理接口执行远程安装软件、客户端设定等动作，并提供图形方式控制所有备份及恢复任务。

（2）在进行数据库备份或恢复数据作业时，提供全图形化的操作接口，管理人员不需学习各种数据库复杂的备份或恢复命令。

2.3　支持的多种平台

（1）备份服务器可以选择各种开放作业平台，包括有：Alpha Tru64，FreeBSD，MAC OS/X，HP-UX，IBM AIX，Linux（32/64 bit），NCR MP-RAS，SCO OpenServer，SCO Unixware，SGI Irix、Solaris（SPARC），Solaris（Intel®），Windows 2000/NT/XP/2003 等，备份客户端也支持 Novell NetWare，Windows 95/98/ME/2000/2003 平台。

（2）支持在线备份的数据库，包括 DB2，Lotus Notes/Domino，Informix，Microsoft Exchange & Exchange & Mailbox，Microsoft SQL Server，MySQL，Oracle On-line，Oracle RMAN，PostgreSQL，SAP R/3，Sybase 等。

2.4　管理者权限控制，便于管理

（1）可根据客户端属性的不同来划分群组，便于管理及权限控制；

（2）内建使用者权限管理功能，可依照使用者的权责限制其操作备份服务器的功能，允许具有不同权限的操作人员访问权限内的备份策略和备份的数据，同时可管理磁带配额及工作数目，达到资源有效管理；

（3）内建用户操作审计功能，记录所有系统使用者的操作过程，并提供及时报警通知功能。

2.5　备份及恢复功能完善，操作简便

（1）可以对磁带进行分组管理，并可批量的对磁带进行卷标或清除动作，减少人为操作的失误；

（2）支持自动清洗功能，支持磁带柜中磁带机以读写数据量、使用时间以及出现的软读写错误等多种方式设定其自动清洗功能；

（3）可定义各种事件，通过电子邮件或 Windows 信使功能传递告知使用者；

（4）备份数据采用开放格式（Non-proprietary Tape Format），UNIX 或 LINUX 采用 CPIO 格式，Windows 采用 MTF 格式，可利用操作系统的指令（如 CPIO）执行恢复作业；

（5）提供异机恢复功能，将数据有效且迅速地恢复至任一服务器或客户端；

（6）提供合并式备份（Consolidate Incremental Backup）功能，将完整备份及差异备份合并成另一卷全备份的磁带，无须再去执行全备份；

（7）提供 128 位加密功能数据备份业选件，备份数据可在客户端先行加密，再传送给磁带装置储存；

（8）支持通过防火墙备份；

（9）系统的平滑升级，不需重新安装，可以方便地进行软件的升级。

2.6 备份工作设定灵活多样

提供备份任务的设定及管理功能，可设定单一策略包含数个相同性质的客户端，简易管理；支持自动定时恢复，允许系统管理员根据需要制定相应的策略来定时自动的恢复数据。

2.7 报表功能

图形化报表功能，可输出为HTML、文字或CVS格式报表。

2.8 具有图形化的实时监控能力并产生报告

(1) 支持对一个或多个备份服务器进行相关的备份任务、备份介质、备份状态等信息的统一管理监控，能够实时监控服务器状态，生成图形化的报表，并能够提供预警功能和邮件通知功能；可实现对备份或恢复任务进行总结并提供成长趋势报告。

(2) 支持对需要备份主机的存储使用空间大小、I/O效率、文件的类型、文件使用率等情况进行监控分析并生成报表。并能依据生成的报表，自动进行删除、移动、复制、备份或是归档等作业，可移除陈旧或重复的文件，或形成文件存储分级管理，避免备份重复或冗余的文件，从而实现重要数据的快速有效备份，节省备份介质空间。

3 Bakbone Netvault 在备份系统中的应用

3.1 总体架构

中国石油西部管道公司目前在用的数据库类型有Oracle和SQL Server数据库，除数据库外还有重要的文件数据，为保证以上数据的安全性，采用了Bakbone Netvault的整体解决方案。备份系统总体架构见图1。

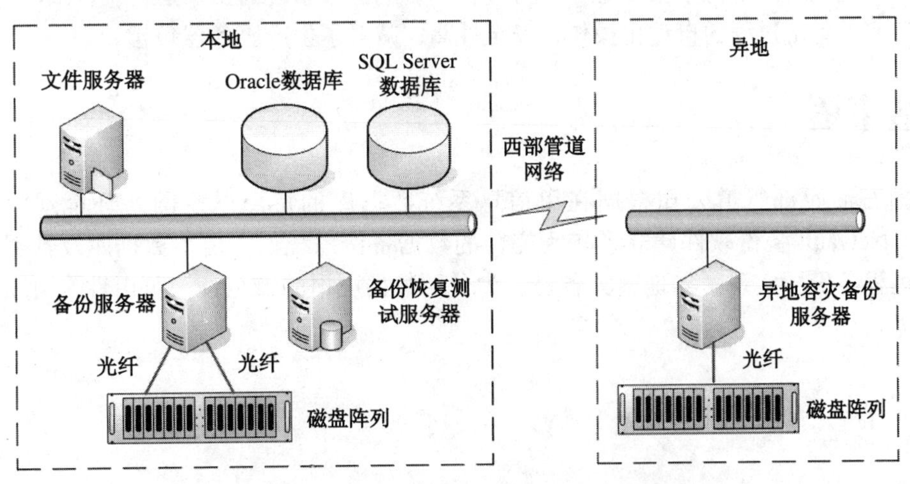

图1 备份系统总体架构图

备份系统采用本地+异地容灾备份结构。本地、异地各采用1台DELL2950服务器作为备份服务器，采用EMC CX3-20F磁盘阵列作为整个备份系统的存储设备，通过

Netvault 备份软件对磁盘阵列进行控制，采用虚拟带库的方式进行备份。为了保证公司业务系统的数据安全，在备份客户端采用 SQL Server APM、Oracle Online APM 数据库联机备份选件，通过该选件，在数据库不停机的情况下，将数据库中的数据完整地备份到指定的备份设备中，保障数据的安全和完整性。本地部署 1 台 DELL R900 服务器作为备份恢复测试服务器，对备份数据进行恢复测试验证。

3.2 备份策略

系统备份策略采用数据库在线全备份＋增量备份方式，每周进行一次完全备份，其余每天采用增量备份。本地备份的同时在异地也进行备份。文件数据每周进行一次全备份，同时在异地进行保存。

3.3 应用效果及特点

3.3.1 采用虚拟带库方式，提高了备份系统稳定性，实现了数据的快速存储

通过 NetVault 的 VTL 插件，将磁盘阵列虚拟成真实的磁带库格式进行数据的备份和恢复。在磁盘阵列上建立一个虚拟的磁带库，拥有虚拟的驱动器、磁带槽位和磁带。在进行备份时，先将数据存储到磁盘阵列上，再将磁盘阵列上的数据备份虚拟磁带上。一方面，数据可以很快速地从磁盘阵列转移到虚拟磁带上，从而减少系统的占用。另一方面，可以制定策略在指定的时间里进行备份，简化备份工作。

3.3.2 在线备份

实现 Oracle、SQL Server 数据库以及重要文件数据的联机在线备份，备份过程不影响数据库及文件数据的正常使用。

3.3.3 灵活的备份策略

（1）通过定时的备份策略设置，备份过程不影响业务系统的正常运行。

（2）实现备份过程的自动化操作，安全性高，减轻了生产服务器负担。

4 结束语

中国石油西部管道公司根据在用信息系统数据库的特点以及网络环境现状，通过 Bakbone Netvault 备份软件建立了较为完善的数据备份系统，实现了数据库及数据文件的定时及远程备份，实现了异地容灾备份。为公司数据应用的安全性、可用性、可恢复性提供了保障。

SIS 系统的网络与数据安全分析及防范措施

任广彦　王　勇　吴永利

（中国石油新疆油田公司克拉玛依电厂）

摘　要　克拉玛依电厂成功实施了厂级监控信息系统（ SIS）。本文从 SIS 的实际应用出发，分析和讨论影响 SIS 网络与数据安全的各种因素，提出相应的防护措施和解决方案. 采用有效的安全隔离、冗余设计、数据备份、缓冲等技术手段，保证数据的单向传输、系统的不间断工作和数据完整性。

关键词　SIS　网络安全　数据安全

1　引言

克拉玛依电厂厂级监控信息系统（ Supervisory Information System，英文缩写为 SIS）是发电厂信息管理系统（MIS）和分散控制系统（DCS）之间的桥梁，实现了生产数据在全厂范围内共享和管控一体化。主要包括：(1）生产过程实时数据的采集、处理和存储。(2）生产过程监测、分析和优化。(3）设备状态监测和管理。(4）生产过程的经济性分析等。一端连接的是安全性要求非常高的底层控制系统（DCS/PLC），另一端连接的是对公众和公网开放的 MIS。因此，SIS 的安全性问题一直受到关注和重视。

2　SIS 系统的安全网络规划、网络结构分析

2.1　网络安全

目前 SIS 网络结构建设基本上是 DCS+SIS+MIS 的模式，SIS 网络独立于 DCS、MIS 网络，典型的拓扑结构如图 1 所示，SIS 网络与 MIS 网络之间用网络隔离器进行“物理隔离”。

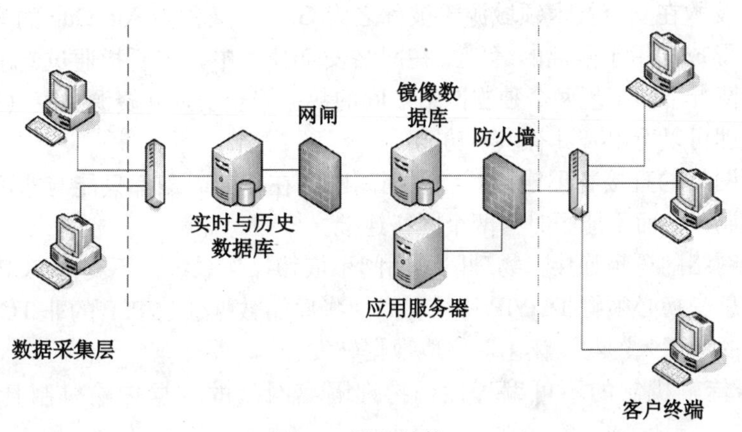

图 1　网络结构

2.2 TCP/IP 网络掩码设计

由于 SIS 网络一般属于私有网络，并不需要直接连接到 Internet 上，因此采用私有地址段，其最大允许的主机数量是由其 IP 掩码设计实现的。为了防止干扰和非法入侵，子网设计应该遵循 IP 地址允许数量最小化原则，同时不需要设立网关和路由服务。

2.3 网络安全防护措施，采用物理隔离装置或防火墙

2.3.1 防火墙

防火墙是指设置在不同网络（如可信任的企业内部网和不可信的公共网）或网络安全域之间的一系列部件的组合。它是不同网络或网络安全域之间信息的唯一出入口，能根据企业的安全政策控制（允许、拒绝、监测）出入网络的信息流，且本身具有较强的抗攻击能力。它是提供信息安全服务、实现网络和信息安全的基础设施。

在逻辑上，防火墙是一个分离器，一个限制器，也是一个分析器，有效地监控了内部网和 Internet 之间的任何活动，保证了内部网络的安全。

防火墙技术可根据防范的方式和侧重点的不同而分为很多种类型，但总体来讲可分为两大类：分组过滤、应用代理。

分组过滤（Packet filtering）：作用在网络层和传输层，它根据分组包头源地址，目的地址和端口号、协议类型等标志确定是否允许数据包通过。只有满足过滤逻辑的数据包才被转发到相应的目的地出口端，其余数据包则被从数据流中丢弃。

应用代理（Application Proxy）：也叫应用网关（Application Gateway），它作用在应用层，其特点是完全“阻隔”了网络通信流，通过对每种应用服务编制专门的代理程序，实现监视和控制应用层通信流的作用。实际中的应用网关通常由专用工作站实现。

防火墙的局限性。目前存在着一些防火墙不能防范的安全威胁，如防火墙不能防范不经过防火墙的攻击。例如，如果允许从受保护的网络内部向外拨号，一些用户就可能形成与 Internet 的直接连接。另外，防火墙很难防范来自于网络内部的攻击以及病毒的威胁。

2.3.2 网闸

安全隔离与信息交换系统，即网闸，是新一代高安全度的企业级信息安全防护设备，它依托安全隔离技术为信息网络提供了更高层次的安全防护能力，不仅使得信息网络的抗攻击能力大大增强，而且有效地防范了信息外泄事件的发生。

安全网闸技术在安全技术领域源于被称之为 GAP，又称为 Air Gap 的安全技术，它本意是指由空气形成的用于隔离的缝隙。在网络安全技术中，主要指通过专用的硬件设备在物理不连通的情况下，实现两个独立网络之间的数据安全交换和资源共享（图 2）。

从网闸原理可以看出其具有以下功能：

（1）阻断网络的直接物理连接：物理隔离网闸在任何时刻都只能与非可信网络和可信网络上之一相连接，而不能同时与两个网络连接。

（2）阻断网络的逻辑连接：物理隔离网闸不依赖操作系统、不支持 TCP/IP 协议。两个网络之间的信息交换必须将 TCP/IP 协议剥离，将原始数据通过 P2P 的非 TCP/IP 连接方式，通过存储介质的“写入”与“读出”完成数据转发。

（3）数据传输机制的不可编程性：物理隔离网闸的数据传输机制具有不可编程的特性。

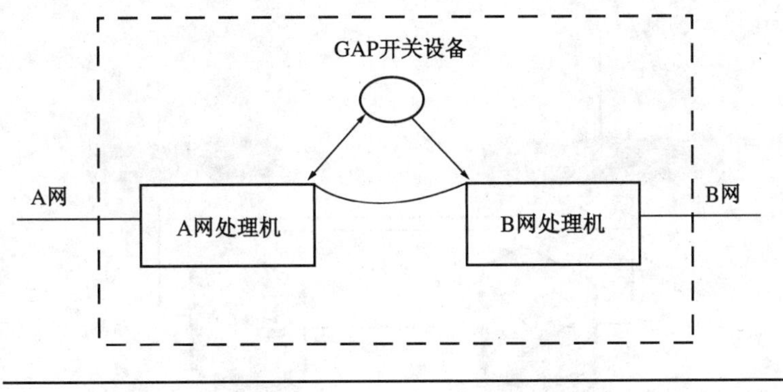

图2　网闸原理图

(4) 安全审查：物理隔离网闸具有安全审查功能，即网络在将原始数据“写入”物理隔离网闸前，根据需要对原始数据的安全性进行检查，把可能的病毒代码、恶意攻击代码消灭干净等。

(5) 原始数据无危害性：物理隔离网闸转发的原始数据，不具有攻击或对网络安全有害的特性。就像 txt 文本不会有病毒一样，也不会执行命令等。

2.3.3　*病毒防范*

MIS 网面向公众，并与 Internet 网相连， MIS 侧的镜像服务器非常容易受到病毒攻击。虽然在 MIS 与 SIS 网之间用物理隔离装置切断病毒的传播，但是常常由于操作系统的漏洞和管理人员的疏忽，在 SIS 网出现病毒。因此，一方面要提高 SIS 使用人员的防病毒意识；另一方面在 SIS 侧应设置独立的防病毒服务器。数据安全实时数据库存储了大量企业生产数据和 SIS 对这些数据的计算、分析结果，所以 SIS 必须具备完善的安全机制。

3　数据存储和备份

数据的可靠性和完整性对系统分析、优化控制非常重要，因此，SIS 不仅要保证实时数据准确、可靠，同时也要保证历史数据连续、完整。通常，由于实时数据库的维护者对其一些设置理解不够及备份机制不完善，出现数据库中一些服务时有停止的现象，实时、历史数据时续时断，造成一些不必要损失。因此，数据库服务器结构设计至关重要。参照微软《数据服务参考体系结构指南》，典型 OLTP（联机事务处理）应用程序需要处理繁重的事务和众多读或写操作，这些都要求系统具备强大的处理能力和充足的内存，以便同时为大量企业用户提供服务。群集技术为负载分布和高可用性提供冗余硬件资源的技术。SQL Server 群集的目标即提供高可用性。在 SQL Server 群集中，当一个节点出现故障或脱机时，SQL Server 处理将转移到群集中的另一个节点上。这一转移被称为故障转移。故障转移设计用以将系统停机时间降至最短。一旦发生故障，可以还原故障系统，同时可对所还原的系统执行“故障恢复”处理。群集中的节点共享一组公共的群集资源，如：磁盘驱动器。每个节点通过一个专用网络连接到群集中的其他节点，并在专用网络上定时发送心跳信息。如果服务器群集检测不到群集中某个节点的心跳，那么将对那个节点执行故障转移。典型的双节点群集如图 3 所示。

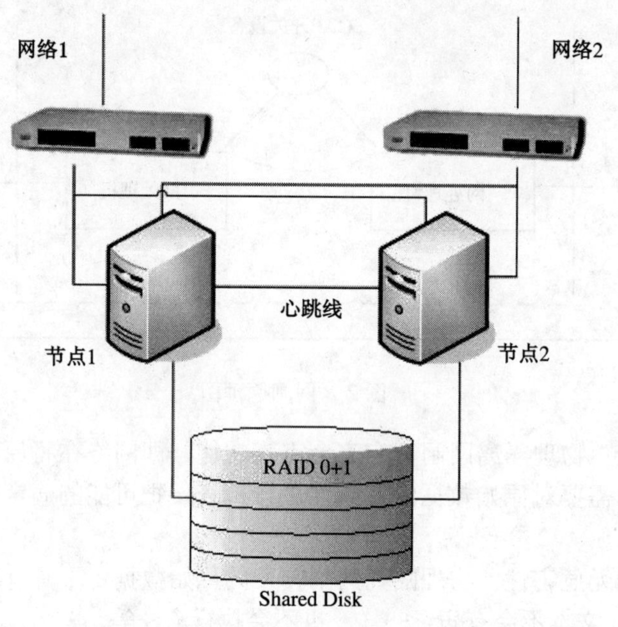

图 3　群集示意图

当一个节点出现故障时，服务器群集将检测到心跳消失，并对问题节点启动故障转移。在执行故障转移时，要求各个客户端重新连接到数据库。

电源冗余：为了得到更高的容错能力，最好使用双重电源供电，用户应确保所使用的电源可以自动无扰地从主设备切换到从设备。也可考虑由两个不同类型的电源供电，如不同的相位、不间断电源（UPS）等。

接口机缓存技术：SIS 网与 DCS/PLC 网、SIS 网与 MIS 网的数据传送通过接口计算机实现，一定要充分利用接口机的数据缓存功能对故障时的数据进行保存。当数据服务器或网络出现故障时，接口机可以继续工作，把从工艺系统采集的数据先保存到本地硬盘上，同时，接口机不断地测试数据库服务器或网络，一旦恢复正常，接口软件能把前段时间的数据发送到数据库服务器中， 确保数据在时间坐标上的完整性。

4　系统可靠性评价

系统投运以来已在线存储了近一年的历史数据，数据均按原有精度进行存储，未发生系统断电、断网、停运事故。系统采用的双机冗余安全可靠，当一台服务器出现故障时，能自动切换到另一台服务器运行；双链路的网络保证了 SIS 的网络安全；双路电源系统使 SIS 的电源安全可靠，只要其中 1 路电源有电，SIS 就不会断电。采用以上具体措施，有力保证了 SIS 的可靠性。

5　结束语

结合中国石油新疆油田公司克拉玛依电厂 SIS 的工程实践，从安全隔离、数据备份、冗余配置、数据库安全机制等多个方面探讨了 SIS 的安全防护措施，并提出一些有效的解决方案。同时也应重视管理，在采用先进的安全防护措施的基础上，也要从管理上促进安全，努力提高员工的网络与信息安全意识，防止管理上的疏忽给 SIS 安全带来隐患。

参 考 文 献

1 侯子良. 新时期火电厂自动化的目标和任务. 中国电力，2006，39，(01)

2 周原冰，丁书耕，潘亚利等. SIS 工程的网络安全防护设计. 中国电力，2005，38，(6)：64 ~ 68

采用 UDDI 技术建立企业服务目录中心

武建军
（新疆宏有软件有限责任公司）

摘　要　本文通过结合油田信息应用平台对服务的管理要求，论述了 UDDI 技术及实现原理，提出了建立企业服务目录的设计方案，并结合具体应用服务器给出了相应的实现。

关键词　UDDI　Web 服务　SOAP　SOA

1　引言

近几年来随着中国石油新疆油田公司信息化建设和应用的不断发展和深入，建成和投入应用的系统达到一百多套，大量运行的应用系统在生产科研中发挥了重要的作用，但随着系统的不断增加，对系统的管理要求日益迫切。由于原先应用的平台，服务不透明，给管理工作带来了一定的风险和难度，为此新疆油田购买了专门的监控软件对系统进行监控，当被监控的系统发生故障后，由监控软件启动相应的应用服务。目前这只是权宜之计，这种被动式的管理和监控不能满足企业对系统管理的真正要求。

随着油田信息平台的改造升级，采用了统一的元模型框架和面向服务为中心的 SOA 体系架构，服务的自治性和可管理性成为服务治理的重要的内容，因此从全局的角度来看，有必要建立一个企业级的服务目录中心，对企业内服务的元数据信息进行统一管理和查询。使得服务能够最终像硬件一样被管理。UDDI 规范的提出和随后的服务总线技术的出现，使得实现成为可能，目前很多公司和研究单位把 UDDI 注册中心作为 Web 服务架构中的主体之一，提供了基于 UDDI 协议的实现。

2　UDDI 原理方法

统一描述、发现和集成协议（Universal Description， Discovery and Integration）是一套基于网络的分布式的为网络服务提供注册信息中心的标准规范，该标准包括了 SOAP 消息的 XML Schema（UDDI Data Structure Reference）和 UDDI 规范 API 的描述。它们两者一起建立了基础的信息模型和交互框架，具有发布各种 Web 服务描述信息的能力。

UDDI 提供了 Web 服务的信息注册和查找规范，它构建于网络传输层和基于 SOAP 的 XML 消息传输层之上，支持 Web 服务的创建、描述、发现和调用，以下是服务请求者、服务提供者和服务注册中心之间的关系。

服务注册中心作为服务提供者和服务请求者之间的桥梁，是整个体系构架的核心。服务提供者通过该操作在 UDDI 注册中心注册服务描述信息，提供查询服务。

服务请求者通过 UDDI 注册中心查找服务描述、接口描述、服务的绑定位置描述等注册信息；绑定或调用服务。其工作原理如图 1 所示。

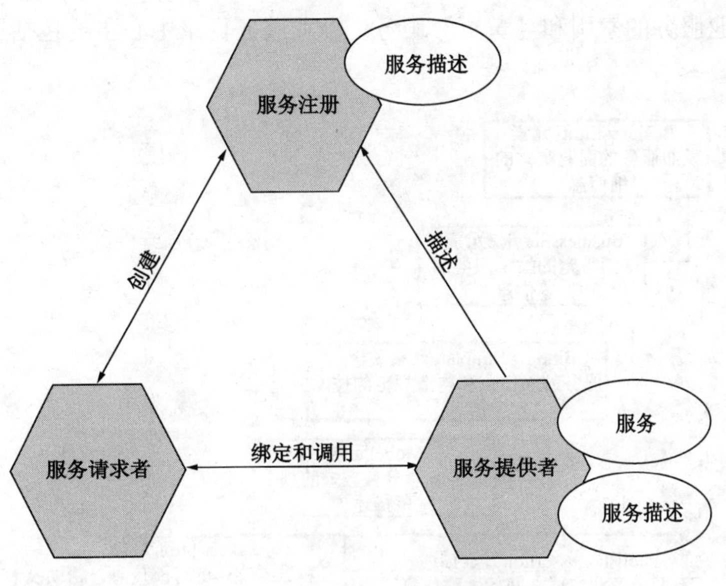

图 1　UDDI 注册中心原理图

相应的对于需要在注册中心注册的服务，需要将服务的描述信息，通俗地讲就是将服务的元数据信息按照 UDDI 定义的格式保存到注册中心，因此 UDDI 信息模型对应在 XML Schema 定义了 6 种主要的信息类型，主要包括：

（1）商业实体信息（BusinessEntity 元素）。包括 Web 服务提供者所提供服务的 XML 形式的标志信息，如企业名称、地址等关键性标志，处于整个信息机构的最上层。

（2）服务信息（BusinessService 元素）。BusinessService 结构是一个描述性容器，可描述一些相关的高层商务流程。Web 服务的技术描述则是通过 BindingTemplate 结构的实例来实现的。

（3）BindingTemplate 元素条目。包含了 Web 服务的 URL 和一个 tModel 的引用，这些引用组成类似指纹的技术标志，用来查找、识别、实现给定接口的 Web 服务。

（4）规范描述指针和技术标志（tModel 元素）。tModel 数据项是关于调用规范的元数据，包括服务名称、发布服务的组织以及指向这些规范本身的 URL 指针。

（5）关联信息（PublisherAssertion）。2001 年 7 月发布的 UDDI 规范 2.0 版本中为解决注册复杂的商业信息而引入的一个新特性。基于 PublisherAssertion 机制，一个以上的 BusinessEntity 元素可以按照某种方式进行互相链接，用来表示一种特定类型的关联关系。

（6）订阅信息（Subscription 元素）。UDDI 规范 3.0 版本为了解决数据查询及更新问题而添加的新元素。Subscription 元素帮助 UDDI 的使用者收到 UDDI 注册中心所主动发出的数据更新消息。

UDDI 注册信息的整体数据模型可以参见图 2。

3　企业服务目录中心设计与实现

在油田信息应用平台采用了面向服务的 SOA 体系架构，服务的可维护、可管理是重要的内容之一，因此，在以服务为基本组织单元的应用中，如何快速查找、定位、替换服务，企业服务目录中心主要是采用 UDDI 的数据模型标准将服务的元数据信息统一管理和描述，提供企业服务的索引和“黄页”服务。企业服务目录中心主要包括服务的注册和服务的检索。

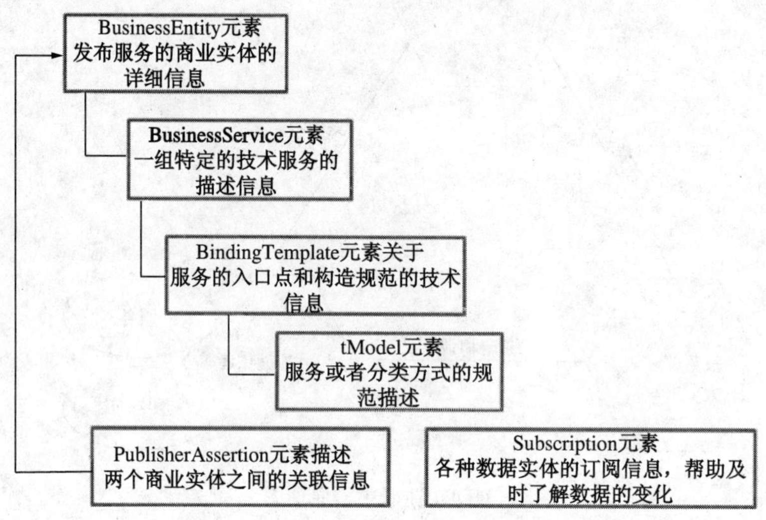

图 2　UDDI 数据模型图

企业服务目录中心的核心是提供服务的注册和查找。服务提供者在注册中心发布服务。服务请求者在基于服务请求时，通过注册中心查询发布的服务，获取服务的描述信息并通过绑定信息绑定服务。程序在运行时，就能通过绑定信息记录的服务入口地址调用服务(见图 3)。

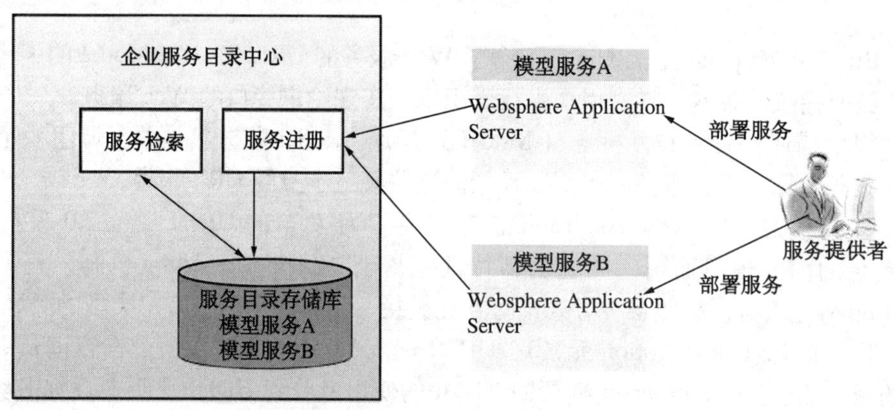

图 3　企业服务目录中心设计图

对于企业服务目录中心的实现上，因为 UDDI 注册中心本质上是一个存储着 Web 服务注册信息的数据库，为用户提供相应的查询检索功能，各大平台厂商，包括 IBM、微软、Oracle 和 Sun 都提供了商业的注册中心实现。本文采用了 IBM 公司的 Websphere6.0 应用服务器，其内部包含了 UDDI（V2）的支持，并且可以通过自带的脚本将 UDDI 的存储库部署 Oracle10g 上。因此对于 Web 服务元数据的注册和存储，可以通过其提供的界面进行注册。

对于服务的检索来说，企业服务目录中心提供了基于服务检索代理方式，代理服务本身被发布为 Web 服务，使得该服务可以被各种不同的应用调用，因此对应于只要在企业服务目录中心注册的服务，通过服务检索都可以绑定到对应的具体服务的端点地址，从而实现服务的定位和运行时调用，以下对核心代码进行说明：

（1）uddi.property 属性文件，该文件描述了服务注册中心的入口发布地址：

```
############
inquiryURL=http://localhost:9080/uddisoap/inquiryapi
publishURL=http://localhost:9080/uddisoap/publishapi
```

（2）UDDIV2Util，该类实现了绑定属性文件，设置初始化信息：

```
UDDIProxy      proxy=new UDDIProxy ()；
          bundle = Config.getResourceBundle (propertiesFile)；

          proxy.setInquiryURL (bundle.getString ("inquiryURL"))；
          proxy.setPublishURL (bundle.getString ("publishURL"))；
```

（3）UDDIV2AgentService 服务。该服务实现了核心的服务检索功能，根据服务名称获取在服务目录中心的绑定信息。该方法返回的是在注册中心注册的服务的实际端点服务的数组，该服务被发布为 Web 服务可以由不同的应用调用：

```
public String[] getAccessPoint (String serviceName)  {
    String[] urls = null；
    Name name = new Name ()；
          name.setText (serviceName)；
    serviceNameVector.addElement (name)；
   // 获取服务绑定信息列表
          ServiceList serviceList=proxy.find_service (null,  serviceNameVector,  null,
null, null,  0)；
        serviceInfoVector = serviceList.getServiceInfos () .getServiceInfoVector ()；
        Map serviceKeysMap = new HashMap ()；
        for  (int i = 0；i < serviceInfoVector.size ()；i++)
          {
          ServiceInfo serviceInfo =  (ServiceInfo)  serviceInfoVector.get (i)；
          String serviceKey = serviceInfo.getServiceKey ()；
          String businessKey = serviceInfo.getBusinessKey ()；
          serviceKeysMap.put (serviceKey,  businessKey)；


    }
     Vector serviceKeys = new Vector (serviceKeysMap.keySet ())；
      // 获取绑定服务的细节
    ServiceDetail serviceDetail = proxy.get_serviceDetail (serviceKeys)；
    Vector businessServices = serviceDetail.getBusinessServiceVector ()；
    List urlList = new ArrayList ()；
```

```
for (int j = 0; j < businessServices.size (); j++)
{
        BusinessService businessService = (BusinessService) businessServices.get (j);
        String serviceKey = businessService.getServiceKey ();
        Vector
    bindingTemplateVector=businessService.getBindingTemplates ().getBinding
TemplateVector ();
        BindingTemplate bindingTemplate = null;
        for (int i = 0; i < bindingTemplateVector.size (); i++)
        {
        // 获取服务端点的绑定模板
        bindingTemplate = (BindingTemplate) bindingTemplateVector.elementAt (i);
        // 获取实际的地址
        AccessPoint accessPoint = bindingTemplate.getAccessPoint ();
        if (accessPoint.getText () .startsWith ("http"))
        {
        log.info ("accessPoint.getText (): " + accessPoint.getText ());

          urlList.add (accessPoint.getText ());

    }
  }
}
 urls=new String[urlList.size () ];
      for (int i=0; i<urlList.size (); i++) {
         String accessPoint= (String) urlList.get (i);
           urls[i]=accessPoint;
}
return    urls;
}
```

(4) 服务请求者根据发布的代理服务来检索需要请求的服务，由于代理服务被发布为Web服务，因此能被多种客户端调用，对于代理服务返回的是服务的实际绑定地址，该地址是一个数组列表，因此可以对一些服务注册多个绑定地址以增加服务的健壮性，当调用数组列表里的第一条信息时，如果调用成功，服务正常调用完成，如果服务调用失败，再取数组列表的第二条记录，以次类推，从而确保完成服务的调用。

4 结论

本文根据UDDI规范和信息模型，结合油田信息应用平台对服务的管理要求，给出了一个企业目录服务中心的设计及实现方案，该方案充分利用应用服务器对UDDI规范的支持，采用UDDI应用界面工具进行服务的注册，简化了企业服务目录中心实现的难度，并着重对服务目录中心的检索代理服务进行了设计开发，来提供服务目录中心的基本实现。

建立企业服务目录中心，有利于服务资源的统一管理和部署，并为服务的管理和监控提供了必要的基础，加快了新疆油田分公司实现实时企业进程。

参考文献

1 刘家茂，故 宁．面向领域UDDI Registry的服务注册和查找．小型微型计算机系统，2006，27

2 芮雄健，王忠民．UDDI的原理与实现．计算机工程与设计，2005，26，(06)

3 索红光，左利云．基于UDDI的服务代理的设计与实现．计算机工程与设计，2007，(18)

用户权限管理的设计与实现

黄玉华

（中国石油西部钻探工程有限公司测井公司）

摘　要　本文主要介绍信息系统中用户权限的设计及实现过程。

关键词　权限设置　二进制串　Delphi

1　引言

用户权限的设置是信息系统项目中一个十分重要的环节，用户权限分级控制、权限存储方法以及权限管理实现方式都直接影响到信息系统的推广与应用。现在根据信息系统的规模和用户数量与角色不同，权限设置有多种多样的实现方案。怎样较好地实现多用户对信息系统的具体某一子菜单或某一界面的某一按钮的权限控制？进行信息系统开发过程中，积累了一些心得，与大家探讨，如有错漏之处，敬请读者指正。本文使用 Delphi 语言来演示实例。

2　设计思路

在实现一般的信息管理系统的时候，会遇到这样一种情况，作为一个系统，可以分为若干个子系统，有多个用户对它进行操作，每个用户对各个子系统的权限不同，甚至在同一个子系统中，用户对各个菜单项的操作权限也不一样，更细一点，不同用户对同一窗口中某一按钮的操作权限也是不一样的。如何解决这些问题提供以下建议：

(1) 怎样使得一个用户不能对不具权限的菜单项和按钮进行操作呢？没必要为每一个用户制作不同的菜单项和窗口（当然这也不失为一种方法），考虑到菜单项和按钮的 Visible（显示）和 Enabled（操作）属性，可以设置这两个属性便可完成以上要求，比如：

Menu[0].Menu[1].Visible：= True　（可见）；

Botton1.Visible：= False（不可见）；

或者：

Menu[0].Menu[1].Enabled：= True　（可操作）；

Botton1.Enabled：= False（不操作）；

(2) 对于一个多用户的系统，自然需要用一个表来存放基本的用户信息，其中要包括用户登录系统的用户名，密码，一些存放权限的字段。有些系统是这样做的，它将每个要进行控制的菜单项均用一个字段来表示，这样做不太好，如果权限需要细化到某一子菜单项或某一按钮时，这样做的可行性会很差。其实对于某个菜单项或按钮进行权限控制时，状态只有两个，True 和 False，完全可以用一位二进制数 0 或 1 表示，可以将一个系统中所有需要控制的项组合成一个二进制串，每 4 个二进制串转化成一个字符（0，1，…，E，F）

即转化成为十六进制，再保存表中，来计算一下，如果一个系统有 64 项需要进行权限控制，则只需要一个 64÷4=16 位的字符类型字段表示即可，而不像过去需要用 64 个字段来分别标记。

(3) 上面存放权限的问题解决了，那么怎样根据这个标记权限的字符串来设置各个菜单项或其他控制的 Visible 和 Enabled 属性呢？Delphi 中菜单项和其他控件都有一个 Tag 属性，而这个属性一般不太会用到它，可以用它来存放一个数字，这个数字标示出该控件在权限控制字段的二进制串中表示该控件访问权限 0 或 1 的位置。

举个例子，有一个权限控制二进制串“0101001010…”，菜单项“打开文件”的 Tag 为 4，则在该二进制串中第 4 位“1”便标记了该用户对“打开文件”的控制权限为“1”。

当一个用户登录系统时，在通过了密码验证后，将他对该系统的权限控制字段的字符串读到一个全局变量中，将该字符串转化为二进制串，对于每个需要进行权限控制的项，依次根据其 Tag 值来读取二制串相应位置的“0”或“1”值来设置该控件的 Visible 和 Enabled 属性，便可完成对用户权限的管理。

当然，要注意的是，有些控件（比如某窗口的某一按钮）的权限设置并不是在一进入系统后就进行的，而是推迟到该控件生成或被调用时才进行。

3 实现方法

首先根据上面的设计思路需要定义几个函数。下文中“//”符号后面的文字为注释。

3.1 十六进制转换成二进制（GetBin）

转换命令：

```
Function GetBin（mHex：String）：String；// 返回二进制字符串
Const
  cHexBinStrings：Array[0..15] of String=  （
    ’0000’，’0001’，’0010’，’0011’，
    ’0100’，’0101’，’0110’，’0111’，
    ’1000’，’1001’，’1010’，’1011’，
    ’1100’，’1101’，’1110’，’1111’）；
     // 十六进制和二进制对照表
Var
  i：integer；
Begin
  Result：=’’；
  For i：=1 To Length（mHex） Do
 Result：=Result+
       cHexBinStrings[StrToIntDef（’$’+mHex[i]， 0）]；
End；
```

3.2 二进制转十六进制（GetHex）

转换命令：

```
Function GetHex（mBin：String）：String；// 返回十六进制字符
Const
  cHexBinStrings：Array[0..15] of String=  (
     ’0000’，’0001’，’0010’，’0011’，
     ’0100’，’0101’，’0110’，’0111’，
     ’1000’，’1001’，’1010’，’1011’，
     ’1100’，’1101’，’1110’，’1111’)；
     // 十六进制和二进制对照表
Var
  i，L：integer；
  S：String；
Begin
  Result：=’’；
  If mBin=’’  Then Exit；
  mBin：=’000’+mBin；
  L：=Length（mBin）；
  While L>=4 Do
    Begin
      S：=copy（mBin，L−3，MaxInt）；
      delete（mBin，L−3，MaxInt）；
    For i：=Low（cHexBinStrings）To High（cHexBinStrings） Do
        If S=cHexBinStrings[i] Then
          Begin
            Result：=IntToHex（i，0）+Result；
            break；
          End；
      L：=Length（mBin）；
    End；
End；
```

3.3 对用户权限实现从 0、1 到 True、False 的转换（CheckPopedom）

转换命令：

```
Function CheckPopedom（Const UserPopedom：String；Tags：integer）：Boolean；
//UserPopedom 为用户权限二进制串，Tags 为控件的 Tag 值
Var
  s_temp：String；
Begin
```

```
  s_temp：=copy（UserPopedom， Tags， 1）；
If s_temp='1' Then
    Result：=true
  Else
    Result：=false；
End；
```

3.4 对用户权限实现从 True、False 到 0、1 的设置 SetPopedom

实现命令：

```
Function SetPopedom（UserPopedom：String；Tags：integer；flag：Boolean）：String；
Var
  s_temp， rslt：String；
Begin
  If flag Then
    s_temp：='1'
  Else
    s_temp：='0'；
    rslt：=copy（UserPopedom， 1，Tags−1）+s_temp；
  Delete（UserPopedom，1，Tags）；
  Result：=rslt+UserPopedom；
End；
```

现在以一个具体例子来演示设计思路具体实现。假设有 A、B 两个用户对以下 4 个菜单项和 2 个按钮有不同控制，要求没有权限的用户对菜单项为不可显示，按钮项为不可操作。

4 个菜单项设置如表 1 所示。

表 1 菜单项设置表

菜单名称	菜单标题	Tag 值	用户 A	用户 B
M[0].M1	新建文件	1	可显示	可显示
M[0].M2	保存文件	2	可显示	可显示
M[1].M1	权限设置	3	可显示	不可显示
M[1].M2	用户设置	4	不可显示	可显示

两个按钮分别位于窗口 W_cx 和 W_dowm 中，它们的设置如表 2 所示。

表 2 按钮设置表

按钮名称	按钮标题	Tag 值	用户 A	用户 B
Btn_cx	查看	5	可操作	可操作
Btn_down	下载	6	可操作	不可操作

因此用6位二进制串来表示控制权限，用户A的二进制控制串为‘111011’，用户B的二进制控制串为‘110110’。

第一步，定义一个全局变量Userpopedom来存放该用户登录后的权限信息。在主程序中定义：

Userpopedom：string；// 已经转化为二进制串的权限信息

然后通过SQL语句：“Select Upopedom from user_login where Uname=：username and Upassword=：userpassword”从数据库中查询出用户的权限：

Userpopedom：=GetBin（Upopedom）

第二步，假设W_main为登录后的主窗口，则在W_main的Open事件中这样写：

M[0].M1.Visible：=CheckPopedom（Userpopedom，M[0].M1.tag）

M[0].M2.Visible：=CheckPopedom（Userpopedom，M[0].M2.tag）

M[1].M1.Visible：=CheckPopedom（Userpopedom，M[1].M1.tag）

M[1].M2.Visible：=CheckPopedom（Userpopedom，M[1].M2.tag）

在W_cx窗口的Open事件中这样写：

Btn_cx.enabled：=CheckPopedom（Userpopedom，Btn_cx.tag）；

在W_down窗口的Open事件中这样写：

Btn_down.enabled：=CheckPopedom（Userpopedom，Btn_down.tag）；

这样就可以完成对4个菜单项和两个按钮项的控制。

第三步，在一个信息系统中，还需要对用户的权限进行设置，这个和上面是一个相反的过程（图1）。

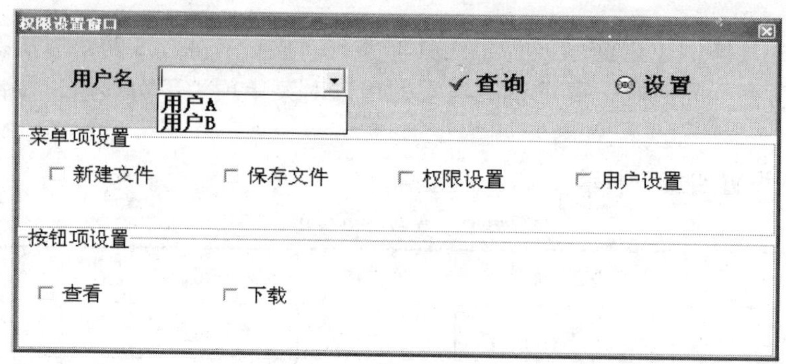

图1　权限设置窗口界面

假设选择的是用户A，当按下“查询”按钮时：

UserPopedomA：=getBin（UserPopedom）；

// 得到了用户A的权限二进制串

那么复选框即得到值：

CheckBox1.Checked：=CheckPopedom（UserPopedomA，CheckBox1.Tag）

CheckBox2.Checked：=CheckPopedom（UserPopedomA，CheckBox2.Tag）

……

以此类推。那么所得到的查询结果如图2所示。

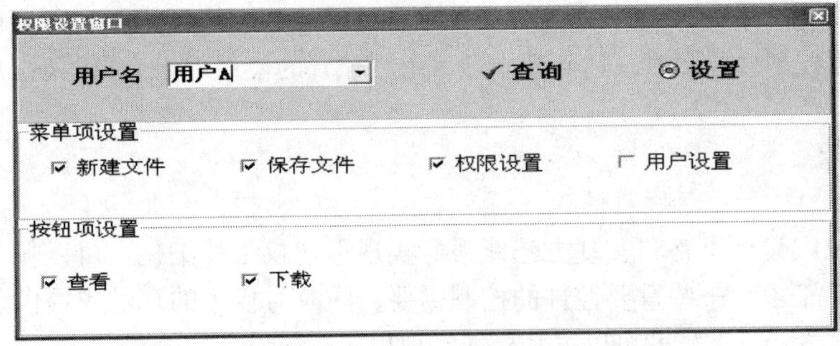

图 2　权限设置结果查询界面

假设设置用户 B 的权限：首先，对用户所控制的菜单项和按钮项的 CheckBox 复选框都选中，如图 3 所示。

图 3　权限设置界面

```
For i：=0 to 5 do
Begin
    NewPopedomB：=SetPopedom（UserPopedomB,
                                TCheckBox [i].Tag,
                               TCheckBox[i].Checked)；
    //UserPopedomB 为用户 B 的原有权限；
    //NewPopedomB 为用户 B 的新设权限；
End；
```

然后通过 SQL 语句“Update user_login set Upopedom：= GetHex（NewPopedomB）where Uname=‘用户 B’”对用户权限进行更新设置。

数据库中用户登录表 User_login 内容如图 4 所示。

用户登录表：user_login 的内容

Id	Uname	Upassword	Upopedom
1	用户A	1234567	3B
2	用户B	abcdefg	36

图 4　用户登录表

这样就可以完成用户 A 和 B 对 4 个菜单项和两个按钮有不同控制权限设计要求。当然这种方法在需要控制项很多时（达到几十项，上百项）的使用效果会更明显。

4 结束语

通过上述权限设计思路和实现方法能很好实现用户权限的细化，可以很方便地满足用户对每一个菜单子项和一些重要控件的控制需要，同时对权限的存贮也提供了一种较为有效和节约的存贮方法，这样就可以很轻松地实现用户权限设计与管理。

在设计中国石油西部钻探工程有限公司测井公司《物资信息管理系统》、《计划管理系统》和《火工品管理系统》中，利用本文所介绍权限设置和实现方案，达到了很好的效果。对于系统升级所带来的功能模块的增加和用户对系统操作要求的细化，很方便地进行了用户角色的调整和权限更新设置。

参 考 文 献

1 赛奎春，陈紫鸿，宋 坤．Delphi 数据库开发关键技术与实例应用．北京：人民邮电出版社，2004
2 李存斌，汪 兵．Delphi 深度编程及其项目应用开发．北京：中国水利水电出版社，2002

无线通信网络技术在油田的应用及分析

郑心泉[1]　杨国光[2]　王月成[2]

([1]中国石油新疆油田公司准东采油厂，[2]新疆派犨泰克石油科技有限公司)

摘　要　本文介绍了目前常用的无线网络技术，同时探讨在油田信息化建设中如何利用各种不同的技术。

关键词　无线网络　802.11　ZigBee　GPRS/CDMA　信息化　自动化

1　引言

油田具有特殊的工作环境，它的地理位置受客观条件的限制，非人力可选择，更非人主观可控制。油区的地形起伏不平，很多油区都处于沙漠腹地。而对于海上钻井平台而言，由于宽大水域的阻隔，数据和资料的传输则更为困难，如采取常规的光缆敷设则费用很高，施工难度很大。因而实现油田之间的通信首要问题就是要克服地理环境所带来的限制。从20世纪90年代起，新疆、青海等西部油田就已经对部分油井实施了自动化改造，进一步规范了油田生产信息的采集、录取，为油田科学、高效开采奠定了基础。

油田自动化主要监测和控制的范围主要包括油井、计量间、管汇阀组、转油站、联合站、原油外输系统、油罐，以及油田的其他分散设施等，整个采油厂的各种设施的工作状态及采出油品的数据（主要有温度、压力、流量等）直接关系到油田生产的稳定及原油质量。基于当时的通信技术限制，当时大多数油田自动化的通信手段基本都采用超短波电台，为油田的生产和管理提供了很大的便利，大大提高了生产效率，降低了生产成本。但随着油田生产需求的不断提高，对自动化数据可靠性的要求、数据容量的要求、数据实时性的要求也不断的提高，使原来的单一的无线超短波电台传输模式的缺点也逐渐体现出来，特别是超短波电台较低的通信速率和油田信息化日益提高的大数据量的数据传输要求成为矛盾的焦点。但随着电子、无线通信技术的发展，越来越多的通信技术逐渐的进入到我们的生活当中，同时也运用到油田信息化的通信中。对于众多的通信方式我们如何选择，或哪一种方式最好或最适合呢？为此，我们首先应该了解各种无线通讯的特点及原理。

2　无线通信网络简介

2.1　无线通信网络的分类

无线通信网络按传输距离可分为无线城际网、无线局域网、无线个域网。通常我们将无线城域网也称为无线远程网，而将无线局域网和个域网称为无线短程网。在油田信息化建设中，远程网络目前基本都采用光缆敷设通过有线方式实现的。

通常根据网络性质的不同，无线通信网络的标准也是不同的，城际网采用的协议标准常采用 IEEE 802. 20 或 IEEE 802.16，局域网采用标准通常为 IEEE 802.11，而短程网基本采用 IEEE 802.15 标准。

通常，不同的 IEEE802 标准除通信距离有区别外，通信速率也各有不同，具体见图 1。

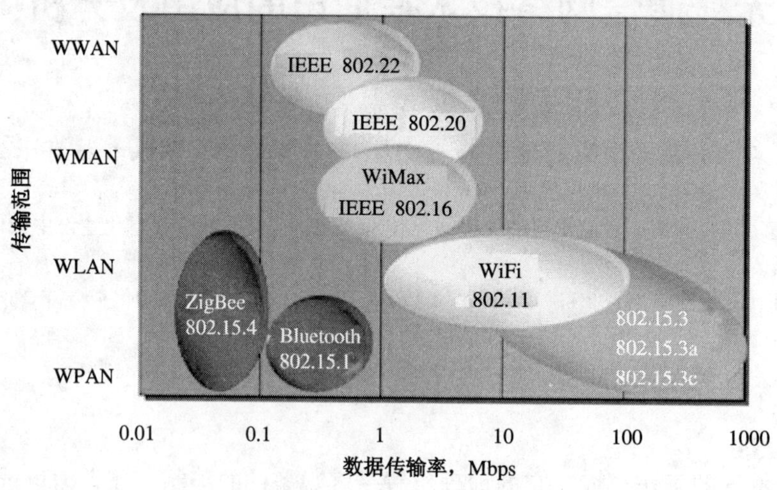

图 1　不同的 IEEE802 标准通信速率

2.2　无线通信网络的应用

通过图 1 我们可以看出按网络传输的距离和速率区分无线通信协议都有着很强的应用指向性。例如同样是在较短的距离传输，若所传输数据是图像还是声音或者是文本，那么对传输速率的要求显然就有很大差别，由此所设计的通信协议就会有很大的不同。所以应该按应用来认识不同的无线通信协议。同时不同的无线通信协议其应用服务的也是有区别的。例如同属无线个域网的 IEEE 802.15.1（蓝牙）和 IEEE 802.15.4，因为在当初开发时所要求的功能有很大差别，前者是为把一些周边设备与手机无线接入，后者则是考虑实现无线传感器网络。而 GPRS/CDMA 传输数据和发送短信，工业应用中通常是在采集点分散，且点与点间距离较远，又无实时性要求的场合中使用。因此，很难直接比较各种无线通讯协议的优劣。客观地说，不同的应用目的才导致不同的无线通讯协议的开发和不同的无线技术。

所以，认识无线通信协议最恰当的方法是按应用的功能和特点去正确选择。具体选择时可参照图 2。

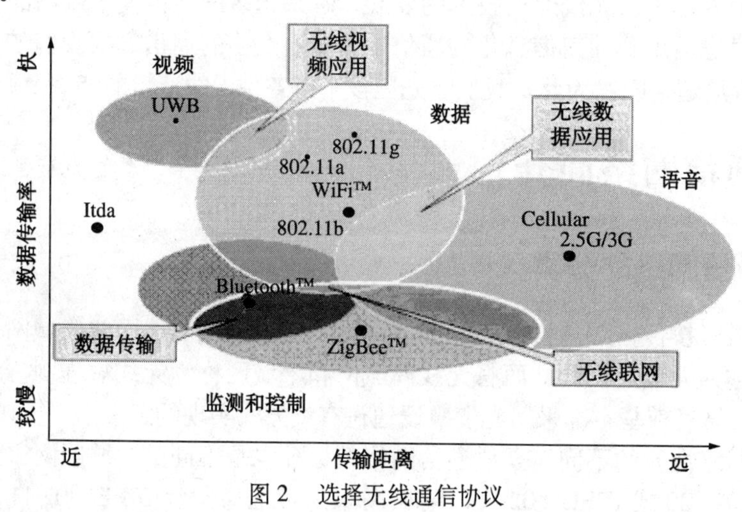

图 2　选择无线通信协议

2.3 常用无线网络标准的比较

各种无线网络标准体现出各自不同的特点，具体见表 1。

表 1 常用无线网络标准

市场名 标准	GPRS/GSM 1×RTT/CDMA	Wi–Fi™ 802.11b	Bluetooth™ 802.15.1	ZigBee™ 802.15.4
应用重点	广阔范围 声音和数据	Web，Email，图像	电缆替代品	监测和控制
系统资源	16MB+	1MB+	250kB+	4kB ~ 32kB
电池寿命，d	1 ~ 7	0.5 ~ 5	1 ~ 7	100 ~ 1000+
网络大小	1	32	7	255/65000
宽带，kB/s	64 ~ 128+	11000+	720	20 ~ 250
传输距离，m	1000+	1 ~ 100	1 ~ 10+	1 ~ 100+
特点	覆盖面大，质量	速度，灵活性	价格便宜，方便	可靠，低功耗， 价格便宜

表 1 中的通信距离是在不增加天线可视情况下的通信距离，实际应用中增大天线的增益可大幅度的提高设备的通讯距离。笔者就曾通过加大天线增益或射频功率将 802.11b 和 ZigBee 通讯距离提高到 4km 和 7km。

2.4 短程无线通信技术的发展

在油田信息化的工作中，远程数据通信通常都是采用油田光缆采用有线方式实现的。目前光缆基本已经接入到各作业区，由各作业区到采油现场采用短程无线通讯系统实现数据传输可以说是最佳的解决方案。根据生产的特点，我们希望通过一个小型的、短距离的无线网络来实现低价位、低功耗、可替代线缆的无线数据、语音和视频链路。目前，短距离的无线应用在无线需求市场上快速增长，特别是很多的商业环境，例如 RF 识别、无线局域网（WLAN）、无线个域网 [WPAN，包括 IEEE802.15.4/ZigBee 和 Bluetooth（蓝牙）等] 等。在工业应用环境中目前正在发展的是工业用无线传感器网络 WSN 技术。该技术适于工业监控和控制应用，且基于 IEEE 802.15.4 的低成本、低数据率的 WPAN 技术。所谓工业用 WSN 指一类为传感器、执行器和控制器之间提供冗余、容错的无线连接的嵌入式通信产品。目前 WSN 正处在发展阶段，还未完全成熟，目前主要问题是设备寻址和自适应跳频问题的解决还在完善中。

采用 WSN 技术的产品除了能提供冗泉、容错的无线连接外还有自组网、低功耗和低安装成本等特点。WSN 具有自织（self–organizing）和自愈（self–healing）功能，因此当 WSN 中的任意节点发生故障，或从网络中退出，WSN 会将这个节点从网络中断开，并另行建立数据传输的路由来保证高度的传输可靠性。理想的 WSN 中每个节点都能实现低功耗，独立供电，能适应环境的变化，能以零维护保证长期稳定工作。

3　油田自动化无线网络应用及分析

在油田使用无线网络产品的最主要的功能就是解决地理环境的对网络的限制问题，以实现油田通过网络通信交流的功能。由于目前各油田公司到各采油厂及作业区的油田专网基本都通过光缆已经联通，所以在油田无线通信运用最为广泛的基本都是采油厂或作业区与各采油及生产现场的网络通信，该网络主要完成的功能有自动化数据采集及控制、重要生产场所的视频监控、各采油队的网络办公等。油田自动化主要监测和控制的范围主要包括口油井、计量间、管汇阀组、转油站、联合站、原油外输系统、油罐，以及油田的其他分散设施等。对于各种不同的场所和不同的应用，或者即便是相同的场所和相同的应用但要求不一样在选择无线通信的方式时都可能会不一样。所以在油田信息化工作中某一个采油厂或作业区的无线通信网络不一定是单一的一种网络通信方式，它可能是一种溶入多种技术的混合型网络。下面就油田无线通信运用的几个典型应用做简单的分析。

典型的油区无线生产网络分为“四点三面”，“四点”分别为抽油机、计量站或配注站、采油队、作业区或采油厂。“三面”分别为半个抽油机到计量站的无线网 络、计量站到相应的采油队的无线网络，以及各采油队到作业区或采油厂的无线网络。

3.1　抽油机到各计量站的无线通讯

一般一座计量站完成不到 30 口井的产油计量，距离各井口的距离相对来说也不是很远，基本都在 5km 以内。一般采集的数据有单井的油压、套压、油温、功图及抽油机的远程起停操作，数据量相对而言不是很大。在部分油区可能会在油井安装摄像机完成现场的安全监测数据量将会比较大。

对于现场无摄像机的井口，可以考虑采用 ZigBee 完成无线通信。ZigBee 最大无线通信速率为 250kB，基本可以达到数据通信的要求。目前 ZigBee 的许多应用采用简单的点对点或点对多点在使用时都没有问题，但在有些特殊的运用场所，例如油田的油井监控，由于油井数量较多且比较分散，往往需要运用到设备的 MASH 功能。由于现有 ZigBee 规范中寻址机制不够可靠的缺陷往往使网络的工作不是很稳定。为此有些公司开发了针对现有 ZigBee 规范中寻址机制不够可靠的缺陷的网络协议栈，同时取得了 ZigBee 联盟的认证。例如最近推出的 ZigBee 规范 ZigBee Pro 性能已经大为提高，特别是在网络的可扩可缩、长消息的分断能力、动态跳频、自动设备管理、多接点网络分组寻址等功能大为提高和完善。但由于目前的 ZigBee 技术还处于发展阶段，许多的技术处于发展和完善阶段，所以对于较多点油井的监测特别是远距离需要采用 MASH 组网功能的应用时还是应该慎重考虑。

随着无线网络技术的发展，采用 IEEE802.11 标准（IEEE802.11a/b/g/n）的网络设备价格已经大幅度下降，部分产品甚至低于进口的数传电台，而其性能却是数传电台无法比拟的，所以目前在油井现场采用 IEEE802.11 技术的无线网络设备完成油井数据的传输是完全可以的。特别是对于现场需要视频监控的场所，当采用 IEEE802.11 标准设备时，还可以完成采油区无线网络的覆盖，这将极大地方便油区生产的管理。在巡井车上配备一台支持 IEEE802.11 标准的车载电脑，就相当于将中心控制室搬上了车，使巡井车成为流动控制室。同时还可以利用该网络进行无线 IP 电话的通话，利用该网络完成移动上网和网络视频会议等多种应用，从而极大地方便生产管理。同时，由于井口到计量站数据通信速率的提高，将大幅度提高计量站对井口数据采集的实时性，为此井口数据处理终端则可以采用价格相对较低的以太网 I/O 来取代价格昂贵的 RTU，从而降低系统的成本。但应该注意，此时计量站相应的就应该选择处理速度高、存储空间较大的控制终端，因为该终端将担负所辖区域所有井口数据的处理和存储。

3.2 计量站到采油队的无线通信

计量站的控制终端除在完成所辖区域各井口数据的处理和存储外，同时还要完成本站的相关计量和控制工作，如来油计量、多通阀控制、配水注水控制、加热炉的控制及安全监测报警等，并将所有数据发送到相应的采油队监测室，所以数据量也是比较大的。为此，在该站也应该选择基于 IEEE802.11 的网络设备，但应注意应选择带宽为 54M 的设备较为合适。对于一些重点站库、物资检查站等场所的视频监控可选择同样的设备，客户端设备带宽选择 6M 即可以了。

3.3 采油队到作业区或采油厂的无线网络

采油队监测室主要通过无线网络完成下属计量站和油井的数据采集，并根据数据情况下发相关的控制指令。采油队与作业区或采油厂的网络除承担自动化等相关数据的传输外，同时还要承担采油队日常的网络化办公的工作，特别如日常的视频会议等对网络的带宽速率都有较高的要求，为此该无线网络的选择应考虑基于 IEEE802.11 的 108M 带宽的设备比较恰当。

3.4 偏远站点的数据采集和监测

对于许多偏远站点，比如许多的边探井区由于油井分散且距离较远，而且产油量较低，许多井口的输油管线都没有敷设，完全都是通过就地油罐存油后有罐车拉运。对于这类站点，可以考虑采用 GPRS/CDMA/GSM 作为网络通信手段。通常在这类地区网络由于用户较少，网络运营商的基站容量相对较小，如果采用 GPRS/CDMA 实时在线模式通讯往往无法保证很多用户通讯的正常工作。如果出现这类情况可以考虑采用 GSM 短信模式工作。通过短信方式将油罐液位高限报警、非法开启阀门报警等信号发送到调度人员处以便于及时的处理相关情况。

而对于现场无 GPRS/CDMA/GSM 网络而位处极为偏远无法布设其他无线网络的站点，可以考虑现场的控制终端采用可以带 USB 盘、CF 卡或 SD 卡的设备，将需要监测和控制的数据就地存储在控制器中由巡井人员通过 USB 盘、CF 卡或 SD 卡定期提取数据后通过专用的软件完成数据的分析和数据存入数据库。也可以在现场控制器上安装支持 WI−FI 或 Bluetooth 的无线设备，巡井人员通过支持 WI−FI 或 Bluetooth 的车载电脑或 PDA 读取现场数据。

3.5 油田无线传感器的运用

针对采油井现场传感器敷设线缆困难，特别是载荷传感器安装后线缆经常断裂的情况，近几年有许多的厂家陆续推出各种无线功图测试仪，该设备将载荷和位移合为一体通过无线方式将数据发送到接收装置，位移量通过加速度传感器测量后进行二重积分进行测量。

无线传输大多数采用 ZigBee 技术。该传感器具有安装方便故障率低等许多优点。但由于该方面的应用也仅仅是处于初期发展阶段，也存在许多的缺陷有待于解决。最突出的问题有设备的供电问题和无线干扰的问题。目前解决供电的问题大多厂家采用微功耗元件，其中 ZigBee 就是属于微功耗的通讯模块。供电方式为电池供电和太阳能供电。但由于电量过小，所以基本只能保证几个小时才能采集发送一副功图。

ZigBee 规定在 2.4GHz 有 16 个信道，采用 IEEE802.15.4 物理层和 MAC 层规范中规定的 DSSS 直序扩频调制，因此可工作于某个选定信道。信道的选定可以通过无线传输能量扫描，按传输能量较高的原则确定工作信道，也可以在初始化时指定工作信道。当所选信道在传输过程中通讯质量变差时，由于现有的 ZigBee 规范不支持信道的自动跳转而无法自动切换信道从而解决干扰问题，这是由于目前许多的无线网络设备所使用的频段都是 2.4GHz 所造成的，因为目前的 IEEE802.11 发射功率通常是 IEEE802.15.4 的 30 倍。为解决该问题，通常在 ZigBee 的 16 个频道中选择 15#、20#、25# 频道以避开 802.11 的工作频带。

4 小结

无线通信技术在不断的发展，新技术新产品不断地出现，但我们无法直接比较各种无线通信方式的优劣。因为不同的应用目的才导致不同的无线通信技术的开发，所以我们应该根据应用的环境、功能和特点去正确选择通讯方式和设备，使油田信息化无线网络更可靠、更实用、更先进。

飞机干扰卫星通信分析与对策

唐定贵　张英忠　常　立
（中国石油乌鲁木齐石化公司信息传媒中心电视台）

摘　要　卫星地面接收信号时会遇到各种形式的干扰，本文探索分析飞机干扰电视接收问题，分析了干扰性质，探索了多种抗干扰方法，并列出解决飞机干扰的具体措施。

关键词　飞机干扰　卫星地面接收　干扰　抗干扰

1　引言

在有线电视系统维护中，卫星节目信号源占有非常大的比重。如何保证卫星信号源的高质量、高可靠性成为有线电视前端建设、维护中必须考虑的重要问题。如果接收站附近有微波传输，地面接收站常受到微波的干扰，微波干扰成为卫星接收的最大杀手，致使许多电视接收站不能正常工作。如何解决微波对卫星电视接收站的干扰成为一个重要的问题。下面重点分析飞机辐射的电磁波对卫星接收的影响。

民用航空普及给生活带来了极大方便，机场建设不断增多和飞行密度不断提高导致有部分卫星电视接收站位于机场附近。如果接收站位于机场周围的航道附近，当飞机经过时卫星地面接收站常受到飞机的干扰。电视画面表现为不同程度的马赛克现象，甚至出现黑屏和无卫星信号，持续时间 5 ~ 60s 左右，干扰表现程度与离开航线的空间距离和空间角度有关。飞机干扰给卫星接收工作带来很大困难，用户收看电视节目时受到严重影响。如何排除飞机对卫星电视接收站的干扰成为有线电视系统人员必须解决的问题。在有线电视维护工作中，维护人员经过长时间实验性对比，探索了干扰的性质、分析了形成画面干扰的原因并提出相应的解决办法。避免同行遇到类似问题，少走弯路，有利大家快速解决问题。保证好卫星信号源的高质量、高可靠性，提高有线电视前端维护工作质量。

2　卫星接收系统简单介绍

一般的卫星电视接收系统主要包括：天线、馈源、高频头、卫星接收机几大部分（图 1）。

我国电视广播卫星系统采用 DVB−S 系统，抛物面卫星天线接收聚焦于卫星高频头前面馈源信号，转换为 C 波段（3.7GHz ~ 4.2Ghz）电信号后经过图 1 处理程序最终将模拟电视视频信号显示到电视机上。

数字信号在传输中最重要的是防止误码，因此传输中要在原信源编码序列中以某种方式加入某些作为误差控制用的数码（即纠错码），以实现自动纠错，从而提高信号传输的可靠性。为了应对卫星传输过程中随机干扰和突发干扰，DVB−S 系统采用了信源编码和信道编码 。信源编码采用 MPER2；信道编码采用了前向纠错编码（FEC）和级联信道编码。级联信道编码由 RS 编码和卷积码组成。

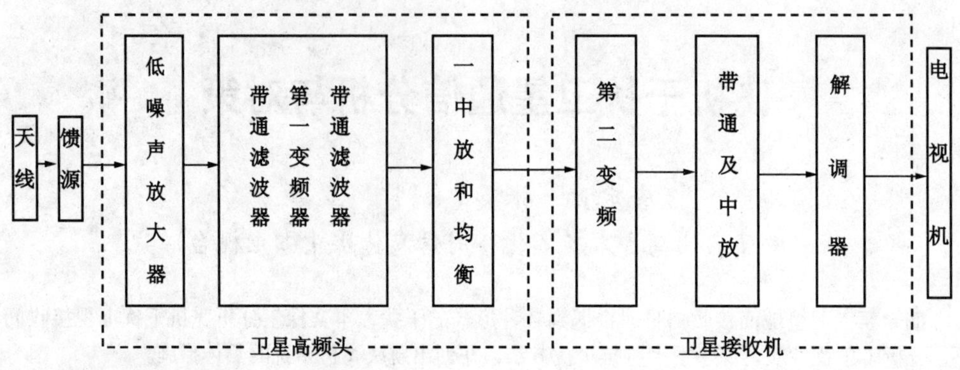

图 1　卫星电视接收系统框图

3　飞机干扰电视接收站情况

中国石油乌鲁木齐石化公司（以下简称公司）位于乌鲁木齐附近，南北长 5km、东西宽 4 km，占地 20 多 km^2。电视接收站位于公司地理位置中心，为全公司职工提供电视信号。采用 3 台 6.2m 卫星站接收卫星电视信号，平时比较重视卫星站维护，保证了电视前端转播节目的需要。不久前接收站搬迁到新台址后，部分台电视画面偶尔出现干扰，有时轻微，有时严重。通过长期比较发现不同的卫星站干扰表现程度不同，同卫星站不同节目表现也不同。经过一段时间观察统计发现：如果有飞机经过，部分卫星节目可能出现画面干扰，其他时间一切正常。初步判断干扰和飞机有关。

由于干扰和飞机有关，飞机航线正好处于接收站前方不远处，首先目测了航线的大概位置。采用多方位、多地点仔细观察并记录了航线具体位置，结合 Google 地球软件提供的地球高清局部照片绘出公司航线图。为了测量飞机的飞行高度，采用在同方位观察飞机航道，先选一点用带量角器的大三角尺测量飞机仰角，然后保持观察飞机方向不变拉开一定的直线距离选点，第二测试飞机仰角，应用三角几何原理，通过计算得出飞机飞行高度和空间距离。分析后发现：卫星接收站前方大约 1000m 处是飞机航道，飞行高度 900m 左右，飞机沿着与卫星站接收方向几乎垂直的水平直线飞行，航道位置变化不大。卫星站接收仰角是 28° ~ 33° 左右，飞机经过卫星站前方时仰角在 25° ~ 35° 范围内变化。

4　干扰分析和应对措施

4.1　是否是飞机遮挡了卫星信号传输

初步怀疑是飞机经过时遮挡了卫星信号传输，但又有许多观察结果不支持这个推断。因为出现干扰画面时，同一卫星部分节目可能不出现干扰。如果是飞机遮挡了卫星信号传输，应该表现为所有节目同时出现中断。同时依据飞行速度计算干扰时间不应该达到 5 ~ 60s，依据飞机飞行速度和飞机体积大小计算影响遮挡时间应该是小于秒数量级，基于卫星传输 DVB–S 标准中通道编码传输理论中纠错机制，电视画面不应该觉察到明显干扰。

为了证实推断，在没有飞机通过时用小金属板在高频头前快速移动，证实只要速度快，遮挡时间控制在远小于秒数量级，电视画面确实觉察不到干扰。

4.2 分析测试干扰性质

上面的实验确认了：飞机干扰卫星电视接收主要原因不是飞机遮挡了卫星信号传输，一定还有其他重要原因。

开始考虑是否是飞机辐射出了电磁波，查资料知道飞机通讯频率大部分在 200 ~ 300MHz 范围，用 0−1GHz 测量范围的 HM5014 频谱仪测量空中电磁波，发现飞机经过与否频谱变化不大。而且几百兆频率距离卫星通讯 C 波段较远，有影响也应该不会这么大。是否有其他高于 1G 干扰？通过和民航联系，民航系统可能由于技术需要也无果而终。

由于仪器测量范围限制，以发现不明非法干扰请求无线电管理委员会对干扰定性确认和定量分析。

通过大范围测量频谱分析发现：没有飞机经过时空中基本正常，没有明显干扰。但飞机经过时出现干扰信号，干扰十分强烈，空中干扰频率在 4.3GHz 左右。

测量接收站高频头输出，输出测试结果如图 2 所示。

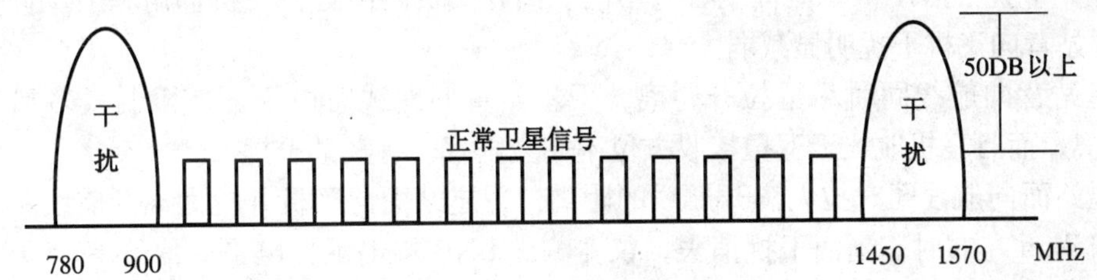

图 2　LNB 输出中频频谱图

可以看出，干扰十分强烈，空中干扰频带范围 4.25GHz ~ 4.37GHz，占用带宽 120MHz，位于卫星通讯 C 波段（3.7GHz ~ 4.2Ghz）高端边缘，干扰高出正常信号 50DB 以上。 120M 干扰频带范围内，干扰表现为脉冲状窄频干扰，同时频谱不断跳动特征。具有短脉冲和挑频特点。后来查询发现：无线电管理条例规定： 航空无线电导航业务使用 4200 ~ 4400MHz 频带，专供安装在航空器上的无线电高度表使用。民航是合法使用，如何才能排除干扰呢？

4.3 常规微波干扰处理方法应用分析

要排除干扰，原则是尽量减少或完全阻止干扰信号进入卫星接收站聚焦天线面，同时还要不影响卫星信号传输。必须降低干扰幅度，提高卫星信号接收强度，提高信噪比。

为了克服干扰，首先选出一口 6.2m 高精度天线，同时使用广播级卫星天线高频头。由于干扰信号强烈，发现飞机经过时干扰虽有所减弱，但电视画面马赛克现象依然明显。不得不采用其他微波干扰处理办法。

微波干扰常规处理办法分析：

（1）利用地形、地物、建筑屏蔽。由于干扰来自飞机，不同于普通的地面微波干扰具有仰角很低特点。由于飞机干扰与卫星信号来源空间方向相差不大且干扰是移动的飞机，结合卫星站是 6.2m 大站，综合本地实际情况，利用地形、地物、建筑遮挡没有合适地点。

（2）在天线的一侧或多侧架设金属网遮挡干扰波，将干扰波反射回去。人工屏蔽体积通过简单计算后发现：由于飞机干扰与卫星信号来源空间方向相差太小，要使飞机干扰信号不进入卫星接收天线聚焦面必然人工屏蔽体积庞大而影响整体美观，处理起来难度大成本高。飞机干扰信号过于强烈，人工屏蔽体制作精度较高，否则效果大打折扣。即使最后可能解决问题，如果飞机稍微变动航线位置还是有干扰，采用加装防干扰装置处理满足不了电视台对信号的安全要求。

(3) 在接收机中频输入和输出之间加接好的滤波器，滤波器的指标必须满足传输要求，才能抑制干扰。由于干扰太高，干扰和有用信号频谱太接近，滤波器滤掉干扰的同时，部分有用信号受到影响。滤波器需要厂家特别设计和定制，联系了国内主要滤波器厂，需要开发调试而且周期也较长，短时间没办法实现。

(4) 3km 公司所处区域内寻找建设卫星地面站新地点。

中星 6b 是接收站接收的主要卫星，常规滤波处理方法由于滤波频谱过渡区对正常信号影响，特别是河北台 4.192G 而放弃。开始考虑搬迁卫星站，然后用 L 波段光端机将卫星信号送至原接收站点机房。

采用便于移动的 2.4m 卫星站及相关器材在 3km 范围寻找建站地点，开始选点测试。

各地点干扰依然严重，但程度各有不同。离开飞机距离远、飞机仰角和卫星仰角相差大或卫星站背向飞机干扰明显减弱。

卫星站背向航线同时尽量拉开距离，卫星站背向航线时由于区域限制最多离开航线 600m 距离，而且飞机航线于卫星接收方位不完全垂直，有轻微干扰 。

卫星站面向航线同时拉大离开航线的距离：卫星站面向飞机并拉大离开航线距离发现离开飞机 4km 左右时，画面干扰消失，仪器测试 LNB 输出干扰电平比信号高 15DB 左右。由于地理区域限制无法再扩大距离，干扰电平比信号高 15DB 左右必然带来 L 波段光端机不能工作在最佳状态，卫星接收还是受到影响。

如何才能避免飞机干扰问题成了令人十分头疼的问题。

5 飞机干扰本地特殊解决方案

卫星信号是电视站信号来源，信号稳定和可靠是一切工作的龙头，于是开始重新探索不移动接收站本地解决问题办法。

调来一面 1.2m 的偏馈中卫天线测试，用来接收 C 波段中星 6B 的节目，观察一天发现受到干扰台大大减少并且画面马赛克明显减弱。

(1) 现象原因分析。分别测量 1.2m 偏馈中卫天线和 6.2m 后馈天线一天内所有飞机干扰频谱最大值，对比发现：机房正在工作的 6.2m 后馈大天线和 1.2m 偏馈中卫小天线干扰频谱最高电平变化不大，小天线最高干扰电平稍低 3db，正常卫星信号却相差 10 多 db。小天线最高干扰电平仅低 3db，不符合信号处理常规。分析后认为：干扰来时只有两只高频头均工作在饱和状态才能解释这种现象。高频头工作在饱和状态可能出现非线性失真，但由于卫星高频头有一项重要指标要求是输入饱和电平要高，这主要是为了输入信号超过额定范围时，减小高频头进入非线性工作区时的影响。结合干扰表现为狭窄频谱和跳频特征、具有短脉冲特点，根据数字电视通信系统的模型和 DVB−S 通道编码分析：在一定范围内的随机干扰和突发干扰可以得到纠正。

基于飞机干扰引起高频头工作在饱和状态可能因为卫星电视广播系统的通道编码得到

一定程度纠正，那么飞机干扰表现如此明显是否还有其重要原因？

观察 1.2m 偏馈中卫天线和 6.2m 后馈天线高频头输出频谱，结合卫星接收机使用条件和参数发现：大、小天线高频头输出最高干扰电平太高，超过卫星接收机最大输入功率电平 −25dbm 要求，必然引起卫星接收机严重阻塞和非线性失真。卫星接收机正常输入功率应该在 −25 ~ 65dbm 范围内。

是否是干扰电平超过卫星接收机正常输入电平范围才导致接收机不能正常工作？马上用功分器把干扰电平降低到 −25dbm 左右，此时 1.2m 偏馈中卫天线卫星正常信号低于最小输入电平。为了保证卫星正常信号大于卫星接收机最小输入电平，决定先采用 10db 卫星线路放大器先放大，然后再用功分器把干扰电平降低到 −25dbm 左右。这样干扰和信号基本上都进入卫星接收机正常输入功率 -25 ~ 65dbm 范围内，连接卫星接收机，经过飞机时电视画面的干扰消失了（图 3)。

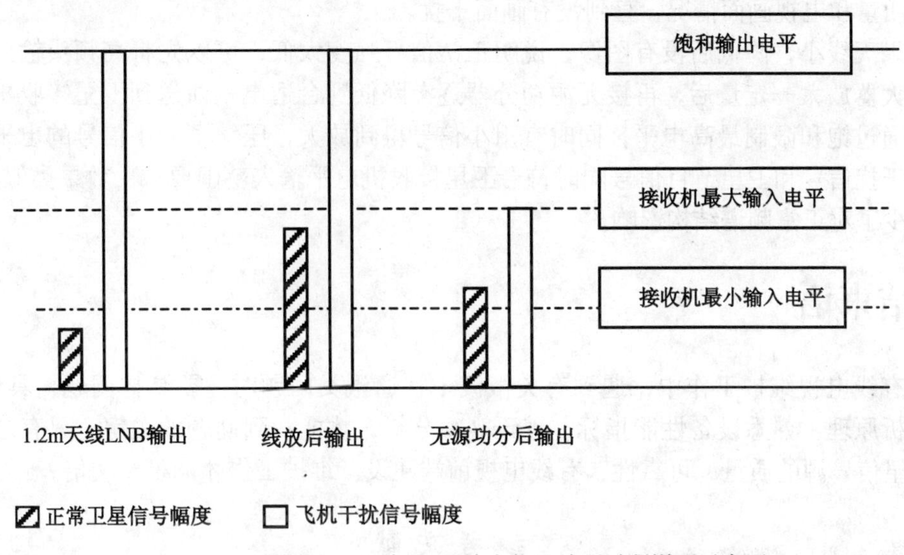

图 3　1.2m 偏馈中卫天线 LNB 输出信号处理过程说明示意图

(2) 卫星线路放大器工作状态分析。飞机干扰来时由于干扰信号强烈工作在饱和状态，干扰无法放大；没有飞机干扰时微弱的卫星信号正常放大，结果干扰电平基本不变，卫星信号正常得到放大，干扰最高电平与卫星正常信号电平差缩小了。

经多次测试，验证飞机干扰主要原因是：干扰电平超过正常卫星接收机正常输入电平范围，才导致接收机不能正常工作。

再观察机房正在工作的 6.2m 后馈天线，飞机通过时饱和工作限制了 LNB 输出最高干扰电平，使得最高干扰电平比卫星正常信号仅仅高 30DB，通过功分器降低干扰电平到卫星正常信号处于正常输入电平 −30 ~ 65dbm 范围，不通过放大正常卫星信号依然高于最低电平 −65dbm 要求，观察发现电视画面干扰也消失了，卫星接收机信号强度略有降低，接收节目的关键指标信号质量却提高了。

卫星接收机视频输出无干扰，并不代表码流输出没有数据包丢失，因为人的眼睛观察是有限的，用码流分析仪分析，发现飞机经过与否并无影响。由于准备搞数字电视前端建设，搭建一个频点全套数字传输设备传输数字电视，飞机经过时肉眼观察画面很好，仪器测试均达到使用要求。

(3) 干扰特殊解决方案分析。飞机经过引起的高频头饱和工作，理能上必然出现数据包丢失，但由于飞机干扰的120M带宽内干扰表现为狭窄带宽、点频 、跳频、短脉冲特点，干扰期内高频头饱和工作是快速而又间断的，间断变化频率和干扰频谱变化有关，与卫星传输过程中突发干扰属于一类。基于数字电视DVB−S中通道编码和信源编码等纠错机制，才出现了干扰时确实影响了传输，通过纠错机制数据基本上得到了恢复，满足电视画面和数字传输信号要求。

6 干扰特殊解决方案实际应用方法

由于不同接收机的最大实际输入电平有些差别，如果遇到飞机干扰电视接收时，首先可以通过不同衰减量的无源功分器逐渐降低馈送到卫星接收机的输入电平，观察卫星信号强度、质量和电视画面情况，直到没有画面干扰。

如果天线小，降低后没有图像，说明正常信号强度太低，可以先将高频头输出用卫星线路放大器放大一定量后，再接无源功分器逐渐降低到合适电平馈送到卫星接收机。这样一来，通过饱和限制最高电平，同时有用小信号得到放大，压缩了大小信号的电平差，使降低后干扰信号和卫星节目信号同时符合卫星接收机电平输入范围要求。效果类似滤波器，同时减少了对正常频谱结构影响。

7 结束语

在有线电视维护工作中，遇到有关微波干扰通讯类问题时，要具体问题、具体分析，要多分析原理、熟悉设备性能指标、善于观察分析，才能找到问题的关键。只有这样才能保证卫星信号源的质量、可靠性，有线电视前端建设、维护工作才能事半功倍。

参 考 文 献

1 刘修文等主编. 数字电视技术. 北京：机械工业出版社，2008

基于B/S模式的设备管理系统开发与应用

董智昆　秦　莉　刘明哲

（中国石油西部钻探工程有限公司青海钻井公司）

摘　要　本文论及B/S（Browser/Client）模式下，中国石油西部钻探工程有限公司青海钻井公司（以下简称公司）自主开发的一套适合本公司资产设备管理系统，通过介绍设备管理信息系统的功能模块、后台录入、前台访问界面，使读者对本系统有一个整体的大概了解，系统的推出使用为公司管理层及时了解公司现有资产设备、设备在用情况，为领导的管理决策提供了准确的依据。

关键词　B/S　Asp　Access数据库　管理后台　前台

1　系统背景

最近几年，我国信息化产业得到了长足的发展，各大中型企业电子商务系统如雨后春笋在迅速崛起。基于B/S（Browser/Client）的开发模式，使得实现瘦客户端，不对客户端进行部署，对于业务逻辑的调整只要在服务器端进行成为可能。

随着信息化产业步伐的加快，对中国石油西部钻探工程有限公司（以下简称公司）青海钻井公司设备管理工作也有了新的要求，这样一个实时、高效、完善的设备信息管理系统就应运而生。网上管理应用系统的使用将使设备管理者如虎添翼，设备资料操作人员从繁杂的资料管理工作中解脱出来，从而从传统管理模式向现代信息化管理转变，达到节约公司管理、交通通讯等成本，提高效率，方便基层。

2　系统目标

2.1　业务目标

为进一步提高公司信息化管理水平，利用现有网络资源，满足设备管理业务的实时性、灵活性的需要。通过设备管理信息系统的开发和应用，进一步规范公司管理，提高工作质量和工作效率，降低成本，提高效益。

2.2　设计目标

系统必须具有方便性、易操作性、易学习性，以及知识性、业务先进性、高可靠性，满足工作需求等要求。充分利用公司现有网络资源，遵循相关标准，建立一个具有良好可扩展性，并提供个性化服务的系统平台。

建立一套网上设备管理信息系统，从而实现设备信息的管理、查询、打印等一系列网上管理功能，实现从传统管理模式向现代信息化管理的转变。

3　设备管理系统设计分析

设备管理系统从功能上可分为用户浏览前台界面和后台管理界面两个模块。为加强公司生产数据安全与保密性，前台浏览界面身份验证验证功能。后台数据录入模块主要实现生产数据的录入、用户及用户权限管理、数据库恢复备份功能。根据上述需求分析，基于B/S模式的系统，依托Web的网上设备管理系统建立在IIS5.0上，前台客户端用通过IE浏览器访问。

3.1　系统模块分析

3.1.1　前台浏览模块

根据用户需求模式采用Asp技术实现用户、口令验证登录浏览页面。将前台浏览页面根据用户需求将页面划分为以下部分，主要包括：公司设备汇总查询、井队设备查询、二线设备查询、固井设备查询、井控设备查询、吊运设备查询、管子公司设备查询、钻前设备查询。这样，既能从宏观的反映青海钻井公司主要生产部门设备情况，又能从微观详细的介绍设备所在的部门、型号、功率出厂日期等信息。

3.1.2　后台操作管理模块

该模块下设5个子模块：

（1）添加数据。该模块是后台数据录入所包含的子模块，数据录入员可以通过管理员分配的权限，操作相应的界面功能，使信息数据入库。保证了系统数据的安全性，使其他数据不会被轻易地篡改。

（2）删除数据。该模块也是后台数据录入模块包含的一个子模块，具有普通数据录入员更高一级别的权限，保证数据不会被轻易删除或误删。

（3）用户管理。此模块根据登录用户不同显示不同的界面，具有不同的功能。普通用户登录系统后只具有修改本账号密码的功能，管理员登录具有修改本用户口令和新增账户和分配账户权限的功能。

（4）设备数据库打印功能。通过将数据库数据导入设置好的Excel模板中，完成打印。

（5）数据库的备份、恢复。只有管理员具有操作此模块的权限。数据定期由管理员进行备份、保证设备数据的安全性。

3.1.3　用户需求制订模块

该系统在开发中严格遵循用户的要求和公司实际生产需要，将系统前台、后台开发定制为：公司设备汇总、井队设备、二线设备、固井设备、井控设备、吊运设备、管子公司设备、钻前设备、前台查询和后台录入模块。

3.2　数据库设计分析

系统开发是基于Access2003数据库系统来实现，经过测试，运行稳定，且方便进行数据库升级成SQL、sybase、等数据库。

4 在设备管理系统的具体实现

4.1 用 Asp 来访问数据库，并动态获得数据过程简介

4.1.1 创建数据源

根据公司的实际需要设计的关系型数据库，该数据库符合数据库规范“三级示范”的设计要求。该数据库不仅具有管理大型数据的能力、良好的性能和稳定性，还有较为完备的数据扩展性。

通过本数据库井队设备台账（标识：jdsbtz）举例说明（表 1)。

表 1 井队设备台账

名称	字段名称	类别	主键	非空
序号	ID	自动编号	Yes	Yes
统计日期	TJRQ	char	No	No
作业队号	dh	char	No	No
设备型号	Sbxh	char	No	No
规格型号	GGXH	char	No	No
功率	Gl	char	No	No
生产日期	SCRQ	char	No	No
生产厂家	SCCJ	char	No	No
…	…	…	…	…

4.1.2 创建数据库链接

通过使用 DOBC 的方式链接数据库，将其编写成一个 conn.asp 文件，从而实现与数据库的连接。系统其他页面要访问时，首先要引用该编写好的 conn.asp 连接数据文件的创建与数据库的链接。以下所示为 conn.asp 文件代码：

```
<!--#include file="Conn.asp"-->
    <%
    dim conn
    dim connstr
    on error resume next
    connstr="DBQ="+server.mappath（"sbdate.mdb"）+"；DefaultDir=；DRIVER={Microsoft Access Driver （*.mdb）}；"
      set conn=server.createobject（"ADODB.CONNECTION"）
      conn.open connstr
%>
```

conn 文件是通过 ASP 技术配置 ODBC 驱动完成数据源的连接。需要特别注意的其他模块需要连接数据源时必须引用 conn 文件，才可以连接数据源。

4.1.3 创建数据对象

ADO 中的数据对象通常保存的是查询结果。Record Set 是 ADO 中最复杂的对象，有许多属性和方法，通过灵活运用，可以达到许多好的效果。与 DAO 中的一样，Record Set 保存的是一行行的记录并标有一个当前记录。以下是创建方法：

Set Record set =mConn.Execute（sqtStr）

这条语句创建并打开了对象 Record Set，其中 mConn 是先前创建的链接对象，sqtStr 是一个串，代表一条标准的 SQL 语句，例如：

sqlStr = "SELECT * FROM tabl"

Set Record set =mConn.Execute（sqlStr）

这条语句执行后，对象 Record set 中就保存了 tabl 中的所有记录。在 Asp 文件中如何应用返回结果，本文将在文末给出一个实例说明。

4.1.4 操作数据库

Execute 方法的参数是一个标准的 SQL 语句串，所以我们可以利用它方便地执行数据插入、修改、删除等操作，例如：

sqlStr = "INSERT INTO tabl VALUES（1，2)"

Mconn.Execute（sqlStr）/ 执行插入操作

sqlStr = "UPDATE tabl SET fieldl =3"

Mconn.Execute（sqlStr）/ 执行修改操作

4.1.5 关闭数据对象和链接对象

在使用了 ADO 对象之后，一定要记住关闭它，因为它使用了一定的服务器资源。通过调用方法 close 实现关闭，然后再释放它：

Record Set.close Set Record Set=Nothing/ 关闭创建的数据对象

mConn.closeSet mConn=Nothing/ 关闭创建的链接对象

4.1.6 Response 对象

Response 对象是用来控制发送给用户的信息，包括直接发送信息给浏览器、重定向浏览器到另一个 URL 或设置 cookie 的值。语法：

Response.collection/property/method

4.1.7 Request

可以使用 Request 对象访问任何基于 HTTP 请求传递的所有信息，包括从 HTML 表格用 POST 方法或 GET 方法传递的参数、cookie 和用户认证。Request 对象使用户能够访问客户端发送给服务器的二进制数据。Request 的语法：

Request[. 集合 | 属性 | 方法]（变量）；

4.2 数据库连接在本系统中具体实现

（1）以添加二线公司车辆设备台账为例说明（图 1）。

当打开后台车辆设备台账录入时，图 1 的页面会直接与数据库连接，部分数据直接被选择自动录入到录入框内，点击保存后，通过代码执行便可将数据存入到数据库中，减少了数据操作人员的工作量。

（2）ACCESS 数据库中立即得到显示（图 2）。

当前操作>>>添加车辆设备台帐

统计日期	2008年 5月 30日 ←请注意核对日期		
在用单位	选择单位	设备类型	热洗车
规格型号	LTJ5260TXL35	牌照或识别号	青H. A3804
出厂日期	2004-6-1	投入日期	2005-5-1
车辆类别	选择类别	发动机型号	WD615.61A
发动机编号	04040373415	底盘型号	LZZABLEFX4WE
底盘编号	10890	生产厂家	兰州通用机器厂
设备原值	698320	燃油类型	选择燃油
设备状态	选择状态	营运性质	选择性质
备注	//		
	确认添加		

技术支持：吐哈青海钻井二公司科技发展科　技术支持电话：8911367

图1　添加页面

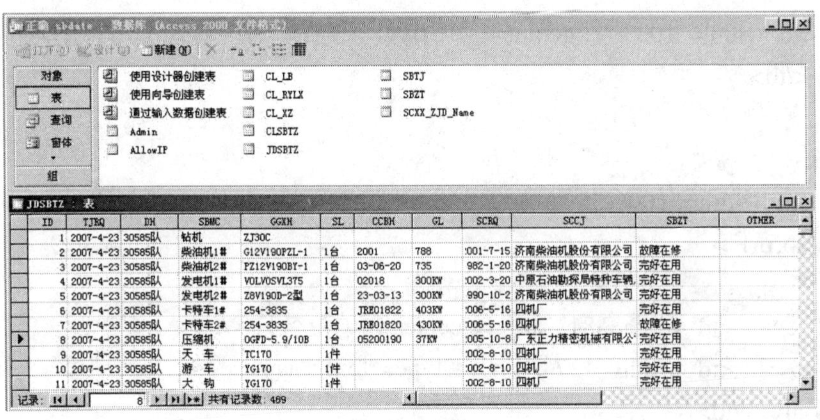

ID	TJRQ	DH	SBMC	GGXH	SL	CCBH	GL	SCRQ	SCCJ	SBZT	OTHER
1	2007-4-23	30585队	钻机	ZJ30C							
2	2007-4-23	30585队	柴油机1#	G12V190PZL-1	1台	2001	788	:001-7-15	济南柴油机股份有限公司	故障在修	
3	2007-4-23	30585队	柴油机2#	PZ12V190BY-1	1台	03-06-20	735	982-1-20	济南柴油机股份有限公司	完好在用	
4	2007-4-23	30585队	发电机1#	VOLVOSVL375	1台	02018	300KW	:002-3-20	中原石油勘探局特种车辆,	完好在用	
5	2007-4-23	30585队	发电机2#	Z8V190D-2型	1台	23-03-13	300KW	990-10-2	济南柴油机股份有限公司	完好在用	
6	2007-4-23	30585队	卡特车1#	254-3835	1台	JRE01822	403KW	:006-5-16	四机厂	完好在用	
7	2007-4-23	30585队	卡特车2#	254-3835	1台	JRE01820	430KW	:006-5-16	四机厂	故障在修	
8	2007-4-23	30585队	压缩机	OGFD-5.9/10B	1台	05200190	37KW	:005-10-8	广东正力精密机械有限公	完好在用	
9	2007-4-23	30585队	天　车	TC170	1件			:002-8-10	四机厂	完好在用	
10	2007-4-23	30585队	游　车	YG170	1件			:002-8-10	四机厂	完好在用	
11	2007-4-23	30585队	大　钩	YG170	1件			:002-8-10	四机厂	完好在用	

记录：8　共有记录数：489

图2　数据库页面

(3) 部分页面关键代码实现代码如下所述。

通过两个页面完成实现，一个是录入数据的界面，另一个通过录入界面转向保存数据的界面。以保存公司钻井工作量为例，其中通过Add_JKGS_SBTZ.asp和Add_JKGS_SBTZ_SAVE.asp两个文件实现。Add_ZJ_GZL.asp部分代码如下：

```
<!--#include file="Conn.asp"-->
<%
set rs=server.createobject（"adodb.recordset"）
sql="select top 1 * from JKGSTZ order by id desc"
```

```
rs.open sql, conn, 1, 1  <!-- 以只读方式打开数据库 -->
tjrq=rs ("tjrq")
DW=rs ("DW")
SBMC=rs ("SBMC")
……
SBZT=rs ("SBZT")
other=rs ("other")
rs.close
set rs=nothing
%>
……
<title> 添加井控公司设备台账 </title>
</head>
<body>
<div align="center">
<script language="JavaScript" src="calendar.js"></script>
  <center>
  <table border="1" width="450" cellspacing="0" cellpadding="3" bordercolorlight=
"#BEBFD9" bordercolor="#BEBFD9">
     <tr>
       <td width="100%" bgcolor="#BEBFD"> 当前操作 &gt;&gt;&gt; 添加井控公
司设备台账 </td>
     </tr>
     <tr>
       <td width="100%"><form method="POST" action="Add_JKGS_SBTZ_SAVE.
asp" name="form1">
       ……
            <td width="81" align="center"> 单位名称 </td>
            <td width="137"><input type="text" name="dw" size="15" value=" 井 控
公司 " readonly></td>

            </td>
            <td width="61" align="center"> 设备名称 </td>
            <td width="135"><input type="text" name="SBMC" size="15" value="<%
=SBMC%>"></td>
           </tr>
           <tr>
            <td width="81" align="center"> 规格型号 </td>
            <td width="141"><input  type="text" name="GGXH" size="15" value="<
%=GGXH%>"></td>
```

```
            <td width="61" align="center"> 生产日期 </td>
            <td width="135"><input  type="text" name="SCRQ" size="15" value="<
%=SCRQ%>" onfocus="calendar () "/></td>
          </tr>
          <tr>
            <td width="81" align="center"> 启用日期 </td>
            <td width="141"><input  type="text" name="QYRQ" size="15" value="<
%=QYRQ%>" onfocus="calendar () "/></td>

            <td width="61" align="center">  自编号 </td>
            <td width="135"><input  type="text" name="ZBH" size="15" value="<%
=ZBH%>"></td>
          </tr>
          <tr>
            <td width="81" align="center"> 出厂编号 </td>
            <td width="141"><input  type="text" name="CCBH" size="15" value="<
%=CCBH%>" ></td>

            <td width="61" align="center"> 生产厂家 </td>
            <td width="135"><input  type="text" name="SCCJ" size="15" value="<%
=SCCJ%>"></td>
          </tr>

          <tr>
            <td width="81" align="center"> 使用单位 </td>
            <td width="141"><input  type="text" name="SYDW" size="15" value="<
%=SYDW%>" ></td>

            <td width="61" align="center"> 检修日期 </td>
            <td width="135"><input  type="text" name="jxrq" size="15" value="<%=
jxrq%>" onfocus="calendar () "/></td>
          </tr>

          <tr>
            <td width="81" align="center"> 领用日期 </td>
            <td width="141"><input  type="text" name="lyrq" size="15" value="<%=
LYRQ%>" onfocus="calendar () "/>  </td>

    ……
```

```
                <tr>
                    <td align="center" width="81" height="12"> 备注 </td>
                <td width="345" colspan="3"><textarea rows="5" name="other" cols="54" >  <%=other%> </textarea></td>
                </tr>
                <tr>
                    <td align="center" width="426" height="12" colspan="4"><input type="submit" name="Submit" class="button" value=" 确认添加 "></td>
                </tr></form>
    </center>
            </table>
        </td>
      </tr>
    <center>
      <tr>
        <td width="100%" bgcolor="#BEBFD">
            <p align="center"> 技术支持：青海钻井公司科技发展科  
            技术支持电话：8911367</p>
  </body>
```

通过 <form method="POST" action="Add_JKGS_SBTZ.asp" name="form1"> 将所有录入数据转入 Add_JKGS_SBTZ_SAVE.asp 进行保存。

（4）修改、删除公司数据页面（图 3）。

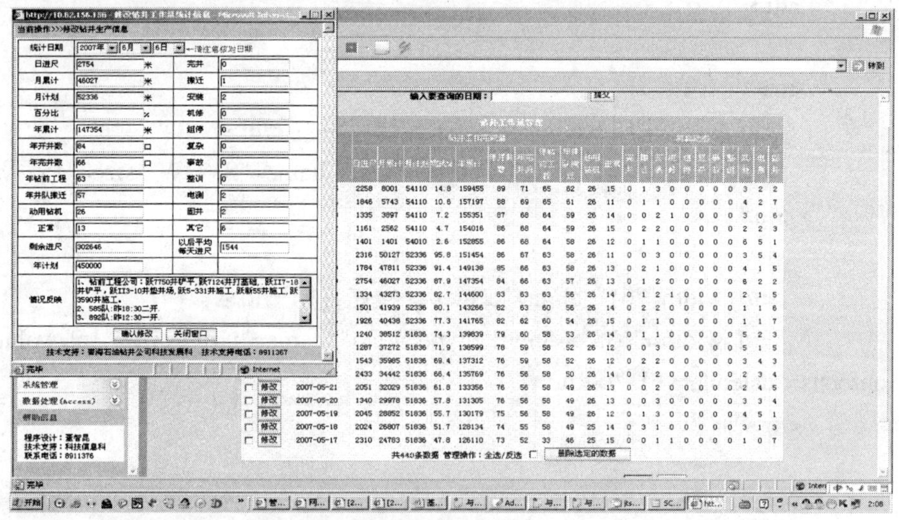

图 3　修改、删除公司数据的页面

修改数据库所使用的代码基本和添加数据类似，只是将 rs.open sql，conn，1，3 rs.addnew 改成 rs.open sql，conn，1，3 rs.edit 就可以实现数据的修改。

删除数据通过构建函数实现，该函数代码为：

```
<!--
function CheckAll (form)
  {
  for  (var i=0; i<form.elements.length; i++)
    {
    var e = form.elements[i];
    if  (e.name != ' chkall')
        e.checked = form.chkall.checked;
    }
  }
function SelectAll ()  {
for  (var i=0; i<document.selform.selID.length; i++)  {
var e=document.selform.selID[i];
e.checked=!e.checked; }
}
….
<%
dim referer
referer=Requeset.ServerVariable ("Http_Referr")
if not isempty (request ("selID")) then
   selID=request ("selId")
if request ("action") =" 删除选定的数据 " then
   call del ()
end if
end if
%>
….
<%
sub del ()
conn.execute ("delete from [Add_JKGS_SBTZ.asp] where ID in  ("&selID&") ")
end sub
%>
```

其中前面两段<%　%>中的内容是构建删除数据的函数，最后由conn.execute ("delete from [Add_JKGS_SBTZ_SAVE.asp] where ID in ("&selID&") ")语句执行删除指令。

Access数据库中的数据立刻变动，被修改或者删除。

5　实现功能及效果

经过一段时间的试运行，整个系统符合公司的实际需求，运行稳定安全，总结其效果如下。

(1) 提高了工作效率。

①基于 B/S 模式的设备管理系统能够方便地进行随时的录入、浏览、查询。

②数据录入方便，在后台的每个录入数据的窗体中，都能读取上一次的数据，这样极大地减少了录入工作量。

(2) 扩大了信息共享层面。

①业务部门人员和相关领导均可以通过查询，了解和掌握公司各种设备分配和目前使用情况，从而实现信息资源的高度共享，扩大了信息共享层面。

②系统可以对公司所有设备进行汇总，使得从宏观上可了解设备的分布情况，从微观上可了解各设备所在的单位、生产日期、功率等详细信息。

(3) 降低了管理成本。

在日常的办公中可以较好地降低交通、人力等成本。

(4) 为领导决策提供了科学依据。

领导可以对各环节信息进行组合查询，随时了解和掌握设备的分布及状态等动态信息，可以对设备情况行综合分析，及时为决策提供科学依据。

6　结束语

设备管理系统与 2007 年 7 月初设计完成后，进行了全面测试并投入试运行。测试和试运行结果表明，EMS 考核监视管理系统的各项功能均已实现， 计算结果准确可靠。在使用过程中极大地方便了设备管理人员的实际工作，也便于公司决策层对公司设备有一个宏观的了解，为管理决策能做出一定辅助功能。

一个完整的在设备管理信息系统内容非常庞大，这里只是针对基本模块、关键流程进行了简单介绍，目的让读者对系统有个初步认识。在今后具体的工作中，还应根据实际生产的需求，加强现有模块的细化工作使系统能够更加完善，使设备信息系统更好的应用。

参考文献

1　(美) 普瑞斯曼著．软件工程实践者的研究方法．黄柏素译．北京：机械工业出版社，1998

2　黄德能，薛小平．基于 Web 上的动态主页开发研究．计算机应用研究，2000，17，(5)：78 ~ 80

3　唐青松．ASP 开发全攻略宝典．北京：中国水利出版社，1997

局域网环境网络安全监测方法的研究

杨 敏 董玉敏 关 宇

（中国石油新疆油田公司勘探开发研究院）

摘 要 网络应用的发展、网络结构复杂化、用户增多给网络管理、维护和监测带来很大难度。网络流量监测技术是网络性能分析和规划设计的基础，对设计高性能网络协议、高效网络拓扑结构、业务量预测与网络规划、精确的网络性能分析与预测、拥塞管理与流量均衡都有重要意义。通过体系化的网络流量监测技术对所采集数据进行分析，可以较为准确地获知网络和网络设备运作的状态，实现对网络流量的监控和异常情况的报警，在网络病毒泛滥的今天，提高病毒防范的主动性。

关键词 SNMP MIB 流量采集 侦听 镜像

1 引言

网络病毒随着 Internet 的发展，其传播速度越来越快，工作原理也不一而足，对病毒防范体系不断带来新的挑战。传统意义上的网络病毒防范系统，诸如 McAfee、Symantec、趋势（TrendMicro）、瑞星等产品接近于守株待兔的方式，对已经发现的、具有特定病毒特征的文件和通讯进行阻隔，对于感染已知病毒的文件进行清除、隔离。这一机制确保了这类防病毒系统一定会在病毒传播之后、接收到新的病毒库更新后才能工作，一定程度上，既不具备预防的作用，又不存在实时对抗已经感染病毒主机的能力。网络分析工具针对这一情况，通过体系化的网络流量监测技术对所采集数据进行分析，较为准确地获知站点的访问情况以及网络设备运作的状态，从而实现对网络流量的监控和异常情况的报警，提高病毒防范的主动性。

2 基于 SNMP 的网络流量采集

2.1 网络流量采集技术

无论是流量费用统计还是网络流量检测监控，对于原始 IP 数据的可靠性和完整性的要求都是比较高的。选择一种合理的网络流量采集统计技术，不仅可使所采集的原始 IP 数据较为精确、完整，而且对网络上相关设备的影响较小。目前有 4 种常用的方法用于网络流量数据的采集分析：

（1）基于侦听网络数据包的包分析模式；

（2）基于流量系统可网管设备 MIB 的 SNMP 模式；

（3）基于安插网络探针（Probe）技术的 IP 流量数据捕获模式；

（4）基于网络数据流（Netflow）技术的数据流捕获模式。

网络数据包的监听技术是一个比较传统的方法，它通过对全网监听的数据包进行分析从而获得 IP 网络流量的数据，其优点在于构建简单、实现较为方便。但是，交换机、路由器的隔离、过滤功能和传输介质的带宽限制等因素影响了网络数据分组的完整性，较难进行大范围、长时间的监测。此外，对带宽的占用、加重网络设备的负担等也是存在的缺点。

2.2 基于流量镜像协议分析

流量镜像（在线 TAP）协议分析方式是把网络设备的某个端口（链路）流量镜像给协议分析仪，通过 7 层协议解码对网络流量进行监测，是网络测试的最基本手段，特别适合网络故障分析。

2.3 SNMP 网络管理协议简述

简单网络管理协议（Simple Network Management Protocol，SNMP），是一种基于 TCP/IP 参考模型的应用层互联网网管协议。其参考模型如图 1 所示。

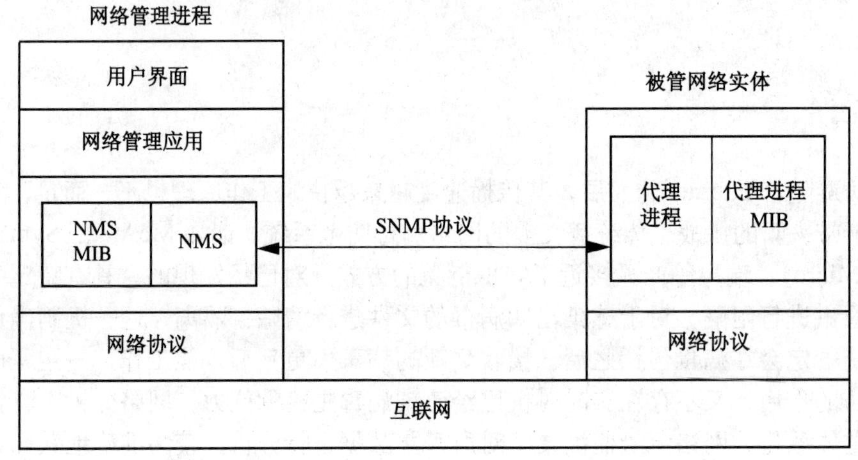

图 1　SNMP 参考模型

SNMP 采用管理者（Manager）和代理（Agent）模式。通常一个标准的网管系统包括 4 个部分：网管站（NMS）、代理（Agent）、网管协议（SNMP）和管理信息库（MIB）。代理是常驻在网络节点设备（如路由器、服务器等）上的软件。它通过接收来自网管站的指令和发送响应信息，操作 MIB 对网络设备进行监控和配置。网管站和代理通过发送 SNMP 消息进行通信，网管站也可单向接收来自代理的未被请求的消息，了解网络中发生的异常事件（Trap）。

3　网络监测软件的选择

3.1 SolarWinds Orion Network Performance Monitor

网络管理软件 Orion Network Performance Monitor 简称 Orion NPM，包括网络发现、错误监控、性能管理等工具。Orion NPM 的网络性能监控器能够对有效性、带宽利用率、CPU 负载、内存和硬盘空间的利用情况进行监控和警告。

3.2 WildPackets OmniAnalysis Platform

分布式网络分析系统 WildPackets Omni，针对当前存在的网络问题进行分析，部署 Omni 的重点是：应用、服务性能监控；异常流量侦测、网络病毒预警；关键应用远程操作追踪；网络事件鉴证分析。

4 监测系统的需求与部署

4.1 需求分析

中国石油新疆油田公司勘探开发研究院地球物理研究所（以下简称地物所）的网络主要针对生产的应用网络，保障 IP 网络安全、高效的运行是网络管理人员非常需要解决的问题，具体有：

（1）如何进行集中的网络设备监视、管理、规划以及针对未来网络业务的拓展和变化在整体网络中提供全局支持；

（2）如何进行集中的网络运行状况监视，从而有效获得网络从整体到局部的可用性、响应性、安全性；

（3）如何评估网络中运行的应用的性能，从而进行调整，提高用户满意度；

（4）如何即时预测、发现故障，并快速进行诊断、定位、排除，以保障网络运行正常。

4.2 方案设计

经过缜密的分析，并借鉴以往经验，选用了 SolarWinds.Net 公司的 Orion NPM 和 WildPackets 公司的 OmniAnalysis Workgroup Platform（包括 OmniPeek Workgroup Pro 和 OmniEngine Workgroup）组成整体的解决方案。

通过部署 Orion NPM 实现：

（1）集中网络设备监视、管理、规划；

（2）链路状态，网络运行状况的监视；

（3）网络突发事件的告警。

通过部署 OmniAnalysis Workgroup Platform 实现：

（1）实时流量分析；

（2）应用性能评估；

（3）网络病毒发现；

（4）网路故障诊断；

（5）网络鉴证分析。

4.3 方案部署

本地网络管理中心部署 OmniEngine，以 SPAN 或 TAP 的方式将需要监控的链路流量镜像到 Engine 上。OmniPeek Workgroup Pro 安装在网管中心的任何一台 PC 上，只要能够通过 IP 访问所有 OmniEngine 即可。在本地部署 Orion NPM，安装 Orion NPM 的服务器能够访问全部网络设备，实现集中网络设备监视、管理、规划；链路状态，网络运行状况监视；网络突发事件告警。

5　监测系统的应用

5.1　Orion NPM

5.1.1　故障管理和实用工具

管理人员在一个单独的 Web 页面上浏览网络中每个节点和接口的状态；选择向上或向下操作，带宽利用率、接口流量、错误和终止、信噪比（宽带网络），每一个元素都允许直接查看警告，并探寻路由器、转换器或服务器的问题，直观而快捷。

5.1.2　CPU、内存和硬盘空间监控

对设备的 CPU 负载、内存利用率进行监控和设置警告，包括 Cisco 路由器、Windows2003 服务器、Win XP 服务器和其他支持主机源 MIB 的设备。使用 Real−Time 查看核心交换机 6509−CPU 的利用率，这个功能很实用，是常用的一个功能，见图 2。

图 2　CISCO 交换机 CPU 的利用率

5.1.3　Syslog Server

Orion SysLog Server 允许 Network Performance Monitor 接收并处理来自任何类型的设备的 SysLog 消息。如今，通过单个的控制台甚至是远程网络接口，实现了接收、过滤、浏览、警告和管理所有的 SysLog 消息，见图 3。

Syslog Messages - Windows Internet Explorer

文件(F) 编辑(E) 查看(V) 收藏夹(A) 工具(T) 帮助(H)

Syslog Messages

Time of Message	Hostname	Severity	Message
14:30	192.168.32.8	Warning	26w5d3h: CP %IP-4-ADDRMOVE: IP Address 192.168.32.60 is moved from MAC address 00:11:43:30:8d:68 to MAC address 00:11:43:30:8d:69
14:28	192.168.32.8	Warning	26w5d3h: CP %IP-4-ADDRMOVE: IP Address 192.168.32.60 is moved from MAC address 00:11:43:30:8d:69 to MAC address 00:11:43:30:8d:68
14:28	192.168.32.8	Warning	26w5d3h: CP %IP-4-ADDRMOVE: IP Address 192.168.32.63 is moved from MAC address 00:14:22:10:e0:9c to MAC address 00:14:22:10:e0:9d
14:27	192.168.32.8	Warning	26w5d3h: CP %IP-4-ADDRMOVE: IP Address 192.168.32.63 is moved from MAC address 00:14:22:10:e0:9d to MAC address 00:14:22:10:e0:9c
14:20	192.168.32.8	Warning	26w5d3h: CP %IP-4-ADDRMOVE: IP Address 192.168.32.60 is moved from MAC address 00:11:43:30:8d:68 to MAC address 00:11:43:30:8d:69
14:18	192.168.32.8	Warning	26w5d3h: CP %IP-4-ADDRMOVE: IP Address 192.168.32.60 is moved from MAC address 00:11:43:30:8d:69 to MAC address 00:11:43:30:8d:68
14:18	192.168.32.8	Warning	26w5d3h: CP %IP-4-ADDRMOVE: IP Address 192.168.32.63 is moved from MAC address 00:14:22:10:e0:9c to MAC address 00:14:22:10:e0:9d
14:18	192.168.32.8	Warning	26w5d3h: CP %IP-4-ADDRMOVE: IP Address 192.168.32.63 is moved from MAC address 00:14:22:10:e0:9d to MAC address 00:14:22:10:e0:9c
14:12	192.168.4.9	Error	2614: * Authentication failure for SNMP req from host 10.72.6.2
14:11	192.168.32.8	Notice	26w5d3h: CP %FMGR-5-OSTATE_UP: Changed interface state to up: Gi 0/22
14:10	192.168.32.8	Notice	26w5d3h: CP %FMGR-5-OSTATE_DN: Changed interface state to down: Gi 0/22
14:10	192.168.32.8	Notice	26w5d3h: CP %FMGR-5-OSTATE_UP: Changed interface state to up: Gi 0/22

http://10.72.33.185:8080/NetPerfMon/view.asp?view=NodeDetails&NetObje　Internet | 保护模式: 禁用　100%

图 3　SYSLOG 信息浏览界面

5.1.4 事件和警告管理工具

Orion 允许您设置警告门限、带宽占用百分比、内存、CPU 和硬盘利用率等。

5.2 OmniAnalysis Workgroup Platform

5.2.1 实时网络流量监控分析

OmniAnalysis Workgroup 平台实现了对所监控网络流量的实时监控，告诉管理员获得哪些主机（IP 地址、MAC 地址等）在使用网络，是在与哪些其他主机通信，使用的什么协议，每个会话的流量有多少，响应时间怎么样等等。这个对诊断异常节点流量很有用，能快速定位。

5.2.2 病毒、蠕虫、扫描攻击等异常网络流量的早期预警

日常的监控分析既可以对通常需要的利用率、协议分布情况进行解析和图表，又可以针对一些网络病毒攻击的征兆，例如发现较大规模的网络扫描、主机端口扫描、大量的 ARP 无响应以及突发的电子邮件流量等各类病毒征兆，通过这一早期预警方法，可以对网络中新的异常现象和病毒攻击征兆进行第一时间的预警分析。通过这一功能诊断了多次异常流量的监测扫描和故障处理。

5.2.3 全局实时故障诊断

OmniAnalysis Workgroup Platform 流量监控与分析系统实现了分布式 IP 网络的故障诊断，实时支持为分布式网络提供专家分析、详细的节点信息、协议、网络统计摘要及数据包解码处理。统计网络关键数据，做出年月报表，见图 4。

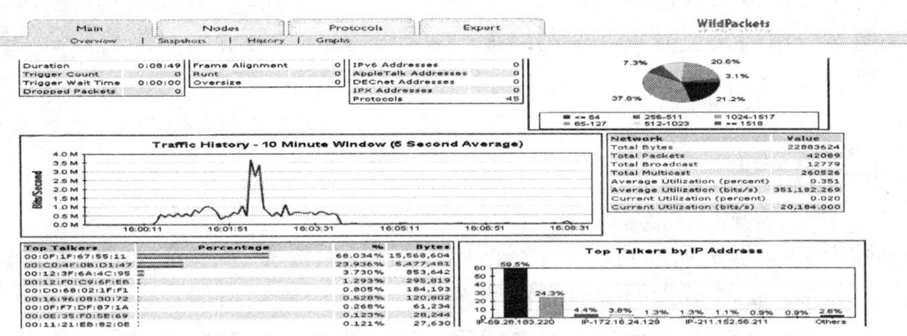

图 4　数据报表界面

6　结论

为了保障生产网络、科研办公网络的可靠、安全、可用、高效运行，侧重网络性能的监测、优化、规划。将利用网络监测管理工具，开发利用更多功能，全局部署局域网环境网络安全监测方案，特别随着 IP 网络应用广度和深度的提高，使网络病毒防范成为日益迫切的问题。将以更深入的目光将可疑、异常的通讯流量进行深入的解析和定义，确保可以分离出真正的网络病毒、蠕虫的通讯流量，以便在日常维护中进行快速定位与紧急处理，加强加深对整个网络性能的监测和分析，保障网络的正常运行。

中国石油克拉玛依石化公司局域网改造的设计与实现

裴志刚

（中国石油克拉玛依石化公司信息所）

摘　要　本文阐述了中国石油克拉玛依石化公司局域网改造从需求分析、方案设计到改造实施的整个过程。

关键词　生产网　办公网　交换机　VLAN

1　引言

中国石油克拉玛依石化公司（以下简称公司）目前已具备一定的网络环境，但由于网络建设较早，网络中心与二级单位间除个别采用1000M光纤互相连接外，大部分为100M光纤互联，网络到桌面基本上是100M。网络层次架构不明晰，没有进行VLAN的划分，办公网和生产网没有有效隔离，网络设备老化故障频发等。随着大量应用和实时数据的传输，目前的网络在一定程度上已不能满足业务发展的要求，需要对现有网络进行升级改造。

通过对公司网络现状和需求的深入细致调研，同时依照中国石油局域网标准和规范，对克拉玛依石化公司网络改造提出建设性方案，以保证公司网络架构更加标准化，同时更能满足未来网络应用的发展需求，使网络能为公司的生产、科研、经营及办公等提供更好的服务。

2　目标与范围

网络详细设计所要达到的目标是：采用国际先进的设备和标准，建设技术先进，性能优良，功能齐全，运行可靠的计算机网络系统；使公司的网络架构发展成为一个妥善管理的网络，融合了最新的科技成果，具备很强的可管理性和安全性；使公司能够拥有一个标准的网络架构，既能满足公司日常运作的需要，又能使公司比竞争对手具备更强的竞争力；建立公司的内部高速互联网，网络系统支持TCP/IP、IPX等多种协议，为应用系统提供支撑。

网络详细设计的范围是公司中心机房及整个局域网改造设计。

3　设计原则

在网络设计的过程中充分考虑了以下重要因素：网络实施的可行性、网络性能的优异性、网络使用的方便性、网络安全性、网络管理、网络可靠性、网络的可恢复性。

在进行网络改造设计之前，充分调查现有的网络设备和网络设计能否满足业务需求。在网络设计中，对信息流进行分析，确保新设计的网络基础设施能够支持未来升级后的数据流。同时，在网络设计中必须能够识别出瓶颈，以最高的效率对网络通信进行路由；充分考虑设计的可扩展性，容量计划促使网络设计能够适应网络的不断发展。网络设计完成后，进行详细的检查与验收，确保新设计能够满足项目的目标。新的设计必须支持有意义的、满足目前实际需求的应用，在合理性价比的基础上提供更优的性能。

4 需求分析

通过对公司局域网信息进行分析，可以得出公司局域网需求主要包括：与中国石油新疆区域数据中心的网络互连带宽 100Mbps，另外还有一条 4Mbps 链路作为备份，基本上满足要求；连接到 Internet 的 100Mbps 带宽满足现阶段需求；汇聚网络设备老化，虽目前干路流量不大，但存在着设备老化，接入速率低，不易管理等缺陷，如果今后开展应用，必将成为网络中的主要瓶颈；各建筑物之间的网络连接基本上是光纤链路；用于生产的网络与日常行政管理的网络混杂在一起，给网络管理带来不便；内部局域网的核心交换设备需要备份冗余；网络分层结构不够明确（核心层、分配层和接入层)，造成广播流量分布不合理；网络进一步拓展的余地极为有限，随着实时数据库的大规模应用以及工业电视、办公自动化的应用，网络带宽也无法满足应用的发展；最后确定双核心交换机冗余，公司内建立 10 个汇聚点，汇聚到核心双千兆光纤链路冗余，60 个接入点，接入到汇聚采用千兆光纤，百兆到桌面的实施方案。 生产网单独建网，1 个核心，4 个汇聚点，9 个接入点，全部采用千兆光纤，与办公网实现物理隔离。

5 网络现状及存在的问题

公司中心机房使用华为 Quidway S6506R 作为核心交换机；信息中心通过 100Mbps 光纤链路连接到中国石油新疆区域数据中心，该连接用于与总公司之间的数据互传及访问总公司和其他分公司的服务器及网站；Internet 访问通过防火墙与电信相连，连接类型为 100Mbps 以太网；访问 Internet 安装了华为 Edomen200 防火墙；网络中心与二级单位间除个别采用 1000M 光纤互相连接外。大部分为 100M 光纤互联。

与网络相关的应用主要包括：中油财务软件，中国石油统一财务软件，C/S 结构应用，服务器为财务部门单独使用，用户通过账号登录到服务器上使用该软件；WWW 服务为各单位提供内部 WWW 服务，用户通过该服务器了解公司各单位最新生产和科研信息，有些报表也通过 WWW 服务器来填写；代理服务为公司员工提供上网代理服务，管理用户访问因特网；实时生产数据库主要用于 DCS 系统和数据采集系统，使得用户能够从网络上直接获取生产的实时数据和设备的状态数据；数据备份服务完成重要数据库服务器（如：财务服务器）的网络数据备份；电子商务主要是指物资管理处使用的物资管理网络系统；办公自动化服务完成整个公司的办公自动化运作，包括发布各种通知和信息、文件的审批和发文等等。

现阶段网络中的主要问题有：生产网和办公网未分离，使生产系统中的实时数据采集系统影响办公网的稳定；没有 VLAN 的划分。

6 网络设计方案

从网络拓扑图（图 1）可以看出，公司 2# 机关楼为整个局域网的中心，其核心交换机除负责连接 10 个汇聚层交换机外，还连接部分接入层交换机和服务器。并且负责和中国石油广域网因特网连接。

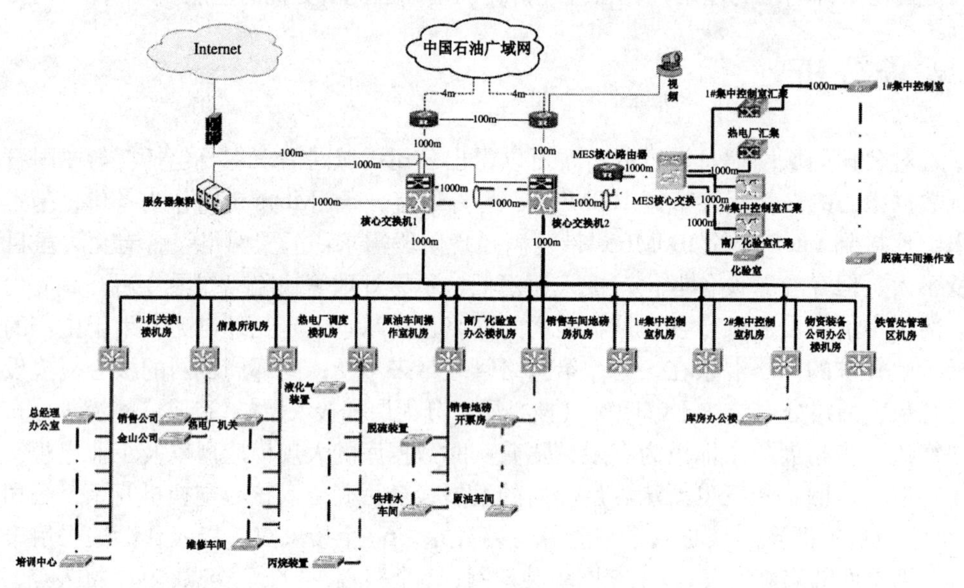

图 1　改造后的局域网主干网络拓扑图

具体改造方案如下：将百兆主干连接升级为千兆星形连接；整体网络骨干接入采用千兆以太网技术，具有极好的灵活性及可扩展性，且符合中国石油局域网标准及规范；整个网络统一采用以太网技术，可管理性大大提高；采用双核心结构，核心交换机采用 2 台 Cisco Catalyst6509E，服务器全部采用千兆连接；主干链路均采用千兆光纤线路；汇聚层采用高性能的交换机，10 台 Cisco Catalyst4503 ，通过双千兆光纤链路连接核心交换机。所有网络全部采用千兆光纤连接。

生产网单独建网，采用单核心结构，核心交换机采用华为 Quidway S6506R，下设 4 个汇聚点，汇聚层交换机采用华为 S3928P，所有网络全部采用千兆光纤连接。

7　网络 VLAN 划分

针对目前企业内的局域网 VLAN 划分方式，使用基于端口的 VLAN 划分方式是最合理，也是最有效的。

根据中国石油局域网标准与规范中相关网络 VLAN 应用的规范，针对公司网络及应用的 VLAN 划分策略如下：VLAN 划分采用基于端口工作方式，按照部门和单位进行划分；在有多条冗余链路的网络状况中，每个 VLAN 独立运行 STP 协议；VLAN 配置中必须填写名称和标志，VLAN 内部限制用户广播包的转发速率；办公类应用服务器网段应该划分独立 VLAN；公司财务部门应该划分出一个独立 VLAN；与非股份公司单位互联部分，应该划分独立 VLAN；因特网连接处，应该划分独立 VLAN；话音或视频等多媒体数据传输应该划分独立 VLAN；局域网内数据安全级别不同，需要对不同部门的业务需求进行 VLAN 划分。

企业单点登录统一授权系统的实现

陈　锐[1]　吴金峰[2]　段恒亮[1]

([1]中国石油塔里木油田公司信息管理部，[2]中国石油塔里木油田公司通信公司)

摘　要　本文介绍了以Web Service的方式来实现企业各种应用系统进行统一的登录认证、权限认证的方法，通过此系统，将用户账号、密码、角色权限等信息都在一集中平台上管理。实现用户登录一次系统，就可以根据自己的权限访问其他各套应用系统。

关键词　单点登录　统一授权　SOAP　Web Service　JAVA

1　引言

随着企业信息化建设的发展，所应用的软件系统也逐渐增多。每套应用系统都各自有自己的账户、密码以及权限。在日常的工作中，用户需要在各系统之间切换，必须多次输入用户名和密码，存在密码泄露的安全问题。而且由于系统过多，时常会遗忘账户或密码，对工作带来不便。同时企业还要投入大量的技术人员，维护多套应用系统。

因此，企业需要建立一套为用户提供统一的信息资源认证访问入口，将用户账号、密码、角色权限等信息都集中统一平台上管理。并可实现用户登录一次系统，就可以根据自己的权限访问各套应用系统。

2　单点登录的原理

单点登录的原理如图1所示。

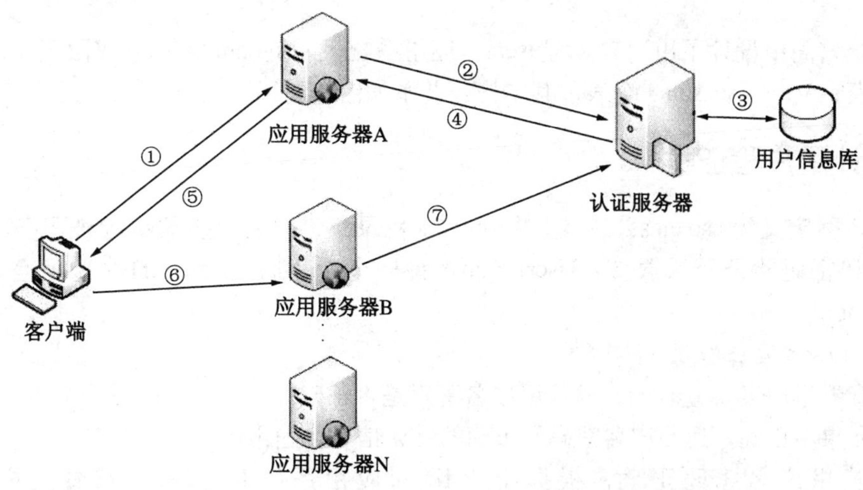

图1　单点登录原理示意图

(1) 客户端首次访问系统 A。

(2) 系统 A 引导到认证服务器系统中进行认证。

(3) 认证服务器通过检索用户信息库，判断用户信息，并生成用户信息的 Ticket。

(4) 认证服务器将用户信息的 Ticket 返回到系统 A，若 Ticket 为合法用户，系统 A 将根据 Ticket 中的信息，给予客户端访问相关资源的权限，反之，则提示用户重新登录系统。

(5) 若第 4 步中的 Ticket 为合法用户，A 系统将此 Ticket 传递给客户端。

(6) 客户端在访问其他应用程序时，将会直接用此 Ticket 到认证服务器判断用户的合法性，从而不需要用户重新输入用户名和密码。

3 单点登录统一授权的实现方法

目前实现单点登录的成熟软件有很多，许多著名的软件厂商都提供了相应的解决方案，若企业想自己打造一套单点登录系统，用得最多的是 Web Service 技术，因为 Web Service 是一个能够实现远程数据交互的一个技术和协议，它可以和不同开发平台，不同开发语言和不同开发技术实现的软件个体之间的通讯，适合企业各种应用系统的集成。

3.1 认证服务器（Web Service 服务器）的搭建

本系统采用的是 AXIS 提供的 Soap 引擎，来搭建 Web Service 服务器，需要 Java 环境、Web 服务器的支持。单点登录和统一授权的 Web 服务通过自己编写 Java 程序来实现。

将下载的 axis1.4 压缩包解压到设定的 Web 目录下，配置 Web 服务器，将 axis 文件夹发布成 Web 目录。运行 http://ser_ip:port/axis，若出现欢迎界面，点击 Validation 链接， Needed Components 和 Optional Components 检查项目都正常，则 Web Service 服务器搭建完成。

3.2 认证数据库的设计

本系统只简单设计了用户表 sso_users、应用系统表 sys_name、访问权限表 sys_access、临时会话表 sso_tempsession4 个表，其结构、关系如图 2 所示。

3.3 设计用户验证类

该类名称定义为 sso.class，打包在 com/soa 目录下，含两个主要的验证服务，一个是用用户名和密码验证登录服务：UserLogin，另一个是用临时会话 ID 来验证登录服务：SessionIdLogin。

3.3.1 UserLogin 验证原理

(1) 查看用户表 sso_users，验证用户名密码是否正确。

(2) 如果不正确，返回户名密码不正确的错误信息。退出验证。

(3) 若用户名密码正确，根据用户 ID 和应用系统 ID 参数，查看用户权限表 sys_access，查看该用户是否有访问系统的权限。

(4) 若没有访问权限，返回没有使用系统权限错误信息。退出验证。

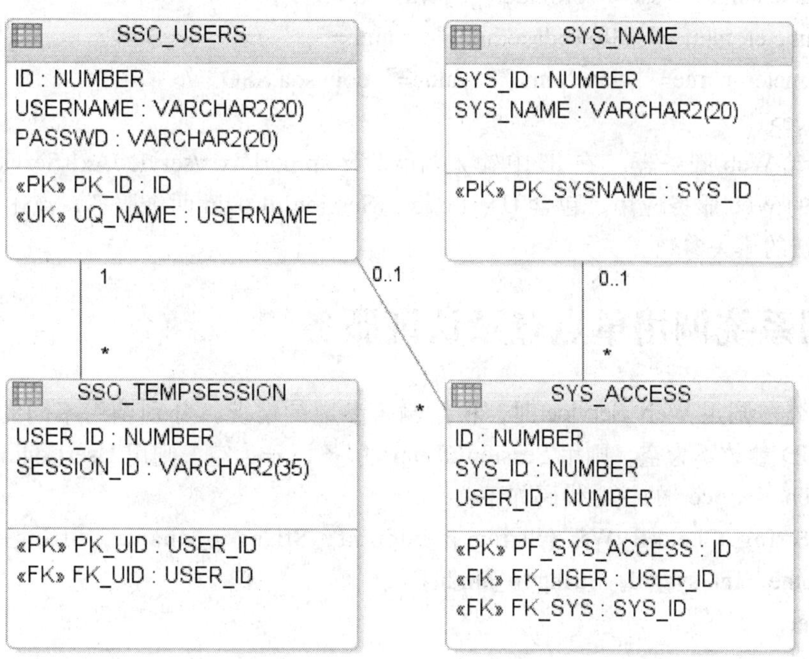

图 2　系统表结构、关系图

（5）若有访问权限，则生成临时会话 ID，该 ID 为一个随机数，由登录系统的时间的年月日、小时、分、秒，加 4 组 5 位的随机正整数交叉的组合，以保证会话 ID 的唯一性。若在 sso_tempsession 表中已经有相关的临时会话记录，则修改其 session_id 为新生成的临时会话 ID，若没有临时会话记录，则在表中增加该用户的临时会话记录。

（6）返回包含临时会话 ID 以及正确登录的信息到应用服务器。

（7）应用服务器将会话 ID 返回到客户端，并赋值到 session 变量中保存。客户端进入应用系统主界面。

3.3.2　SessionIdLogin 验证原理

（1）查看临时会话表 sso_tempsession 是否包含有该会话 ID 的记录。

（2）若没有相关记录，返回 session_id 已经失效的错误信息，退出验证。

（3）若有相关记录，在根据记录中的 user_id 和应用系统 ID 参数，查看用户权限表 sys_access，看该用户是否有访问系统的权限。

（4）若没有访问权限，返回没有使用系统权限错误信息。退出验证。

（5）若有使用权限，则根据 user_id，查询 sso_users 表，将该用户的用户名信息以及正确登录信息返回到应用服务器。

（6）应用服务器将会话 ID 以及用户名等信息返回到客户端，并赋值到 session 变量中保存。客户端进入应用系统主界面。

3.4　将 sso.class 发布为 Web Service

将包含 sso.clas 类以及其他辅助类的文件夹 com 拷贝到 %Web_dir%/axis/Web−INF/classes 目录下。修改 %Web_dir%/axis/Web−INF/server−config.wsdd 文件，增加如下内容：

```
<service name=" sso"  provider=" java：RPC" >
<parameter name=" allowedMethods"  value=" *" />
<parameter name=" className"  value=" com.soa.SSO" />
</service>
```

重新启动 Web 服务器，在 IE 中输入 http://ser ip:port/axis/servlet/AxisServlet，即可看到自己发布的 Web 服务应用，包含 UserLogin、SessionIdLogin 两个服务，点击 wsdl 链接，可看到此方法的相关参数。

4 应用系统调用单点登录认证服务

应用系统在调用 Web Service 时，根据输入参数的情况，分别调用不同的验证方法，若临时会话 ID 参数不为空，则用 SessionIdLogin 服务，若为空，则用 UserLogin 服务。

调用 Web Service 的核心代码如下：

```
public String CheckByWS（String p_ndpoint，String p_uname，String p_passwd，String conName，int sys_id，String p_hhid ） {
String ret；
 try
   {  Service service = new Service（）；
Call Call = （Call） service.createCall（）；
Call.setTargetEndpointAddress（p_ndpoint）；
if（p_hhid==null） // 若会话 ID 为空，则用用户名、密码验证
            { Call.setOperationName（“UserLogin”）；
            ret = （String）Call.invoke（new Object[] {p_uname，p_passwd，conName，sys_id}）；
}
else
{   Call.setOperationName（“hhidLogin”）；// 用会话 ID 验证登录
             ret = （String）Call.invoke（new Object[] {p_hhid，conName，sys_id}）；
}
}catch（Exception ex）
          { ret=ex.getMessage（）；}
return ret；
}
```

5 结论

本文为了简单讲述单点登录统一授权的实现原理，认证数据库设计、认证授权的实现都设计得十分简单。企业在实际应用中，认证数据库，认证、授权的实现要比本文设计的要复杂得多。如用户权限管理，企业一般采用对岗位进行授权，不会采用本文中的对单个用户进行权限的方式。

企业采用单点登录系统后，可以将所有应用系统都集成到一个管理平台上，对于以后新上线的软件应用系统，登录认证都可以直接调用单点登录中的 Web Service 来实现，这样不仅可以降低一部分软件开发成本，还大大降低应用系统的维护成本。

企业信息门户系统在吐哈油田的推广应用

马金萍

（中国石油吐哈油田公司信息产业处）

摘　要　以中国石油企业信息门户网站在吐哈油田的应用为基础，介绍了信息门户网站的基本模块及其功能、企业信息门户系统的一些特点及其在吐哈油田应用过程中体现出来的优点和在吐哈油田推广应用的效果和影响。

关键词　信息门户　信息化　结构　模块　功能　特点　效果

1　门户概述

Enterprise Information Portal 企业信息门户系统是专门应用于企业的互联网应用概念。该系统是指在Internet的环境下，把各种应用系统、数据资源和互联网资源统一集成到企业信息门户之下，根据每个用户使用特点和角色的不同，形成个性化的应用界面，并通过对事件和消息的处理传输把用户有机地联系在一起。它不仅仅局限于建立一个企业网站，提供一些信息服务，更重要的是要求企业能实现多业务系统的集成、能对用户的各种要求做出快速响应、并且能对整个信息资源进行统一管理。其最突出的特性就是对信息交流的实时双向性的要求。因此，它不仅是企事业单位生活、工作获取权威信息、增强企业内部员工沟通的渠道，也是各企事业单位公开政务信息、扩大企业社会影响力、展示企业形象的重要阵地。

2　门户信息系统存在的问题

近年来，信息的飞速发展使吐哈油田的信息化建设工作得到了全面推进，发展较为迅速。吐哈油田经过几年的信息化建设，之前已经建有一套一定规模的集办公、生产、管理于一体的信息网站系统。但是新的问题也接踵而来，由于各下属机构单位都是相对独立的信息网站系统，所采用技术不统一，这些信息管理系统数据庞杂分散，综合性、全局性的分析应用难以实现，因此信息资源难以最大限度发挥作用。而且，各网站之间相对独立，数据不能共享，数据信息缺乏全局性的统一标准，无法保证其一致性，同时信息汇总的渠道和更新时间有差异，各机构网站系统采用的数据源编码不一致等，造成了数据口径不一致，导致“信息孤岛”现象严重。也就造成了下属单位信息门户应用水平难以整体提升，同时，下属机构自建门户，也造成了人员与资金的重复投资。

“统一规划、统一标准、统一投资、统一建设、统一管理”的门户系统建设是各油田企事业单位提升信息服务的一个迫切需要；同时作为全民所有制大型企业，也需要整合下属机构的网站信息，实现资源共享，为公众提供全面、完整、及时的公开政务信息的“信息门户”服务系统。

随着中国石油“企业信息门户网站系统”建设及推广应用的完成，中国石油天然气集团公司和下属各单位连成了一个天地一体的广域网，为实现信息资源的传递、分析、决策提供了可能。在管理上，信息门户系统作为一个集成的综合应用信息平台，实现了“统一规划、统一标准、统一投资、统一建设、统一管理”的效果，并在全集团范围内推广应用，已经初见成效。该系统是一个统一技术、统一数据源、统一管理应用的信息系统平台，该平台能够包含各个下属机构的数据信息，能够通过一个统一的接口访问，并且能够保证各系统数据的实时性；其次，能够针对多种异构数据源，进行科学、系统地规划，并通过实施内容管理，有效地进行海量信息管理，实现信息的交换、共享和整合，为提高油田单位共同协作效率和管理水平、实现同步升级提供了可能，如图 1 所示。

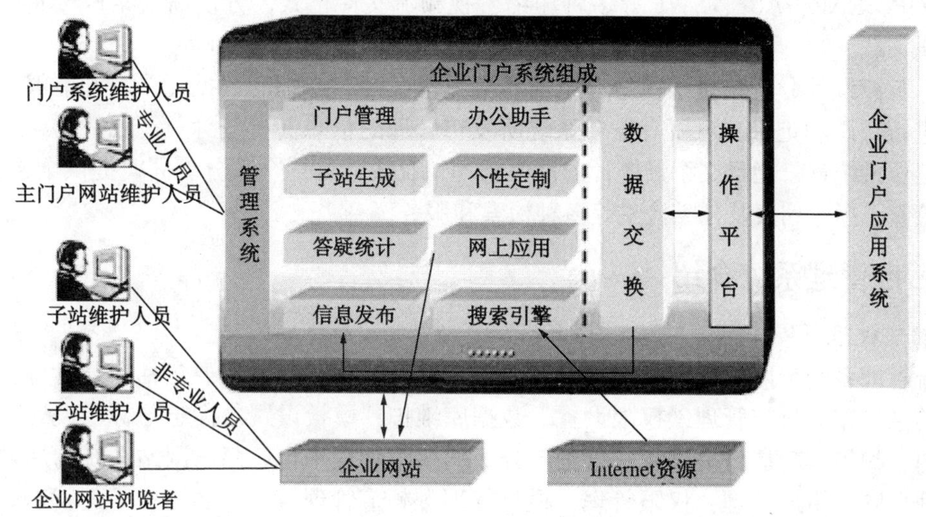

图 1　信息门户系统架构图

3　系统组成

3.1　基本结构

由客户端应用软件模块（网站前台系统）和管理员应用软件模块（网站后台管理系统）两大部分组成。

软件环境：Microsoft Office SharePoint Portal Server 2003，Microsoft® Content Management Server（MCMS）2002，Microsoft SQL Server 2005。

技术平台：.net2.0，客户端可采用任意版本的 Windows 操作系统。

3.2　前台展示模块功能介绍

（1）信息发布系统：主要通过频道平台发布本单位的公务信息，包括单位简介、通知公告、工作动态、综合信息、各类相关公务文件、专题报道、领导讲话等最新单位活动动态。可实现文字直播、图片新闻、视频新闻等多种图文混编的动态数据发布（与数据库有关）和静态数据（与数据库无关）的信息发布。

(2) 办公助手：主要提供面向个人和单位的在线事务办理，包括个人邮件、个人订阅、日程安排、IT 支持、地址簿、协同工作等内容，用户单位可根据自身需求，针对性订阅各类相关的办公助手进行事务办理。

(3) 子站生成系统：企业门户系统提供子网站生成系统，并配合虚拟主机和域名服务，基于各单位对网站功能的不同需求，生成各委办子网站。该系统提供不同的 Web 界面与功能的模板，管理者可以通过模板搭建和使用 Web 界面的控制面板对自己的网站进行远程管理和维护。

(4) 数据交换：门户网站系统涉及了很多各单位内部的办事系统，通过“文档库”安全可靠的数据交换频道，可实现内部信息资源的上传、下载修改、删除等功能，支持如：Word、ZIP、RAR、ASF、SWF 等多种压缩、视频流文件格式，方便需要索取资料的用户直接在线下载。

(5) 智能统计分析与搜索：所有页面的浏览情况都有详细的数据记录，并能够对用户的行为进行跟踪和记录，对所有发布系统所发布管理的信息具有统计、汇总能力，包括编辑发布工作量统计、栏目文章量统计、网站访问情况统计等 3 个部分。同时提供全文检索、关键字检索、标题列表及分类检索等多种检索和服务。

3.3 后台管理系统介绍

3.3.1 功能权限

后台管理系统为网站管理人员提供了便捷的网站管理工具，主要包括用户管理、频道管理、信息发布、日志管理、权限设置、数据库维护、模板设置、标志与标题设置及网站各栏目内容编辑等功能，提供统一管理与分级的权限管理平台。门户网站系统的后台管理分为管理登陆、用户管理、权限管理、栏目管理、频道管理等 5 项功能。下面就这 5 项功能做一简介：

(1) 管理登陆：管理员要进行各项管理工作时要求用账号和密码登录后，方可进入相应的页面进行管理，该系统采用与邮件系统绑定的邮件账号为进行身份识别的依据，并在权限范围内可为子网站系统进行管理员、维护人员的添加、生效与终止使用权，并对其进行升级管理及初始密码的设定。

(2) 用户管理：在邮件系统中统一开设用户，在门户系统内部的网站设置中添加用户并分配网站管理权限。

(3) 权限管理及频道管理：分为网站设计权限和频道权限。网站设计权限在网站设置中设置，可设置为读者、编辑、网站设计者、管理员等权限。频道权限通过 Site Manager 建立频道，并设置每个频道的用户权限，此权限分为作者、编辑、主编、频道管理员、超级管理员等。

(4) 栏目管理：可通过栏目所在的文件夹或者子站点设计单独的浏览权限。也可根据用户的需求会增加或者减少一些功能模块相应的权限。

3.3.2 后台的安全性

该企业门户系统基于方便使用、安全性高的操作系统和技术开发平台、兼容各种操作平台及硬件系统，其安全性是首要的。具有：

(1) 安全防范及数据备份。

(2) 访问控制到页面级；具备较强的管理性能。

（3）系统应具有较强灾难恢复能力，能从较短时间内恢复系统。全面的数据备份方案。

（4）网站管理、用户登陆、信息采编及发布等采取有效的邮件账户密码方式传递。能有效识别并记录和保存管理者维护网站内容的记录。

（5）分级权限管理，每一级的用户所享权限不同。这样大大增强了人的因素对安全性能的影响。

4 企业门户系统的特点及优势

中国石油信息门户在吐哈油田的应用体现出如下特点：

（1）具备强大的信息制作、管理功能。在该门户系统应用平台上即可以完成从选稿、编辑、审核到发布的整个信息资源管理过程，提高网站信息发布效率。如图2所示。

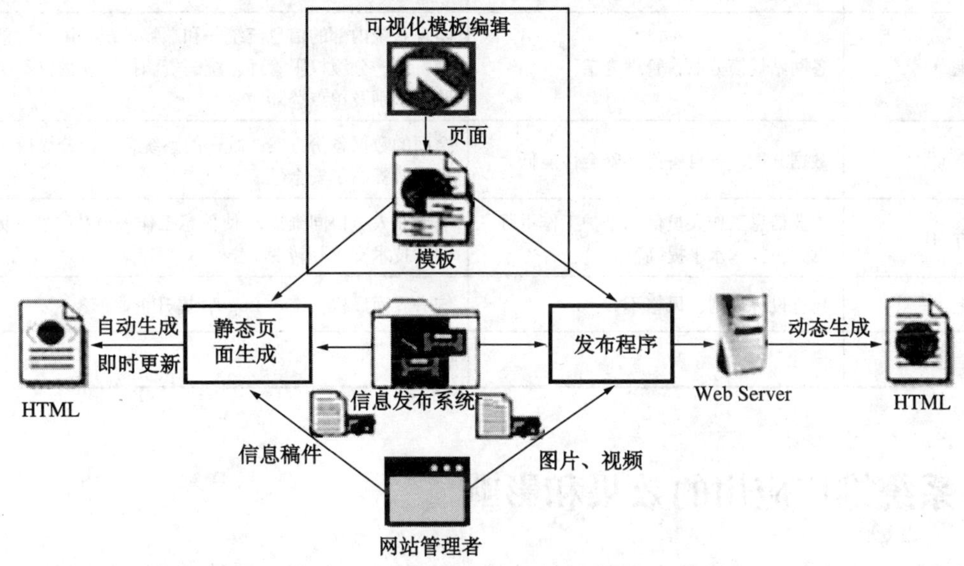

图2 信息资源管理过程示意图

（2）网站建设简单快捷、网页表现形式丰富多彩，减少专业技术人员投入。

（3）强大的html的可视化内容编辑器功能。系统提供模板编辑功能，实现了模板的可视化编辑生成，被授权的用户只要从系统中选择任一种模板，就可以轻松创建自己的网站。并能够对网站前端显示的网页界面实行有效的更换，替换模板即可轻松完成网站的改版。

（4）功能模块及页面栏目等都采用相对统一风格的模板定义的方式直接生成，也可自行导入自行设计的模板，操作界面便捷。

（5）网站模板与数据库呈现分离，功能模块及页面栏目等都采用相对统一Logo、统一风格模版定义的方式直接生成，可使用模板进行子网站的设计，子网站可以创建栏目和下级栏目，可灵活选取其中的栏目和增加新栏目。

（6）只有具有签发权限的用户才能进行稿件的编辑发布，管理容易、使用安全，相同的稿件可以同时发布到网站上不同的栏目，最大范围的推送信息。

（7）提供多种功能组件，可以根据需要自由组合，底层数据库统一构建，有效实现信息安全存储、有效分类和数据信息资源共享，网站数据安全、多网站支持，同一服务器上可维护多个子网站，互不干扰；无需二次开发。

5 信息门户应用前后优劣分析

信息门户应用前后的优劣分析见表1。

表1 信息门户应用前后对比表

	自建门户	企业信息门户应用
经济发面	下属单位各自投资，重复建设，经济上约束	集中资金统一规划、统一投资，降低运营成本
信息资源上	信息资源分散，数据不能共享，缺乏全局性的统一数据标准，无法保证其一致性，“信息孤岛”现象严重	建立了统一信息平台与数据管理中心，利用这种集成信息，有效实现了信息交换、资源共享和资源的整合
管理上	各网站规模分散，管理庞杂	实现系统内部的信息流统一和顺畅，统一用户信息管理、统一分级权限管理、统一资源控制和授权、统一验证识别及单点登陆
安全方面	数据分散，各自备份。安全性能低	全面的数据备份方案、统一的系统备份，分级授权管理模式提高了安全性
人员方面	专业信息工作人员信息维护工作量强度大、技术水平提高慢	非专业人员协同维护，使信息工作人员从“技术劳力”向“技术支持”转变
外观上	自行设计规划、风格不一	统一界面风格、统一 Logo，提升企业形象
适应信息变化	慢	快

6 系统推广应用的效果和影响

中国石油企业门户系统具有良好的开放性、扩展性、完善的系统功能，该系统自2006年10月底在吐哈油田应用以来，已经取得了初步的效果，伴随着2008年吐哈油田单位的重组，为整个油田门户信息资源的整合提供了可能，借此，在相关信息部门的组织带领下，吐哈油田在全公司范围内开展了3期信息门户制作维护与技术培训推广工作，依据培训方案，以搭建专题、专业制作5套模板自选、技术资料公开、技术人员提供技术支持的方式，对油田各企事业单位共计64家机关、直属、附属、板块、二级下属机构单位重新进行了规划与搭建，目前在该系统上共建有81套子门户系统，共72位相关工作人员根据系统的管理流程、相应的管理办法与权限实行分级管理与维护，目前各网站运行良好，应用效果逐渐显现。采用统一技术平台与模板设计，各下属机构通过简单培训即可自行建设、维护自己的门户网站，减轻了专业信息技术人员工作强度，从繁杂的信息维护中解脱出来，使之从“技术劳力”向“技术支持”型转变。极大地推动了吐哈油田的信息化进程，提高了工作效率，提升了吐哈油田信息化应用水平。

该系统在吐哈油田的成功应用对推动吐哈油田整体信息化的进程起到了重要作用，吐哈油田信息化工作进程也从自身的初步整合中得到了前所未有的体验，使之向更高阶段的企业整体信息化建设迈进。目前，吐哈油田信息化环境发生了巨大、深刻、不可逆转的变化，网络信息资源进一步开放，资源共享进程明显加快，多人分级管理、维护体系框架已经初步形成，信息化工作取得了新的更大的发展。随着信息化大运作环境的成熟，资源整合的进一步深入，其优势将会逐步释放，并将进一步推动吐哈油田的信息化进程。

参考文献

1 李建华．石油行业信息整合之路．数字化工，2005，(06)

浅谈中国石油新疆油田公司采油二厂网络数据安全与备份

王金和　邵占兴　李　红
（中国石油新疆油田公司采油二厂）

摘　要　总结了中国石油新疆油田公司采油二厂在信息化过程中数据安全与备份的经验及可作借鉴的体会，其结论为在信息化过程中系统的维护、数据的安全管理与备份是信息管理的关键任务。为了对数据进行有效地备份和管理，提出了一套适合采油厂数据现状的备份方案，最后对备份管理、策略、演练制度等进行论述并在实际实施过程当中得到了较好的应用。

关键词　信息管理　系统维护　数据备份　数据安全

1　引言

随着计算机和网络应用的日益普及，中国石油新疆油田公司采油二厂（以下简称采油二厂）网络规模不断扩大，网络已建设到油田生产第一线，局域网得到了深入应用，网络服务器承担着油田生产业务关键应用，存储着重要的信息和数据，为领导及决策部门提供综合信息查询的服务，为网络环境下的大量客户机提供快速高效的信息查询、数据处理等服务。

信息化带给使用人员高效便捷的同时，大家日常工作必须依赖计算机，从而要求各应用系统能够有高可用性和高可靠性。每天都有大量的业务数据信息资料产生，系统的维护、数据的安全管理与存储成为采油二厂信息管理的关键任务。如何对数据进行存储和管理至关重要。

2　数据备份的目的

数据备份是一种数据安全的策略，通过制作原始数据的拷贝，就可以在原始数据丢失或遭到破坏的情况下，利用备份的数据把原始数据恢复出来，保证系统能够正常工作。计算机系统中所有与用户相关的数据都需要备份，不仅要对数据库中的用户数据进行备份，还需备份数据库的系统数据及存储用户信息的一般文件。数据备份的目的就是数据恢复，可最大限度地降低系统风险，保护系统最重要的资源——数据。在系统发生灾难后，数据恢复能利用数据备份来恢复整个系统，不仅包含用户数据，而且包含系统参数和环境参数等。

3　数据丢失的原因

硬件损坏、软件错误、通讯故障、病毒感染、非法存取、管理不当、自然灾害、人员犯罪和其他不可预测的因素都可能威胁到网络数据安全，造成系统间断、数据丢失等灾难性事故。威胁数据安全的主要因素有以下几方面。

(1) 自然灾害：如水灾、火灾、雷击和地震等计算机所在地的自然灾难，造成的数据被破坏或系统完全瘫痪。

(2) 人为原因：系统管理员、一般的维护和使用人员的误操作及黑客的恶意破坏，导致数据部分或全部丢失。

(3) 硬件故障：计算机硬件设备出现故障，包括存储介质和传输介质的故障，导致数据丢失。

(4) 软件故障：操作系统本身的漏洞、数据库管理系统的代码错误及病毒感染造成的数据逻辑损坏，虽然数据仍可部分使用，但从整体上看数据是不完整、不一致或错误的，这种逻辑损坏不易被发现，当发现数据错误时，可能已无法挽回了。

4 备份需求

4.1 现有数据统计

采油二厂目前共有15台服务器运行着各种应用系统和数据库，具有多类型操作平台、多类型数据库的特点：

油田日常生产数据使用Soloris平台，存储于Oracle数据库，约100G；

信息门户（发布文档和新闻）使用Windows平台，存储于SQL Server数据库，约30G；

视频、软件使用Linux平台，采用文件方式存储，约200G。

4.2 需要的备份功能

首先需要实现系统和数据的自动备份；其次要能查看、管理、控制备份系统，设置数据备份策略。

5 备份方案设计

5.1 备份系统方案概述

备份服务器：DELL PowerEdge 2950。

备份软件：VERITAS NBU 6.5 中文版。

备份系统的核心是VERITAS NetBackup Master Server，它安装在性能高、工作稳定的服务器上，它对整个备份系统进行监控和管理。

对所有数据库的备份可通过相应的Database Backup Agent在线完成。

备份系统方案设计的目的是采用业界最先进的备份技术完成对系统数据在线、快速、有效的磁带备份保护。同时本方案还是系统扩充的基础，可以无缝的向VERITAS在未来提供的备份技术和备份产品进行升级。方案特点：

(1) 完全中文的管理界面，操作简单。

(2) 备份策略和方式设置灵活，支持完全备份、增量备份、差异备份、合成备份等，可以由客户端发起备份，也可以由服务器端发起备份。

(3) 可以实现整个网络环境数据的统一管理。

(4) 容量大，磁盘阵列可以实现 28TB（采用 146GB SCSI 硬盘）的轻松扩容。

5.2 备份需求统计

备份需求的统计见表 1。

表 1 备份需求统计表

序号	应用系统	主机类别	操作系统	数据库类型	备份类型
1	油田生产数据库	数据库	Soloris	Oracle 9i	数据库
2	门户后端数据库	数据库	WIN2003	SQL Server	数据库
3	门户前端 Web	应用	WIN2003		操作系统、文件备份
4	RTX 腾讯通	应用	WIN2003		操作系统、文件备份
5	井下作业、分析化验	应用	WIN2003		操作系统、文件备份
6	地理信息系统	应用	WIN2003		操作系统、文件备份
7	地理信息系统	应用	WIN2003		操作系统、文件备份
8	车辆运行、QHSE	应用	WIN2003		操作系统、文件备份
9	防病毒	应用	WIN2003		操作系统、文件备份
10	综合查询、图片库	应用	WIN2003		操作系统、文件备份
11	生产数据管理	应用	WIN2003		操作系统、文件备份
11	生产数据应用	应用	WIN2003		操作系统、文件备份

5.3 备份系统架构

硬件平台系统架构分为 4 层：第 1 层为存储设备；第 2 层为数据库服务器；第 3 层为应用服务器；第 4 层为客户端。

5.4 多级数据保护机制

采用两个级别的存储备份机制确保系统安全。

第 1 级：实现逻辑卷层面的双阵列镜像。确保整个系统无单点故障，自动切换。

第 2 级：实现快速备份到磁盘阵列。在数据库、应用系统发生故障时，能实现快速恢复。

6 数据备份与恢复

6.1 备份方式的选择

一般备份软件均支持两种备份方式：全备份与增量备份。所谓全备份就是将某时刻所有指定数据全部备份下来，而增量备份就是备份上次全备份之后到开始增量备份时刻所有指定数据中发生变化的数据。增量备份是在全备份基础上进行的备份，正因为增量备份基于全备份，所以增量备份的恢复也必须基于全备份。

如果业务允许全备份时间较长、占用资源较多的缺点的话，建议采用全备份；如果处在系统运行的初期，因这时系统可能处于一个不太稳定的阶段，建议采用全备份；对于恢复时间要求非常严格的备份，建议采用全备份；对于数据安全性要求高的场合，建议采用全备份；

对于业务运营压力较大，不能让太多系统资源被备份占用、同时备份软硬件设备安全可靠情况下，建议采用增量备份。

6.2 备份的周期和时间

由于采油厂的数据每天均在不断地变换，因此必须定期进行备份。在选择好备份方式后需要进一步制定好备份周期及时间，这同样也需要根据油田业务实际开展情况来制定。

对于全备份，一般是选择每 4 周备份 1 次；对于增量备份，一般是选择每日备份。

备份不适合在业务比较繁忙的白天进行，同时也应避开晚上运行占用大量系统资源相关操作的时间。采油二厂备份一般选择在晚上 21：00 点开始，可根据实际情况进行调整。

6.3 数据恢复

所有的备份都是为发生灾难时作恢复而准备的，一个备份方案的优劣标准不仅仅在于它的备份模式或备份速度等，需要慎重衡量的还有另一个标准——恢复。而可恢复性又有两个决定因素：恢复速度和恢复操作的简易性。

企业级存储管理软件 NBU 具有对备份数据的良好的可恢复性，这是由它独特的索引结构所决定的，恢复查询速度远远快于其他同类备份软件。NBU 的恢复界面简明友好，易于操作，易于掌握。这些特点都决定了 NBU 具有良好的可恢复性能。

恢复的操作直接影响到实际的应用。如果进行了不正确的恢复操作可能会造成可怕的后果。因此，恢复操作应严格按一定的操作程序进行，而绝不能由备份系统管理员或某一个应用者进行恢复操作了事。恢复流程包括故障确认、制定恢复计划、恢复操作、恢复后的操作几个步骤。

6.4 数据恢复的周期性演练制度

要能够保证发生数据灾难后进行可靠的恢复，光进行备份是不够的，还要进行数据恢复的演练。

每过一段时间，应进行一次数据灾难演习。可以利用系统正常维护的停机时间内进行（演练前要做一次系统的全备份），也可以利用淘汰的机器或多余的硬盘进行数据灾难的模拟，以熟练数据恢复的操作过程，并检验所制定的备份策略的有效性和备份的可靠性。

7 结束语

做好网络数据安全管理与备份管理， 对保障系统的安全运行， 保障各种系统故障的及时排除和数据库系统的及时恢复起到关键作用。通过从总体上的备份方案设计与相应备份策略、备份管理制度的建立，可以使采油厂业务数据得到有效的保护。数据安全是一个综合性的系统工程，单从技术上是无法得到充分的保证的，还要建立一个系统的数据安全管理体制（包括对人员的管理），使各种数据得到有效的保护，为数字油田提供坚实的后台支撑和保障。

参 考 文 献

1 鲁英春．数据备份策略与方法．福建电脑，2005，(08)
2 贺玲玲，谢川．数据备份技术初探．中国科技信息，2006，(07)

浅谈利用 Symantec10.1 企业版做好防病毒系统维护工作

刘　钰

（中国石油乌鲁木齐石化公司网络管理中心）

摘　要　目前企业计算机防病毒的工作可以通过各类途径来实现和保障计算机终端和局域网络的安全。随着整个中国石油天然气股份有限公司（以下简称中国石油）桌面安全工作的开展和在中国石油的防病毒体系架构下，利用好 Symantec10.1 企业版工具，在一定程度上能够更好地做好企业防病毒工作。

本文主要介绍的是在 Symantec10.1 企业版的使用过程中，如何更好地促进和开展企业的计算机防病毒系统维护工作以及乌鲁木齐石化公司（以下简称乌石化）在利用 Symantec10.1 企业版开展防病毒系统维护工作中的一些经验。

关键词　防病毒　Symantec10.1 企业版　系统维护

1　引言

根据中国石油桌面安全管理工作的要求和按照防病毒体系架构的要求，中国石油乌鲁木齐石化公司（以下简称乌石化）部署了 Symantec 10.1.4.4000 版本的防病毒服务器 1 个和二级单位 7 个防病毒服务器。将所有可升级的计算机客户端软件升级至 10.1.4.4000 版本。通过部署防病毒服务器和升级客户端软件的过程以及利用 Symantec System Center （SSC）进行管理，以下几个方面是在做好防病毒系统维护工作中不能缺少的。

2　Symantec10.1 企业版的应用

2.1　部署和备份 Symantec10.1 服务器工作的几点注意

首先部署 Symantec10.1 服务器是第一步工作，具体的部署步骤在中国石油的相关部署文档中都有详细的介绍，这里不再赘述。需要注意的有以下几点：

（1）保证防病毒服务器的通讯：安装前需要禁用一切 Windows 防火墙，关闭 DHCP 服务，配置固定的 IP，并确保 139、2967、38293 端口的正常开放。

（2）设置一级服务器：控制中心安装完成后，在重启计算机后，必须要打开控制中心，设置该服务器为一级服务器，否则用光盘给客户端安装时，则不能接受管理。

（3）除了安装防病毒服务器以外，更重要的工作就是备份 Symantec10.1 服务器的数据。

Symantec 服务器中需要备份的数据主要就是证书文件。首先来看一下，Symantec 服务器、SSC 和客户端之间的验证路径和方法如表 1。由此可见证书文件在服务器、SSC

和客户端三者之间起到的作用是非常重要的，通过证书来实现它们之间的通讯。安装过Symantec10.1服务器的用户就知道，安装后会有很多目录存在证书文件，默认的安装会创建顶级目录来存储服务器、客户端和Symantec系统中心的可执行文件。这些目录的默认名称各不相同。例如，在服务器上默认名称为\SAV，在安装Symantec系统中心（SSC）的服务器上，默认名称为\Symantec System Center。在这些目录下，典型安装会创建存储证书、私钥和证书签名申请（CSR）的子目录。这些目录称为证书存储区，包含在名为\pki的目录中。这些子目录的名称为certs、private-keys、cert-signing-requests和roots。具体见表2。

表1　Symantec 服务器、SSC和客户端之间的验证路径和方法

验证路径	方法
Symantec 系统中心到服务器	服务器使用密码或证书验证 Symantec 系统中心的用户。Symantec 系统中心使用证书验证服务器
服务器到客户端	服务器不对客户端进行验证
客户端到服务器	客户端使用证书验证服务器
客户端到 Symantec 系统中心	客户端使用证书验证 Symantec 系统中心的用户
Symantec 系统中心到客户端	Symantec 系统中心不对客户端进行验证

表2　证书存储区目录和文件

组件	目录
Symantec 系统中心	Certs：空 Private-keys：空 Cert-signing-requests：空 Roots：包含所有服务器组的根证书
一级服务器	Certs：包含登录 CA 和服务器证书 Private-keys：包含服务器组、登录 CA 和服务器的私钥 Cert-signing-requests：包含为服务器组、登录 CA 和服务器生成的证书签名申请（CSR）。在手动创建企业根证书时，使用服务器组 CSR。另两个 CSR 是动态使用的 Roots：包含安装位置所隶属服务器组的根证书。也可能包含其他服务器组的根证书
客户端	Certs：空 Private-keys：空 Cert-signing-requests：空 Roots：包含它所隶属的第一个服务器组的根证书。也可能包含其他服务器组的根证书，以便允许漫游

通过表2可以看出，配置的一级服务器下的证书文件是非常重要的。管理员需要备份的目录就是安装Symantec AntiVirus服务器的路径，通常为：[安装目录]\SAV\pki\下的所有文件夹及文件。

2.2　防病毒服务器的病毒库升级工作

防病毒服务器的病毒库的升级一般就是通过定制调度计划来实现。通常因为升级可能会出现某些其他的情况，被中断，所以一种升级的策略是不能完全保证服务器的升级。目前乌石化采取的升级的策略主要是 3 种：

(1) 定时从其他服务器上升级病毒库：使用 SSC 的“病毒定义管理器”设置“一级服务器”的更新源和调度时间，具体操作就是利用局域网中的已知的某台防病毒服务器，设定成更新源进行升级。

(2) 定时从互联网升级病毒库：利用 Windows 系统中自带的任务计划定制升级策略，通过对 Symantec 安装目录下的 VPDN_LU.EXE 文件设置成静默升级方式，定制计划的执行时间即病毒升级的时间。

未定制第一种升级方法时则服务器采用的是从互联网进行升级。为了保证服务器病毒库能够及时更新，需要采用两种方法同时使用时，就要按上述的方法设置。当第一种的升级方法更新病毒库失败后，则第二种升级方案还能够保证服务器能够及时升级病毒库。需要注意的是，两种升级方式的时间要错开，不要执行的时间是同一个时间，否则就无法实现两种升级方法。

(3) 不定期手动升级病毒库：这种方式对于上述两种方法来说，这种方法是针对管理员的工作，需要管理员固定某个检查周期登录服务器查看病毒的升级情况，如果未升级，则利用 LiveUpdate 来更新病毒库。

2.3 防病毒客户端的日常维护

防病毒客户端的维护工作有很多方面，包括客户端用户定期检查自己的客户端是否正常运行，病毒库更新是否正常。作为服务器端，做好客户端用户的检查工作也非常重要。首先是要检查服务器端上注册到的客户端是否都正常联机，是否有脱机症状、中病毒症状、病毒库更新情况。其次是针对这些客户端采取措施，如果通过服务器端和客户端通讯，使用 Windows 防火墙或者其他防火墙软件的客户端还需要保证 2967、38293 端口的畅通，服务器端才能够对客户端进行扫描工作。

2.4 如何恢复防病毒服务器

任何 Windows 的服务器都有可能因硬件或者软件的故障导致应用无法进行。如果防病毒的服务器出现故障后，又无法修复，那么恢复防病毒服务器对企业而言非常重要。之前第 1 部分介绍的备份证书文件就是在防病毒服务器出故障需要恢复时使用，通过备份的证书文件即可做到恢复 Symantec10.1 防病毒服务器。具体的恢复方法如下：

重新在一台服务器设备上部署防病毒软件和 SSC，部署前需要注意的几个地方是该服务器的计算机名和 IP 地址要和之前出故障的防病毒服务器配置的完全一样。因为这样可以保证在恢复服务器后，原来的客户端软件可以很快地和新配置的服务器通讯。

安装好之后使用 SSC 将防病毒服务器设置成“一级服务器”，这也是之前介绍安装时非常重要的一步。

使用操作系统的“管理工具”中的“服务控制台”停止 Symantec Antivirus 服务，关闭 SSC。

找到 Symantec 防病毒服务器安装目录下的“\SAV”目录，将下面的“PKI”文件夹删除，再将原先备份的 PKI 文件夹，复制到该目录下面。

再使用操作系统的“管理工具”中的“服务控制台”启动 Symantec Antivirus 服务。

找到 SSC 的安装目录下的“\Symantec System Center\Tools\”目录下的“IFORGOT.

exe”文件，运行后需要输入新的防病毒服务器的用户名和密码。

运行 SSC，将服务器组解锁，刷新多次后即可搜索到之前出故障的服务器上的客户端被新恢复的服务器搜索到。

这样的恢复过程可以使客户端不再重新安装防病毒软件或覆盖证书文件。也更快地解决企业防病毒服务器故障的恢复。

2.5 促进 Symantec 防病毒系统管理工作开展的小建议

如何促进 Symantec 防病毒系统管理工作的开展，每个企业都有各自的方式和方法，以下是一些建议：

（1）正确的配置防病毒服务器和部署客户端的安装，这也是 Symantec 防病毒工作的第一步工作。

（2）做好 Symantec 防病毒服务器的文件备份工作，上文中已经提到，是系统管理中非常重要的环节。

（3）目前中国石油使用的 Symantec 防病毒服务器和客户端的版本是 10.1.4.4000，尽可能地使企业客户端升级到该版本，对于防病毒系统维护是很重要的。系统管理员定期对升级的情况进行关注。

（4）乌石化在部署新版本的客户端时，对各单位升级到新版本的客户端的比率进行统计，定期将可以升级到新版本的客户端的数量和实际服务器端检测到的情况进行比对并及时公布，督促各个单位做好更新 Symantec 防病毒客户端的工作。

3 结束语

以上是如何利用 Symantec10.1 企业版做好防病毒系统维护工作的一些简单认识。Symantec10.1 企业版这个防病毒工具还有更多更深的层面，需要在今后的工作中不断地发现和研究。

硬盘数据恢复浅谈

戚 培[1] 黄伟军[2] 周 勇[1]

([1]中国石油西部钻探工程有限公司，[2]中国石油新疆职业技能鉴定中心)

摘　要　在日常生活和工作中，电脑和相关电子设备的使用已经非常普遍，而存储设备更是各种电脑、手机的重要配件，因此我们也对其必须格外关注。但是我们不论是怎么小心，在安装及使用过程中总会出现这样或那样的问题，在这种情况下应该怎么办呢？最好是静下心来，然后查找相关资料，从而找出解决问题的方法。在本文中，将向大家介绍硬盘数据修复解决办法，如文件被删除、分区被破坏、病毒入侵，同时介绍几个常用的硬盘数据修复工具。

关键词　硬盘　物力故障　逻辑故障　数据恢复　备份

1　引言

在现在的计算机世界里，计算存储是计算机的最大用途，硬盘是电脑中的一个很重要的配件，在目前它还是最强大的存储设备，因此必须格外关注。简单地讲，数据恢复是一种用来修复失去的数据的方法。数据（包括硬盘、闪存和软盘）的丢失是由于各种各样的原因造成的。最大的因素是硬件或系统故障，再加上人的错误，大约占75%。其他的包括软件的破坏、计算机病毒和自然灾害，诸如火灾、洪水的损坏。此种数据的损坏是永久性时，这些数据是无法修复的，但这种情况很少见。在各种方法，甚至商业用的软件失败后，修复是最后的选择，它是由有经验的专家来完成。通常情况下能够取回数据，但在极危机的情况下，取回数据的成功率是达不到100%的。

以下的论述将介绍硬盘发生问题时的解决办法。

2　硬盘物理故障处理

在如今社会，硬盘已经成为最重要的存储设备。与其他存储设备——磁带、光盘及闪存等相比，硬盘具有存储容量大、速度快的特点。

随着硬盘容量和转速的快速增长，导致硬盘发生故障的几率越来越大。

硬盘的高容量就要求硬盘的磁碟上实现高数据密度。磁碟的数据密度（面密度）由两个参数衡量：TPI和BPI，TPI即每英寸磁道数，BPI即每英寸位元（bit）数。面密度的增长使得磁道之间和bit之间的距离越来越小，从而容许磁头读写的误差也越来越小。另一方面，为了最大效率的利用磁碟的空间，现代的硬盘都采用了“校准格式化”的技术，采用划分“zone”（区）的方式对磁盘表面进行管理；每块硬盘的校准数据都是唯一的。

硬盘是一个集电子、通信、机械、电磁等多种技术于一体的系统，硬盘的发展伴随着微电子、信号处理等技术的发展而发展。生产厂家使用新技术越多，带来的风险越大。电机、磁盘、磁头等的故障使即使是IBM这样的最早的硬盘生产商也不得不黯然退出市场。

2.1 硬盘故障分析

如果硬盘出现故障，那么最好尽早发现并及时采取正确的措施。如果等到病入膏肓时，硬盘中宝贵的数据就难以幸免了。

一般来说，硬盘出现故障前会有以下几种表现：

（1）出现 S.M.A.R.T 故障提示。这是硬盘厂家本身内置在硬盘里的自动检测功能在起作用，出现这种提示说明您的硬盘有潜在的物理故障，很快就会出现不定期的、不能正常运行的情况。

（2）在 Windows 初始化时死机。这种情况较复杂，首先应该排除其他部件出问题的可能性，比如内存质量不好、风扇停转导致系统过热，或者是病毒破坏等，最后如果确定是硬盘故障的话，再另行处理。

（3）能进入 Windows 系统，但是运行程序出错，同时运行磁盘扫描也不能通过，经常在扫描时候缓慢停滞甚至死机。这种现象可能是硬盘的问题，也可能是 Windows 天长日久的软故障，如果排除了软件方面设置问题的可能性后，就可以肯定是硬盘有物理故障了。

（4）能进入 Windows，运行磁盘扫描程序直接发现错误甚至是坏道，Windows 的检查程序会详细地报告情况。

（5）在 BIOS 里突然根本无法识别硬盘，或是即使能识别，也无法用操作系统找到硬盘，这是最严重的故障。

硬盘损坏大致有下面几种类型：

（1）固件模块的损坏；

（2）电路板的损坏；

（3）磁头、电机的损坏；

（4）磁盘表面的损坏；

（5）操作系统数据结构的混乱。

其中，前 4 种情况属于“物理”的损坏，最后一种属于“逻辑”的损坏。

2.2 物理损坏的硬盘修复

不管采用何种方法从损坏的硬盘上读取扇区数据，最终都要将数据重组为文件。这一工作是由计算机软件完成的。然后要将文件写到另外的存储设备中，并返还给用户。

如果磁盘没有“物理的”损坏，那么用户的数据就还在那儿。如果磁盘已经“物理”损坏，那么磁盘上磁介质受损的地方就没有数据了。磁盘的磁介质只有 1μin 厚，所以任何刮擦都可能将磁介质完全擦除。在普通工作模式下之所以磁头不会刮擦磁盘，是由于磁头“飞行”在磁盘表面上——但是飞行高度只有不到 1μin！如果磁盘变形使得磁头不能再飞行，那么就没有方法来恢复数据了(图 1)。

图 1　磁盘盘面损坏

从硬盘恢复数据时首先要求精确的故障诊断，最好不要拆解 HDA（盘体），同时避免对数据的进一步破坏的风险。驱动器的故障分为下列几类：

（1）PCB 故障；

（2）马达、轴承故障；

（3）启、停系统故障；

（4）读、写磁头故障；

（5）磁头故障和表面刮伤；

（6）坏扇区；

（7）部分或全部固件数据丢失。

由于上述故障中除 PCB 故障和固件故障外，其他故障都会需要进行拆解 HAD，意味着维修时须在无尘室内进行，而一般很难找到无尘室，所以在这里简单介绍一下硬盘物理损坏修复。

2.3 硬件代换方法

从损坏的硬盘上恢复数据的最高级的方法是代换损坏的硬盘部件。如果要代换的部件位于磁头 / 磁碟组件（HDA）内部，那么需要在一个完全洁净的环境中才能进行（图 2）。记住磁头的飞行高度只有大约 1 μ in，所以即使一个手印或者一个粒子也会使得硬盘“坠毁”，从而对硬盘上的数据造成更大的破坏。

图 2　无尘室

想要更换部件，就必须要拥有可更换的部件。通常硬盘生产商是不会提供备件的，因此不得不从其他完好的同型号的硬盘上拆卸需要的部件。但是，由于磁头—磁碟与“超级调谐”的参数必须严格匹配，因此要找到合适的可供代换的部件并不容易。

大多数出问题的硬盘是几年以前的，市场上已经不再销售。因此数据恢复时就必须要寻找可更换的部件，通常情况下，正规的专业数据恢复公司会存有较为完备的部件。

2.3.1　PCB 更换

部件更换中最简单的要属更换 PCB(印刷电路板)了。即使不在“洁净空间”中也可以进行这一工作。如果更换 PCB 取得成功，并且没有其他的硬件故障，那么就可以打开硬盘电源了。硬盘会起转，磁头会寻址，然后固件和参数表会被从磁盘的固件区读出，这时硬盘就可以正常工作。

但是如果硬盘的 PCB 上载有非易失性存储器，那么只换 PCB 是不够的。可以将此存储芯片从损坏的 PCB 上移到新的 PCB 上。不过更换 PCB 的 PRML 读信道版本与原始 PCB 不符的话，只更换 PCB 也是不会取得成功的。参数表中的信道设置与读信道芯片必须是相对应的。另外如果硬盘的固件区损坏，致使不能寻址固件区并读取固件和参数表，那么更换 PCB 也不会取得成功。

2.3.2　更换固件

一个正常的硬盘在加电后会有以下一系列的动作：

（1）芯片返回加电状态信息。

（2）如果一切正常，主轴起转并达到额定转速，如 10000r/min。在这之前，磁头“停泊”在停泊区，并由“臂锁”固定在“安全台”上。停泊区可能位于磁碟的最内圈（ID）。某些使用“凹槽嵌位”的驱动器，停泊区位于磁碟的最外圈（OD）。

（3）当达到额定的转速后，驱动臂脱离臂锁，硬盘的电子子系统可以读取其中一个磁头上的信号，以寻找伺服内嵌（servo wedges）。磁碟每圈大概有 50 ～ 200 个伺服内嵌。然后硬盘就由存储在 PCB 上的 ROM 中的简单程序（固件）来控制了。

（4）当寻找到伺服内嵌，进行同步后，硬盘就可以寻址固件区了。固件区一般位于至少一个磁碟的最外圈（OD）。

（5）此时硬盘读取固件（磁盘固件）。磁盘上的固件可以更精确地控制硬盘的程序，程序被载入到 RAM 中并执行。固件区还包括有关磁头的物理特征的参数表、信道优化设置、数据层，还有被重定向的缺陷扇区。

（6）接下来硬盘会执行一些自测和重校准，然后就会发出准备就绪的信号。

很显然，如果硬盘不能读取固件数据，就会给代换固件增加相当的难度。如果停泊区附近的磁介质被破坏，就无法获取伺服。如果固件区所在的“外圈（OD）”遭到刮擦，“超级调谐”的参数就会丢失，固件和缺陷管理信息也会丢失。

一般修复损坏的硬盘的技术是启动一个完好的硬盘，使其将固件和参数表载入 RAM，然后将 PCB“热交换”到损坏的硬盘的 HDA 上。也可以将正常硬盘的 RAM 内容“快照”写入到损坏的硬盘的 RAM 中。

不论用何种方法使损坏的硬盘载入固件，最好的结果是硬盘起转，然后与它自身的伺服同步，之后就可以寻址了。

2.3.3　其他故障修复

更换磁头。更换磁头需要非常高的技术水平——操作时不能损坏任何其他的部件。磁头通过悬臂连接到一个 E 形架上，E 形架中间还有一个轴承。这些部件连同音圈马达被称为“磁头组”。更换磁头时应该更换整个“磁头组”。 更换磁头时需要特别的小心，要确保 sliders 不能互相接触。否则它们将很容易地被损坏或粘在一起。移除磁头时，绝对不能使它们在磁碟表面上拖行导致更大的损坏。

更换磁盘。如果基座已经严重的损坏，或者主轴电机已经烧毁，或者主轴轴承被卡住了，就需要将磁碟移动到另一个硬盘。在转移磁碟时必须保持磁碟之间有一定的距离，必须保持排列不变。这可以保证重装配后更容易寻找的伺服。光滑的磁碟和磁头一样，很容易会粘在一起。如果磁碟粘在了一起，就没有办法可以无损地将它们分开。

2.4　无法物理恢复

更换部件的方法来恢复数据目前比较困难，而在将来会更困难。代换部件失败有许多原因，大部分是由于生产商为了取得最高的数据密度而采用“超级调谐（hyper−tuning）”的缘故。

硬盘根据特定的磁头、介质、电子部件来优化参数，并对读部件、写部件、主轴和磁头组之间的相对位置进行校准。由于采用了“超级调谐”的方法，硬盘可以容许的参数误差非常小，而且会变得越来越小。部件更换的方法在参数范围较宽的硬盘上才容易取得成功。

2.4.1　固件更换失败

厂商对硬盘驱动器和固件进行优化，以保证数据的可靠和完整，但产生的参数使得硬盘是在非常窄的动态范围内工作。这样使得固件更换失败无法进行数据恢复，但具体的原因很多：

(1) 用于检测伺服信号的信道设置偏离正常值很多；

(2) 磁头偏移偏离正常值而不能正确寻道；

(3) 用于标识硬盘的校准格式化信息，如 bpi 和 tpi 的区表（zone table）与实际不符，使得数据无法读取；

(4) 关键的文件所在的扇区被添加到了缺陷表中（G 表或 P 表），或缺陷扇区被从缺陷表中释放出来；

(5) 信道设置不正确，使得读误码性能严重劣化。

2.4.2 磁头更换失败

由于在出厂时，厂家对硬盘设置了特别的参数用来修正磁头的读、写元件之间的偏移和由于偏移角效应造成的磁道与磁道之间的相关变化。另外还有因磁道不是精确的圆而必须加以修正的参数，每个硬盘不会完全一样。因此，磁头代换会由于下面的原因导致失败：

(1) 磁头的飞行高度发生较大不同时，导致脉冲变形，信号衰减或信号饱和；

(2) 磁头的灵敏度与介质的磁强度（medium's magnetic strength，"Mst"）相比发生较大不同时，导致脉冲变形，信号衰减或信号饱和；

(3) 磁头没有对准原来的位置，导致额外的偏心率，使得不能达到参数的要求；

(4) 磁头之间的距离不同，导致磁头重载（reloading）困难，并有可能会损坏磁碟。

2.4.3 更换磁碟失败

将磁碟从损坏的硬盘搬移到另一个硬盘上，会存在与磁头代换相同的问题。

2.4.4 磁介质损坏

首先，数字信息要么可以全部恢复，要么完全不能恢复。例如，书写、绘画或者雕刻会随着时间逐渐消磨。但是当数字数据减弱到不能纠正，那么数据就算丢失了。其次，磁数据并不是人可以直接阅读的。也就是说，需要借助于机器的帮助来读取磁数据。很明显这与可以用裸眼阅读的绘画、雕刻和书写截然不同。如果用来读取特定介质的部件损坏了，那么即使磁性图样仍然完好，数据也完全丢失了。即使硬盘是完好的，用来读取数据的程序和支持硬盘运转的程序也必须是完好的。

磁性逐渐减弱通常是由于热效应。简单地说，某一数据位可能由数百万计的原子来维持磁性的方向，经过许多年，热能会使得某些原子"忘记"它们的磁性方向。这时，用来保持数据的原子减少了，意味着只需更少的热能就可使得其他的原子"忘记"它们的磁性方向。经过一定时间后就会达到"雪崩点"，导致磁性消失、数据丢失。这被称作"超顺磁效应"。

数据磁性介质的稳定性随着数据密度的增长而迅速下降，因为用来保持磁性方向的原子比原来减少了。高温环境会加剧热衰退。另外向某一磁道写入数据会导致邻近磁道的数据位的磁性衰退。

基本来说，硬盘一旦发生物理故障，磁盘上记录数据一般还是完好的，但是想要读取到数据这个就较为困难。没有丰富的经验和良好的操作技能，硬件的更换只会使硬盘上的数据彻底损坏。不过现在国内专业的数据恢复公司也已经不少，分布多在北京、广州和深圳，他们有合适的施工环境和经验丰富的工程师。

3　硬盘物理故障处理

在前文中已经介绍过硬盘的故障表现，硬盘的逻辑故障是指操作系统数据结构的混乱。其实这里主要所指就是非物理损坏的数据损坏，而造成故障的原因有很多，如误操作导致高级格式化分区、零磁道损坏、分区表、误删除损坏等。

下面分几种情况介绍一下数据的恢复办法。

3.1　分区表遭到破坏

硬盘主引导记录（MBR）所在的扇区也是病毒重点攻击的地方，通过破坏主引导扇区中的DPT（分区表），就可以轻易地损毁硬盘分区信息，达到对资料的破坏目的。分区表的损坏是分区数据被破坏记录被破坏。所以，是可以用软件来修复的。

通常情况下，硬盘分区之后，应该备份一份分区表至软盘、光盘或者移动存储盘上。这个方面，杀毒软件KV3000系列和瑞星都提供了完整的解决方案。但是，对于没有备份分区表的硬盘，虽然KV3000也提供了相应的修复方法，不过成功率相对较低。

在恢复分区上，诺顿磁盘医生NDD是较强劲的工具，可以自动修复分区丢失等情况，可以抢救软盘坏区中的数据，强制读出后搬移到其他空白扇区。由于它为纯DOS下的工具，在硬盘崩溃或异常的情况下，它可能带给用户以希望。简单的操作方法：在出现问题后，用启动盘启动，运行NDD，选择Diagnose进行诊断。NDD会对硬盘进行全面扫描，如果有错误，会出现提示，然后只要根据提示选择修复，就可以将这些问题解决。

另外，中文磁盘工具DiskMan在这方面也是行家里手。重建分区表作为它的一个非常实用的功能，非常适合用来修复分区表损坏。

对于硬盘分区表被分区调整软件（或病毒）严重破坏，引起硬盘和系统瘫痪，DiskMan可通过未被破坏的分区引导记录信息重新建立分区表。在菜单的工具栏中选择“重建分区表”，DiskMan即开始搜索并重建分区。DiskMan将首先搜索零柱面零磁头从2扇区开始的隐含扇区，寻找被病毒挪动过的分区表。接下来搜索每个磁头的第一个扇区。搜索过程可以采用“自动”或“交互”两种方式进行。自动方式保留发现的每一个分区，适用于大多数情况。交互方式对发现的每一个分区都给出提示，由用户选择是否保留。当自动方式重建的分区表不正确时，可以采用交互方式重新搜索。

但是，需要注意的是，重建分区表功能不能做到百分之百的修复分区表。这也说明了天下并没有免费的午餐，还是需要注意保护好自己的硬盘，尽量避免硬件损伤以及病毒的侵扰，所以就要求要备份分区表。

3.2　零磁道损坏

硬盘的主引导记录区（MBR）在零磁道上。MBR位于硬盘的零磁道零柱面1扇区，其中存放着硬盘主引导程序和硬盘分区表。在总共512字节的硬盘主引导记录扇区中，446字节属于硬盘主引导程序，64字节属于硬盘分区表（DPT），两个字节（55 AA）属于分区结束标志。零磁道一旦受损，将使硬盘的主引导程序和分区表信息将遭到严重破坏，从而导致硬盘无法引导。

零磁道损坏判断：系统自检能通过，但启动时，分区丢失或者C盘目录丢失，硬盘出现有规律的“咯吱”……“咯吱”的寻道声。运行 SCANDISK 扫描 C 盘，在第一簇出现一个红色的“B”，或者 Fdisk 找不到硬盘，DM 死在零磁道上，此种情况即为零磁道损坏。

零磁道损坏属于硬盘坏道之一，只不过由于它的位置太重要，因而一旦遭到破坏，就会产生严重的后果。如果零磁道损坏，按照目前的普通方法是无法使数据完整恢复的，通常零磁道损坏的硬盘，可以通过 PCTOOLS 的 DE 磁盘编辑器（或者 DiskMan）来使零磁道偏转一个扇区，使用 1 磁道来作为零磁道来进行使用。而数据可以通过 Easyrecovery 来按照簇进行恢复，但数据无法保证得到完全恢复。

3.3　高级格式化分区

通常在对系统盘分区进行高级格式化时，可能发生选错分区的情况，这样会使得我们无法打开该分区，而使数据丢失。

但目前使用 UnFormat 来恢复格式化后分区的方法已经不那么实用了，可以使用多种恢复软件来进行数据恢复，比如诺顿、Easyrecovery 和 Finaldata2.0 等恢复软件均可以方便地进行数据恢复工作。

3.4　误删除数据

此种情况是计算机使用过程中最常见的数据恢复，通常不要再向误删除文件的分区内写入其他文件，这样数据才有可能 100% 进行还原。因为病毒破坏或坏道会使文件的存放扇区内容发生改写和丢失的情况，在这种情况下，文件会使破损或无法恢复和找回的。

当你执行了删除命令后，计算机只是将该文件目录项第 0 个字节改为 E5，并将文件所占簇号在文件分区表中的登记项清零，表示释放空间。格式化时，计算机也只是将根目录区清零。由于删除与格式化操作只是在文件名或根目录名上做了一些手脚，对于文件的数据部分丝毫未动，这样，就给文件恢复提供了可能。利用一些反删除软件，即使初学者也可以轻松地进行文件恢复工作。一般反删除软件工作原理是通过对照分区表恢复文件，误格式化同误删除的恢复方法基本一样，只要没有用 Fdisk 命令打乱分区的硬盘，要恢复的文件所占用的簇不被其他文件占用，这样，格式化前的大部分数据仍是可以被恢复的。

如果你的 Windows 系统可正常使用，则最简单的恢复方法就是用 Windows 版 EasyRecovery 软件。它恢复硬盘数据的功能十分强大，不仅能恢复被从回收站清除的文件，而且还能恢复被格式化的 FAT16、FAT32 或 NTFS 分区中的文件。

在这里对该软件进行一个简单的介绍。运行 EasyRecovery，出现主界面（图 3）。

主界面左侧包括 4 个功能按钮以及两个软件支持按钮。磁盘诊断可以帮助我们测试潜在的硬件故障，监视并报告潜在驱动器故障，查看驱动器空间使用详细资料，进行 IDE 硬盘跳线设置，以及分析文件结构和创建可引导的诊断磁盘（图 4）。

图 4 所示的 6 个功能按钮，对于硬盘资料恢复来说，数据恢复选项提供的功能是我们最需要的（图 5）。

从图 5 我们可以看出，EasyRecovery Professional 提供了多种数据恢复选项。其中包括：使用高级选项自定义数据恢复功能、查找并恢复已删除文件、从一个已格式化的卷中恢复文件。不仅可以以任何文件系统结构信息进行恢复此软件，还可以保存恢复数据进度以及创建可引导的紧急引导软盘。

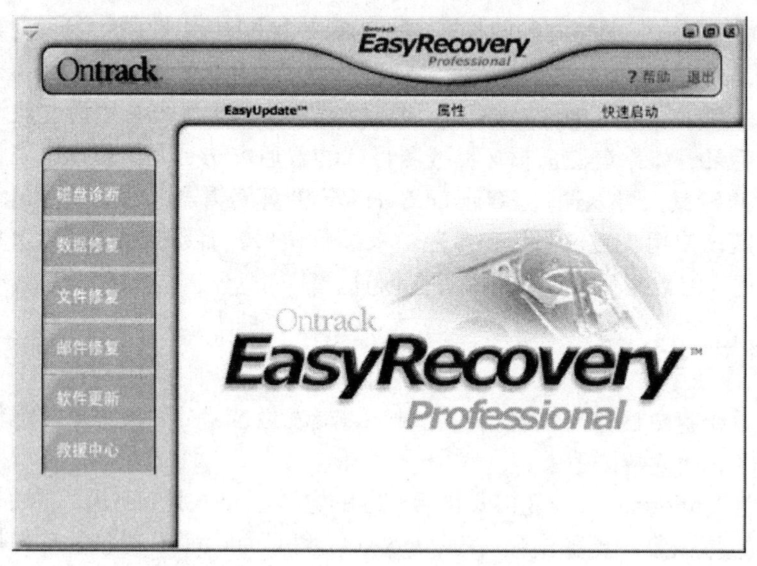

图 3　EasyRecovery　主界面

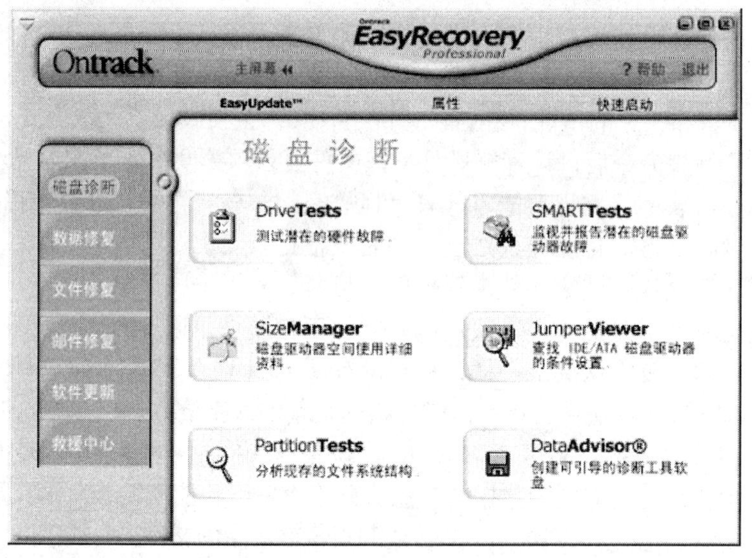

图 4　EasyRecovery 磁盘诊断界面

现在我们选择高级选项自定义数据恢复功能来进行数据恢复操作，经过扫描系统，如图 6 所示。

这时会显示磁盘驱动器信息，如图 7 所示。在这里，选择恢复资料的硬盘分区 C 盘。

如图 8 所示，此时 EasyRecovery Professional 将自动扫描分区，之后会把所有详细文件信息显示出来，其中包括目前还存在的和已经被删除的文件（图 9）。

最后，EasyRecovery 成功找回了丢失的文件。

当然，其他的软件如 FinalData、R−studio 等都适合在误删除文件或分区无法打开时恢复数据。

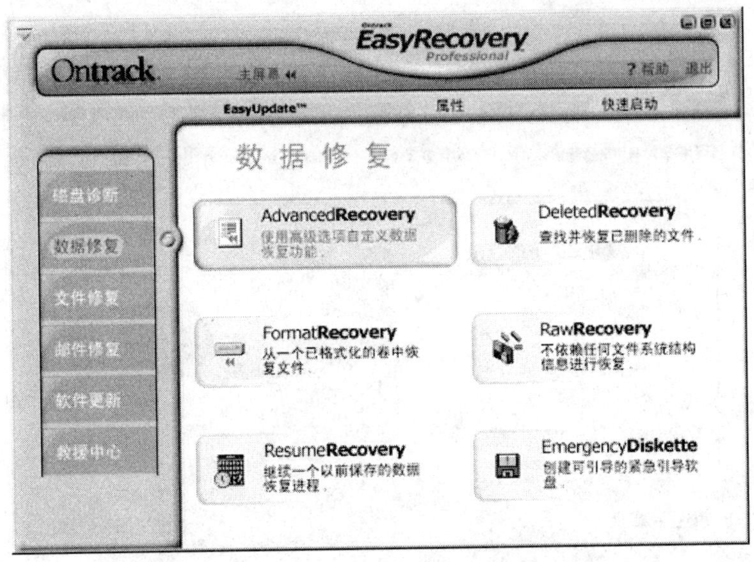

图 5　EasyRecovery 数据修复界面

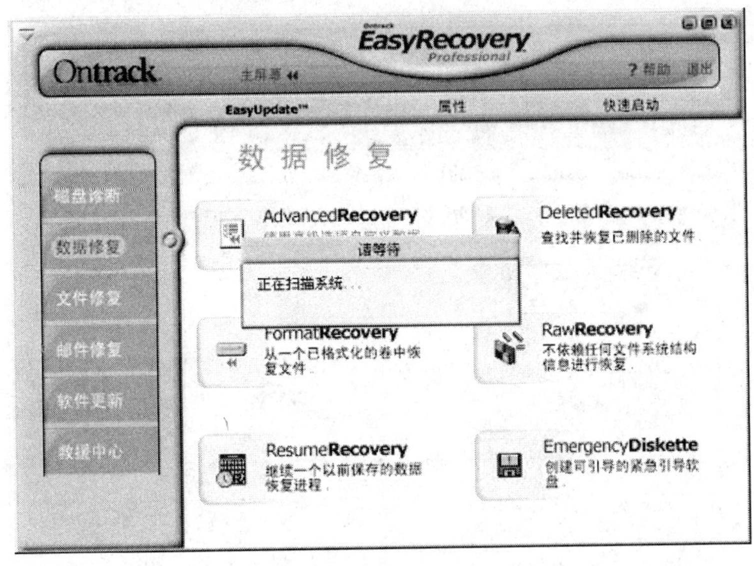

图 6　EasyRecovery 数据修复扫描界面

一般用户找到所丢失的文件，大部分都可以通过上面的方法恢复。但有时候你会发现，使用上面介绍的工具仍然不能找到丢失的文件，这是什么原因呢？这要从磁盘的原理来说明，磁盘空间是以簇为单位进行分配的。由于磁盘簇是文件系统进行分配、释放、读出的最小空间单位，即使只有一个字节的文件也要占用整整一个簇的磁盘存储空间。通常当我们把文件写入磁盘时，文件即在磁盘上占用一定数量的簇，当从磁盘上把文件删除后，磁盘就释放出一定数量的簇，此时若使用软件来恢复被删除的文件，则文件被恢复的可能性最大。如果在删除文件之后又对磁盘进行了写操作，那么新文件有可能会覆盖被删除文件原先所占据的簇，那么该文件就不能成功地被恢复了。虽然在国际上有些尖端研究实验室称可根据磁属性的变动轨迹来恢复数据，但这种方式成本非常的巨大、时间非常的长，得不偿失。

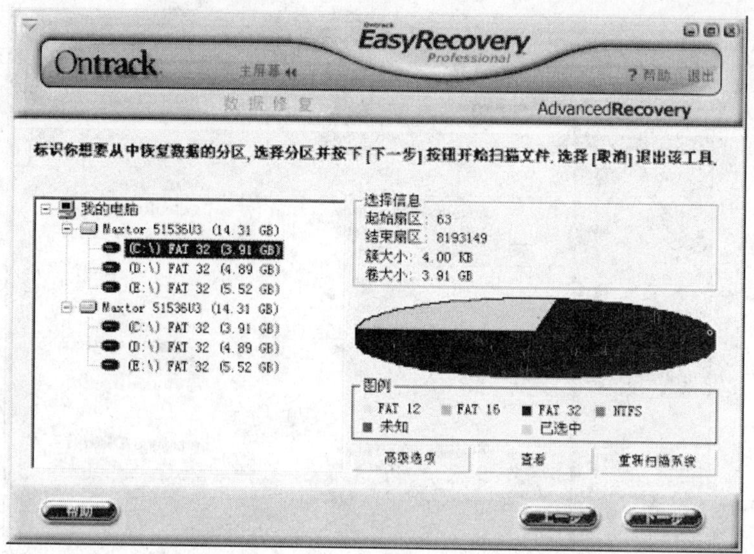

图 7　磁盘驱动信息

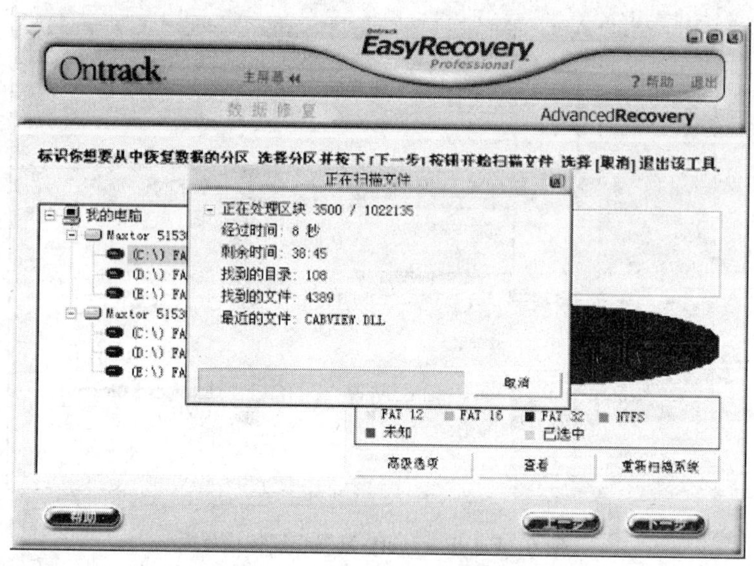

图 8　EasyRecovery 自动扫描分区

最后，需要提出几点数据恢复注意事项：

(1) 文件丢失后，不要再向该分区或者磁盘写入信息，即刚被删除的文件被恢复的可能性最大。

(2) 小文件比大文件更容易恢复。

(3) 恢复之前千万千万别用磁盘整理功能，否则数据恢复的成功几率将大大减小。同时也尽量不要使用 Fdisk 程序，否则将会给你的恢复造成很大的困难。

(4) 有足够的空余磁盘空间或者外接新硬盘以备写入恢复资料。

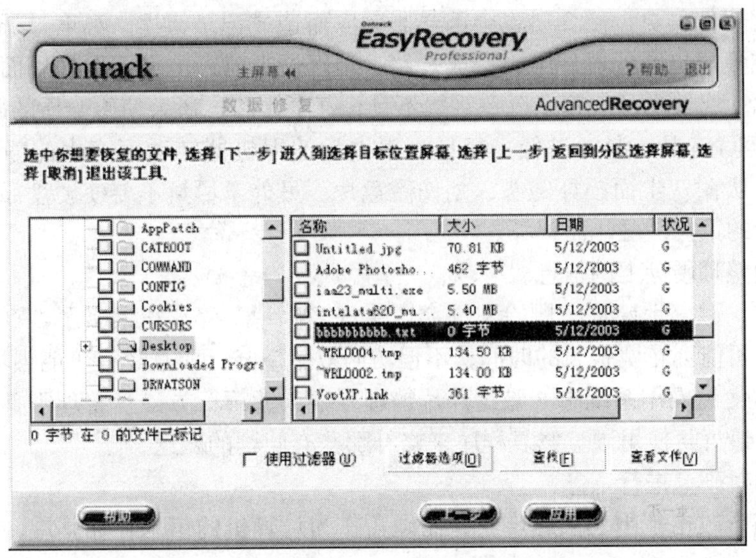

图 9　EasyRecovery 找出所有文件的详细信息

4　防范硬盘数据的丢失

数据恢复始终只是个后期挽救的方法，并且对于数据来说并不能保证 100% 的恢复，所以日常硬盘软硬件维护更加的重要。以下列出了一些日常硬盘使用和维护的注意事项：

（1）定期备份重要数据。

在日常的使用和维护中，总会有各种突发事件产生，例如新病毒的入侵、人为的误操作等等，所以对重要文件的备份异常重要，并且最好不要在同一硬盘中作备份，如没有条件，那最好是在不同的分区中进行备份。

（2）硬盘在工作时不能突然关机。

当硬盘开始工作时，一般都处于高速旋转之中，如果我们中途突然关闭电源，可能会导致磁头与盘片猛烈摩擦而损坏硬盘，因此要避免突然关机。关机时一定要注意面板上的硬盘指示灯是否还在闪烁，只有在其指示灯停止闪烁、硬盘读写结束后方可关闭计算机的电源开关。

（3）防止灰尘进入。

灰尘对硬盘的损害是非常大的，这是因为在灰尘严重的环境下，硬盘很容易吸引空气中的灰尘颗粒，使其长期积累在硬盘的内部电路元器件上，会影响电子元器件的热量散发，使得电路元器件的温度上升，产生漏电或烧坏元件。

另外灰尘也可能吸收水分，腐蚀硬盘内部的电子线路，造成一些莫名其妙的问题，所以灰尘体积虽小，但对硬盘的危害不可低估。因此必须保持环境卫生，减少空气中的潮湿度和含尘量。切记：一般计算机用户不能自行拆开硬盘盖，否则空气中的灰尘进入硬盘内，在磁头进行读、写操作时划伤盘片或磁头。

（4）要防止温度过高。

温度对硬盘的寿命也是有影响的。硬盘工作时会产生一定热量，使用中存在散热问题。温度以 20 ~ 25℃为宜，过高或过低都会使晶体振荡器的时钟主频发生改变。温度还会造成硬盘电路元器件失灵，磁介质也会因热胀效应而造成记录错误。温度过低，空气中的水分会被凝结在集成电路元器件上，造成短路；湿度过高时，电子元器件表面可能会吸附一层水膜，氧化、腐蚀电子线路，以致接触不良，甚至短路，还会使磁介质的磁力发生变化，造成数据的读写错误；湿度过低，容易积累大量的因机器转动而产生的静电，从而烧坏CMOS电路，吸附灰尘而损坏磁头、划伤磁盘片。另外，尽量不要使硬盘靠近强磁场，以免硬盘所记录的数据因磁化而损坏。

（5）定期整理硬盘上的信息。

在硬盘中，频繁地建立、删除文件会产生许多碎片，碎片积累多了，日后在访问某个文件时，硬盘可能会花费很长的时间，不但访问效率下降，而且还有可能损坏磁道。为此，我们应该经常使用操作系统中的磁盘碎片整理程序或者第三方磁盘整理工具对硬盘进行整理，整理完后最好再使用硬盘修复程序来修补那些有问题的磁道。

（6）定期对硬盘进行杀毒。

现在的病毒攻击范围越来越广泛，而硬盘作为计算机的信息存储基地，通常是其攻击的首选目标。

（7）用手拿硬盘时要小心。

在日常的电脑维护工作中，用手拿硬盘是非常的事。也许这最常见的事情，最不能引起我们的注意。其实，用手拿硬盘还是有学问的，稍有不慎也会使硬盘“报废”的，因此我们在用手拿硬盘时一定要小心注意，尽量保证硬盘的匀速运动。

（8）在工作中不能移动硬盘。

硬盘是一种高精设备，工作时磁头在盘片表面的浮动高度只有几微米。当硬盘处于读写状态时，一旦发生较大的震动，就可能造成磁头与盘片的撞击，导致损坏。所以不要搬动运行中的电脑。在硬盘的安装、拆卸过程中应多加小心，硬盘移动、运输时严禁磕碰，最好用泡沫或海绵包装保护一下，尽量减少震动。

5　结束语

在目前的硬盘发展情况下，生产商对产品的日益更新，数据密度的持续高速增长，使得可以通过部件代换来恢复数据的硬盘变得越来越少。但硬盘生产商一般只给为数不多的数据恢复公司提供帮助，如提供使代换部件运转良好的载入和运行优化程序的特别命令。因此，要从最新的硬盘上恢复数据只有最顶尖的数据恢复公司可以做到。

参考文献

1　于景辉，邵喜强．计算机硬盘维修与数据恢复．北京：高等教育出版社，2006

2　聂元铭．计算机数据修复与维护．北京：科学出版社，2006

3　包骏杰．系统数据急救与恢复．重庆：重庆出版社，2003

4　戴士剑，陈永红．数据恢复技术．北京：电子工业出版社，2008

5　王伟伟．硬盘维修技能实训．北京：科学出版社，2006

浅谈油田生产自动化数据的应用

郭　森[1]　李　辉[2]

([1]新疆宏有软件有限责任公司，[2]中国石油新疆油田公司科技信息处)

摘　要　本文重点介绍了新疆油田各二级单位现场自动化数据通过油田生产自动化数据管理系统实现自动化信息与生产管理相结合。

关键词　油田生产自动化数据管理系统　DCS集散控制系统　自动化数据采集与监控系统(SCADA)

1　引言

2005年，中国石油新疆油田公司（以下简称油田公司）对新疆油田生产自动化系统进行了调研，基本掌握了油田生产自动化系统的现状，但各单位的生产自动化系统各自独立，缺乏数据共享。随着油田信息化建设的不断发展，生产自动化系统采集的数据需要通过油田网络实现数据的存储和分析，因此，需要建立新疆油田的生产自动化管理系统。

信息技术和自动化技术的飞速发展为两种技术的有机结合提供了条件。建立油田公司的生产自动化管理系统，通过网络技术、信息技术实现自动化系统数据信息的资源共享，实现全局管理，提高生产自动化系统的管理水平，进而促进提高生产效率，为实现“数字油田”和油田公司业务工作桌面化发展目标奠定基础。

2　自动化数据存储

2006年以前油田公司各单位现场自动化数据相对独立，自动化数据格式多种多样，共享程度低，形成了一个信息孤岛，而且，给自动化数据的使用带来了很大的障碍。随着科学技术的快速发展，为自动化数据从实时数据库转存到关系型数据Oracle形成统一的数据格式创造条件，2007年油田公司采用北京石大赛普的自主研发的产品AllLink实现了把多种自动化实时数据转存到关系数据库Oracle中，同时对于新建的工控系统通过软件实现了转存，从而打破了信息孤岛，实现了数据共享，统一了自动化实时数据的格式，如图1所示。

3　生产自动化数据管理系统建设

通过软、硬件接口实现了将不同厂家的工控系统的实时数据转入关系数据库Oracle存放自动化数据，这为后期的自动化数据应用、数据管理系统的开发奠定了基础。通过建立油田生产自动化数据管理系统实现了自动化实时数据应用于生产管理，实现了自动化实时数据的共享。油田生产自动化数据管理系统功能框架如图2所示。

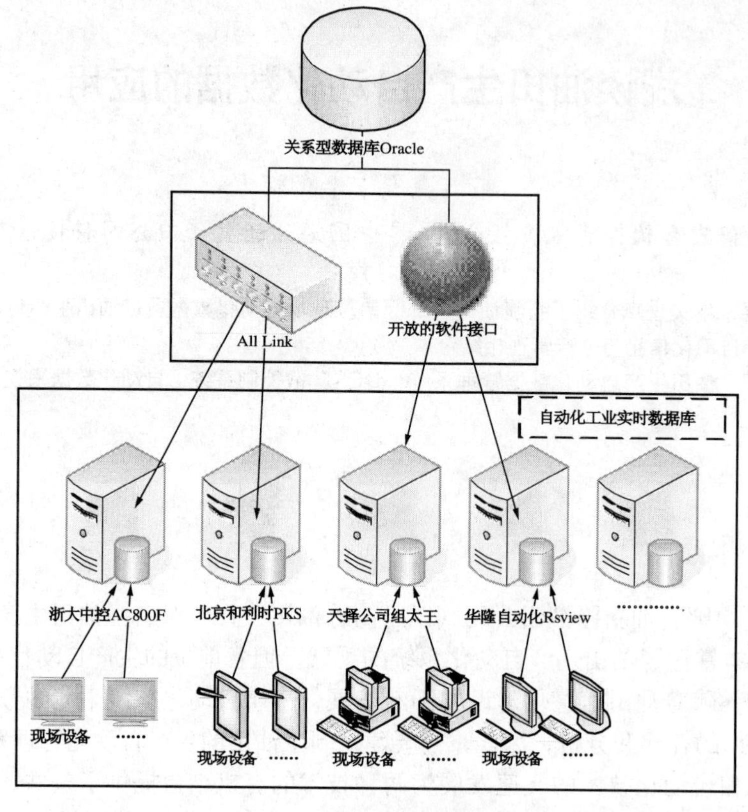

图 1　数据转存示意图

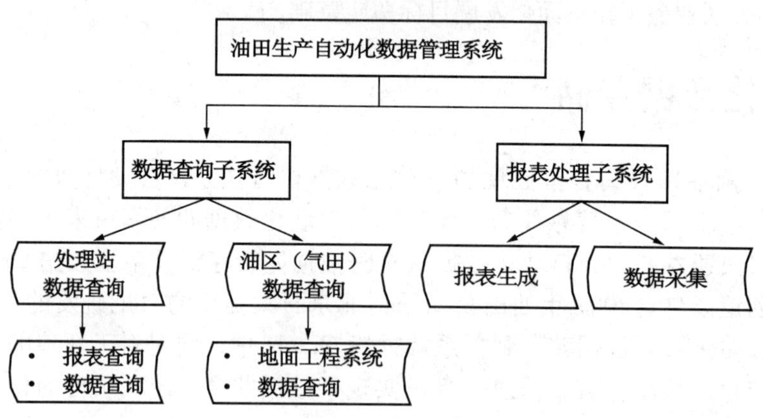

图 2　系统功能框架图

3.1　自动化实时数据查询

通过建立油田生产自动化数据管理系统实现了现场自动化实时数据、工艺流程图的远程展现，实现了自动化数据应用于生产管理，提高了工作效率。油田生产自动化数据管理系统提供了实时数据列表、近期数据和工艺流程图查询等多种功能为用户应用自动化数据提供了工具。

3.1.1　实时数据列表查询

发布 18 套工控系统共 2000 多个监测点，提供了数据报警、定时刷新功能，界面如图 3 所示。

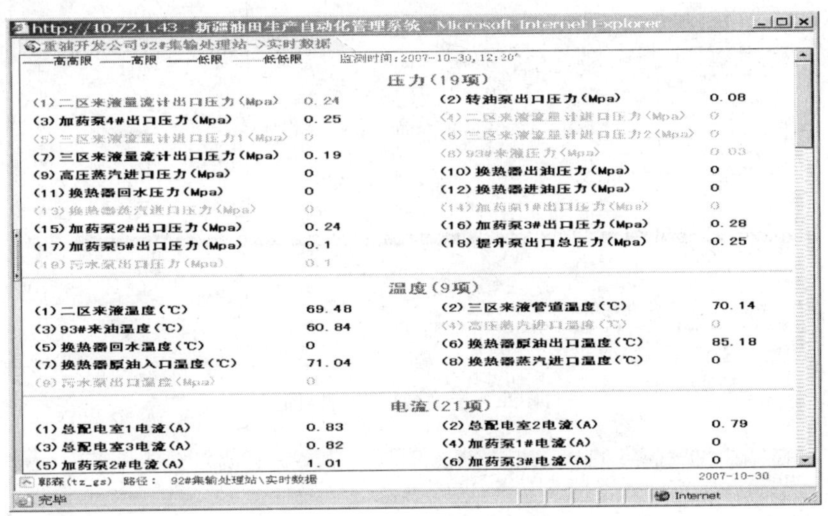

图 3　实时数据查询界面

3.1.2　工艺流程图查询功能

发布了 140 多幅工艺流程图，提供了数据报警、定时刷新功能，界面如图 4 所示。

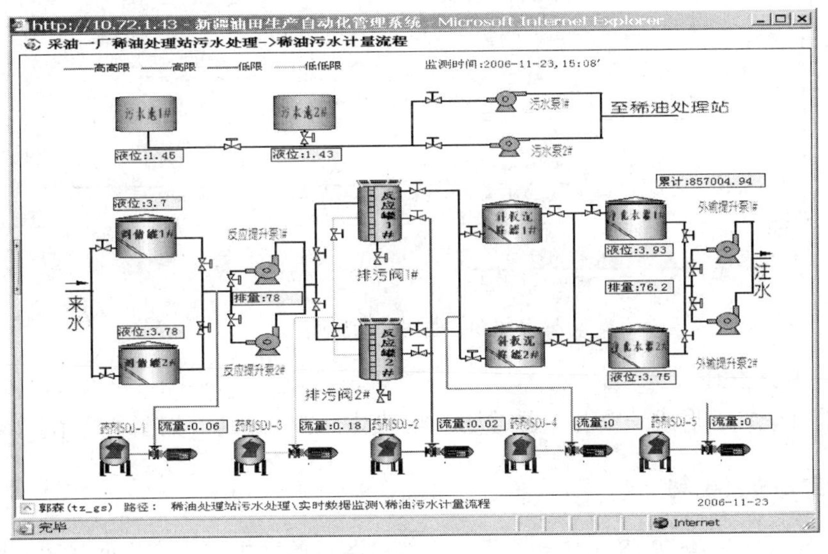

图 4　工艺流程图查询界面

3.1.3　近期数据、历史数据查询

近期数据、历史数据查询功能以表格的形式展现，并提供了数据报警、自定义参数、数据下载、曲线切换等功能，界面如图 5 所示。

3.1.4　处理站近期、历史曲线查询

每个监测点绘制一幅曲线图，每幅曲线图上一般有 5 条曲线，曲线界面如图 6 所示。

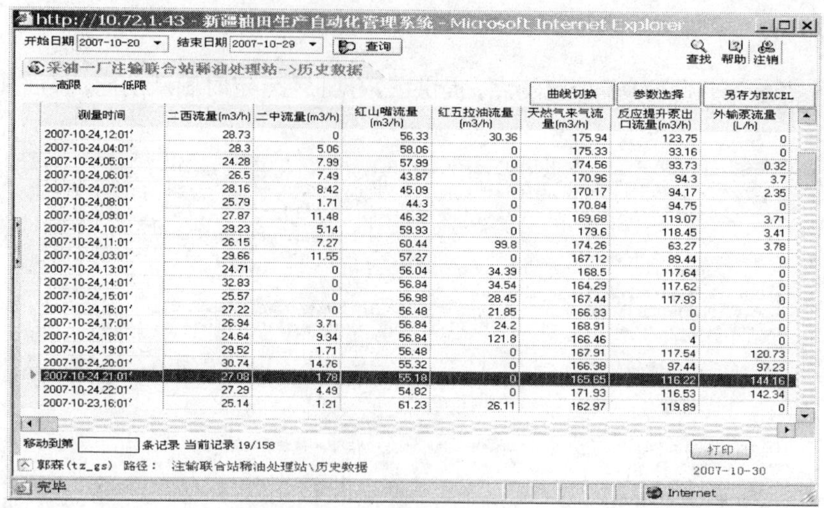

测量时间	二西流量(m3/h)	二中流量(m3/h)	红山嘴流量(m3/h)	红五拉油流量(m3/h)	天然气来气流量(m3/h)	反应提升泵出口流量(m3/h)	外输泵流量(L/h)
2007-10-24,12:01'	28.73	0	56.33	30.36	175.94	123.75	0
2007-10-24,04:01'	28.3	5.06	58.06	0	175.33	93.16	0
2007-10-24,05:01'	24.28	7.99	57.99	0	174.56	93.73	0.32
2007-10-24,06:01'	26.5	7.49	43.87	0	170.96	94.3	3.7
2007-10-24,07:01'	28.16	8.42	45.09	0	170.17	94.17	2.35
2007-10-24,08:01'	25.79	1.71	44.3	0	170.84	94.75	0
2007-10-24,09:01'	27.87	11.48	46.32	0	169.68	119.07	3.71
2007-10-24,10:01'	29.23	5.14	59.93	0	179.6	118.45	3.41
2007-10-24,11:01'	26.15	7.27	60.44	99.8	174.26	63.27	3.78
2007-10-24,03:01'	29.66	11.55	57.27	0	167.12	89.44	0
2007-10-24,13:01'	24.71	0	56.04	34.39	168.5	117.64	0
2007-10-24,14:01'	32.83	0	56.84	34.54	164.29	117.62	0
2007-10-24,15:01'	25.57	0	56.98	28.45	167.44	117.93	0
2007-10-24,16:01'	27.22	0	56.48	21.85	166.33	0	0
2007-10-24,17:01'	26.94	3.71	56.84	24.2	168.91	0	0
2007-10-24,18:01'	24.64	9.34	56.84	121.8	166.46	4	0
2007-10-24,19:01'	29.52	1.71	56.48	0	167.91	117.54	120.73
2007-10-24,20:01'	30.74	14.76	55.32	0	166.38	97.44	97.23
2007-10-24,21:01'	27.08	1.78	55.18	0	165.65	116.22	144.16
2007-10-24,22:01'	27.29	4.49	54.82	0	171.93	116.53	142.34
2007-10-23,16:01'	25.14	1.21	61.23	26.11	162.97	119.89	0

图 5　历史数据查询界面

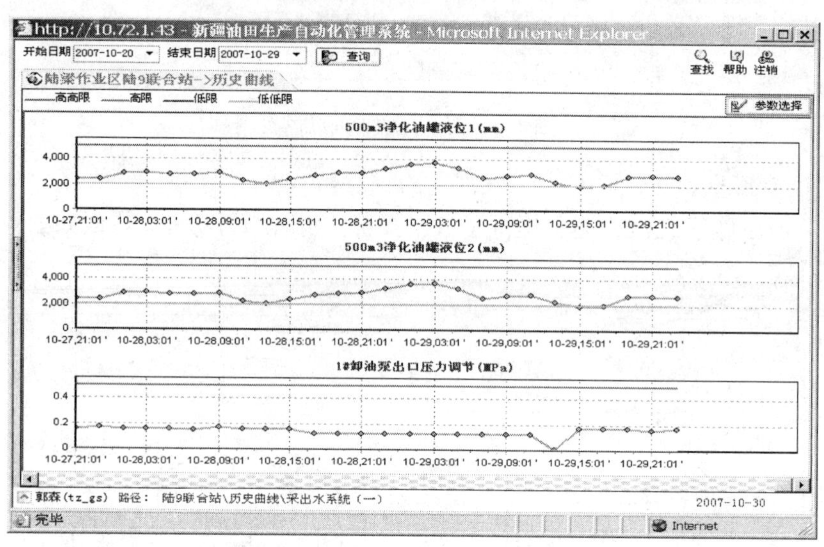

图 6　曲线查询界面

3.1.5　单井曲线查询

单井的每个参数形成一幅图，通过复选框来添加单井曲线，如图 7 所示。

3.2　设备设施查询

通过本系统可以查询 18 套自动化工控系统设备设施数据，查询界面如图 8 所示。

3.3　报表查询

系统实现了运用自动化数据生成站库报表，查询界面如图 9 所示。

3.4　地面工程系统与自动化数据结合

通过地面工程系统实现关联调用自动化系统，查询自动化实时数据。

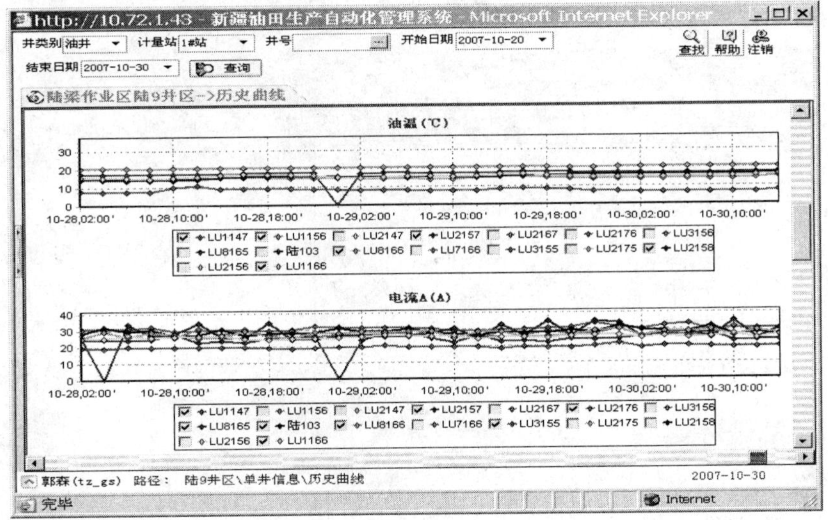

图 7 单井曲线查询界面

http://10.72.1.43 - 新疆油田生产自动化管理系统 - Microsoft Internet Explo...

系统名称 处理站自动控制系统 查询 查找 帮助 注销

采油三厂莫7莫11处理站->现场仪表

参数选择 另存为EXCEL

系统编号	仪表代码	仪表名称	测量表类型	安装地点	涉及设备	测量部位
107132107E_0001	AT-201	可燃气体变送器	浓度	莫7-莫11处理站	轴流风机	集气间
107132107E_0001	AT-202	可燃气体变送器	浓度	莫7-莫11处理站	轴流风机	集气间
107132107E_0001	AT-301	可燃气体变送器	浓度	莫7-莫11处理站		装置区
107132107E_0001	AT-302	可燃气体变送器	浓度	莫7-莫11处理站		装置区
107132107E_0001	AT-303	可燃气体变送器	浓度	莫7-莫11处理站		装置区
107132107E_0001	AT-304	可燃气体变送器	浓度	莫7-莫11处理站		装置区
107132107E_0001	AT-305	可燃气体变送器	浓度	莫7-莫11处理站		装置区
107132107E_0001	AT-601	可燃气体变送器	浓度	莫7-莫11处理站	轴流风机	稳定油罐闸门间
107132107E_0001	AT-701	可燃气体变送器	浓度	莫7-莫11处理站	轴流风机	加热炉操作间
107132107E_0001	AT-702	可燃气体变送器	浓度	莫7-莫11处理站	轴流风机	装车泵房
107132107E_0001	AT-703	可燃气体变送器	浓度	莫7-莫11处理站	凝析油装车台	凝析油装车台
107132107E_0001	FE-301	高级孔板阀	流量	莫7-莫11处理站	进站流量测量	生产分离器后
107132107E_0001	FE-401	高级孔板阀	流量	莫7-莫11处理站	外输汇管	外输管线
107132107E_0001	FIT-201	涡街流量计	流量	莫7-莫11处理站	计量分离器	天然气出计量分离器
107132107E_0001	FIT-202	涡街流量计	流量	莫7-莫11处理站	计量分离器	天然气出计量分离器

移动到第 条记录 当前记录 2/157

郭森(tz_gs) 路径： 莫7莫11处理站\自动化设施信息\现场仪表 2007-10-30

完毕 Internet

图 8 设备、设施查询界面

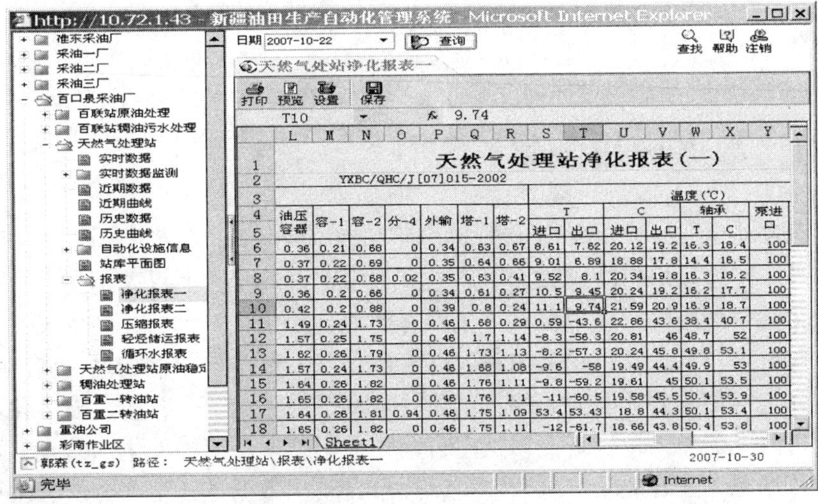

图 9 报表查询界面

（1）与自动化系统关联，如图 10 所示。

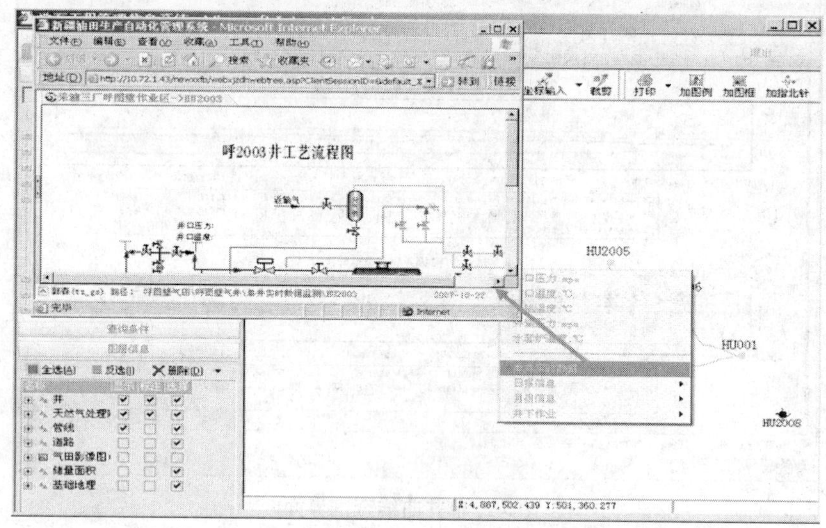

图 10　与自动化系统关联示意图

（2）显示实时数据，如图 11 所示。

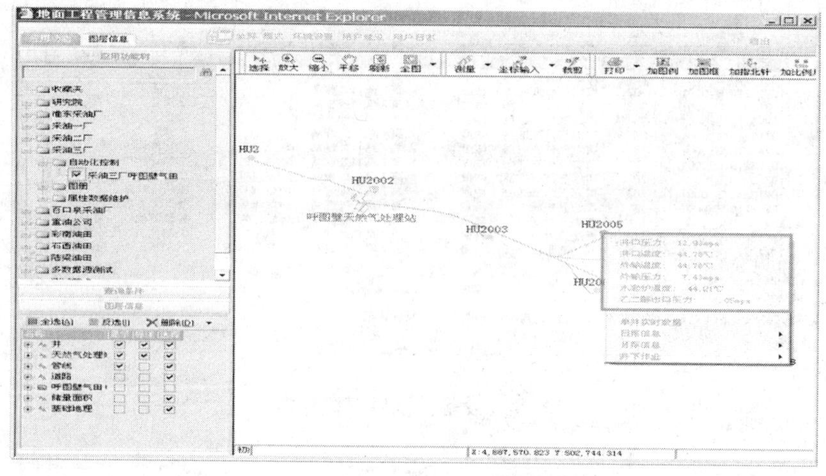

图 11　显示实时数据示意图

4　自动化数据应用前景

新疆油田自动化数据管理系统经过 2006 年和 2007 年的开发建设，已经实现了处理站、油区数据共享，并且应用自动化数据生成站库报表，很大程度上提高了生产数据的共享程度，为自动化数据深层次的应用提供了条件。随着自动化技术、信息技术飞速地发展，生产技术人员对自动化数据认识越来越深入，生产管理人员对自动化技术、信息技术重视程度不断的提高，相信未来新疆油田的自动化技术水平会更上一个台阶，自动化数据在生产管理中的应用会更加深入，将来可以运用自动化数据管理系统辅助生产管理，可以把自动化数据作为数据源生成各类生产报表，可以运用自动化数据进行生产分析、生产预测、故障预测、故障诊断等，相信未来自动化数据在日常生产管理中会发挥更大的作用。

中国石油吐哈油田公司基于SOA应用集成系统

郭　强　梁若渺

（中国石油吐哈油田公司）

摘　要　阐述了目前流行的SOA技术的概念，从几个不同的方面描述SOA产生的原因并分析了SOA对于企业所能带来的优势。根据现阶段中国石油吐哈油田公司的现况，对于SOA在吐哈油田主页的应用进行了技术可行的设计，从构架到系统分析都做了比较详细的阐述，最后对于SOA在目前所遇到的一些困难和SOA的发展做了展望。

关键词　SOA　企业　应用　系统

1　引言

在20世纪90年代的时候，服务的概念就出现了。但是之后一直都处于一个停滞不前以至于没有受到重视。然而到最近几年，SOA才又重新引起人们的广泛关注。其最主要的原因是现代企业需求的快速变化诱发人们建立动态电子商务、实现实时企业的迫切愿望，而且还在于SOA的实现技术取得了长足的发展。

SOA从软件体系结构的角度出发改造企业的原有系统或设计新的应用系统，支持了企业未来的应用集成。SOA将使企业变得更加弹性和灵活，快速响应业务的需求变更。

2　SOA简述

2.1　SOA定义

SOA是一种架构模型，它可以根据需求通过网络对松散耦合的粗粒度应用组件进行分布式部署、组合和使用。服务层是SOA的基础，可以直接被应用调用，从而有效控制系统中与软件代理交互的人为依赖性。

2.2　SOA的基本特征

（1）可从企业外部访问。

（2）随时可用。

（3）粗粒度服务接口。

（4）分级。

（5）松散耦合。

（6）可重用的服务及服务接口设计管理。

（7）标准化的接口。

（8）支持各种消息模式。

（9）精确定义的服务接口。

2.3 SOA 模型

对于 SOA 实现来说，以下 3 个模型是目前最流行的：

（1）来自微软的 Windows 通信基础（Indigo）编程模型，它试图为所有服务元件创建统一的 OO 模型来简化服务编程（表 1）。

表 1 Windows 编程模型

SO 实体	OO 实体	标注
服务契约	接口	使用 [ServiceContract] 标注接口
服务操作	方法	使用 [OperationContract] 标注接口方法
实现类	类	使用 [ServiceBehavior] 标注类，它由服务契约接口派生
实现方法	方法	使用 [OperationBehavior]
数据契约	类	使用 [DataContract] 标注类，[DataMember] 标注成员

（2）来自 Java Community Process 的 Java Business Integration（JBI）模型，它通过创建专用（服务）容器形式的抽象层，解决服务编程的复杂度和可变性（图 1）。

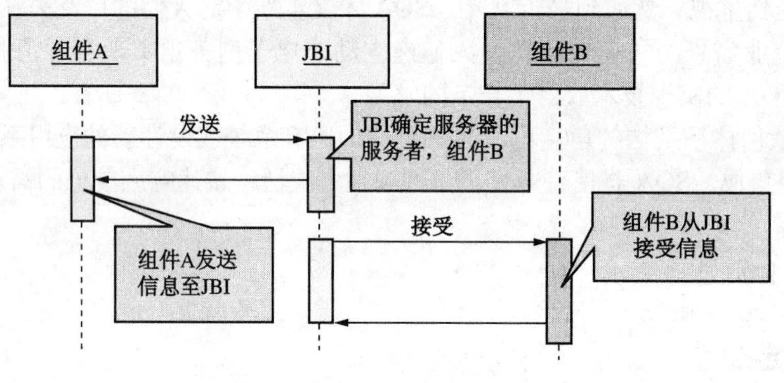

图 1 JBI 模型

（3）来自 IBM，BEA，IONA，Oracle，SAP，Siebel，Sybase 等的服务组件架构（Service Components Architecture，SCA），它基于的前提是：以结构良好的组件为基础，兼具清晰的接口和明确的组件责任，这样的体系结构有充分的理由被视为 SOA（图 2）。

3 基于 SOA 的吐哈油田动态应用集成

3.1 SOA 与吐哈油田应用集成

随着社会的不断进步，现代企业间的竞争日趋激烈，为适应激烈的竞争，中国石油吐哈油田公司进行了机构整合重组，目前吐哈油田重组后的竞争力取决于其运营过程的各个环节是否协调和全局优化，只有各个环节的信息能够最快速地贯穿和共享、应用能够紧密匹配其业务流程和业务模型，才能迅速实现目前吐哈油田业务重组并响应市场变化。这些就导致中国石油吐哈油田公司有了实现动态企业应用集成的需求。

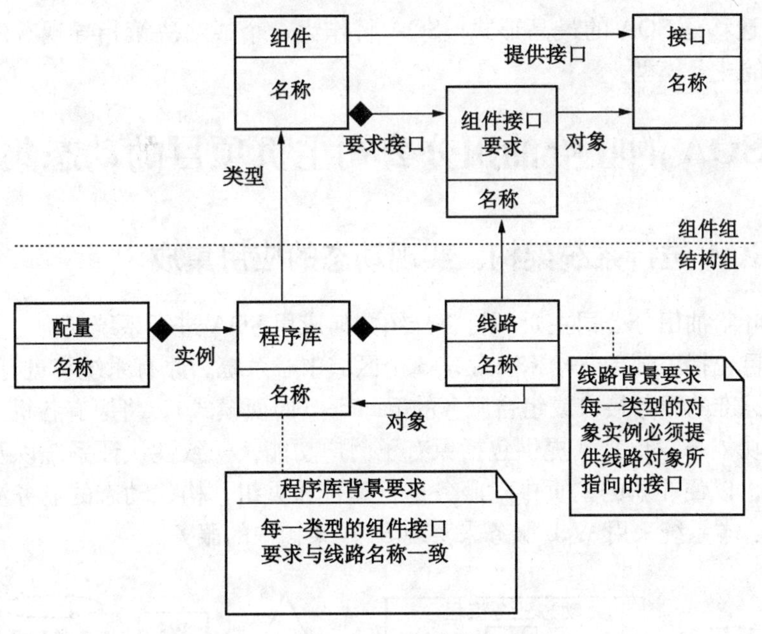

图 2　SOA 模型

目前传统的企业应用集成方法主要有两种，点到点的集成和基于中间件的集成。点到点的方式属于硬编码的方式，在集成应用时工作量较大、开放性不好，且随着待集成的应用的增加，集成的复杂度急剧上升。基于中间件的集成则成本太高、实现过程复杂且无法通用。传统方法的根本问题都是与原有体系结构耦合过于紧密。

SOA 本身就是面向集成的，其松耦合的特点，可以极大地降低集成的复杂度和成本。有了它可以：

（1）效率高：将业务流程从“烟囱”状的、重复的流程向维护成本较低的高度利用、共享服务应用转变。

（2）响应快：迅速适应和传送关键业务服务来满足市场需求，为客户、雇员和合作伙伴更高水准的服务。

（3）适应性强：更高效地转入转出，让整个业务的复杂性和难度变得更小，达到节约时间和资金的目的。

3.2　面向服务构架的好处

（1）复杂性降低：基于标准的兼容性，与点到点的集成相比降低了复杂性。

（2）重用增加：通过重用以前开发和部署的共享服务，实现了更有效的应用程序、项目开发和交付。

（3）遗留集成：用作可重用服务的遗留应用程序降低了维护和集成的成本。

3.3　集成分 4 步走

首先将遗留应用系统中的组件及模块进行简单打包，封装成服务，通常以 Facade 的形式暴露给外系统。其次实现一个特定的业务目标，在企业内部实现各个应用系统的集成。第三是协调企业范围内的业务迁移。第四是按需业务迁移。

目前按需迁移是 SOA 的最高形式，SOA 将作为一个战略决策指导现有的业务模型的迁移和部署新的业务模型。

4 基于 SOA 的吐哈油田分公司主页项目的动态集成设计

4.1 应用 SOA 进行系统架构、实现动态的应用集成

通过结合吐哈油田分公司主页项目将介绍如何应用 SOA 进行系统架构、实现动态的应用集成，该项目包括了鄯善—哈密—北京 3 个区域中心系统。原有系统将进行改造和封装，通过提供基于标准的服务接口或组合服务的 Façade（门面模式），将原有各机关处室、二级单位中的业务功能暴露出来，提供包括原有子门户功能、一致性认证系统以及其他遗留系统的服务接口，以便在新的主页中对服务进行编排和重组，构建动态的业务流程。系统架构如图 3 所示。本系统采用 Web 服务来实现 SOA 架构中的服务。

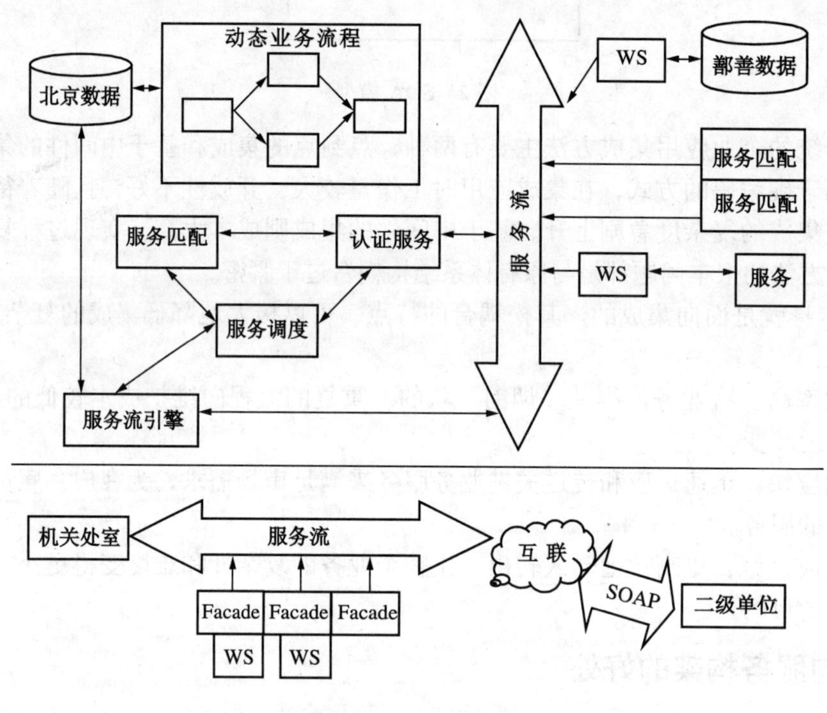

图 3 系统架构图

4.2 系统分析

该系统的模块主要包括：服务流引擎、动态业务流程建模器、服务匹配 Agent、服务调度 Agent、数据库、门户服务等。各机关处室、二级单位通过服务的封装和组合，将本地门户业务流程、一致性认证系统和其他遗留系统的功能提供给主门户系统，在经过用户认证后它们可以完成在主门户的各种操作。

当主页定义新业务流程时，将启动动态业务流程建模器来定制整个业务过程。服务匹配代理（Agent）将获取给定的服务描述，Agent 将对服务描述信息执行服务匹配算法过滤

以得到所需的服务集，然后再考量代价系数和可靠性系数，再次滤出代价系数最小和可靠性系数最大的服务集，最后，根据服务的优先级找到匹配的最佳结果。当被绑定的服务发生了异常等情况时，该 Agent 将重新进行服务的查找，并为该流程动态绑定最佳可用服务提供一个最优的可选集。用户启动某个流程时，服务流引擎将读取中心数据库中的流程定义，并根据流程上下文和活动上下文，按照 ECA 规则进行流程流转、活动激活、任务的指派和资源的分配等动作。服务流引擎是整个 SOA 架构的核心部分，它保证了流程、活动、任务和资源在各个分布的服务间按定制的流程迁移。服务流引擎并不直接与其他的服务通信，通信被转交给服务调度 Agent 完成。它一方面获取流程和活动的上下文，并传递给被调用的远端服务，同时它也接受远端服务的返回参数及异常通知。该 Agent 维护着一张状态表（State Table），它记录了每个服务执行的前提条件（precondition）和后置条件（post condition），记录了流程执行日志和主要事件的审计，并通过维护一个自有的缓存结构来提供基本的事务回滚机制。此外，该 Agent 还进行服务租约期的检查，当服务租约期到期时，它将调度服务匹配 Agent，以重新绑定所需的服务。

吐哈油田分公司主页项目的应用实践充分说明了 SOA 是一个支持动态企业应用集成的系统结构。服务松耦合设计其实是一把双刃剑，在带来应变敏捷性的同时，也给业务建模和服务划分带来难题。这就是为什么在 SOA 中，业务建模的争论总是最多。面向服务的体系结构（SOA）设计将跨越计算机系统，并且还可能跨越企业边界。因而不得不考虑在使用 Internet 时安全性功能和需求以及如何链接伙伴的安全域。Internet 协议并不是为可靠性而设计，但是需要确保消息被提交并被处理一次。

因此，在将 Web 服务应用于 SOA 领域的过程中，将仍有许多亟待解决的问题。在目前还没有很理想的解决方案，故将会是今后较长一段时间内研究的重点。

参考文献

1 岳 昆，王晓玲，周傲英．Web 服务支撑技术：研究综述．软件学报，2004，15，(3)：428 ~ 442

2 范玉顺，李慧芳．企业集成技术的研究现状与发展趋势．中国制造业信息化，2003，31，(1)：59 ~ 61

第三部分　实用软硬件技术

Google-Earth 卫星地图技术在油田边探井管理中的应用

何君毅　周光华　王永昌
（中国石油新疆油田公司陆梁油田作业区）

摘　要　陆梁油田作业区所辖油田位于准噶尔盆地古尔班通古特沙漠腹部，从 20 世纪 50 年代起开始进行石油勘探直至 2000 年 6 月陆 9 井钻遇工业油流发现陆梁油田的 40 余年期间，在盆地腹部的陆梁隆起带及附近区域先后打了上百口探井。为了加强这些探井的管理，陆梁油田作业区于 2005 年按照中国石油新疆油田公司的统一部署，接管了辖区外围的 46 口探井。这些探井都位于已开发油区外围人迹罕至的戈壁荒漠中，由于分布范围广、完钻时间年代久远、缺少地面参照物、探井道路年久失修等原因，使这些探井的日常管理十分不便。借助目前最新的一款地图服务软件——“Google-Earth 卫星地图”技术的应用，可通过对边探井实施精确定位，查清所有探井的位置及其周边地形、地貌等环境状况，并优化出最便捷的巡井线路，还可利用 Google-Earth 提供的高清晰卫星照片对探井井场及周边环境进行评估，提高了边探井管理的效率，并创造了一定的经济效益；另外，利用 Google-Earth 地图的数字化属性将所有边探井周围及优化路线沿途的主要环境标志物（如分支道路、引水干渠、湖泊水库、居民点等）进行坐标转换后绘制成综合探井井位图，为这些探井日后的管理和周边地区的滚动勘探开发研究提供了基础图件，同时也为这些区域将来建设数字化油田创建了第一手的基础资料。

关键词　Google-Earth　卫星地图　边探井管理　应用

1　引言

中国石油新疆油田公司于 2005 年将新疆油田历年来所钻的未发现工业油流的 2000 多口探井集体移交给各采油单位进行管理，此举的主要目的是加强这些探井的管理，尤其是要把这些井的环保责任落实到各采油单位，同时也鼓励各单位对这些探井区域进行滚动勘探开发研究。陆梁油田作业区也据此接管了辖区外围的 46 口边探井，由于这些探井大多位于已开发油区外围人迹罕至的戈壁荒漠中，分布范围广、完钻时间年代久远、缺少地面参照物、探井道路年久失修，致使对其进行日常管理（如例行环保巡检）十分不便。

2005 年 6 月，Google 公司推出一款名为“Google-Earth”的桌面三维地图服务免费软件，通过它能看到全球任何角落的卫星照片，分辨率最高可达 0.61m。在 Google-Earth 提供的高分辨率卫星照片的拍摄区域中，就有准噶尔盆地及周边的大片区域，通过对这些区域仔细辨认，可以在卫星地图中清楚地看到陆梁作业区辖区及周边地区的地表情况，包括沙漠、戈壁、湿地等较大范围的自然地貌和道路、井场、油田设施等较小的人工设施，这就为了解和掌握周边的地貌、环境，实施油区外围边探井的相关管理工作提供了“实景地图”这一直观、先进的科技手段。 经陆梁油田作业区相关技术人员下载试用，发现该软件能够解决边探井管理中的困难，并从 2006 开始年将其应用在油田边探井管理的相关领域中，取得了较好的效果。

2　Google–Earth 卫星地图简介

“Google–Earth”是 Google 公司于 2005 年 6 月底推出的一款桌面三维地图服务软件，通过它，能看到全球任何角落的卫星照片（清晰得能看到街道上的小汽车！数据库中没有数据的地区除外），有了这款软件，使用卫星照片所拼接成的全球地图（图 1），配合强大的 Google 搜索技术，全球实景地图尽在眼前！若结合数字化的地理信息，还可以对目的地进行任何角度的观察。

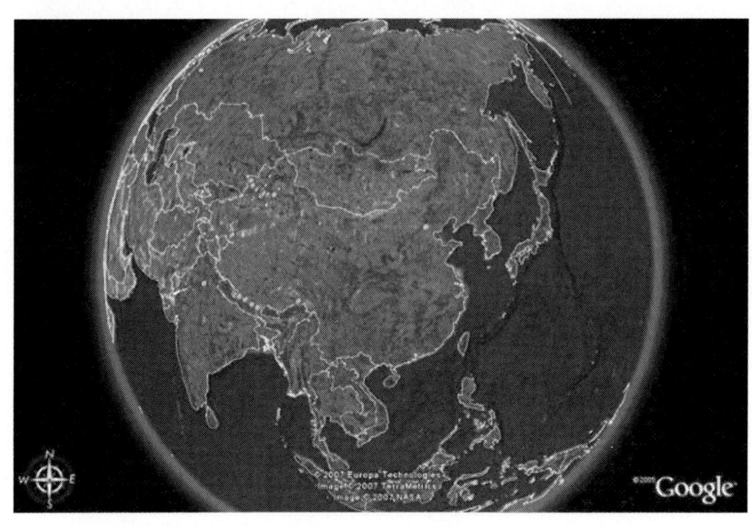

图 1　Google–Earth 提供的由卫星照片组成的全球地图

Google–Earth 提供了不同地域的分辨率不同的卫星照片，其卫星照片均来自于 QuickBird 卫星（Google 于 2004 年 11 月收购了美国 Keyhole 公司，该公司专门提供卫星照片服务），该卫星每年都会在全球各地拍摄大量高分辨率照片，但据网上资料介绍：Keyhole 公司要在 QuickBird 卫星拍摄 3 年后，才会把照片提供给 Google 公司作为民用，而 Google 公司也要在拿到照片后大概 1 年，才会公布出来供用户免费使用。据此推算，现在 Google–Earth 中的大部分高分辨率的卫星照片，应该是将近 4 年以前所拍摄的。但是据实际应用发现，2007 年 9 月所拍摄的卫星照片在 2007 年 10 月就出现在 Google–Earth 的地图库中供用户免费使用了（例如克拉玛依市的高清卫星照片就拍摄于 2007 年 9 月 15 日）。

从 2002 年至今，QuickBird 卫星在中国内地拍摄了大量高分辨率照片，区域如图 2 所示：其中，绿色方框表示 2002 年拍摄区域，将于 2006 年公布；蓝色方框表示 2003 年拍摄区域，将于 2007 年公布；黄色方框表示 2004 年拍摄区域，将于 2008 年公布；红色方框表示 2005 年拍摄区域，将于 2009 年公布。

在 QuickBird 卫星 2002 年所拍摄的高分辨率区域中就有准噶尔盆地及周边的大片区域（图 3 中竖条方框部分，图中黄线为国境线），从 2006 年下半年开始，在 Google–Earth 上就可以看见这些区域的高清晰度卫星照片了，通过对其中准噶尔盆地腹部区域的辨认，可以清楚地看到陆梁作业区辖区及周边地区的卫星地图，包括沙漠、戈壁、湿地等较大范围的地貌和道路、井场、油田设施等较小的人工设施，这就为了解和掌握周边的地貌、环境，实施油区外围边探井的相关管理工作提供了“实景地图”这一直观、先进的科技手段。

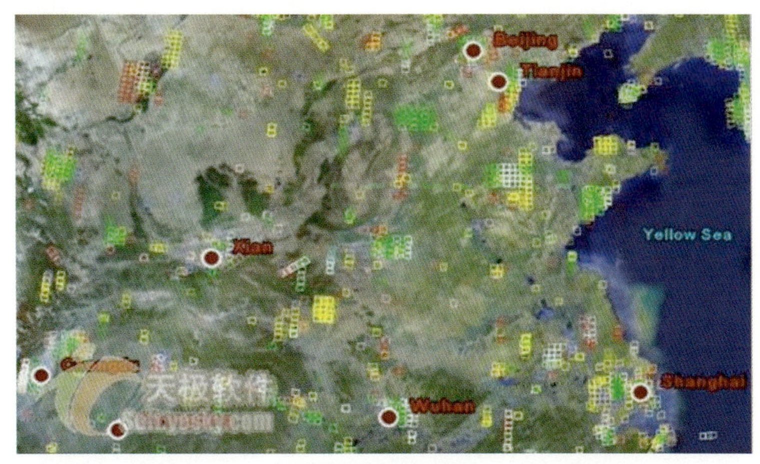

图 2　QuickBird 卫星在中国内地拍摄的高分辨率照片区域图

图 3　QuickBird 卫星所拍摄的准噶尔盆地及周边高分辨率区域

Google–Earth 于 2005 年 8 月开始在中国内地流行，笔者于同年 11 月下载试用，并在 2006 年开始将其运用在油田边探井管理的相关领域中，现将其使用方法和具体应用情况介绍如下。

3　Google–Earth 卫星地图的主要功能

3.1　Google–Earth 的下载、安装

打开网络浏览器，在地址栏内键入“http://earth.google.com/download–earth.html”后即可进入“Google–Earth”下载网站，点击活动按钮“Download Google Earth”即可开始下载。其运行硬件条件为“内存不小于 256M，CPU 够 1G，能宽带上网”就行了。建议下载时选择“保存”将该软件保存至指定的路径下，然后双击执行该软件即可自动完成“Google–Earth”的安装。安装完成后，在桌面自动添加如下图标（图 4），双击该图标，打开主界面后，就可以享受“Google–Earth”所提供的全球卫星地图服务了。

3.2 Google-Earth 的主要功能

下面介绍主界面上各部分的功能。首先，占主界面大部分区域的地球即是由卫星照片组成的全球地图，其视觉感受约相当于从太空 9000km 处的卫星上拍摄的地球照片（图 5），在地图上随便双击某地，该点会逐渐放大直至合适的清晰度，感觉从高空平缓下降至该地区，视觉上极其享受。

图 4　安装完成后的 Google-Earth 桌面图标

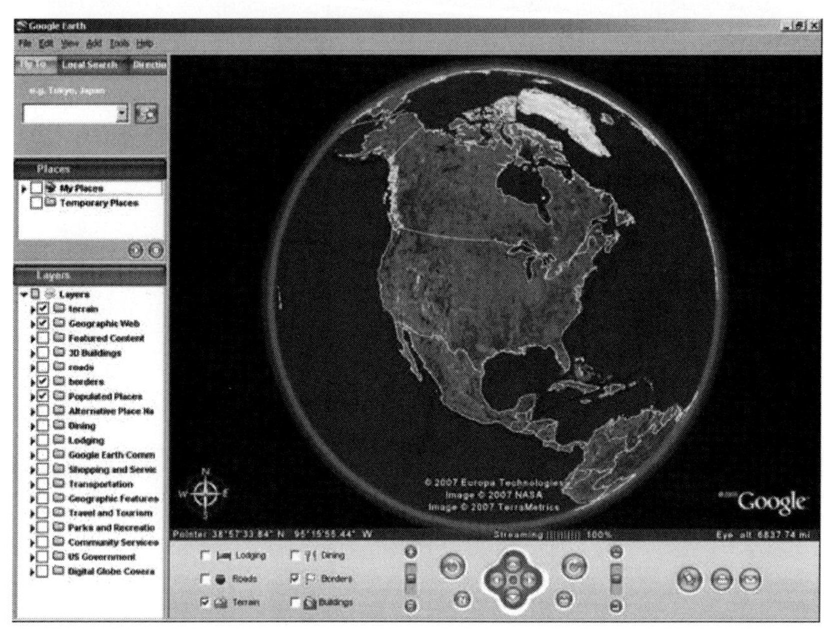

图 5　双击执行 Google-Earth 后的主界面

主界面内部的下侧有一些英文及图标的显示，其主要功能如下：

指南针，如图 6 所示（N 方向为正北方），随着你拖动地球，迷失在大好河川之中时，指南针可以帮你辨别方向。当然，也可以按图中右侧按钮（图 7），使地球迅速回归至“上北下南”状态。

图 6　指南针图

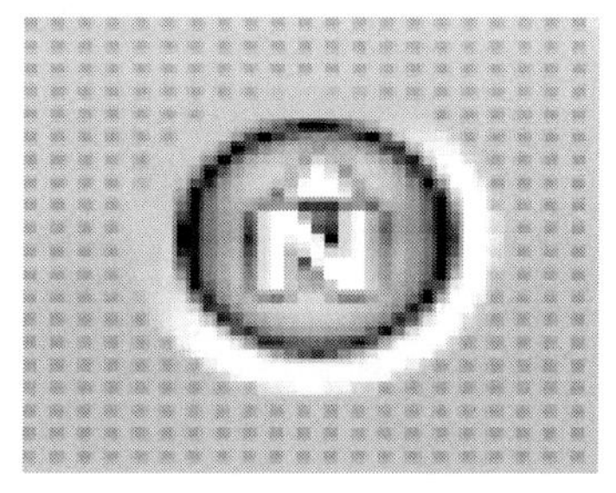

图 7　方向回复键

图 8 表示鼠标当前所在位置的精确方位，即经纬度。前面是纬度，后面是经度。

Pointer 0°00'00.00" N 0°00'00.00" E

图 8 当前位置方位指示图

图 9 表示当前图像的下载进度。由于整个地球全部现有卫星照片加起来有好多个 TB，所以对于使用的这款桌面工具，图像只能用下载的方式来察看，只有当进度达到 100% 时，才表示当前图像为最清晰状态。

Streaming |||||||||| 100%

图 9 当前图像下载速度提示图

图 10 指视角离地高度（mi 表示英里，ft 表示英尺），不是拍摄高度，因为 QuickBird 的飞行高度为 450km，即便有近地点和远地点，那差别也不大，不会像图中“Eye alt”数值可以远近任意调整。

Eye alt 15983.67 mi

图 10 视角离地高度提示图

Google−Earth 主界面下方按钮的主要功能如图 11 所示。

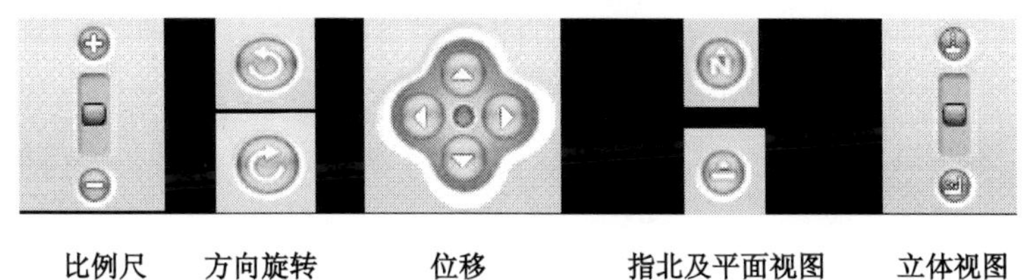

图 11 界面按钮功能图

以上就是这款软件可以提供的主要信息。在初步了解了它的功能，大致明确各种具体数据的含义后，对增长地理知识、加深认识目的地的自然环境（地形、地貌等）和人文景观（道路、水库、建筑等）、优化旅游出行线路甚至是野外探险策划、准备都是很有好处的。

3.3 Google−Earth 应用于边探井管理的主要方法

Google−Earth 具有在卫星地图上添加标记的功能，具体方法是：在地图上找到的感兴趣的地点，选择工具面板右下角“添加标记”并选择标记的式样，然后用移动鼠标拖拽至目的地即可，标记图标的类型是可选择的，添加的标记会被要求保存，以后访问会更加方便。使用这项功能可以很方便地在卫星地图上标注探井井位，这使得 Google−Earth 卫星地图可与探井井位图结合使用。

Google−Earth 具有直接测距功能，例如：要想知道克拉玛依市到陆梁油田之间的距离，使用下拉菜单栏“Tools（工具）”中的“Measure（度量器）”在地图上指定两点之后，马上就显示出两地之间的测距结果（图 12），图中显示这两地间的直线距离为 160.01km（由此可见，经常在开发方案中见到“陆梁油田距克拉玛依市直线距离约 120km”的描述是不准确的），该项功能可以用来便捷地测得任意探井之间的距离。

图 12　克拉玛依至陆梁油田直线距离（160km）

也可以沿着两地之间的具体行车线路测得实际行程。例如克拉玛依至陆梁油田之间的行车线路有两条：线路 1 由彩石克沙漠公路经石西油田至陆梁油田，通过下拉莱单栏“Tools（工具）”中的“Measure（度量器）”在地图上延线路 1 测量之后，显示线路 1 的行程为 221.0km（图 13）；线路 2 由 217 国道经乌尔禾、风城油田、夏子街油田至陆梁油田，在地图上延线路 2 测量，测得行程为 210.2km（图 14）。Google−Earth 的这项功可以用来进行探井巡井线路的优化。

图 13　克拉玛依至陆梁油田线路 1 行程（221km）

图 14　克拉玛依至陆梁油田线路 2 行程（210km）

Google−Earth 可以使用线路添加功能（V.4.20 版本新增）标出两地之间曲折连线，例如具体行车线路或是河流、边界等线性标记。此项功能可以用来在地图上标注、绘制经过优化的探井巡井线路。

4　Google−Earth 在边探井管理中的应用

4.1　将 Google−Earth 卫星地图技术应用于边探井管理的由来

2005 年 7 月，按照中国石油新疆油田公司的统一要求，陆梁油田作业区接管了辖区外围 46 口探井。由于这些探井都分布在准噶尔盆地人迹罕至的戈壁荒漠中，散布范围很广，加上完钻时间年代久远、沙漠戈壁中缺少地面参照物，致使当初与中国石油新疆油田公司勘探公司进行现场交接的过程较为艰苦：寻找探井方法是由一名交井人员（中国石油新疆油田公司试油公司一位经验丰富的调度）凭着记忆行至大概的区域，然后根据一台 GPS 卫星定位仪的指示逐渐靠近该井，直至找到该井井口（图 15）。

图 15　交接车队在荒漠行进途中停车观察寻找线路

由于大部分探井年代久远（最早的井完钻于 1958 年），周边荒无人烟没有参照，在寻找这些井时大都因不能正确找到当年的探临道路而费尽周折，经常发生泥泞或流沙捂车（图 16）及依据 GPS 指向朝目标井行进时途遇冲沟而折返的情况，致使交接进程较为缓慢：前后一共分成 8 批次、耗时两个月才完成全部 46 口探井的交接。

图 16　探井交接途中因泥泞捂车

陆梁作业区接管这 46 口探井后，首要的任务就是对其进行环保巡检，而由于前述原因，巡检时如何在广袤的荒漠戈壁中尽可能准确、快捷的到达目标探井，是急需解决的问题。

2005 年 6 月，Google 公司推出一款名为 Google−Earth 的桌面三维地图服务免费软件，通过它能看到全球任何角落的卫星照片，分辨率最高可达 0.6m。该软件一推出便风靡全球，并于 2005 年 8 月开始中国内地流行。经同年 11 月下载试用，通过熟悉和摸索，发现该软件能够解决边探井管理中的上述困难，并从 2006 年开始将其应用在油田边探井管理的相关领域中，取得了较好的效果。下面将主要应用情况通过几个具体实例分述如下。

4.2　在卫星地图上精确标定井位，直观了解探井分布

由于 Google−Earth 提供了可以在卫星地图上添加标记的功能，而所有的探井均有坐标数据，因此使用这项功能可以在卫星地图上标注探井井位。在把所有的探井井位（图 17）都标注到地图上后，就得到了一张有探井分布的综合卫星地图（图 18），因该地图是数字化的，可以任意放大或缩小，故利用它可分别从宏观（图 17，图 18）和微观（图 19，图 20）的不同层面对所辖探井的分布和周边的地形、地貌、人工建筑等情况进行直观、详尽的观察了解。

4.3　通过 Google−Earth 更加直观了解探井和周边环境的情况

不仅如此，在地形起伏较大的地区，还可以通过 Google−Earth 的三维立体可视化功能，较为详细地了解探井区域的地形、地貌的具体变化情况。例如在准噶尔盆地腹部的沙漠里有一条冲沟，该冲沟自东北向西南绵延约 110km，宽 5 ～ 10km、深度 150 ～ 300m，冲沟附近地形起伏较大，通过 Google−Earth 的三维立体可视化功能对该区域进行观察，该冲沟三个泉地区附近壮观的地形地貌和探井在各地形区的分布全貌一览无余。而且，将该

区域地图放大至一定比例后，可以清楚地看见当年进行钻井作业时留下的探临路，这也为日后进行实地巡检提供了道路路线指示（图 21 ～图 25）。

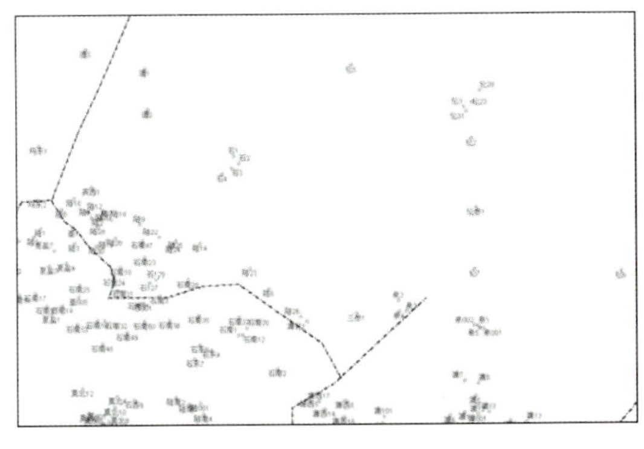

图 17　原来的陆梁周边探井井位图

图 18　绘入 Google–Earth 中的陆梁周边探井井位图

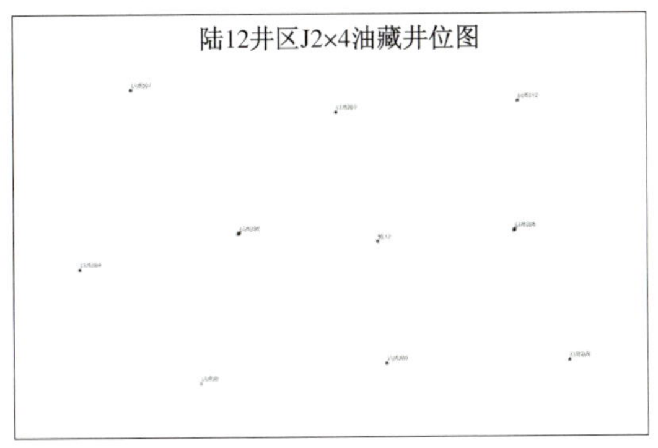

图 19　原来的陆 12 井区井位图

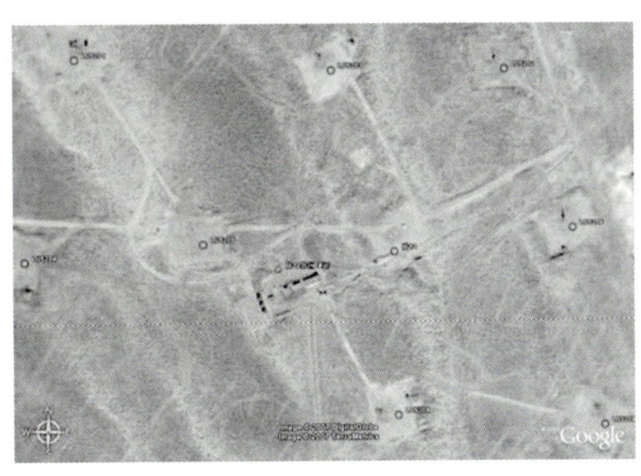

图 20　绘入 Google–Earth 中的陆 12 井区井位图（带有沙漠地貌）

图 21　准噶尔盆地腹部沙漠的冲沟及周边探井分布（图中黄绿相间的条带状区域即为绵延 110km 的冲沟）

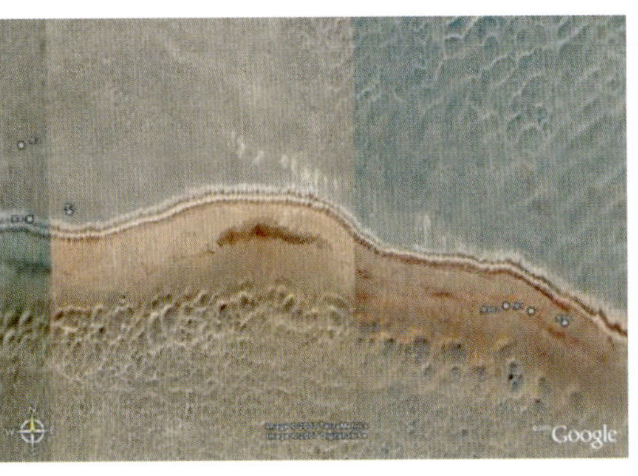

图 22　沙漠冲沟附近三个泉地区探井平面分布图

图 23　沙漠冲沟东端泉 1 井地区探井分布立体图（南北向）

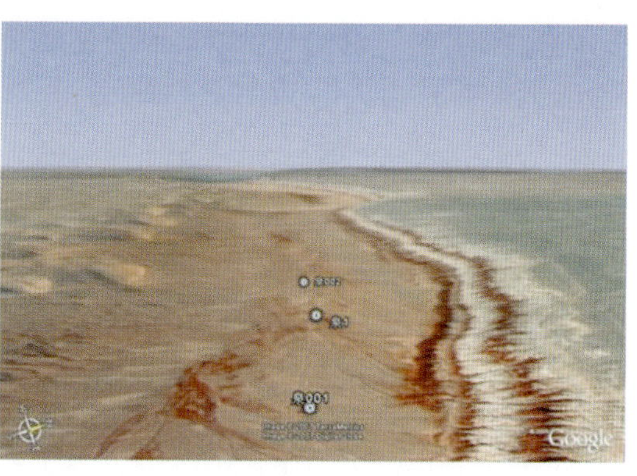

图 24　沙漠冲沟东端泉 1 井地区探井分布立体图（东西向）

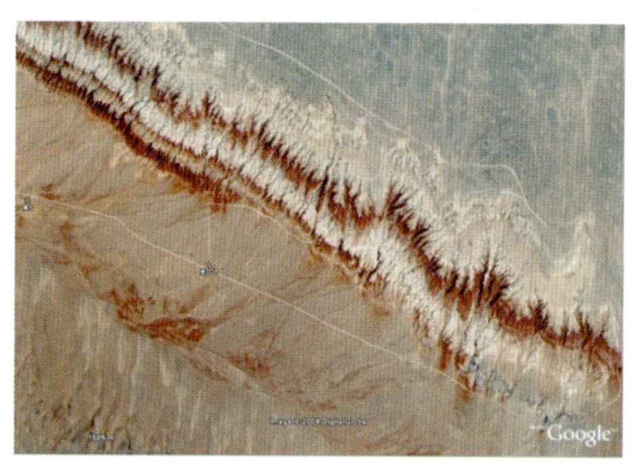

图 25　泉 001 井附近的探临路（图中白色细线）

另外，部分探井周边的地震测线、水渠、饮水工程等人工设施，通过 Google-Earth 也能很直观、很清晰地看见（图 26～图 31）。

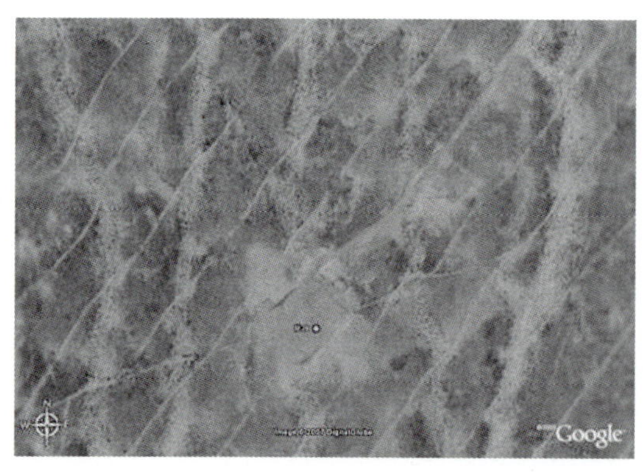

图 26　陆 26 井井场及周边呈北东—南西走向的地震测线

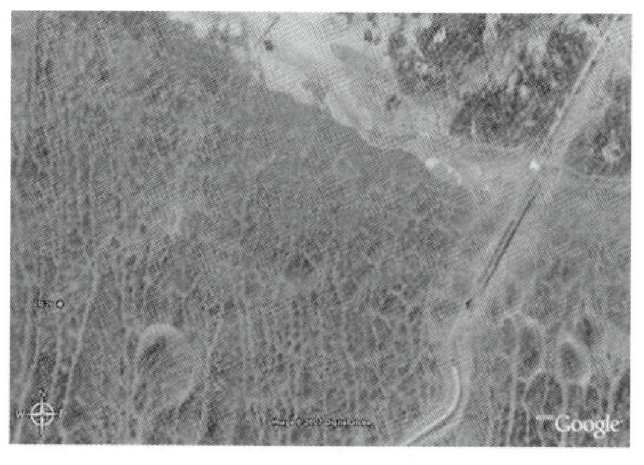

图 27　陆 26 井以东约 4km 处呈北东—南西走向的引水干渠

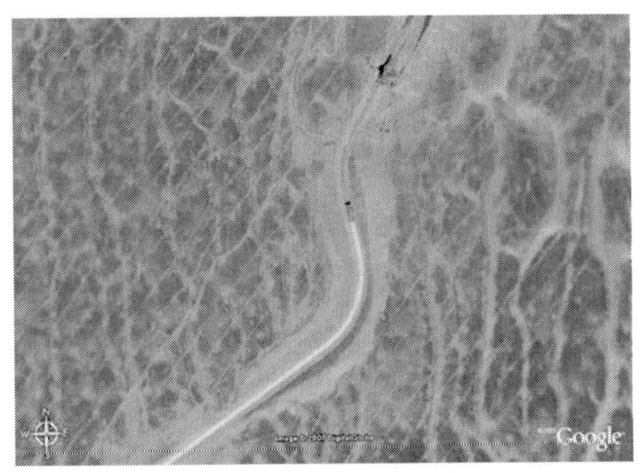

图 28　Google−Earth 中的引额济乌干渠一段
（白色部分为水泥砌筑的渠底）

图 29　实地拍摄的引额济乌干渠该段渠面
（视角由东北向西南）

图 30　Google−Earth 中的引额济乌干渠
三个泉倒虹吸工程（三维视图）

图 31　实景拍摄的引额济乌干渠
三个泉倒虹吸工程

4.4　利用 Google−Earth 可视化功能寻找和优化边探井巡井线路

2005 年，陆梁作业区由中国石油新疆油田公司勘探公司接管的 46 口边探井分布在准噶尔盆地腹部东西长 150km、南北宽 100km 的范围内，按公司划定的探井区域范围计算，分布面积达 15500km^2（图 32）。

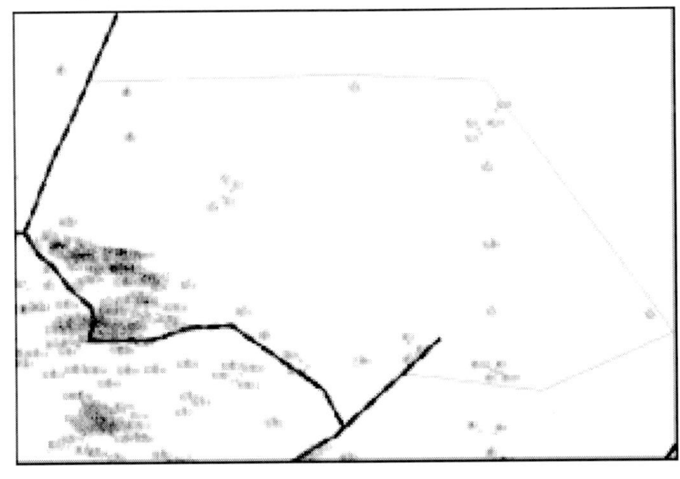

图 32　2005 年接管的 46 口边探井分布面积达 15500km^2

由于完钻时间年代久远，当年的探井临时道路大多已冲毁或消失，交接时多是凭着交井人员记忆，先循着现有的道路行至大概的区域， 再由 GPS 卫星定位仪的指示逐渐接近直至找到该井井口。在此过程中，发现盆地腹部有很多纵横交错的便道，这些便道大多由地震测线演化而来，在有探井分布的区域内便道尤其繁多而复杂（推测这些便道是到探井井场和钻井队生活基地捡拾废品者所为），即便有 GPS 的指示，还是很容易行至错误的线路上去而不得不多次折返。借助 Google–Earth 的可视化功能，可以预先在卫星地图上看到探井区域的所有道路，并规划好巡井线路，根据地图的坐标显示将主要的路口或道路拐点的坐标预先输入 GPS，实际现场巡井时，就可按 GPS 的指示逐一通过事先预设的坐标，顺利到达井口，再未发生因岔路繁多而折返的情况。

例如，石英滩凸起构造上的石 1、石 2、石 3、石 4 等探井（图 33 ~ 图 36），在 2005 年探井交接时发现该区域内便道繁多而复杂，当时负责引导交井的车上虽有 GPS 定位仪，但还是因为岔道太多而数次带领车队行至错误的线路上，直至发现情况不对后再掉头折返。事后通过 Google–Earth 的可视化功能，对该区域仔细观察，并将巡井线路事先规划好，将主要道路岔口做出标记并将坐标输入 GPS 定位仪，在 2006 年环保治理验收过程中，循着事先规划好的线路，按 GPS 的指示逐一通过事先预设过坐标的路口，均顺利到达井口，未发生一次中途折返的情况，大大提高了验收效率。

图 33　石英滩凸起构造上探井分布示意图（图中红色圈内）

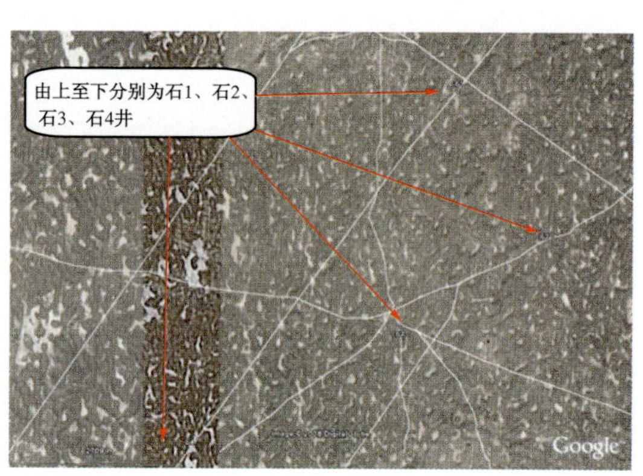

图 34　石英滩凸起构造区域内繁多复杂的便道（图中白色线条为便道）

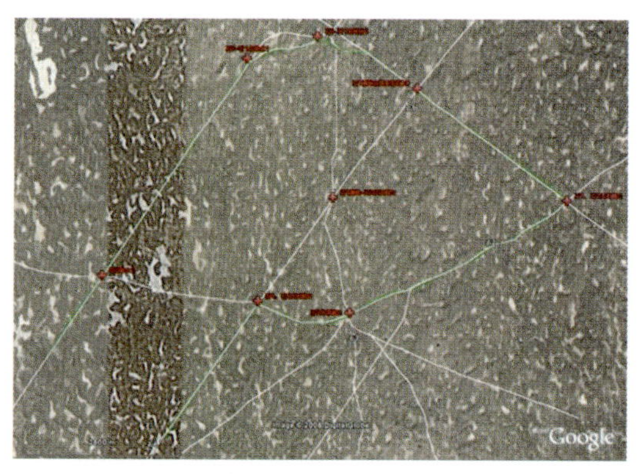

图 35　优化后的巡井线路（绿色线条）和标注的岔路口（红色十字）

由于 Google–Earth 所具有的地面可视化功能，不但能够优化巡井线路，还可以通过对目的区域的仔细研究，找到新的、便捷的道路。例如要抵达陆 9 井区以东和以北的三个泉、石英滩、乌伦古等地区的探井，必须先到达三个泉，再从该地向上述地区的探井行进。从陆梁到三个泉地区有两条线路可到达：线路 1 从陆梁公寓行至石西公寓后沿彩石克公路东行至引额济乌水渠（南干渠），再沿水渠伴行路向北可到达三个泉，全程约 175km，均为柏油路面，路况良好（图 36 中白线所示)；线路 2 从陆梁公寓向西北经陆13 井区行至当年三个泉地区的主探临路，再折向西南方向沿该路可到达三个泉，全程约110km，均是沙石简易路面，路况较差（图36 中黄线所示)；这两条线路均存在明显的绕行路段，是否有通向该地区的捷径呢？

图 36　从陆 9 井区到达三个泉地区的两条绕行线路

经在 Google–Earth 上仔细搜索之后发现：在陆 22 井区东面有一条道路，直接连通了陆 22 井区的油田公路和三个泉地区的主探临路（图 37)。在地图上标出这条捷径后，将图中显示的坐标输入 GPS 定位仪，并由 GPS 指引现场勘察，很快找到了这条道路，且路况较好。经车辆里程表实测，该捷径比原交接线路 1 缩短了 87km（图 38)。

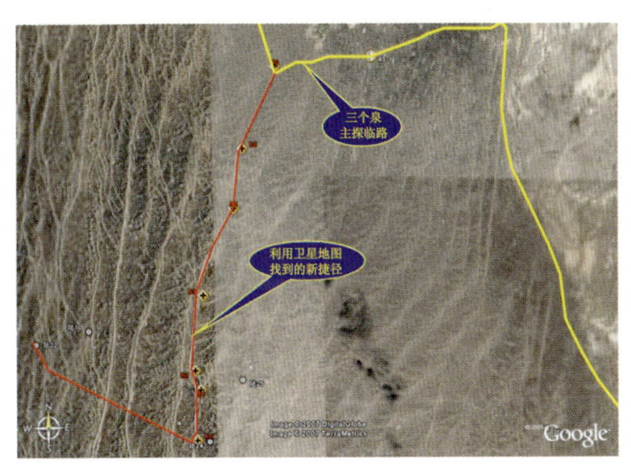

图 37　连接陆 22 井区油田公路和三个泉地区主探临路的捷径

图 38　优化后的捷径（图中红色部分）比原交接线路缩短了 87km

又如在交接德仑山地区探井（德 1 井、德 2 井、德 3 井）时的交接线路是：先从陆梁行至乌尔禾（约 120km)，沿 217 国道行驶 65km 到达和什托洛盖镇后，再由该镇向东进入戈壁中行进约 80km 才能到达德 3 井（约 270km)，然后再从该井行进至德 1 井、德 2 井（约 46km)，整个交接线路单程约 320km（图 39)，耗时达到 12 小时！经在 Google–Earth 上寻找发现，由陆梁到该地区也存在捷径：在三个泉地区主探临路距离陆 13 井区以北约 12km 处有一条岔路，该岔路向北行约 30km 有一处施工工地（图 40)，而德 1 井、德 2 井就位于工地附近！经输入该岔路拐点坐标，由 GPS 指引现场勘察后知道：这条岔路路况良好（推测是工地施工人员与陆梁地区会战人员流通而碾压出的一条便道)，岔路通向的工地是引额济克渠（西干渠）三号闸（图 41）和黄旗坝报警点施工工地。通过该捷径由陆梁至德仑山地区探井的行程比原线路近了 240km。

经相同的做法，还用卫星地图寻找到了陆梁—石英滩地区、陆梁—乌伦古地区伦参 1 井、伦 2 井、伦 3 井、伦 5 井和陆梁至伦 6 井的巡井捷径，这些线路（5 条）均比 2005 年时的交接线路的里程有较大的缩短，合计优化巡井里程 1500km，这些经优化后的线路在 2006 年边探井治理及验收过程中使工作效率大大提高。

图 39　德仑山地区探井（德 1 井、德 2 井、德 3 井）交接线路示意图

图 40　Google–Earth 中的引额济克渠三号闸施工工地

图 41　建成后的引额济克渠三号闸地区实景

4.5　利用 Google–Earth 的坐标属性在井位图上添加环境标志

由于 Google–Earth 卫星地图上的任意点都具有数字化的坐标属性，通过此地图可读出地面上任意点的坐标，因此地面上的任何标志物都能进行坐标的数字化， 运用该功能可将油田周边的主要环境标志物（如分支道路、引水干渠、湖泊水库、居民点等）进行数字化后绘入已有的井位图上，形成具有丰富地面信息的综合探井井位图。

例如从作业区探井辖区内穿过的引额济克渠（西干渠），在卫星地图上能够清楚地看见其地理位置、走向、拐点、长度等要素，将其中某段拐点标出后（图 42），导出这些点的坐标，然后将经纬度坐标转化为大地坐标，就可以通过目前的油田绘图软件将该段干渠绘入现在的油田井位图上了（图 43）。

运用该办法可将油田周边的其他标志物逐一绘入井位图中，如道路、河流、湖泊、水库、居民点等（图 44、图 45），这些地理信息均可以作为单独的图层保存，需要使用时按需求选择其中任意图层打开即可。

目前已将陆梁油田探井辖区内的主要环境标志物（如分支道路、引水干渠、湖泊水库、居民点等）都进行了标注（图 46），作为基础图幅使用并保存，为这些探井日后的管理和周边地区的滚动勘探开发研究提供了基础图件（图 47），并为这些区域将来建设数字化油田创建了第一手的基础资料。

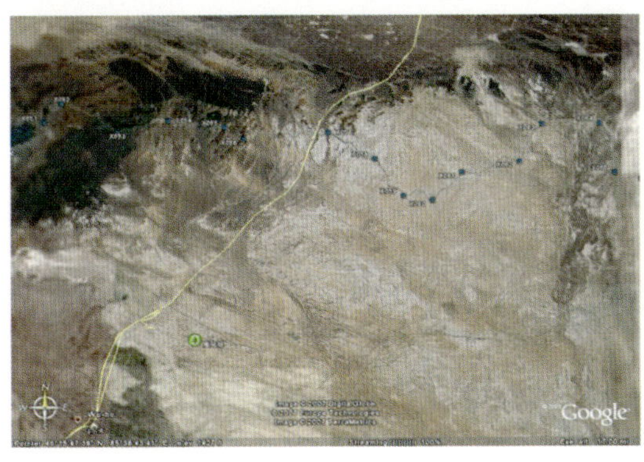

图 42　Google–Earth 中的引额济克渠（局部，蓝色线段标注）

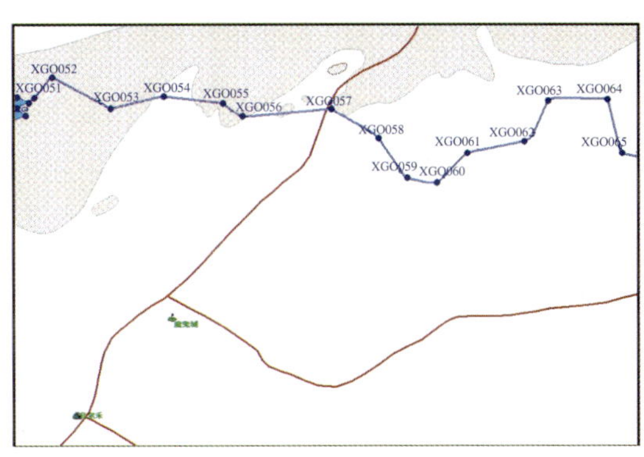

图 43　经数字化后绘入 Mapinfo 4.0 的该段干渠（蓝色折线）

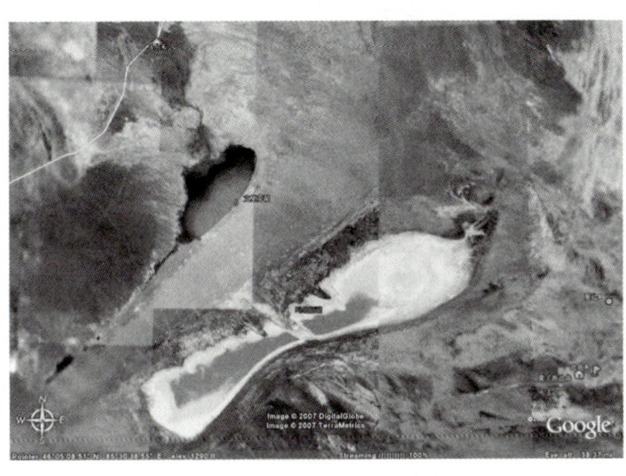

图 44　在 Google–Earth 中的艾里克湖和玛纳斯盐湖（俯视平面图）

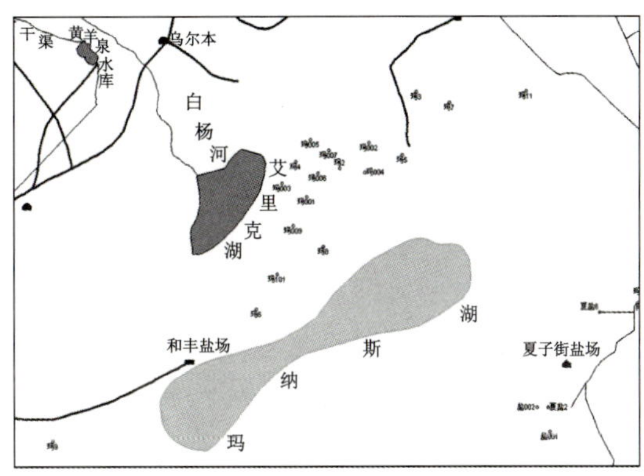

图 45　经数字化后绘入 Mapinfo 4.0 的艾里克湖和玛纳斯盐湖

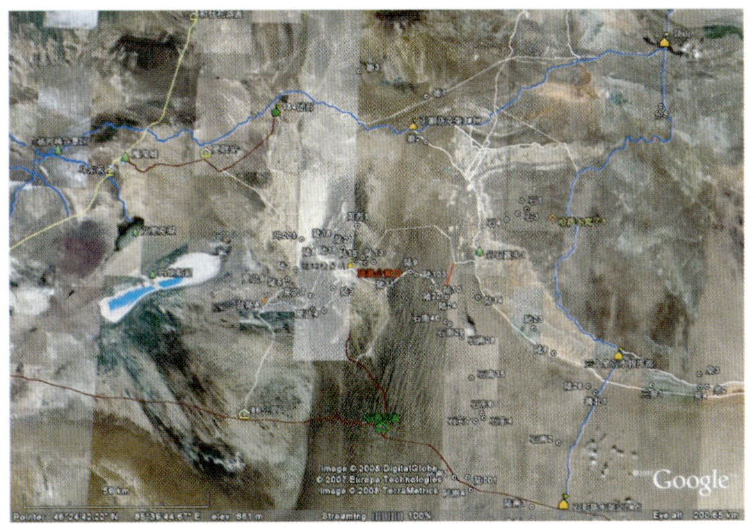

图 46　Google–Earth 中的陆梁探井及辖区主要环境标志物分布图

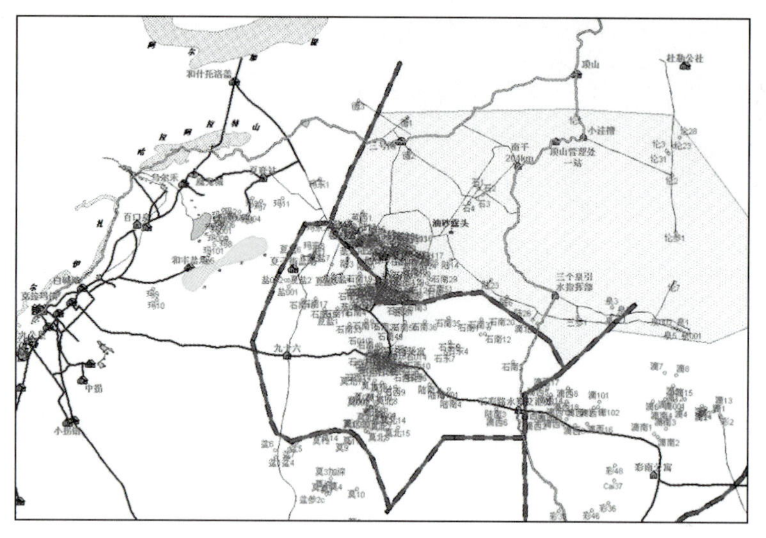

图 47　经数字化后的陆梁探井及辖区内的主要环境标志物分布图

4.6　利用高分辨率卫星照片，对探井周边环境进行监测

由于 Google–Earth 卫星地图可清楚显示边探井等目标物及其周边的环境、地貌实景，因此，通过对探井周边（尤其是井场附近）卫星照片的仔细观察，就可以了解井场周边的环境状况，并以此对目标区域实施环境监测，大大减轻了边探井环保巡检监测工作量。下面试举几例说明该项功能在边探井环境监测管理中的具体应用。

例 1：陆 5 井位于陆 9 井区以西约 40km 的沙漠中，在卫星地图上观察该井井场时，发现井场周边有成片的绿色（图 48），经仔细观察，分析是植被，经现场勘察证实：地图上显现出的绿色是因该井井口溢水，从而滋生了大片芦苇所致（溢出水矿化度 3500mg/L），因其对环境有益处，故未对该井溢水实施封堵（图 49、图 50）。

图 48　Google–Earth 中的陆 5 井井场及周边绿色植被

图 49　现场实拍的陆 5 井井场及周边绿色植被（芦苇）

例 2：陆 6 井位于陆 9 井区以东约 50km 的沙漠中，在卫星地图上发现陆 6 井井场上有大片的黑色（图 51），分析认为是溢出原油所致。经现场勘察，确认是因井口外溢水中含油所致（图 52），遂在 2006 年在探井环保专项治理中列为重点井实施了治理（现场验收合

格），消除了环境隐患（图 53）。

图 50　冬季的陆 5 井井场及井口外溢积水

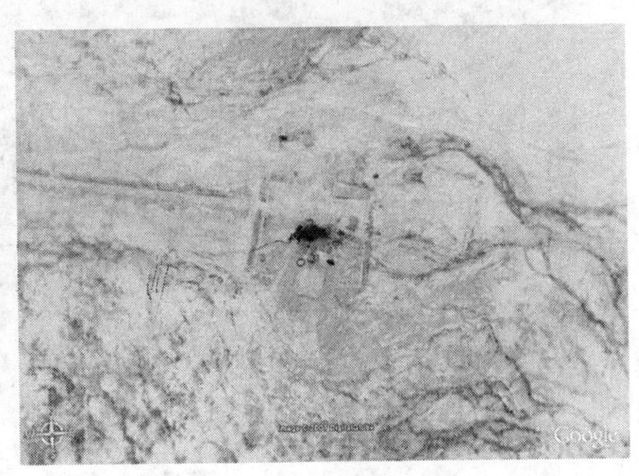

图 51　Google−Earth 中的陆 6 井井场（黑色部分疑为污油）

图 52　现场实拍的陆 6 井井场及外溢污油

图 53　经环保治理后的陆 6 井井场

例 3：伦 7 井位于陆 9 井区以西约 120km 的沙漠中，在 2005 年伦 7 井现场交接时（图 54），发现钻井泥浆坑未填埋（其内泥浆还未干透，图 55），其后在卫星地图上发现距离井场约 300 米处有牧民的“冬窝子”（图 56），为确保牧民及牲畜的安全，遂决定将该井列为在 2006 年探井环保专项治理的重点井实施了治理，保证了牧民及牲畜的安全。

图 54　2005 年探井现场交接时实拍的伦 7 井井场

图 55　伦 7 井井场边未掩埋的泥浆池

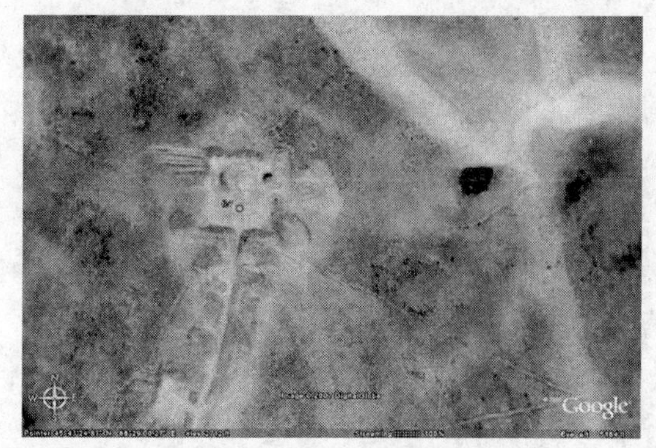

图 56　Google-Earth 中的井场和东部 300m 处的牧民“冬窝子”

例 4：伦 6 井位于准噶尔盆地东部卡拉麦里山西戈壁中，在 2005 年伦 6 井现场交接时，因未发现该井井场有污染环境的隐患，只看见井场上仅有少部分工业垃圾（图 57），井场边的泥浆坑内雨水聚集成潭（图 58），加之该井距离作业区较远（由作业区公寓至该井的里程约 410km），就未将该井列入 2006 年的治理范围。

图 57　伦 6 井现场交接时井场上有少量工业垃圾

图 58　伦 6 井井场边的泥浆坑内雨水聚集成潭

最近的卫星地图上发现该井井场的泥浆坑积水已经干涸，但钻井队基地遗址上有成片的黑色，担心是当年掩埋的油污被雨水冲刷扩散（图 59），因该井地处卡拉麦里有蹄类动物自然保护区内，属环境敏感区域，故该状况需要进一步实地勘察，以查明真实情况。

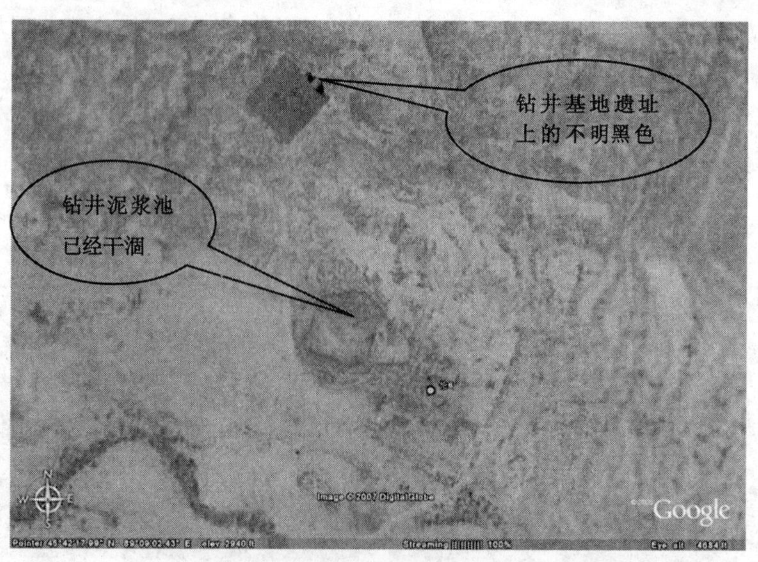

图 59　在 Google-Earth 中发现该井钻井基地遗址上有成片的黑色

5　主要效果

（1）应用 Google–Earth 卫星地图技术进行巡井线路优化后，使巡检一遍外围边探井的里程较 2005 年时的交接线路单程缩短 1500km，利用 Google–Earth 提供的高清晰卫星照片对探井井场及周边环境进行评估，大大提高了边探井管理效率，并产生了较好的经济效益：在 2006 年油田分公司开展的边探井集中治理作业中，指导作业队伍的作业车队按优化后的线路调遣至各目标井，仅作业车辆远征费一项就节省 42.6 万元；另外，按优化后的巡检线路每年可节省巡检车辆里程费用 4.86 万元，大大降低了日后的管理工作量和管理成本。

（2）应用 Google–Earth 技术绘出并优化了陆梁油田周边地区所有探井（包括水源井）的井位图和巡井线路图，标出了陆梁探区及周边主要环境标志物（如分支道路、引水干渠、湖泊水库、居民点等），并进行数字化后叠加至目前的油田井位图上，作为基础图幅使用并保存，为这些探井日后的管理和周边地区的滚动勘探开发研究提供了基础图件，同时也为这些区域将来建设数字化油田而创建了第一手的基础资料。

（3）利用 Google–Earth 卫星地图这项先进技术对油田边探井实施优化管理，具有在公司其他单位的边探井管理工作中推广应用的价值，目前国内其他油田尚未见相关报道。

（4）本项应用完全采用现有的网络资源（公共免费软件），结合生产管理中遇到的问题，遵循着“理论—实践—总结—指导实践”这一方法，在没有增加任何费用的前提下，通过不断的摸索、实践、总结而解决了生产管理的难题，印证了“信息也是生产力”。

参 考 文 献

1　易水寒．Google Earth 4 新手入门教程．2006[2006–7–7]．http://www.sowang.com

2　陈　辉．Google Earth 三维地图服务使用详解．天极软件，2005[2005–07–18].http://soft.yesky.com/tools/132/2037132.shtml

3　刀鱼工作室．试用手记：与 Google Earth 一起环游地球．太平洋软件网：软件资讯>软件评测

4　博客士．google earth 的图文教程汇总．www.Blogsir.cn

INFI–90 控制系统在集控改造中的研究

盛　荣　何　旭　殷　娟　陈　斌

（中国石油新疆油田公司克拉玛依电厂）

摘　要　介绍了在中国石油新疆油田公司克拉玛依电厂集中控制改造工程中，ABB– 贝利的 INFI–90 DCS 控制系统为实现集控改造，对其进行操作员站和工程师站与 INFI–90 网络的数据接口、操作员站与现有的 PGP 系统的集成的研究及应用。

关键词　集中控制　INFI–90　数据接口　PGP 系统

1　引言

随着新疆油田的不断发展，用电需求的不断增长，中国石油新疆油田公司克拉玛依电厂（以下简称克拉玛依电厂）装机容量也不断扩大，目前达到 233MW，现拥有 3 台燃气轮机，与之配套的余热锅炉 3 台、增压机 4 台，汽轮机两台，设置了增压机及燃料控制室，1#、2# 燃机控制室，11# 机控制室，9#、10# 机炉控制室，3# 燃机、3# 余热炉及 12# 机控制室共 5 个。电厂经过 7 期改建扩建，形成了机组多，控制室、运行人员分散，劳动效率较低，人员不足，不利于值长的统一调度管理。按照目前的管理模式，4# 燃机投产，至少还需增设 2 个控制室和相应的值班员，到时运行人员更加紧张，并给值长调度管理带来更大的难题。为解决上述问题，对克拉玛依电厂进行了集中控制改造，即将上述分散的控制室中的各操作员站通过各自不同的通讯技术集中搬迁至一个总的操作室，实现控制的集中和管理的集中。在集控改造过程中，ABB– 贝利的 INFI–90 DCS 控制系统操作台陈旧，无法进行集控搬迁，因此如何实现 INFI–90 DCS 控制系统的集中控制成为本次改造的重点。

2　ABB– 贝利的 INFI–90 系统概述

ABB– 贝利 INFI–90 是无主机全分布式系统，是冗余、环网结构的监控系统，整个系统由 4 大部分组成：操作员接口站（OIS）和工程师工作站（EWS）；通讯网络和计算机接口单元（ICI）；过程控制单元（PCU）和系统组态工具。其通讯网络结构为分层网络：包括由环状结构构成的中心环、子环、工厂环等，由总线结构构成的控制通道、子总线、现场总线等，网络系统结构如图 1 所示。

INFI–90 系统的控制结构由完整的硬件设备及丰富的过程控制软件构成，过程控制单元主要由通讯模件（NPM，NIS）、多功能处理模件（MFP）、模拟量或数字量控制的 I/O 模件和双层结构的控制总线组成。一个 PCU 可挂接 32 个 MFP 模件，一个 MFP 可带 64 个模件。各 I/O 模件都采用单点输入、输出，各通道相互独立。通过功能码进行软件组态。可实现各种反馈控制、顺序控制、批量控制等。

系统之间通讯各不相同，通讯方式有以下几种：

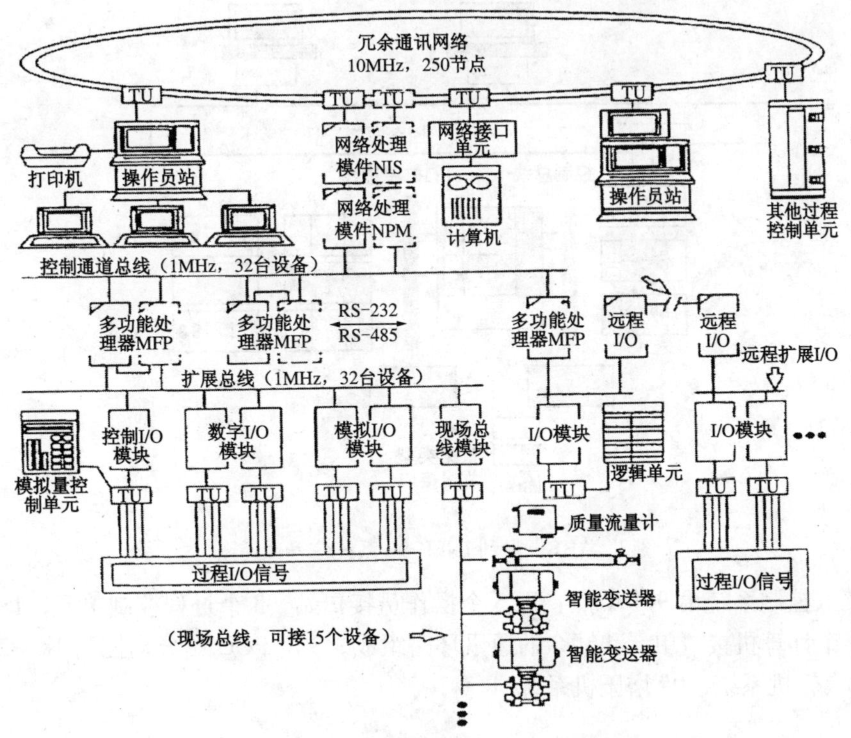

图1　ABB－贝利 INFI－90 系统网络结构图

(1) 存储转发方式。即所谓的环形网络（Cnet）。每一个节点通过传输介质与另外两个相邻的节点连接，最终形成一个闭合网络结构。数据报告将环绕网络的所有节点依次传递，从信息源节点开始至目的节点，再由目的节点回到源节点止。可以用下图 2 表示：

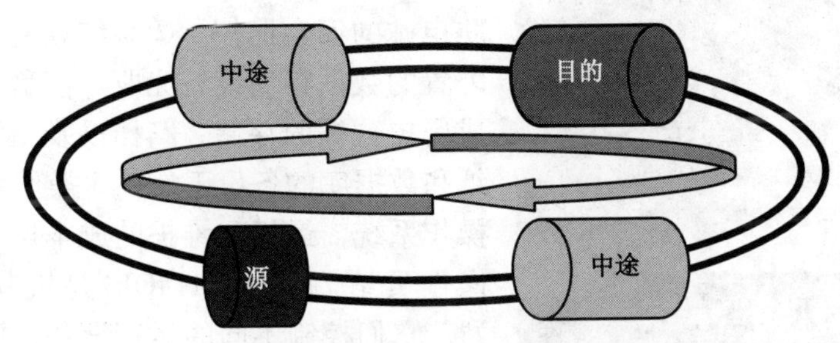

图2　ABB－贝利 INFI－90 系统 Cnet 结构图

(2) 对等通讯方式。用在通讯处理模件与控制器之间的通讯，即所谓的控制总线(C.W)。以总线结构连接的所有设备均是主动节点。它们以广播方式发布信息，而其他节点则处于一种接收信息的状态，并且网络上同时发布信息的节点需竞争占用总线。

(3) 主从通讯方式。是在控制器与控制的子模件之间的通讯。总线上控制器是主动节点，子模件是被动节点。控制器将按照组态运行，子模件在得到处理器的请求后会为其准备相应通道，或被读取数据，或被下载数据及接受处理器的诊断。另外还有扩展总线(X.B)，用于类型子模件与控制器间通讯。而子模件与端子板则不用任何通讯，直接通过硬线连接。

整个系统的信号传递过程如图 3 所示。

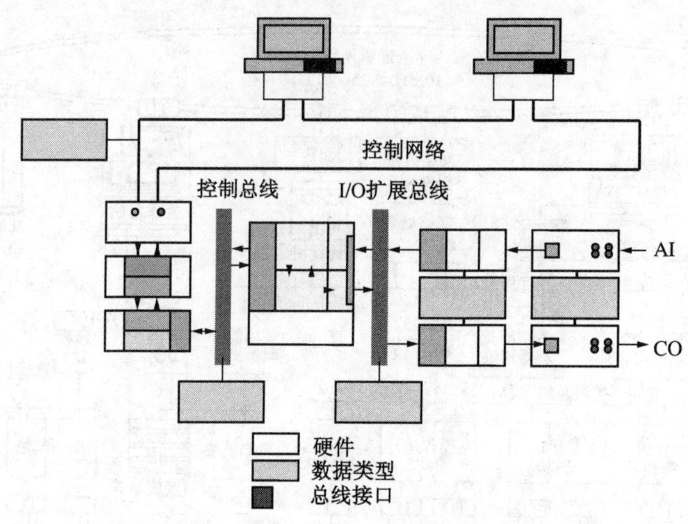

图 3　ABB- 贝利 INFI-90 系统信号传递图

全厂集散控制系统由 9 个节点：即 5 个操作员接口站，3 个过程控制单元，1 个工程师工作站与 1 个计算机接口单元和冗余的通讯环路组成。3 个 PCU 站分别控制 1#、2# 余热炉系统，11# 汽轮机系统，0# 增压机系统。

3　ABB- 贝利的 INFI-90 系统性能分析

（1）OIS 型操作员站硬件存在的缺陷：①因为长时期的读写操作，计算机硬盘损坏、死机现象时有发生，加上主机硬件属淘汰产品，备品备件难以购买，关键设备备件匮乏，严重威胁电站的安全监控。②系统软件和硬件问题，使外置的数据存储设备光驱不能稳定工作，无法完成历史数据的存储、归档以及工程师站组态、图纸和数据库的备份工作。③操作系统采用的 Unix 操作系统，运行和维护的成本均较高。④原有的操作员站 7#、9#、11#OIS 是极其笨重的操作员站，它们控制不同的运行设备，放置在现场不能通用且不能移动，无法实现集中控制的目的，如图 4 所示。

图 4　OIS 型操作员站

（2）鉴于现有的计算机容量、速度和技术，原来系统存在的问题已成为制约系统功能的主要因素，一般国内外厂家提供的系统都具备通用的计算机操作监控功能，因此该系统研究的关键点是信息在不同系统间整合和集成，即：操作员站和工程师站与 INFI-90　网络的数据接口；操作员站与现有的 PGP 系统的集成；与 SIS 数据网的数据通信接口。

(3) 功能分析：电厂 INFI−90 系统的操作员站和工程师站主要是：过程监视和操作控制；趋势显示和报表记录、打印；PCU 控制器组态开发和维护；系统诊断和网络管理。

4　集中控制的目标

按照功能分析结果和电厂对整体操作监控的要求，制定了改造目标：新操作员站 15#、17# 必须能与 INFI−90 网络建立正常稳定的通信和数据传递；各操作员站网络节点在保证系统监控实时性要求的同时，应可支持大于 25000 个数据的流通量；各操作员站数据库应能处理 30000 个数据量，并保持所有数据库的一致和统一，以方便管理维护；新操作员站应能趋势显示电站所有模拟量数据（约 2000 点）并可长期记录和储存历史数据；取消原报表站功能，将原 SOE 记录功能、报表功能集成到操作员站；工程师站支持现有的 PCU 的在线和离线组态；工程师站应能完成对电站所有 PCU 图纸编辑、检索以及图纸组态的一致性检查；INFI−90 网络各节点的时标能与 GPS 时钟同步；新开发的与调度的数据通信接口至少应能维持原有的数据通信量和功能。

5　INFI−90 系统集中控制方案

针对方案的关键点，根据制定的目标，查询了国内外的类似改造工程的资料，并邀请一些厂家，就电厂集中控制项目进行技术建议方案交流。综合各厂家的建议，提出了以下方案：

(1) 采用同一厂家的升级系统，可维持系统结构不变（图 5），与 INFI−90 网络正常通信和数据传递以及与原工程师工作站所有功能的兼容可以得到保证。

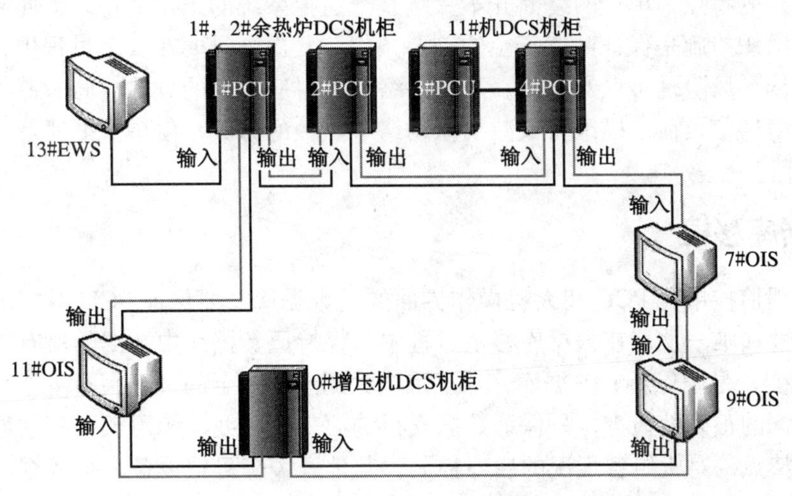

图 5　ABB− 贝利 INFI−90 系统原系统环网图说明

(2) ABB Bailey 推出以 Windows NT 或 2000 为平台的新系统。新系统支持 30000 个数据量的通信，具备 30000 点数据处理能力，满足了电厂信息监控的要求，通用的操作系统平台为将来硬件升级提供了基础。

(3) 新系统操作平台为通用的 Windows 平台，并可提供由第三方开发的 API 软件包，给调度数据网通信规约的开发和系统的集成提供了编程工具。

(4) 系统通信接口软件 semAPI 是一个基于微软 Windows 的程序，可以作为通信服务器，允许其他采用 Windows 平台的系统通过通信服务器访问电厂的 INFI−90 系统。因此，设置通信前置机，选用 Bailey semAPI 软件配合使用的驱动软件，可构筑全新的主站监控网络，实施方案后的操作监控机器也能够做到互为通用。

(5) 新操作员 15#、17# 站通信接口硬件配置：INICI03/13 通讯接口卡两块；INNIS11 通讯卡两块；ADAM4520 长线收发器 4 个，目的是将 RS232 接口转换为 RS485 远距离传输至集中控制室；NTCL01 环路端子单元 2 块。服务器两台，客户机 3 台，带密码锁的网卡 4 块，两块网卡用软件实现绑定为一组，分别集成在两个服务器中。

项目实施中不同于基建项目，对新设备的调试、试验有很多限制，就克拉玛依电厂在电网的作用，无法要求在全厂余热炉及增压机组全部停运进行新系统的调试，因此要求集中控制研究的实施必须一次投用成功。

为了确保工程在实施过程中万无一失，在系统方案里对系统重新开发和系统接入的安全作了细致的分析。从总体上看，工程实施的重点主要在于网络的重新构架和数据库移植两部分。

6 INFI−90 系统集中控制方案实施

6.1 网络构架

INFI−90 DCS 网络是冗余的双环网结构，各节点串联接入网络，由于操作员站的网络节点的通信模块也属于集中控制实施的范畴，监控系统的网络断开是可以预见的最大风险。按照冗余网络的特点，单一网络断开不影响整个监控系统的正常运行，因此制定安全实施技术措施和组织措施是保证网络安全的首要条件。其次，只要在实施过程中，始终保证有一条网络工作，风险是可以避免的。采用网络节点对应替换的方式，同时监视通信模块替换前后的网络通信负荷，以维持或减少原网络节点数的方式，使得数据通信畅通，保持较小的网络负荷。

6.2 数据库移植

维系过程监控单元 PCU 和人机操作界面的是数据库，要保证 PCU 对实际设备操作和监测的正确性和唯一性，在数据库移植过程中，保持原数据库中数据的所有属性、信息的 PCU 地址不变，是确保新老数据库一致、系统数据应用安全的关键。对重新移植开发的过程画面上数据的正确性检查，是保证数据安全的第二道防线。利用工程师站数据库与原数据库一致的特点，对机组各工况的启停控制、其他开关等可控设备进行数据库写操作正确性检查，保证数据操作的安全。利用新老操作员站并列运行的阶段，以画面数据对比检查的方式，核对画面监视数据的正确性。

7 集中控制方案实施后系统的功能

该系统运行至今已有半年时间，期间经历工期紧、风险大、任务重等困难条件，经过各方的努力，在未影响电厂每天的发电计划的同时，改造工程已投入了正常的运行，达到了集中控制预期的目标（图 6）。

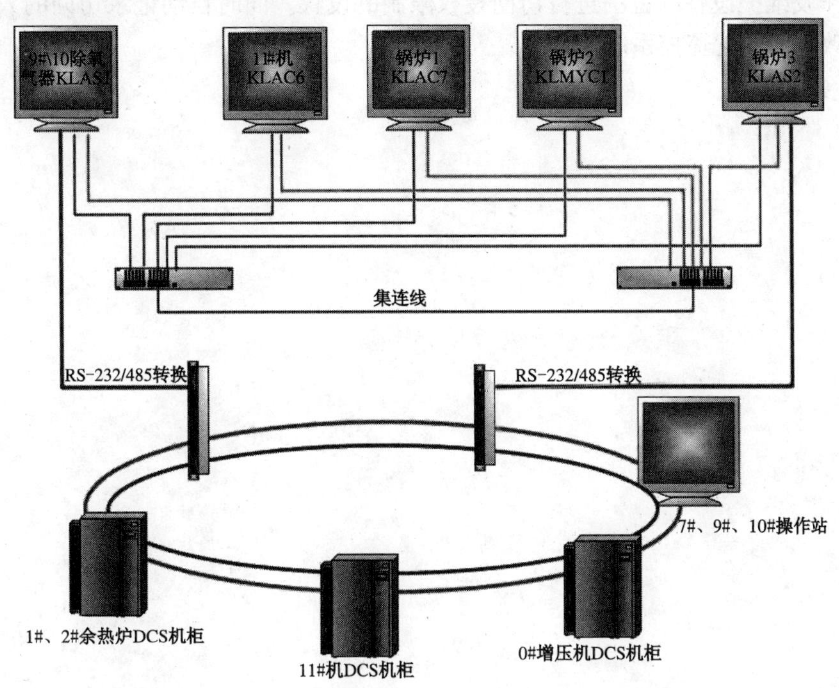

图 6　ABB－贝利 INFI－90 集控系统网络结构图

该分项系统的集中控制项目不仅解决了系统原先存在的问题，更重要的是通过对功能的整合，简化了系统的设备种类，使系统的功能更完善，布局更合理，同时增加对过程信息的观察、分析、处理、存储和再加工的能力。

（1）数据库、画面实时数据刷新时间小于合同要求的时间（1s），鼠标、下拉菜单和快捷键的设置，使得画面的调用十分灵活，调用操作最多不超过 3 次。

（2）与原先数据分散处理不同，各操作员站具有统一的数据资源，操作员在任一操作员站上都能观察到原系统控制设备的所有信息。

（3）机组各工况启停步骤可直接在集控室操作员站上监视，减少对现场操作人员的依赖。

（4）历史数据库的存在、历史数据库的归档，改变了历史数据长期丢失的现象，实现了过程数据长期保存。

（5）机组的历史数据库采样频率为 1 ～ 5s、4 周的保存期，为分析和了解设备在暂态过程的特性以及设备稳态时的异常提供手段。

（6）数据库的信息分区的重新设置，增加了数据处理的灵活性，利用信息分区功能对信息进行分类、排序和整理，寻找自己所关心的信息，同时信息分区的使用可屏蔽或启用各机组告警，限制对某机组或公用设备的操作。

（7）报表以及历史事件文件的归档保存，不仅做到运行无纸化管理，而且以 Windows 环境保存的数据文档，为检索查询、数据的二次加工提供连续和完整的事件以及过程数据记录。

（8）应用软件（Conductor NT）所提供的安全访问系统，可根据授权的级别对监控系统的访问设置为监视、操作、组态和系统维护；即便是操作和组态，也可对被访问信息的类型、操作及维护设备的范围进行访问授权限制的设置。同时自动记录访问的人员、时间、数据库修改等，优化监控系统的管理。

ZFS 文件系统应用测试浅析

张　毅　林新巧　何　芸

（中国石油新疆油田公司勘探开发研究院）

摘　要　ZFS 是 Solaris 10 最新的文件系统，具有很多新的特性。本文对 ZFS 的效率及安全性进行了实际测试，探讨了 ZFS 在石油地震资料处理中的应用模式。

关键词　ZFS　NFS　Solaris

1　引言

在石油地震资料处理与解释工作中，对存储系统的性能要求并不一致。在地震资料处理中，配合大规模集群系统的需要，要求存储系统吞吐能力强；对于原始数据和成果数据的保存，并没有如此高吞吐能力的要求，但却需要存储系统安全性更高、管理更方便、容量更大。为此，我们对 ZFS 进行了效率及安全性方面的测试，并结合实际情况，提出了具体的应用方案，取得了较好的效果。

2　ZFS 简介

ZFS（Zettabyte File System）也叫动态文件系统（Dynamic File System），是 Sun 的 Solaris 10 的下一代文件存储解决方案。作为第一个 128 位文件系统，比 32/64 位文件系统大 16^{18} 倍，具有大容量、自优化、高数据一致性、管理简单等特点，其突出特点有以下 4 点：

（1）建立了 ZFS 池存储。ZFS 将设备聚集到存储池中，文件系统不再仅限于单个设备，而是与池中的所有文件系统共享空间，管理员不再需要预先确定文件系统的大小，因为文件系统会在分配给存储池的空间内自动增长。添加新存储设备后，无需执行其他操作，池中的所有文件系统即可立即使用所增加的存储空间。

（2）执行事务性语义。传统文件系统可就地覆写数据，如果计算机断电（例如，在分配数据块到将其链接到目录中的时间段内断电），则会使文件系统处于不一致状态。ZFS 是事务性文件系统，数据是使用写复制语义管理的，文件系统不会因意外断电或系统崩溃而被损坏，无需存在 fsck 等校验命令，文件系统状态在磁盘上始终是一致的。

（3）具有校验和自我修复数据的能力。ZFS 支持具有不同数据冗余级别的存储池，包括镜像和 RAID−5 等形式。检测到坏的数据块时，ZFS 从另一个冗余的副本中提取正确数据，并将错误数据替换为正确副本，以对其进行修复。

（4）具有可伸缩性。ZFS 所有元数据都是动态分配的。在首次创建时无需预先分配 inode，不会因此限制文件系统的可伸缩性。文件系统的所有算法都考虑到了可伸缩性。目录最多可以包含 2^{48}（256 万亿）项，对于文件系统数或文件系统中可以包含的文件数不存在限制。

3 ZFS 文件系统效率和安全性实测

针对实际生产需要，在中国石油新疆油田公司勘探开发研究院地球物理研究所生产环境中测试了 ZFS 文件系统的效率和安全性。效率和安全性是实际生产中最受关注的，而效率和安全性经常又是一对矛盾体，如何平衡好两者正是考验文件系统是否优秀的关键。

我们搭建的测试环境如下：

存储系统：使用 Sun X4500 文件服务器。其配制包括内存 16G，存储容量 46TB，以太网络 4×1000M，Sun X4500 操作系统为 Solaris10。将 Sun X4500 的存储资源做成两个存储池，分别为 zpool1 和 zpool2，每个存储池由 4 个 raidz 组成，另外拿出两块硬盘做全局 spare 盘。

计算节点：HP7700 台式微机，以太网络 1000M。

根据需要，我们做了 6 个测试，其中测试 1、测试 2 和测试 3 为效率测试，测试 4、测试 5 和测试 6 为安全性测试。测试结果如下。

（1）在同一存储池中进行 tar 测试。

存储池由 4 个 raidz（6×2+5×2）组成，两个 raidz 由 6 块硬盘构成，另两个 raidz 由 5 块硬盘构成。将不同大小的文件生成 tar 包，数据如表 1 所示。

表 1　测试 1 的数据

文件大小，MB	用时，s	平均速度，MB/s
561	1.5	374
1148	2.36	486
2297	5.09	451
4594	10.74	428
9188	26.7	344
18377	54.4	338
36754	121.2	303

（2）在两个存储池之间进行 tar 测试。

两个 zpool 池，每个池 4 个 raidz（5×2+6×2）。将不同大小的文件在另一个 zpool 池中生成 tar 包，数据如表 2 所示。

表 2　测试 2 的数据

文件大小，MB	用时，s	平均速度，MB/s
561	1.3	432
1148	2.44	470
2297	5.19	443
4594	12	383
9188	28	328
18377	63	292
36754	127	289

(3) 将 ZFS 文件系统用 NFS 方式挂载到计算节点，进行 tar 测试，数据如表 3 所示。

表 3　测试 3 的数据

文件大小，MB	用时，s	平均速度，MB/s
561	20.8	27
1148	21	55
2297	44	52
4594	89	52
9188	285	32

(4) 在 ZFS 上建立快照和使用快照恢复，数据如下：

①在同一 zpool 池中建立快照和使用快照恢复：zpool1 共 16TB，已写入 72GB。建立快照用时小于 1s，快照大小 40KB。将原始文件（72GB）删除后，用 roolback 方式恢复，文件全部恢复，用时小于 1s。

②在同一 zpool 池中建立快照，并将快照保存到另一个池中：zpool1 共 16TB，已写入 72GB。建立快照用时小于 1s，快照大小 40kB。用以下命令进行文件传输：

```
#ZFSsend zpool/test@now >zpool2/test/test.116
```

快照传输时间超过 10min，快照大小 72GB。

(5) 在 ZFS 文件系统中进行 destroy 操作和恢复，数据如下：zpool1 共 16TB，已写入 72GB。用以下命令进行操作：

```
#zpool destroy zpool1
#zpool import –df zpool1
```

文件全部恢复，恢复时间小于 5s。

(6) 测试当操作系统崩溃后，ZFS 文件按系统的安全性：为防万一，将 zpool1 上 1.2TB 数据备份到另外的存储上。然后模拟操作系统崩溃的情况，将 X4500 重新安装（非升级安装）操作系统（Solaris 10 2008.10.10），安装完毕后，用以下命令操作：

```
#zpool import
#zpool import −f zpool1
#zpool import −f zpool2
```

zpool1、zpool2 全部恢复，zpool1 中的数据完好，恢复时间小于 1s。

4　测试现象分析

效率测试分析：测试 1 至测试 3 的数据表明 ZFS 效率极高，在两个存储池之间做 tar 测试，最高可以达到每秒传输 470MB 数据的速度。但使用 NFS 方式挂载到其他节点上使用时，性能下降明显，这与挂载节点主机性能有一定关系，但主要还是受到 NFS 服务性能的影响。

安全性测试分析：测试 4、测试 5 和测试 6 的数据表明 ZFS 的安全性较以往文件系统有了较大的提高。由于 ZFS 采用事务机制，即一组操作要么全部成功，要么回滚到操作前的状态，这就从根本上保证了数据的一致性。ZFS 可以采用多种 raid 形式，进一步增强了安全性，同时，ZFS 采用快照等方式，在增加文件的安全性的同时，恢复数据也很方便。

5 ZFS 在油气勘探研究中的应用

5.1 应用情况简介

对于资料处理和资料解释这两个油气勘探中的主要生产研究流程，目前的应用软件大都基于 Linux 系统。由于 ZFS 是基于 Solaris 操作系统的文件系统，所以如果在 Linux 系统架构中使用 ZFS 文件系统，只能通过 NFS 方式，这将降低整个系统的数据传输效率。

对于大规模集群地震资料处理系统而言，要求存储系统吞吐能力强，ZFS 文件系统不适应这种应用；而对于原始资料数据和处理解释成果资料数据，ZFS 文件系统的高安全性和管理的方便性非常满足应用需求。

目前，在资料处理和资料解释这两个阶段，主要使用分布式并行存储系统，原始资料和处理成果资料都已应用 ZFS 文件系统，解释成果资料也将纳入 ZFS 文件系统（图 1）。未来，如果 ZFS 能整合进 Linux 系统，成为 Linux 的标准文件系统，将大大增强 ZFS 的应用范围，整个油气勘探数据，从最开始的原始资料到最终的解释成果都可以利用 ZFS 文件系统的高安全性和易管理性，搭建以 ZFS 文件系统为主要文件系统的存储体系架构。

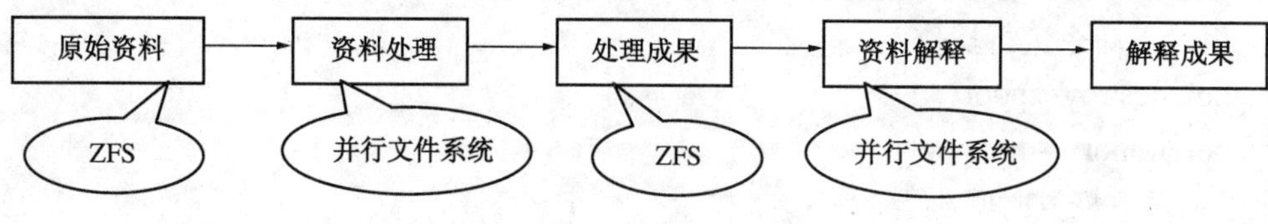

图 1 存储系统应用示意图

5.2 ZFS 管理原始数据和成果数据的优缺点

使用 ZFS 文件系统管理原始数据和成果数据后，在 8 个月的使用过程中，对比了 ZFS 文件系统与原存储文件系统，主要有以下差异：

（1）采用 ZFS 文件系统后，数据安全性大大增强。数据安全性包括两个方面，一是在数据传输过程中，能保证数据的一致性；二是在数据的保存过程中，避免因硬件损坏或系统故障引起的数据丢失。ZFS 采用事物机制，在第一点上完全避免了数据的不一致性。在投入实际生产使用后，数据不一致性再没有发生过。关于第二点，原存储系统采用 raid1 的方式提高数据安全性，这种做法牺牲了一半的存储能力。根据我所的实际情况，我们采用了将存储资源分为两个存储池，每个存储池由 4 个 raidz 组成，另外有两块硬盘作为全局 hot spare，这种做法既满足了安全性，也没有牺牲太多容量，实际使用中用户反映良好。

（2）采用 ZFS 文件系统后，数据管理方便了很多。ZFS 的特点就是可以管理大容量的数据，对于容量来说，只有硬件上的限制，没有系统方面的限制，这是原存储系统无法实现的。

（3）采用 ZFS 后，工作效率有所提高，今后存在进一步提升的空间。由于应用软件基本上都是基于 Linux，目前使用的 ZFS 文件系统的瓶颈在于数据只能用 NFS 的方式挂载到 Linux 系统上使用。但即使是这样，目前的存储系统的工作效率仍高于原存储系统。根据目前掌握的资料，ZFS 文件系统今后有可能成为 Linux 的标准文件系统，那样 ZFS 将可以在 Linux 上发挥出自己的性能优势。

（4）应用范围有一定限制。ZFS 文件系统和并行存储系统不同，它是基于 Solaris 操作系统的。而由于大部分应用软件都是基于 Linux 操作系统，所以 ZFS 存储在这两个操作系统之上管理数据，会带来数据权限等一些不便。

ZFS 以其可管理大容量数据、采用事物机制管理数据等特性，很好地满足了石油地震资料处理与解释工作中对数据存储的要求。今后，随着 ZFS 可在其他操作系统中应用，甚至进一步脱离操作系统而独立存在，ZFS 在石油行业的应用前景必将更加广阔。

StarFire 在油气田工程测量中的应用探讨

吐尔逊江　刘尊良
（新疆时代石油工程有限公司）

摘　要　简要介绍 StarFire 星站差分 GPS 的系统组成、定位原理和工作模式，通过其在油气田工程测量中的应用探讨，提出一种基于 StarFire 的油气田工程测量解决方案，为油气田工程设计提供满足规范要求的工程测量成果。

关键词　StarFire　油气田　工程测量　RTG　应用

1　引言

GPS 定位测量技术经过了静态测量、快速静态测量、动态测量、实时动态测量(RTK)、虚拟参考站技术（VRS）和网络 RTK（CORS）等阶段的发展，广泛应用于国土资源、测绘、海洋、石油、国防等各个部门和大地测量、工程测量、航空摄影测量、地形地籍测量等各种测绘领域 [1]，取得了巨大的经济效益和社会效益。StarFire 星站差分 GPS 作为能够单机在全球范围内提供 dm 级的实时定位成果和具备多种定位组合的 GPS 系统，通过和其他 GPS 设备或者常规测量仪器结合，定位精度可以达到 cm 级，为油气田工程测量提出一种解决之道。

油气田地面工程测量是为油气田建设工程规划、计划、设计、施工等环节进行的工程测量，主要内容包括油气田的控制测量、地形测量、线路测量和厂、库、站址测量等。

2　StarFire 系统介绍

StarFire 星站差分 GPS 系统是由美国 NavCom Technology INC 和 AG Management Solutions（AMS）共同开发的利用全球 GPS 跟踪站数据，采用 NASA Jet Propulsion Loboratory（JPL）授权且基于 Real Time Gipsy（RTG）软件的处理技术建立起来的全球性差分 GPS 服务，用户利用这种差分服务可以实现全球北纬 76°～南纬 76° 范围内实时连续动态目标 dm 级的定位精度 [1～4]。

2.1　系统组成

StarFire 星站差分 GPS 系统主要由以下几部分组成 [2～3]：

（1）基准网络，由分布在全球的参考站接收机连续观测并将原始观测记录提供给中心数据处理站处理，形成完整的数据处理和传输网络。

（2）数据网络中心，也是数据控制中心，负责处理 GPS 观测数据并提供差分数据，将差分数据发送到卫星注入站。

（3）通讯链路，提供数据传输设备，并将 GPS 观测数据传输到数据网络中心，同时把数据差分结果传至地面中心站。

（4）全球地面站，负责将数据网络中心处理的数据传给同步卫星。

（5）同步卫星，主要由 3 颗 Inmarsat 卫星组成，负责将差分数据传回地面站。

（6）监控站，使用广播的改正信息，并实时卫星导航信息提供给数据处理中心。自动反馈系统出现的各种问题。

（7）用户设备，用户使用广播信息和当地双频观测数据，剔除电离层折射影响以后，经过卡尔漫滤波后的定位设备。

2.2 定位原理

StarFire 星站差分 GPS 系统由构成地面参考站网络的双频接收机对 GPS 卫星信号进行解码，并将高质量的双频伪距和载波相位观测值发送至两个处理中心。在处理中心，利用 RTG 软件的处理技术，演算出实时的高精度卫星轨道和时钟改正数据。并将这些数据由数据处理中心发送到地面注入站（LandEarth Station），再由地面注入站发送给 3 颗海事卫星，由这些卫星将差分改正信号发送给全球的用户，进行实时动态定位 [2～3]。

2.3 工作模式

根据现在 StarFire 星站差分 GPS 系统的有关仪器情况，一般具有以下几种测量模式及其组合：

（1）RTG 模式：StarFire 星站差分 GPS 无地面基站单点实时定位模式。

（2）RTK 模式：StarFire 仪器之间配合或与其他双频 RTK 接收机配合都能成为 RTK，其精度可达 cm 级。

（3）RTG 与 RTK 组合模式：RTG 与 RTK 组合模式是近期推出的一种新的差分定位模式。用 RTK 进行 RTG 初始化，克服 RTG 初始化时间过长的缺点，且达到 cm 级定位。而当 RTK 整周模糊度失锁或通信线路不能保障时，可利用 RTG 继续提供定位服务，通过这段 RTK 信号失锁期。其定位精度仍可达到 cm 级。当 RTK 恢复跟踪或通信后，则用 RTG 定位结果作为起始点，进行整周模糊搜索、求解 [5～6]。

3 油气田工程测量的基本情况

多数油气田位于荒漠、戈壁、荒原、丘陵、山岭、近海等环境，高等级控制点由于各种原因不能够满足工程测量的需求，常规 GPS 动态、静态测量也因为数据连接和地形条件等原因，使用效果不够理想，这就给 StarFire 星站差分 GPS 测量在油气田各设计阶段的工程测量带来了机会。

目前，国内各大油气田工程测量主要包括油气田规划、计划、可研、初设阶段的平面、高程控制测量、地形测量，施工图设计阶段的控制测量、地形测量、线路测量（含断面，三穿测量等），场站址地形测量、方格网测量，施工过程中的放样测量、线路复桩测量、土（石）方测量，完工后运行期的形变测量、竣工测量以及油气田勘探前期的物探测量和井位测量等 [7]。采用的测量方法一般包括：静态 GPS 测量、动态 GPS 测量、全站仪导线测量等。

限于篇幅，本文主要针对油气田初步设计阶段和施工图设计阶段的控制测量、地形测量和线路测量来探讨 StarFire 星站差分 GPS 测量在油气田工程测量中的应用。

4 StarFire 在油气田初步设计阶段工程测量方面的应用

4.1 控制测量

文献 [8] 对于油气田初步设计阶段工程测量内容做出了规定，结合《工程测量学》有关内容和实际生产，认为本阶段工程测量主要给设计、勘察等环节提供各种比例尺的地形图和地形数据资料。因此，该阶段控制测量的主要任务就是在初步设计范围内进行平面、高程的控制测量，以满足油气田的初步设计所需的地形测量和部分线路测量的需求。

在实际工作中，一般根据油气田初步设计开发范围来确定平面和高程控制测量的方法。当油气田面积较大时（不小于 25km^2，下同），平面采取先进行一定级别的 GPS 静态测量，为整个开发范围做好首级控制，高程采用几何水准进行控制测量。当油气田开发面积相对较小时（小于 25km^2，下同），采用 RTK 测量和 RTG 测量来进行平面和高程的控制测量工作。根据现场经验，只要将转换参数求好，或者将 RTG 测量得到的双频观测数据后处理，同时注意严格满足文献 [8] 的精度要求即可。

4.2 地形测量

在油气田初步设计阶段工程测量地形图的比例尺一般为 1：2000 ~ 1：10000 不等，主要用来进行油气田规划、厂、站、库等的选址、方案对比。所以，图根控制测量以能够满足上述比例尺和实际应用为主，采用 RTK 测量和 RTG 测量及其组合都是可以的。

基于 StarFire 星站差分 GPS 测量现场不需要无线电台、GPRS 或者 CDMA 等通讯工具的特点，在测绘面积较小、无地面干扰的情况下，只要初始化仪器后，一般很少失锁，连续完成数据采集，能够节约时间和人力。不论平面还是高程的图根控制测量，都可以依靠 RTG 测量完成。也可以进行现场地形测量，把草图绘好，编码记好，室内成图。当测绘面积较大时，可以使用 RTG 单独完成图根控制测量，结合 RTK 现场进行图根控制测量，或者联合全站仪进行图根导线测量。其地形测量也一样可以采取其中一种或多种仪器和方式的组合进行。

4.3 线路测量

油气田初步设计阶段线路工程测量主要包括各种道路、管道、架空线路、沟、渠等工作内容，一般要求提供 1：5000 ~ 1：100000 不等比例尺走向图、线路初步选线成果表、一定比例尺的线路纵断面数据和带状地形图等测绘成果。

线路控制测量根据线路长短可以采用静态 GPS、RTK、RTG、全站仪等仪器及其组合来进行平面和高程的控制测量，或者直接进行线路中线测量。提供线路起终点、折点、曲线点等特征点的平面坐标和高程。而线路走向平面图根据收集到的地形图或者数据可以利用 RTK、RTG 和全站仪进行补测，断面测量主要采取图解和现场 RTK、RTG 和全站仪进行实测，带状地形图同样利用 RTK、RTG 和全站仪进行实测。上述各道工序严格参考文献 [8] 的精度要求即可。

5 StarFire 在油气田施工图设计阶段工程测量方面的应用

5.1 控制测量

在油气田施工图设计阶段工程测量的主要目的是为了满足施工图的设计，因此控制测量范围相对初步设计要小，一般都在几个平方千米之内，相对精度要求较高，能够满足施工放样的要求。

对于施工图设计阶段控制测量来说，主要使用常规 RTK、RTG 和全站仪或者组合起来进行平面控制测量，使用几何水准来进行高程的控制测量，严格执行文献 [8] 的精度要求。

5.2 地形测量

在油气田施工图设计阶段工程测量地形图的比例尺一般为 1：500 ~ 1：1000 不等，主要用来进行油气田厂、站、库等的选址、平面布置、土方量算等。图根控制测量以能够满足比例尺和实际应用为主，可以采用 RTK 测量和 RTG 测量进行。地形测量采取 RTK、RTG、全站仪及其组合来进行碎步测量，采用测记法、草图法或编码法进行地形图的测绘。

图根控制测量和地形测量的主要精度指标执行文献 [8] 的要求。

5.3 线路测量

油气田施工图设计阶段线路工程测量包括各种道路、管道、架空线路、沟、渠等线路中线、穿跨越、站址的详细测绘，一般要求提供线路中线及护桩成果表、穿跨越成果表、站址点成果表、一定比例尺的线路纵断面数据和 1：2000 ~ 1：10000 带状地形图等测绘成果。

线路控制测量、中线测量、断面测量、地形测量同初步设计阶段工程测量一样，利用 RTK、RTG 和全站仪及其组合进行实测，各道工序严格参考文献 [8] 的精度要求即可。

6 结论与建议

StarFire 星站差分 GPS 系统在油气田工程测量中的应用，随着 StarFire 星站差分 GPS 仪器的不断升级，软件处理能力的不断提高，其他仪器组合的不断出现，将为油气田规划、计划、方案设计、初步设计、施工图设计、施工管理、地面工程的运行管理等各阶段提供满足规范精度指标的控制测量、地形测量、线路测量的有关成果、成图。本文经过分析、探讨及参考该系统在实际工程中的应用情况，提出 StarFire 星站差分 GPS 系统在油气田工程测量过程中的一种解决方法，限于篇幅，其在具体工程中的仪器组合、外业操作流程、内业数据处理、成果取舍、精度分析和质量控制等方面没有更进一步分析、探讨。

基于 StarFire 星站差分 GPS 的油气田工程测量，根据实际工作经验，提出以下几点建议以供参考：

（1）必须求得完整、正确的测绘区域内 WGS−84 坐标系与实际采用坐标系的转换参数；

（2）必须解决好卫星失锁的问题，尽量保证仪器观测数据的完整性，以便室内处理；

（3）保证具备一定量的检测点；

（4）在与其他仪器组合使用的过程中，注意仪器的接口程序和软件的适用范围等。

参考文献

1 冯林刚，赵永贵．星基差分 GPS—StarFire 系统．测绘通报，2006，（8）：6 ~ 8

2 杨怀春．星站差分 GPS 定位技术介绍．物探装备，2004，14，（3）：198 ~ 201

3 张彦军．StarFire 全球高精度广域差分 GPS 系统．物探装备，2007，17，（2）：146 ~ 151

4 翟清斌，张　锐，张　莉．StarFire 差分 GPS 服务介绍．测绘科学，2004，29，（2）：71 ~ 73

5 熊　刚，束焕然，廖七一，王小满，李兰清．StarFire™-RTG　星基差分实时精密单点定位原理、测试与应用．全球定位系统，2006，（5）：32 ~ 37

6 张振军，谢中华，王永泉．星站差分 GPS 在河道测量中的应用探讨．测绘通报，2006，（11）：41 ~ 43

7 代　敏，宋长松，李本国．油气田工程测量．北京：中国石化出版社，2003

8 SY/T 0054—2002　油气田工程测量规范

采油厂三维建模技术及应用

吴　军　游　莉　郭　英
（中国石油新疆油田公司采油二厂）

摘　要　介绍了基于 3ds max 和 TerraExplorer Pro 建立的虚拟油田生产现场，探讨了构建三维虚拟场景过程中的一些技术问题。

关键词　模型制作　虚拟现实　三维场景

1　引言

虚拟现实 VR（Virtual Reality）是一种三维的，由计算机制造的模拟环境，虚拟是从计算机的虚拟记忆这个概念派生出来的。虚拟现实提供了一个与现实生活极为相似的虚拟世界。

随着计算机技术的发展，基于 PC 平台的虚拟现实（Virtual Reality）技术愈发成熟，并在城市规划、室内设计、工业设计等领域得到了广泛的应用。虚拟现实系统应该具有以下 3 个特征：沉浸感、交互性和想象力。三维场景的构造是虚拟现实最基本和核心的任务。

三维场景的构造技术主要包括 3D 建模、贴图、灯光等技术。本虚拟油田生产现场主要包括房屋建筑、机械设备、油罐、管线等油田常见设备。主要使用 3ds max 构建三维场景，具体可分为模型制作、模型贴图等部分；使用 TerraExplorer Pro 作为虚拟场景的展示平台以及一些简单建筑模型的制作。下面介绍建立油田生产现场虚拟场景所应用的技术和技巧。

2　3D 模型制作

2.1　设置坐标单位

构建虚拟场景的首要工作是设置场景的度量单位。本虚拟场景的 3D 模型的显示单位和系统单位统一设置为毫米。显示单位影响模型在视口中的显示尺寸，而系统单位真正表述模型的实际尺寸。

2.2　创建实体模型

在虚拟场景中物体的几何建模应该降低造型复杂度，增强纹理显示。主要包括：规则物体的几何建模、不规则物体的几何建模以及不规则模糊物体的几何建模。一个完整的虚拟场景其逻辑框图如图 1 所示。

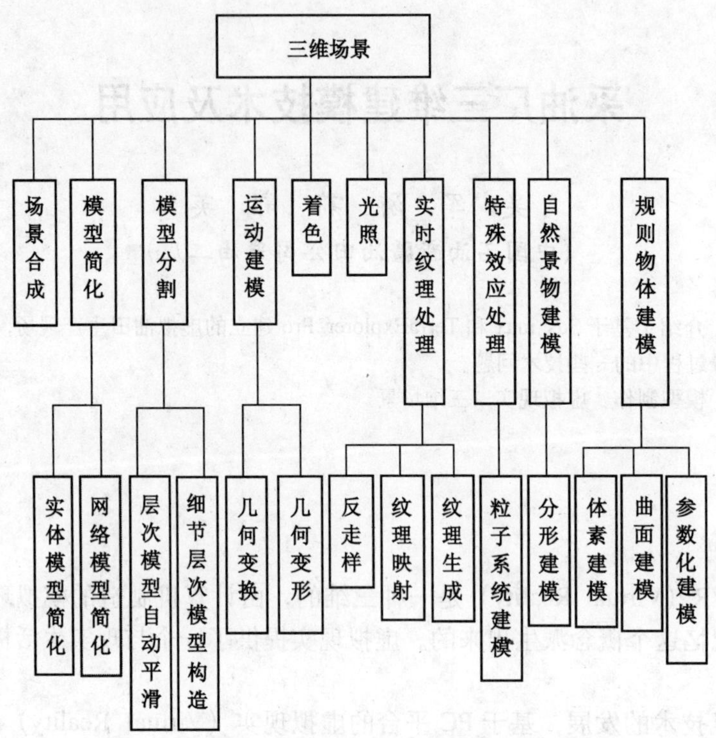

图 1　三维虚拟场景逻辑图

在制作模型时，可使用放样路径（loft）或车削（lathe）等技术手段生成不规则实体。其中，放样路径是一种经常使用的建模技术，可以经过一系列的变形（deform）处理满足制作模型的实际需求。对于具有固定横截面实体如楼梯扶手、管线等模型，可以先绘制其 2D 横截面和路径，然后使用放样路径生成 3D 模型。

2.2.1　放样建模

放样技术就是使二维的图形按照设定好的路径进行行走或者是设定好的路径按照二维图形进行路径取点，然后生成三维模型，如图 2 所示。

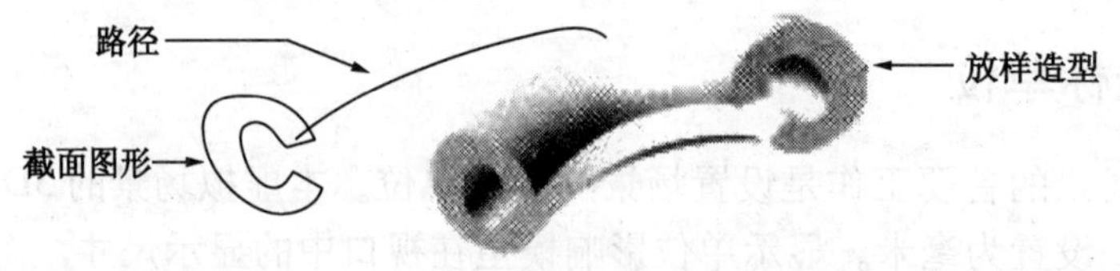

图 2　放样建模

下面就以管线制作为例，简单介绍放样技术的使用。

首先在视图中按照实体照片画好管线的路径，当管线不是在一个平面的时候就要根据实际情况对管线进行空间弯曲处理。管线的横截面是个圆，所以用一个二维图形圆按照管线的路径进行放样处理，然后系统会自动让这个圆按照预先画好的管线路径行走，从而由二维图形生成一个三维模型（图 3）。

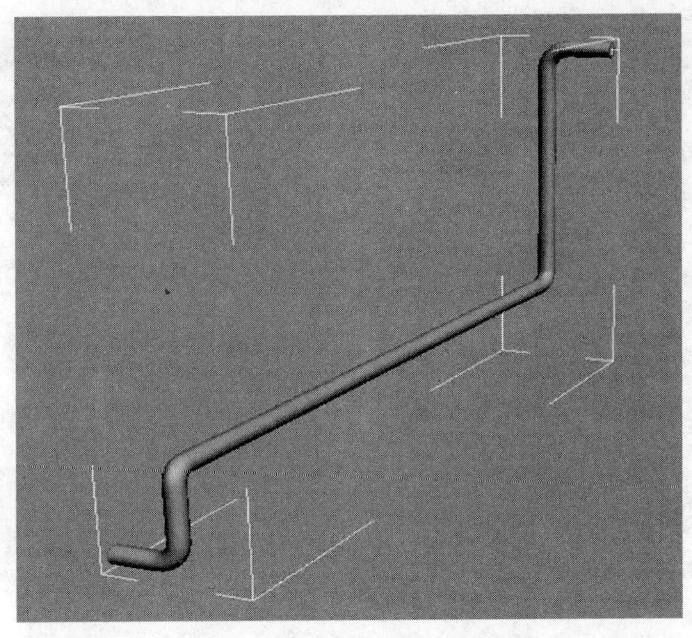

图 3　空间管线的三维模型

2.2.2　车削建模

车削建模是通过旋转一个二维图形产生三维模型，是一种非常实用的建模方法（图 4）。大多数中心放射对象都可以用这种方法完成。

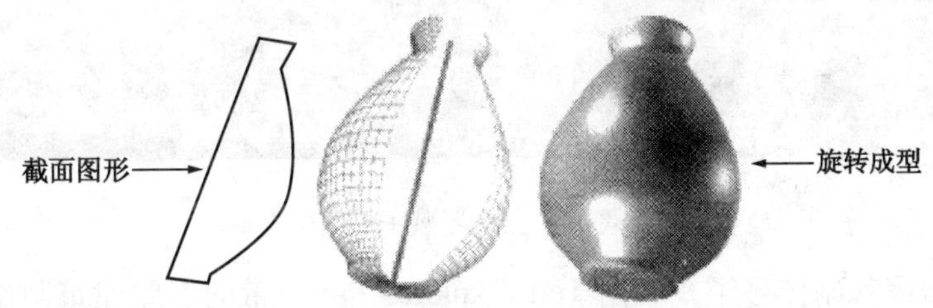

图 4　车削建模

下面通过制作一个罐体模型简单介绍车削建模技术。首先画出罐体的半截面图形，然后选择车削选项系统会自动将二维图形进行旋转，从而形成三维模型（图 5）。

2.2.3　房屋建筑建模

TerraExplorer Pro 软件不仅可以加载 3D 模型进行虚拟场景展示，其软件自身也可以制作 3D 模型，尤其是房屋建筑模型的制作具有简单、快捷的特点。下面以油脱操作间为例，介绍 TerraExplorer Pro 制作房屋模型的方法。

首先选中工具栏的建模选项“　”，按照房屋的边界线画出房屋的范围，画好的范围会以红线显示圈定。画好范围后双击鼠标右键，然后系统会自动按照画好的范围制作出房屋模型。现在的房屋模型是没有贴图的，系统默认的贴图色是灰的。房屋建好后就要对房屋的各个面赋予贴图，让房屋更真实，如图 6 所示。

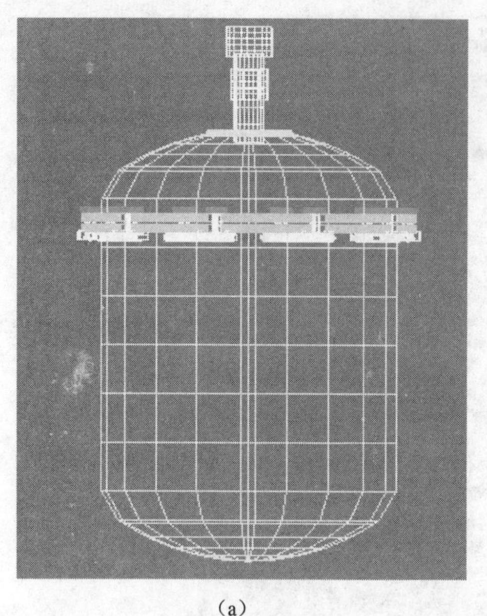

(a)

(b)

图 5　二维图形车削后形成三维模型

图 6　给房屋赋予贴图

这样一个房屋就制作好了，利用 TerraExplorer Pro 自带的房屋建筑制作功能能够高效地完成房屋建筑的模型制作。

2.2.4　其他模型制作方法

模型制作的方法有很多，例如：曲面建模、面片建模、基本体建模、线形建模等，在制作过程中可以根据具体模型制作的情况选择合适的制作方法，以达到事半功倍的效果(图 7)。建模方法的选择与所选用的描绘方法密切相关，模型的复杂程度和描绘速度一般成反比，建模越复杂细节越多，帧速度就越慢。

图 7　各种建模方法互相结合

3 模型贴图

3.1 收集贴图

场景中模型表面的纹理贴图对场景的真实感具有举足轻重的作用。本虚拟场景使用普通数码相机实景拍摄油田生产现场的房屋建筑、设备设施等实体，得到相应的贴图照片。拍摄贴图照片时，应当选择适当距离，从正面角度进行拍摄，并尽量减少闪光灯的使用。这样，贴图照片的光感比较均匀，画面清晰，便于后期使用 Photoshop 来编辑这些贴图照片。

3.2 处理贴图

收集贴图照片后，使用 Photoshop 适当的加以处理，其基本方法：(1) 截取最小有效部分图，在满足贴图画面质量情况下，减少图像的高度或宽度，并保持图像的纵横比。一般将图像的高度或宽度设置为 2 的 n 次方。(2) 将整理后较小的贴图图像放置于同一画布上，分开排列，存储于同一文件。(3) 选择适当的图像文件存储格式。一般的，模型贴图的文件格式采用 jpeg。对于使用透明贴图通道的模型则采用 png 格式。

3.3 完成模型贴图

模型贴图后如果未呈现所希望的结果，应该对模型运用贴图坐标映射（UVW Map）修改器。该修改器的功能是设置模型的贴图坐标，控制贴图投影到模型表面的方式。选择适当的贴图坐标类型，调整相关参数，会得到逼真的效果。

当模型具有多个表面且需要不同贴图时，利用展开贴图坐标修改器，在修改器中编辑点、线、面可得到理想结果。同时可以将不同模型的贴图文件适当合并，从而优化资源。具体做法：对每个模型施加展开贴图坐标修改器，将模型的面匹配到对于贴图的部分。

在 3ds max 中，完成模型贴图后，应塌陷模型清空修改器堆栈，以减少模型占用的内存。

4 管理及优化模型

无论使用何种方法，合理的对模型命名、分组，对复杂场景的管理十分重要。一般的，根据实际需要及具体情况，可按模型的类型、空间位置、相互关系等进行命名和分组。最后，应该对生成的模型应用 Edit Poly 等修改器来编辑模型面片，删除不必要的面片，减少场景总的面片数量，合并具有相同材质类型且相隔距离较近的模型，减少场景中的模型个数。

建模时的主要原则是：尽量减少场景中的模型个数和总体面片数量，以降低场景对计算机物理内存及显示内存的需求，为展示系统流畅运行提供良好基础。

5 结束语

虚拟现实系统主要由建模和场景交互两部分组成。虚拟油田生产现场可以成为数字化油田的三维平台，结合现在成熟的数据库技术、地理信息系统技术等各方面日益成熟的计算机技术，可以更好地提供直观、真实的信息查询方式、远程操作、模拟运行等方便快捷的功能，丰富了油田生产现场的管理手段，具有很好的应用和推广价值。

参考文献

1 王汝传．计算机图形技术原理及其应用．北京：人民邮电出版社，1998
2 杨克俭．虚拟现实技术在数字化城市中的应用．武汉理工大学学报（交通科学与工程版），2001，(02)
3 北京火星时代科技有限公司．火星人——3ds max 8 白金手册．北京：人民邮电出版社，2006

地理信息系统的应用

吴慧敏　李华山　蔺胜利

（中国石油新疆油田公司采气一厂）

摘　要　地理信息系统的应用即人应用 GIS 对地球表层人文经济和自然资源及环境等多种信息进行管理和分析，以掌握城乡和区域的自然环境和经济地理要素的空间分布、空间结构、空间联系和空间过程的演变规律，使它成为国家宏观决策和区域多目标开发的依据，从而为区域经济发展服务。

关键词　GIS　地理实体　空间关系　空间分析

1　引言

通常在编写地理信息通过数值化录入，压缩存贮与系统管理，便于维护和提取，而且成本低、速度快，可以对地理学理论模式进行快速和重复的分析测试（例如土地适宜性分析），便于在短期内对大范围地区进行科学和政策标准的评价；可以有效地对多时期的变化进行动态监测和分析比较；可以将数据收集、空间分析和决策过程综合为一个共同的信息流，这在工作效率和经济效益上都明显地占有优势。因而，地理信息系统在国内外都有成功的应用实例。如利用地理信息系统进行世界小麦大面积估产、全球大气环流形势和海况预报、环境管理；加拿大应用 CGIS 完成全国土地资源潜力估算；中国西南地区国土资源信息系统用于资源分析、评价、预测和合理开发利用等。

2　管理和决策对地理信息系统的要求

城市与区域研究要求地理信息系统在信息表示、管理和分析方面满足其空间、动态、定量和综合性要求。

2.1　区域地理信息的表示与管理

区域地理实体或景观表现为多种空间类型，可大致抽象为点、线、面三种类型。点，具有几何确定位置，在空间分析中将某些具有一定空间的地理实体（如城市）抽象为点：线，具有一定的走向和长度，表示线状地物或点之间的地理联系，最重要的线状地物为交通线；面，具有确定的范围和形态，表示空间连续分布的地理景观或作用范围。点线结合组成网络；线面结合成为地带；面点结合成为地域类型；点线面结合组成区域。

用于城市和区域研究的地理信息系统必须有效地表示地理空间上点线面实体。其数据拓扑结构由点（Point）、弧（Arc）、多边形（Polygon）、数据平面（Plane）等 4 个级别组成。弧可以用来表示地理线，多边形用来表示地理面，数据平面用来表示空间区域内某一方面地理要素的内容。

城市与区域研究具有高度综合性，涉及自然、社会、人文经济等多方面的要素，因此GIS不仅要采用几何图形表示空间位置，还必须以属性方式表示图形的地理意义。前已述及属性可以是定性的名称、类型和特征，也可以是定量表示的数量和等级。图形和属性是地理模型抽象的产物，图形是几何的抽象，属性是概念和度量的抽象，二者之间存在有机的联系。在GIS中要求既可以在属性意义上进行空间查询和分析，又可以空间定位地进行属性列表、统计运算和属性信息处理，并支持图形和属性空间分析模型。属性的图形基础可以是地理景观单元，也可以是空间坐标像元，视研究者要求而定。

目前正在发展一种面向对象的数据库（Object Oriented Database），根据地理景观的结构特点，设计空间数据结构，实现属性和图形在数据结构上的统一。

城市和区域的信息管理，要求数据项的选择应符合区域模型，要素过多会拖长系统建立和数据更新周期，失去动态性特点；要素不足，不利于全面的综合分析。此外，区域地理要素既相互关联，在形态和类型上又很不一致，既有具体的，又有抽象的，GIS数据结构要适合于各种形态，要素之间的地理关系也力求在数据结构中得到正确的反映，数据库要具有开放性。

地理区域具有层次性，因此对于区域信息管理也必须按照区域等级系统划分为不同的层次，具有不同的精度。对于较大尺度的地理区域，信息量较大，在GIS中要求采用适用的编码方法进行数据压缩，减少冗余。为满足区域综合空间分析的要求，区域要素要按照共同的地理空间配准。

2.2 区域空间指标和空间关系量测

空间指标在区域定量分析、区内差异分析、区域对比、区域间联系研究等方面具有重要意义。定量量测区域空间指标和区域地理景观间的空间关系是GIS特有的能力。计算机高速运算能力和有效的地理数据空间结构，使得这种量测得以高效准确地实现。区域空间指标包括：

(1) 几何指标：如位置、长度（距离）、面积、体积、形状、方位等；

(2) 自然地理参数：如坡度、坡向、河网密度、切割程度、年降水量、积温等；

(3) 经济地理指标：如集中化指数、区位商、差异指数、地理关联系数、吸引范围、交通便利程度等；

(4) 人文社会指标：如人口密度、人均收入、社会福利等。

城市与区域地理要素之间的空间区位关系可抽象为点、弧、线、多边形之间的空间几何关系，对它们的量测包括点—点、点—线、点—区域、线—线、区域—区域关系的量测。

2.3 区域综合分析

区域综合分析是一个复杂的系统问题，区域分析的复杂性决定了所采取的分析手段的多样性。它们包括：

(1) 常规数理统计分析方法：在地理信息系统中应用常规数理统计方法关键在于如何与空间位置相联系。数理统计通常是针对属性进行的，要具有空间分析的意义必须将分析结果与图形相联系。通常采用逐点分析、景观单元分析、行政单元分析等方法。

(2) GIS空间分析函数：空间分析函数是对地理空间数据按一定规则进行转换的图像函数，基于一定的空间分析算法，以一个或多个数据平面作为输入，函数运算结果产生新的数据平面。许多区域分析模型要求首先由空间分析函数将原始数据进行变换，以获取符合模型要求形式的地理空间信息，例如在经济地理综合评价中，要求将诸如中心城市、商业网点、重要居民点、大工厂、公路、铁路等点状和线状地理实体的影响扩展到整个空间区域，通常要由空间分析函数运算来完成，如①以两点或线段的中分线划分控制范围；②按邻近距离划分控制范围的圈层结构；③空间插值或拟合；④空间计数，即采用一定区域内的数据点数或线段长度作为区域指标，如城市密度、交通密度等；⑤由理论公式决定影响范围。

采用距离计算函数可以将交通网络图转换为各空间点距交通线最小范围，作为交通便利程度指标参加评价；采用空间计数函数可以计算各地理分区内点状地物个数，作为区域聚集程度指标参加评价，也可作为灾害评价依据，采用该函数可以得到诸如城市密度等空间分布指标，对区域分析有很大帮助。在区域地貌研究中可以计算单位面积内水系与沟谷长度，得到切割密度图参加构造稳定性评价；在环境污染评价中，可根据区域内各污染源的位置、源强、密度、风向、风速等指标，采用点源扩散公式确定污染物浓度场等。

空间分析函数包括点函数（仅仅涉及各空间点的各地理要素的属性内容），区域函数（涉及某个区域内空间点的共同性质）和邻近检测函数（涉及空间与其邻近点的相应空间关系）等3种类型。

（3）地理模型分析：地理模型分析是地理信息系统区别于其他计算机系统的重要标志，地理信息系统通过地理模型分析从空间数据中提取有用信息，达到地理分析和辅助决策的目的，没有强有力的地理模型分析，只能停留在地理数据库的水平，称不上地理信息系统。

模型就是将系统的各个要素，通过适当的筛选，用一定的表现规则所描述出来的简明映象。通常表达了某个系统的发展过程或发展结果。例如经济地理模型是用来描述经济地理各要素之间的相互关系，通常反映经济地理过程及其发展趋势或结果，比如空间相互作用模型、距离衰减模型、中心地理论等。由于地理模型通常涉及同一区域的各种自然、经济、人文要素的空间数据，因此在GIS中要求数据质量和精度、坐标系统与设计方式、获取数据的时间与量测方法、地图比例尺、分类系统等的一致性；以保证分析结果的科学性。

城市与区域是一个动态系统，处于不断演化发展过程中。城市与区域研究的目的，正是在于探索其动态演化规律，预测自然和人为过程的发展趋势，指导人类选择最佳的对策，这是地理信息系统最高层次的应用。GIS用于模拟和预测时，需要GIS数据结构中具有时间轴的标识，能支持快速的数据更新，并具有系统模拟和动态分析的功能。

地理信息系统利用地理模型，进行城市与区域系统的动态模拟，不仅可以提取系统各时期不同的多种空间指标，还可以将自然发生或人为规划的动态过程施行于这个数据模型组，使人类在地理事件发生之前取得未来的精确预测信息，以避免决策失误带来的损失。

3 地理信息系统的应用功能

3.1 资源清查

资源清查是地理信息系统最基本的职能，这时系统的主要任务是将各种来源的数据汇集在一起，并通过系统的统计和覆盖分析功能，按多种边界和属性条件，提供区域多种条件组合形式的资源统计和进行原始数据的快速再现。以土地利用类型为例，可以输出不同土地利用类型的分布和面积，按不同高程带划分的土地利用类型，不同坡度区内的土地利用现状以及不同时期的土地利用变化等，为资源的合理利用、开发和科学管理提供依据。又如中国西南地区国土资源信息系统，设置了3个功能子系统，即数据库系统、辅助决策系统、图形系统。资源数据存储了1500多项300多万个。该系统提供了一系列资源分析与评价模型、资源预测预报及西南地区资源合理开发配置模型。该系统可绘制草场资源分布图、矿产资源分布图、各地县产值统计图、农作物产量统计图、交通规划图、重大项目规划图等不同内容的专业图。

3.2 城乡规划

城市与区域规划中要处理许多不同性质和不同特点的问题，它涉及资源、环境、人口、交通、经济、教育、文化和金融等多个地理变量和大量数据。地理信息系统的数据库管理有利于将这些数据信息归并到统一系统中，最后进行城市与区域多目标的开发和规划，包括城镇总体规划、城市建设用地适宜性评价、环境质量评价、道路交通规划、公共设施配置以及城市环境的动态监测等。这些规划功能的实现，是以地理信息系统的空间搜索方法、多种信息的叠加处理和一系列分析软件（回归分析、投入产出计算、模糊加权评价、0–1规划模型、系统动力学模型等）加以保证的。我国大城市数量居于世界前列，根据加快中心城市的规划建设，加强城市建设决策科学化的要求，利用地理信息系统作为城市规划、管理和分析的工具，具有十分重要的意义。

3.3 灾害监测

借助遥感遥测数据的搜集，利用地理信息系统，可以有效地用于森林火灾的预测预报、洪水灾情监测和洪水淹没损失的估算，为救灾抢险和防洪决策提供及时准确的信息，例如，据我国大兴安岭地区的研究，通过普查分析森林火灾实况，统计分析十几万个气象数据，从中筛选出气温、风速、降水、温度等气象要素、春秋两季植被生长情况和积雪覆盖程度等14个因子，用模糊数学方法建立数学模型，建立微机信息系统的多因子的综合指标森林火险预报方法，对预报火险等级的准确率可达73%以上。又如黄河三角洲地区防洪减灾信息系统，在ARC/INFO地理信息系统软件支持下，借助于大比例尺数字高程模型加上各种专题地图如土地利用、水系、居民点、油井、工厂和工程设施以及社会经济统计信息等，通过各种图形叠加、操作、分析等功能，可以计算出若干个泄洪区域及其面积，比较不同泄洪区域内的土地利用、房屋、财产损失等，最后得出最佳的泄洪区域，并制定整个泄洪区域内的人员撤退、财产转移和救灾物资供应等的最佳运输线路。

3.4 环境管理

环境管理涉及人类社会活动和经济活动的一切领域，一个大中型城市每年搜集和监测的环境数据可能多达100万个，对如此大量的数据，应使其有效地为环境管理决策及其他用途服务。一个地方的环境管理信息系统的功能有：

（1）为环境管理部门提供数据和信息存储方法——基础数据库系统；

（2）提供环境管理的数据统计、报表和图形编制方法；

（3）建立环境污染的若干模型，为环境管理决策提供支持；

（4）提供环保部门办公软件；

(5) 提供信息传输的方法和手段。

例如上海市环境管理信息系统具有如下主要特征：

(1) 建立了动态数据库，可以存储环境监测数据（包括污染源和环境质量）和其他有关数据（如环境标准、水文、气象等），对大多数环境管理功能来说，实现了数据共享；

(2) 面向环境质量管理，可以对环境质量状况的统计、评价、预测、规划以及其他管理提供支持；

(3) 为实现面向污染源的污染控制管理提供支持，可以实现排污收费、排污许可证制度的管理；

(4) 为便于用户使用，系统设计一个界面友好的窗口菜单系统，使用方便，可以提供不同形式的输出，包括屏幕显示，表格打印，图形绘制，磁盘传输等，还预留了远程通信接口。

3.5 宏观决策

地理信息系统利用拥有的数据库，通过一系列决策模型的构建和比较分析，为国家宏观决策提供依据。例如系统支持下的土地承载力的研究，可以解决土地资源与人口容量的规划。我国在三峡地区研究中，通过利用地理信息系统和机助制图的方法，建立环境监测系统，为三峡宏观决策提供了建库前后环境变化的数量、速度和演变趋势等可靠的数据。

4 结束语

以上简单谈了城市与区域管理和决策对地理信息系统的要求以及地理信息系统的应用功能，随着地理信息系统应用的不断深入，在城乡规划、资产清查、环境管理、灾害监测、宏观决策等方面将发挥更大的作用。

参 考 文 献

1 王亚民．地理信息系统及其应用．西安：西安电子科技大学出版社，2006

2 邬 伦．地理信息系统．北京：电子工业出版社，2003

存储虚拟化的技术研究

于会丰[1]　薛银河[2]　孙兵[2]　于会松[2]
([1]漯河医学高等专科学校，[2]中国石油新疆油田公司勘探开发研究院)

摘　要　存储技术的发展经历了从单个磁盘、磁带到 DAS、NAS、SAN 存储网络系统的历程。对存储环境和资源共享的迫切需求，推动着存储虚拟化成为主流技术。本文通过对存储虚拟化的综述，对虚拟存储化的基本概念、体系结构、实现方法、关键技术做了比较和分析。重点介绍基于网络的虚拟化技术，论述了其关键技术与主要实现方法。

关键词　存储　存储虚拟化　逻辑存储

1　引言

21 世纪，世界将全面进入信息时代，随着信息技术的发展，企业的业务数据量（邮件数据、业务数据、特殊机密数据等）快速增长，带来的是存储容量和数据管理难度的增加。随着存储虚拟化技术的发展，存储虚拟化技术在企业中得到了广泛的应用。虚拟化是存储领域“最大的热门”，因为它推动了存储基础设施的转型，如直接附加存储（DAS）让位给网络附加储存（NAS）和存储区域网络（SAN）。采用网络存储，意味着组织可以利用虚拟化功能的移动性，并增加弹性，磁盘也不再是一个单一的物理机器。

2　存储虚拟化的概念

存储虚拟化（Storage Virtualization）最通俗的理解就是对存储硬件资源进行抽象化表现。这种虚拟化使用户可以与存储资源中大量的物理特性隔绝开来。对于用户来说，虚拟化的存储资源就像是一个巨大的“存储池”，用户不会看到具体的磁盘、磁带，也不必关心自己的数据是经过哪一条路径通往哪一个具体的存储设备。存储是具有两个访问通道的实体，数据通道和管理通道。二者在物理上可以是聚合的，也可以是分离的，而存储虚拟化就相应的发生在这两个通道上。

3　存储子系统的虚拟化

存储子系统的元素包括：磁盘、磁盘控制器、存储网络、磁盘阵列、卷管理层、目录虚拟层、文件系统虚拟层。

3.1　磁盘控制器

磁盘控制器的工作就是根据驱动程序发来的磁盘读写信息，向磁盘发送 SCSI 指令和数据。这个部件看似没有什么可抽象虚拟的东西，其实磁盘控制器完全可以对其驱动程序隐藏其下挂的物理磁盘，而虚拟出一个或者多个虚拟磁盘。由控制器来完成虚拟磁盘和物理磁盘的映射和抽象虚拟。RAID 就是一个典型代表，控制器将物理磁盘组成 RAID Group，然后在R G的基础上，虚拟出多个 LUN，通告给主机驱动。

3.2 存储网络的虚拟化

早期的存储子系统没有网络化，而目前的存储系统，网络化已经非常高了。从磁盘到磁盘阵列控制器，从磁盘阵控制器到主机总线适配器，都已经嵌入了网络化元素。可以在 FC 交换机或者以太网交换机上，嵌入 SCSI 协议感知模块，就可以达到基于网络层的虚拟化。

3.3 磁盘阵列

磁盘阵列本身就是一个小计算机系统，这个系统五脏俱全，是对存储子系统的抽象虚拟化最佳的表现。磁盘阵列，简要地说，就是将大量磁盘进行组织管理，抽象虚拟，最终形成虚拟的逻辑磁盘，最后通过和主机适配器通信，将这些逻辑磁盘呈现给主机。

大型磁盘阵列有自己的控制器，有的利用嵌入式技术，将特别定制的操作系统及其核心管理软件嵌入芯片中来管理整个控制器并实现其功能；有的则干脆利用现成的主机来充当盘阵的角色，其上运行操作系统和相应的存储管理软件。中心控制器，不直接参与连接每块磁盘，而是利用后端适配器来管理下挂的磁盘，由后端适配器向其上级汇报。中心控制器对这些磁盘进行虚拟抽象之后，通过前端的接口，向最终使用它的主机进行通告。中心控制器不但可以实现最基本的 RAID 功能，而且可以实现很多高级功能，比如 LUN 镜像、快照、远程复制、CDP 数据保护、LUN 再分配等。在磁盘阵列上实现虚拟化，是目前最广泛的一种存储系统虚拟化形式。

3.4 卷管理层的虚拟化

卷管理层是指运行在应用主机上的功能模块。它负责底层物理磁盘或者 LUN 的收集和再分配。经过盘阵控制器虚拟化之后生成的 LUN 提交给主机使用，主机可以对这些 LUN 进行再次抽象和虚拟，也就是重复虚拟化，比如对其中两个 LUN 进行镜像处理，或者对其中的多个 LUN，做成一个软 RAID 系统。再或者将所有 LUN 合并，形成一个大的资源池，然后分成多个卷，这个过程和磁盘控制器、盘阵控制器所做的虚拟化动作类似，但是这个动作是在主机上实现的。典型的卷管理软件有 LVM，或者第三方的软件，比如 Veritas 公司的 VxVM。

3.5 文件系统的虚拟化

文件系统将磁盘抽象成了文件柜，同一份文件可能存放在一个柜子的不同抽屉中，利用一份特别的文件来记录“文件—对应抽屉”的分布情况，这些用来描述其他文件分布情况及其属性的文件，称为元文件（Metadata）。文件系统是对磁盘块的虚拟、抽象、组织和管理。访问一个个的“文件”，就等于访问了磁盘扇区。访问文件，不必了解这个文件最终在磁盘上是存放到哪里，怎么存放的，怎么访问磁盘来存放这个文件，这些都是由文件系统和磁盘控制器驱动程序来做。

3.6 目录的虚拟化

虚拟文件系统，也就是说这个文件系统目录并不是真是的，而是虚拟的。任何实际文件系统，都可以挂载到这个目录下，真实文件中的真实目录，被挂载到这个虚拟目录下之后，就成为这个虚拟目录的子目录。这样做的好处是增强灵活性。其次，操作系统目前处理外部设备，一般都将其虚拟成一个虚拟文件的方式，比如一个卷，在 Linux 中就是 /dev/had 这种文件。

存储子系统的虚拟化，可以在“磁盘—盘阵控制器—存储网络—主机总线适配器—卷管理层—文件系统层—目录层和最终应用层”各个环节的虚拟抽象工作，使得最终应用软件只要通过文件系统访问文件，就可以做到访问最底层的磁盘一样的效果，甚至可以重复虚拟化。

4 存储虚拟化的结构分类

在网络存储领域，实行存储虚拟化的手段大致可以从两方面考虑：一方面，按虚拟化模块在网络存储中的位置划分为三类，基于主机、基于网络和基于存储设备节点和基于网络的虚拟化是发展的潮流。另一方面，按虚拟化管理模块相对于数据通道的位置，划分为带内（in−band）和带外（out−of−band）管理。

4.1 基于主机的存储虚拟化

这种方法是最容易使用的一种。它主要通过在服务器操作系统上安装的虚拟软件来运行虚拟设备（如 VMware 服务器）。这种情况下，由于虚拟化软件、虚拟设备以及存储设备都在本地，因此虚拟设备只能提供非常有限的实时保护，如果服务器发生故障，所有的虚拟设备也将同时停机。

总的说来，此种方法的可扩展性、灵活性、稳定性都较差，主要取决于服务器的性能情况。但同时，由于其不需要任何附加硬件，基于主机的虚拟化方法最容易实现，其设备成本最低等优点，又较适合于一些存储需求不高的网络环境选用。

4.2 基于存储设备的存储虚拟化

此种方法将有具体的存储设备参与，在一定程度上增加存储的稳定性及灵活性，应该说此种方法是主机与存储设备共同协作的方式。虚拟设备依然运行在主机操作系统上，但是可以将虚拟设备配置信息和数据文件保存在 SAN 等存储设备上。

由于此种方法没有第三方的虚拟软件的有效支持，单靠存储设备提供的虚拟化功能是很难实现监控的。因此此类方法的智能性较差，而且具有一定的局限性（需要挑选支持虚拟技术的存储设备）。

4.3 基于网络的存储虚拟化

这是目前主流的虚拟存储方式，它可以实现网络设备间的在线虚拟存储，具有多方面的优点。此种方法通过网络互联设备在服务器与服务器间、服务器与客户机间自由交换并存储数据，并且通过服务器、虚拟存储设备、网络互联设备以及客户机，形成一个庞大的虚拟存储网络。

基于网络的采用较多的又是基于路由器的方法实现存储虚拟化方式。我们都知道，路由器通常是被放置于每个主机到存储网络的数据“通道”中，它潜在的为每一台主机服务。同时，路由器固有的诸多网络协调功能，也可为存储的安全性、稳定性提供更多的保障。

由于这是一种共享存储方式，因此其需要考虑的因素也较多。是否支持异构操作系统和不同的存储供应商，需要充分考虑设备间的兼容、系统间的互访以及是否方便管理等。做好了这些充分的准备及测试，才能最大限度的发挥共享存储的优势。

不管采用以上介绍的何种方式，虚拟化存储对于企业实际效益的改善效果还是显著的，尽管它不一定为用户带来很多直接利润，但它能节省成本。例如它可以降低设备采购和扩容成本；简化管理，降低管理上的复杂性；提高各种存储设备的利用率；提高数据可用性等。

4.4 带内虚拟化

“带内（in–band）”虚拟引擎，是在应用服务器和存储的数据通路内部实现虚拟存储，控制数据和需要存储的实际数据在同一个数据通路内传递。带内虚拟存储具有较强的协同工作能力，同时便于通过集中化的管理界面进行控制。但是，无论基于设备还是基于交换机，in–band 虚拟化都比较脆弱，由于 in–band 设备现在成为服务器和存储资源之间必须经过的网关，设备的失效可能会导致整个 SAN 数据访问出现问题，同时带内存储会占用较多的数据网络带宽来传输控制数据，因而容易在服务器和存储设备之间产生性能瓶颈。

in–band 虚拟化模块（引擎）位于主机和存储节点之间的数据通道上，因为位于数据读写的关键路径上，所以既有安全性高、实现容易、对主机要求低等优点，又有扩展性差、易形成单点故障等明显的结构缺点，这通常利用 Cache 技术来优化性能。

4.5 带外虚拟化

“带外（out–of–band）”虚拟引擎，是在数据通路外的服务器上实现的虚拟功能，也就是将控制数据和存储数据安排在不同的数据通路上传输。out–of–band 能够避免 in–band 的一些问题，但是每台服务器都必须安装虚拟化客户端软件，这种方式将数据路径和控制路径分开，确保了虚拟化设备不会成为数据传输的瓶颈，减少了存储数据网络中的流量，有助于提高系统性能，有很强的系统可扩展性。虚拟化模块不会在数据通道上成为单故障点，但其实施难度比较大。

网络文件系统是典型的带内虚拟化方式，因为网络文件系统对上层屏蔽了底层卷，只给上层提供一个目录访问接口，上层看不到网络文件系统底层的卷，只能看到目录。而 SanFS 架构中，上层既能看到文件系统目录，又能看到底层卷（LUN）。SanFS 就是一个网路上的文件系统，也就是说，常规的文件系统都是运行在主机服务器上的，而 SANFS 将它搬出到了网络上，用一台专门的设备来处理文件系统逻辑。

5 小结

新形式下的企业发展，离不开信息化建设。而作为企业存储领域来说，海量存储、高可靠性与高利用性的企业存储需求也对存储提出了新的要求。数据量不断增加，如何在不影响应用业务情况下增加存储容量；存储设备管理复杂，如何简化管理，从而降低人工管理成本。而如果在服务器上采用虚拟存储的方式，实现存储的虚拟化这一切问题都将迎刃而解。虽然存储虚拟化技术最终不一定对所有不同数据类型和系统都合适，但是存储虚拟化是大势所趋，企业需要做和考虑的就是采用存储虚拟化策略来解决特定问题，从而提高企业存储系统的效率。

存储区域网络技术在辽河数据处理中心的应用

王力争　朱龙芳

（中国石油辽河油田公司勘探开发研究院）

摘　要　随着高性能计算技术的发展，实现对大规模数据的高效存取已成为行业中提高系统整体性能的关键。传统的NFS存储架构，由于其I/O存取带宽低，容易造成TCP/IP局域网络的瓶颈，因此制约了系统整体性能的发挥。为了有效地缓解TCP/IP网络瓶颈，提高海量数据的访问效率，实现网络中各服务器节点对地震数据的共享，中国石油辽河油田公司勘探开发研究院计算所（以下简称计算所）自2004年起先后两次进行了存储区域网络的构建，并安装了ADIC公司的SNFS存储共享软件。本文重点介绍了存储区域网的构建、整合方法，并对存储共享软件SNFS的安装与配置做了简单介绍，对其他数据处理中心的存储区域网络构建和应用具有一定的借鉴作用。

关键词　存储区域网络　并行存储系统　存储共享文件系统

1　引言

目前，在地震资料处理行业中，随着集群节点数量的增加，系统的计算能力得到了极大程度的提高。与之相比，存储能力的发展却相对缓慢。在应对海量数据传输时，由于其I/O能力薄弱，容易造成局域网络瓶颈，因而严重地制约了系统整体性能的发挥，成为大多数地震资料处理中心亟待解决的难题。

以中国石油辽河油田公司勘探开发研究院计算所（以下简称计算所）原P690系统为例，传统的NFS存储架构如图1所示。

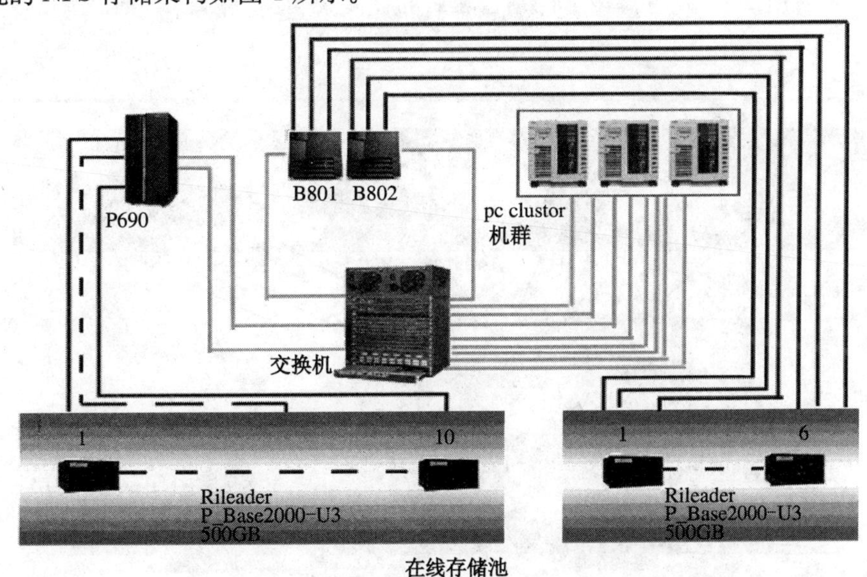

图1　原P690系统的存储结构示意图

图 1 所示，原 P690 系统的所有存储都是以直联（DAS）的方式连接在各服务器节点上，各服务器之间的数据传输是通过 TCP/IP 局域网络，以 NFS 协议方式实现的。这种存储架构对于少量的数据访问是适合的，然而对于通常是几百 GB 或几个 TB 的数据存取，其访问效率却是相当的低。不仅如此，频繁的海量数据传输还会造成 TCP/IP 网络瓶颈，严重地制约了系统处理能力的提高。

2　存储区域网络的构建

根据地震资料处理生产的实际需要，2004 年构建了辽河油田第一个存储区域网络，其网络拓扑结构图 2 所示。

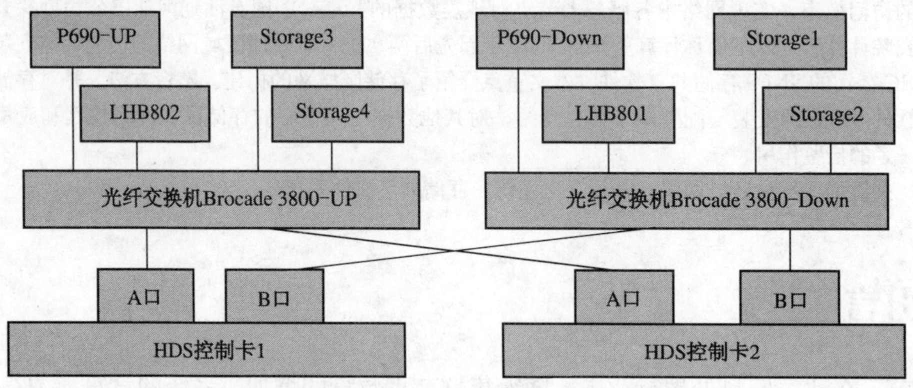

图 2　2004 年构建的存储区域网络拓扑结构图

图 2 所示，将各主要服务器节点通过光纤接口连接到两个 BROCADE3800 光纤网络交换机上，并将磁盘阵列通过其控制器光纤端口也连接到光纤交换机上。通过对 BROCADE 光纤交换机和磁盘阵列的配置，实现了所有服务器节点对存储资源的共享。

图 3 为计算所 2004 年存储区域网络构建后的存储架构示意图。

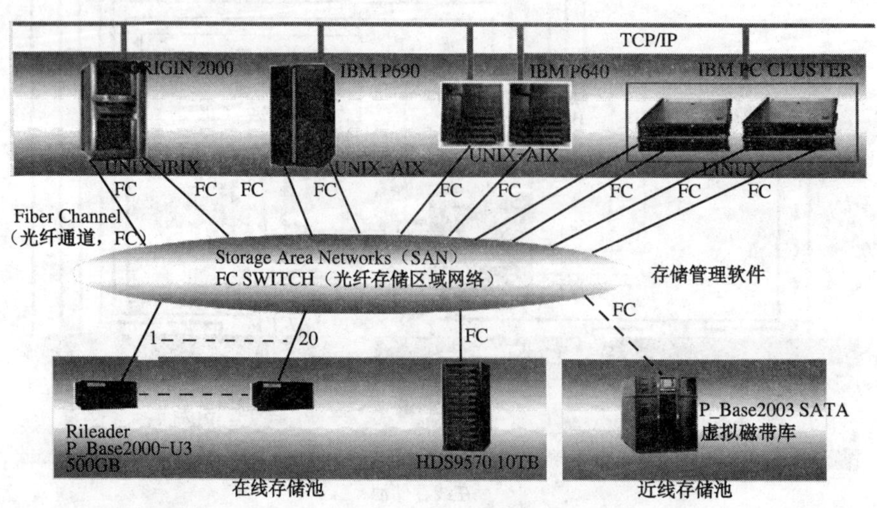

图 3　2004 年存储区域网络构建后的存储架构示意图

图 3 所示，存储区域网络构建后，服务器与存储资源之间的数据存取不再通过 TCP/IP 局域网络，而是通过专用的存储区域网络进行数据传输，因此不仅使数据的访问效率得到了大幅度的提高，而且有效地缓解了 TCP/IP 局域网络瓶颈，使系统的整体性能得到了有效的改善。

3 新、旧存储区域网络的整合

2006 年，随着新集群的引入，计算所又构建了新的存储区域网络。为了达到服务器节点对两个存储区域网络中存储资源的共享，进行了新、旧存储区域网络的整合。

图 4 是两个存储区域网络整合后的拓扑结构图。

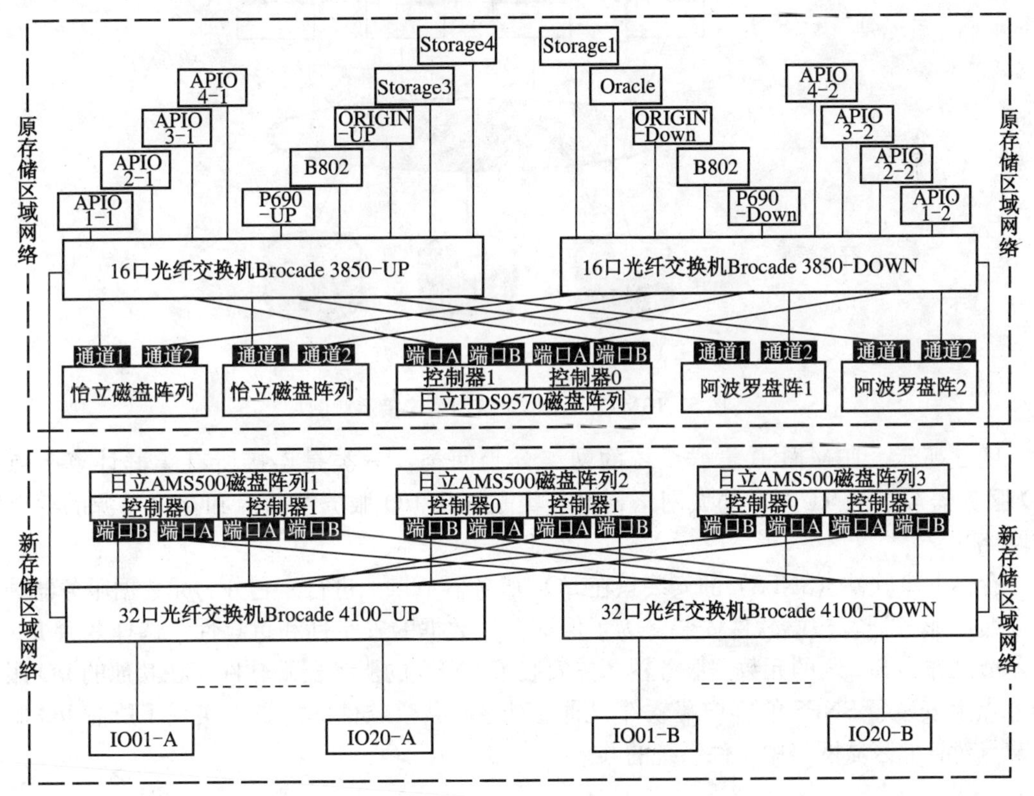

图 4 新、旧存储区域网络整合拓扑结构图

图 4 所示，通过对两个存储区域网络光纤交换机的互联、配置以及对服务器节点和存储资源的分配、调整，实现了两个区域网络中所有服务器节点对存储资源的共享。

4 存储共享软件（SNFS）的安装与配置

为了达到存储区域网络中各服务器节点对地震数据的共享，安装和配置了 ADIC 公司的存储共享软件 SNFS。

以计算所目前主要的处理系统—IBM1350 集群系统为例，其网络连接如图 5 所示。

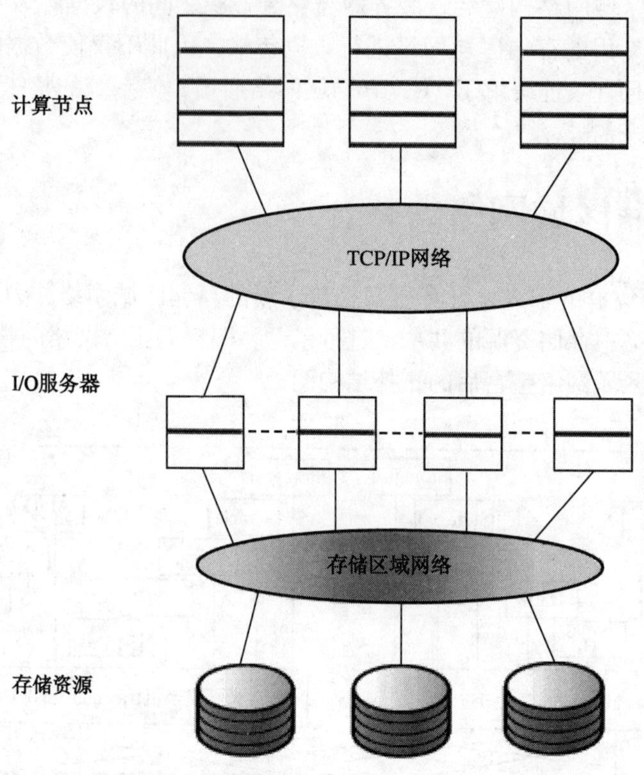

图 5　IBM1350 集群系统网络连接示意图

图 5 所示，IBM1350 集群系统的网络分为两类：一类是连接所有集群计算节点和 I/O 服务器节点的 TCP/IP 局域网络；另一类是连接 I/O 服务器节点和存储资源的存储区域网络。

存储共享软件（SNFS）的安装只在 I/O 服务器节点上进行。它分为元数据服务器端软件安装和服务器客户端软件安装。为了保证存储数据的安全性和可靠性，选择两台 I/O 服务器节点作为 SNFS 的元数据服务器，并安装了 SNFS 的服务器端软件；在其他的 I/O 服务器节点上安装了 SNFS 的客户端软件。通过对存储共享软件的配置，实现了所有 I/O 服务器节点对存储区域网络中文件系统的共享。

5　结论

基于存储区域网络的存储架构克服了传统 NFS 存储架构的 I/O 带宽低，存取数据时系统资源开销大，容易造成 TCP/IP 网络瓶颈等缺点，它通过专用的光纤通道实现了服务器节点对存储资源的并行存储，有效地提高了系统的 I/O 访问带宽，为数据的安全、可靠、高效存取提供了良好的存储架构。

另外，通过安装 ADIC 公司的存储共享软件，实现了所有 I/O 存储节点对文件系统的共享，摆脱了以往一份数据需要多份拷贝造成的系统资源浪费，提高了存储资源的有效利用率，优化了系统性能，使地震资料处理系统的处理能力得到了明显地提高。

“我的应用”Portlet的开发与应用

潘广海　马金萍

（中国石油吐哈油田公司信息产业处）

摘　要　本文对“我的应用”Portlet的功能需求进行了简要说明。通过功能需求进行了概要设计，从而通过对LDAP服务器等访问实现Portlet应用程序的开发，完成了相应的功能需求，最后对该系统进行开发时所应用到的关键技术和应用情况进行了简要说明，从而使相关人员对“我的应用”Portlet的开发有一个全面的了解。

关键词　LDAP服务器　“我的应用”Portlet　开发　应用

1　基本术语

LDAP：LDAP是轻量目录访问协议，英文全称是Lightweight Directory Access Protocol，一般都简称为LDAP。它是基于X.500标准的，但是简单多了并且可以根据需要定制。与X.500不同，LDAP支持TCP/IP，这对访问Internet是必须的。简单说来，LDAP是一个得到关于人或者资源的集中、静态数据的快速方式。LDAP是一个用来发布目录信息到许多不同资源的协议。通常它都作为一个集中的地址本使用，不过根据组织者的需要，它可以做得更加强大。

Portlet：Portlet是门户组成部分的最小单元。整个门户系统的各个功能模块都是由一个个Portlet组成的。IBM WebSphere Portal是利用Portlet来整合各个后台应用系统的。Portlet利用各个系统提供的应用接口，或者直接抓取各个系统的页面，将各个系统的展现层提取出来，统一由Portlet集中在Portal中展现，最后利用Portal的权利管理和个性化功能管理各个Portlet，通过个性化信息的定制，实现不同系统间的信息整合。

2　需求说明

2.1　普通用户界面需求

2.1.1　视图界面

“我的应用”Portlet主要是将单点登录用户登录个人办公平台后，用户需要进行日常处理的各个应用系统进行列表，基本形式如图1所示。

图1中，包括公用部分、权限限制部分以及自定义部分。

公共部分（标注2）：每个单点登录用户都可以显示。

权限限制部分（标注1）：只有在相应系统中注册的用户才能显示。

自定义部分（标注3）：用户自己添加、修改，自我维护的部分。

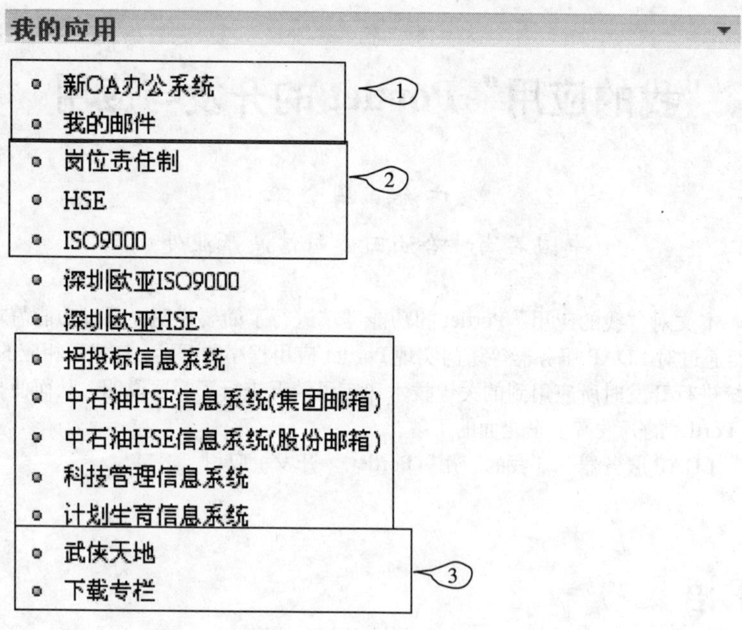

图 1 “我的应用”Portlet 各个应用系统

2.1.2 编辑界面

“我的应用”Portlet 编辑界面如图 2 所示。

我的应用

◦	新OA办公系统	
◦	我的邮件	
◦	岗位责任制	
◦	HSE	
◦	ISO9000	
◦	深圳欧亚ISO9000	
◦	深圳欧亚HSE	
◦	招投标信息系统	
◦	中石油HSE信息系统(集团邮箱)	
◦	中石油HSE信息系统(股份邮箱)	
◦	科技管理信息系统	
◦	计划生育信息系统	
◦	武侠天地	删除
◦	下载专栏	删除

排序编号	
应用名称	
URL地址	
	添加

图 2 “我的应用”Portlet 编辑界面

用户只能对自己添加的应用栏目进行添加、删除，对管理员添加的内容不能进行删除。用户自己添加的内容在管理员添加的列表之后进行排列，同时可以对自己添加的应用进行排序。

2.1.3　帮助界面

“我的应用”Portlet 帮助界面如图 3 所示。

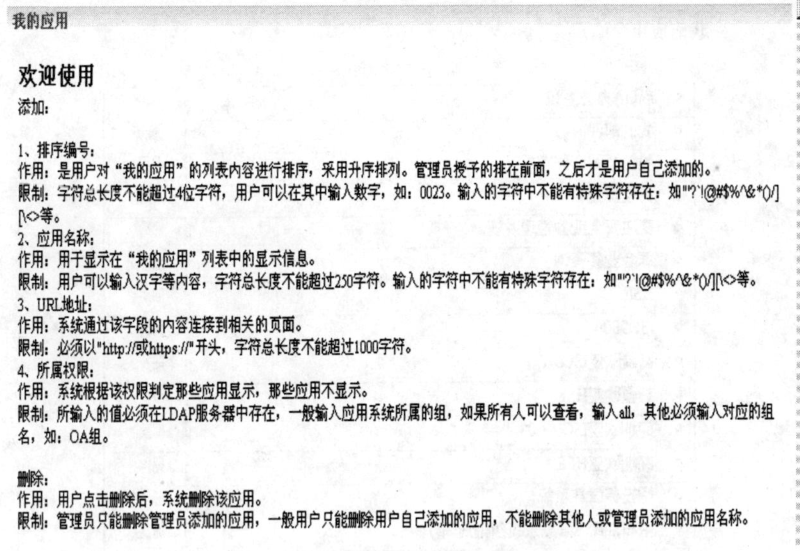

图 3　“我的应用”Portlet 帮助界面

2.2　管理员界面需求

2.2.1　视图界面

系统管理员登录个人办公平台后，可以查看管理添加的各个应用系统列表，基本形式如图 4 所示。

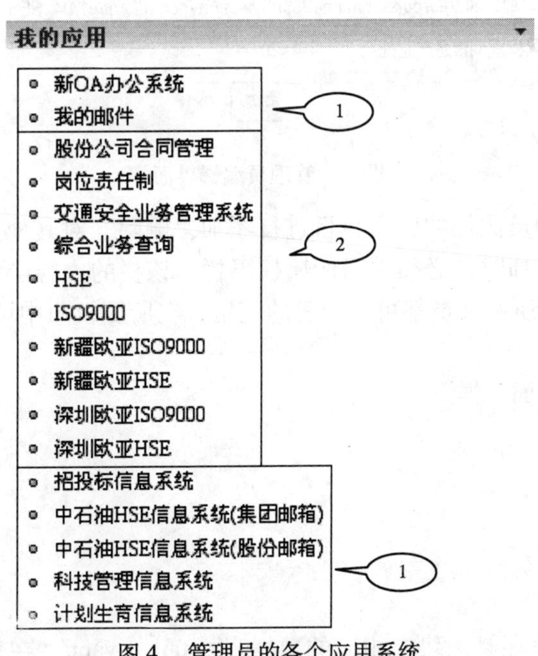

图 4　管理员的各个应用系统

图 4 中，包括公用部分、权限限制部分。

公共部分（标注 2）：每个单点登录用户都可以显示。

权限限制部分（标注 1）：只有在相应系统中注册的用户才能显示。

2.2.2 编辑界面

管理员的编辑界面如图 5 所示。

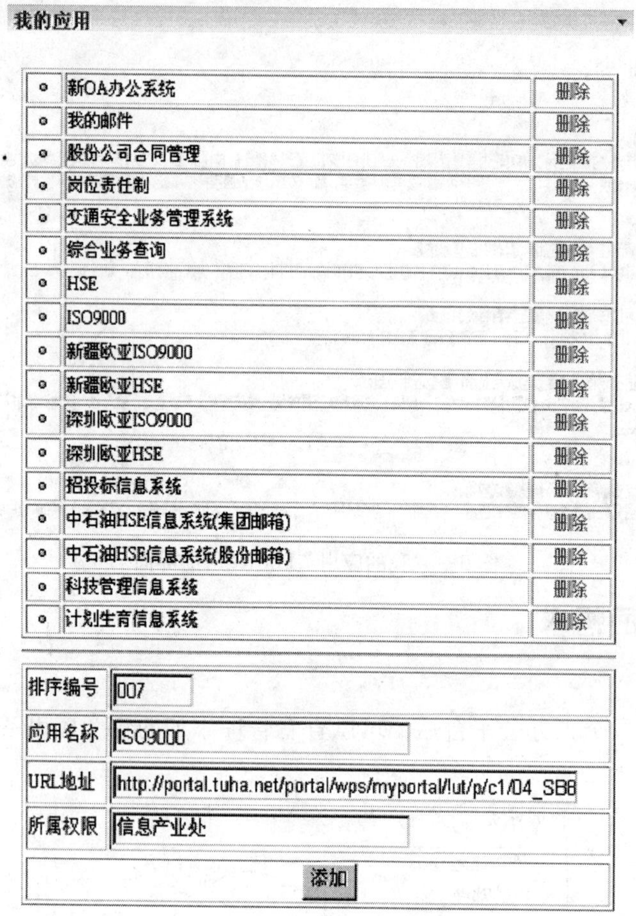

我的应用

o	新OA办公系统	删除
o	我的邮件	删除
o	股份公司合同管理	删除
o	岗位责任制	删除
o	交通安全业务管理系统	删除
o	综合业务查询	删除
o	HSE	删除
o	ISO9000	删除
o	新疆欧亚ISO9000	删除
o	新疆欧亚HSE	删除
o	深圳欧亚ISO9000	删除
o	深圳欧亚HSE	删除
o	招投标信息系统	删除
o	中石油HSE信息系统(集团邮箱)	删除
o	中石油HSE信息系统(股份邮箱)	删除
o	科技管理信息系统	删除
o	计划生育信息系统	删除

排序编号	007
应用名称	ISO9000
URL地址	http://portal.tuha.net/portal/wps/myportal/!ut/p/c1/04_SB8
所属权限	信息产业处
	添加

图 5 管理员编辑界面

惯例员只能对管理员添加的应用栏目进行添加、删除，对其他用户添加的内容不能进行删除。在应用栏目添加时，必须填写所属权限栏，该栏的内容必须与 LDAP 服务器中的组信息相对应（如果是所有人员都可以列表的应用，在所属权限中填写 all）。

2.2.3 帮助界面

与普通用户帮助界面一样。

3 概要设计

3.1 数据库设计

采用 Oracle 数据库存储，建立相应的数据表 detail_myapp，在表中放置管理员添加的各种应用信息以及用户自己添加的各种信息（图 6）。

```
--细节数据库（我的应用）
drop table detail_myapp;
create table detail_myapp(
btid  number(12),
userid VARCHAR2(50) not null,
xh CHAR(4) not null,
appname VARCHAR2(250) not null,
appurl VARCHAR2(1000),
approle varchar2(100)
);
comment on column "XTCX"."DETAIL_MYAPP"."btid" is '序列号';
comment on column "XTCX"."DETAIL_MYAPP"."USERID" is '单点登陆用户名称';
comment on column "XTCX"."DETAIL_MYAPP"."XH" is '排序编号';
```

图 6　数据库设计

3.2　单点登录用户信息设计

直接访问 LDAP 服务器中的用户信息

3.3　用户权限设计

直接访问 LDAP 服务器中的用户信息以及权限组信息。

3.4　LDAP 服务器参数以及 Oracle 数据库参数的放置

采用放置在资源文件中，如果相关连接信息更改，直接更改资源信息文件，不必修改应用程序。

3.5　业务逻辑流程设计

（1）视图业务逻辑流程（View）（图 7）。

（2）编辑业务逻辑流程（Edit）（图 8）。

（3）帮助业务逻辑流程（Help）

直接显示所有帮助信息，主要包括各个角色进行编辑的说明以及编辑的注意事项。

4　应用开发

4.1　开发工具

“我的应用”Portlet 的开发工具为 RAD7.0。

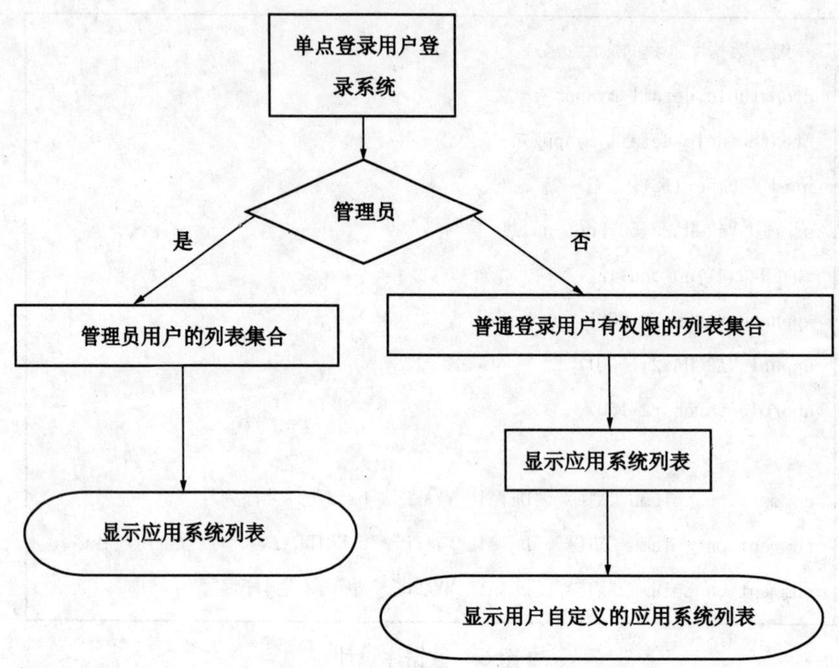

图 7　视图业务逻辑流程

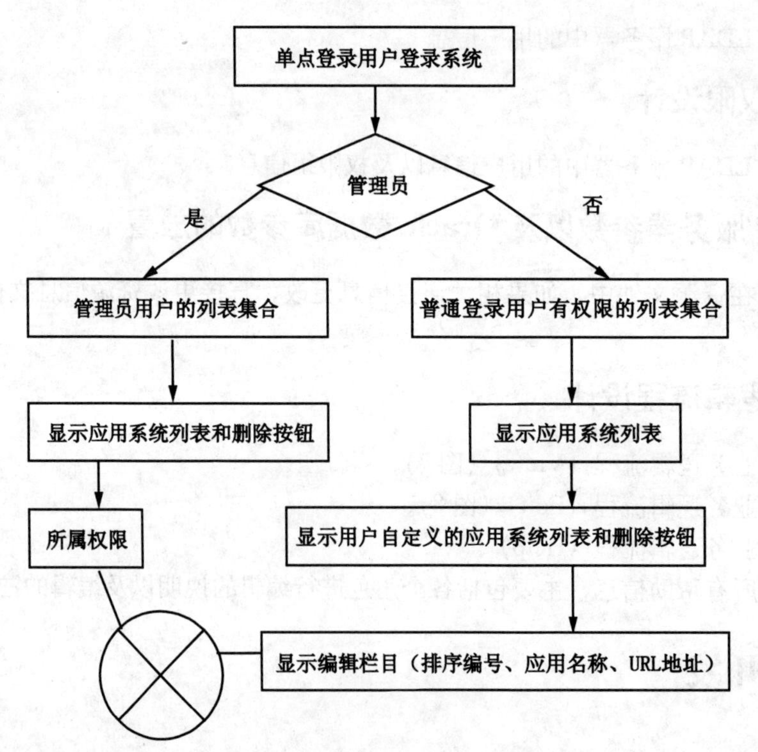

图 8　编辑业务逻辑流程

4.2 开发项目

（1）建立装入资源文件信息类 LoadConstant.java 类：

```
package com.tuha.app.util.config;
import java.util.Enumeration;
import java.util.MissingResourceException;
import java.util.Properties;
import java.util.ResourceBundle;

public  class LoadConstant
{
    private static final String BUNDLE_NAME = "myappportlet.nl.MyAppPortlet
Resource"; //$NON-NLS-1$

    private static final ResourceBundle RESOURCE_BUNDLE = ResourceBundle.
getBundle ( BUNDLE_NAME );

    public static Properties props=new Properties ();
```

（2）建立数据库连接访问类 DatabaseLink.java 类：

```
package com.tuha.app.util.db;
import java.sql.*;
import java.io.*;
import com.tuha.app.util.config.LoadConstant;
public class DatabaseLink {

   public static void main  (String args [])  throws SQLException
   {
//         DriverManager.registerDriver  (new oracle.jdbc.driver.OracleDriver ());

           DatabaseLink dbl= new DatabaseLink ();

           ResultSet rset= dbl.query ("select * from tab");
```

（3）建立 LDAP 访问类：

```
package com.tuha.app.util.ldap;
import java.util.Properties;
import javax.naming.NamingException;
import javax.naming.directory.Attribute;
import javax.naming.directory.Attributes;
```

```
import javax.naming.directory.DirContext;
import javax.naming.directory.InitialDirContext;
import com.tuha.app.util.config.LoadConstant;
public class LDAPHelper
{

    public static DirContext getConnection ()
            throws NamingException
    {
            if (ldapContext == null)
                    ldapContext = connectLDAP ();
            return ldapContext;
    }

    public static void closeContext ()
    {
            try
            {
                    if (ldapContext != null)
                            ldapContext.close ();
            }
            catch (NamingException ex)
            {

            }
            ldapContext = null;
    }
```

（4）建立 LDAP 用户信息搜索以及权限信息搜索实现：

```
package com.tuha.app.util.ldapImpl;
import java.util.Enumeration;
import javax.naming.NamingEnumeration;
import javax.naming.NamingException;
import javax.naming.directory.Attribute;
import javax.naming.directory.Attributes;
import javax.naming.directory.DirContext;
import javax.naming.directory.SearchControls;
import javax.naming.directory.SearchResult;
import com.tuha.app.util.ldap.LDAPHelper;
public class SearchUserInGroup {
```

```
public boolean SearchGroups（DirContext ctx, String userid, String groups）
    {
        String luserid="uid="+userid+", cn=users, dc=th, dc=cnpc";
        String searchBase = "";
        String searchFilter = "cn="+groups;
        SearchControls constraints = new SearchControls ();
        constraints.setSearchScope（SearchControls.SUBTREE_SCOPE);

        NamingEnumeration en = null;
        try {
            en = ctx.search（searchBase, searchFilter, constraints);
        } catch （NamingException e） {
            // TODO 自动生成 catch 块
            e.printStackTrace ();
        } // 查询所有用户
```

（5）建立视图（View）列表信息展示类：

```
package com.tuha.app.myapp.action;
import java.sql.ResultSet;
import java.sql.SQLException;
import java.util.ArrayList;
import java.util.HashSet;
import java.util.Iterator;
import javax.naming.NamingException;
import javax.naming.directory.DirContext;
import myappportlet.MyAppPortletSessionBean;
import com.tuha.app.util.db.DatabaseLink;
import com.tuha.app.util.ldap.LDAPHelper;
import com.tuha.app.util.ldapImpl.SearchUserInGroup;
public class MyAppView {
    public static void main （String[] args） {

        MyAppView mv= new MyAppView ();
        ArrayList hs=mv.OtherMyAppList（"001lxf");
        if （hs!=null) {
            Iterator it=hs.iterator ();
            while（it.hasNext ())
            {
                MyAppPortletSessionBean myapp=new MyAppPortletSession
Bean ();
```

```
                    myapp=（MyAppPortletSessionBean）it.next（）;
                    System.out.println（myapp.getAppname（））;
            }
        }
/*

        MyAppView mv= new MyAppView（）;
```
（6）建立编辑（Edit）列表信息展示类：

```
package com.tuha.app.myapp.action;
import myappportlet.MyAppPortletSessionBean;
import com.tuha.app.util.db.DatabaseLink;
public class MyAppEdit {
   /***************************
    *      作者：Pan Guanghai
    *      时间：2008 年 04 月 08 日
    *      用途：插入用户输入的应用等内容添加到的“我的应用”数据表中
           * InsertMyApp.
           *
           * @param MyAppPortletSessionBean myapp
           * @return boolean
   ******************************/
   public boolean InsertMyApp（MyAppPortletSessionBean myapp）{
        String sql="insert into detail_myapp（btid, userid, xh, appname, appurl,
approle）values（ detail_myapp_id.nextval, ";
        sql=sql+"' "+myapp.getUserid（）+"',' "+myapp.getXh（）+"',' ";
        sql=sql+myapp.getAppname（）+"',' "+myapp.getAppurl（）+"','
"+myapp.getApprole（）+"'）";
        DatabaseLink dbl=new DatabaseLink（）;
        boolean ret=dbl.insert（sql）;
        dbl.databaseclose（）;
        return ret;
   }

   public boolean DeleteMyApp（ String btid）{
        String sql="delete from detail_myapp where btid="+btid;
```
（7）建立应用列表展示 JavaBean：

```
package myappportlet;

/**
 *
 * A sample Java bean that stores portlet instance data in portlet session.
```

```
 *
 */
public class MyAppPortletSessionBean {

   private String uid = "";
   private String btid = "";
   private String userid = "";
   private String xh = "";
   private String appname = "";
   private String appurl = "";
   private String approle = "";

   public String getAppname () {
          return appname;
   }

   public void setAppname (String appname) {
          this.appname = appname;
   }

   public String getApprole () {
          return approle;
   }
```

(8) 建立应用列表输入验证类：

```
package myappportlet;
import java.util.*;
import javax.portlet.*;
public class MyAppPortletPreferencesValidator implements PreferencesValidator {
   /**
    * Validate portlet preferences
    *
    * @see javax.portlet.PreferencesValidator#validate (javax.portlet.PortletPreferences)
    */
   public void validate (PortletPreferences preferences) throws ValidatorException
{
          Collection failedKeys = new ArrayList ();
          for ( Enumeration names=preferences.getNames (); names.hasMoreElements
(); ) {
```

(9) 在 View.jsp 页面文件中实现相关的视图（View）业务逻辑：

```
<%@page session="false" contentType="text/html" pageEncoding="GB18030" import=
```

```
"java.util.*, myappportlet.*" %>
    <%@taglib uri="http://java.sun.com/portlet" prefix="portlet" %>
    <%@page import="com.tuha.app.myapp.action.MyAppView" %>

    <portlet: defineObjects/>
    <link href=' <%=renderResponse.encodeURL (renderRequest.getContextPath () + "/
    portalApplication.css") %>' rel="styleSheet" type="text/css">
    <DIV>
    <% /******** Start of sample code ********/ %>
    <%String uid=request.getAttribute ("uid") .toString (); %>
    <table border="0" width="100%" id="table1">
    <%
      MyAppView mv= new MyAppView ();
      ArrayList myapplist=mv.AdminMyAppList (uid);
      if (myapplist!=null) {
            ListIterator ie=myapplist.listIterator ();
            while (ie.hasNext ()) {
                  MyAppPortletSessionBean myapp=new MyAppPortletSessionBean
    ();
                  myapp= (MyAppPortletSessionBean) ie.next ();
            %>

      <tr>
            <td align="center"><img border="0"
                  src=' <%= renderResponse.encodeURL (renderRequest.
    getContextPath () + "/a11.gif") %>'
```

（10）在 Edit.jsp 页面文件中实现相关的编辑（Edit）业务逻辑：

```
    <%@page session="false" contentType="text/html" pageEncoding="GB18030" import=
    "java.util.*, javax.portlet.*, myappportlet.*"%>
    <%@taglib uri="http://java.sun.com/portlet" prefix="portlet" %>
    <%@page import="com.tuha.app.myapp.action.MyAppView" %>

    <portlet: defineObjects/>

    <DIV style="margin: 6px">

    <% /******** Start of sample code ********/ %>
    <FORM ACTION="<portlet: actionURL/>" METHOD="POST">
```

```
<%String uid=request.getAttribute（"uid"）.toString（）；%>

<table border="1" width="100%" id="table1">
<%
        // 管理员设定的应用，不能删除



        MyAppView mv= new MyAppView（）；
        ArrayList myapplist=mv.AdminMyAppList（uid）；
        if （myapplist!=null）{
        ListIterator ie=myapplist.listIterator（）；
        while（ie.hasNext（））
        {
                MyAppPortletSessionBean myapp=new MyAppPortletSessionBean
（）；
                myapp=（MyAppPortletSessionBean）ie.next（）；
```

（11）在 MyAppPortlet 中实现相关的 View、Edit、Delete 等相关操作的控制：

```
package myappportlet；

import java.io.*；
import java.util.Enumeration；
import java.util.Vector；

import javax.portlet.*；

import com.tuha.app.myapp.action.MyAppEdit；


/**
 * A sample portlet based on GenericPortlet
 */
public class MyAppPortlet extends GenericPortlet {
```

5　关键技术

5.1　递归技术的使用

对于 LDAP 服务器中的权限访问，特别是针对组中包含组的访问，采用递归技术实现。

5.2 访问权限的控制

实现了只有在相关系统中有注册信息的用户才能显示相应的应用程序，保证了无权限操作的用户不出现。

6 Portlet 的应用

完成该 Portlet 的开发已经在中国石油吐哈油田公司个人办公平台中进行使用，特别是针对“我的应用”Portlet 就是使用了该程序，实现了一次登录访问多个应用系统，并可以直接处理相关业务。

叠前时间偏移技术在辽河油田的开发与应用

张恩臣

（中国石油辽河油田公司）

摘　要　针对叠前时间偏移处理技术，进行了深入的理论研究及实际资料处理测试，并根据辽河盆地的各种资料的特点，开发研究了一系列新技术并把这些技术应用到实际地震资料处理中，使资料的叠前时间偏移剖面，断层更加清晰，断点更加可靠，剖面信噪比高，同相轴连续性好，有效反射信息丰富。形成了针对辽河地震资料特点的实用性强的技术系列。

关键词　射线追踪　加权　速度　剖面

1　引言

随着油田勘探目标的改变，高精度构造成像将成为今后地震资料处理的重心，叠前时间偏移已经列入地震资料的常规处理流程。叠前时间偏移处理技术以其复杂构造偏移成像优势，成为提高地震勘探精度、油气勘探开发效益的重要处理手段。我们经过最近几年的研究与应用，不断总结经验、完善处理方法，积累了一套叠前时间偏移的成熟技术，取得了较好效果。

叠前时间偏移是对多次覆盖的原始资料，不作水平叠加，直接进行偏移叠加，这样即实现了真正共反射点叠加，也实现了偏移。

Kirchhoff 叠前时间偏移以其速度分析方法快捷、运算效率高、适应能力强，成为近期复杂构造成像处理的主流。且为适应岩性反演的要求，积分法在保幅方面研究已经取得进展。

2　叠前时间偏移技术

2.1　基本原理

叠前时间偏移技术是基于克希霍夫方法的完全叠前时间偏移，其输入为反褶积与静校正之后的非零炮检距 CMP 道集，不需要进行 NMO 或 DMO 校正，先按各共炮检距沿着曲线绕射旅行时轨迹对振幅求和，然后将所有共炮检距结果叠加起来，直接输出最终的偏移成果，其简单成像原理如下：

$$t_{sr}(\tau)=\sqrt{\frac{\tau^2}{4}+\frac{sm^2}{v^2(\tau)}}+\sqrt{\frac{\tau^2}{4}+\frac{rm^2}{v^2(\tau)}}$$

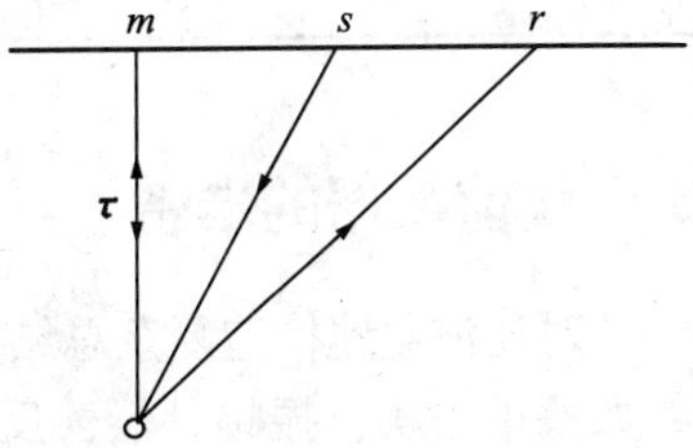

图 1　叠前时间偏移技术成像原理图

式中各参数如图 1 所示，τ 为偏移后零炮检距旅行时间，$t_{sr}(\tau)$ 为偏移前炮检距为 sr 的旅行时间。

2.2 偏移算法

Kirchhoff 叠前时间偏移以其速度分析方法快捷、运算效率高、适应能力强，成为近期复杂构造成像处理的主流。且为适应岩性反演的要求，积分法在保幅方面研究已经取得进展。它考虑了 $v(z)$ 变化引起的地震波传播中的射线弯曲。较好地实现了复杂地质条件下资料的偏移归位 。

Kirchhoff 积分法叠前时间偏移算法有以下几种。

（1）直射线法。直射线偏移计算速度快，算法稳定、简单，采用均方根速度，成像最大角度 40° 。随着偏移距的增大，误差越来越大。当深度与偏移距的比大于 1 比 1 时，其偏移成像是不可信的，我们可用其计算速度快的优点求出初始偏移速度。

（2）弯曲射线法。均方根速度，成像最大角度 50° 。当深度大于偏移距时，旅行时方程不能满足其需求，成像质量会降低。

（3）射线追踪法。不考虑横向变化，对偏移距没有限制，适用任意角度，均方根速度需转换成层速度，层速度变化趋势在横、纵方向越平滑，偏移算子越可靠，可实现复杂断块的准确成像。

射线追踪叠前时间偏移的特点：

（1）射线追踪法使用 6 阶射线追踪方程，更符合地震波传播规律， 尤其对大偏移距地震反射数据的振幅起到保真作用。

（2）适合低信噪比、复杂构造的偏移成像。

（3）高信噪比偏移成果道集具有振幅保真特性，使道集适合 AVO 分析。

（4）消除各向异性介质引起的能量聚焦不准确现象。

（5）射线追踪法能够比较真实地描述地震波的传播路径。

3 种偏移算法的优点、缺点及适用条件见表 1。

表 1　三种偏移算法对照表

项　目	优　点	缺　点	适用条件
直射线法	直射线偏移计算速度快、算法稳定、简单	随着偏移距的增大，误差越来越大，其偏移成像是不可信的	成像最大角度 40° ，深度与偏移距的比不能大于 1 比 1
弯曲射线法	成像质量比直射线要好	偏移距大于深度时，成像质量会降低	成像最大角度 50° ，偏移距不能过大
射线追踪法	不考虑横向变化，可实现复杂断块的准确成像	计算量大、浪费机时	对偏移距没有限制，适用任意角度

2.3 叠前数据的准备

针对辽河盆地构造复杂总结了一套对叠前数据进行预处理的技术：

如叠前去噪、振幅补偿、反褶积、子波调整、高精度速度分析与地表一致性剩余静校正多次迭代等技术。

其间，我们根据资料的特点开发应用了叠前数据加权技术，解决偏移距不均，防止偏移画弧。

2.4 偏移速度场的建立

（1）以DMO速度作为初始速度，按不同百分比进行变速扫描，输出偏移剖面和相应CRP偏移道集；根据偏移剖面和CRP偏移道集，进行速度拾取；再以此次速度为输入速度，再次进行变速扫描，重复上述工作，并且通过CRP道集与井资料对速度进行检验。以上的偏移速度求取过程迭代进行，直到得到满意偏移速度为止。

（2）应用最终的偏移速度场进行数据体偏移，对偏移数据体进行剩余速度分析。通过剩余速度分析，最大限度地提高地震资料的成像质量。

（3）剩余速度分析解决了能量聚焦问题。具体做法是：在进行最终偏移时，可以输出整个工区的CRP道集，采用反动校正＋常规速度谱的方法拾取一个新的速度，然后对CRP道集进行反动校正，并采用此速度进行最终叠加，得到最终偏移结果。

（4）CRP道集调整技术。有的资料变观频繁、浅层豁口多、缺少小偏移距数据，使速度谱难解释。针对资料的这一特点，我们研制出CRP道集调整技术，以改善速度谱的质量、利于速度的拾取。

2.5 重要偏移参数

（1）偏移孔径。成像质量和偏移振幅的可靠性取决于克希霍夫偏移孔径的选取。

孔径过小时：偏移剖面将损失陡倾角的同相轴，影响成像。

孔径过大时：由于含有大量来自其他反射点的波场，产生偏移噪音，会降低资料的偏移质量，影响成像效果。

因此，合理的选择偏移孔径（偏移半径）是非常重要的（尤其是对中深部非水平地层）。

（2）偏移倾角。偏移角度是指偏移成像过程中保留的最大角度，它一方面限制了偏移算子的空间扩展范围，另一方面也对偏移算法起了很大的影响，同时也影响了偏移运算量的大小。偏移角度越大，运算量越大。

2.6 开发及应用新技术

（1）叠前数据加权技术；

（2）剩余偏移速度分析技术；

（3）CRP道集调整技术。

3 应用实例

我们把叠前时间偏移处理技术应用到大民屯东胜堡—荣胜堡、欢喜岭—二界沟等地区的地震资料处理中，取得了较好效果，受到专家一致好评。其中，叠前时间偏移剖面，断层更加清晰，断点更加可靠，剖面信噪比高，有效反射信息丰富。陡坡位置及基底反射得到明显改善（图1）。

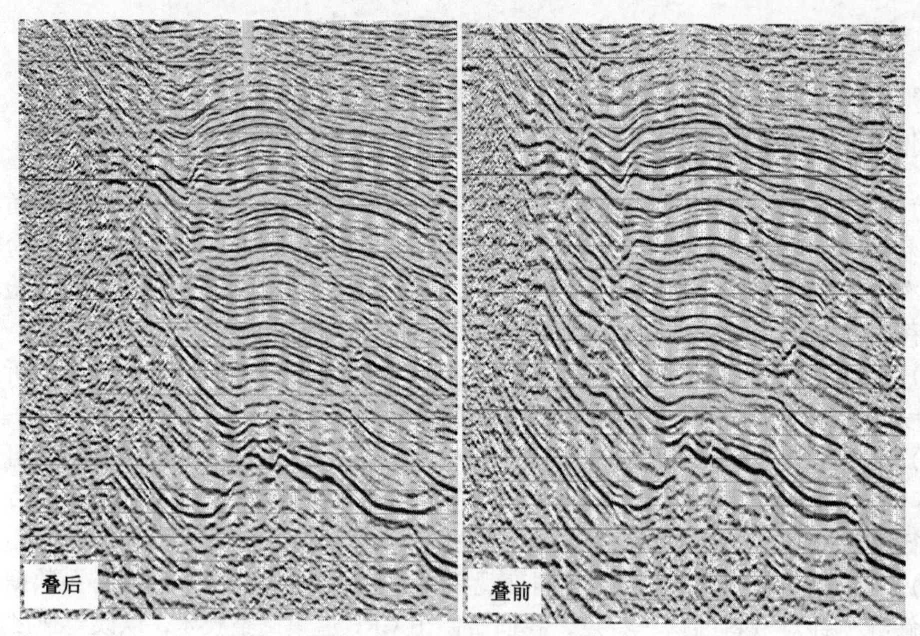

图 1　叠前时间偏移技术的偏移剖面

通过以上技术的应用，收到了明显的效果，这些处理技术对以后的资料处理起到很好的借鉴作用。

4　结论

叠前时间偏移处理技术在辽河油田通过研究人员的开发和应用已取得了可喜的效果。处理的叠前时间偏移剖面无论是信噪比、分辨率，还是断层、潜山成像方面都取得了明显的效果。

分析化验数据库管理系统中的样品动态流程信息监测

张重昭[1]　罗　玲[2]　杨　可[3]

([1]新疆宏有软件有限责任公司，[2]中国石油新疆油田公司勘探开发研究院，

[3]中国石油新疆油田公司准东采油厂)

摘　要　本文主要介绍在油气田分析化验数据库管理系统中，针对实验中心从样品接收到分析化验信息发布的系列过程监测和管理，管理人员通过样品的监测实现分析化验的过程管理，保障分析化验数据质量。

关键词　分析化验　样品动态　监测

1　引言

油气田勘探开发的分析化验资料是地质勘探开发时留下的宝贵资源，也是油气田后续勘探开发研究加以判断和决策必须借助的重要信息。

如何高效、科学地协调与管理分析化验过程？保证实验质量？提高实验数据的可信度？在新疆油田分析化验数据库管理系统的开发过程中，通过与勘探开发研究院和准东采油厂实验中心反复交流探索，根据实验样品具有周期性和流水作业的特性，建立样品动态流程信息的监测体系可以把实验业务与质量管理、过程管理有机结合起来，规范信息扭转流程，大幅度提高分析化验生产信息管理水平和数据资料的时效，根据样品动态流程信息科研人员也能及时了解实验动态、获取实验资料、合理安排科研节奏，提高油田勘探开发研究工作的效率和经济效益。

样品动态流程信息监测体系是分析化验数据库管理系统的管理主线。在新疆油田的分析化验数据库管理系统中，根据勘探开发研究院实验中心的业务需要，将样品动态流程以及三级质量管理体系融入分析化验业务处理中，管理人员通过样品的监测实现分析化验的过程管理，保障分析化验数据质量，提高了分析化验数据的可信度。系统主要涉及样品接收、样品分发、样品汇总、样品交接、数据录入、数据校核、报表处理、报告审批、报告归档、数据筛选、数据传输、信息发布 12 项与样品动态相关的业务流程。

2　总体思路

总体思路是流水线作业、周期性管理，系统通过样品动态监测实现业务流程的扭转和数据质量控制，并利用主流技术进行数据增值服务，降低科研方案实施的风险和提高投资的回报。以样品调度管理为龙头，通过在实验中心调度管理部门统一建立样品的基本信息以及样品批号、样品编号，实验分析岗共享和继承调度信息，降低信息冗余度，增强数据的流动性和可交换性，样品编号作为主键贯穿于整个数据库系统中；实验分析岗完成样品交接、实验分析鉴定、实验数据入库、数据的自检自查、报告打印、报告审批；实验中心资料管理岗完成检测分析报告的归档、数据筛选、数据传输、信息发布。

3　技术方案

采用先进的数据库建模技术和 .net 开发技术，以数据流驱动业务流的流程管理开发模式，实现数据与业务的规范化管理，明确每一流程的上一流程和下步流程，系统定义了流程启动和扭转条件。多个实验分析项目、检测参数以及不同的实验方法、检测依据、检测设备下分析化验数据集成和应用集成，实现分析化验业务数据处理桌面化、数据标准化、流程管理规范化、报告打印与数据传输自动化。

4　系统功能

（1）样品接收。样品调度员接收委托单位的实验样品、选样清单和委托书。系统自动将 Excel 格式的样品调度登记表导入到数据库中，避免用户二次输入。

（2）样品分发。样品调度员根据选样清单和委托书对样品按规则编号，标明做何种实验和检测参数见图 1。

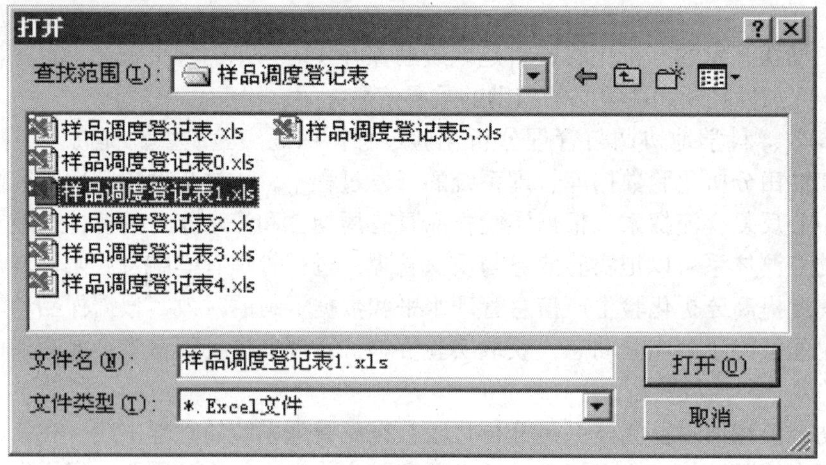

图 1　进入样品分发界面

（3）样品汇总。系统按样品批号汇总统计关键信息（如：样品数量、备样情况、加急情况、要求完成日期……）。

（4）样品交接。由调度员和岗位人员共同对已经分发和未交接的检测项目作样品交接（由于同一样品可能做多项实验也存在样品的多次交接），如图 2 所示。

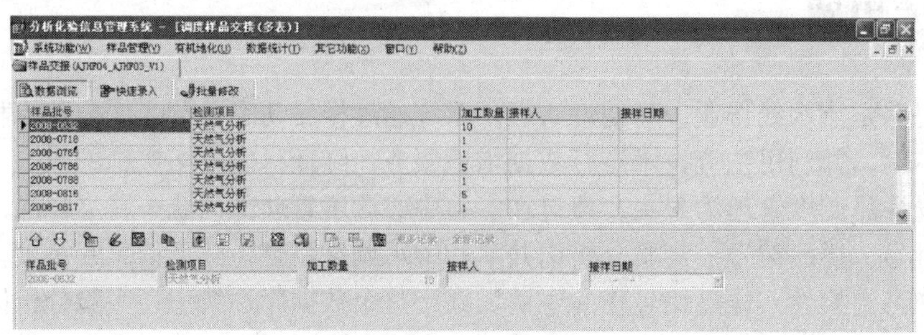

图 2　样品交接界面

（5）数据录入。由岗位人员对已交接和未归档检测项目的分析鉴定数据自检后录入（自检），如图 3 所示。

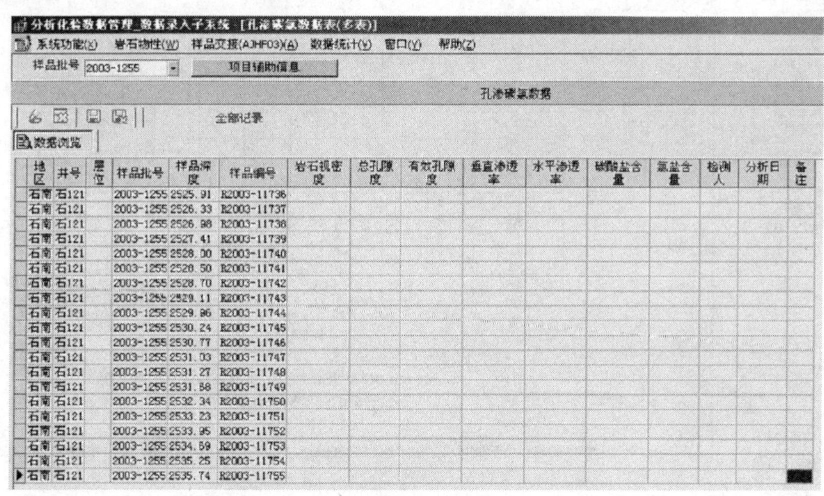

图 3　数据录入界面

（6）数据校核。由同岗位其他人员对已分析和未归档检测项目作数据校核（自查），如图 4 所示。

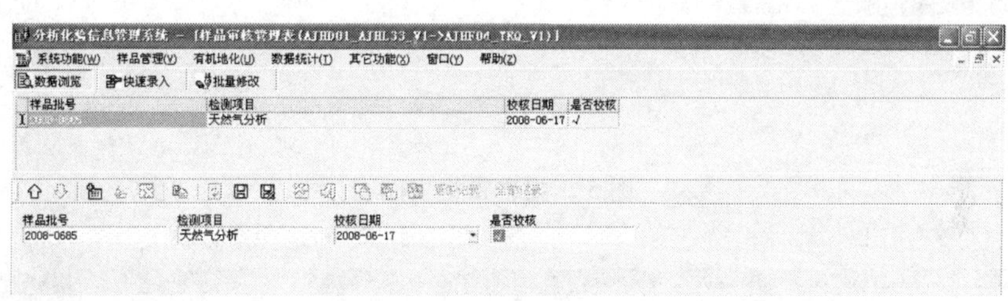

图 4　数据校核界面

（7）报表处理。由授权报表处理的人员只能对已校核和未归档检测项目从数据库提取数据产生报表。

（8）报告审批。由项目负责人对已校核和未归档检测项目作审批（审批），如图 5 所示。

（9）报告归档。由资料员对已审批的检测项目作归档标志（图 6）。

（10）数据筛选。由资料员对已归档的项目数据决定是否传输。由于油田的实验中心主要承担本油田区域的科学实验，还承担了其他油田和地方委托的实验任务，通过数据筛选模块自动从分析化验生产库筛选本油田的数据传输到油田分公司分析化验成果库中。数据筛选模块是分析化验生产库和成果库的重要数据交换过滤接口。

（11）数据传输。系统自动将资料员决定传输的数据从生产库中提取出来传输到油田分公司勘探数据库中（图 7）。

（12）信息发布。系统自动对已归档的属于油田分公司检测项目的内容在网上发布，如图 8 所示。

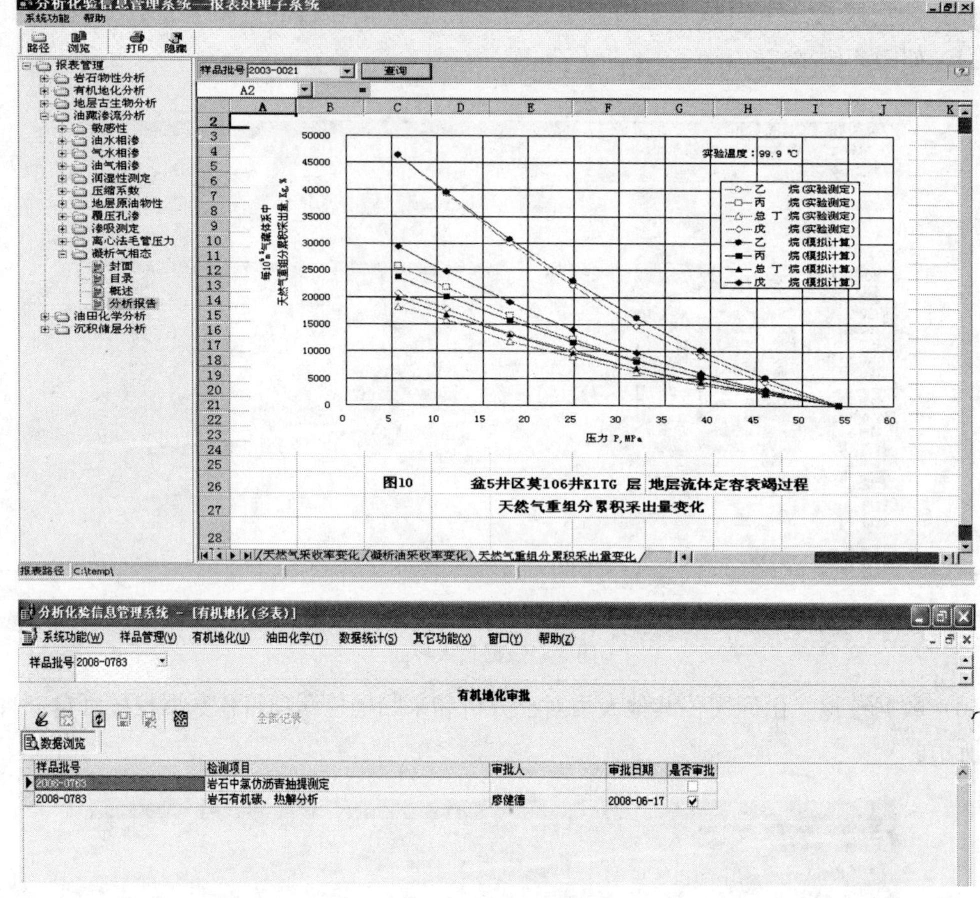

图 5　报告审批界面

图 6　报告归档界面

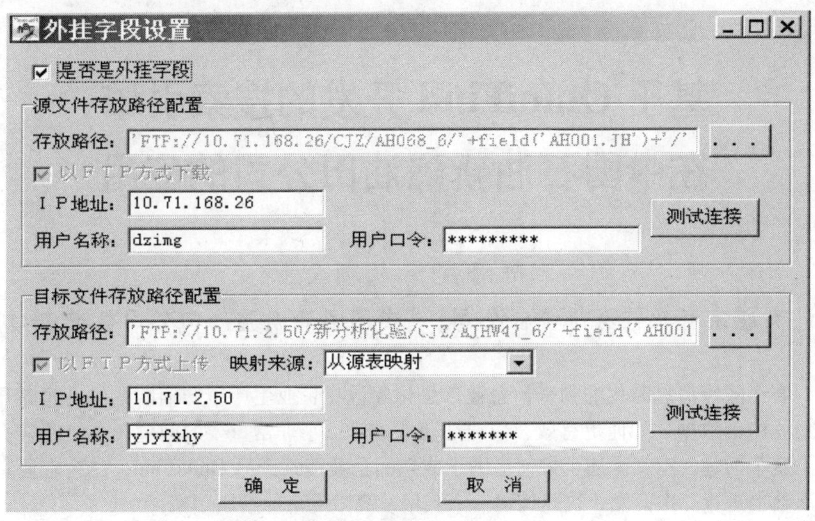

图 7　数据传输界面

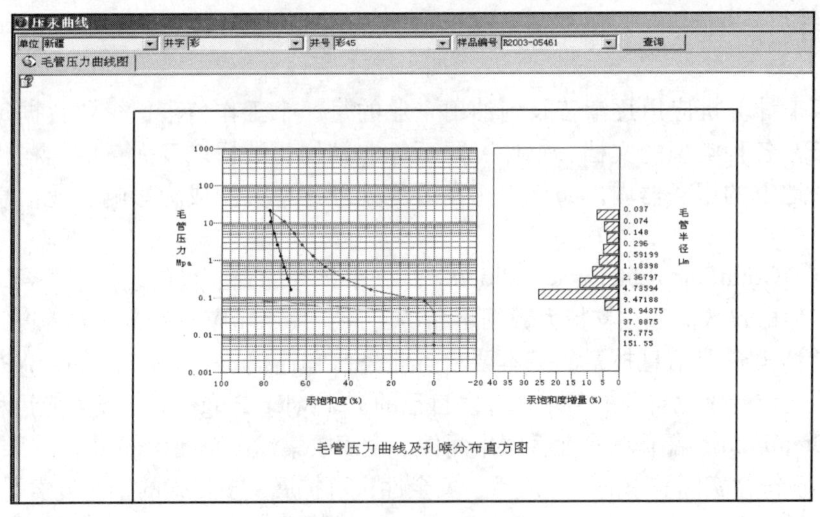

图 8　信息发布界面

5　推广应用前景

(1) 系统实现了新疆油田分析化验业务数据处理桌面化、数据标准化、流程管理规范化、报告打印与数据传输自动化。

(2) 分析化验数据库管理系统从 2004 年开始相继在新疆油田、辽河油田、长庆油田、玉门油田推广应用，系统运行稳定可靠，具有推广应用前景。

(3) 分析化验系统目前已经成为油田实验中心分析人员的桌面工具。

基于 OmniFind 开发的搜索引擎在中国石油新疆油田公司的应用

陈海霞[1] 胡顺全[2]

([1]新疆宏有软件有限责任公司，[2]中国石油新疆油田公司数据中心)

摘 要 随着信息时代的到来，企业信息化建设在企业生产中的辅助地位迅速提升。面对浩瀚的企业内部数据，如何更有效、快速地获取成为一个非常重要的问题，企业搜索引擎很好地解决了这个问题。本文阐述了如何借助于成熟的企业搜索产品 OmniFind，结合企业实际需求在产品基础上进行二次开发，快速构建一个实用、高效的企业搜索引擎。

关键词 OmniFind 搜寻器 解析 索引 企业搜索 检索 过滤

1 引言

近几年来计算机应用逐渐普及到油田企业的每一个工作角落，企业数据每年也在随之高速增长，各种类型的文档、邮件、网页等非结构化数据以及大量的结构化数据存放于企业各个地方的服务器内，如何快速高效地处理这些数据成为影响企业信息化建设的关键因素。

IBM 的“OmniFind Enterprise Edition”是一个优秀的企业级信息搜索平台。它所具有的可支持多种格式数据源、支持大数据量和访问量、快速响应、动态摘要等产品特性，能够满足目前油田企业信息搜索的基本要求。此外，它还提供了专门的 Java API 接口，可以在此基础上结合企业自身的需求，开发自己的“crawler Plug-in”、搜索应用程序等。因此，选择 OmniFind 产品作为企业搜索中间件，全面收集油田企业内部需求，组织设计和二次开发，实现符合实际需求的、高质量、安全性、可扩展、多形式的企业搜索引擎。

2 中国石油新疆油田公司企业搜索应用需求

随着近年来许多平台和系统的推广应用，中国石油新疆油田公司用户手中需要掌握的软件越来越多，大部分文档都存在于不同的应用系统中，因此，通过系统查询出来的信息也是相对独立的。数据搜索引擎可以收集整个油田公司的信息，用户在一个统一的查询界面输入查询，便可同时搜索门户网站、Windows 文档等各种类型的信息。

搜索引擎在中国石油新疆油田公司主要有以下需求：

（1）数据源的全面检索：对各种类型的数据源进行全面收集和分析、索引，保证用户可以检索到最全的相关信息。

（2）快速检索：面对庞大的搜索数据源，对于用户发出的搜索请求，能够快速响应并返回搜索结果。

（3）清晰、明了的显示界面：数据检索出的结果页面，将按专业类别、不同数据源类型、不同显示风格，有层次、有结构的显示出来，达到直观、整齐的视觉效果。

(4) 集成统一认证：用户在搜索有权限控制的信息时，需要通过身份认证，为实现用户的穿透访问，在数据搜索引擎中集成油田公司统一认证。

(5) 安全控制：为保证检索数据的安全性，在数据搜索引擎中要建立严密的安全机制，对每个文档都要严格控制访问权限。

(6) 检索日志：详细记录用户输入的关键字出现的次数和未搜索到相关信息的关键字等信息。

(7) 集成于信息平台：搜索引擎作为集成平台的一部分，既可以独立运行，也可以嵌入平台客户端。

3 中国石油新疆油田公司搜索引擎软件、硬件环境的评估与规划

3.1 软件环境

中国石油新疆油田公司数据搜索引擎采用的是单服务器安装方案，服务器安装的操作系统为 Microsoft Windows Server 2003 Enterprise Edition，此外，还需要安装以下必需的软件：

OmniFind Enterprise Edition V8.4：IBM OmniFind 企业搜索中间件产品；

IBM WebSphere Application Server V6.0：包括 Web 应用程序服务器、插件和 IBM 的 HTTP Server；

IBM WebSphere Application Server V6.0 更新包 2：此更新包将 WebSphere Application Server 升至 V6.0.2；

部署 searchOilApplication 应用程序：中国石油新疆油田公司搜索引擎的搜索应用程序。需要在 WebSphere Application Server 上部署为一个企业应用；

部署 searchOilManager 应用程序：中国石油新疆油田公司搜索引擎的搜索资源管理程序。需要在 WebSphere Application Server 上部署为一个企业应用；

Jre 1.6：Java 运行环境，WebSphere Application Server 一般自带了 1.4 版本的 Jre。

3.2 硬件环境

中国石油新疆油田公司搜索引擎对硬件的需求取决于搜索数据源的数据量大小和在 OmniFind 产品中创建集合、搜寻器数量的多少。因此，需要从确定搜索范围、确定集合及搜寻器创建数量到服务器硬件配置评估逐步完成对硬件资源的评估和规划。

(1) 确定搜索范围、集合及搜寻器创建数量。中国石油新疆油田公司经过十几年的信息化建设，积累了种类繁多的大批量数据，在企业搜索应用初期不能够一次性将这些数据全部纳入搜索范围，只能有重点、分批次地逐步扩大搜索范围。第一批被列入搜索范围的是：中国石油新疆油田公司主门户、子门户及中国石油天然气股份有限公司其他油田等 70 个左右的门户网站、管理平台外挂文档及质量标准文档。根据以上确定的数据源特性，需要在 OmniFind 管理控制台分别创建门户网站、Windows 文档 2 个集合。门户网站集合中创

建一个 Web 搜寻器，集合不加安全性控制，Windows 文档集合中创建一个 Windows 文件系统搜寻器，集合加安全性控制。

（2）服务器硬件配置评估。OmniFind 三大组件（搜寻器、解析与索引组件、搜索组件）的运行都会不同程度地消耗一定的系统资源，以 IBM 提供的实验数据为依据，结合上文中确定的集合、搜寻器创建数量，从 CPU、内存、硬盘 3 个方面对服务器硬件配置做一个评估。

① CPU 的评估与预算。经过合理安排 OmniFind 各组件执行任务的时间，对 CPU 的需求可以做以下计算：

门户网站集合搜索组件（0.5 个 CPU）+Windows 文件集合搜索组件（0.5 个 CPU）+定时运行组件（1 ~ 1.3 个 CPU）= 2 ~ 2.3 个 CPU

②内存评估与预算。

a．门户网站集合需要内存（索引组件除外）：

Web 搜寻器（1.6G）+ 解析器（1G）+ 搜索服务（1G）+ 搜索缓存（0.2G）+ 交换层（0.4G）= 4.2G

b．Windows 文档集合需要内存（索引组件除外）：

数据源搜寻器（0.5G）+ 解析器（1G）+ 搜索服务（1G）+ 搜索缓存（0.2G）+ 交换层（0.4G）=3.1G

c．服务器预计需要内存：

门户网站集合（4.2G）+ Windows 文档集合（3.1G）+ 索引（2G）+ 预留（6.7G）=16G

③硬盘评估与预算：按照 IBM 提供的硬盘预算法，服务器需要硬盘容量为原始数据的 4.5 到 5 倍，但目前 OmniFind 已经升级到 8.4.1，升级后的 OmniFind 对硬盘需求大大降低。根据现有搜寻数据量以及对今后扩大搜索范围做出预留，初步估算硬盘需求为 1TB。

4 搜索引擎在中国石油新疆油田公司内的应用

OmniFind 产品可以实现次秒级响应并返回搜索结果，然而在企业的实际应用中往往有许多产品本身无法做到个性化需求，这就需要借助 OmniFind 提供的 API 接口进行二次开发，实现功能强大、实用的企业搜索引擎。

4.1 OmniFind 产品架构

OmniFind 提供了一个企业级的搜索中间件体系架构，包括 3 个主要的组件：搜寻器、解析及索引服务器、搜索服务器（图 1）。

（1）搜寻器：搜寻器会以固定时间间隔，根据管理员的配置爬行所有数据资源，同时将把从这些数据源提取的内容作为原始数据存入临时存储空间。

（2）解析及索引服务器：由该组件对搜寻器收集并存储在临时存储空间的文档进行分析，再创建索引。解析组件可自动识别数据资源的语种，并根据系统提供的词条库中的字典，对数据进行解析分词处理等，解析完后的结果将以文件系统的方式存储在 OmniFind 服务器上。索引组件会对解析结果做进一步处理，以分析内部网中内容的关联结构、查找并删除重复内容以及对文档集合进行其他处理，最终形成索引文件存于 OmniFind 服务器上。

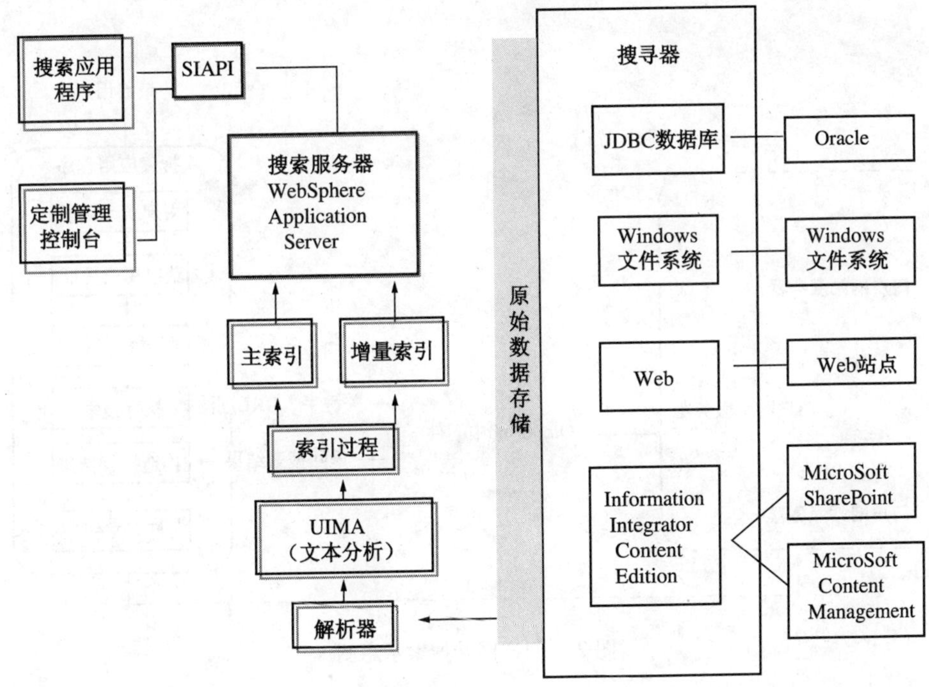

图 1　OmniFind 产品架构图

(3) 搜索服务器：用户在搜索应用程序发出搜索请求，搜索应用程序调用 SIAPI 将搜索参数传递给搜索服务器，搜索服务器处理搜索请求，在索引中找到相关度最高的文档，同时，以次秒级的响应并返回结果集， 实现对所有资源的全文检索，最后将检索的结果返回用户。

4.2　对门户网站的搜索

门户网站作为企业信息的窗口，具有数据量较大，更新较为频繁等特点，能够从众多网站服务器中快速返回准确的搜索结果对搜索引擎来说是至关重要的。

要想从众多网站服务器上的海量数据中快速查找到相关信息，必须事先建立高效的索引文件。OmniFind 提供的 Web 搜寻器可以根据起始 URL 访问到网站首页面，并读取该页面的数据，然后根据文档中的链接来搜寻其他文档，这样以此类推，一直搜寻到最大 URL 路径深度为止。搜寻回来的原始文档经过解析、索引，最终形成索引文件。当用户从浏览器界面输入一个关键字并查询时，搜索应用程序将根据当前用户凭证、查询条件以及搜索服务器配置信息构造一个完整的 Query 对象，再将该对象作为参数传递到 OmniFind 搜索组件，由搜索组件从索引文件中快速检索出符合查询条件的搜索结果并返回搜索应用程序 (图 2)。尽可能地将一切搜索任务全部放在搜索服务器上完成，这才能够得以保证快速响应、快速检索、快速返回搜索结果的用户需求。现在返回一页搜索结果一般在几秒内就可以完成。

为使用户进一步检索到精确度更高的结果，借助来自同一网站的文档具有 URL 前缀相同的特点，采用 URL 前缀过滤的方式来缩小检索范围。即用户可以设定仅返回一个或几个网站内的搜索结果，这样可以大大提高返回结果的有效性。

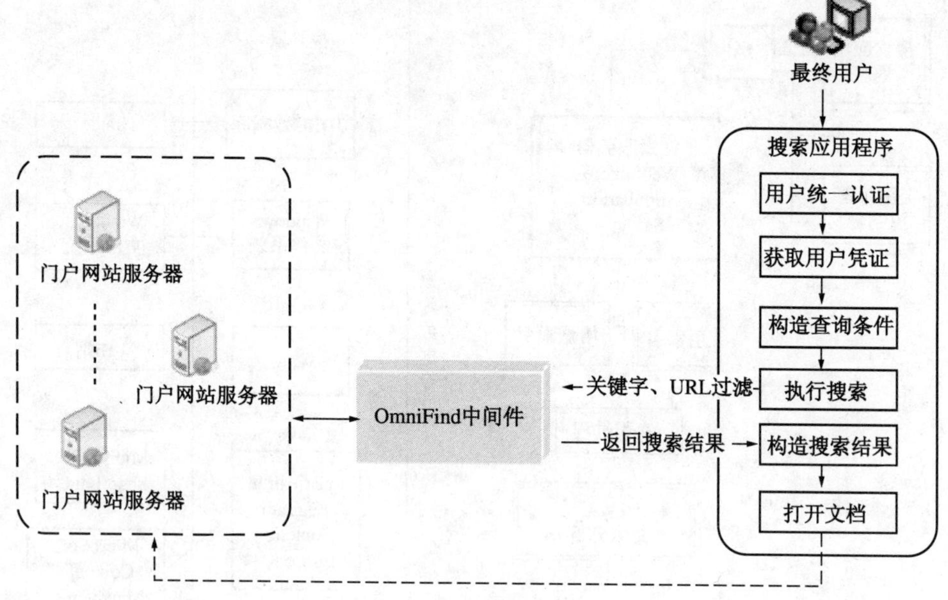

图 2　门户网站搜索示意图

4.3　对 Windows 文档的搜索

Windows 文档往往以非结构化数据方式分布在各个文件服务器上，如果仅仅是从这些服务器上检索相关信息，就不需要太费周折。然而，在新疆油田分公司的实际需求中不仅要对这些搜索源进行有效的管理，还要实现分类检索以及权限控制。首先需要提供 Windows 文档资源管理程序将这些文档服务器上的非结构化数据转存为结构化数据，并事先对这些原始结构数据进行分类管理。这样既实现了对搜索数据源的有效管理，也为权限管理和分类检索提供了先决条件，如图 3 所示。

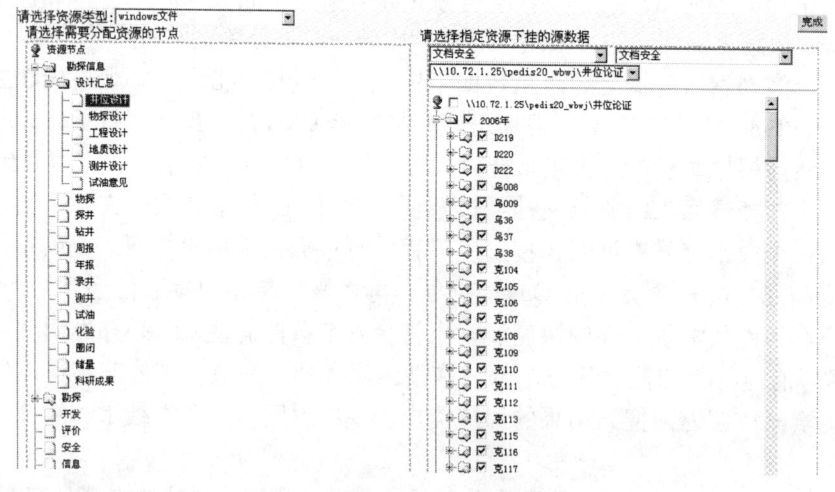

图 3　Windows 文档管理

完成了对 Windows 文档资源的管理以后，如何将这些资源映射关系与 OmniFind 结合，实现分类检索呢？OmniFind 提供了 Security Plug-in API，可以通过程序连接系统库，为每个文档定义资源类别（图 4）。

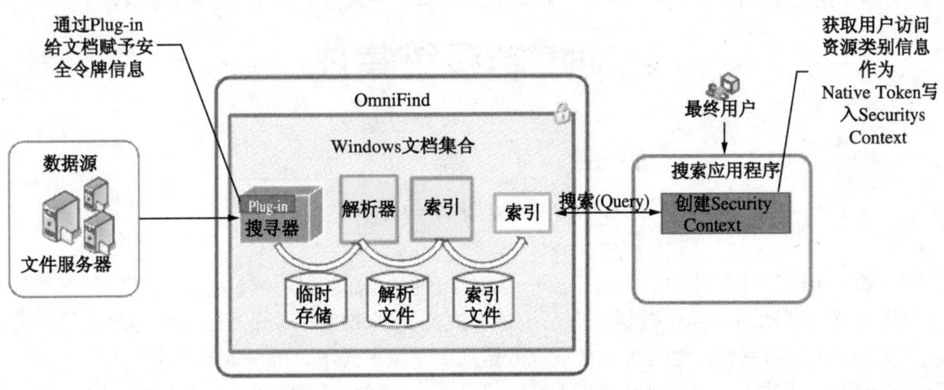

图 4　文档安全控制图

当 OmniFind 搜寻器抓取文档时会执行 Plug-in，通过 Plug-in 从系统表中获取文档所属的资源节点，并将其作为安全令牌修改文档。修改后的文档被赋予了相应的安全令牌值，这个值将跟随文档一起经过解析、索引最终进入索引文件。当用户从浏览器发出一个搜索请求时，搜索应用程序将用户设定的搜索资源类别信息写入 SecurityContext，SecurityContext 作为一个参数传给 OmniFind 搜索组件，由搜索组件完成搜索和信息过滤的任务。用户可以一次过滤一个或多个资源类别中的信息。这样既有效地解决了对分散 Windows 文档的管理，也完成了快速分类搜索，还使得以后的文档安全控制处理变得简单。

4.4　灵活的文档安全控制

数据资源的安全性是构建一个企业级搜索引擎需要考虑的重要因素。OmniFind 提供对文件系统访问控制表建立索引、根据安全性令牌对访问控制建立索引两种文档级安全控制方式，前者需要在文件服务器上事先将文档的访问权限创建好，这种方式既不适应油田公司大用户量授权和频繁的权限变更，对数据源服务器本身的安全性也构成了威胁。因此，这种方式不能够被采纳。后者是在对文档进行抓取（Crawl）的同时,为每个文档设置安全令牌信息，再以用户凭证与文档安全令牌比对过滤信息的方式完成对文档的安全控制。这种方式能够被接受，但仍然不能灵活应对企业内部不断变换的访问权限控制。

对文档的安全控制，提出了新的解决方案。在前期所做的分类检索工作的基础上进一步完成对文档的安全控制，即为资源类别分配一组或几组具有检索权限的用户。由于前期做分类检索时，已经成功地为每个文档赋予了安全令牌值（资源类别 ID），当用户登录搜索应用程序时，可根据用户名获取该用户可访问的所有资源类别，在执行搜索任务时将其作为过滤条件。

基于不同PLC和组态王软件的处理站自动控制系统集成

官洪斌　丁　璐　张　虎

（中国石油新疆油田公司采油一厂）

摘　要　中国石油新疆油田公司采油一厂（以下简称采油一厂）稀油处理站自动化系统完善，严格遵照新疆油田自动化数据管理系统建设规范实现采油一厂稀油处理站原油处理系统、锅炉系统、污水加药系统、地磅房计量系统数据采集及集中显示，确保数据稳定、准确、实时。开发完成稀油处理站自动化实施数据向Oracle关系数据库的传输功能，按生产需要，实现自动化历史数据在网上浏览、查询和综合分析。建立基于油田地理信息系统的生产自动化管理系统，提高油田生产自动化管理水平。提高自动化新技术在油田生产中的应用水平，降低系统建设及维护成本。实现生产过程自动化监控与管理，实现油田安全生产，高效开发。

关键词　PCL　集中监控　远程管理

1　引言

随着科学技术的不断进步，特别是计算机信息技术的飞速发展，已经开始步入一个崭新的信息化新时代。油田的持续稳定发展，很大程度上取决于先进实用技术的推广应用，传统的油田生产方式和管理模式已经开始显得相对落后。

基于上述原因，对稀油处理站的生产管理由人工分组管理变成自动化集中管理，实现处理站生产参数和设备运行状态的自动检测与远程实时监控，取得了良好效果。其中稀油处理站原油交接系统为兰州科庆公司2005年开发，上位机使用WINCC；污水处理自动监控系统由江汉石油学院2000年开发完成，采用单片机将数据采集上来，上位机使用vb进行开发，污水处理系统采用西门子s7-200系列PLC；锅炉系统采用TZ32系列PLC，实现锅炉远程启、停以及报警功能。基于不同的PLC及开发厂家，要将各个系统通过组态王集成到统一的平台上，实现数据包括历史趋势记录、绘制历史曲线、报警、网络发布等。

2　设计目标

采油一厂稀油处理站自动化系统集成包括：原油交接、锅炉、污水处理、卸油台4个岗位的自动化完善和系统集成。

由于现场生产人员少，任务重，而且存在危险生产区域，稀油处理站自动化系统完善的主要目标是实现该站所有岗位自动监控，并集中在中心控制室管理，实行生产现场无人值守，同时实现数据Web共享。主要内容包括以下几点：

（1）开发一套地磅房自动计量系统，将计量信息传至数据库服务器，实现数据共享；

（2）采用西门子s7-200系列PLC，实现污水处理系统15个生产数据的采集检测以及

3 种药剂自动加药 PID 控制、自动排泥控制；

(3) 采用 TZ32 系列 PLC，实现锅炉 17 个生产数据的采集检测，实现锅炉远程启、停以及报警功能；

(4) 布线完成一台污水变频、两台原油交接变频频率调节、反馈，通过上位机远程调节各变频器频率，并将反馈信号显示在监控画面上；

(5) 实现原油交接、污水处理、锅炉监控、地磅房自动计量以及变频控制 5 部分的数据采集、显示，完成各类生产报表，完成历史数据存储、历史数据查询、报警、趋势曲线，实现远程控制锅炉启停、污水排泥以及变频频率调节，实现双机热备，同时将生产数据通过 OPC 方式上传至本地以及机关关系型数据库。

3　系统总体结构

采油一厂稀油处理站集中监控系统由中控室监控站和现场智能仪器仪表组成，中控室监控站是整个系统的核心（图 1）。

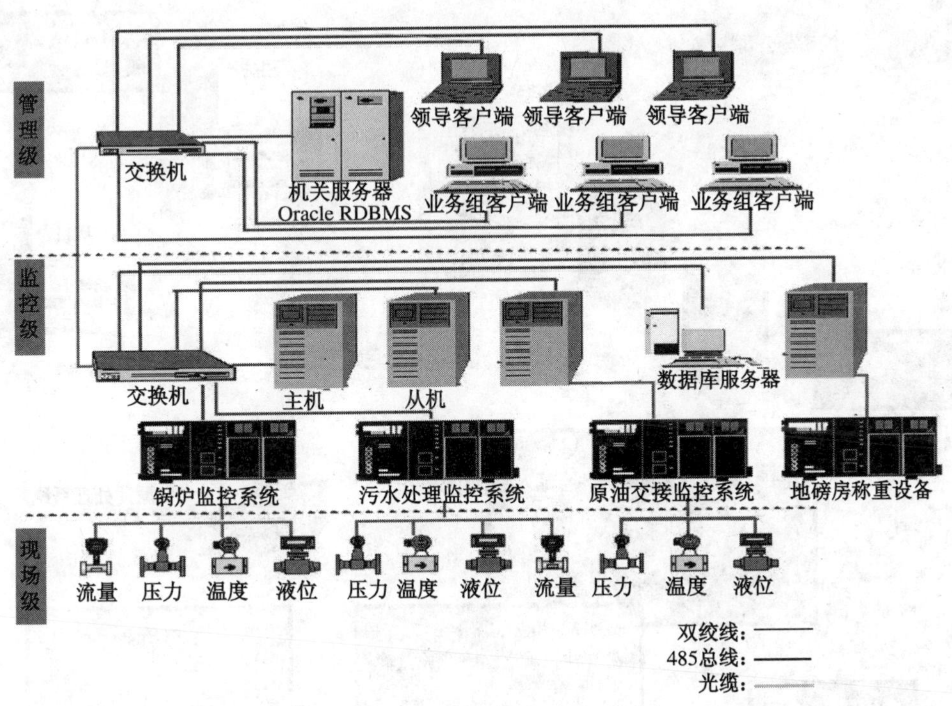

图 1　稀油处理站系统结构图

现场的智能仪表由温度变送器、压力变送器等仪表组成，来检测现场原油的温度、压力和流量等；锅炉岗位、污水处理岗位 PLC 负责将压力信号、温度信号、开关信号采集解析处理，与中控室工控机进行通讯；地磅称重系统通过网络，将实时数据传送到稀油处理站中控室；原油交接数据则通过 OPC 协议将数据传输到中控室工控机上；工控机将采集来的数据，结合现场工艺流程，通过各种图形再现于屏幕上，供用户察看，并实现双机热备；工控机通过 OPC 协议以及以太网，将生产实时数据上传至 Oracle 关系型数据库中；再将数据库中的数据通过 Web 网页发布，实现数据共享。

稀油处理站自动化管理系统具有操作简单、可维护性高、易于扩充等优点。该监控站可通过 TCP/IP 协议高速局域网接口接入采油厂信息化管理网络中，以满足采油厂未来信息化管理，从而实现采油厂的信息化管理。

4　系统描述

稀油处理站自动化系统采用不同的 plc，通过以太网、RS285 总线、MODBUS 协议以及 OPC 协议，实现生产数据集中显示与存储、查询、报警等功能。采用双机热备确保了系统的稳定性，避免了生产数据丢失。同时将生产实时数据按照油田公司数据库设计规范要求，通过 OPC 协议存储至本地关系型数据库，通过触发器将数据回传至机关 Oracle 数据库，达到生产数据与管理数据的结合，数据共享。

系统主要包括地磅称重系统、原油处理系统、污水处理系统、锅炉系统、2 台原油交接变频和 1 台污水处理变频（图 2）。

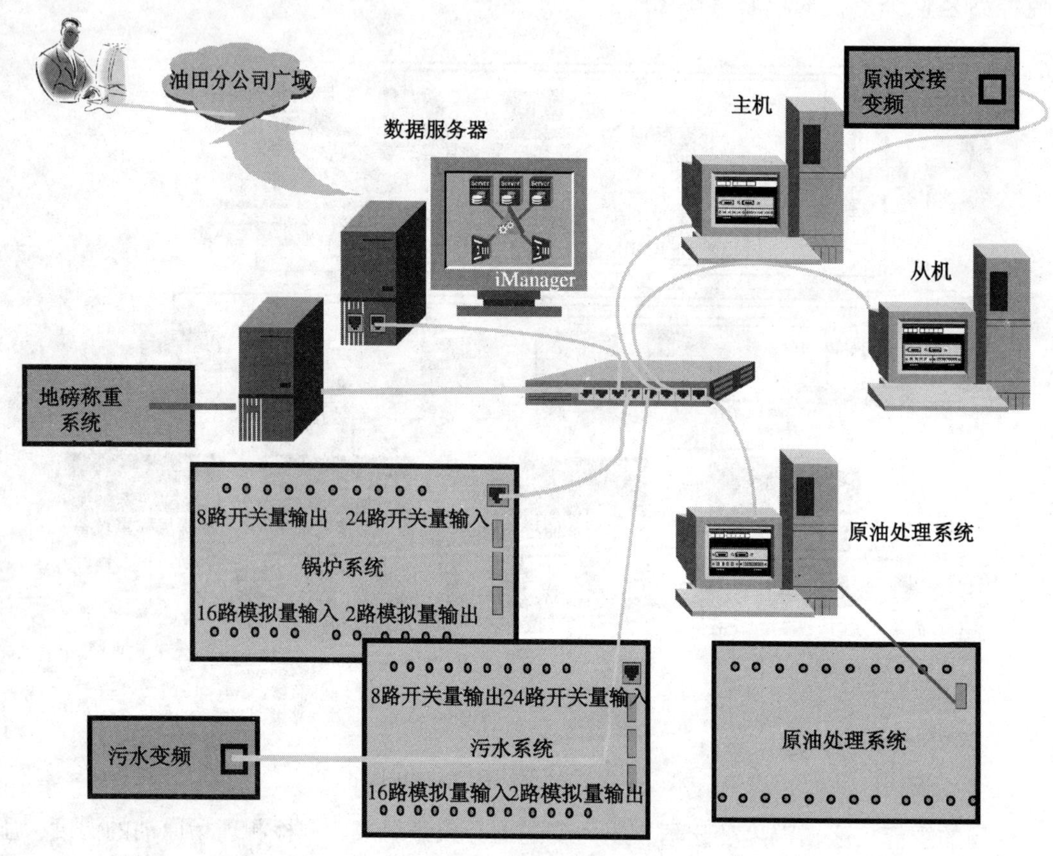

图 2　系统示意图

4.1　地磅称重系统

稀油处理站地磅房称重系统于 2001 年开始引入目前使用的软件，使用中进行过多次改进，基本上能正常工作，但也存在不少问题，此次对该系统重新开发，数据采集及处理软件整体采用 Delphi 语言编写，将采集到的称重数据写入 Oracle 数据库中，在中控室可随时监控地磅称重情况，实现数据共享（图 3）。

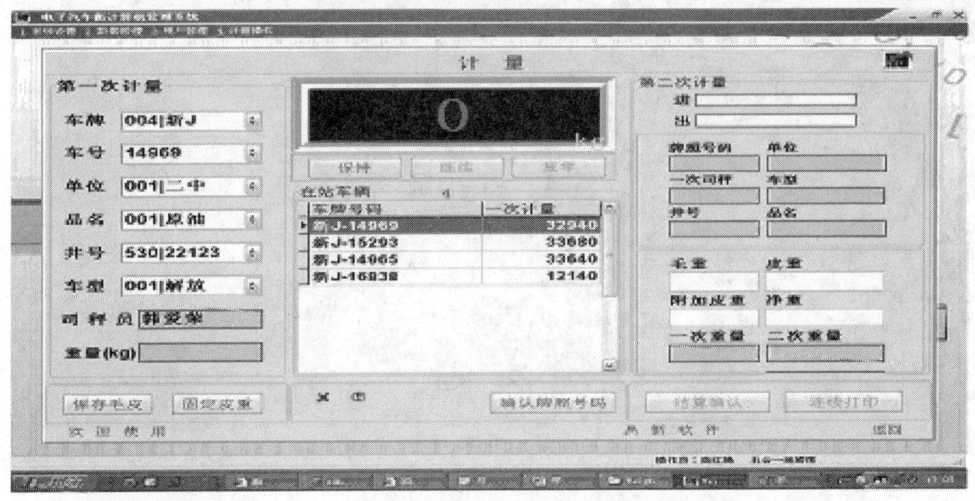

图 3　地磅称重系统截图

4.2　污水处理系统

污水处理系统使用单片机采集现场生产数据，上位机使用 vb 进行开发，实现 15 个生产数据的采集检测以及 3 种药剂自动加药 PID 控制、自动排泥控制，实行本地监控管理。此次改造将现场压力变送器、温度变送器、流量计等仪表采集到的生产数据通过 RS485 总线传输到西门子 s7−200 系列 PLC 上进行模数转换，再传送至中控室工控机上进行远程监控（图 4，图 5）。

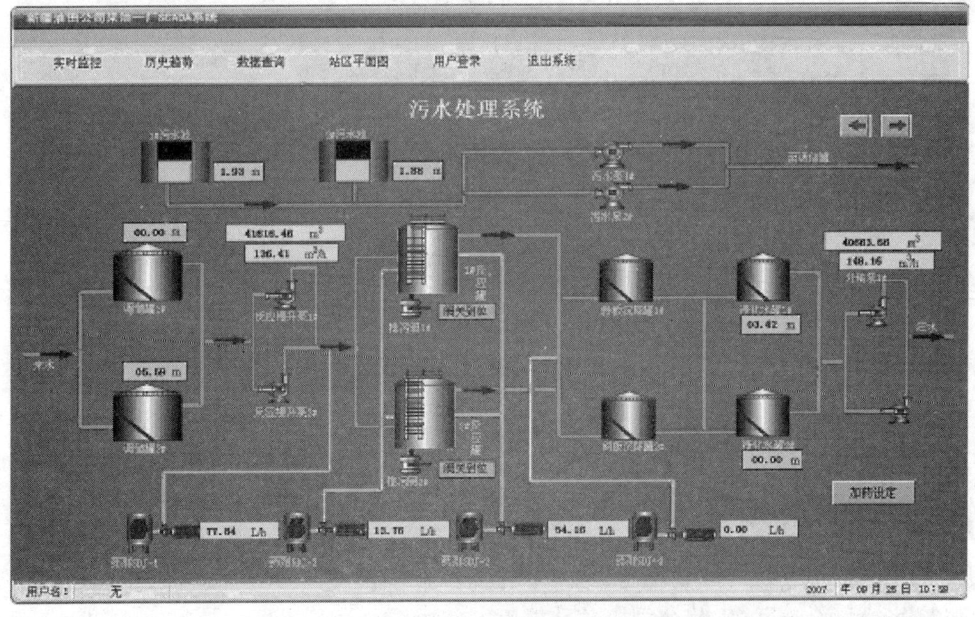

图 4　污水处理系统截图

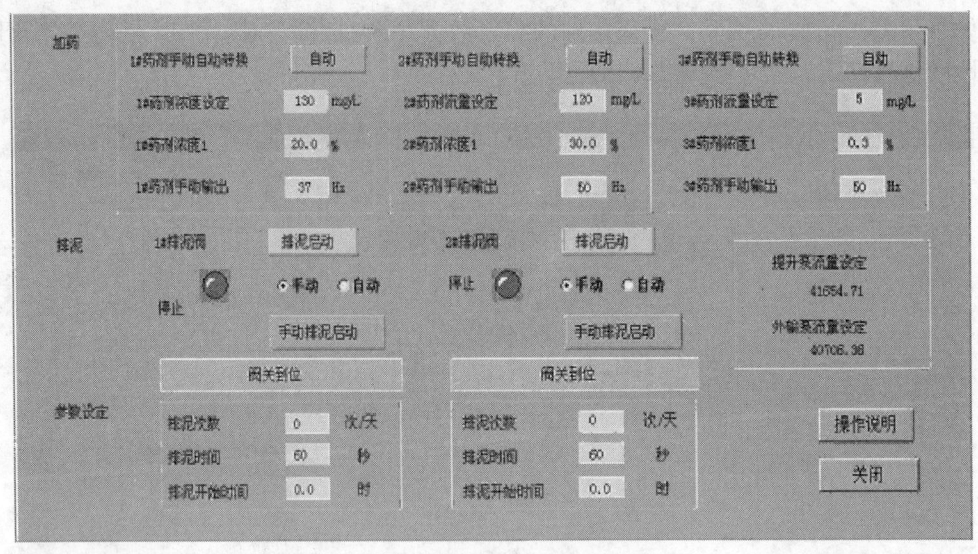

图 5　污水加药控制截图

4.3　锅炉系统

锅炉岗位实行现场管理，本次改造将锅炉系统中重要的监测点通过温度变送器、压力变送器等仪表采集，并将现场采集的数据通过 RS485 总线传输至 TZ32 系列 PLC 中，通过 PLC 将数据传输至中控室，实现远程监控 17 个生产数据监测点，锅炉远程启、停以及报警功能（图 6）。

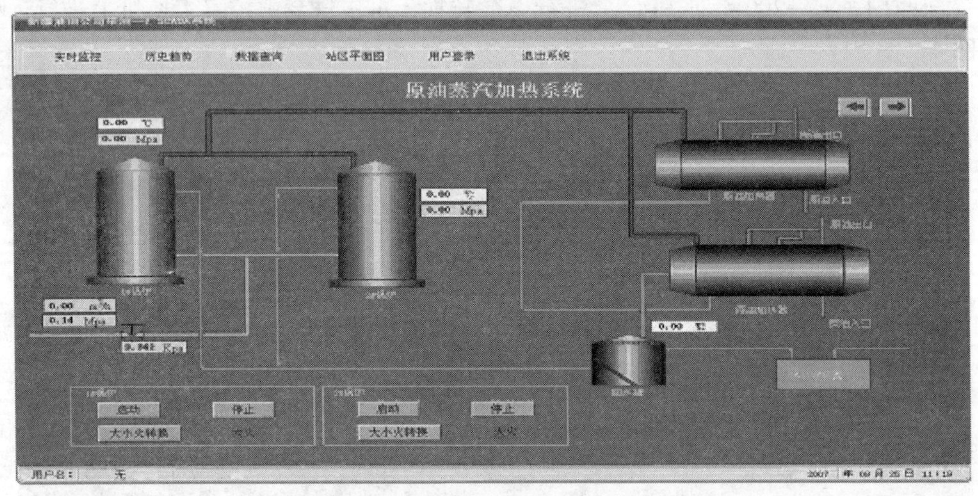

图 6　锅炉系统截图

4.4　原油处理系统

原油处理系统为兰州科庆公司 2005 年开发，上位机使用 WINCC，数据通过石大赛普 ALLINK 设备可远传至油田分公司机关数据库，使用至今运行良好，故本次改造该套系统原封不动，只是将该系统与新开发的各岗位监控系统集成到统一的界面上进行管理（图 7）。

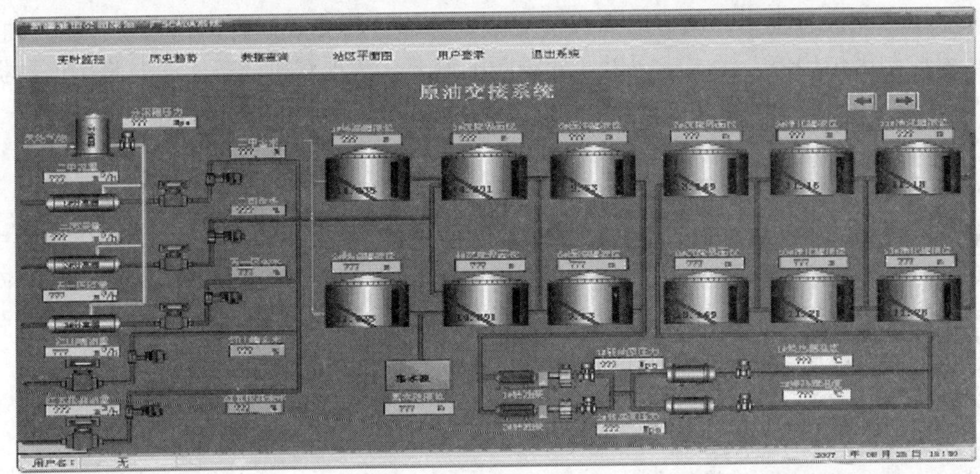

图 7　原油处理系统截图

4.5　变频控制

通过桥架、地埋相接合方式走 RS485 总线将一台污水变频、两台原油交接变频频率调节、反馈信号引入到污水加药值班室，通过上位机远程调节各变频器频率，并将反馈信号显示在画面上（图 8）。

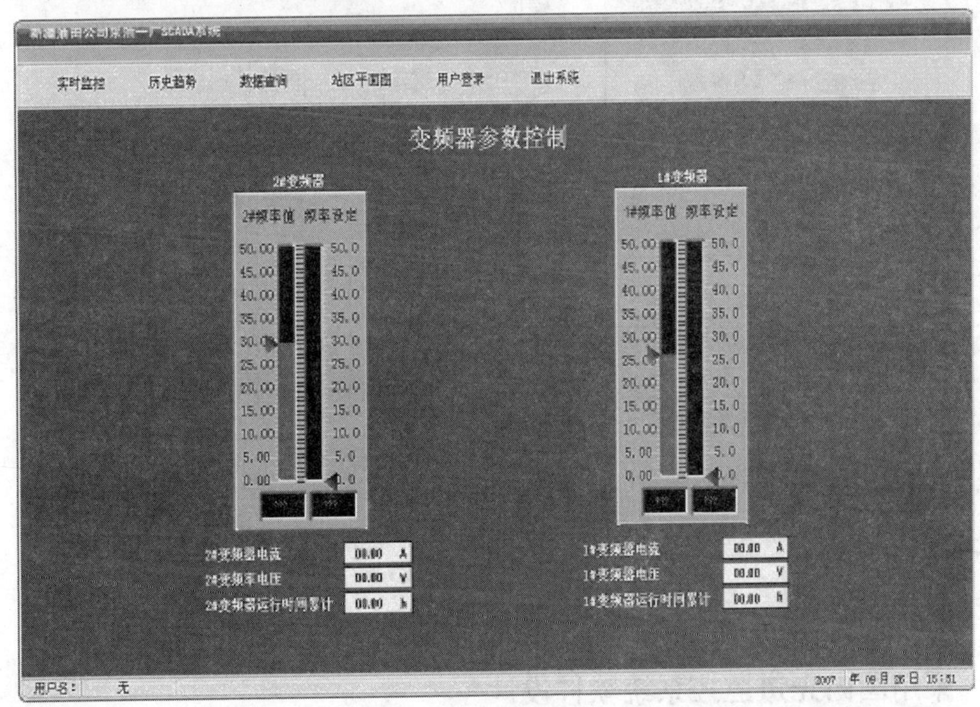

图 8　变频控制截图

5　系统实现

本系统实现原油处理、污水处理、锅炉监控、地磅房称重以及变频控制 5 部分的数据采集、显示，完成各类生产报表，完成历史数据存储、历史数据查询、报警、趋势曲线，实现远程控制锅炉启停、污水排泥以及变频频率调节，实现双机热备，同时将生产数据通过 OPC 方式上传至本地以及机关关系型数据库。

5.1 先进的通信技术

锅炉监控系统生产数据通过 RS485 总线与锅炉监控系统 PLC 相连，再通过以太网进入中控室工控机；污水变频数据通过 RS485 总线与污水处理系统 PLC 相连，再通过以太网进入中控室工控机；而原油交接数据通过 RS232 进入原油交接监控主机，再通过 OPC 方式进入中控室工控机；原油交接变频通过 RS485 总线进入中控室工控机。

5.2 统一数据传输

稀油处理站所有数据全部存入本地 Oracle 数据库，本地数据库 2 分钟上传一次数据，存储时间为 15 天，通过编写触发器将本地数据库中数据存入机关 Oracle 数据库中长期保存，如图 9 所示。

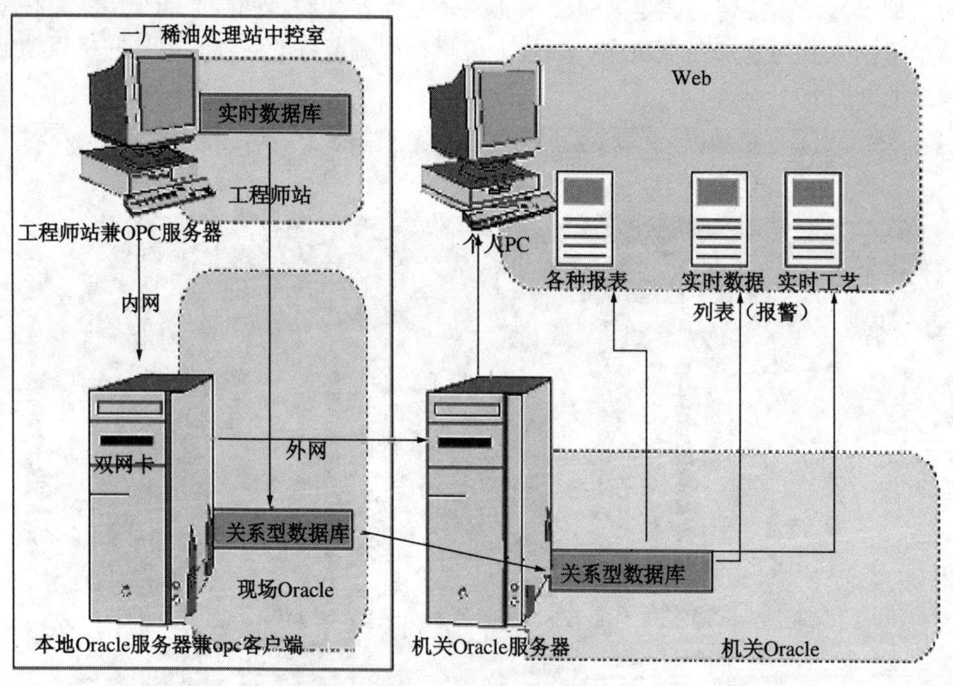

图 9　数据传输示意图

5.3 采用国内先进监控系统软件设计

系统的监控软件开发工具采用组态王软件 6.52，是由北京亚控自动化软件公司开发，它以 Window98 或 Windows NT 或 Win2000 或 WinXP 中文操作系统为其操作平台，充分利用了 Windows 的图形功能完备、界面一致性好、易学易用的特点，支持大画面和导航图功能，采用高速历史库，提供专用拨号网络功能，Web 版本出新，采用分组式发布和浏览，独立的安全管理，支持 IE 端的报表查询和打印，支持 IE 端的数据下载，如图 10 所示。

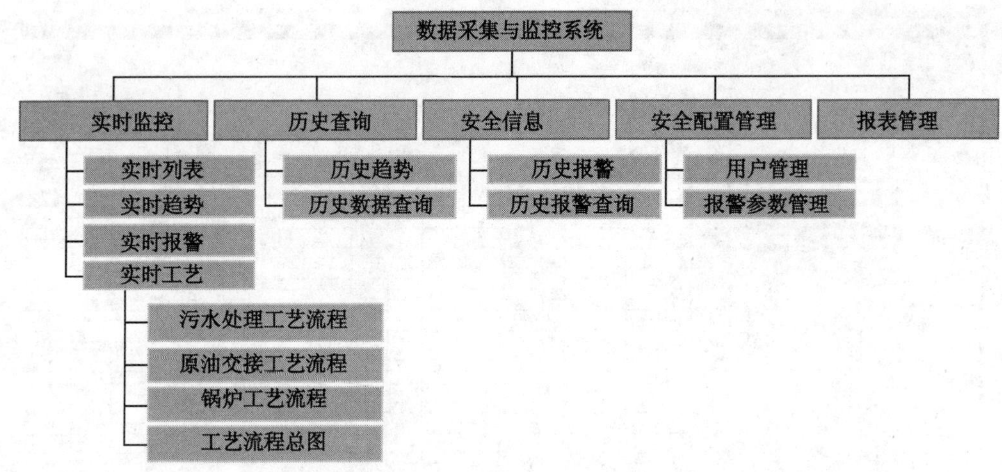

图 10　组态软件模块设计图

5.4　标准数据库设计

稀油处理站各岗位自动采集的生产数据通过 OPC 方式上传至本地 Oracle 数据库，每 2 分钟一条记录，数据保存 15 天。同时通过触发器将实时数据传至采油一厂自动化数据库服务器，数据保存 30 天，历史数据每小时 1 条，转入油田分公司数据库服务器，保存 5 年。

5.5　通过统一平台实现数据共享

稀油处理站自动化系统改造完成后，该站自动化采集数据和人工录入数据都存入采油一厂数据库中，实现了数据共享，通过《自动化生产数据管理系统》，可远程查看稀油处理站生产实时数据、近期曲线、历史数据、历史曲线、自动化设施信息，并生成相关报表，日渐取代了目前在用的手抄报表，如图 11、图 12 所示。

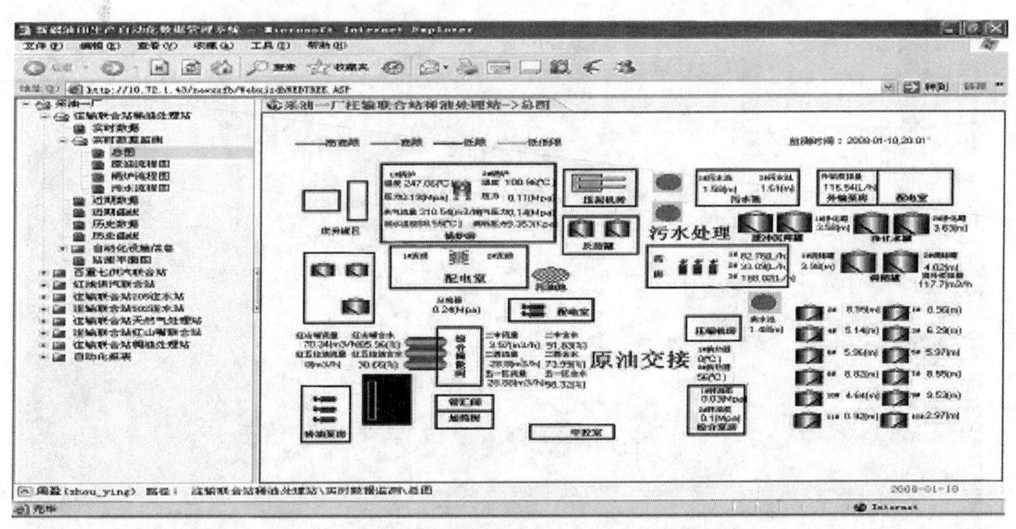

图 11　稀油处理站自动化数据发布—实时数据

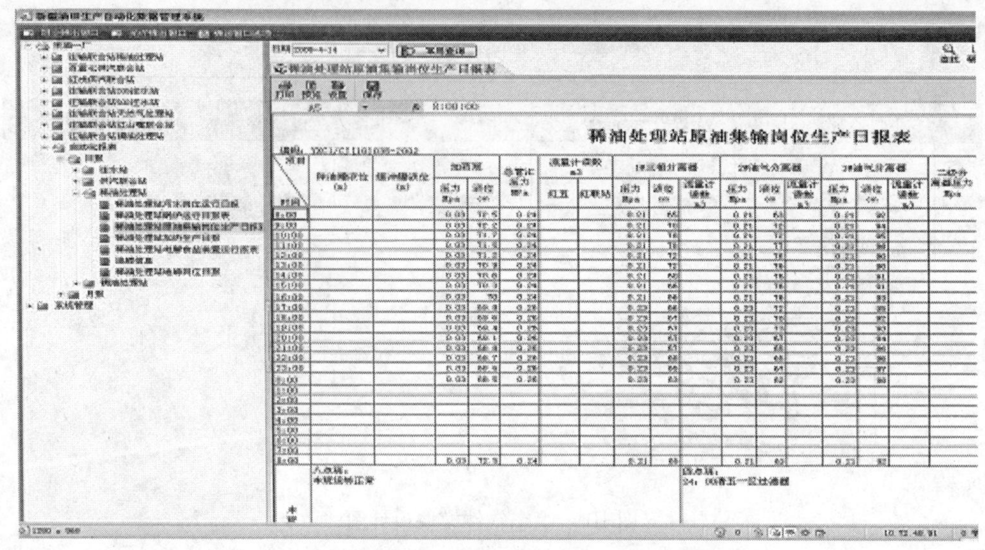

图 12　稀油处理站自动化数据发布—生产报表

6　结束语

稀油处理站自动化系统实现原油处理、污水处理、锅炉监控、地磅房称重以及变频控制 5 部分的数据采集、显示，完成各类生产报表，完成历史数据存储、历史数据查询、报警、趋势曲线，实现远程控制锅炉启停、污水排泥以及变频频率调节，实现双机热备，同时将生产数据通过 OPC 方式上传至本地以及机关关系型数据库，实现数据共享，保证了生产情况随时掌握，生产流程实时监控，生产过程平稳运行，有效提高了原油处理水平。

稀油处理站自动化监控系统（图 13）投用后，减少了安全隐患，员工在中心控制室集中监控生产，可适当减少每天的巡检次数，降低了员工劳动强度，减少了员工进入危险生产区域的几率，同时也提高了工作效率，充分体现了以人为本的管理理念。

图 13　采油一厂稀油处理站中心控制室

该项目于2007年11月通过验收，并正常运行，运行情况良好。目前稀油处理站已经实现了集中监测，在中心控制室就可以了解到各个重要岗位的生产数据，各层管理者在办公室就可以远程查看现场生产实时数据，方便、快捷、及时地了解前线的生产情况，并做出决策。今后其他集中处理站的生产自动化建设将以此为基本要求，将生产自动化建设水平进一步提高。

克拉 2 气田自控系统供电模式与系统稳定性关系的研究

赵晓东　朱和平　范明国

（中国石油塔里木油田公司）

摘　要　本文着重于从自控系统供电设计角度分析自控系统供电系统对自控系统稳定性和可靠性的影响。对克拉 2 气田自控系统供配电规划及 UPS 电源运行模式的选择提出改进方案，从而提高自控系统的稳定性。

关键词　自控系统　供电　UPS

1　引言

克拉 2 气田是西气东输工程的主力气源地，其安全平稳生产对东部数省市的经济及社会意义重大。克拉 2 气田的自动控制系统采用以计算机为核心的 SCADA 系统完成对气田的监视、控制和管理，为气田现代化综合信息管理提供基本数据和接口。气田的安全生产对整个自控系统的依赖和可靠性要求都很高，而自控系统的供电模式直接影响系统的稳定性和可靠性，所以对系统供电模式进行深入研究是十分必要的。

2　克拉 2 气田自控系统结构

克拉 2 气田自动化控制系统由两套 Honeywell 公司的 PKS 系统、12 套 FSC 系统、17 套 BB 公司的 RTU 系统构成一个 SCADA 系统，如图 1 所示。两套 PKS 系统完成两座天然气处理厂的数据采集及监控；其 SCADA 服务器还负责完成天然气开采单井的数据采集和监控以及两个天然气处理厂之间的数据通讯。17 套 RTU 系统完成 17 口气井的数据采集监控和 7 口气井 ESD 功能。12 套 FSC 系统完成两个天然气处理厂及 10 口气井的 ESD 功能。

3　自控系统供电模式优化

3.1　中央处理厂自控系统冗余 UPS 电源供电回路优化

原自控系统由一组（两台）冗余 UPS 电源供电，两台 UPS 电源并机运行（图 2）。此种接法存在以下不足：系统 24V 冗余直流电源的冗余功能未发挥作用，另外空开 A 出现故障后，整个系统就会断电。

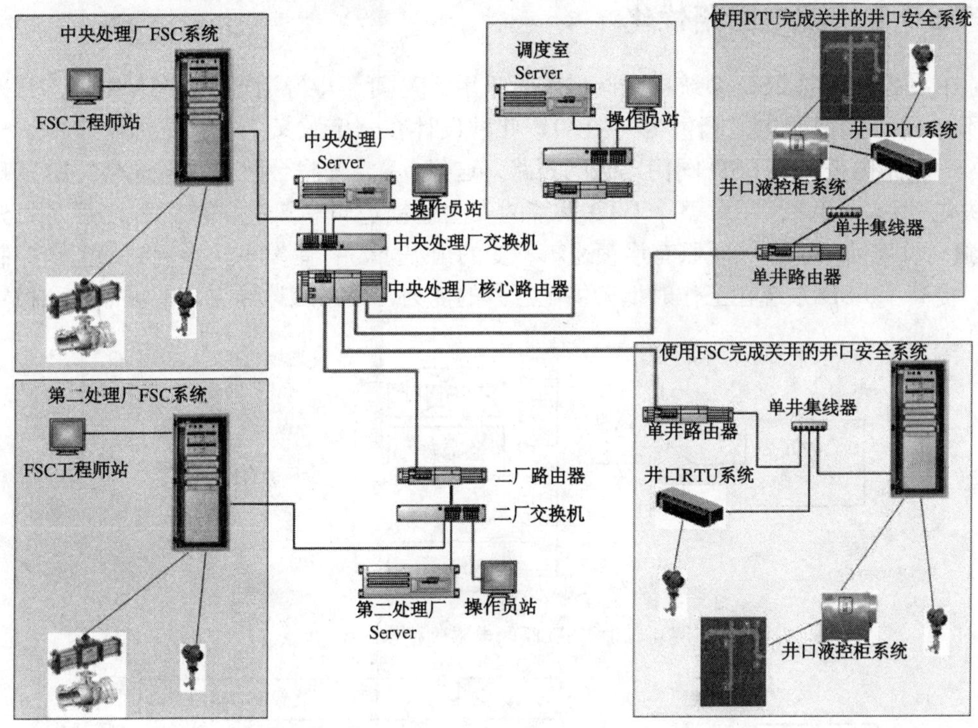

图1　自控系统结构图

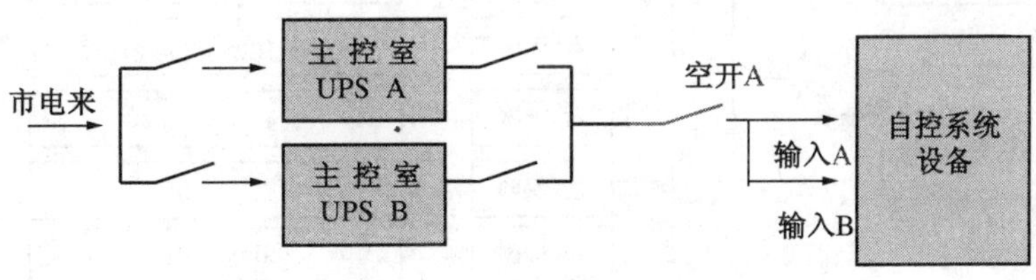

图2　原冗余 UPS 电源供电回路示意图

改造后（图3），利用现场已有的空氮站 UPS 电源，使供电风险得以分散，不仅避免了空开 A 一个开关故障就会使全系统失电的风险，同时增加了系统电源，是利用了系统 24V 直流电源的冗余特性。

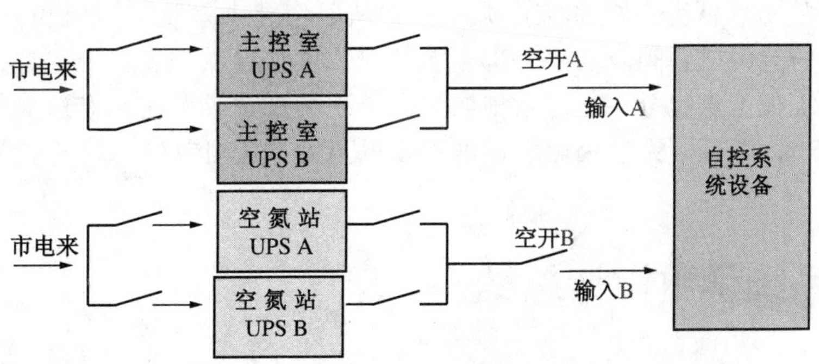

图3　优化后，双冗余 UPS 电源供电回路示意图

3.2 ESD 阀门配电回路优化

原中央处理厂的 ESD 系统电磁阀供电是采用 24V 直流电源通过一只 6A 空气、开关给站内所有 ESD 阀门的电磁阀供电（图 4），此种设计在一定意义上将供电风险集中于一只空开，一旦站内任一只 ESD 阀门电磁阀短路，这只 6A 空开将会跳短，造成全厂所有 ESD 阀门失电动作。因此，在对整个 ESD 系统的安全连锁逻辑和风险区域细分之后，划分出 10 个独立供电回路，在保证原有连锁逻辑不变的前提下，将偶发事件影响到的范围控制在最小，提高了 ESD 系统在工作时抵御供电意外的能力，使系统达到更高的可靠性和稳定性 (图 5)。

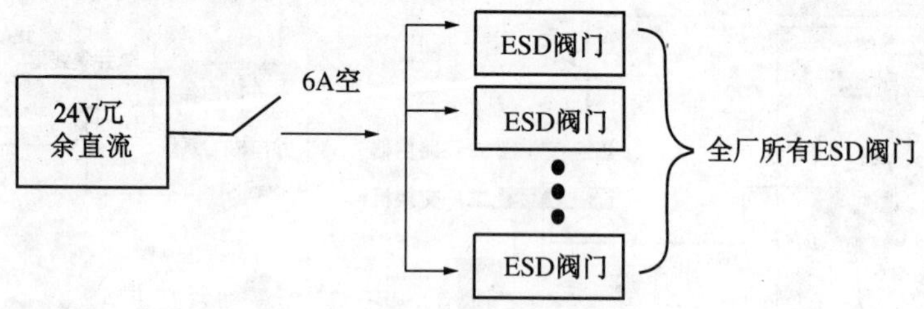

图 4　原 ESD 阀门电磁阀配电示意图

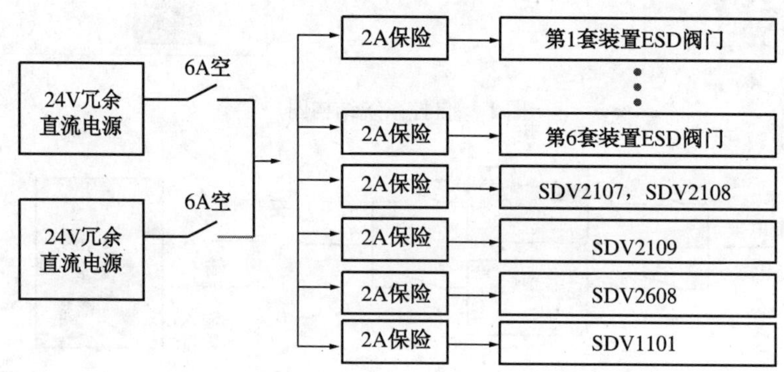

图 5　改造后 ESD 阀门电磁阀配电示意图

3.3 现场阀门电磁阀供电与系统供电分离

原 PKS 系统电源既给控制器板卡供电，又给部分现场阀门电磁阀供电，如果现场接线出现短路等故障，便会造成系统电源跳闸，从而使整个系统失电瘫痪，如图 6 所示。优化后，为现场阀门电磁阀及需要外部电源的仪表单独提供一套直流电源，现场电磁阀供电电源与系统板卡供电分离，有效地防止由于现场施工或者误操作造成的短路故障对系统电源的冲击，降低了系统因电源问题引发的风险，其可靠性和可维护性有了极大的提高（图 7）。

4 自控系统供电设计总结

4.1 自控系统供配电的规划

自控系统在设计之初就要对供配电进行细致的规划，规划原则为：

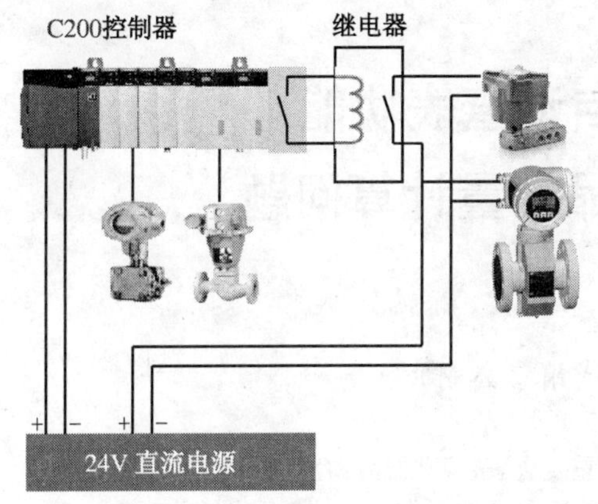

图 6　优化前供电示意图

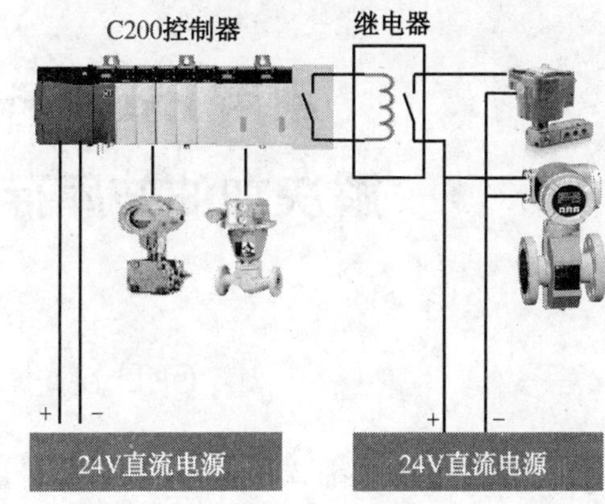

图 7　优化后供电示意图

(1) 消除供电单回路，实现从外部电源到自控系统之间，包括供电设备及供电电路的完全冗余。

(2) 系统电源不能为现场需要外部电源的仪表供电，实现系统电源与外部仪表供电分离；

(3) 根据现场工艺设置，合理划分供电区域，避免一个供电回路故障影响整个系统供电。

4.2　冗余 UPS 供电模式选择

冗余 UPS 电源的供电模式传统上以并机运行为主，并机运行模式是受传统自控系统的单电源输入模式限制的结果，如果自控系统本身可以接受两路电源输入，那么最好选择单机运行模式，这样可以为自控系统提供一个完全的双回路电源，否则在 UPS 电源到自控系统电源输入口之间将是一个单回路供电电路。

利用 Excel 函数自动查表功能解决加油站库存油品计量计算问题

陈津煌

（中国石油新疆塔城销售公司）

摘　要　成品油库存管理每天都需要计量人员重复查表，石油储罐容积表、石油产品标准密度表、石油产品计重密度表等的数据查找和插值换算是具体工作中耗时多易出错的环节。本文介绍的是一种在电脑中利用 Excel 表中函数的查找功能实现在计算过程中自动查表插值的方法，避免计算过程中的人为干预，提高计量结果的准确性和工作效率。

关键词　Excel　查找语句　自动查表　插值

1　引言

Microsoft Excel 是微软公司提供的 Office 办公软件中执行计算、分析信息以及可视化电子表格中数据的一款应用软件。它具有强大的函数功能和计算功能，运用好这些功能可以解决实际工作中众多问题，极大地提高数据计算的准确性，从而提高工作效率。运用 Excel 自动查表功能解决油品计量中罐内油品体积查询、标准密度和计重密度插值计算问题，就是 Excel 函数功能运用的做法，不仅极大地缩短了用于查表、手工计算的时间，而且大幅度减少了人工计算中出现的误差，提高了工作效率。

在石油销售企业中，油品计量管理是成品油数量管理的重要环节。加油站卸油作业前后、每日的动转油罐都要进行计量，使计量人员操作和数据计算十分频繁，不仅工作量大，而且由于一时的疏忽很容易在查表和计算环节出现错误，影响库存数据的准确性。我国成品油日常储存管理的计量方法是采用体积—质量法，属间接测量法。由于加油站储油较普遍采用 50m^3 及以下的地下卧式钢油罐，其罐壁受温度影响造成的胀缩可以忽略不计，使容积查询计算变的相对简单。计量员每次的操作过程是：现场量取罐内的液高、水高、测量罐内油温，采集油样，测量油样视密度同时读取油样视温度，记录所测数据。使用这些数据计算油品质量结果的方法有几种，目前在加油站较普遍采用的是用储罐内油品温度下的油品体积与同一温度下油品计重密度乘积的方法。具体操作如下：根据液高、水高查油罐容积表，用插值法分别计算出罐内油水总体积和水体积，减去水体积得出油品体积；根据油品视密度和视温度查“石油产品标准密度表”，运用插值法计算出该油品标准密度；再根据标准密度和储罐内油温查“石油产品计重密度表”，运用插值法计算出油品计重密度；计重密度与罐内油品体积的乘积即为所需要的罐内油品质量。在这一工作过程中，后续的数据计算占据了计量人员大量的时间，目前电脑已普及到加油站，如果能够在每座加油站的电脑中建立起电子化油罐容积和油品密度表数据库，实现数据的自动查询，或者给计量人员配置录入这些基础数据的专用笔记本电脑，不仅极大缩短计量人员在每座加油站的停留时间，而且还可实现计量数据的电子化传递，有助于实现公司对下属加油站存储情况的掌握和管理。

以下是根据中国石油新疆塔城销售公司计量工作制定出的一套利用 Excel 中 Lookup 函数功能，实现油品计量数据计算过程自动查询插值计算的方法，现介绍如下，供大家参考。

2　关于 Lookup 函数的用法

“Lookup”的汉语意思是“查找”，在 Excel 中与“Lookup”相关的函数有 3 个：Vlookup、Hlookup 和 Lookup。适用于计量数据查询系统的是 Vlookup 和 Hlookup，下面介绍这两个函数的用法。

2.1　功能

Vlookup 函数中的 V 表示垂直方向。是在设置表格区域的首列查找指定的数据，并返回指定的数据所在行中的指定列处的数据。本系统中的体积查询就是通过对首列油高的查询，对应找到并自动插值计算得出需要的罐内油品体积值。

Hlookup 函数中的 H 表示的是水平方向。是在表格的首行查找指定的数据，并返回指定的数据所在列中的指定行处的数据。它与 Vlookup 函数查找的原理相同，但方向不同。本系统中就是通过对首行油品视密度、标准密度等的查询，对应找到并自动插值计算得出需要的密度值。

2.2　语法

标准格式：

VLOOKUP（lookup_value，table_array，col_index_num， range_lookup）

HLOOKUP（lookup_value，table_array，row_index_num，range_lookup）

2.3　语法解释

VLOOKUP（lookup_value，table_array，col_index_num，range_lookup）可以写为：

VLOOKUP（需在第一列中查找的数据，需要在其中查找数据的数据表，需返回某列值的列号，逻辑值 True 或 False）

（1）Lookup_value 为“需在数据表第一列中查找的数据”，可以是数值、文本字符串或引用。在本系统中第一列是油罐容积高度、视温度、油温度等数值。

（2）Table_array 为“需要在其中查找数据的数据表”，可以使用单元格区域或区域名称等。本系统中是“油罐容积表”、“石油产品标准密度表”、“石油产品计重密度表”在基础表格 Excel 中所占的区域。

①如果 range_lookup 为 True 或省略，则 table_array 的第一列中的数值必须按升序排列，否则，函数 Vlookup 不能返回正确的数值。

如果 range_lookup 为 False，table_array 不必进行排序。在本系统中查询出的数据不是最终值，还要进行插值计算，所以基础表必须按升序排列，要把“油罐容积表”、“石油产品标准密度表”、“石油产品计重密度表”按升序的形式通过设备扫描录入系统建立基础数据库。

② Table_array 的第一列中的数值可以为文本、数字或逻辑值。若为文本时，不区分文本的大小写，这里就不做讨论了。

(3) Col_index_num 为 table_array 中待返回的匹配值的列序号：

Col_index_num 为 1 时，返回 table_array 第一列中的数值；

Col_index_num 为 2 时，返回 table_array 第二列中的数值，以此类推。

(4) Range_lookup 为一逻辑值，指明函数 VLOOKUP 返回时是精确匹配还是近似匹配。如果为 True 或省略，则返回近似匹配值，也就是说，如果找不到精确匹配值，则返回小于 lookup_value 的最大数值；如果 range_value 为 False，函数 VLOOKUP 将返回精确匹配值。如果找不到，则返回错误值 #N/A。

Hlookup 函数语法含义相似，只是查找是在行中进行而不是在列中。

row_index_num 为 table_array 中待返回的匹配值的行序号。

row_index_num 为 1 时，返回 table_array 第一行中的数值；

row_index_num 为 2 时，返回 table_array 第二行中的数值，以此类推。其余原理一致，不再赘述。

3 实现自动查表插值

3.1 使用 Vlookup 函数实现储油罐内油品体积自动插值。

以某加油站 50m^3 卧式油罐 1# 罐为例，运用 Vlookup 函数实现油品体积自动查表插值。

打开并创建一个新的 Excel 表格，在 Excel 表 Sheet1 中 A、B 两列中分别录入 1# 罐“液高”和“体积”数值，建立 1# 罐容积表，依次可以建立其他储罐容积表（表 1）。将 Sheet1 重新命名为“容积表”。在表中新增 Sheet4 表格，在 Sheet4 中建立查询系统，将 Sheet4 重新命名为“储量查询表”。在“储量查询表”中设置表中格式（表 2），在 D3 单元格（表中隐藏）中输入如下公式，实现插值计算油罐底部可能出现的水的体积：

D3= ROUND（IF（$C3<10，容积表 !$B$5/10*$C3，(VLOOKUP（$C3+10，容积表 !$A$5：$B$283，2，TRUE）−VLOOKUP（$C3，容积表 !$A$5：$B$283，2，TRUE））/10*（$C3−INT（$C3/10）*10）+VLOOKUP（$C3，容积表 !$A$5：$B$283，2，TRUE）)，0)

在 F3 单元格（表中隐藏）中输入如下公式，实现插值计算罐内液体总体积：

F3= ROUND（IF（$F3<10，容积表 !$B$5/10*$F3，(VLOOKUP（$F3+10，容积表 !$A$5：$B$283，2，TRUE）−VLOOKUP（$F3，容积表 !$A$5：$B$283，2，TRUE））/10*（$F3−INT（$F3/10）*10）+VLOOKUP（$F3，容积表 !$A$5：$B$283，2，TRUE）)，0)

在 G3 单元格内输入“=F3−D3”即为罐内油品的体积。

假设计量员测得该加油站 1# 罐储液高度为 678mm，水高为 0，在 C3 中输入 0，在 E3 中输入 678，G3 就自动得出这时的罐内油品体积是 9135L，上述第一个公式（D3 中的公式）在“容积表”中查取了水高为 0 时的体积为 0，第二个公式（F3 中的公式）分别查取了液高为 670 和 680 两个数据下的液体体积 8981 和 9174，并自动进行了如下插值计算：

$$F3=8981+(9174-8981)\div(680-670)\times(678-670)$$
$$=9135.4$$
$$\approx 9135\ L$$

表 1　油罐容积表

序号	A	B	C	D	E	F	G	H
1	××× 加油站容积表							
2	1# 罐		2# 罐		3# 罐		4# 罐	
3	…	…	…	…	…	…	…	…
4	液高，mm	容积，L	液高，mm	容积，L	液高，mm	容积，L	液高，mm	容积，L
5	10	13	10	3	10	23	10	24
6	20	42	20	67	20	56	20	58
…	…	…	…	…	…	…	…	…
69	650	8597	650	9030	650	8800	650	8725
70	660	8789	660	9228	660	8994	660	8918
71	670	8981	670	9428	670	9190	670	9111
72	680	9174	680	9629	680	9386	680	9306
73	690	9368	690	9830	690	9584	690	9502
74	700	9564	700	10033	700	9782	700	9699
…	…	…	…	…	…	…	…	…

表 2　储量查询表

序号	A	B	C	E	G	H	I	J	L	N	O
1	塔城市区域 ××× 加油站储存油品查询系统										
2	罐号	品名	水高 mm	液高 mm	油品体积 L	视密度 kg/m³	视温度 ℃	油温 ℃	标准密度 kg/m³	计重密度 kg/m³	质量 kg
3	1# 罐	90# 汽油	0	678	9135	749.3	−13.3	−12.8	719.6	748.3	6836
4	2# 罐	93# 汽油	0	667	9368	763.1	−1.0	0.0	744.6	761.4	7133
5	3# 罐	0# 柴油	0	23	69	866.7	2.6	3.2	854.8	865.5	60
6	4# 罐	−35# 柴油	0	346	3495	837.0	−2.0	−4.0	821.6	837.7	2928

3.2　使用 Hlookup 函数实现油品标准密度、计重密度自动插值

以计量员从上述加油站 1# 罐采油样测取的视密度和视温度为例，运用 Hlookup 函数实现油品标准密度自动查表插值。

先使用扫描仪将“石油产品标准密度表”和“石油产品计重密度表”分别扫描录入，将建立好的数据库分别粘贴在上述同一 Excel 表的 Sheet2 和 Sheet3 中，将 Sheet2 重新命名为“标密”（即：“石油产品标准密度表”），Sheet3 重新命名为“重密”（即：“石油产品计重密度表”）。在“标密”表的视温度与密度值之间插入一列“序号”，自动查询时是先通过视温度查找相应的序号，再通过序号查找“视密度”对应的“标准密度”值，插值计算出准确的“标准密度”。同理，系统在“重密”表中也是这样做的。

在设置标准密度查询和计重密度查询公式时，为了实现查询，设置了序号查询；因为

是在列里查询，继续使用 Vlookup 函数功能；在 K3 单元格（表中隐藏）中输入以下公式，通过视温度找出目标值的排列号：

K3=VLOOKUP（$G5，标密 !$A$3：$B$542，2，FALSE）

同理，在 M3 单元格（表中隐藏）中输入以下公式，通过罐内油温值找出目标值的排列号：

M3=VLOOKUP（$H5，重密 !$A$3：$B$523，2，FALSE）

为了表格好看，在完成公式设定后可以将 D、F、K、M 列隐藏起来。

在“储量查询表”L3 单元格中输入如下公式，实现自动查询插值标准密度：

L3=IF（AND（H3>=693，H3<=873），IF（AND（I3>=−35，I3<=37），ROUND（IF（HLOOKUP（$H3，标密 !$C$2：$CF$542，$I5，TRUE）=HLOOKUP（$H3−1，标密 !$C$2：$CF$542，$I5，TRUE），（HLOOKUP（$H3+2，标密 !$C$2：$CF$542，$I5，TRUE）−HLOOKUP（$H3，标密 !$C$2：$CF$542，$I5，TRUE））/2*（$H3+1−INT（$H3））+HLOOKUP（$H3，标密 !$C$2：$CF$542，$I5，TRUE），（HLOOKUP（$H3+2，标密 !$C$2：$CF$542，$I5，TRUE）−HLOOKUP（$H3，标密 !$C$2：$CF$542，$I5，TRUE））/2*（$H3−INT（$F3））+HLOOKUP（$H3，标密 !$C$2：$CF$542，$I5，TRUE）），1），" 视温度超值！ "），" 视密度错误！ "）

公式中的条件表示输入的视密度在 693 ～ 873kg/m³ 之间，视温度在 −35 ～ 37℃之间才能查询插值。以上例 1# 罐为例，计量员测得油样的视密度是 749.3kg/m³，视温度 −13.3℃。经 Vlookup 函数查找 −13.3℃对应的行号为 219，Hlookup 函数在 219 行去查找视密度为 749.3kg/m³ 所对应的标准密度，分别查出 749.0kg/m³ 和 751.0kg/m³ 所对应的两个标准密度 719.3kg/m³ 和 721.3kg/m³（表 3），同时自动进行如下插值计算：

L3=719.3+（721.3−719.3）÷（751.0−749.0）×（749.3−749）

=719.6 kg/m³

表 3　石油产品标准密度表

序号	A	B	C	D	…	AC	AD	AE	AF	AG	…
1	温度，℃	行号	视密度换算标准密度，kg/m³								
2		1	693.0	695.0	…	745.0	747.0	749.0	751.0	753.0	…
3	−35.0	2	…	…	…	695.6	697.7	699.8	701.8	703.9	…
4	−34.9	3	…	…	…	695.7	697.8	699.9	701.9	704.0	…
…	…	…	…	…	…	…	…	…	…	…	…
218	−13.5	217	661.8	663.8	…	715.0	717.1	719.1	721.2	723.2	…
219	−13.4	218	661.9	663.9	…	715.1	717.2	719.2	721.3	723.3	…
220	−13.3	219	662.0	664.0	…	715.2	717.3	719.3	721.3	723.4	…
221	−13.2	220	662.0	664.1	…	715.3	717.3	719.4	721.4	723.5	…
222	−13.1	221	662.1	664.2	…	715.4	717.4	719.5	721.5	723.6	…
…	…	…	…	…	…	…	…	…	…	…	…

在 N3 单元格中输入如下公式，实现自动查询插值计重密度：

N3=IF（ABS（I3−J3）>3，"温度超差！"，IF（AND（L3>=694，L3<=874），IF（AND（J3>=−35，J3<=37），ROUND（IF（HLOOKUP（$L3，重密!$C$2：$CF$542，$K5，TRUE）=HLOOKUP（$L3−1，重密!$C$2：$CF$542，$K5，TRUE），（HLOOKUP（$L3+2，重密!$C$2：$CF$542，$K5，TRUE）−HLOOKUP（$L3，重密!$C$2：$CF$542，$K5，TRUE））/2*（$L3+1−INT（$L3））+HLOOKUP（$L3，重密!$C$2：$CF$542，$K5，TRUE），（HLOOKUP（$L3+2，重密!$C$2：$CF$542，$K5，TRUE）−HLOOKUP（$L3，重密!$C$2：$CF$542，$K5，TRUE））/2*（$L3−INT（$L3））+HLOOKUP（$L3，重密!$C$2：$CF$542，$K5，TRUE）），1），"油温超标！"），"标准密度错误！"））

公式中的条件表示标准密度在 694 ~ 874kg/m³ 之间，罐内油品温度在 −35 ~ 37℃之间才能查询插值。以上例 1# 罐为例，系统计算出的标准密度是 719.6kg/m³，罐内油温度 −12.8℃。经 Vlookup 函数查找 −12.8℃对应的行号为 224，Hlookup 函数在 224 行去查找标准密度为 719.6kg/m³ 所对应的计重密度，分别查出 718.0kg/m³ 和 720.0kg/m³ 所对应的两个计重密度 746.7kg/m³ 和 748.7kg/m³（表 4），同时进行如下插值计算：

$$N3=746.7+(748.7-746.7)\div(720.0-718.0)\times(719.6-718.0)$$
$$=748.3\ \text{kg/m}^3$$

表 4　石油产品计重密度表

序号	A	B	C	D	…	O	P	Q	R	S	…
1	温度，℃	序号	标准密度换算计重密度，kg/m³								
2		1	694.0	696.0	…	718.0	720.0	722.0	724.0	726.0	…
3	−35.0	2	743.1	745.1	…	766.4	768.3	770.2	772.1	774.0	…
4	−34.9	3	743.1	745.0	…	766.2	768.2	770.1	772.1	774.0	…
…	…	…	…	…	…	…	…	…	…	…	…
224	−12.9	223	723.3	725.3	…	746.8	748.7	750.7	752.7	754.6	…
225 `	−12.8	224	723.2	725.1	…	746.7	748.7	750.6	752.5	754.5	…
226	−12.7	225	723.1	725.1	…	746.6	748.6	750.5	752.5	754.4	…
227	−12.6	226	723.0	725.0	…	746.5	748.4	750.5	752.4	754.3	…
228	−12.5	227	722.9	724.9	…	746.4	748.4	750.3	752.3	754.3	…
…	…	…	…	…	…	…	…	…	…	…	…

在 O3 单元格中输入如下公式，计算出油品质量：

$$O3=ROUND(G3\times N3/1000,\ 0)$$

计量人员在实际工作中，只需测量罐内油品的水高、液高，油品的视密度、视温度，罐内油品的温度，将这 5 个数据输入“储量查询表”中相应的单元格中，系统就自动计算出罐内油品的质量。以上述 1# 罐为例，系统最终计算值为：

$$O3=9135\times 748.3\div 1000$$
$$=6835.7205$$
$$\approx 6836\ \text{kg}$$

本系统以中国石油天然气股份有限公司2003年2月出版的《成品油计量员手册》中的“石油产品标准密度表”、“石油产品计重密度表”为基础数据源，书中介绍查询的数据与GB/T 1885—1998《石油计量表》相比，部分数据可能存在大约0.1kg/m³的差异，但与密度测定法的准确度相比可忽略不计。因此，可以满足日常计量管理的需要。

该系统是根据中国石油新疆塔城销售公司区域气候特点及成品油密度区间编制的，油品的温度范围设定在−35～37℃之间，视密度设定在693～873kg/m³之间，标准密度设定在694～874kg/m³之间，完全能够满足当地不同季节时期成品油密度查询的数据要求。如果需要扩大查询范围，只要扩大基础表数据库，将更多的数据扫描录入，同时将“储量查询表”中相应的单元格中的公式查找范围扩大就可以了。在建立过程中，“石油产品标准密度表”和“石油产品计重密度表”是通用的，一次扫描录入后，不同的油站只需变更“油罐容积表”就可以了，系统建立简单便捷，很适合大范围推广。实践证明，实施加油站储量自动查询后，计量员平均单罐计量用时由此前的30min降至10min，由计算环节造成的二次差错率基本消除，极大地提高了工作效率。需要特别注意的是“油罐容积表”、“石油产品标准密度表”、“石油产品计重密度表”通过扫描仪录入完毕后都要设密码保护，防止被人为地改动。储量查询表页面设置完成后将需要输入数字的C、E、H、I、J列中的单元格设置为活动单元格，其余单元格设密码锁定，防止操作失误造成相关公式丢失或人为改动情况，使系统失效。

在储量查询系统建立中，为了使查询页面在不查询的情况下干净漂亮，可以在设置的公式中增加一些选项，使数据不输入时，页面不显示任何数据。也可以将页面的背景设计得更美观、清爽。

利用 PB 技术实现钻井现场数据的采集、审核和远程传输

常　涛　张锦江　史金贵

（中国石油西部钻探工程有限公司克拉玛依钻井公司）

摘　要　中国石油新疆油田公司（以下简称油田公司）在钻井数据库方面的应用已经很广泛了。本文针对新疆油田数据库建设过程中，使用 PowerBuilder 程序开发工具在 C/S 模式下，开发出钻井数据采集、数据审查等相关软件，软件应用到各钻井施工单位，使钻井数据采集并及时上传到油田分公司数据中心数据库中起到很重要的作用。

关键词　双网卡

1　引言

随着信息化在企业中的应用日益广泛，需要及时将钻井现场数据收集并上传到中心数据库中，以便各生产相关单位使用。油田分公司数据中心将钻井作业数据分成动态数据（钻井日报）和静态数据（钻井井史），应用 PB 程序开发工具分别开发了《钻井日报系统》、《钻井生产管理系统》、《钻井工程应用系统》等相关软件。其中《钻井日报系统》是采集钻井日报数据的系统软件，此软件发放到钻井施工现场或项目部，由专人操作和管理。《钻井生产管理系统》是管理各单位钻井日报的数据平台，具有数据审查、查询、汇总、报表等功能，此软件应用在钻井公司信息服务中心，由数据审查人员负责将每天的钻井日报数据加载到油田分公司数据中心数据库中，加载方式分两种，一种是自动加载，即每日按定好的时间自动由服务器触发执行程序进行数据加载工作。另一种是手工加载，即由审查人员执行加载功能。这些过程将有效地保证数据及时上传到中心数据库中，再由油田数据中心进行数据质监，如发现问题将问题反馈回来，修改好的数据再上传到远程数据库中。最终数据在网上发布出去，实现数据在网上浏览。

本文中将介绍《钻井日报系统》软件的实现过程及一部分实现原理，供大家参考。

2　钻井数据采集、审查上传总体模式图

钻井数据采集、审查上传整体模式如图 1 所示，在整个过程中，数据采集、审查上传处在系统的最底层，是数据收集核心，有效地维护好这一层的系统，有利于整个系统稳定。2004 年开发了《钻井日报系统》，以此软件采集各钻井施工单位的钻井数据。钻井施工单位可通过移动、联通无线网卡将输入的数据上传到远程中间 Oracle 数据库服务器中。

油田公司设有专人进行每天的数据质监，如发现有问题的数据，通知数据审查人员将有问题的数据通知到相关钻井施工单位。钻井施工单位将数据修改后再重新上传到数据库服务器中。

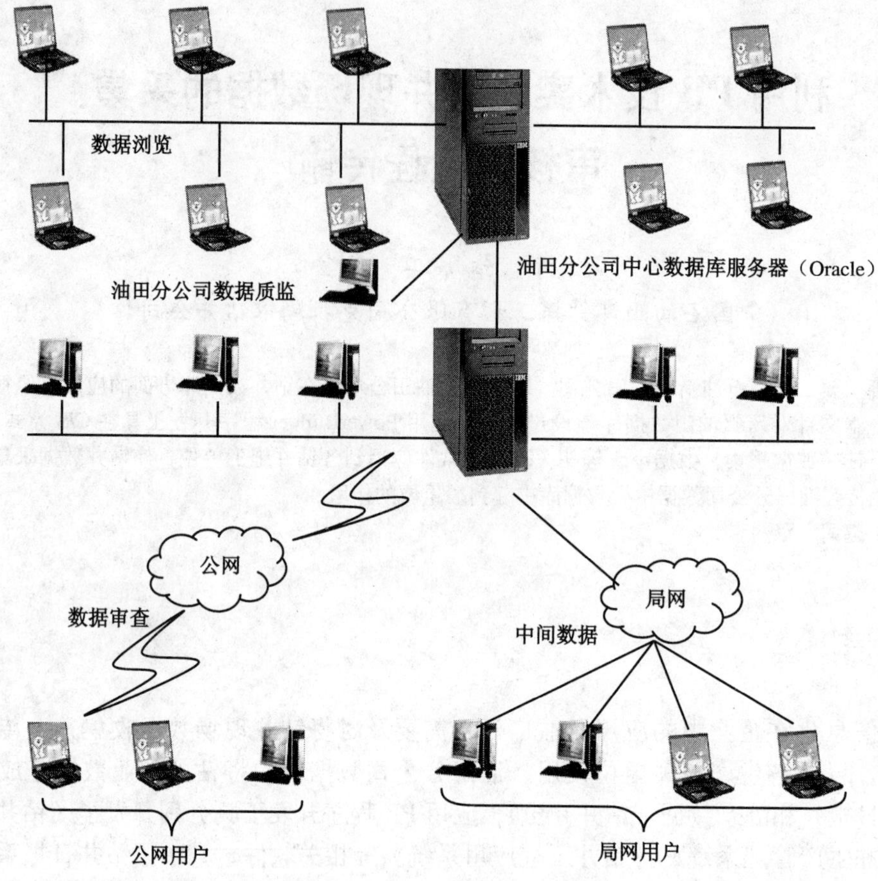

图 1　钻井数据采集审查上传模式图

3　C/S 模式数据采集

3.1　“钻井日报系统”数据采集软件设计

开发“钻井日报系统”软件所涉及的数据表有表 1 所列内容，软件系统通过系统代码表及数据表进行数据输入窗口的设计，有增加、删除、保存等功能供用户操作使用，系统代码维护在网上进行，软件提供下载更新代码数据，便于统一管理。

表 1　“钻井日报系统”涉及数据表列表

表名称	表代码	说　明
基础数据表	TC_JJBXX	采集钻井单井信息表，包括井型、井别、区块等属性
日报表	TC_ZJSGDT	采集钻井生产动态数据表，包括井尺、钻井参数、工作内容等
代码表	TS_CODE	系统所用的代码表
代码类别表	TS_BIGCLASS	系统所用的代码类别

"钻井日报系统"软件数据库模型如图 2 所示。

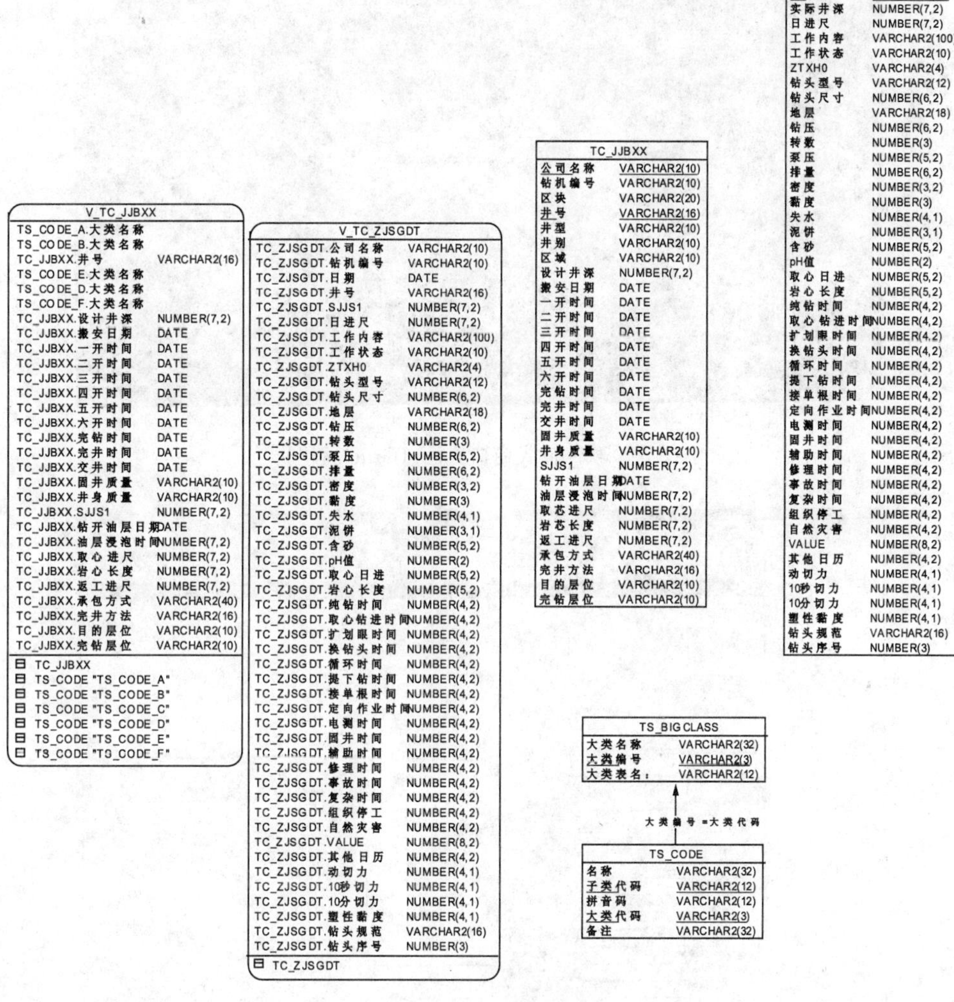

图 2 "钻井日报系统"数据库模型

3.2 "钻井日报系统"数据采集软件窗口设计

图 3、图 4 是"钻井日报系统"软件输入窗口，系统采用模版式定制统一的输入窗口界面，输入数据分上下两个数据窗口，上面是 Grild 风格，下面是 Free 风格，数据同步，方便用户输入操作。

4 C/S 模式下的数据传输

从图 1 中看出，数据源通过油网和公网上传到 Oracle 数据库中，这台数据库服务器具有双网卡，一个网卡配外网地址，一个网卡配置内网地址。公网用户通过外网地址访问到 Oracle 数据库服务器，油网用户通过内网地址访问到 ORC 数据库服务器中。

图 3 软件输入窗口界面（Grild 风格）

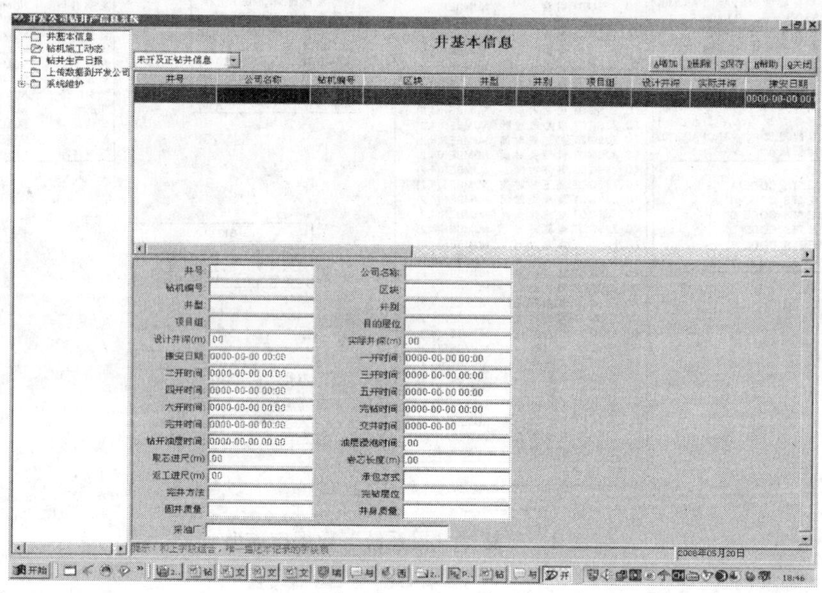

图 4 数据输入窗口界面（Free 风格）

用户客户端计算机中要安装《钻井生产信息采集系统》和 Oracle 客户端安装，其中 ORC 配置 TNSNAMES 文件如下：

kfgs.world = （DESCRIPTION = （ADDRESS_LIST = （ADDRESS = （PROTOCOL = TCP）

（Host = zj_server）

（Port = 1521））） （CONNECT_DATA = （SID = ORCL）））

kfgs001.world = （DESCRIPTION = （ADDRESS_LIST = （ADDRESS = （PROTOCOL = TCP）

```
(Host = zj_server001)
(Port = 1521))) (CONNECT_DATA = (SID = ORCL)))
```

kfgs.world 是内网 ORC 数据库服务名，kfgs001.world 是公网 Oracle 数据库服务名。

5 软件部分原代码

系统按用户名、口令登陆系统，相关程序代码如下：

```
gd_rq=date（em_1.text）
string ls_klz
if not（ISnull（ddlb_1.text）） and ddlb_1.text<>'' then
   // 校验输入的用户名
select dm，klz，gsdm，whdm into：gs_dm，：ls_klz，：gs_gs，：gs_code from ts_user
where upper（yhm）=upper（：ddlb_1.text）；
   if isnull（gs_dm） then
       messagebox（'错误信息'，'用户名输入错误！'）
   else
       if sle_1.text=ls_klz+string（gd_rq，'mmdd'） then // 校验输入的口令字
          st_4.visible=false
          if isnull（gs_yhm） or gs_yhm ='' then
            f_write_ini（"[Init_yhm]"） // 将用户名写入 zdzjsclr.ini 文件
            f_write_ini（"yhm='"+ddlb_1.text+"'"）// 将用户名写入 zdzjsclr.ini 文件
            f_write_ini（"DBMS = '1'"） // 将用户名写入 zdzjsclr.ini 文件
          end if
          gs_yhm=ddlb_1.text
          open（w_zjgc_main）
             close（w_zjdt_rq）
          else                                  // 输入的口令字错误
                 st_4.visible=true                  // 显示错误信息
                 ii_loop=ii_loop+1                        // 记录错误次数
                 st_4.textcolor=Rgb（128*ii_loop -1，0，0）
                 sle_1.text=''
                 sle_1.setfocus（）
                 if ii_loop=3 then close（parent） // 错误次数>3 关闭当前窗口
                 return
          end if
   end if
else
   messagebox（'提示信息'，'没有选择或输入用户名'）
```

end if

数据上传、下载等功能模块代码：

```
long ll_row ， i ，j ，ll_row1，ll_row2
int li_column
double ldo_sj
string ls_jh
sql_ls=create Transaction
CHOOSE CASE is_cmbtext
   CASE '&A 上传 '                                    // 向数据库中导入数据
            if wf_login（）> 0 then                   // 连接远程数据库函数
                    if il_row_jjbxx> 0 then           // 导入井基本信息数据
                    st_message.text=" 提示：正在向开发公司数据库上传‘井基本信息’
数据 ........"
                              dw_2.settransobject（sql_ls）
                              ll_row=dw_2.retrieve （date（em_1.text），gs_gs）
                              for i=1 to ll_row
                                        dw_2.deleterow（0）
                              next
                              dw_2.object.data=dw_1.object.data
                              dw_2.object.data[j，2，j，li_column]=dw_1.object.data[i，2，
i，li_column]
                              if dw_2.update（）>0 then
                                        commit using sql_ls；
                                        if il_row_zjsgdt> 0 then  // 导入钻机施工动态数据
                                        st_message.text=" 提示：正在向开发公司数据库上传
‘钻井施工动态’数据 ........"
                                                  ids_data_zjgs.DataObject='d_tc_zjsgdt_
grid_kfgs'
                                                  ids_data_zjgs.settransobject（sql_ls）
     //  给存贮对象与事务建立联接
                                                  ll_row=ids_data_zjgs.retrieve （date（em_1.
text），gs_gs）
    = ids_data_zjgs.find（"jh='"+ls_jh+"'"，1，ids_data_zjgs.rowcount（））
       ids_data_zjgs.object.data[j，3，j，li_column]=ids_data_zd.object.data[i，3，i，
li_column]
                                                  if ll_row>0 then
                                                            for i=1 to ll_row
                                                                      ids_data_zjgs.deleterow（0）
                                                            next
```

```
                        end if
                        ids_data_zjgs.object.data=ids_data_zd.object.
data
                        ll_row=ids_data_zjgs.rowcount ()
                        for i=1 to ll_row
                            ids_data_zjgs.setitem (i, 'rq', date
(em_1.text))
                        next
                    ids_data_zjgs.object.data[1, 4, ll_row, 46]=ids_data_
zd.object.data[1, 4, ll_row, 46]
                        if ids_data_zjgs.update () >0 then
                          commit using sql_ls;
                          MessageBox ("提示信息", "向远程数
据库上传‘钻井施工动态’数据上传完成.....")
                        else
                            MessageBox ("上传数据错误", "
向远程数据库上传‘钻井施工动态’数据错误，请检查数据或网络", Question!)
                            rollback using sql_ls;
                        end if
                    end if
                    st_message.text="提示：数据上传完成....."
                else
                    MessageBox ("上传数据错误", "向远程数据库上
传‘井基本信息’数据错误，请检查数据或网络", Question!)
                    rollback using sql_ls;
                end if
            end if
        end if
    CASE '&D下载'
        if wf_login () > 0 then        //连接远程数据库
            st_message.text="提示：正在从远程数据库下载代码数据，并导入
到当前的库中........"

        ids_data_zjgs.DataObject='d_ts_code_kfgs'
        ids_data_zjgs.settransobject (sql_ls)        // 给存贮对象与事务建立联接
ids_data_zjgs.setfilter ("bigclass in ("+is_code+") ")
        if ids_data_zjgs.retrieve () >0 then

            ids_data_zd.DataObject='d_ts_code_kfgs'
            ids_data_zd.settransobject (sqlca)    // 给存贮对象与事务建立联接
```

```
                    ids_data_zd.setfilter ("bigclass in  ("+is_code+") ")
                    ll_row = ids_data_zd.retrieve ()
                    if ll_row>0 then
                        for i=1 to ll_row
                            ids_data_zd.deleterow (0)
                        next
                    end if
                    ids_data_zd.object.data = ids_data_zjgs.object.data
                    if ids_data_zd.update () >0 then
                        commit using sqlca;
                        MessageBox ("提示信息","从远程数据库下载代码数据，并导入到当前的库完成.....")
                    else
                        MessageBox ("下载导入数据错误","从远程数据库下载代码数据，并导入到当前的库错误，请检查网络")
                        rollback using sqlca;
                    end if
                end if
                st_message.text="提示：数据下载导入完成....."
            end if
        CASE '&S 更新'
            if wf_login () > 0 then
                wf_download ()
            end if

        CASE '&H 帮助'
            f_open_help (ii_helpid)
        CASE '&Q 关闭'
                close (parent)
    END CHOOSE
```

数据库连接函数 wf_login () 代码如下：

```
// Profile zjsjk1
//-- 远程数据库配置
sql_ls.DBMS = "O84 Oracle8/8i (8.x.4+) "
sql_ls.LogPass = 'zjsjk2006'
sql_ls.ServerName = "zjsjk"
sql_ls.LogId = "zjsjk"
sql_ls.AutoCommit = False
sql_ls.DBParm = "PBCatalogOwner='zjsjk'"
```

```
CONNECT USING  sql_ls;
if sql_ls.sqlcode <> 0 then
   st_message.text=" 提示：对不起！ 不能连接到远程数据库 "
   MessageBox (" 对不起！ 不能连接到远程数据库 ", " 当前计算机没有通过网络连接到开发公司服务器上，请检查网络线路（包括：局域网、拨号网络）！ "+sql_ls.sqlerrtext)
   return 0
else
   return 1
end if
```

6　存在的问题

系统从 2004 年运行到目前，系统运行正常。通过这几年的运行，对系统流程更加清楚，在数据加载传输方面，还是存在信息滞后的现象，目前准备对《钻井日报系统》进行一次改造，让钻井数据源单位通过 VPN 直接连到油田公司数据库服务器，在数据库服务器中做触发器操作，这样对用户更新的数据可及时做到更新和更好的管理。

参 考 文 献

1　桂峰，陈海峰编著．POWERBUILDER 9 应用与开发．北京：机械工业出版社，1999

2　（美）Singh，Leigh，Zafian，等．Oracle　数据库开发指南．北京：清华大学出版社，1998

浅谈仿真及仿真技术

刘 为 邹宪忠 徐根法
（中国石油西部钻探工程有限公司克拉玛依钻井公司）

摘 要 随着计算机技术的发展仿真及仿真技术在各个领域得到了越来越广泛的应用，这种应用趋势在石油石化行业也初现端倪，本文力图从仿真的历史、分类、应用领域及体系框架等角度对仿真进行一个比较全面的介绍以抛砖引玉，希望能够引起石油行业尤其是石油钻井行业中从事信息化工作的同仁们对仿真技术在石油行业的应用的深层次思考和实践。

关键词 仿真 仿真技术 定义和框架 历史 分类 应用 体系

1 引言

社会在不断发展，科学研究范围日益广阔的同时科学研究内容也日益深入和复杂，人类工作环境、工作条件得到了极大地改善的同时人类工作和学习的内容的复杂度在日益加深。仿真及仿真技术在降低人类科学研究的复杂度和成本、提高人类学习效率和能力上起着越来越大的作用。

仿真及仿真技术是应人类研究和学习的需要而产生、随人类学习和需要的发展而发展的，仿真是人类认识和改造世界的一种手段。仿真有着漫长的历史发展阶段、诸多的应用分类。

本文试图通过整理和描述仿真的概念、历史、分类及应用来理顺对仿真的认识，以便于更好地利用仿真和仿真技术来服务社会。

2 定义和结构框架

仿真在学术领域通常被称为系统仿真，它是以相似原理、建模理论、计算方法、评估理论为基本理论，以系统工程、信息处理、自动控制等相关技术为支撑，与应用相关的物理效应设备及仿真器为工具，利用模型参与已有或设想的系统进行研究、分析、设计、加工、生产、试验、运行、评估、维护和报废（全生命周期）活动的综合性交叉科学。现代计算机仿真在上述技术基础上又加入了计算机技术、网络技术、图形图像技术、多媒体技术、软件工程等技术作为支撑。

中国系统仿真学会的王子才院士在《仿真技术发展及应用》中对仿真的定义是：系统仿真可以理解为对一个已经存在或尚不存在但正在开发的系统进行系统特性研究的综合科学。对于实际系统不存在或已经存在但无法在现有系统上直接进行研究的情况，只能设法构造既能反映系统特征又能符合系统研究要求的系统模型，并在该系统模型上进行所关心问题的研究，揭示已有系统和未来系统的内在特性、运行规律、分系统之间的关系并预测未来。

仿真技术的应用一般是以仿真系统的形式来体现的，仿真技术的整体架构如图 1 所示。

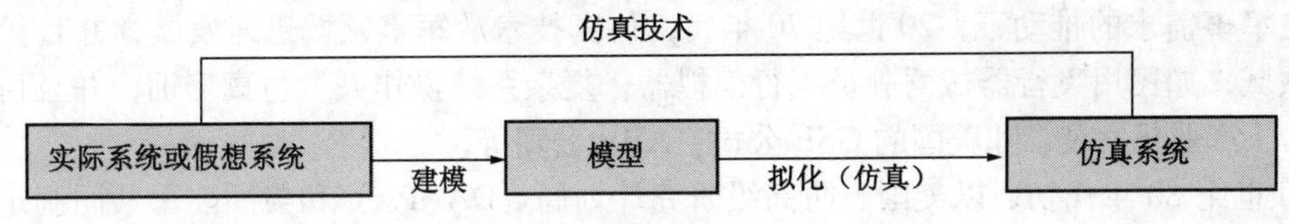

图 1　仿真技术架构图

仿真技术框架的基本概念：仿真技术的基本框架涉及 3 个环节和两个过程，具体如下：

(1) 3 个环节。

①系统。系统可以是客观存在的实际系统，也可以是人为设计的假想系统。系统是一个实体，该实体通常要具备完整的功能、明确的内涵、清晰的边界，系统通过其各组成部分以及其各个部分的相互作用而维持生存。系统的综合特性是由其各个组成部分的本身特性与各个部分之间的相互关联作用的特性有机地结合所形成的综合特性。

②模型。模型是由人工将系统在时间域或空间域所作的简化描述，目的在于促进对真实系统的认识和理解。由于客观世界的复杂性，为了便于认识和改造客观世界，可以借助于模型来简化或抽象系统。模型可以分为物理实物模型和数学模型。数学模型是各种数学表达式有机组合的集合。

③仿真系统。仿真系统是通过仿真技术实现的目的系统，其必须具有与原系统相同或类似的运行特征与活动规律。计算机仿真系统是以计算机、网络设备、多媒体设备为基础，由人工建造的模拟实际操作或现场装置环境的机器，同时也包括数学模型软件实时运行的硬件软件环境。

(2) 两个过程。

①建模。物理模型或数学模型的建立过程与方法，数学模型是依据过程系统数据源由人工建立的数学描述。这种数学描述能够产生与过程系统相似的行为数据。数学描述常用代数方程、微分方程、状态方程、定性代数或定性微分方程等。

②拟化（仿真）。仿真是一个模型在时间域或空间域的运行和操作。仿真有助于人们对系统中的相互作用的感知和系统中所发生事件的深入了解。计算机仿真技术通常包括数学模型的运算、人机界面、数据库及数据接口、系统管理等几个部分组成。

这 3 个环节和两个过程本质上体现了人类认识和改造世界的客观过程，即从感性认识到理性认识再应用到实践的过程，或者从具体到抽象再到具体的哲学过程。

3　仿真的历史

仿真技术是伴随人类的认识和改造世界的需要而产生、发展的，这和一切科学门类有着类似的脉络。仿真技术最早出现于军事领域，其后不断的因应用和研究的需要向各个社会和自然领域拓展。尤其是随着计算机等信息技术的发展，仿真技术出现了突飞猛进的发展。

早在二战末期，火炮控制与飞行控制动力学系统的研究促进了仿真技术的发展，为此诞生了第一台通用计算机。20 世纪 60 年代，导弹和宇宙飞船的姿态及轨道动力学研究、仿真技术在阿波罗登月及核电站的广泛应用，进一步促进了仿真技术的发展。

在军事需求的推动下，20 世纪 70 年代，仿真技术从军事领域迅速发展，并且扩展到许多领域，如民用飞行器械驾驶员飞行模拟器、复杂系统操作人员仿真培训，并且仿真技术开始了产业化发展，如美国的 GSE 公司、ABB 公司等。

20 世纪 80 年代初，以美国国防高级研究计划局（DARPA）和美国陆军共同制定和执行的 SIMNET（SimMlators NetWork）研究计划，美国三军对立先进的半实物仿真实验室。1995 年，为进一步综合各军种以及为完成大型多军种军事演习，美国 DOD 提出了分布式、交互并行仿真模型，即高层体系结构（HLA），随着虚拟现实（VR）技术、三维图形图像处理（3D）技术、通讯技术、网络技术、数字采集技术如数字手套的发展，仿真技术走向了全领域、分布、并行、实时的仿真实现。

4 仿真分类

随着仿真技术应用的深入发展，其门类也变得纷繁复杂，人们为了研究的方便、依据研究的需要人为地将仿真做了各种分类，这些分类都有各自的依据自成体系，各种不同的分类之间却是存在交叉、重叠的。下面是几类主要的仿真分类方式。

（1）根据仿真所依托的对象不同，仿真可分为实物仿真、半实物仿真和数字仿真（图 2）。

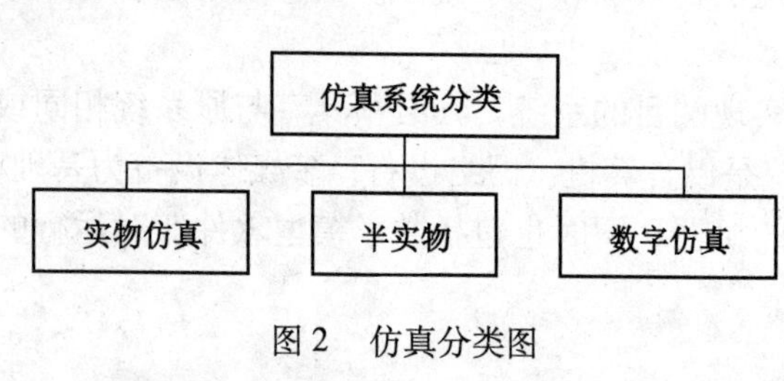

图 2　仿真分类图

①实物仿真。在非真实的环境下，所有仿真依托的对象和事物是真实实体，通过实物的操作与运行，实现对所面对的对象和事物进行规律近似于真实的仿真。

②半实物仿真。在非真实的环境下，部分仿真依托的对象和事物是真实实体，剩余的仿真依托的对象是通过其他来模拟产生，通过部分实物和部分其他技术的操作与运行，实现对所面对的对象和事物进行规律近似于真实的仿真。

③数字仿真。在非真实的环境下，所有仿真依托的对象和事物都是虚拟的，非实物本身。采用数学模型以及电子设备的操作与运行，实现对所面对的对象和事物进行规律近似于真实的仿真。

（2）根据仿真所需的信息源的来源不同，仿真可分为在线仿真和离线仿真。

①在线仿真。在进行仿真操作与运行时，所有依托对象的信息来源，全部来自于真实的现场环境数据，这样的仿真称为在线仿真。

②离线仿真。在进行仿真操作与运行时，所有依托对象的信息来源，在非真实的环境数据情况下进行的仿真，称之为离线仿真

（3）根据仿真目的不同，仿真可分为科学仿真和外观行为仿真。

①科学仿真。对仿真目标所涉及的所有局部均采用数学模型进行科学计算，这类仿真称为科学仿真。

②外观仿真。对仿真目标所涉及的所有局部均采用均外观操作逻辑表现，并不采用数学模型进行科学计算称为外观仿真，也称之为模仿。

（4）其他分类。

计算机仿真。利用计算机软件技术、数字化技术、数学建模技术、可视化技术、优化

技术、数据库技术、数字传感技术、网络通信技术等，在非真实的环境下，把人类所面对的、感兴趣的对象和事物的内在本质和属性，通过计算机反映出来，并能模拟和驾驭这些对象和事物的运动规律，为人类正确认识和科学掌握这些对象和事物的发展规律提供辅助支持，称为计算机仿真。计算机仿真是伴随信息化技术发展、伴随仿真技术及仿真产品开发的需要而不断发展的。可以这么说，在仿真领域，计算机及相关技术只是实现仿真的一种手段、一类工具。但是计算机仿真技术极大地推动了仿真技术的发展和扩大了仿真技术的应用与普及。计算机仿真具有其独特的优势，比如，解决复杂的数学模型计算，解决大系统的仿真，降低仿真的工作量与开发成本，提高仿真技术的重用性等等。

5 仿真的应用

随着仿真技术的发展，仿真技术应用目的趋于多样化、全面化。最初仿真技术是作为对实际系统进行试验的辅助工具而应用的，而后又用于训练目的，现在仿真系统的应用包括：系统概念研究、系统的可行性研究、系统的分析与设计、系统开发、系统测试与评估、系统操作人员的培训、系统预测、系统的使用与维护等各个方面。它的应用领域已经发展到军用以及与国民经济相关的各个重要领域。

(1) 设备研制。仿真技术在昂贵设备的研制过程中，使得在新设备研制开始前，能够充分利用仿真系统检验设备设计方案、技术性能的合理性，避免在实际研制过程中出现的设计方案不合理现象的发生，缩短实际研制周期，并支持评估、系统更新、样机研制，能够以较低的代价提高设备的性能。

(2) 人员培训。借用仿真器可对员工进行设备维护和使用操作的培训，加快员工对设备的熟练程度和新设备的熟悉速度，大型复杂系统设备诸如核电站、化工设备、飞行器等设备造价昂贵，一次操作失误就会造成不可估量的损失，通常的书本培训，仅讲理论原理，口头的讲解由于每位学员的理解能力和课堂专心听讲不同，教师的语言表达能力的不同，教学质量会参差不齐。通过仿真器培训，学员可将理论转化为实践，同一的操作对象，学员对设备以及环境的沉浸感，可大幅提高教学质量。降低操作人员在实际环境中的误操作几率。

(3) 先进管理理念与需求分析。在先进管理理念与需求分析方面，对于组织机构中的管理条例、管理人员的培养、组织机构重组、企业发展的需求上，可以通过仿真企业行为来综合评估企业未来管理与机构重组的影响。

(4) 应急演练。对于重大社会灾难、社会组织行为等出于社会安全等可能发生的事态进行仿真演习演练，采用实物仿真可能反而造成很大的社会影响，而采用计算机仿真演习演练，则降低了社会综合成本，如城市防恐、城市交通、地铁交通等应急演练如果采用全实物完全仿真，可能会影响到系统自身的动转，而采用计算机仿真则可以做到在不影响系统自身运转的情况下自由组合推演系统自身在遭受突变发生时的应急处理预案的合理性、科学性，使系统遭受突变时能降系统造成的损失和影响降至最低水平。

(5) 大型系统的运行机理研究。某些特大型系统，如天气系统、核爆、生物生态等系统由于自身的复杂性，难以在系统自身的环境中进行实验，或者在系统自身实验时将有可能发生不可逆情况，这时采用仿真技术，利用已知的系统机理随机加入不可知因素，有效地解决在虚拟环境下对大型系统的运行机理研究。

(6) 虚拟现实及类似应用。主要是利用计算机图形图像及相关技术来实现历史、现实及规划等的场景、活动的直观表现，其目的是从更贴近人类直观观察的需要来实现各类真实或非真实情境的展示。

6 仿真技术体系框架

6.1 仿真技术体系框架

仿真技术从整体上来看可由图3说明。

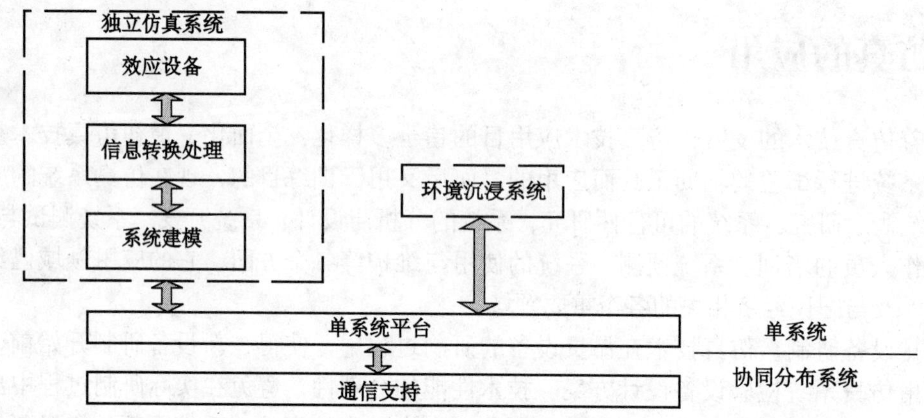

图3 仿真技术体系框架图

依据系统的各个部位的关系、以层进的逻辑来描述不同仿真系统之间及仿真系统内部各个部件之间的关联关系。由图3可看出仿真系统整体上可认为由独立仿真系统、环境沉浸系统、单系统平台和通讯支持系统4个部分组成。各子系统的主要功能和作用是：

（1）通讯支持系统。该系统主要是承担多仿真系统协同并行分布时的通讯支持，以协调不同仿真系统间的数据交换和同步，各仿真系统可以是异构的，也可以是同构的。通讯支持系统实现各仿真系统在跨区域、跨仿真类型（如实物仿真、半实物仿真、纯软件仿真等）跨专业类型（如陆海军天各军种仿真器之间）的协同仿真演练。通讯支持系统以明确单仿真系统中的数据将给协同仿真的仿真系统共享。

（2）单系统平台。实现独立仿真系统与环境沉浸系统间的数据交换以及完成与其他仿真系统通讯的集成平台。

（3）环境沉浸系统。为增加单仿真系统中的环境效果而做的子系统。使仿真系统有身临其境的感觉，增加系统使用人员的环境沉浸性。在框架体系中它不属于仿真系统的输出范畴，而仅仅是为了将系统数据以更符合人的直观观察特性的表现形式展现给使用者，从而实现效果的最大化，其目的仅在于提升使用者和仿真系统的直观交互。

（4）独立仿真系统。它将系统建模功能及其要处理信息的获取及处理结果的输出结合在一起，作为一个完整的动态体系以形成可运行的动态闭环体系。顾名思义，不借助其他子系统即可实现某个仿真功能的系统。独立仿真系统包括效应设备、信息转换处理和系统模型3个子部分。这3个子系统的不同实现形式就表现为仿真系统是属实物仿真、半实物仿真或纯软件仿真。

（5）效应设备。与独立仿真系统外实现交互的输入输出设备。

(6) 信息转换处理。独立仿真系统内部的一个子系统，实现各输入输出设备的信息形式转换处理的子系统。

(7) 系统模型。完成独立仿真系统特性以及逻辑行为的子系统，是独立仿真系统的核心，它从实际需要的某一方面表现了系统的某一方面功能或原理。

6.2 半实物仿真实现技术体系框架

半实物仿真从独立仿真系统框架结构来讲，可以由机械方式仿真、模拟电路结构仿真、数字电路结构仿真、计算机仿真等多种形式，确定半实物仿真的关键是效应工具，如果效应工具是采用原型中的输入输出设备，则为半实物仿真。而确定半实物仿真形式时，则由信息转换处理的方式确定，当信息转换处理方式为机械形式时为机械方式仿真。采用模拟电路结构时为模拟电路结构仿真，采用数字电路结构时为数字电路结构仿真，采用计算机方式时为计算机仿真，在信息转换处理方式不同时，对应的系统模型方式也不尽相同。

从半实物仿真的历史发展来讲，半实物仿真依次为机械方式仿真、模拟电路结构仿真、数字电路结构仿真、计算机仿真。从可重构性和可快速复制性上说，数字电路结构仿真、计算机仿真最为合适。随着电子信息处理技术的小型化和处理能力的增强，采用可编程逻辑控制器 PLC 和嵌入式工业控制计算机在半实物仿真中的应用越来越多。

6.3 纯软件仿真实现技术体系框架

纯软件仿真的技术框架基本如图 4 所示。

图 4 中，图形图像建模部分主要是建立实物的静态三维或二维图形图像模型，然后交与图形图像引擎，图形图像引擎是根据系统模型的处理需要动态改变图形图像模型的行为。系统建模则是依据实际业务或数学内涵进行科学抽象形成逻辑模型或数学模型并以计算机语言实现，并与图形图像引擎交互实现图形图像场景的交换。

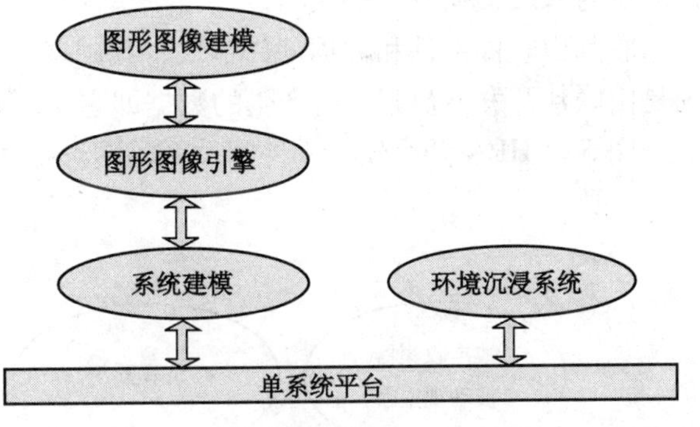

图 4 纯软件仿真技术框架图

在图形图像建模中目前有很多开发工具，诸如 3DMAX、MAYA、3DS、Creator、Photoship、GL Studio 等。

图形图像引擎目前主要是两种，即 Open GL 和 DirectX， Open GL 是工业图形图像引擎标准，而 DirectX 作为家用游戏图形图像引擎标准。在这两种之上图形图像引擎开发出了更多的引擎，如 Virtools、Vega、OpenSceheGraph、EON 等。

系统建模软件也有多种，如神州普惠的 DWK、东方仿真的 PSSP、Simplicity 等。

6.4 高层体系结构（HLA）

随着仿真技术的发展和仿真系统数量的增长和种类的扩充，仿真系统就像数据库的数据孤岛一样出现了各自独立无法互为应用的关联系统，为了避免系统孤立和同类型系统的重复开发以实现多仿真系统的协同及提高同类型仿真系统的重复使用的目标，美国国防部因军队发展的需要提出了高层体系框架即 HLA。

HLA 是需求驱动的技术其目的是为了满足管理需要、节约资源、实现高层次仿真能力。但 HLA 只是实现这一目标的一个标准协议、一个软件体系架构而非成型的产品。

可以说 HLA 利用联邦和联邦成员等概念将系统的思想和面向对象的思想引入了分布式仿真领域。

6.4.1 HLA 的联邦概念

HLA 应用联邦、联邦成员、联邦执行等概念来构筑复杂的分布式仿真系统。相关定义如下：

(1) 联邦：Federation，由仿真子系统联合构成的仿真系统。

(2) 联邦成员：Federate，构成联邦的每一个仿真子系统。

(3) 联邦执行：Federation Execution，一个联邦运行的整个期间。

其中构成一个联邦需要如下要素：

(1) 运行时支撑框架：RTI (Runtime Infrastructure)，HLA 的支撑软件，可以视作软总线，一个联邦使用的 RTI 可以用多个或一个过程来实现，可以运行在多台计算机上，就概念而言它是一个 RTI，一个 RTI 可以支持多个联邦同时执行。

(2) 联邦对象模型：FOM (Federation Object Model)，联邦中联邦成员进行数据交换的共同对象模型，是对联邦成员需要交换的数据之间关系的一种描述，即联邦成员间进行数据交换的协议，它是联邦成员及联邦开发人员之间交流的重要工具。

(3) 联邦成员：对一个联邦而言，一定数量的联邦成员是必须的，在 HLA 标准中，联邦成员与 RTI 设有专一的接口。

联邦由软件部件和数据部件构成，其中联邦成员和 RTI 属于联邦的软件部件，而 FOM 则是由联邦开发人员开发所产生的数据即它是联邦的数据部件。

图 5 是 HLA 两个软件部件间关系的图形描述：

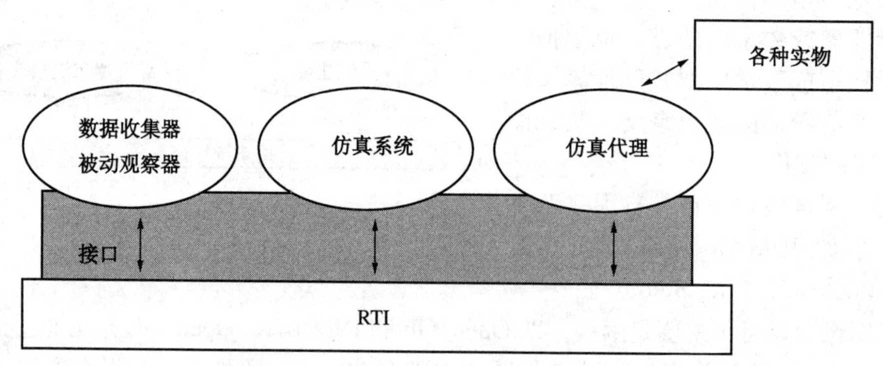

图 5 HLA 软件部件间关系图

6.4.2 HLA 标准

HLA 是一种软件体系结构，而非软件，它有多种实现方式，它是通过文档而非软件来定义的。HLA 标准涉及 3 部分：

(1) HLA 规则：是指在联邦执行过程中，实现联邦成员间的交互所必须遵守的原则和协定，是接口规范和 OMT (Object Model Template) 的设计规则，也规定了联邦成员和联邦设计者的职责。

(2) OMT：OMT 规定了每个联邦必须使用的 FOM 可以采用的结构，也就是说 OMT 是所有 FOM 的元模型，这里可以用类似类和对象之间关系来理解 OMT 和 FOM 之间的关系。

(3) 接口规范：指的是联邦成员和 RTI 之间的接口的规范，RTI 和联邦成员之间的接口是标准的，而 RTI 的实现方式可以是多种多样的。

以上简要地介绍了实现多仿真系统协同的 HLA 的内容，可以了解 HLA 是一个由需求驱动并成为标准的计算机仿真的通用技术框架。

7 结束语

近 50 年来，建模与仿真技术在各类应用需求的牵引及有关学科技术的推动下，已经发展形成了较完整的科学技术体系，并迅速地发展为一项通用性、战略性技术。目前，建模与仿真技术正向“网络化、虚拟化、智能化、协同化、普适化”为特征的现代化方向发展，它已成功地应用于航空航天、信息、生物、材料、能源、先进制造等高新技术和工业、农业、商业、教育、军事、交通、社会、经济、医学、生命、娱乐、生活服务等众多领域。建模与仿真技术与高性能计算机一起，正成为继理论研究和实验研究之后第 3 种认识、改造客观世界的重要手段。

参 考 文 献

1 仿真技术发展及应用．http://www.diamt.net.cn/xjzzjs/test/simu/cs_3.asp

2 袁希光．传感器技术手册．北京：国防工业出版社，1986

3 林福永．系统工程引论．北京：清华大学出版社，2004

4 郭齐胜，董志明，单家元等．系统仿真．北京：国防工业出版社，2006

5 吴旭光，杨惠珍，王新民．计算机仿真技术．北京：化学工业出版社，2005

燃机 Mark Ⅴ控制系统在集控改中的研究

何 旭 陈 斌 盛 荣 殷 娟
（中国石油新疆油田公司克拉玛依电厂）

摘 要 介绍了在克拉玛依电厂集中控制改造工程中，燃机 Mark Ⅴ控制系统为实现集控改造，对 Idos 及 Arcnet 通讯进行研究及应用。

关键词 Mark Ⅴ控制系统 集中控制 Idos Arcnet

1 引言

随着新疆油田的不断发展，用电需求的不断增长，中国石油新疆油田公司克拉玛依电厂装机容量也不断扩大，目前达到 233MW，现拥有 3 台燃气轮机，与之配套的余热锅炉 3 台、增压机 4 台，汽轮机 2 台，设置了增压机及燃料控制室，1#、2# 燃机控制室，11# 机控制室，9#、10# 机炉控制室，3# 燃机、3# 余热炉及 12# 机控制室共 5 个。电厂经过 7 期改建扩建，机组多，控制室、运行人员分散，劳动效率较低，人员不足，不利于值长的统一调度管理。按照目前的管理模式，4# 燃机投产，至少还需增设两个控制室和相应的值班员，到时运行人员更加紧张，并给值长调度管理带来更大的难题。为解决上述问题，克拉玛依电厂进行了集中控制改造，即将上述分散的控制室中的各操作员站通过各自不同的通讯技术集中搬迁至一个总的操作室，实现控制的集中和管理的集中。在集控改造过程中，燃机 Mark Ⅴ控制系统由于其 Idos 操作系统无法复制及 Arcnet 通讯调试的限制，难以实现集中控制，因此如何实现燃机 Mark Ⅴ系统 Idos 复制及 Arcnet 通讯调试成为本次改造中的重点。

2 电厂燃机 Mark Ⅴ控制系统概述

Speedtronic Mark Ⅴ是美国 GE 公司生产的燃气轮机控制系统，该控制系统可以完成燃机主机及辅机的几乎全部自动化控制功能，该系统由 60 年代的 Mark Ⅰ发展而来，经历了 Mark Ⅰ、Mark Ⅱ、Mark Ⅱ + ITS、Mark Ⅳ、Mark Ⅴ等几个发展阶段，具有成熟、可靠、安全性能高等优点。Mark Ⅴ采用 3 重冗余硬件结构和软件容错（SIFT）技术来保证系统的可靠性（图 1）。

软件容错技术（SIFT），SIFT 使主控制器（R）、（S）、（T）直接在表决链上交换信息。每个控制器都接收与之相联的传感器信号，并制成表格，然后把表格放到表决链上进行信息交换，每个控制器都接收另两个控制器的表格，从中选出中间值并用于后续的各种运算中。这样，当有 1 只传感器故障时，与之相联的控制器所得到的错误信息在表决后将被抛弃，在后续的各种运算中将不再出现错误信息。如果控制器本身出现故障，其算出的错误指令在表决过程中同样被抛弃，对后续的控制不造成任何影响，有故障的控制器经诊断修复后投入运行，并从另两台控制器获取正确数据，使其控制具有正确性和连续性。在（R）、（S）、（T）进行信息交换时，（C）随时监视它们的数据，如发现差异，就做出相应的诊断，并向（I）报告所发现的差异及诊断结果，以提醒操作人员采取相应的措施。

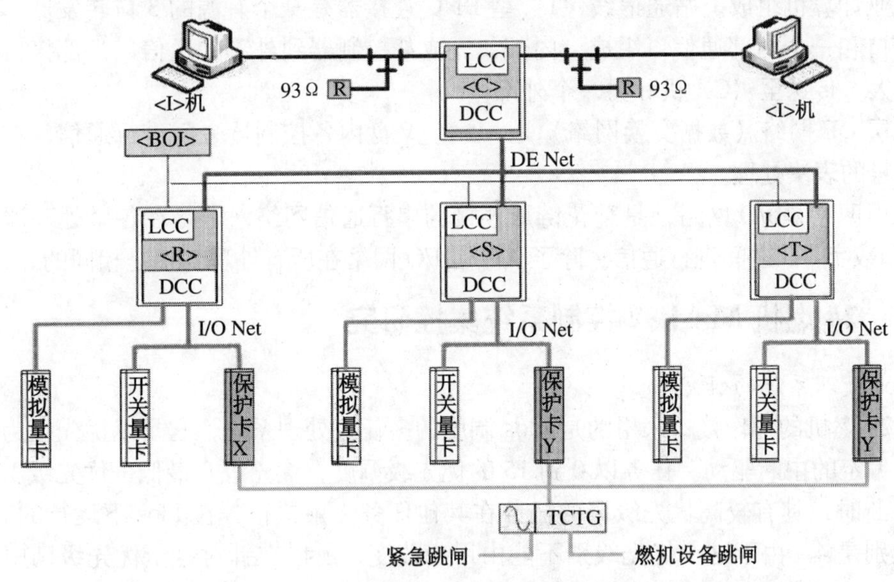

图 1　燃机 Mark Ⅴ内部连接图

在硬件配置上，Mark Ⅴ有（R）、（S）、（T）3 个相同的控制器，每个控制器都能独立地执行燃机的主控、顺控、数据采集和主保护功能，从而构成三冗余结构。燃机各主要测量信号所用传感器均采用冗余配置，以保证控制系统的可靠性，冗余配置的传感器分组与（R）、（S）、（T）分别相连， 3 台控制器同时接收这些冗余传感器送来的信号，并对这些信号进行分析、计算、表决，最后输出控制信号。对于关键的模拟量，3 个控制器的输出电流信号分别驱动三线圈伺服阀中的一组线圈，3 个电流信号通过线圈转换成磁场叠加起来，这相当于对 3 个电流信号取平均值，伺服阀则根据这个平均值动作。对于关键的开关量，3 个控制器的输出在继电器驱动卡中经 2/3 表决后执行。重要的超速保护与准同期功能分别由三冗余控制和三冗余保护模块〈P〉独立提供，以减少出现燃气轮机超速和失步超限的可能。

通用数据处理器（C），负责收集用于显示的数据，提供报警缓冲存贮，产生并存贮诊断数据，以及为非关键信号和控制动作提供共用的 I/O 接口。如燃机轮间温度监视的热电偶等。

中国石油新疆油田公司克拉玛依电厂共有 3 台燃机，1#、2#、3# 燃机分别于 1987 年、1997 年和 2004 年投入运行，由于当时设备生产时间的不同和技术方面的原因，这 3 套燃气轮机控制系统在硬件结构上基本相同，而在上层操作员站则有很大的不同。下面对这些系统的集控研究分别予以说明。

3　燃机 Mark Ⅴ控制系统集控研究

要实现集中控制的目的，首先要对 Mark Ⅴ系统的网络结构进行全面的了解。电厂的 3

台燃气轮机控制信息是通过 3 层不同的网络共享起作用。

一个外部网络，即段间链路，是操作员接口〈I〉和控制盘通用处理器〈C〉间通讯的链路，称之为站通讯线（Stage Link），它由 Arcnet 网络接口卡和“T”型 BNC 连接器组成；集中控制中的遥控操作员站是由带有“T”型 BNC 连接器的同轴电缆、Arcnet 通信接口卡、工业计算机组成。站通信线“T”型 BNC 连接器是一个有源的 3 口转发器，由两个外部通信口和一个内部通信口组成，内部口完成从控制器到外部的通信，外部接口则接收信号并放大，传送至〈C〉机和另一个外部口。

第二层 DE 网络（数据交换网络）是 Mark Ⅴ盘内各控制器之间进行通信，在盘内实现控制信号的表决处理。

第三层网络是 I/O 网络，是菊花链形连接的串行通信网络，它是在各微处理器和保护机〈P〉和数字 I/O 之间进行通信。除了〈C〉，I/O 网络在所有处理器中是相同的。

3.1 1#、2# 燃机 Mark Ⅴ控制系统集控研究

3.1.1 Idos 处理系统的研究

1#、2# 燃机的操作接口采用的是 Idos 调度的多任务处理系统，它是以优先级为基础和具有预控编定的中断驱动。任务以 0 到 15 的优先级调度，优先级 0 最低，优先级 15 最高。当收到中断时，具有较高优先级码的任务在其他任务之前执行。在 Idos 下运行的 Ms-dos 的优先级别是 4。由于这个优先级别不能由用户改变，所以在针对这个优先级别中断的工业计算机的选择就受到了很大的限制。而在对 GE 技术咨询时，GE 报价相当高，一台这样的计算机为 5 万美元，这其中还不含技术服务费用。因此电厂决定依靠自身技术力量进行攻关。

燃机遥控操作接口的 Idos 操作系统使用的软件是在 Idos 专利磁盘操作系统下运行的。它分成两组存储在遥控操作员接口的硬盘驱动器上，用专用软件划分 F 和 G 两个虚拟盘符，在 F 盘下放置系统配置文件，在 G 盘下放置一些系统可执行文件和公共文件。

主操作接口的计算机硬盘驱动器被分区成 1 个逻辑驱动器 C：

C：

```
├── DOS
├── IDP
│   ├── CONFIG
│   │   ├── RUNTIME
│   │   ├── UNIT1
│   │   │   └── PROM
│   │   └── USER
│   ├── DATA
│   ├── EXEC
│   └── LOG
├── UTILITY
└── CUSTOM
```

虚拟盘 F：目录下的文件有结构为：

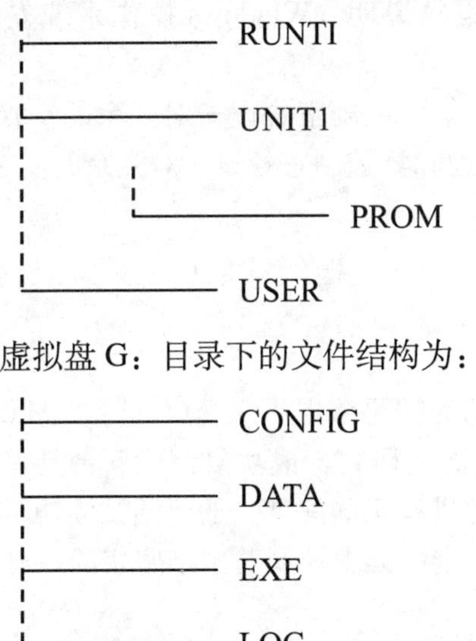

虚拟盘 G：目录下的文件结构为：

CONFIG

DATA

EXE

LOG

虚拟盘 F 和 G（实际上是 C）：驱动器 IDP 目录的子目录。虚拟驱动器由 Autoexec.bat 文件中的命令建立的，这个文件在主操作员接口启动时执行。为了主操作员接口的正确工作和与装置控制盘传输数据，Idos 下运行的程序要求上述虚拟驱动器和目录结构。按照这样的文件结构安装了 3 台具有 Idos 操作系统的机器。仅此还不够，安装完成后并不代表系统能够启动起来，还要修改相关的硬件配置文件和 Autoexec.bat 文件与机器相匹配。多次修改直到机器能够在离线方式下运行起来。

3.1.2 Arcnet 通信协议研究

研究了站通信 Arcnet 通信协议和通信硬件，对于站通信 Arcnet 网络通信，硬件必须满足以下要求：(I) 中的每段中不得有多于 8 个高阻抗节点，这里“段”是指连接到三口有源收发器的一个口上的一段电缆或者是两个有源收发器之间的一段电缆；段的长度不得大于 304.8m；在段上最末端（I）处理器上，须安装 93Ω 的终端电阻；站通信线不能连成回路。根据 GE 技术标准进行了多方面研究，首先研究 3 台燃机 Arcnet 通信网卡，对照规范进行硬、软件配置，由跨接器完成硬加网卡的地址设置，并与软件说明文件相匹配；其次，由于 ISA 插槽的工业计算机在当前应用已经越来越少了，而 Arcnet 网卡必须安装在 PC 机的 ISA 插槽中，经在各种类型的工控机上进行多次试验，对计算机 CMOS 进行中断号设置，从而找到中断号匹配机型；最后，更改 Arcnet 网卡的硬件地址对软件配置文件一致后，进行设备在线通讯试验，最终在康柏 7222 型机器上调试成功。

3.2 3# 燃机 Mark Ⅴ系统的研究

3# 燃机的操作接口是装有 GE Cimplicity、Microsoft 的 Windows 2000 操作系统和控制系统工具箱（Control System Toolbox）等软件的 PC 机，可作为主操作员界面，机组 DCS 操作员界面的备用界面或用于维护的工程师站。HMI 通过 UDH 网络与控制器通讯。操作员站采用 Cimplicity 软件，人机交互式界面，可视化操作方便。HMI 让操作员可以使用友好的用户界面来监视机组运行数据并可以便捷修改设定值、负荷、阀门开度等参数。重要参数在每幅画面上都有显示，这样操作员在切换画面时可随时监视这些参数。显示画面右侧部分有一个菜单，分为总览、单元机组选择、控制、监视、辅机、测试等，其Arcnet通信方式与1#、2#燃机相同，这里就不再重复说明。Windows操作系统安装比Idos系统要简单。

在Windows平台上的3#遥控操作接口在现场和集中控制室各设一对冗余的交换机；考虑到以后的改扩建工程项目中，4#或5#燃机在就地和集控制室各设一对冗余的交换机，交换机之间采用光缆连接实现集中控制。

4 结束语

为实现全厂集中控制，对中国石油新疆油田公司克拉玛依电厂3套燃气轮机Mark V控制系统进行了Idos操作系统和Arcnet通信技术方面的研究，成功复制了3台具有Idos操作系统的机器，并对Arcnet通讯网卡的硬件和软件进行正确配置，从而调试成功了3台可进行远程操作的操作员站。燃机集中控制的实现为全厂集中控制奠定了坚实的基础（图2）。

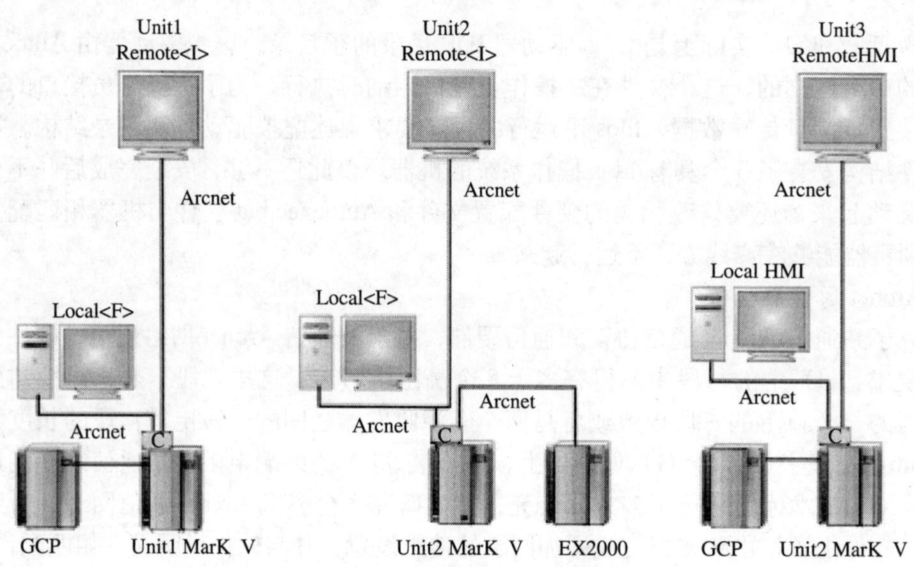

图2 3台燃机Mark V网络结构图

中国石油新疆油田公司克拉玛依电厂率先在全疆实现燃气轮机组集中控制，该系统的投运，在全疆电力行业自动化控制领域尚属先例，它填补了新疆电力自动化控制领域的一项空白，对引领全疆电力集中控制技术的发展起到了非常积极的作用。

软件辅助钻头管理与优选实践

刘秀益　徐根法

（中国石油西部钻探工程有限公司克拉玛依钻井公司）

摘　要　钻头的使用和管理是钻井工程中极为重要的一个环节，它决定着能否最合理地使用钻头资源、最高效地沉淀钻头数据资料、更有效地节约费用，提高钻井的工作效率、降低钻井成本，因此以解决钻头流转管理需求和辅助钻头优选需求为目标的钻头信息管理软件系统的开发具有很重要的现实意义。本文论述了在当前计算机、网络、数据库条件下基于计算机软件和数学统计方法学的钻头管理流程的软件实现和钻头统计式辅助优选的理想树模型的设计，以实现钻头的有效管理，并对计算机实现钻头辅助优选的思路和方法进行有益探索和实践。并基于本次企业应用软件设计、开发过程的思考，阐述了对应用软件开发的一些认识。

关键词　钻头管理　钻头优选　需求　设计　钻头管理流程　辅助优选模型

1　背景及相关技术

钻井工程在石油工业发展中占据着承前启后的关节地位，钻井工程技术的发展对促进油田科学开发有效上产起着举足轻重的作用。就钻井而言，钻头是钻井的重要物资之一，因而对钻头实施有效管理、科学运用钻头并提高使用效率对提升钻井工程的水平起着至为关键的作用。因此，如何有序地管理钻头，并在有序管理的基础上优化选择钻头、提高钻头使用效率为节约成本、提升钻井工程质量和水平成为钻井工业所关心的重要问题之一。现代计算机技术、数据库技术和网络技术以及数学统计方法学的发展为钻井工业思考并解决这一问题提出了新的思路、开辟了新的途径和提供了新的方法。

现代网络技术和数据库技术的结合，并辅助以计算机软件将把钻头业务流程中的孤立的若干节点有效地关联起来，并实现从逻辑上控制从发放钻头、使用钻头直到回收钻头等围绕钻井生产发生流转的各个环节，同时做到对各环节产生的数据实现及时采集、有效验证，以达到有效控制钻头流转、及时回收的目的并适时采集并沉淀各类钻头数据为后续管理需要提供数据支撑。

而数学统计方法学的发展与技术软件技术的发展为钻井工程应用中有效利用历史数据，科学挖掘有用信息为优化选择钻头、提高钻头使用效率提供了新的可能。大量沉淀的钻头使用数据为这种可能的实现提供了数据保证。这些沉淀下来的钻头使用数据是长期以来钻井工程技术人员对钻头使用的智慧的结晶，是钻头使用技术科学发展的一种综合表现。如何通过数学的方法去挖掘沉淀在这些大量数据背后的对从整体上进一步提升钻井工程中钻头使用水平有所裨益的信息，值得作为钻井信息化的一个重要方向进行深入的思考和实践。

目前，国内外在管理信息系统方面已经有了广泛的实践并产生了大量的优秀软件，但是至今没有一款针对钻头在钻井工程领域流转的全周期施行管理的软件；另外，虽然随着钻井工艺和技术的发展，人们对地层可钻性与钻头选型进行大量的研究与实践，但是还没有基于历史数据进行牙轮钻头辅助优选的带有数据挖掘性质的软件；更没有将钻头在钻井工程中的流转管理与钻头辅助优选有效结合完成管理和辅助工程决策两个目标、两项任务的软件。如果能做到这两个方面及它们的有效结合，将在很大程度上解决钻井行业在钻头管理存在的各类问题，同时也将可能一定程度上满足工程技术人员对辅助钻头选型软件的迫切需求。

正是基于上述的背景和思考，开始了软件辅助钻头管理和优选的实践，也即开始开发一套《钻头信息管理系统》。该系统将从两个层面来展开实践：一是普通意义上的管理信息系统的开发；二是进一步提供钻头辅助优选功能的尝试。

2　系统分析与设计

依据钻头管理及钻头优选的需要，在充分调研当前钻头管理业务流程及工程技术中对钻头优选思路的基础上发现：

（1）现有的钻头流转过程中没有通过钻头的唯一性标志给予钻头严格的控制，从而造成了诸如钻头回收不及时、钻头相关信息填写的随意性、钻头与钻头信息的张冠李戴等等一系列问题。从而无法达到决策层对钻头进行严格有效管理的要求并造成相当的经济损失，同时也造成了钻头使用的相关技术数据不能准确及时沉淀以致进一步减少了科学利用已有数据提升钻头使用水平的可能性；

（2）牙轮钻头的流转程序和 PDC 钻头的管理模式和流转程序有所区别；

（3）在调研工程技术部门和相关管理和技术人员时，发现钻头的科学使用涉及众多的影响因素，可谓盘根错节，要理顺各个影响因素直接的逻辑和数学关系需要的工作量是巨大的，并且更为重要的是其结果的准确度或者说对某种情况的拟合度是不可预知的，因为往往因具体情况而区别巨大。但是，通过进一步的了解和思考，发现无论具体的各种因素状况如何，它们却共同影响了最终的钻井效果。

基于以上的分析结果，展开了对系统的设计思路，这些思路基本围绕如下原则：

（1）软件优势结合业务流程改造以强化钻头管理保证实现决策层的管理要求；

（2）通过软件逻辑实现钻头信息从基础信息、使用信息到回收信息的准确、及时采集，这是基础性工作也是从另一个侧面保证管理目标的实现；

（3）在考虑辅助优选时，首要考虑的是针对性和有效性，而不过多地关注学术或者说关注模型的通用性，但是又要保证充分挖掘历史数据中对辅助科学钻头选型能产生积极意义的信息。

基于上述的分析和原则，从软件内、外两方面做了如下的设计工作：

（1）钻头管理流程的改造：针对现有钻头流转业务流程中不利于有效管理钻头的下列问题：钻头基础信息不能及时采集、钻头使用数据中关于钻头基础信息无法验证准确性、钻头回收时无法通过比对钻头基础信息以确认钻头与同时呈交的基础信息的正确性等。在结合网络数据库的优势关联各个不同数据（基础数据、使用数据、回收数据）采集点的基础上通过归口基础数据采集权限、最小化基础数据采集源点的逻辑对现有的基础数据采集模式进行了微调和完善；然后，在使用数据采集中添加以基础数据为标准的使用数据中相关基础信息的审核模块，以保证钻头基础数据的统一。这种思路同样也在回收数据的采集时得到了充分的体现：所有回收钻头的基础信息将不再以回收时附带的基础信息为准而是以其是否能从基础数据库中检索出对应钻头作为能否完成钻头回收环节的标准，这也即是形成了以钻头基础数据为轴心展开数据库设计和程序开发的思路。

通过多次的需求分析和设计的迭代过程，形成了与完成现实业务流程改造相吻合的业务流程图（图 1）。

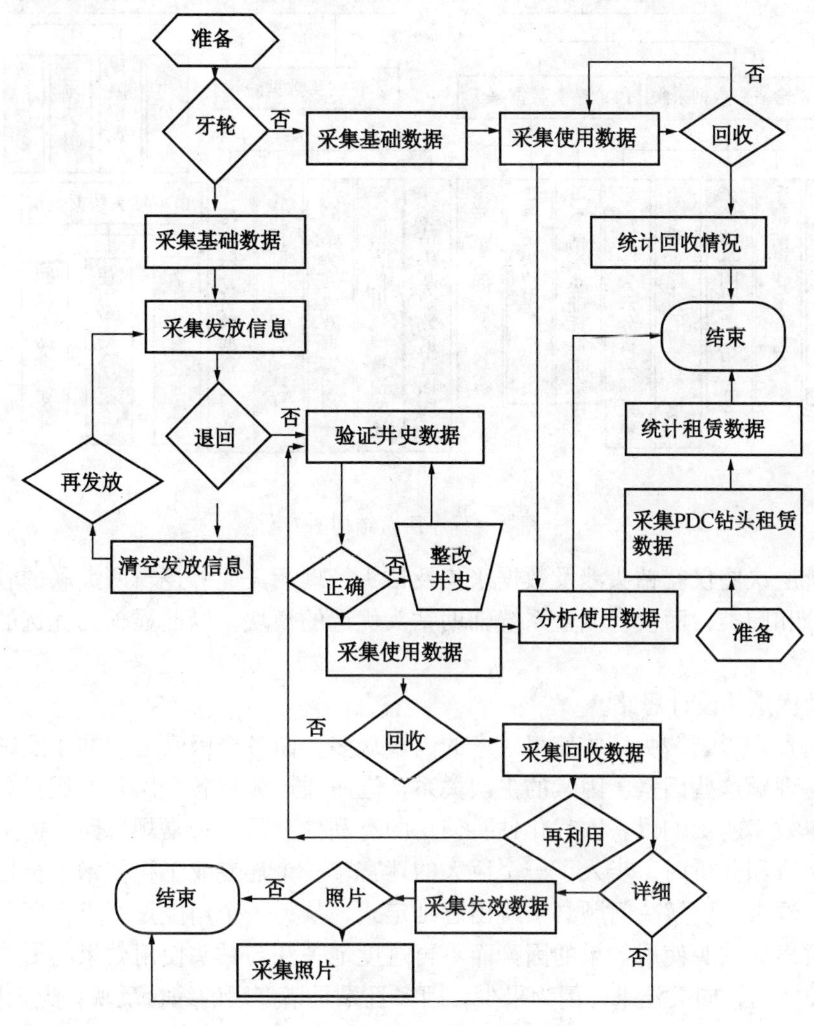

图 1　程序流程

图 1 描述了钻头业务流程及相关的数据采集动作，根据解决问题的需要，把注意力集中在改变物资供应公司钻头库在处理内拨钻头时不采集钻头基础信息的问题上，从而保证了任何一个钻头的基础数据在投入使用前就能被准确的采集至系统中，进而保证了提供参考标准供使用数据采集、回收数据采集时使用，也即保证了整个数据采集过程中基础数据的完全一致。

（2）基于业务逻辑的软件设计：在完成了结合流程改造的系统需求分析和系统业务流程分析的基础上，展开系统软件设计，整个软件设计过程坚持两个独立以保证程序的严谨性和可扩展性：一是牙轮钻头、PDC 钻头从业务逻辑实现到数据库的完全独立处理；二是数据采集与后续的查询、统计乃至辅助优选模块的独立处理。依据这两个原则建立了以数据库为核心的逻辑上相对松散的程序层次结构（图 2）。

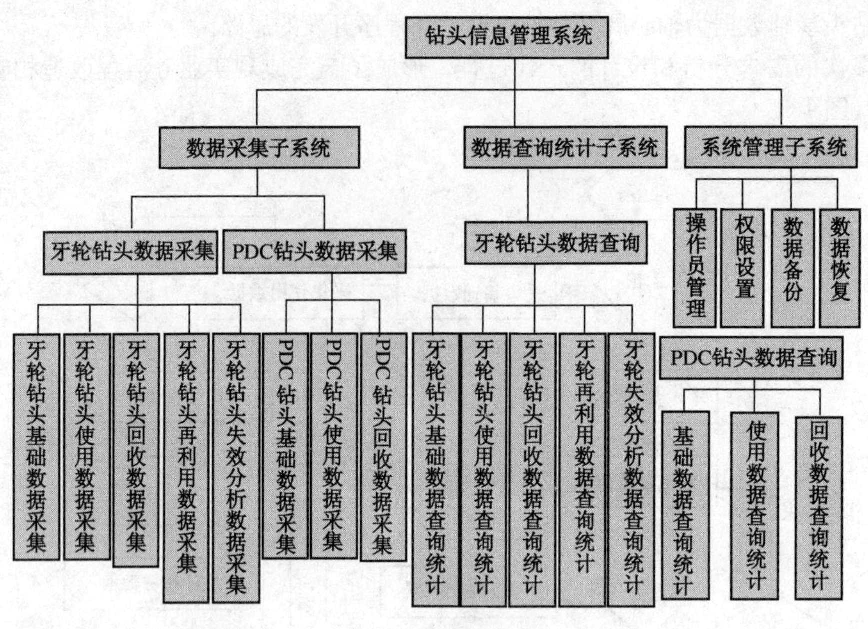

图 2　程序层次结构图

这个系统层次图仅就钻头涉及数据采集及钻头管理相关业务逻辑所关联的各个模块进行了层次划分和归类，而没有涵盖系统辅助钻头优选的模块，以凸显辅助优选的特殊性和独立性。

(3) 辅助优选的设计思路。

①考虑因素：影响钻头具体使用效率的因素众多，而各个因素之间的相互影响更是纷繁复杂。如何理顺这些因素、因素的主次关系，进而通过分析各个因素的逻辑关系及其对钻头具体使用效率的影响以获取优化钻头使用的有利信息是一种常规思路，但是当沿着这一思路推进调查和分析时，步入了一个巨大的迷宫，一个连专业工程技术人员也没有研究透彻的迷宫。看来，要解决问题必须跳出思维定式，从另一个角度重新审视问题。尝试从结果逆向分析表现钻头使用效果的因素而不再过度地关注与钻头使用效果的影响因素，也就是思路从关注因转向关注果，因为果少、因多且果是诸多因的综合反映；无论因有多少、因之间的逻辑如何、因是如何对果产生影响的，重要的是它一定会产生影响，而这种影响一定在果上有一定程度的反映。运用这一思路把注意力集中在机械钻速和纯钻时间两个综合反应钻头使用效果的参数上。同时，考虑到不同区块的不可比性和因井深不同而造成的地层可钻性对钻头强区分度。综合讲，考虑 4 大因素作为辅助钻头优选的核心因素，即区块、井深、机械钻速、纯钻时间。在此 4 大因素上形成了辅助优选的逻辑，以区块和井深来定位钻头使用效果的可比性，以机械钻速和纯钻时间的综合表现作为考察历史钻头选型优劣的评判依据。

②辅助钻头选型的模型——理想钻头柱：这个理想钻头柱的长度将取决于所针对区块中最深井的井深，在确定长度后，将钻头柱以 5m（此单位可依据现实需要进行调整）为单位施行等分，然后在相应的井深范围内综合相应区块上所有涉及该井深段的钻头的综合表现（纯钻时间 × 机械钻速）以优选出历史数据中在该井深段表现最优的若干钻头，依次堆叠最终形成一个由钻头构成的理想钻头柱，从而直观的供技术人员做选型时参考用。同时，

根据统计优选的结果再次优选相关的钻井参数以供技术人员一并参考使用。理想钻头柱模型示意图如图 3 所示。

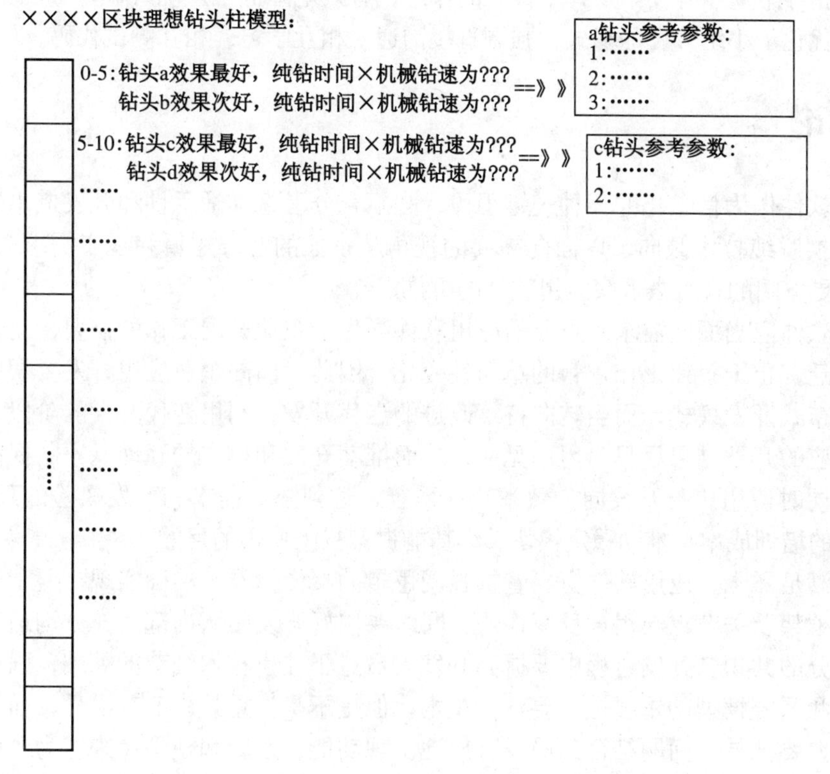

图 3　理想钻头柱模型

3　软件开发

基于软件的管理信息系统性质和辅助决策的目标，在考虑整个系统开发的过程中把思考的重心、工作的重点放在了业务逻辑的严格实现、辅助决策模型的建立上了。而开发阶段严格把握这样的原则开展工作：(1) 尽量降低系统开发代价；(2) 简单高效；(3) 强调技术的实用性，反对唯技术论。

基于以上原则和分析设计反映出系统对数据库操作的要求比较高、对数据表现的灵活性要求比较高、数据处理的量比较大。因此，为保证数据处理的操作简便灵活，同时降低工作上手的难度，选择了非常成熟的开发模式即常规的 c/s 模式，并且选取了数据表现形式丰富、处理简单、易于学习的 PowerBuilder 作为开发工具。考虑到数据处理量比较大并且数据稳定性和安全性的要求比较高，DBMS 方面选择了 Oracle。

在选取了开发工具和确定了 DBMS 后，鉴于工具和技术的成熟性和系统框架的确定性，开发工作采用迭代开发模式循序推进，只在开发的过程中强调如下几个关键点：

(1) 重点强调业务逻辑的准确转换和模型的实现；

(2) 数据库的规范性，严格从 3nf 出发进行数据库设计；

(3) 代码的可读性和可维护性，确定了严格的注释标准，坚持分工的模块化、开发的模块化；

(4) 迭代开发和原型法的灵活应用。这一点在做到需求的结果尽早得到用户的验证和反馈，以指导下一步开发中发挥了极大的作用，有效地降低了系统风险；

(5) 优化了小组开发的形式，强调直接沟通、相互学习、相互测试代码。

4 结论

应用软件作为信息化的一种关键手段，必须充分考虑其适用性和开发成本，也即应用软件应该摆脱纯技术倾向，以面向需要的视角从企业的业务逻辑和现实需求去展开工作，同时要以更宽阔的视野去考察应用软件的可推广性。

应用软件应当面向需求。企业的应用软件当生于企业开展工作的需要，动于企业工作逻辑的变迁，止于企业工作逻辑的革命性变化。因此，面向企业应用开发要摆脱幻想一蹴而就的瀑布式开发模式，而当转向持续改进的迭代开发。利用迭代开发的阶段原型使阶段需求和相应的开发结果尽早与用户见面，从而推动开发和用户的互动以不断提高软件的适用水平，同时使用户与开发同步熟悉软件系统，达到降低需求和开发风险的延续和扩散、降低后期的培训成本、推动稳定模块关键功能提前投入使用的目的。

为了满足需求，应用软件应当着重强调逻辑的严谨性及其准确实现，要于开发前就逻辑的总体框架及关节点与用户反复沟通，同时要做好开发团队内部的充分沟通以为展开开发寻求充分的共识。开发过程中要摒弃开发人员过于注重技术细节的弊端，强调准确实现业务逻辑和系统模型的重要性。要注重技术，但是不是注重技术的前沿性，而是关心技术的适用性。要把技术问题结合到简单有效地实现功能、逻辑和模型上来。为了服务企业的实际需求，必须强调对系统的持续改进，这是应用软件开发的命脉所在。要做到持续改进就必须特别强调上述的两点：(1) 突出业务逻辑的重要性，采用成熟技术，摒弃纯技术路线；(2) 实施迭代开发，根据开发的不同阶段推出用户可执行的原型代码以加速需求验证过程。

另外，作为行业应用软件，一定要分析行业背景、把握行业需求、针对行业现状，以保证软件的适用及较好的推广，在服务本企业的同时能够在一定程度上满足行业的需要，为行业发展助力并为本企业获取一定的社会和经济收益。

面向企业特性的应用软件的开发是企业信息化工作者的工作重点和难点，需要做的工作很多，需要更多的探索和实践，前路充满荆棘也充满希望。

数据监督管理方法与实践

——以钻井、录井数据监督为例

刘　英　陈思璘

（中国石油新疆油田公司数据中心）

摘　要　数据的及时性、准确性、完整性、一致性是数据的正常化管理指标，中国石油新疆油田公司在信息化建设过程中，开创性地建立起旨在达到数据质量保障的数据监督管理职能部门，经过不断探索、创新、实践，在数据监督流程、数据监督管理机制和方法、数据监督管理理念等3方面进行了建立、健全和完善，得出了4点重要认识，对如何管理好企业信息化建设的核心——数据具有一定的参考价值。

关键词　数据　质量　监督　管理　信息

1　引言

数据是企业信息化建设的核心[1]，21世纪被大家公认为是“信息时代”[3]。企业信息化是当前社会热门的话题之一，随着社会发展，人类的生产、生活越来越离不开信息；谁拥有了更多更有效的信息，谁就将在竞争中处于有利地位[4]。信息是有用的数据，数据是信息的表现形式。信息是通过数据符号来传播的，数据如不具有知识性和有用性，则不能称其为信息[5]。因此，数据质量的保证对于创造竞争优势的信息而言是必需的；当前，信息服务的宗旨已经从以往的面向简单应用如查看、统计、计算等功能的数据模式转变为对科研、管理、经营、决策等进行交叉、跨专业、直观、便捷高质量的综合性服务。达到高质量的数据信息服务水平，必须使数据具有较高的及时性、准确性、完整性、一致性、可获取性。服务对象对所提供信息部门的忠诚度主要由企业信息管理部门与服务对象及各方面沟通的有效性及准确性来决定；系统运营效率也主要依赖于数据获取的可靠性和及时性，在此基础上，预测、计划、科研以及其他的重要功能才能得以精确实施[4]。

2　数据监督管理工作概述

数据的及时性、准确性、完整性、一致性需要进行有效的数据管理。中国石油新疆油田公司（以下简称油田公司）信息化建设起步于20世纪90年代初期，在信息建设过程中，组织建立了数据监督管理职能部门。数据监督管理工作主要对进入油田公司各应用系统数据库的数据进行数据运行监督、数据质量监督、数据传输及传输质量考核，从数据源管理角度确保数据入库的及时性、准确性、完整性、一致性。通过10余年的摸索运作、不断完善，数据监督职能逐渐明确，制度逐渐完善，工作流程逐渐清晰。目前，数据监督专业范围涉及物探、井设计、钻井、录井、测井、试油、分析化验、储量、圈闭、井位、报废井、勘探图形、地面工程、油气水生产数据等勘探开发生产、科研、管理等近20个领域。截至

2008 年 5 月，数据源单位达到 45 家，所管理数据基本实现了数据传输、加载、发布正常化。2007 年，数据库总数据量由 2002 年的 40G 增加到 920G，数据传输接收率达到 100%，及时率达到 98%，数据质检差错率小于 3‰，为科研、生产、管理部门提供下载数据服务由 2002 年的 8625 井次增加到 13.9 万井次，下载数据总量由 2.87GB 增加到 386.7GB，系统日访问量增幅显著，由 2002 年的 1300 人次 / 天扩大至 3098 人次 / 天，在用信息化手段推动企业管理现代化进程，为企业决策服务、为生产管理服务方面提供了有力支持。

3　数据监督管理方法探讨

3.1　监督流程的建立与完善

初期的钻录井数据监督流程是：接收数据→传输及时性台账记录→进行数据检查→反馈数据问题→向数据库导入数据→检查导入过程标准、程序问题→反馈标准、程序问题→数据发布检查→发布合理性检查→反馈数据发布问题→汇总问题表，进行通报、讨论、解决。整个工作流程实施手段较为原始，监督方法简单，基本靠观察和靠简单对比，记录反馈的问题靠手工录入等，效率低下。

随着钻录井数据监督井数的激增，数据的及时性、完整性、准确性要求不断提高，监督流程暴露出效率低、大量边缘性工作无法使数据监督人员从事其核心的数据质量监督等问题。仅 2005 年，钻录井数据年导入数据 2752 批次，为勘探开发一体化数据加载前的 6 倍。数据统计、数据发布监督、数据及时、准确入库检查等工作，面对数据量大幅增加，在原有方法上难以继续正常进行，对此，监督工作流程开始逐渐进行调整，目前监督流程调整为：

（1）动态数据：进行数据检查→反馈数据问题→答复数据问题→汇总数据问题→数据质量通报→数据传输质量考核、表彰，整个过程与初期相比，更体现出围绕数据进行及时性、准确性、完整性监督的数据监督核心工作。监督过程基本为自动化、半自动化提取，告别了手工录入，自动化程度得到很大提升，数据监督工作迈入了新时代。

（2）静态数据：接收数据→建立及时性监督台账→进行数据检查→反馈数据问题→答复数据问题→导入数据→反馈标准、程序问题→汇总数据问题→数据质量通报→数据质量考核、表彰。目前流程转变工作还在测试进行中，静态数据流程看似与初期整个过程相近，但每一步的工作都有了创新、改善，如数据监督台账、数据问题反馈、数据问题汇总等工作都已经从纯手工变为建立查询过程半自动化生成，针对钻录井数据的及时性、完整性监督，逐渐建立起 300 余个查询过程，以满足监督台账需求，随时可以执行相应查询，进行统计钻录井数据传输加载情况以及进行传输加载问题汇总、反馈；对于数据准确性、完整性的质检工作，亦由过去的依赖人工逐个数据库表查看，进行简单查询对比转为自动校验，质检能力由过去的每月 30 口井，增加到每月 300 口井左右，质检质量亦得到很大提升。导入数据过程中出现的标准、程序问题，通过多年来不断完善、管理提升，标准问题出现频率平均由过去的每导入 100 批次出现 200 个变为 10 个，程序问题出现频率平均由过去的每导入 100 批次出现 70 次变为 5 次。“数据质量通报”由过去的不定期通报到每月定期通报，发布方式由过去的会议发布改为网站栏内设点发布，自 2007 年开始，进一步在油田分公司主页通告栏每月 1 号准时公开发布，对数据质量的提高起到了促进作用。

3.2 数据监督管理机制的健全与监督方法的完善

通过完善数据源单位三级质检机制，加强监督力度，建立问题反馈机制，提高了数据源单位质检工作水平。钻井数据库共有52个数据库表，一口井通常30个数据库有数据，平均每口井有264条记录，7711个数据项，录井共有41个数据库表，一口普通井通常5个数据库有数据，探井、评价井、资料井通常33个数据库有数据，平均每口井有314条记录，4956个数据项，面对钻录井一年各有2000口井左右的庞大数据流，确保数据的齐全准，必须依赖管理，除数据标准管理、数据库管理外，数据源管理与数据监督管理同等重要，在这两个方面，主要从完善数据传输管理规定，落实数据传输加载考核制度，开发《数据运行管理系统》、建立数据质量发布、考核、奖励机制等措施，提高了数据的监督效率和监督力度，建立了有效的问题反馈机制，保证了数据源单位数据质量监督水平的提高。

自进行钻录井数据监督以来的10余年时间，根据现场实际情况、用户需求、监督需求、信息发展等因素，钻录井数据传输加载管理规定先后经过4次修改完善，使规定更具操作性、严密性，更有利于监督管理需要。根据规范化管理需求，先后编制执行《钻井井史数据填写规范》、《钻录井非结构文件名命名规范》、《井别填写规范》、《井型填写规范》等各类管理规范8个，并严格遵照执行。截至2008年6月，共实施钻录井考核12次，对促进数据源单位数据质量提高起到了积极作用。钻录井自2006年开始立项研发的《数据运行管理系统》立足于解决数据监督的数据及时性、准确性、完整性、一致性全方位工作内容，已经投入应用的钻录井数据质检功能，弥补了过去质检方法的不足，实现了多个专业的跨专业对比分析校验；基于制定较严密的结构属性限制、标准化填写约束，排除规范化填写内容，将可能问题列出予以分析确定，大大提高了质检人员的工作效率及监督深度；在此基础上通过邮件、ftp方式配以及时地问题反馈渠道，使数据源单位能在较短时间内得到传输数据的质量反馈信息，2007年到2008年6月，共向钻录井数据源单位反馈问题265批次，从问题量分析，错误数据由初期的150个/批次，减为20个/批次，促进了数据传输质量的提高。针对数据源单位数据质量的进一步提高，2008年开始，积极推动数据质检系统网络化，推动数据源单位对校验系统的应用能力，做到全面质检从数据源抓起，目前，数据源单位的网上质检系统已开始启用，对数据源单位三级质检体系的建立健全起到了重要作用。

3.3 数据监督管理理念的强化与完善

设置数据监督职能，其目的就是确保数据质量，达到对数据及时性、准确性、完整性要求。

(1) 数据监督人员必须不断提高自身技术素质。数据监督涉及专业理论及实践知识、数据库知识、计算机知识、管理知识、沟通技能等多方面知识，仅具备专业素质、计算机知识等专一知识对于数据监督来讲是不够的，数据监督是确保数据质量的关键岗位。监督工作不到位，对信息企业造成的损失是巨大的。有统计显示，阻止错误数据发生的成本是修正产生的错误数据成本的1/10[3]。国外图书情报界是这样来形容数据重要性的："Garbage In，Garbage Out"（进去的是垃圾，出来的也是垃圾）[4]。数据质量得不到保证的话，信息化过程中其他流程的实施根本不可能达到预期效果。 因此，一个高素质的数据监督配置是搞好数据质量工作的重要保障，数据监督岗是一个创新设置，目前，只有通过不断学习、培训来达到提高自身素质的目的，满足岗位工作的要求。

（2）数据监督工作需从数据源抓起，帮助建立健全三级质检体系。

Information Impact International 公司总裁 Larry 在他的《改善数据仓库和企业信息的质量》一书中写道："数据质量已经成为当今全球经济一体化的大潮下具有竞争力的工具，一个确保客户数据质量的战略规划，开始于数据采集[3]。"确实，回顾 10 余年的钻录井数据监督历程，越来越明显地感觉到数据监督工作靠几个监督人员，即使监督手段再高明，面对源源不断涌进的数据，如果不从源点抓起，将造成问题的反复出现；同时，造成数据监督人员和数据源单位工作强度的无谓增加，不利于监督工作的高效、优质开展。数据源单位的三级质检体系建立健全不能停留在口头上，必须落在实处。钻井录井数据监督过程中，针对数据源单位自身条件限制，着力从培训、沟通，开发面向不同层面的监督软件，强化考核、建立奖励机制等进行多方位尝试，取得了较好的效果。

（3）及时协调解决数据监督工作中的问题，对确保数据质量至关重要。

数据是企业的根本；数据质量是生存之本[6]。目前，钻井、录井每天的入库量动态数据各为 150 口井左右，静态数据每天在 10 口井左右，结构化数据项平均在 63300 个左右，非结构化数据平均 8 份 / 天。就现有数据来源、数据传输机制而言，数据源单位存在作业市场迁移、数据采集具有一定的时间限制，数据录入、传输人员不固定等源头多方面不稳定现象；作业内容存在着现场工作方式改变、新技术、新工艺应用等因素；数据在进行日常数据监督过程中，出现的问题涉及工作流程、管理制度、标准定制、结构属性、网络传输、系统运行、工作质量等等。数据问题如果积压过多，时间过长，数据整改、弥补会发生困难、甚至造成数据丢失、缺损。

Willam Delier 说过："没有卓有成效的数据管理，就没有成功高效的数据处理，更建立不起来整个企业的计算机信息系统[2]。"卓有成效的数据管理得益于数据质量问题的及时解决。针对上述认识，几年来通过改进监督方法、不断提高各专业管理水平、积极推行专业处室齐抓共管数据质量理念；不断完善标准体系、结构属性、管理流程；不断提升系统、网络安全、高效、稳定性等多种途径，使解决数据监督工作中出现问题的及时性得到很大提高，对数据质量达标起到了重要作用。

（4）数据质量改进不是一朝一夕，而是一个持续渐进的过程[7]。

受监督手段、标准完善、数据整合、数据标准化传输等因素影响，事实上，监督的数据质量指标是个动态概念，排除错误、数据整合和数据标准化从来就不是一件容易的事情[7]。它的改进贯穿于信息化整个过程，而不是数据在某个阶段验收合格就等于终身免检。数据的质量改进绝非一朝一夕的事情，而是一个持续的过程。正确的办法是通过一个不断改进的流程，持续不断地排除错误、对数据进行整合和标准化，最后达到流程的自动化，从而降低数据质量保证计划的总体开销[7]。

针对这一观点，在数据监督管理中，确立了数据源单位对数据的负责终身制原则，随时针对发现问题进行整改完善。通过推广数据应用用户范围、开辟问题反馈论坛系统、开发数据应用研究软件、完善推广使用数据校验系统等，使数据在使用过程中暴露问题，加强数据质量的持续改进管理，收到了较好效果。

4　结论

（1）数据监督工作是一个综合性问题的反映窗口，涉及专业、部门多，要求高，压力大。在整个钻录井数据监督工作发展历程中，数据监督管理经历了艰难探索和不断创新，所取得的成果得益于领导的高瞻远瞩，不断正确引导；得益于不同专业间、不同部门间的密切、积极合作。每一个创新理念、创新方法均融汇了从上到下各级领导的智慧。每一分成绩均反映出各专业、各部门的合作成效，衡量着信息企业的循环状况、数据的专业技术规范化管理水平。因而，领导重视、多专业、多部门相互积极配合是搞好数据监督工作的前提。

(2) 数据监督工作是一项庞杂的系统工程，每一类问题，每一项工作，每一个环节该如何把握、处理、解决，首先须有清晰的工作指导思路，监督理念创新完善是做好数据监督工作的基础。它对于把握数据监督工作内容，指导数据监督有条不紊地开展各项工作，明确数据监督的职责等等均具有重要指导意义。

(3) 一个优秀的企业必定有一系列高效的工作流程，监督流程的不断细化、优化，对于提高数据监督的工作效率、少走弯路，更好地达到数据监督目的十分关键。监督工作流程化、规范化，有利于数据监督工作的不断稳步前进，有利于形成统一的监督体系，从而快速提高数据监督的整体水平。

(4) 做好数据监督管理工作，仅有先进科学的理念、高效合理的工作流程是不够的，不断健全完善沟通机制、培训机制、质检、考核机制、奖励机制等各类机制从而形成一套系统的监督管理运行机制是它的有力保障，一套好的监督工作机制有利于促进问题的发现和解决，有助于发挥数据监督人员、数据源单位以及相关部门人员的工作积极性。同时，各类监督机制必须建立在实践基础上，易操作、好执行，以此确保都能够落到实处，切实起到为数据监督工作保驾护航的作用。

参 考 文 献

1　袁　满．数据元技术是解决IT行业信息标准化不可忽视的重要技术．http：www.digitaloifield.org.cn.[2008-5-20]

2　袁　满．数据元方法论与企业语义数据字典/目录标准化．http：//www.digitaloifield.org.cn.[2008-5-20]

3　武兴兵．信息时代的数据质量——战略性企业资源的关键．http：//www.amteam.org/k/BI.[2002-3-13]

4　林善茂．影响数据质量的因素和提高的措施．赛迪网．[2003-11-20]

5　李雁翎，李允俊，王洪革．Visual FoxPro使用与开发技术．北京：清华大学出版社，2005

6　梁　钦．改善数据质量与数据整合一样刻不容缓．CNET科技资讯网．[2008-2-19]

7　博　文译．数据质量管理五大要素．计算机世界报，2008，14，(4)：39

塔里木油田 PowerExplorer 定制开发

刘 宝 陈 鑫 刘 爽 李 涛

（中国石油塔里木油田公司）

摘 要 PowerExplorer 是 Landmark 勘探和开发数据管理系统的一部分，是用户通过网络访问和管理 A1 系统数据库的用户端软件。

作为 A1 系统主库数据浏览、查询与下载工具，PowerExplorer 具有丰富的浏览和管理数据的功能。数据类型包括：井数据、地震数据道、归档数据、勘探开发的井筒数据等。查询结果有多种显示方式，包括表格、GIS，以及其他显示方式。下载文件类型包括：ppt、word、tar 以及其他文件类型。PowerExplorer 将科学研究人员的技术成果以 IE 浏览器的方式展现，并实行集中保存和提供广泛共享机制。

塔里木油田分公司 PowerExplorer 定制开发是在 Landmark 公司提供的平台之上，通过编写脚本语言，编译后实现的。

本文第一部分概述了中国石油塔里木油田公司 PowerExplorer 定制开发背景及实施概况。第二部分简要叙述了塔里木油田分公司 PowerExplorer 脚本定制开发内容。第三部分概括了塔里木 PowerExplorer 定制开发取得的成果及应用前景。

关键词 PowerExplorer 客户化 脚本

1 开发定制背景及概况

中国石油塔里木油田公司（以下简称油田公司）于 2004 年成立数字油田项目组，成立初期组建了勘探开发综合数据库和各专业数据库，其中建成的综合成果库管理了 1997 年以来的综合科研成果报告、多媒体及部分图件，已经形成了以综合成果库为核心的成果管理发布系统，通过综合成果保存与共享平台，研究人员可以按照资料类型编目、油气田、构造单元、单位、井名和地层等信息进行检索，大大提高了工作效率。但是，也存在一个目前广泛存在的问题：综合成果库只管理了总结报告、汇报多媒体以及部分成果图件，并没有对于各个研究阶段产生的工区数据、中间成果数据等具有特殊意义的、能够被后面的研究再利用的成果数据进行保存归档。

自 A1 项目组进驻塔里木以来，油田公司领导及专家对 A1 项目在塔里木的实施极为重视，数字油田项目组调动了大量的人力物力予以配合和共建。PowerExplorer 作为 A1 项目实施的重要组成部分，正是在这种背景下定制实施和建设完成的，同时 PowerExplorer 的建设也促进了油田分公司日后一体化协同环境与应用支持和三维可视化井位论证系统的建设。

PowerExplorer 在塔里木油田定制开发过程中，是在大庆油田 A1 试点项目成功实施的经验基础上，针对塔里木油田的特点，在一些技术细节上作了大量的调研，实现了塔里木油田客户化要求的 A1 系统主库数据浏览、查询与下载工具——PowerExplorer。

A1 项目在实施过程中，重点建设解释成果数据库、地震测井主库与 PCEDM 主库三大数据主库，但是科研人员不可能直接从数据库中读取工区数据、成果数据、成果图件、表格、总结报告及多媒体等数据内容，而是通过 PowerExplorer 来方便的查询、浏览、研究目标区块相关的前人研究成果，如图 1 所示。

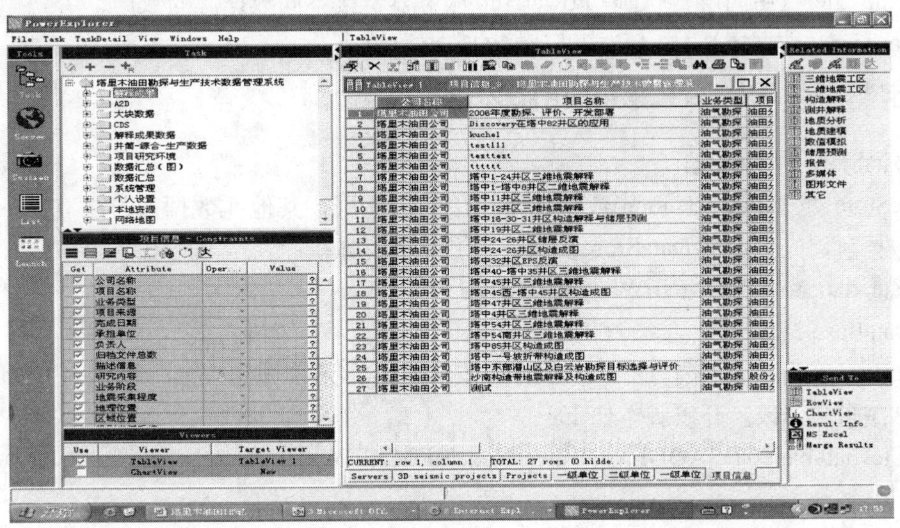

图 1　PowerExplorer 用户界面

2　PE 工作原理及脚本开发技术实现

2.1　PowerExplorer 工作机理

PowerExplorer（PE）是基于 PowerHub 技术实现数据库查询、浏览和下载，CDS、MDS，EDM 的元数据存储在服务器的字典里，使 PE 可以像访问自己的数据库一样访问数据（图 2）。

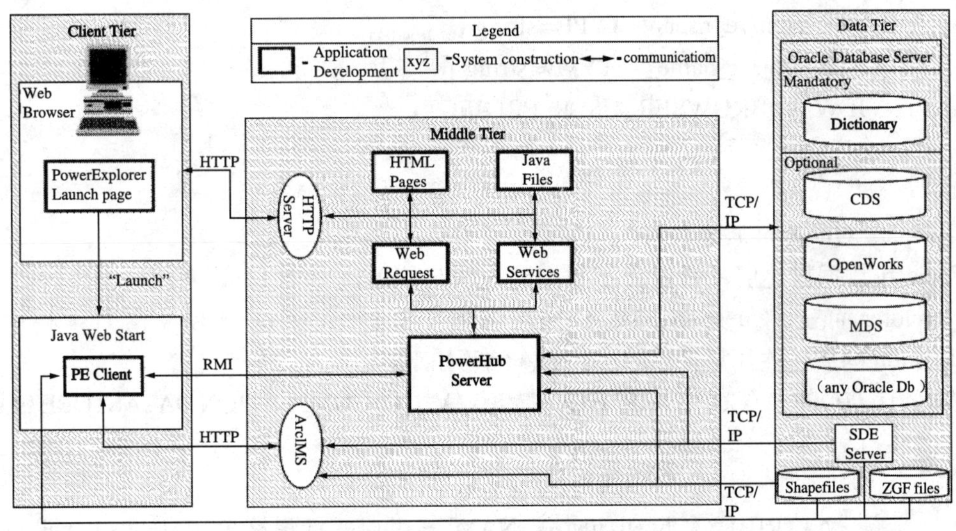

图 2　PowerExplorer 工作机理

Client Tier（View 层）：通过网页浏览器查询维护不同数据源的数据。

Middle Tier（中间层）：处理 PowerHub 服务器链接不同数据源的数据。

Data Tier（数据层）：由 PE 能够连接的数据源组成。

2.2 定制开发 PowerExplorer 脚本

2.2.1 DataStore 脚本开发

DataStore 处于 PowerHub 元数据中结构中的最高层，其他元数据都与之有关，在定义其他元数据前首先要定义 DataStore，以下为主要定制脚本：

```
Create datastore 'EDMNEW' type='SQL'
```

2.2.2 DataBase 脚本开发

DataBase 实际上是一个 DataStore 的具体实现，在元数据修改后，可以对 DataBase 进行创建、编辑和修改。开发脚本如下：

```
Create database'CDSAODEMO' datastore 'EDMNEW'
{
        URL：'jdbc：oracle：thin：@10.79.14.239：1521：DMCPHE01'；
        TWO_TASK：'DMCPHE01'；
        TYPE：'SQL'；
        DRIVER：'oracle.jdbc.driver.OracleDriver'；
}
```

2.2.3 View 脚本编写

View 是元数据中主要的数据存储层，它定义了真实数据的位置。依照数据源的类型，View 定义了 Oracle 数据库表、视图和文件名字。脚本定制如下：

```
CREATE VIEW V_CD_COMPLETION IMPLEMENTS 'CD_COMPLETION' HOME='V_CD_WELLBORE'
{
ATTRIBUTE archive_user：  TYPE='string'；
ATTRIBUTE project_name：  TYPE='string'；
SAVE VIEW V_BROWSER_USER_PROJECT；
…………
}
```

2.2.4 Topic、Question 脚本编写

Topic 在数据描述层，它定义了数据的说明与使用，一个 Topic 对应一个 View。对于 PowerExplorer 而言，Question 定义了一个 Task，并且指定了这个 Task 在 Task 树中的位置，Question 的属性往往是只读的。其脚本编写如下：

```
CREATE TOPIC'T_CD_COMPLETION'VIEW'V_CD_COMPLETION'DATASTORE'EDMNEW'
{
        ATTRIBUTE 'well_uwi' ：NAME=' 井唯一标识符 'PATH='well_uwi'
        DESCRIPTION='well_uwi'TYPE='string'；
        …………
```

```
READ_CAPABILITY 'read'
{
    PROCESSOR：'com.pgs.dm.slegge.server.dataaccess.ReadAccessorImpl'；
     ATTRIBUTE 'well_common_name' ：SELECTABLE；
    ……………
    }
QUESTION '#0001# 完井基本信息 ' CAPABILITY 'read'REF=' 勘探开发综合数据 '.'#0004# 井筒数据 //#0001# 井信息 //#0004# 完钻层位 '
{
                ATTRIBUTE 'well_common_name' ：  ；
                …………
}
}
```

2.2.5 PickList 脚本开发

PickList 定义了一个属性的合法值。静态 PickLis 实际上就是数值列，与 DataStore 无关。动态 PickLis 定义了正在运行的属性值，与特定的 DataStore 有关，其定义依赖于特定的 View 和 Topic。脚本如下：

```
Creat PickList ‘EDMNEW'. ‘T_BROWSER_USER_PROJECT'
{
'archive_user'–>'T_ARCHIVE_USER_AU'.'archive_user' SETID='VBXju'；
'project_name'–>'T_EDMNEW_PROJECT_AU'.'project_name' SETID='f8SWD'；
……………
}
```

2.2.6 Link 脚本开发

Link 确立了两个 Task 或是一个 Task 与 Web 页面之间的联系。其脚本如下：

```
Create link_header 'Header_CD_TEST_D' for 'T_CD_TEST'.'read'
{
        Name： ' 下链接 '；
        Sort_prefix： '#0001#'；
        Description： 'Link to Down Level'；
}
………………
```

3 取得的成果及应用前景

3.1 取得成果

（1）建立起了一个比较完善的 A1 系统主库数据浏览、查询与下载工具——PowerExplore。

（2）实现了按照塔里木油田客户化需求的功能。

（3）建立起了比较完整、长期的维护制度。

3.2 应用前景

目前科研人员会通过 PowerExplorer 来查询、浏览数据，同时越来越多的科研人员通过 PowerExplorer 可以直接下载资料到项目研究环境中继承应用。

PowerExplorer 的成功实施为日后塔里木数字油田一体化协同环境、应用支持和三维可视化井位论证系统的建设提供了一定的基础。

塔里木油田物资管理条形码技术应用研究与实践

杨彩虹　蔡明勤
（中国石油塔里木油田公司物资采办事业部）

摘　要　条形码技术是一门集编码、识别、数据采集、自动录入和快速处理等功能于一体的新兴信息技术。为了进一步提升塔里木油田物流现代化水平，2006 年中国石油塔里木油田公司提出开展条形码技术在物资管理中的应用研究。选取了收发量大、流程标准的室内机电库和室外套管料场物资管理作为研究对象，根据不同的物资类别采取按批次管理和单品管理方式，研究了在物资仓储与配送管理流程中的条形码技术应用，通过实践，取得了较好的应用效果。同时提出了利用条形码技术进一步提高工作效率的几个途径。

关键词　条形码　物资管理　应用　研究

1　引言

目前中国石油物资品种达 100 多万种，物资包装形态、体积大小、料性、捡取单位、存储方式等属性千差万别，由于这些因素的限制，虽然条形码技术是一项成熟技术且在超市被普遍应用，但迄今为止，条形码技术在石油物资管理中还未应用。

塔里木油田现有库房 83 栋，料场 47 块，料棚 21 个。年物资吞吐量 100 多万吨，物资采购、出入库、配送业务信息已全部进入了塔里木油田物流信息平台系统进行管理，但物资入库、盘点、装箱、出库等物流业务没有借助现代技术，主要靠人工处理，呈现作业效率不高、账务处理信息记录滞后、出入库易出现差错等问题。

条形码技术是随着计算机的发展而兴起的一门新技术，已经在全世界八十多个国家和地区广泛使用，我国正处在开发和推广的重要阶段。有人认为条形码技术的应用是实现现代化管理的必要手段。为了进一步提升塔里木油田物流现代化水平，2006 年油田提出开展条形码技术在物资管理中的应用研究。

2　条形码技术简介

条形码技术是一门集编码、识别、数据采集、自动录入和快速处理等功能于一体的新兴信息技术。具体来讲，条形码是一组规则排列的条纹、空格及其对应字符组成的标识，用以表示一定的字符、数字及符号组成的信息，是迄今为止最经济、实用的一组自动识别技术。条形码包括一维条码和二维条码。一维条码只能存储简单数字和字母，一般可包括 30 个字符左右的信息。二维条码能存储包括汉字在内的大容量信息，采用不同编码方法包含的信息量不同，通常可包括几千个字符的信息。

随着无线网络技术的发展，条码技术利用支持无线网络的手持数据采集器（即无线扫描终端），与计算机通过串行电缆进行数据交换，解决了工作区的区域局限问题。手持数据采集器是一种条码阅读器与掌上电脑的组合体，通过对其进行编程实现用户需要的功能。

手持数据采集终端适用于大型仓库等需要采集条码数据的地方。

条形码技术具有输入速度快、可靠性高、采集信息量大、灵活实用的优点。条形码输入是键盘输入速度的五倍，并且能实现即时数据输入。采用条形码技术输入误码率在百万分之一以下，而键盘输入差错率为三百分之一。二维条形码还具有一定的自动纠错能力。

3 塔里木油田条形码技术应用研究方案

3.1 研究范围确定

油田库房、料场、料棚共有 100 多个，管理的物资有 10 多万种，一次全面进行管理，投资较大，风险大，因此在研究时选取合适的范围至关重要，要求为今后全面推广应用提供全面的解决方案。具体从以下几方面研究了研究范围。

第一要研究物资是按单品管理还是按批次管理。目前物资管理方式归纳起来总共有两类，一类是按批次管理，如机电产品及大部油田其他物资，这类物资如果单个管理花费精力较大，而实际效果并不明显；另一类需要按单品管理，如套管、油管、设备等，由于每一根套管的长度和重量都不相同，需要对单根进行精细管理，而设备类物资有一个生命周期的问题，要求进行全生命周期跟踪，因此也需要进行单个管理。根据单品和批次管理的分类，确定研究对象必须涵盖按单品管理和按批次管理的物资。

第二要从物资储存地点在室内还是室外考虑。从物资储存位置来讲，一类是储存在室外料场，一类储存在库房，还有一类储存在料棚，这 3 类在物资出入库操作方面并无本质区别，只是室外强风沙、高温、低温对网络设备及条形码应用系统设备提出了不同要求。由于与库房相连的料棚可与库房统一管理，而另一部分独立的料棚可归入和料场一样的管理，所以在选择研究对象上选取了库房和料场，而没选择料棚。

第三要求收发频繁，业务流程规范。业务收发频繁可体现效率。业务流程规范可让新技术推广应用可行。

基于上述几点考虑，选取大二线机电库和 6−3、9−1 套管料场作为研究应用对象，同时为了更好地检测移库应用效果，选取了移库收料较多的轮南库房作为移入收料的试点。

3.2 系统的标签设计

在塔里木油田物资管理应用中，设计应用条形码的有各类业务单据编号、货架号、包装箱号及入库的生产物资。根据信息量大小不同，各类业务单据编号、货架号、包装箱号采用了一维条码，而入库的物资标签采用了二维条形码。业务单据的条码直接打印在单据上，货架号、包装箱号、物资标签需要打印并粘贴。

在一维条码中采用的是 Code128 编码方法，二维条码采用的是 PDF417 编码方法。

货架标签如图 1 所示，采用一维条码。

图 1　库房货架标签

（35−20−30−10 库房）

物资标签如图 2 所示，采用二维条码。

物资编码：380302010000000131

物资名称：涡轮流量计

规格型号：LWZ-T-Y-15052211110

合同号:110307040403

批次号：1101DH07050263

供应商：新疆西仪

生产厂家：西安蓝天石化设备公司

生产日期：2006-01-01

质保期：36月

采购人：******

图 2　物资标签

3.3　系统架构

如图 3 所示，在 Intranet 上部署数据库服务器、应用服务器、无线 AP、条码打印机，应用无线扫描终端处理业务。无线 AP（Wireless　Access　Point，无线接入点）功能是将无线扫描终端通过 Socket 协议连入网络，实现无线扫描终端与服务器的数据交换。使用无线 AP 的数量根据库房与料场的大小确定。条码打印机部署为网络打印机，使多台无线扫描终端及网上台式计算机共享打印机。

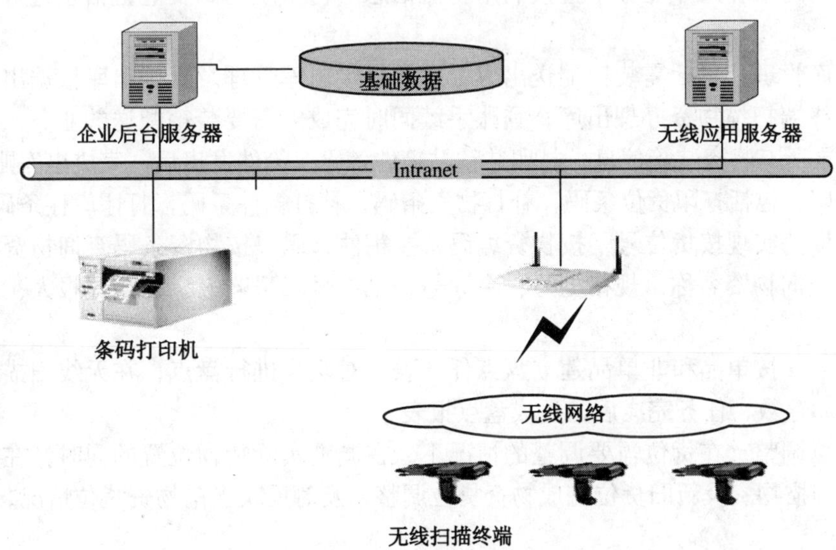

图 3　系统架构

应用服务器操作系统为 Windows2000 Server 及以上版本，需要安装 1.4.2 版本的 j2sdk，内存 1G 以上，通过 Socket 解析无线扫描终端发送过来的数据并通过 Intranet 连接到数据库服务器，对数据库进行数据操作。

条码业务数据库采用 Oracle9i，完全应用物流信息平台后台数据库，业务流程与物流信息平台无缝连接，使整个物资管理业务流畅进行。

3.4 软件系统功能

系统为 C/S 两层结构，主要分为界面部分和逻辑处理两大部分，界面部分向用户展示操作的数据以及交互操作的各项功能，逻辑部分主要负责处理用户提交的各项数据，包括交验、封装，实现业务功能等。

条形码处理的业务完全嵌入到塔里木油田物流信息平台，主要应用在接运管理、质量管理、仓储管理及配送管理这一段流程里，在人工逐个进行收料、发料、盘点等业务时，无线扫描终端将正在进行的业务信息扫入系统，完成即时业务处理。对大数据量的统计查询打印功能由物流信息平台完成。

系统主要功能包括用户登录管理、入库管理、出库管理、打印、查询、盘点、货位移动 7 大功能。

（1）用户登录管理。利用油田统一的数字办公平台账户与密码进行系统登录，同时，确定业务操作的库房。

（2）入库管理。实现到货物资实物验收上架、内移收料、二级单位收料、回收收料功能，由于内控的限制，该业务中未包括入库账务的处理。物资检验与制作检验记录一次完成，同时要完成物资条形码标签的打印与标签的粘贴。

套管等物资入库要实施单根管理，需要记录每一根管子的长度和重量，在有电子磅码单的情况下，系统直接导入电子磅码单到系统，可有效减少工作量。在无法得到电子磅码单的情况下，需要人工录入单根管子的长度和重量。

无线条码终端在入库业务中直接利用物流信息平台系统的到货登记信息进行检验与入库业务操作。

（3）出库管理。包括需装箱配送出库管理和直接出库管理。直接出库根据出库凭证利用无线扫描终端扫描物资办理出库，登账手续同时完成。需要装箱配送的业务，利用无线扫描终端记录所有物资装箱信息，打印并粘贴箱件条码。箱件发出后，完成出库账务处理。

（4）打印。包括打印货位条码，补打物资条码，补打箱件条码，打印库存条码功能。

（5）查询。实现按货位号、按物资编码、按箱件条码、按物资条码查询物资有关信息的功能，如查询物资名称、规格型号、合同号、批次号、采购人、计划提报人、生产厂家信息等。

（6）盘点。按单品和非单品建立盘点任务表，对实物进行盘点，在无线扫描终端上及时记录实际库存数，任务完成后，生成盘点报表。

（7）货位调整。在货位需要调整的情况下，在调整实际货物位置的同时，在无线扫描终端上通过扫描物资及新旧货位完成物资货位调整，及时反映当前物资货位情况。

4 取得成果

4.1 提高了工作效率

（1）到货登记确认与验收在无线扫描终端上一次完成，同时产生验收记录，确定四号定位并记入信息，省去了以往在物流平台上做到货登记确认、验收记录和手工录入每项物资的四号定位3个环节，大大提高了新入库物资收料效率。

(2) 移库收料时扫描包装箱号直接完成收料操作，提高了移库收料效率。

(3) 不装箱的出库业务中发料与登账一次性完成，提高发料效率。

(4) 盘点业务中，不必手工一一记录每项物资盘点信息再录入计算机，而是通过无线扫描终端即时记录了盘点结果，同时在盘点过程中实施了对盘点物资库存的锁定，不会引起库存混乱。提高盘点效率。

(5) 在货位移动中，物资移动的同时对系统货位信息即时地进行了调整，提高了货位移动效率。

4.2 提高了信息的及时性

由于业务操作与信息的记录同时完成，如验收单真实反映了实际入库检验时间，直接出库时准确记录了实际出库时间，所以无线扫描终端的应用能真实地反映实际业务操作的时间，能为其他环节的业务提高及时的信息。

4.3 提高业务处理准确度

物资在入库时，能从无线扫描终端上调出要检的物资的详细信息，为检验提供了详细信息，减少了入库的差错率。物资出库时，要通过无线扫描终端核对出库的物资，条码识别的正确性高，减少了人为的错误输入。如果所发实物与要料物资不匹配，系统会报警提示保管员发料错误，系统不能往下处理，这样避免发料失误。在移库收料时，直接扫描箱号与物资可确定收料是否正确。

4.4 加强了业务精细化管理

以往手工状态下，保管员将套管与油管按平均长给用户发料，而实际上每根套管与油管的长度是不相同的，有的相差1m以上，因此发给用户的料常会出现多了或少了的情况。在利用条形码技术后，系统记录了每一根管子的长度，在发料时，就不会出现大量的误差了。

5 提高效率的新途径探索

由于管理制度、职责以及业务操作的限制，目前有些业务操作不利于业务的快速处理。有如下几方面可以探索改进：

(1) 入库验收与入库单账务处理一次完成。目前由于管理制度与内控规定入库验收业务由保管员制作，而入库单制作由采办部业务员制作，另一方面，也由于限制库存的要求，有些物资不能一次性入库，这样造成在无线扫描终端上作业时只将验收信息登录了，而没有做入库登账。如果管理制度允许，可以将入库验收与入库账务处理一次完成。目前系统设计允许两项业务一次完成，一旦制度允许系统将修改配置支持该业务。

(2) 供应商在物资上粘贴条码。

在与供应商签订合同时，采办人员将要在物资上打印的条码信息在合同中约定，供应商在物资发货前将条码打印粘贴在物资上。收货后保管员就不用打印条码了，这样做的缺点是条码标签上无法打印到货日期、验收日期等货到需方后产生的信息，但是通过无线扫描终端可以显示这些信息。

（3）内移出库装箱、发料与登账一次完成。

移库物资装箱与出库时间相差几天甚至一星期，物资装箱后没有马上发出，库存也没有减少，而实际货架上已没有货物，如果不及时下账，造成对外可用库存信息不准确。如果装箱后在终端上同时办理发料登账，又可进一步提高效率。

6 结束语

条形码技术在石油物资领域的应用还属于研究探索阶段，在今后的工作中还需根据实践不断总结完善与提高，使条形码技术的高速度、高可靠性在物资管理工作中更好地发挥出来，促进石油物资管理工作向高科技管理发展。

参考文献

1 李金哲，朱俊英，黄增满，刘义春著．条形码自动识别技术，北京：国防工业出版社，1991

2 费振原等编著．条码技术及应用，上海：科学技术文献出版社，1992

信息技术在燃气企业中的应用与前景

刘伟焕　王　平　吕海波

（中国石油新疆油田公司燃气公司）

摘　要　随着计算机技术的迅猛发展，信息技术已经和计算机技术紧密结合，信息在本质上没有发生变化，但是在当今社会已经没有了传统意义上的信息技术。信息不论从采集、传输、汇总、到整理、分析、应用，所使用的工具已经从传统的笔、纸、手工操作发展到和计算机技术密不可分，成为现今意义上的信息技术。而燃气企业在信息化管理方面由于信息技术的进步，已经不可避免地要和计算机信息技术亲密接触，并且伴随着信息技术的发展不断进步。本文从燃气企业实际使用方面来探讨信息技术在燃气企业的应用与发展前景。

关键词　信息技术　计算机技术　燃气企业　应用　发展

1　信息技术在燃气企业的应用

随着信息技术的迅猛发展，信息技术在企业中发挥的作用与产生的效益逐渐凸现，构建现代化企业必须建立与企业相适应的信息化管理模式，已经成为现代企业管理者的共识。中国石油新疆油田公司燃气公司（以下简称燃气公司）在信息化建设上已经迈出了可喜的一步，建立了一套集预收费管理、电话预约、派单送气为一体的以液化气服务为主的信息管理系统，该系统的成功应用，不但标志着燃气公司的业务管理进入了信息化时代，同时也为今后的业务发展得到高水平的管理奠定了基础。

1.1　系统开发背景

2007 年，燃气公司为了适应社会发展的需要，积极创建信息化企业，努力适应燃气公司发展的要求，同时为进一步提升燃气公司的市场生存能力，发挥自身丰富的能源行业服务经验，为市民、工业用户、集体户提供优质的燃气服务，在通过对外地优秀燃气企业考察调研后，提出了建立燃气信息管理系统的方案。利用燃气公司现有各燃气分站，建立一套燃气信息数据库，使用一套呼叫系统，由呼叫中心统一预约，分站服务人员直接为用户提供送气服务。同时数据库资料可以为今后天然气项目共享，为燃气公司今后发展打下良好基础。

1.2　需求分析

燃气公司近年来 80% 以上的业务是通过电话预约完成的，主要由各分站受理用户电话，还有大量的业务咨询电话、业务催办电话、投诉电话、抢险电话等等，用户通过电话达成的业务已经占到公司业务的 90% 以上。而由于各种业务电话分散，给用户带来诸多不便，同时，燃气公司内部各部门也难以及时有效沟通，无法对外提供统一口径的服务，如何为客户提供“一个电话对外”和“一站式”的服务便成了最亟待解决的课题。因此，进一步整合燃气公司的资源，强化服务品牌，是作为客户导向型公司迎接市场竞争的必然选择。

1.3 系统实施

2007 年 4 月，通过考察、调研、论证，完成了系统建设需求计划书，5 月开始收集用户信息，5 月 21 日系统软件开发招标，5 月 29 日系统硬件设备招标。同时，在 6 月 15 前完成了系统机房电源、防火设备，呼叫中心场地装修及电脑台、网络、坐席电话线路布线。7 月 2 日前完成了系统机房设备安装，共计服务器 4 台，包括一台数据库服务器，一台数据库备份服务器，一台 Web 服务器，一台 ICIP 语音通讯服务器。7 月 3 日起，开始用户基础信息导入，并且开始对呼叫中心话务员、分站排单员培训。7 月 20 日系统软硬件搭建完成，开始调试，7 月 31 日完成系统调试。8 月 1 日，系统直接切换，并成功运行。

1.4 成果经验

通过系统运行以来的各项指标显示，已经完全达到需求目标，同时也创造了良好的经济效益，根治了经营管理中多年来存在的顽疾。并且，在系统实施的过程中，培养锻炼了广大基层员工，使得燃气公司员工业务水平、知识水平迈上了一个新的台阶。

燃气信息管理系统在 3 个月的运行过程中，经历了两次长时间停电，数次网络中断及系统死机，但是在安全运行预案准备充分的情况下，系统运行经受住了考验，一次次解决了难题，并且积累了经验。在燃气公司领导的安排指导下，在各基层单位的大力支持下，在系统保障人员的努力下，燃气公司信息管理系统安全、平稳地进入了正式运行。使得燃气公司今后又好又快的发展有了技术保障，为在今后燃气公司信息化工作中发挥重要作用奠定了基础。

通过对系统建设中存在的问题分析，总结了一些经验教训，希望对开发应用计算机信息系统的企业有个提示，避免遭遇同样问题。

首先，要充分做好需求分析，在调研期间充分听取终端用户的意见和建议，尽量做到让系统实现现有工作流程，而不要在系统建成后再来修改工作流程，或者再修改程序。其次，收集资料时，一定要和开发人员做好沟通，严格按照开发人员的要求做好资料收集。第三、对系统使用人员的培训必须在系统运行前进行，同时，维护人员的培训必须在开发人员的指导下，随系统运行 2 个月时间，以便于检验系统在跨月运行时，设定的功能是否实现。

2 信息技术在燃气企业的发展前景

在燃气企业中天然气的开发使用已经越来越成为企业新的发展亮点，但是国内天然气虽然起步较早，但是使用面窄，发展水平较低，地区发展不均衡。随着我国油气工业的发展，特别是“西气东输”工程的建成，越来越多的地区和用户开始使用天然气，这使得燃气企业在信息管理方面遇到新的挑战和机遇。

2.1 国内燃气行业智能燃气计量表应用现状

在燃气事业发展的初期，普通的燃气表（机械表）以其价格优势被广泛应用，有效地解决了计量问题，然而，机械表的入户难、抄表难、收费难问题日益凸现，直到上世纪 90 年代中期 IC 卡智能预付费燃气表的诞生，为燃气事业带来了曙光，先付费后使用的理念被广大用户广泛接受，同时也解决了入户抄表难、催费收费难以及入户扰民的问题，为燃气企业的管理和发展带来了极大的方便。经过广大燃气企业和 IC 卡生产厂家多年的技术改进和革新，IC 卡技术日益成熟，应用也越来越普及。据统计目前在用的燃气表中，IC 卡表已占近 90% 的份额。但是，在使用过程中 IC 卡表的一些不足也逐渐暴露，由于表安装在户内，同样存在入户难的问题，不能及时有效地反映气表的状态，用户的表是否正常，IC 卡是否被盗用、内置电磁阀如果不能闭合用户就会无偿使用，另外，在同一地区多家卡表并存现象较为普遍，管理软件不能相互兼容，也给企业造成了一定的负担。

2.2　解决方案

根据以上情况，国内一些厂家纷纷推出天然气表远计量传控制解决方案，很好地解决了目前燃气企业遇到的难题。该方案拓扑图如图 1 所示。

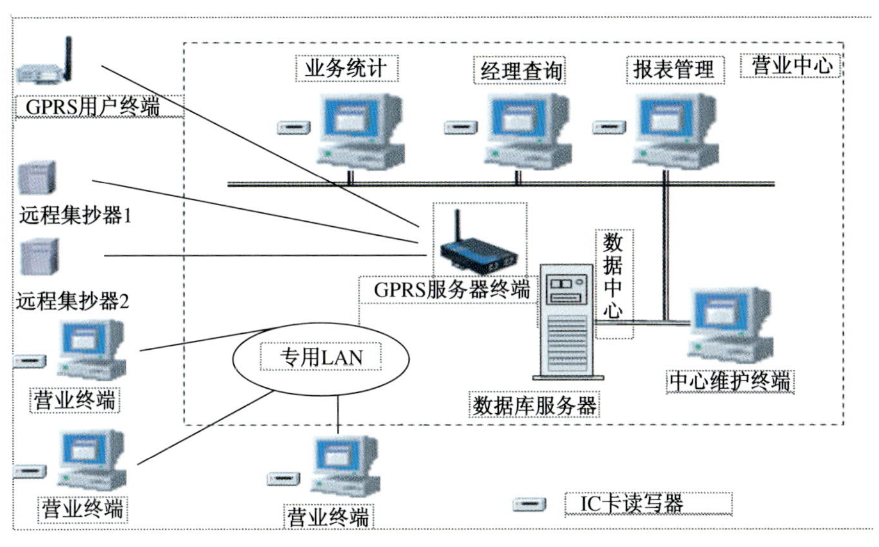

图 1　天然气表远计量传控制方案拓扑图

用户气表信息通过无线方式传到远程集抄器，再由远程集抄器传回数据中心，数据中心的指令同样也可以传到用户气表，可以完成对用户气表的远程开关阀、提示信号等操作。

2.3　天然气表计量远传方案几种传输方式的比较

（1）有线集抄燃气表从入户难的角度出发，在理论上解决了入户难的问题。但在实际的应用出现了相当多的问题，由于涉及布线，只能适用于新开发的住宅小区，而且必须在设计时就考虑到综合布线，如果只考虑在局管物业的小区内改造、布线（特别是在已装修的房屋内）就会扰民，是不会顺利的。另外，布线质量的好坏直接影响到燃气表数据抄收的效果，一旦布线出现问题，就无法实现抄表或出现串户现象。由于线路布在墙体内部，维护也是一个难题。

（2）电力载波的方式从理论上讲相应简单一些，并且具有很好的性价比。但由于我国的电网在传输数据过程中，经常会受无线电信号、电磁信号、脉冲信号的干扰，导致传输数据错码、丢码的情况，所以电力载波在我国发展应用比较缓慢，但是根据最近两年国内一些研发单位的努力，基本上解决了以上问题，并且取得了一些成功案例。

（3）无线抄表技术的应用

无线抄表技术大致分为短距离无线和远程无线抄表（GPRS）。对于用户相对集中，不需要实时传递信息的民用燃气用户，可以采用短距离无线集抄，由集抄器利用远程无线抄表（GPRS）来完成，对于相对分散，需要实时进行监控的用户，可以直接采用远程无线（GPRS）抄表。

2.4 发展与瞻望

由于克拉玛依市区的天然气入户工程建设处于刚刚起步阶段，在借鉴国内同行业发展的基础上，采用的是接触式 IC 卡表计量收费方式，到目前为止，在使用 3 套管理系统，从各种方面反馈回来的信息来看，接触式 IC 卡表的缺点将严重制约它的发展，因此，燃气公司根据未来天然气入户发展情况以及中石油集团公司统一部署，将全面推广天然气远传管理系统，利用信息远程传输技术，将经营管理与安全监控水平提高到一个崭新的层次，保持燃气企业在信息管理上和最新的信息科技与时俱进的步伐。

在时机成熟时，利用建成的系统整合液化气、天然气、液化气钢瓶管理以及天然气管道 GIS（地理信息）管理系统，充分利用资源并使企业达到信息共享、系统集成管理目的，同时为广大用户提供优质方便的服务，树立良好的企业形象，使企业在社会发展中不断创新与壮大。

浅谈信息管理系统在企业医院中的应用

冉润浓　胡　梅
（中国石油新疆油田分公司明园职工医院）

摘　要　经营压力促使医院越来越多的需要倚重于IT技术打破时间和空间的限制，以不同既往的模式来运营，满足其价值关联方的需要。遵循信息化建设的宗旨为医院带来更有价值的信息和更有效的管理运营模式。

关键词　信息管理　信息化建设　医院信息系统　计算机

1　引言

当今社会已进入信息社会，随着IT技术的飞速发展以及相关信息技术的广泛应用，人们获得、处理和利用信息的手段和方式正在经历着革命性的变革。

卫生部为了贯彻党中央、国务院关于加快信息化的重要决策，推进国民经济和社会信息化，保障我国第三步战略目标顺利实现的要求，加快卫生信息化建设，适应卫生改革与卫生事业发展，满足人民群众日益增长的医疗卫生服务需求，特制定了《全国卫生信息化发展规划纲要〔2003−2010年〕》（以下简称《纲要》）。

《纲要》对医院的信息化建设指出了明确的目标，医院在全面应用管理信息系统的基础上，要创造条件，重点突出临床信息系统的开发应用，如电子病历、数字化医学影像、医生和护士工作站等应用，最终实现数字化医院建设目标。

2　企业医院发展趋势

2.1　概述

今天和未来的企业医院将会面临更多经营方面的压力。这些压力包括：患者对医疗质量和服务质量期望值的提高；在医疗资源约束下运营的压力；需要应对政策、规则、经营环境多变的压力。这些压力促使医院越来越多的需要倚重于IT技术打破时间和空间的限制，以不同既往的模式来运营，满足其价值关联方的需要。

2.1.1　医疗行业各个服务部门形成更加广义的价值关联链

未来医疗保健行业分工越来越明确，以病人为中心，围绕病人的就医过程，医院、社区、监管机构、付费机构、科研教学机构、物资供应团体、投资方等各职能部门形成比以往更加广义的价值关联链。

2.1.2　企业医院因为关联方的需求而存在

在广义的价值中，医院必须在有限的经济资源的约束下，通过企业化管理的方式运营，提供更为有效的治疗方法和舒适、便捷、经济的服务，满足未来医疗的需要。包括：

（1）从损伤式手术、治疗到无损伤式手术、治疗。

(2）从住院治疗到非住院治疗的医疗模式。

(3）以医院为主到以家庭为主的保健模式。

(4）医疗行为的分段监控到连续的监控。

2.2 对未来数字化企业医院的需求

未来企业医院信息系统在设计之初需要考虑到融合医院的经营目标，将信息、各类技术、医疗资源和人（包括服务提供人、监管人、患者）联系在一起，帮助医院改进医疗和服务质量，满足患者的期望；通过知识积累增加决策的科学性；支持医院更好地做财务的预算、控制和分析；系统架构的设计需要考虑拓展性和可维护性，保证医院在IT投资的长期、廉价、有效。

未来的医院信息系统将不应该仅仅被当成一整套信息交易活动，而应该成为最合理管理实践的容器和推进器，与医院经营管理目标互为依据，面向流程的设计为管理层提供一个完整的、透明的管理框架。保障医疗保健服务提供方在经营方面的利益。这些利益包括：供应链的规模效应；社区基础设施供应、行政、后勤服务的共享，成本和风险管理的控制；优良持久的客户关系。

2.2.1 信息的结构和信息共享

以病人为中心，以时间为轴线，围绕病人的就诊全程，详细地、完整地收集所有数据。借助于信息系统的杠杆作用，平衡各医疗关联方的需要，将管理信息和临床专业信息做集成，使得相关人员在任何时间、任何地点都能方便得到相关信息。

2.2.2 管理理念和数字医院解决方案互为依据

信息系统解决方案是医院管理理念和思想在医院的固化。医院实现全院级作业层信息交易自动化和以IT为工具适应相关企业制度推进先进的管理模式，必然使得企业的管理理念在企业医院里得以贯彻，信息系统采集到可靠的、全面的、实时的数据，通过IT技术能及时有效地帮助医院做出决策和修改策略，从而修正医院管理理念，帮助企业医院取得未来的竞争优势。

2.2.3 数字医院需要建设在企业级基础架构上

企业医院需要在企业级基础架构来满足管理上的灵活性和柔韧性，基于实时数据处理，而不是批处理模式。需要采用分层模式作为基本设计原则和能够实时更新的中央统一数据库，保证软件具有更广泛的适应性、灵活性和开放性。企业级基础架构的应用，也是系统稳定性的重要保障。

2.3 数字化医院将全面提升医院价值

信息系统将成为医院经营管理的一种新的资源和医院知识资产的保管者。企业医院应把重点放在通过服务提供价值链的增值上面。所有具有特殊价值的主张和差异都将成为信息资产被捕捉并按一定的形式体现在信息系统中。这些信息资产包括医疗业务规则和程序、分析和决策方法、分析参数等。

2.3.1 建立智能化知识库

信息系统应用的一个重要特征是发挥IT的优势，建立行政管理知识库、流程管理知识库、诊疗方案知识库、临床实践指南等各种智能化的知识库，帮助医院各级人员掌握和应用这些知识。

2.3.2 建立数据库进行数据挖掘

数据仓库基于一个面向主题的、集成的、稳定的、包含历史数据的数据集合，它用于支持经营管理中决策制定过程。数据挖掘是从数据中发现有用知识的过程，实际是多种算法的统称。它的算法来自于传统的数学方法和人工智能的知识发现技术。

2.3.3 医学知识管理

医学知识管理比较传统的临床决策支持，从更大的范围、更深刻地阐明了知识与医院、与计算机应用、与提高医院核心竞争力的关系。但如果把“决策支持”和“知识管理”相比较，决策支持更多地使用了数学方法，而知识管理更注重使用实用技术，达到提高竞争力的目的，如临床诊疗指导、临床路径的应用就是数字化医院在知识管理下的具体表现。

2.4 数字化医院将是医院发展的趋势

把最先进的 IT 技术充分应用于医疗保健行业，其核心是围绕每一个享受医疗保健服务的人，将企业及社会的医疗保健资源和各种医疗保健服务，如医院、专家、远程医疗、医疗保险、社区医疗、供应厂商等连接在一起，整合为一个系统，以提高整个医疗保健服务的工作效率，完善医院经营成本核算，降低运行成本，更好地为社会和企业提供高品质的医疗服务。

在企业的信息化过程中逐渐呈现“服务综合化”趋势，能否提供更便捷、更系统的服务已成为企业赢得市场的关键。对于医院的经营管理，节约成本是效益，但不是根本，其根本还是在创造价值，医院的价值创造最终将落在围绕病人的一系列服务上。“将医生、护士还给病人”就是对医疗服务的最好的诠释即“以病人为中心”，它应该成为医院管理信息化、临床管理信息化的核心。

2.4.1 消除信息孤岛实现信息一体化

HIS 使得医院真正像一体化组织那样运作，把传统医疗价值链的所有的职能部门如：临床、医技、药房、后勤、财务、医保集成起来。从后端行政管理到前端电子医疗以及相关供应链都能实现数据无缝流动。

2.4.2 增强协作和资源调配

HIS 使得医院的临床过程、病人服务、后勤服务等成为一个整体。体现了部门之间的协作关系，其体现出来的协作关系对病人而言是有价值的，能够管理医院的资源计划、诊疗保健服务提供过程，支持、理顺、平衡各个部门之间的互相冲突的目标。例如：财务部门将库存最小作为目标，采购部门希望维持一定的库存来避免药品、消耗材料短缺。

2.4.3 通过 HIS 建立起一套员工绩效评估体系

HIS 通过对病人就医过程每一个环节的数据跟踪，将业务流和数据流完整结合，使得能够实时了解医院每一个岗位的工作量、工作效率。通过与财务、人事、成本核算模块的数据整合与分析，能够建立一套科学的、有依据的员工绩效评估体系。

2.4.4 保全并增值医院知识资产

HIS 可以作为一个知识的转化器，把操作层面的专家知识转化成为更加明晰和容易被人获取的形式。将非系统化的、易于丢失的知识转化成为编码化的、可以整理的和像其他资产一样管理的知识资产。这种知识资产将借助于电子病历的实施，在临床专业知识管理方面得到完整的体现。

3　企业医院信息管理系统总体设计

3.1　概述

企业医院的信息化（数字化）建设从实际应用到技术实现都有着极大的复杂性，应遵循“总体规划，分步实施”的原则建设。依据当前医院信息化应用的现状及企业的管理模式进行全面信息化管理的要求，特提出医院信息化建设的总体方案框架。

根据卫生部制定的《医院信息系统基本功能规范》的要求，医院的信息系统应包括临床诊疗部分、药品管理部分、经济管理部分、综合管理与统计分析部分和外部接口部分，各部分具体介绍如下：

3.1.1　经济管理部分

经济管理部分属于医院信息系统中的最基本部分，它与医院中所有发生费用的部门有关，处理的是整个医院中各有关部门产生的费用数据，并将这些数据整理、汇总、传输到各自的相关部门，供各级部门分析、使用并为医院的财务与经济收支情况服务。包括：

(1) 门急诊挂号系统。

(2) 门急诊划价收费系统。

(3) 住院处管理系统。

(4) 物资管理系统。

(5) 设备管理系统。

(6) 财务与经济核算系统。

3.1.2　临床诊疗部分

临床诊疗部分主要以病人信息为核心，将整个病人诊疗过程作为主线，医院中所有科室将沿此主线展开工作。随着病人在医院中每一步诊疗活动的进行产生并处理与病人诊疗有关的各种诊疗数据与信息。整个诊疗活动主要由各种与诊疗有关的工作站来完成，并将这部分临床信息进行整理、处理、汇总、统计、分析等。包括：

(1) 门诊医生工作站系统。

(2) 住院医生工作站系统。

(3) 护士工作站系统。

(4) 临床检验系统。

(5) 输血管理系统。

(6) 医学影像系统。

(7) 手术室麻醉系统。

3.1.3　药品管理部分

药品管理部分主要包括药品的管理与临床使用。在医院中药品从入库到出库直到病人的使用，是一个比较复杂的流程，它贯穿于病人的整个诊疗活动中。这部分主要处理的是与药品有关的所有数据与信息。包括：

(1) 药库管理系统。

(2) 药房管理系统。

3.1.4　综合管理与统计分析部分

综合管理与统计分析部分主要包括病案的统计分析、管理，并将医院中的所有数据汇总、分析、综合处理供领导决策使用，包括：

（1）病案管理系统。

（2）医疗统计管理系统。

（3）院长综合查询与分析系统。

3.1.5　外部接口部分

随着社会的发展及各项改革的进行，医院信息系统已不是一个独立存在的系统，它必须考虑与社会上相关系统互联问题。包括：

（1）医疗保险系统接口。

（2）社区医疗系统接口。

（3）远程医疗咨询系统接口。

（4）医疗服务价格管理系统接口。

（5）其他第三方软件的接口。

一种新型办公自动化系统的实现过程介绍

周　勇[1]　黄伟军[2]　汤泽宁[3]

([1]中国石油西部钻探工程有限公司，[2]中国石油新疆职业技能鉴定中心，

[3]中国石油新疆油田公司风城油田作业区)

摘　要　本文对中国石油天然气集团公司原新疆石油管理局实施的办公自动化系统项目进行了全面阐述，重点介绍了系统的功能特点、项目的成功经验和成熟做法，希望能对读者有所借鉴。

关键词　办公自动化　公文　流转

1　引言

中国石油天然气集团公司原新疆石油管理局（以下简称管理局）作为中国石油天然气集团公司下属的一个大型地区工程技术服务企业，由于其组织机构庞大、业务类型复杂、服务范围广泛，一直以来，各级工作人员都要面对大量繁杂、琐碎的行政事务性工作，企业长期存在着低水平重复劳动、信息沟通不畅、办事效率低下等一系列问题，在很大程度上阻碍了企业的有效运转。

随着技术不断进步，计算机技术、网络技术和通讯技术得到了迅速发展，建立以事务处理、信息管理为基本内容，高效、协调、集成的办公自动化系统已成为可能，而且这也成为改变企业目前办公现状、优化管理体制的一种有力举措。为此，许多企业都提出并实施了适合自身情况的办公自动化系统，大大提高了工作效率和工作质量。正是在这种情况下，管理局提出了建设办公自动化系统项目的需求。

2　开发过程

整个项目自 2005 年初启动，至 2006 年底结束，历时一年半之久，终于上线运行。

（1）立项调研。2005 年 4 月至 6 月，项目组先后对局属二级单位、新疆油田、吐哈油田和一些专业化软件公司进行现场调研、电话问询，了解国内办公自动化系统的应用现状，为管理局实施自己的办公自动化项目做了积极的探索和准备。

（2）合作方确定。2005 年 7 月至 8 月，管理局通过技术交流和协商谈判，以解决方案的可行性、商务报价的高低、资信条件的优劣和售后服务的好坏等为主要内容，最终选择了一家有代表性的公司作为合作方共同进行项目研发。

（3）系统开发。2005 年 9 月至 12 月，管理局召开项目启动会议，开始了软件研发工作，通过系统原型搭建、原型调研、功能开发、测试等阶段，完成了系统各项功能，并对部分用户进行了初级培训。

（4）试运行。2006 年 1 月至 12 月，管理局部署试运行工作计划，组织系统应用培训，按机关部门性质分批启动试运行工作，以此带动局属单位的推进工作，为上线运行做好准

备。

(5) 上线运行。2007 年 1 月正式上线运行，并不断优化和完善系统。

3　设计思路

(1) 建设目标。以先进成熟的计算机和通信技术为手段，建成一个覆盖局属所有单位、部门的办公自动化系统，为各级工作人员提供一个集成的桌面办公环境，解决工作人员处理不同事务的需要，有效处理、协调上下级之间、单位之间以及部门之间的工作，全面提高办公效率和办公质量。具体来讲就是：

①实现公文的网上生成和流转，加快传递速度，提高办公效率；

②规范和优化业务流程，建立高效的办公环境，打造信息化企业的形象；

③健全信息报送制度，提高信息利用时效性和资源共享程度；

④实现文档一体化，达到文件和档案的无缝对接。

(2) 总体架构。为保证系统具有足够的稳定性、可扩展性及执行效率，系统采用多层分布式应用架构，并基于 J2EE/XML 技术和 B/S 模式开发实现，即软件系统和 Web 中间件放在一台应用服务器上，所有数据存储在一台专门的数据库服务器中，客户端则通过浏览器实现对系统的访问。

(3) 部署方案。综合考虑管理局应用规模、项目技术复杂度和维护管理等诸多因素，系统采用大集中部署方式，即软硬件资源物理上集中，全局只部署一套；功能应用逻辑上分开，可有多套，既保证总部和下属单位的独立性，又保持必要的关联性。

(4) 运行环境。数据库为 Oracle10g+RAC；Web 服务器为 Tomcat 中间件；操作系统为 Window2003/XP，整套系统采用双机负载均衡机制，确保系统稳定、可靠运行。

4　功能组成

系统以公文流转功能为主体，其他如通知管理、个人办公、综合办公、协同办公和即时通讯等功能均围绕主体功能展开，后续辅助功能可以根据需要逐步加入。提供用户管理、流程定制、环境设定等必要的后台功能，用于对系统进行维护和管理。

(1) 公文流转。包括发文管理和收文管理，实现了集团公司来文、地方来文及局机关公文在全局的流转，可以对流程进行重办、撤办、催办、察看等，并可随时查询经手的公文内容。公文流转为两级流转，即管理局到局属单位发文再转内部收文和局属单位内部发文。

(2) 通知管理。提供个人通知，发送便条信息，附带电子文件；提供短信接口，发送手机短信。系统的短信平台与流程密切结合，可自动发送短信提醒或督办信息，手机用户也可以直接将确认信息回复到系统的短信平台中。

(3) 协同办公。创建协同工作区，设定讨论主题，将草拟好的文字信息导入到系统中，参与讨论的人员可以对正文进行修改，也可以查看他人的意见，最终汇总成文。

(4) 即时通讯。RTX（腾讯通）作为办公自动化系统的一个辅助功能，与系统结合，主要用于多点之间的即时文字交流和业务流程处理过程中的桌面消息提示，通知用户查收并处理有关事宜。

（5）系统后台管理功能。提供了多种系统维护工具，通过模版工具，可形象地定义出符合业务需求的数据结构；通过页面定制工具，可对发文纸和收文纸等 Web 页面的显示和布局进行调整；通过流程设计工具，可方便地对流程进行调整等。

5　技术难点和创新点

（1）结合信息技术的特点，对已有业务流程进行规范、优化、归并和完善，确保了涉及该流程的工作得以顺利、高效执行，又方便了后期维护和管理。

（2）将发文管理流程与收文管理流程有机结合，实现了发文人员对发文过程和收文过程的全程跟踪、督办。

（3）通过短信接口，借助公网上提供的短信通知平台，实现了办公系统对手机用户的短信即时提醒，确保公文及时得到处理。

（4）通过提供归档接口，实现了文档一体化，达到文件和档案的无缝对接，一旦公文流转结束，可以自动归入档案系统，并可以在档案系统中查阅有关公文信息。

（5）实现了系统的分层、分级管理，减轻了系统管理员的工作压力，同时确保了系统的稳定、可靠运行。

（6）提供强大的可视化流程管理工具，方便了系统维护和业务扩展。

6　应用情况

系统于 2007 年 1 月 1 日起在管理局 40 余家单位正式上线运行，总体使用效果良好。局行政发文及党委部分发文和收文已实现网上流转，部分二级单位内部公文也已开始在网上下发和接收，全局公文流转速度明显加快，办公效率大大提高。截至 2007 年 12 月 10 日，系统现有注册用户 4189 个，每天同时在线 200 人左右；局发文 904 个，局收文 613 个，处室收文 6293 个，发信息快报 173 期；局属二级单位发文 404 个，收文 10964 个；个人通知 14295 个。

通过系统的应用，将企业各级工作人员从日常繁杂的事务性工作中解脱出来，提高了企业的整体工作效率和工作质量。通过网上传递公文和政令，节省了公文传递中的人力、物力资源消耗，加快了公文的流转速度，降低了办公成本，提高了企业的办文、办事效率。构建协同工作环境，优化业务流程，有效处理日常工作中涉及的各项事务，做到全程跟踪和交流，减少重复劳动，提高办公效率，提升了全局管理水平。

7　认识和体会

（1）建立健全项目组织，全员参与。成立项目组，为项目实施提供必要的组织保证。项目组应该由业务专家及技术人员组成，管理与技术并重。信息系统项目往往都是一把手工程，主管领导必须亲自参加，身体力行。对于覆盖层面广，涉及管理流程类的项目，为了便于项目开展，建议成立由业务部门领导组成的项目领导小组。

（2）坚持业务主导，技术支持。在项目的具体实施过程中，一定要遵循业务部门负责的原则，即由业务部门主负责，技术部门为辅，切不可本末倒置。系统是否满足要求，能否投入使用，业务人员最有发言权。作为技术人员，他应该更多地去从技术方面考虑系统的运行问题，而不是业务本身。只有在项目实施的各个阶段都尽可能地听取业务人员的意见和建议，项目才能成功推行。

(3) 规范和优化业务流程。实现传统业务向计算机办公的迁移，绝不是一个简单、机械、生搬硬套、一成不变的过程。在项目实施过程中，我们既要尊重实际的工作现状，也要结合信息技术的特点对业务作适当的优化。只有这样，才能真正发挥信息系统的优势，为我所用，而不是成为负累。

(4) 积极创造应用环境。在项目推广过程中，有些问题本来和系统没有直接关系，但是处理不当同样会影响到系统的使用，必须想方设法积极解决。比如可采取委托授权的方式，解决领导外出而由他人代为处理办公事务的问题；采用无线网卡加 VPN 方式，实现外出人员随时随地移动办公；提供系统与 RTX 即时通讯系统的对接，丰富提示、提醒和催办手段，确保公文及时处理。这些举措都有效地促进了系统的全面深入推行。

(5) 选择适合的系统和有经验的开发队伍。可以依据自身需求选择一个成熟度高、相对比较吻合的系统，以加快系统的开发进度。此种做法在实施上有保证，工作量小，处理周期短，见效也快。但在公司队伍选择上，一定要选派技术全面、熟悉业务、经验丰富的公司人员参加到项目开发队伍中来。尤其对于办公类项目，管理有时比技术本身显得更为重要，如果没有一定的实施经验和社会阅历，都将影响到系统的推广使用。

应急救援模拟演练系统设计与实现初探

孙成江　刘　林
（中国石油新疆油田公司消防支队）

摘　要　应急救援模拟演练系统是应急救援的重要系统，集成了日常应急救援基础理论网络考核、专项业务理论和模拟实战考核、虚拟仿真综合演练、应急救援预案模拟推演等主要功能，利用三维图像引擎、场景定制工具、事件任务编辑器实现应急救援的模拟。本文主要介绍了应急救援模拟演练系统的结构、组成、功能和实现技术。

关键词　应急救援　模拟　演练

1　引言

如何强化重大事故应急演习机制，以开放式演练方式代替照本宣科式的表演性演习方式，积累应急救援演练的经验，找出应急体系中的弱点，是目前应急体系建设中急需解决的一个问题。应急仿真演练系统通过对各类灾害数值模拟和人员行为数值模拟仿真，在虚拟空间中仿真灾害发生、发展的过程以及人们在灾害环境中可能做出的各种反应；并在演练平台上，在最大限度仿真实际灾害的条件下，开展应急救援演练。在此基础上，制定各类企事业单位的数字化应急预案，对现有预案进行推演。应急救援模拟演练系统可以用来训练各级决策与指挥人员、事故处置人员，发现应急处置过程中存在的问题，检验和评估应急预案的可操作性和实用性，提高应急能力。系统可以使企事业单位能够运用现代化手段，加强协调能力和应急能力，使应急演练科学化、智能化、虚拟化，减少应急演练费用。

2　系统设计原则

2.1　标准化原则

应急救援模拟演练系统主要采用三维图形引擎技术、流媒体技术、模糊查询技术、局域网技术、数据库技术等标准，标准化的意义在于其通用性、有利于数据的共享、数据交换、数据挖掘，应急救援模拟演练系统不是一个孤立的系统，它与GIS空间三维地理信息系统、数字预案系统、远程视频监控系统、应急救援物资装备等系统共同构建应急救援指挥系统平台，因此需要遵守共同的标准，为实现各系统之间数据的交互和系统的扩展升级建立牢固的基础。

2.2　实用型原则

应急救援模拟演练系统主要用于日常应急工作人员考核、业务培训、应急救援网上综合模拟演练以及预案的模拟推演。用户界面、预案制定、运行效率、可定制事件任务、三维模型化的表现方式上，重点突出人员的培训和任务事件的流程定制。系统以简洁、高效、模拟化为实用性的重要标准。

2.3 集成性原则

应急救援模拟演练系统是应急救援指挥系统平台的一部分，考虑到与其他信息系统的集成需要，通过系统中应急救援重要参数信息进行关联，同时系统各部分从设计到开发按照组件化、模块化的思路进行设计，形成功能的相对独立，但又具备跨系统的数据共享性。

3 系统设计

3.1 系统结构设计

应急救援模拟演练系统软件由 3 部分组成：服务器端、客户端和数据库 3 部分组成。

服务器端利用图形图像引擎来读取数据库中的三维模型，通过应用服务器来发布事件、任务、标准、指令、应用等操作，实现客户端组件的功能，实现与三维模型组件的交互和用户操作的交互。

客户端安装基本客户端组件，从服务器上下载事件、任务、基础模型、元素表，通过网络实现客户端之间的通信，利用服务器图形图像引擎生成三维模拟场景，实现场景的构建。

数据库主要包含三维模型数据库、案例数据库、评判数据库、试题数据库、事件任务流程数据库，用于构建各类场景、流程、评判标准。

3.2 系统功能设计

应急救援模拟演练系统从功能上可划分为 3 个子系统：培训考核子系统、模拟演练子系统、预案推演子系统（图 1）。

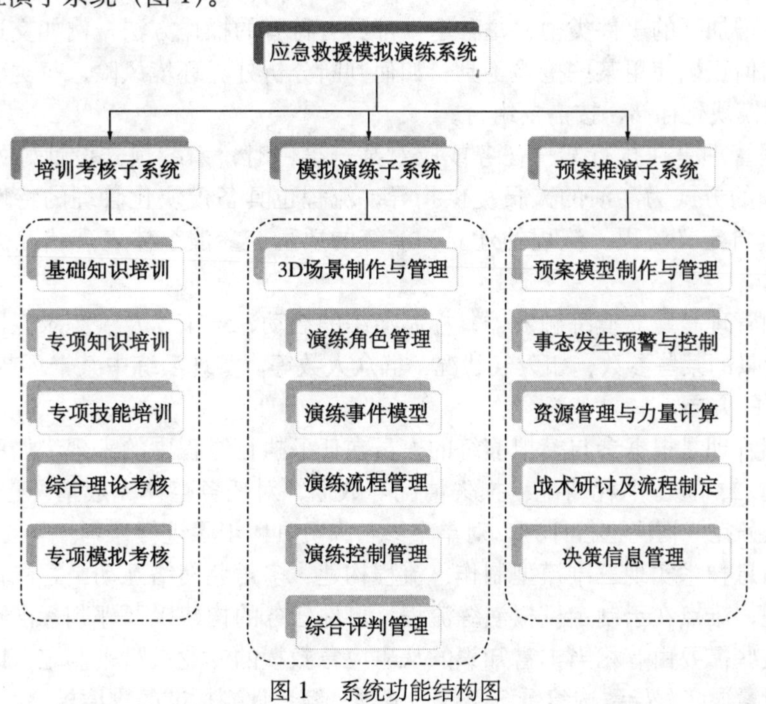

图 1　系统功能结构图

3.2.1 培训考核子系统

培训考核子系统是日常基本业务功能模块，包含基础知识培训、专项知识培训、专项技能培训、综合理论考核、专项模拟考核，前4个模块主要是通过网络，提供以文本、ppt、Flash、图片、视频教程等格式的资料，供学员学习，采用网络自动随机生成试卷的方式对各类人员进行网络在线理论考核。专项模拟考核是利用系统三维图形图像引擎，构建单项三维场景，为参加考核人员提供模拟操作环境，系统在模拟环境中的关键点设定考核标准，实现评判打分，例如灭火器的使用、抢险救援器材的使用、人员抢救方法模拟考核等。

3.2.2 模拟演练子系统

模拟演练子系统是该系统的核心，模拟演练子系统包含3D场景制作与管理、演练角色管理、演练事件模型制作、演练流程管理、演练控制管理、综合评判管理。模拟演练子系统中的场景可以是虚构的任务、也可以是根据案例制定的场景。

模拟演练子系统中，3D场景制作是非常重要的，有必要开发一个3D模型和场景制作工具，可以由管理员或系统使用人员按需求快速定制模型和场景，系统可实现对模型的管理，形成模型库。值得注意的是3D模型是可视化表现场景的基本要素，模型必须与数据库建立对应的关系，如在存储模型时必须将模型的参数一并存储，并且在场景构建中模型参数是可修改的，例如构建一个原油储罐，罐高、罐直径、存储物资、消防管网、喷淋装置等参数信息也必须存储。

演练角色管理是为了能够真实体现应急救援处置的整个过程，在系统中可分为消防（防化）组、抢险救援组、医疗救护组、交通环境组等角色。各角色为3D模型，配有相应的救援道具和技能，通过局域网实现演练互动。

演练事件模型是由专业的3D引擎及事件模型算法实现某个事件的完整发展过程，形成事件模型，例如：原油火灾事件、井喷事件、有害气（液）体泄漏事件、地震事件等。也可根据需要增加新的事件类型，每种事件都具有特有的操作方法，例如交通事故事件可能需要掌握如何正确使用某些抢险工具、如何判断分析外界环境风险，每类事件所涉及的步骤或方法以模块化存储，按需要组合。

演练流程管理是在执行某一任务或应对某一事件时，系统预先设计好处理流程，采用提示、选择的方式为参演的人员提供指导，流程也具备模块化管理的特性，可根据需要组合流程，自定义流程。流程的建立为演练的质量、参演个体表现状况提供了评判依据点。

演练控制管理是建立演练触发器，控制演练的启动，结束以及演练录像回放，同时可以改变演练场景的某些参数，如天气状况、群众人数等。实现演练中某个环节的是否启动，决定事件发展的方向。

综合评判管理是根据参与模拟演练的人员在任务执行过程中的表现，如所采用的处置对策、人员伤亡、资源消耗情况、损失情况等数据，对任务整体完成情况进行综合评判，对演练小组任务完成情况进行评判，对单个参与人员具体步骤进行评判。

目前的信息技术实现三维模型制作、流程构建、多角色网络互动、智能评判功能在技术完全可实现，难点在于制定模拟演练流程、事件任务的构建以及评判标准在系统中如何布置方面，这些需要由有相当丰富知识的从事应急救援的专业人员来制定，因为演练中所涉及的各类因素很多，导致构建系统事件、流程、综合评判标准的难度极高。

3.2.3 预案推演子系统

预案推演子系统是该系统功能的扩展，包含预案模型制作与管理、事态发生预警与控制、资源管理与力量计算、战术研讨及流程定制、决策信息管理。预案推演的主要目的是对现有的真实预案的可行性进行检阅，通过模拟推演找出现有预案的不足，对现有预案进行修订。预案推演子系统利用现有模型和场景构建工具，结合现场数据构建仿真场景模型。预案推演是一个综合性的模拟演练，因此需要与外部数据交互，例如预案推演过程中需要现场环境数据、应急力量数据、应急资源装备等数据，这时就需要建立软件的外部接口，从其他应用软件中提取数据。最终来为辅助决策提供信息支持。应急救援力量统计、数据计算是很重的，例如在扑救化工装置火灾中，考虑到影响火势的温度、风向、燃烧物质、物质储量、燃烧面积以及工艺流程等因素，自动计算当前器材装备数量、灭火剂数量是否满足需要。

对于预案的模拟推演并不是完全按照现有预案来执行的，可以将事故假设扩大、事件流程复杂化，便于提高预案的应对性，这时就需要提供战术研讨功能，根据案例和一般的处置方法对所采取的战术、执行的流程的可行性进行分析，对可能发生的事态进行预测评估。

决策信息管理是对预案推演过程中各类信息如何表现、如何筛选重要数据、如何存储管理以及如何对现有数据进行分析，制定可实施的决策方案的功能模块。该模块难点在于对各类信息的筛选加工，依据数据生成明确的处置方案。

3.3 用户界面设计

该系统是由 3 个子系统构成，重点以模拟演练子系统为核心。

应急救援模拟演练系统在操作界面上如图 2 所示，主要包含 3D 操作窗口、系统功能菜单、技能操作面板、平面导航窗口，另外还有在任务执行过程中信息提示窗口、事态发展进度条等窗口。

图 2　应急救援模拟演练系统操作界面

3.4 专业基础试题库设计

专业基础试题库设计根据应急救援人员角色不同主要分为以下内容：

(1) 指挥员理论试题库。

(2) 驾驶员理论试题库。

(3) 消防员理论试题库。

(4) 抢险救援理论试题库。

(5) 医疗救助试题库。

(6) 通讯、交通、环境、法律试题库。

(7) 单兵任务、单项技能 3D 模拟培训试题库。

专业基础试题库是培训考核子系统的基础，目的是实现各类人员应急救援的培训，从授课教学、网络课程教学、动画教学、3D 虚拟仿真操作几个层面提高人员的综合能力，将单兵理论考核与模拟操作考核相结合，实现人员的全方位考核（图 3）。

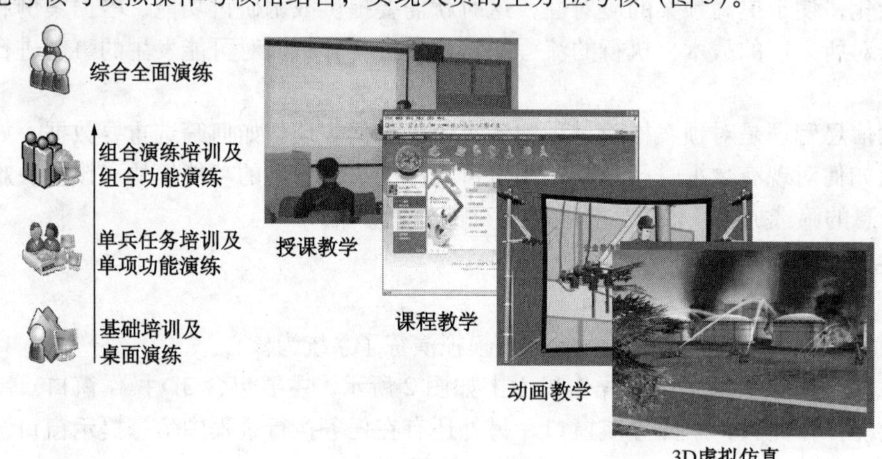

图 3　应急救援基础培训考核示意图

3.5 专业工具设计

专业工具包含试卷生成工具、三维模型场景制作工具、事件制作工具、任务流程编辑工具、项目配置工具，如图 4 所示。

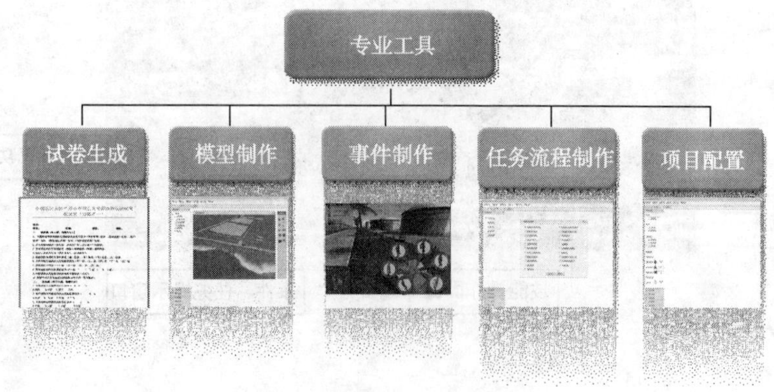

图 4　专业工具组成图

3.6　人物角色、事件、任务流程设计

人物角色是系统已建好的模型，是由系统开发人员设计的，参演人员根据情况选择对应的角色。事件、任务流程的设计分为两部分，一部分是由系统设计人员完成事件、任务流程工具的设计，制定系统基本的事件任务流程，另一部分是由系统设计人员或用户使用事件任务工具自定制的事件、任务流程。

3.7　资源、信息管理设计

在模拟演练中，涉及大量的业务数据（图 5），在资源、信息管理上数据库分为两部分，一部分是系统数据，如场景描述基础数据、车辆类型、角色种类、技能描述和种类等，另一类数据是由制作演练场景人员添加的动态数据，如任务提示、评估信息等。

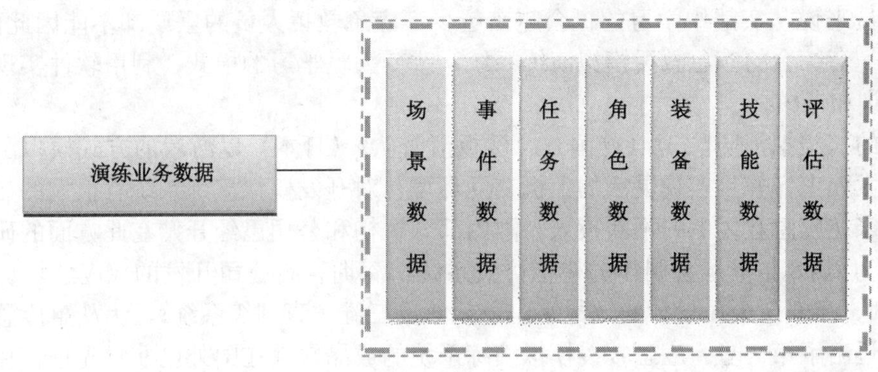

图 5　演练业务数据组成图

4　系统特点

4.1　业务理论网络化考核

网络教学、网上答题、自动判卷、模拟操作，实现各类人员学习、培训、理论与操作“考”的效果。

4.2　模型、场景、事件的可定制化

模型化、角色化、事件的可定制，使演练更接近真实情况，降低演练成本，降低演练风险。演练内容丰富，实现多次、重复演练，以及实战演练不可进行的高难度、高风险的演练项目。随时模拟预测事态发展趋势，构建完善的处置流程。

4.3　模拟演练智能评判

实现现有预案演练执行情况的综合评定，单兵任务执行情况的综合分析。利用专业数据分析和计算机功能，将现场模拟数据进行加工，实现数据到决策信息的转化。

4.4 专业数据后台计算

专业数据后台计算，按照事态发展提示，为参演人员直观提供信息，减少人员处置事件对信息搜索加工的脑力劳动量。

4.5 网络互动模拟演练

利用局域网和虚拟 3D 场景增强演练互动性，将应急预案的演练落到实处，真正体现“练”的效果。

5 结束语

随着国内各行业安全工作的不断强化，一定时间段内很少出现特大事故。对于从事应急救援人员来说从实战中学习的机会越来越少，应急救援人员的素质却不能因此而降低，迫切需要一套综合的应急救援模拟演练系统，改变人员学习的模式，利用软件实现人员的学习、培训和考核。

国外的《模拟消防队 3》（德国）、《樱板消防队》（日本）以游戏的方式模拟了历史上发生的重大火灾，并且实现灵活的人机交互环境，对开发模拟演练系统有很大的启发。近年来，国家在应急救援上的不断投入，国内部分机构和公司已经开始在此方面的研究，如清华大学为 2008 年奥运会制作的模拟仿真系统、深圳科皓公司开发的《应急培训演练系统》、深圳一洋安全公司设计的《数字应急预案及三维仿真训练系统》，为从事应急救援研究和开发迈出了第一步。应急救援模拟演练系统的成品软件在国外已非常先进，在国内研究工作才刚刚起步，完成一个高效、实用、功能强大的模拟演练系统需要软件开发人员与从事应急救援工作人员的长期合作。

应用服务器性能测试应用

黄　涌
（新疆宏有软件有限责任公司）

摘　要　本文着重介绍了应用服务器性能测试设计与应用的主要步骤。

关键词　性能测试　测试用例　LoadRunner

1　引言

由于现在越来越多的软件开始采用多层分布式应用架构，这样做大大减少了应用服务器的数量，但也导致单个应用服务器访问用户数的大量增加，在今后长期的维护过程中，应用服务器的稳定性变得至关重要，一次崩溃或死机就可能造成多个系统的停用，所以在应用服务器程序进行修改提交前，必须对它的稳定性进行充分大量的测试，在确保正确性、稳定性和响应速度都达标后，才能投入生产应用。

修改后的应用服务器程序在投产前，需要进行压力测试、负载测试、疲劳强度测试，测试方法主要是手工测试和自动化测试两种，手工测试由于耗费人力多、效率低下、测试结果误差大，所以不推荐推广。自动化测试则由于操作简便、人力需求少，测试结果较为精确，目前在测试领域已经开始广泛使用。

在性能测试领域进行测试的主要工具中，经过多个性能测试工具的反复对比，LoadRunner 由于功能强大、支持协议多、操作简便，目前占据了全球 60% 的份额，所以在选用测试工具时，也选择了 LoadRunner。

2　LoadRunner 简介

LoadRunner　是一种预测系统行为和性能的工业标准级负载测试工具。通过以模拟上千万用户实施并发负载及实时性能监测的方式来确认和查找问题，LoadRunner 能够对整个企业架构进行测试。通过使用 LoadRunner，企业能最大限度地缩短测试时间，优化性能和加速应用系统的发布周期。目前企业的网络应用环境都必须支持大量用户，网络体系架构中含各类应用环境且由不同供应商提供软件和硬件产品。难以预知的用户负载和愈来愈复杂的应用环境使公司时时担心会发生用户响应速度过慢，系统崩溃等问题。这些都不可避免地导致公司收益的损失。Mercury　Interactive 的 LoadRunner 能让企业保护自己的收入来源，无需购置额外硬件而最大限度地利用现有的IT　资源，并确保终端用户在应用系统的各个环节中对其测试应用的质量，可靠性和可扩展性都有良好的评价。LoadRunner 是一种适用于各种体系架构的自动负载测试工具，它能预测系统行为并优化系统性能。LoadRunner 的测试对象是整个企业的系统，它通过模拟实际用户的操作行为和实行实时性能监测，来帮助您更快地查找和发现问题。此外，LoadRunner 能支持广范的协议和技术，　为您的特殊环境提供特殊的解决方案。

3 测试设计

LoadRunner 功能强大，操作简便，可测试项目众多，资料详细，但本文不是专门讨论 LoadRunner 工具如何使用的，本文的重点在于如何设计一个性能测试的执行方案，通过该方案的设计、执行、记录，可以基本完整地描述通过性能测试，来分析服务器性能是否达到预定的设计目标，给软件设计人员一个较为准确的测试结果帮助其进行分析和改进程序。

根据需要，将服务器性能测试分为用户并发测试和疲劳强度测试。

用户并发测试实际上同时进行了压力测试和负载测试。

（1）压力测试：通过增加用户数量来加重系统负担，以检验测试对象能接收的最大用户数来确定功能是否达到要求，通常这个数量是 200。

（2）负载测试：不同数量的用户并发访问时，服务器响应速度是否控制在合理的范围之内，由于不同的操作，对服务器发出的数据请求数量是不一致的，从而导致完成整个事物的响应时间也不一样，所以必须分别设计不同的测试用例来进行对比观察和分析。

在实际测试中，针对每个业务功能都设计了用户并发测试测试用例，例如针对数据录入，编写了打开空表、打开少量数据的数据表、打开较多数据的数据表的性能测试用例等等，针对信息发布、井筒曲线也编制了相关的测试用例，这样做的目的，是使测试结果能够更全面地反映服务器的真实性能，测试用例越多，测试结果越精确。限于篇幅，本论文只列举一个有少量数据的数据表的用户并发测试测试用例，如表 1 所示。

表 1 用户并发测试测试用例

<table>
<tr><td colspan="6">测 试 用 例</td></tr>
<tr><td>测试类型</td><td>用户并发测试</td><td>编制人</td><td>××</td><td>编制时间</td><td>2008-05-29</td></tr>
<tr><td>功能特性</td><td colspan="5">服务器程序能够接受客户端发来的数据请求，能够将数据请求的结果返回客户端。能够承受 200 用户以上的并发访问，能够提供合理的并发访问速度</td></tr>
<tr><td>测试目的</td><td colspan="5">在数据录入程序中，用户正常登陆，打开 1 个有少量数据的数据表，通过增加用户数量来加重系统负担，以检验测试对象能接收的最大用户数来确定功能是否达到要求，即压力测试；不同数量的用户并发访问速度是否合理，即负载测试</td></tr>
<tr><td>测试前置条件</td><td colspan="5">每一个并发测试的测试都要求重启应用服务器程序，以避免连续的测试影响测试精度</td></tr>
<tr><td>操作步骤</td><td colspan="3">操 作 描 述</td><td colspan="2">期望结果</td></tr>
<tr><td>1</td><td colspan="3">启用 LoadRunner 程序，调用测试部业务管理系统数据录入程序，进行脚本录制</td><td colspan="2"></td></tr>
<tr><td>2</td><td colspan="3">将脚本录制到 Vuser_init 操作中，协议选择 Webservice 和 Win Socket</td><td colspan="2"></td></tr>
<tr><td>3</td><td colspan="3">输入用户名：××、口令：空，登录系统</td><td colspan="2">可以登陆</td></tr>
<tr><td>4</td><td colspan="3">点击测试对象→录入界面→单表录入</td><td colspan="2">打开单表录入界面</td></tr>
<tr><td>5</td><td colspan="3">稍停留一会，在单表录入界面点击更多按钮</td><td colspan="2">获取第二个数据包</td></tr>
<tr><td>6</td><td colspan="3">关闭单表录入界面</td><td colspan="2">可以关闭</td></tr>
<tr><td>7</td><td colspan="3">关闭整个录入程序</td><td colspan="2">可以关闭</td></tr>
<tr><td>8</td><td colspan="3">点击 LoadRunner 程序终止录制按钮</td><td colspan="2">可以自动生成脚本</td></tr>
</table>

续表

测 试 用 例		
9	回放录制的脚本	可以正确回放
10	设置 LoadRunner 控制器场景，用户数为 5 个，其余都取默认值	
11	点击开始场景按钮，执行测试	
12	手工循环测试 3 次	
13	将 3 次测试中平均的记录，用户并发数、用户通过数、事务数、通过事务数、失败事务数、错误事务数、事务平均响应时间、服务器状态，记录在《用户并发测试记录表》中	
14	在每次确认服务器程序重新启动后，重复 10 ~ 12 步骤，用户数从 10 开始，每次增加 10 个，进行记录测试	

（3）疲劳强度测试：是指在指定用户并发访问数量访问的情况下，服务器能够正常工作多长时间，平均响应时间是否保持一致，找出因资源不足或资源争用而导致的错误。如果内存或磁盘空间不足，测试对象就可能会表现出一些在正常条件下并不明显的缺陷。而其他缺陷则可能是由于争用共享资源（如数据库锁或网络带宽）而造成的。

和用户并发测试一样，针对不同的功能，需要设计不同的测试用例、不同的用户并发数，并且都要进行长时间的测试，才能正确反映服务器程序的真实性能，限于篇幅，在这里只选择一个 10 用户并发的疲劳强度测试用例（表 2）。

表 2　疲劳强度测试测试用例

测 试 用 例					
测试类型	疲劳强度测试	编制人	××	编制时间	2008-05-29
功能特性	服务器程序能够接受客户端发来的数据请求，能够将数据请求的结果返回客户端，能够提供合理的并发访问速度，在并发情况下能够承受长时间的数据请求访问				
测试目的	验证在 10 个用户并发访问的情况下，用户正常登陆，打开一个有少量数据的单表，服务器能够正常工作多长时间，平均响应时间是否保持一致				
测试前置条件	每一个并发测试的测试都要求重启应用服务器程序，以避免连续的测试影响测试精度				
操作步骤	操 作 描 述				期望结果
1	启用 LoadRunner 程序，调用测试部业务管理系统数据录入程序，进行脚本录制				
2	将脚本录制到 Action 操作中，协议选择 Webservice 和 Win Socket				
3	输入用户名：××、口令：空，登录系统				可以登陆
4	点击测试对象→录入界面→显示模式（单表录入）				打开显示模式（单表录入）界面
5	稍停留一会，在单表录入界面点击更多按钮				获取第二个数据包
6	关闭单表录入界面				可以关闭
7	关闭整个录入程序				可以关闭

续表

测 试 用 例		
8	点击 LoadRunner 程序终止录制按钮	可以自动生成脚本
9	回放录制的脚本	可以正确回放
10	设置 LoadRunner 控制器场景，将脚本的用户数都定为 10 个，迭代次数定为 20000，其余都取默认值	
11	点击开始场景按钮，执行测试	
12	每过 2 小时，将事务数、通过事务数、失败事务数、错误事务数、事务平均响应时间、服务器内存数量、服务器状态，记录在《疲劳强度测试记录表》中	长时间运行，服务器程序稳定
13	在 LoadRunner 运行过程中，不间断，手工反复打开数据管理平台录入程序和访问信息发布网页，观察这两个程序是否都能正常显示和操作	客户端程序不受影响，可以访问和操作

4 测试实施

按照测试用例的设计，客户端选用 Windows XP，服务端选用 Windows 2003，分别将客户端程序和服务端程序布置好，并按测试用例的要求录制好脚本和回放脚本记录。

因 LoadRunner 本身对各种网络协议的监控非常准确，录制脚本也能够正确反映实际操作所产生的网络请求，所以这部分不作为重点，重点在于，测试用例描述的步骤要严格执行，以保证每次测试的结果有章可循。

在录制用户并发测试和疲劳强度测试的过程中，虽然操作完全一样，录制脚本也一样，但要注意，录制用户并发测试是录制到 Vuser_init 操作中，录制疲劳强度测试是录制到 Action 操作中，这是 LoadRunner 工具本身要求的。

在测试过程中，要保证没有其他用户访问应用服务器和数据库服务器。

测试不同的用例或重复测试同一个用例时，应用服务器都要重启，以防止前次的测试影响后面的测试。

在疲劳强度测试时，由于 LoadRunner 工具只能监控每个网络请求时网络协议的执行是否完成，并不能监控每个网络请求返回的结果是否正确，所以在测试过程中，要不断手工打开数据录入界面，查看操作是否能够正常执行，当多次手工操作都不能正常执行时，不管应用服务器是否死机或崩溃，都可以认为服务器已经不能正常运行了。

在一般的性能测试中，当用户数并发达到一定数量时，应用服务器如果产生异常，则经常对 LoadRunner 发出的服务请求不予回应，这时候可以打开 LoadRunner 的失败事务数和错误事务数详细日志，察看具体是在执行应用服务器的哪一个环节或函数处造成事务出错，并将出错部分和出错现象记录下来，提交给程序员进行分析和修正。

5 测试结果分析

测试结果分析如表 3、表 4 所示。

表 3　用户并发测试记录表

测试说明	每一次的测试都要求重启应用服务器程序，以避免相互影响						
测试项	并发用户数	用户通过数	事务数	通过事务数	失败事务数	错误事务数	事务响应时间 s	服务器状态
数据录入	用户正常登录，打开 1 个有少量数据的单表							
	5 10 20 30 40	5 10 20 20 34	15 30 60 90 120	15 30 60 90 102	 6	 12	33.238 31.927 36.998 37.245 31.195	正常 正常 正常 正常，但关闭很慢 服务器程序死
……	其他测试用例结果……							
	…… ……							
备注	1. 应用服务器程序崩溃多次后，整个服务器会出现内存混乱现象，只能重启服务器机器 2. 在数据录入、信息发布的单个测试用例中，如果顺序做完 5、10 个并发，则再做 20 或 30 个并发的时候服务器程序就很容易死掉							
结果分析	通过以上测试结果可以分析，并发数在 20 个以内的时候，服务器基本稳定，超过 20 个之后，服务器则很容易发生服务器程序死，并发量超过 40 个的时候，有时会发生服务器程序崩溃							

表 4　疲劳强度测试记录表

测试说明	连续运行 8h，设置添加 10 用户并发							
测试项	时间 h	事务数	通过事务数	失败事务数	错误事务数	事务响应时间 s	服务器内存 DMPServer/DMPDataServer	服务器状态
数据录入	用户正常登录，打开 1 个有少量数据的单表							
	2.5	1570	1570			60.734	58.496M/61.820M	正常
	4	2421	2421			60.808	78.948M/85.844M	正常
	6.5	3699	3699			60.773	108.296M/125.416	正常
	8	4609	4609			60.539	128.700M/153.500	正常
	22	12322	12322			60.499	193.284M/214.828M	正常
……	其他用例测试结果 ……							
	…… ……							
备注	数据录入在疲劳强度测试测试过程中，如果只使用 LoadRunner 工具测试，在 22h 之中，服务器除内存不断缓慢增加外，程序一直没有报错；但在测试 1.5h 后，手工调用录入程序和信息发布程序就已经开始报错，实际无法使用							
结果分析	通过以上测试结果可以分析，随着疲劳强度测试时间的加长，服务器内存消耗在不断地增加。此外疲劳测试正常执行时间都很短，数据录入并发 1.5h 之后，无法正常调用客户端程序							

6 结束语

上面两个结果分析中的结论不是仅仅通过刚才编写的两个测试用例进行测试就能得出结论的，需要大量的测试用例辅助，在这里只是做一个样例进行描述。

在以往的性能测试中，大多数程序员和工程人员对性能测试的理解往往不到位，很多时候都是通过经验和手工进行测试，这样做的测试结果，并不准确，费时又费力，而且测试人员和开发人员也难以准确的交流。

通过专业的性能测试工具 LoadRunner，可以把复杂的测试工作简单化，把测试的重点放在测试用例的设计和测试结果的分析上，在同样的时间段内，可以做更多的测试，使测试结果更具可信性。

通过工具，还可以对性能测试进行更细致的事务划分，比如，测试单个服务器接口函数，或者设置集合点，看看应用服务器程序具体到哪个函数处发生了并发故障，从而指导程序人员优化函数，提高应用服务器程序的并发稳定性。

通过对性能测试测试用例的编写、记录及分析，将本来比较随意性发挥的性能测试进行了规范化管理，形成可回溯的测试记录，测试录制脚本也可以在将来的测试中复用，有效地提高了性能测试的工作效率，也提高了专业化程度。

这个测试的设计与实施，希望也可以对其他软件的测试提供帮助。

用 .net 开发新一代录井仪

周远福　沈文星　赵玉杰

（中国石油西部钻探工程有限公司克拉玛依录井工程公司）

摘　要　“雪狼”综合录井仪作为核心技术和主打产品，受到中国石油集团公司和中国石油西部钻探工程有限公司领导高度重视。中国石油西部钻探工程有限公司克拉玛依录井工程公司按照西部钻探“人无我有，人有我优，人优我精”的特色技术战略目标，走自主研发、联合攻关、消化吸收的技术创新之路。目前用微软公司的 .net 平台和 C# 语言来编写新一代综合录井软件，目前新产品已开发成功。

关键词　新型综合录井仪　研发　.netC#　企业级应用体系结构

1　研发新仪器

1.1　综合录井仪现状

“雪狼”综合录井仪作为中国石油西部钻探工程有限公司（以下简称公司）核心技术和主打产品，受到中国石油集团公司和中国石油西部钻探公司领导高度重视。2007 年，公司自主研发的“雪狼 −5”型综合录井仪通过集团公司专家鉴定，专家一致认为“雪狼 −5”型综合录井仪总体性能达到国内先进水平，部分技术达到国际先进水平，具备规模生产的条件，指定为中国石油天然气股份有限公司录井仪生产基地。全年共生产制造 10 多台“雪狼 −5”综合录井仪，并且实现了仪器外销零的突破。

1.2　研发新一代软件

公司按照西部钻探“人无我有，人有我优，人优我精”的特色技术战略目标，走自主研发、联合攻关、消化吸收的技术创新之路，依靠研发和制造综合录井仪器，增强公司核心竞争力，为油气田发展提供强有力的技术保障。

目前，要做好新型“雪狼”综合录井仪的研发工作，就应该真正做到完善一代，应用一代，储备一代。在完善五型综合录井仪的基础上，从 2006 年开始，进行新一代综合录井仪的研发工作。

软件是综合录井仪器的灵魂，也是核心竞争力。因而编写新一代录井软件的平台工具就显得很重要了。经过一段时间比较和论证，最终选择采用微软公司的 .net 平台，使用 C# 语言来编写新一代综合录井软件，目前新产品已开发成功。

2　.net 平台特点与优势

2.1　.net 介绍

Microsoft Visual Studio.net 是一套完整的开发工具，用于生成 ASP Web 应用程序、

XML Web Services、桌面应用程序和移动应用程序，包括 Visual Basic.net、Visual C++ .net、Visual C#.net 和 Visual J#.net 等语言，这些语言全都使用相同的集成开发环境(IDE)，该环境允许它们共享工具并有助于创建混合语言解决方案。另外，这些语言利用了 .net Framework 的功能，此框架提供对简化 ASP Web 应用程序和 XML Web Services 开发的关键技术的访问。

（1）VS.net 的特点：

①面向对象的编程，在这种编程模式下，代码被分解为单元，称为对象或类。尤其是 C#，是完全地面向对象编程。

②语言的独立性，各种语言都可以编译为一个公共子集，称为中间语言（Intermediate Language)。

③对动态 Web 页面的支持，使得源代码和页面文件分离，并在服务器端编译运行。

④装配件的自我描述结构杜绝了因版本冲突问题或其他应用程序覆盖共享装配件而产生的错误，节约了成本和时间。

⑤增强的安全性，每个装配件都可以包含内置的安全信息，这些信息可以准确地指出谁或哪种类型的用户或进程可以调用什么类的哪些方法。

⑥方便的拷贝发布，不再需要注册。

⑦ Web 服务的支持。业界的许多人士认为 Web 服务是未来几年里的重头戏，.net 集成了对开发 Web 服务的完全支持，用户可以开发出任何类型的应用程序。

⑧完善的内存和资源管理的便捷性。

⑨全新的基于 .net 的 C#，它更正了许多现有语言的缺点，成为一个非常好的、设计优秀的语言，是在 .net 环境下开发的最佳选择。

（2）功能：

开发人员可以使用 Visual Studio.net 来完成：

①构建功能强大而且响应能力极好的基于 Windows 的应用程序。

②构建功能强大而且响应能力极好的 Pocket PC 应用程序。

③构建完善而安全的 Web 应用程序。

④构建对设备有智能感知能力的完善而安全的移动 Web 应用程序。

⑤在以上任何一种应用程序中使用 XML Web services。

⑥避免“DLL 灾难”。

⑦消除代价高昂的应用程序部署和维护问题。

（3）核心组成：

① .net Framework。Framework——框架，是开发人员对编程语言命令集的称呼。.net Framework 的意义就在于只用统一的命令集支持任何的编程语言。.net 将使编程人员梦想的语言互用性成为现实。.net Framework 是 .net 平台的基础架构。其强大的功能来自于公共语言运行时（Common Language Runtime，CLR）环境和类库。CLR 和类库（包括：Windows Forms，ADO.net，ASP.net）紧密结合在一起，提供了不同系统之间交叉和综合的解决方案和服务。.net 框架创造了一个完全可操控的、安全的和特性丰富的应用执行环境。这不但使应用程序的开发和发布变得非常简单，而且使得多种语言无缝集成。

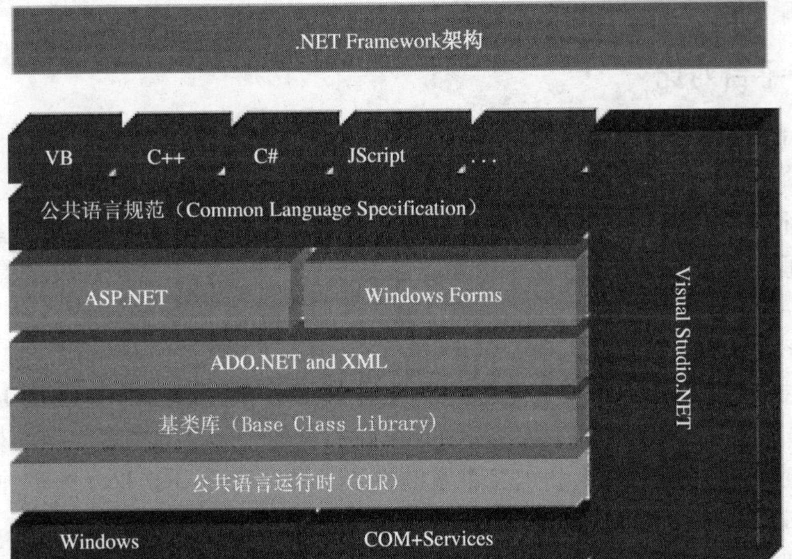

图 1　.net Framework 架构

.net Framework 架构共分为 5 个部分(见图 1)，其中 .net Framework 本身具有的包括公共语言运行时(CLR)、公共语言规范(CLS)和基类库(.net Framework Base Class Library)；另外为承载 .net Framework 的操作系统以及支持 .net 语言的开发工具 VS.net。

.net Framework 有两个主要组件：公共语言运行库和 .net Framework 类库。公共语言运行库是 .net Framework 的基础，也是核心服务；.net Framework 的类库是一个综合性的面向对象的可重用类型集合，可以使用它开发多种应用程序。

② 公共语言运行时 CLR。CLR（Common Language Runtime 公共语言运行时）是整个 .net 平台的基础，也是平台的核心。CLR 的核心是一个执行引擎，它加载、执行和管理已经编译的“中间字节代码格式”的代码，这种代码名字叫做 MSIL 或者 IL (Microsoft Intermediate Languag 微软中间语言)。这种代码不被解释，在执行前通过内置在 CLR 中的即时编译器把它编译成本地的二进制代码。这就意味着 .net 有两个级别的编译器，语言编译器把源代码编译成 IL，执行时再被编译成二进制代码。这种技术，使交叉语言继承成为可能。

③公共语言运行库。公共语言运行库管理内存、线程执行、代码执行、代码安全验证、编译以及其他系统服务。这些功能是在公共语言运行库上运行的托管代码所固有的。以运行库为目标的代码称为托管代码，而不以运行库为目标的代码称为非托管代码。

④ .net Framework 类库。.net Framework 类库是一个与公共语言运行库紧密集成的可重用的类型集合。该类库是面向对象的，并提供您自己的托管代码可从中导出功能的类型。这不但使 .net Framework 类型易于使用，而且还减少了学习 .net Framework 的新功能所需要的时间。此外，第三方组件可与 .net Framework 中的类无缝集成。.net Framework 类型使您能够完成一系列常见编程任务（包括诸如字符串管理、数据收集、数据库连接以及文件访问等任务）。除这些常见任务之外，类库还包括支持多种专用开发方案的类型。例如，可使用 .net Framework 开发下列类型的应用程序和服务： 控制台应用程序、Windows GUI 应用程序（Windows 窗体）、Asp.net 应用程序、XML Web services、Windows 服务、服务

器应用程序开发等。

2.2 几种平台对比

企业级应用体系结构主要是用于企业和商业组织的应用软件分布式实现体系结构。这种分布式小到可以在企业各部门中分布，大到可以跨国分布。

当前，企业级程序的开发趋势是提供 N 层框架，以便于实现安全、可升级、可维护、实用的应用程序。.net 是微软推出的企业级应用程序开发工具。目前比较完善的就是 J2ee 和 .net 平台。

（1）J2ee。

在微软推出 .net 以前，唯一能称之为企业级开发的就是 Sun 提供的 Java2 企业版(J2ee)，J2ee 在此前很多大型商业应用中有很好的表现，被看成是事实上的标准，并且，许多服务供应商也在编写插入和内容丰富的模块工具。正是由于 J2ee 的这种表现，大批 Java 程序员才有如此广阔的施展天地。

不足之处，至少在 Windows 为基础的服务器上，J2ee 的表现还是比较成问题的，它的速度比较慢，消耗资源比较多，而且无法和微软的主流 Web 服务器（IIS）融合，人们急需要一种具备 J2ee 所有能力，但又和 Windows 服务器很好结合的开发和运行平台，正是在这样的背景下，微软的 Visual Studio.net Enterprise Architect 应运而生。

（2）.net 主要优势。

①快速开发。

a．通过使用 Microsoft® Visual Studio® .net 和 .net 框架，Microsoft 为开发人员提供了一整套开发工具，使用这些工具可以快速而轻松地创建最先进的应用程序和 XML Web services。

b．通过使用公共语言运行库（.net 框架的一部分），开发人员可以使用任何现代编程语言创建 XML Web services，大幅度增大开发人员可用资源量，并允许开发人员随意使用最适合解决身边问题的编程语言。

c．Visual Studio .net 在很大程度上自动化了将应用程序转换为 XML Web services 的过程，减少了快速创建和部署解决方案所需的时间和工作。

d．在本质上，XML 将数据与数据的显示方式分开。将 .net 体验与显示特性分开，可使添加新接口技术（如语音和手写识别）变得容易，而无需重编应用程序。

e．.net 我的服务和其他 .net 构件块服务提供了许多应用程序所需的核心功能，如用户身份验证、通知功能、联系人列表等等，而无需额外的编码工作。

②更高的可靠性。

a．借助丰富的处理能力和当前可用的带宽，.net 平台可以利用分布式计算技术。只要处理最有意义或者只要驻留有 XML Web services，处理就会发生，从而分散 CPU 负载并减少网络通信量。

b．公共语言运行库准备好了一个托管的执行环境，可消除内存泄漏、访问冲突和版本控制问题。

c．.net 框架强制类型安全、显式代码共享和应用程序隔离，从而保证没有任何 XML Web services 可以影响或非法调用另一个 XML Web services。

（3）CLR 全新的方式。VS.net 中，.net 组件不再使用 COM 来连接，转而使用另一种名叫 CLR（公共语言运行时）的全新的方式，这种方式不需要注册，因而避免了基于 COM 的应用程序配置和部署上的困难，而且，它的全面的面向对象特性，使 .net 开发中分布式机制是一个最主要的编程方式。

（4）ADO.net 数据库管理方面优势。 在数据库方面，微软公司对数据访问模型进行了翻天覆地的改造。把原来的 ADO 模型升级为全新的 ADO.net 数据源，原来被认为最重要的 RecordSet 现在消失了，取而代之的是 DataSet 和 DataReader，而且不再像原来 RecordSet 那样一次只读取一条记录，而是读取整个数据库，然后在内存中建立一个映象，从而实现了断开方式数据库连接和内存管理自动化，有效地减轻了网络和数据库的负担，这个技术，被认为是微软的一个重大技术突破。

（5）动态网页设计方便。在开发动态网页的技术中，.net 加入了一种全新的 ASP.net 组件，其中 Web Forms 方法可以像普通 Form 一样，把控件拖到 HTML 编辑器中去，甚至编写程序的方法也和开发 Windows 程序一样了，这样一来，大量的 Windows 程序员可以方便的转而开发网络程序，这是很多人都期待了很长时间的事情。Web Form 是在服务器中运行的，只把 HTML 表传给客户机（这点和 ASP 一样），但它是编译运行而不是解释运行，所以运行速度明显地提高了，更何况它可以与 XML 语言进行完美的结合，这就使新一代的开发环境可以开发出功能更加强大的网络数据库管理系统。

（6）统一兼容多语言平台。在 .net 平台上，不同的语言代码是首先编译成一种中间代码（IL），然后再统一编译成应用程序，这样，不同语言编程的效果基本上是一样的。开发人员仍将使用他们首选的编程语言。借助 .net 框架的公共语言运行库，.net 平台使各种 XML Web services 可以交互操作，而不管其源语言的不同。Microsoft .net 体验同样对源语言不置可否，您可以通过使用 Microsoft Visual Basic®、Java，甚至是 COBOL 编写的 XML Web services 产生这些体验。这种中立性意味着无须为了利用 .net 平台而丢弃和替换现有成果。

2.3 选择结果：.net 平台

关于开发平台的选择，有很多是来自于经验，很难说哪种平台更好一些，应该看哪一种更适用或更熟悉。

一般来说，如果你的服务器是使用 UNIX 系统的大型计算机，那开发平台只有采用 J2ee。

如果你的服务器是采用 Windows 平台，那么无论项目多大，采用 .net 平台开发是最佳的选择。

目前，国内录井仪操作环境基本都是 Windows 平台，因此，根据软件发展趋势和操作的实际情况，选择了 .net 平台，来进行新一代录井仪器的开发工作。

2.4 编程语言选择 C#

.net 平台编程语言是一个庞大的家族，主要包括 Visual Basic .net、Visual C#、具有托管扩展的 Visual C++ 以及来自各个供应商的许多其他编程语言。通过一组公用的统一类来使用 .net 框架服务和功能。.net 统一类提供一致的方法来访问该平台的功能。

C# 是最近由 Microsoft 开发的一种简单、精练、类型安全、面向对象的语言，用于生成各种各样的应用程序。C# 与 .net 框架和公共语言运行库完全集成，它们一起提供语言互操作性、垃圾回收、增强的安全性和改进的版本支持。C# 简单化了 C 和 C++ 的某些比较复杂的方面而且使之现代化，其中，引人注目的改进有命名空间、类、枚举、重载和结构化异常处理等。C# 还取消了 C 和 C++ 的一些功能，如宏、多重继承和虚拟基类。

C# 是 .net 的核心开发语言，几乎集中了所有关于软件开发和软件工程研究的最新成果，面向对象、类型安全、组件技术、自动内存管理、跨平台异常处理、版本控制、代码安全管理……

目前，C# 在 Windows 平台上成为主角。对于现在的 Windows 程序开发人员来说，C# 是最佳的、功能强大、高效率语言。

3 开发情况

公司研发的新型综合录井软件，采用主流的 .net 分布式编程技术，使用 C# 语言编写，在软件的稳定性和操作的灵活性方面有了极大提高。

与上个版本软件相比，增加和加强了许多功能。

(1) 增加用户管理功能，根据用户的权限，能够操作授权的功能模块，防止非授权用户的非法操作导致录井资料的缺失；

(2) 完善单位管理功能，用户可以同时使用不同的单位集，彼此间互不影响，充分照顾不同用户的使用习惯；

(3) 任意组合定制录井监控界面，不同的用户可以定制不同的监控画面；

(4) 信息快速共享，局域网中的所有计算机完全平等，授权用户可以在网络中任何计算机上完成全部的软件操作；

(5) 通过无线网络可以实现远程监控；

(6) 无纸化功能，实现了数据显示、打印、存储和回放一体化功能，完成了显示和打印的所见即所得，如图 2 所示；

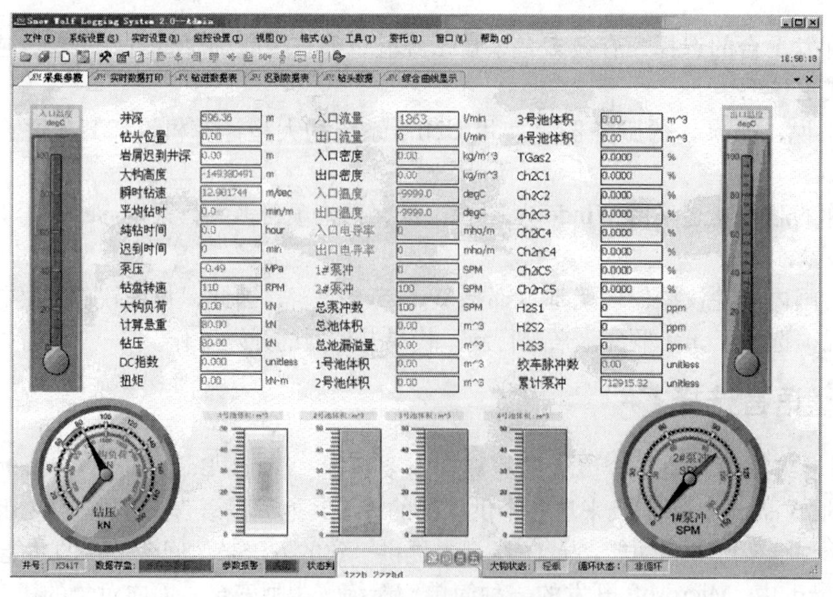

图 2 无纸化功能

（7）人性化操作，大部分常用的操作（标定、相关设置、格式等）都可以在监控界面上通过右键菜单进行操作，方便快捷。

4 结束语

目前，公司正按照西部钻探“人无我有，人有我优，人优我精”的特色技术战略目标，走自主研发、联合攻关、消化吸收的技术创新之路，发展高科技含量产品，依靠特色技术树形象、创品牌，实施全方位、多层次、多形式的技术创新工程，增强公司核心竞争力，为油气田发展提供强有力的技术保障。

油田地面工程信息系统应用研究

——实现油井缓冲区图像的自动化输出

华　磊

（中国石油新疆油田公司百口泉采油厂）

摘　要　随着数字油田在各油田企业的深入建设，地理信息系统在油田生产管理等方面的应用越来越广泛。地面工程的管网随着油田建设的快速发展而趋于复杂，地面和地下管线的管理问题日益突出，地面工程信息系统的建立有效地解决了实际问题。GIS 空间分析中的缓冲区分析方法为地面工程人员提供现场环境评估，缓冲区图像的自动化输出提高了工作效率。

关键词　数字油田　地理信息系统（GIS）　地面工程　缓冲区

1　地理信息系统及应用简介

地理信息系统（Geographic Information System，简称 GIS）是在计算机硬、软件系统支持下，对整个或部分地球表层（包括大气层）空间中的有关地理分布数据进行采集、储存、管理、运算、分析、显示和描述的技术系统。GIS 以地理空间数据库（Geospatial Database）为基础，采用地理模型分析方法，适时提供多种空间的和动态的地理信息，用于分析和处理在一定地理区域内分布的各种现象和过程，解决复杂的规划、决策和管理问题。

数字油田即是 GIS 的一个典型应用。数字油田是以油田为研究对象，以计算机和高速网络为载体，以空间坐标信息为参考，将油田的生产和管理的多种数据进行高度融合，在建立油田生产和管理流程各种优化模型的基础上，利用仿真和虚拟等技术对数据进行多维可视化表达，实现横向上涵盖整个油田地域，纵向上油田从地面到地下的多层次信息定位，提高油田总体信息分析能力，以支持油田的勘探和开发等关键业务深入需要，从总体上辅助油田经营管理的决策分析，进一步挖掘各个环节的潜在价值，为油田企业的可持续发展创造良好信息支撑环境。

油田 90% 以上的决策信息与空间定位信息有关，快捷高效、准确及时的地理和空间信息服务，可以保证油田企业工作职能的实现，提高工作效率，降低工作风险。油田地面工程的对象即是要用空间定位信息来描述的，例如输油管线的走向，电力线的架设位置等等，油田地面工程信息系统是数字油田的重要组成部分，它基于完善详尽的地面工程空间和属性数据库，采用各类空间分析工具，为应用者提供可视化的数字化现场界面，为决策者提供有效的决策支持。缓冲区分析是 GIS 空间分析中的一种，它是在点、线、面状等地理对象周围建立一定宽度范围的多边形区域，通过对该范围内各类对象的特征及关联进行分析，提取对生产施工有效的信息。

2 油田地面工程现状及应用分析

2.1 现状

油田地面工程建设包括原油（气）集输、注水、给排水、污水处理、电力、通信、道路、消防等，其特点是规模大、系统性强、配套程度高。随着油田建设发展速度越来越快，地面工程的管网也越来越复杂，地下管线管理中的问题就显现出来了。

（1）所有图纸都存放在档案馆，应用管理不便，而且很多资料存在部分现场工作人员的大脑中，准确度差，无法实现资料的延续，使得现场工作中经常存在找不到管线、管线被挖断等情况。

（2）地面及地下设施建设与更新速度快，传统资料收集方法不能及时更新。

（3）竣工资料与现场差异较大，难以做到跟踪分析。

（4）油田现场管网分布错综复杂，现有图纸资料不能综合反应现场的实际情况，不便于现场的维护管理。

油田地面工程信息系统是数字油田的重要组成部分，通过对油田地面工程对象的数字化，建立完善的地面工程数据库，结合信息系统的GIS分析功能，为工程人员和决策者提供方便。根据新疆油田地面工程所涉及的专业内容，以及油田分公司、开发处、各采油厂、储运公司、研究院规划设计等不同层面的应用和管理归纳为9大类，即原油集输类、天然气集输类、长输管道类、注入类、给排水及消防类、污水处理类、电力类、道路类和通讯类。各个类别的空间、属性数据已经基本采集完成，同时每年的新建产能数据在相应更新，地面工程数据库正在逐步完善。

2.2 应用分析

地面工程人员进行现场施工，必须清楚施工点周边的环境，包括地上和地下的设施分布情况，以免造成对其他设施的破坏，同时对周围环境进行评估，以保护生态环境，将造成危险和损失的可能性降到最低。

例如油区的新增道路建设，必须考虑到以下几个环节：

（1） 道路的规划必须依照站点的分布情况，实现最优路径选择。

（2） 油区地面和地下集输管线错综复杂，规划路线后，必须弄清道路与管线的交汇点，合理施工，最大限度避免对集输系统的影响。

（3） 电力和通讯网络一般伴随道路建设实施，如道路两侧铺设电力线和通讯光缆等，方便设施的维修与维护。

往往现场施工环境可能更加复杂，因此必须最大化地模拟出现场状况，提供正确的决策支持。在完备的空间数据库支持下，通过各种GIS空间分析模块可以解决以上的问题，如最优路径的选择，可以由网络分析中的路径分析来解决；如要清楚一条管线所经过区域的地下设施状况，可以通过缓冲区分析来解决，确定分析宽度后系统自然成图，输出可视界面。GIS分析包括拓扑分析、属性分析和拓扑与属性的联合分析，各类功能的联合应用，可以从复杂零乱的地面工程数据中提取有用信息。缓冲区分析是GIS中应用最普遍也是最基本的功能，应用效果非常不错。

因此建立地面工程信息系统十分必要，它统一管理各类管网设施，利用各类GIS空间分析工具，实现施工前的决策分析，高效评估风险，为地面工程人员提供带有准确地理信息的图纸资料，使地面工程施工更加合理化和安全化，给企业增添效益。

3 基于油井的缓冲区分析应用

缓冲区分析是GIS的基本空间操作功能之一。例如，某地区有危险品仓库，要分析一旦仓库爆炸所涉及的范围，这就需要进行点缓冲区分析；如果要分析因道路拓宽而需拆除的建筑物和需搬迁的居民，则需进行线缓冲区分析；而在对野生动物栖息地的评价中，动物的活动区域往往是在距它们生存所需的水源或栖息地一定距离的范围内，为此可用面缓冲区进行分析等（图1）。

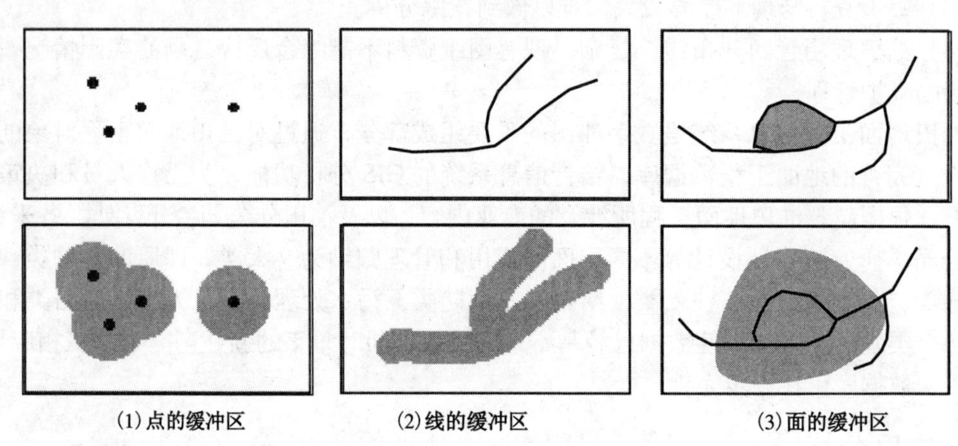

图1 缓冲区示意图

油田地面工程建设中，油井架设、井场施工、井控等会运用到缓冲区分析。通过对油井建立缓冲区，与地面工程的其他对象如注输管线、通讯电力网络等进行叠加分析，判断互相之间的影响范围和程度，评估安全系数，为正常安全施工提供保障。

以百重七井区b11301井为例，建立100m缓冲区，如图2所示。

从图2可以很直观地看到与缓冲区形成拓扑关系的地理对象，油井100m范围内包含了计量站、油井、单井集油管线、道路、注汽管线、电力线等，各个对象的叠加显示明确地反映了现场的施工环境，为下一步的施工提供参考资料。缓冲区的建立有利于分析在一定范围内周边设施对施工的影响以及现场施工对缓冲区内各种管网设施的影响，宏观地把握各种影响因素，提高地面工程建设的高效性和安全性。

4 自动化输出油井缓冲区图像的编程实现

地面工程信息系统中可以输出缓冲区图像，但过程相对繁琐，为增强方便性，在Geomedia平台基础上进行二次开发，使之实现自动化输出功能。

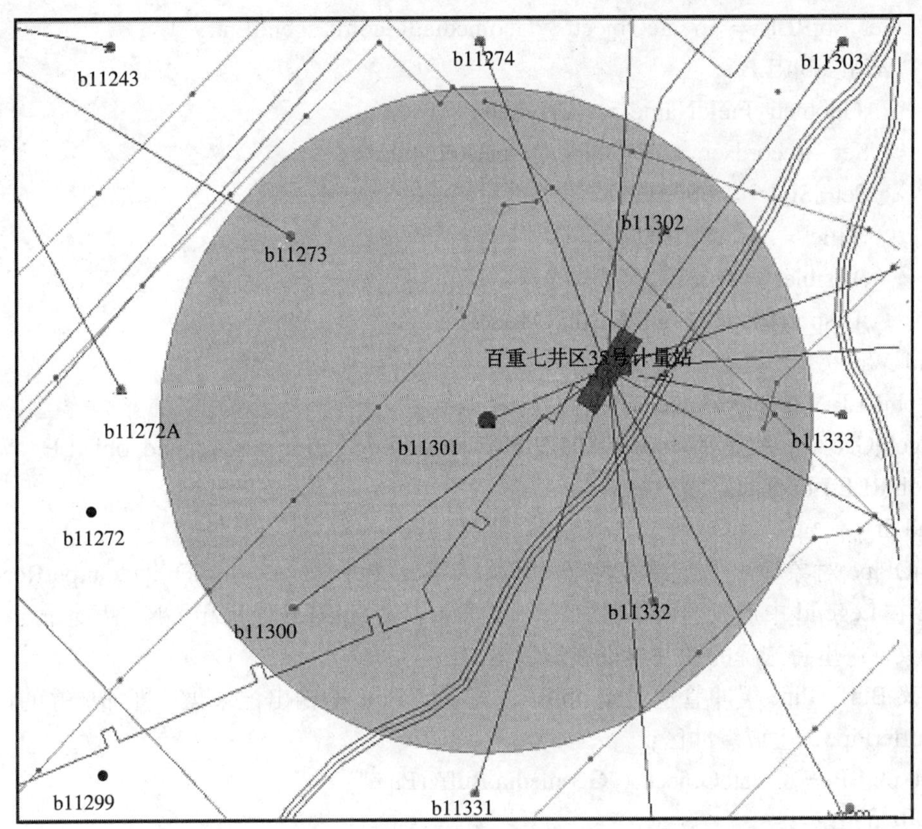

图 2　百重七井区 b11301 井 100 米缓冲区示意图

基于 Geomedia Professional 5.2 平台，以 VB 为开发语言，在 Geomedia Professional 软件中嵌入命令对话框，实现命令式的二次开发。

命令窗口的初始化过程中需要实现以下过程，将当前的 Geomedia 程序对象赋给 gobjGeoApp 对象，定义一个 Document 对象 objDoc，通过 objDoc 获得 Geomedia 提供的所有数据访问和显示的能力：Set objDoc = gobjGeoApp.Document

定义 Connection 对象 objConn，获取应用程序中的第一个数据库连接：

```
Set objConn = objDoc.Connections (1)
```

定义 OriginatingPipe 管道对象 objOPipe，生成 OriginatingPipe 管道，筛选出需要的数据：

```
objConn.CreateOriginatingPipe objOPipe
With objOPipe
    .GeometryFieldName = "Geometry"
    .Table = "bkq_ 井 "
    .Filter = "jh =" & "'" & txt & "'"
End With
```

通过 objOPipe 对象的 Table 属性获得数据库中的 "bkq_ 井 " 表，Filter 属性筛选出对话框中输入的井号名，获取该井的所有数据。

定义 RecordLegendEntry 对象 objRLE，使筛选出的实体对象在 MapView 中显示出来：

```
    Set objRLE = CreateObject ("Geomedia.RecordLegendEntry")
    With objRLE
      .GeometryFieldName = "Geometry"
      Set .Recordset = objOPipe.OutputRecordset
      Set .Style = objStyle
      .Title = txt & " 号井 "
      .Visible = True
      .DisplayMode = gmlDisplayModeOn
End With
If objRLE.ValidateSource Then
  gobjGeoApp.ActiveWindow.MapView.Legend.LegendEntries.Append objRLE
  objRLE.LoadData
End If
```

objOPipe 对象输出的记录集赋予 objRLE，Set .Recordset = objOPipe.OutputRecordset，objRLE 在 Legend 中形成图例条目（Legend Entry），objRLE 使用相关风格显示记录集中的几何对象，这里将选择的油井显现在地图窗口。

定义 BufferPipe 缓冲管道对象 objBP，将 objOPipe 的输出记录集，即那口井的记录集，赋予 BufferPipe，生成缓冲区：

```
Set objBP = CreateObject ("Geomedia.BufferPipe")
With objBP
  Set .InputRecordset = objOPipe.OutputRecordset
  .InputGeometryFieldName = "Geometry"
  .OutputGeometryFieldName = "BufferGeometry"
  .BufferType = gmbztLinearRoundEnd
  .DistanceType = gmbzConstantDistance
  .InputDistance = Me.Text2.Text
End With
Set objUOM = New UnitsOfMeasure
objBP.InputDistanceUnit = objUOM.GetUnitID (igUnitDistance,  Me.Combo1.Text)
```

与加载油井到地图窗口的方法一样，使生成的油井缓冲区在地图窗口中显示，Legend 图例中生成 Bufferzon 对应的图例条目。

定义 Query 对象 objQry，将查询出的油井和油井缓冲区添加到 Queries 查询集中：

```
objDoc.QueryFolder.QuerySubFolders ("Queries") .Queries.Append objQry
```

使缓冲区处于选择状态，并使之以最适合的比例在 MapView 窗口中显示。在此比例状态下，通过 GetRange 方法获取 MapView 窗口 4 个顶点的大地坐标，以此来确定输出图像的范围：

```
gobjGeoApp.ActiveWindow.MapView.GetRange dblX1, dblY1, dblZ1, dblX2, dblY2,
 dblZ2
```

由 gobjGeoApp 程序对象生成一个 LayoutWindow 窗口 objGEOLayoutWindow，再定义一个工作簿 objSheet，将当前活动 Sheet 赋值给它：

```
Set objLayoutView = objGEOLayoutWindow.LayoutView
Set objSheet = objLayoutView.ActiveSheet
With objSheet
  .SheetSetup.SheetSizeOption = igCustomSheetSize
  .SheetSetup.SheetHeight = 0.225
  .SheetSetup.SheetWidth = 0.348
End With
```

设置 Sheet 的尺寸属性，使之以合适的大小显示。定义活动框架 SmartFrame 以框定输入地图的显示大小：

```
objLayoutView.SmartFrame2dStyles.Add "MapSFStyle", ""
Set objSmartFrame = objSheet.SmartFrames2d.AddBy2Points（"MapSFStyle", 0.01, 0.01, 1.1, 0.85）
```

利用 SmartFrame 的 CreateEmbed 方法，将先前获得的已知范围的地图导入到 Sheet 的活动框架中：

```
strFileName = gobjGeoApp.Path + "\OLE4DM.gws"
mapstring = "Map, MapWindow1, True, " & dblX1 & ", " & dblY2 & ", " & dblX2 & ", " & dblY2 & ", " & dblX2 & ", " & dblY1 & ", " & dblX1 & ", " & dblY1 & ", " & Dscale & ",  0.0" '& gobjGeoApp.ActiveWindow.MapView.DisplayScale
objSmartFrame.CreateEmbed strFileName, mapstring
```

最后定义 RenderToRasterFileService 服务 oRenderToRFS，由此服务将所得的地图版面输出为 JPG 图像，保存在相应的目录：

```
Set oRenderToRFS = gobjGeoApp.CreateService（"GeoMedia.RenderToRasterFileService"）
Set oRenderToRFS.InputDisplay = objSheet
oRenderToRFS.OutputFileName = "D：\NewCommand\test.jpg"
oRenderToRFS.OutputFileResolution = 300
oRenderToRFS.OutputFileType = gmRenderToRasterFileJPEG
oRenderToRFS.JPEGQualityFactor = 30
oRenderToRFS.Execute
```

5 结束语

GIS 最大化地模拟了现实世界，它的操作对象是空间数据，即点、线、面、体这类有三维要素的地理实体。空间数据的最根本特点是每一个数据都按统一的地理坐标进行编码，实现对其定位、定性和定量的描述，这是 GIS 区别于其他类型信息系统的根本标志，也是其技术难点之所在。GIS 的技术优势在于它的数据综合、模拟与分析评价能力，可以得到常规方法或普通信息系统难以得到的重要信息，实现地理空间过程演化的模拟和预测。

地面工程信息系统建立后，各类地面要素可以统一管理统筹分析，同时加强了部门之间的协作能力，使工程人员及分析人员拓宽视野，全局性的考虑各类施工问题，宏观把握现场状况，可以有效排除潜在安全威胁，安全高效施工，提供工作效率。

基于 GIS 平台 Geomedia 的二次开发，实现了输出图像文件的自动化，简化工作流程，提高了工作效率。在此功能应用的基础上，输出自动化的程度还需提高，进一步实现批量输出，使增加的功能组件更加完善。

参考文献

1 吴信才．地理信息系统原理与方法．北京：电子工业出版社，2002
2 张树兵等．Visual Basic 6.0 中文版入门与提高．北京：清华大学出版社，1999

油田机抽设备动态远程监测和防盗

官洪斌　刘晓刚　周　盈

（中国石油新疆油田公司采油一厂）

摘　要　新疆油田大多位于远离市区的沙漠和盆地中，分散于方圆几百公里，由多个单井、计转站组成了生产作业区。特殊的地理环境和老油区依靠人工巡井的生产管理模式决定了采油现场发生的意外故障不能及时发现与排除，直接影响着生产安全与产量。特别是近年来屡屡发生的偷窃电力设施、单井罐原油及转运车辆倒卖原油事件，造成了油田国有资产的大量流失。主要表现在以下几个方面：

（1）油田变压器、电动机、高压线路、低压电缆被盗。

（2）单井罐原油被盗。

（3）机抽设施故障不能及时发现排除。

（4）人工测量油罐液位与卸油量无法准确计算单井产量。

（5）人工抄录数据反映滞后、易出差错。

油田机抽设备动态远程监测和防盗系统能够远程掌握油田电力设施状态、采油井储油罐液位变化和抽油机载荷等动态数据。对即时发现生产隐患降低损失，管理单井产量，减少能耗，打击盗窃犯罪，提高生产管理效率具有显著的作用。

关键词　机抽设备　远程监测　防盗系统

1　实现目标

由于一个功能完善的油井无人值守系统价格相当昂贵，所以本系统采用了一条新的思路，即重要的参数远程监测，以减少不必要的开支，实现相对现代化管理为主要研究目标，主要应用目标为中低产量的老油井。实现油田机抽设施防盗报警、故障监测、数据远传。主要包括（图1）：

图1　系统功能图

（1）变压器、电动机、原油、高压电路、低压电缆防盗报警；

（2）停抽、断电、欠压、负荷越限、密封圈渗漏远程报警；

（3）套压、油罐液位、温度等数据远程传输。

2 系统设计

2.1 系统结构

油田机抽设备动态远程监测系统由野外远程监测仪、传感器（可选）和信息接收管理终端构成（图2）。

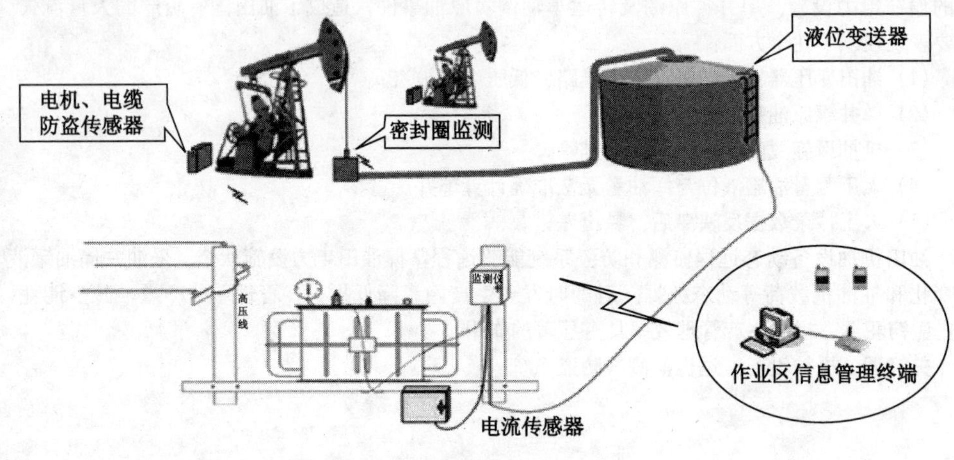

图2　系统结构

2.2 远程监测仪

SMS−C/Q 远程监测仪是油田机抽设备动态远程监测系统的关键设备。它充分利用中国移动通信网络提供的通信服务，是专门为油田打造的新一代油田智能监测产品。能准确地测量油井现场参数并远程传输（包括：测量储油罐液位、测量储油罐温度、测量套管温度、测量套管压力、抽油机工作状态、变压器相位）；发现异常情况时，主动发送报警信息；可远程配置工作参数，适应多种传感器，众多积木式组件模块方便快速搭建监控网络。基本特性：

（1）全三相电源：可准确监测变压器三相电压，即使只有一相供电正常时，设备仍然工作。

（2）2400mA 大容量后备锂电池：板上保护，板上充电电路，用户可根据需要更换更大容量电芯；停电 48 小时内，设备不中断工作。

（3）板上 DC/DC 升压：3.3/12。

（4）低功耗，平均功率低于 0.5W。

（5）通信接口：1 路 RS232、1 路 RS485、ISM（433M）。

（6）短信模块：内置 TC35i（可外接 Modem）。

（7）8 路 AD 通道：IVX 接口引出。

(8) 5 路通用 I/O 接口：IVX 接口引出。

(9) 存储器：1K FRAM。

(10) 可配传感器：静压式液位传感器、超声波液位传感器、电子标尺传感器、PT100 温度传感器、压力传感器、井筒液位传感器。

2.3 压力式液位变送器

WMB 型投入式压力液位变送器采用本质安全方法设计。能满足防潮、防水、防爆、防腐、防尘等恶劣工况要求，具有防渗漏、抗震、稳定等特性。使用时需将压力传感器(除感受压力面外)、电源线、地线、输出导线采用全封闭壳体保护的方式与原油隔离，并将导线输送至安全范围。

(1) 主要技术参数：

被测介质：对不锈钢不腐蚀的气、液体；

工作电源：12VDC；

材　　质：全不锈钢；

量程范围：−100kPa ~ 40MPa；

综合精度：0.2，0.5 级；

输出信号：4 ~ 20mA；

介质温度：−10 ~ 120℃；

环境温度：−20 ~ 80℃；

长期稳定性：±0.2% （表测值）/ 年。

(2) 安装与连接：安装要求见示意图 3。变送器的引出导线应大于变送器至安全区的距离，中间不得拼接，如导线长度不够，应在合适的位置安装符合相应防爆等级的防爆接线盒。

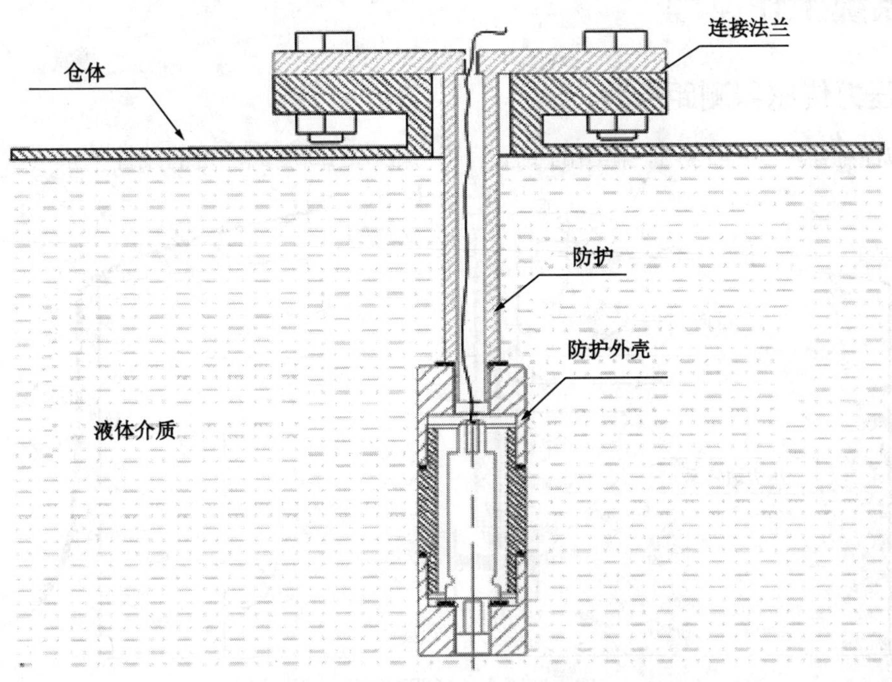

图 3　安装方法示意图

2.4 信息管理终端

报警信息管理终端由系统管理软件、短信 SIM 卡初始化软件和短信收发 GSM Modem 构成。

管理软件基本功能：

(1) 自动记录保存报警信息（图 4）；

(2) 设置查看报警记录时间；

(3) 按时间查看报警记录；

(4) 按井号查看报警记录；

(5) 自动记录单井罐卸（盗）油量（管理单井产量）；

(6) 查看任意时间段单井罐卸（盗）油量（图 5）。

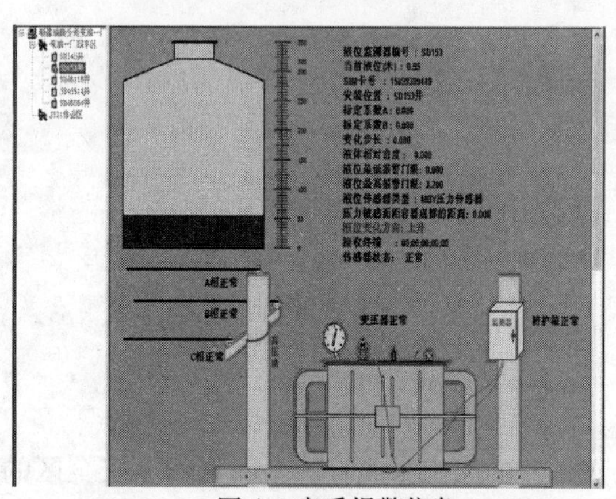

图 4　查看报警信息

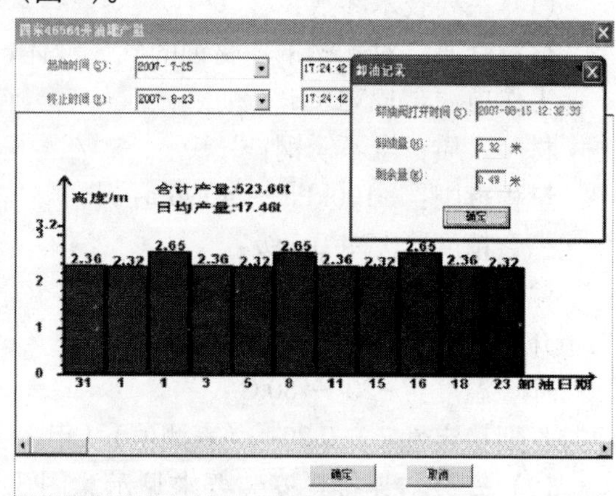

图 5　查看卸油记录

3　系统工作原理

3.1 压力传感器测距原理

压力传感器在其量程内，输出的电压信号与液位的高度成一定的线性关系（图 6）。

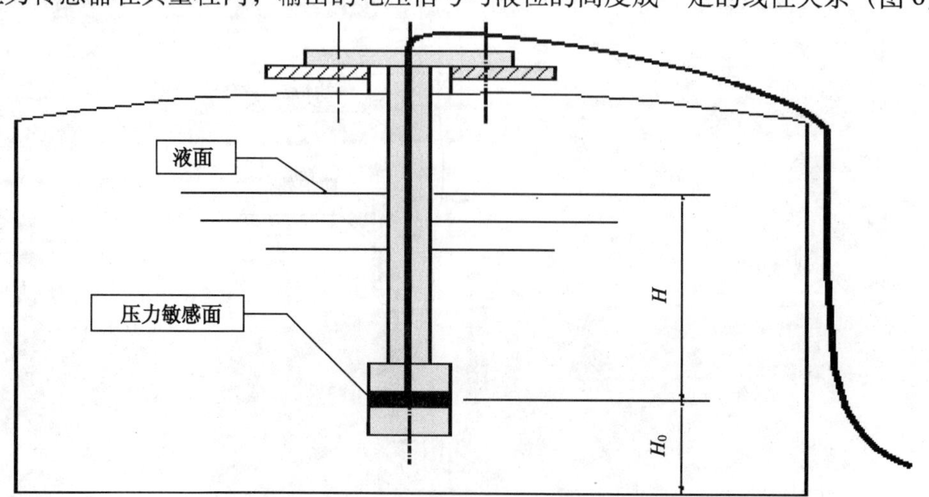

图 6　压力传感器测距原理图

设与线性关系为 $H = A \cdot V + B$（H 为液面距传感器压力敏感面的高度，V 为压力传感器的输出信号，A、B 为待定系数）。

实际液位高度还跟传感器压力敏感面有关，设压力传感器距容器底部的高度为 H_0，则有实际液位高度：

$$h = H/\rho + H_0$$

其中，ρ 为待测液体的相对密度，即待测液体密度 / 标定液位密度。选水为标定液体时，则有 $\rho =$ 待测液体密度 /1000。

待定系数 A、B 的确定：

$$A = (h_1 - h_0) / (v_1 - v_0)$$

$$B = h_0 - A \cdot v_0$$

液位标定原理图见图 7。

v 的测定：通过 A/D 转换器实现。

系数标定方法：

标定设备示意图，见图 8。

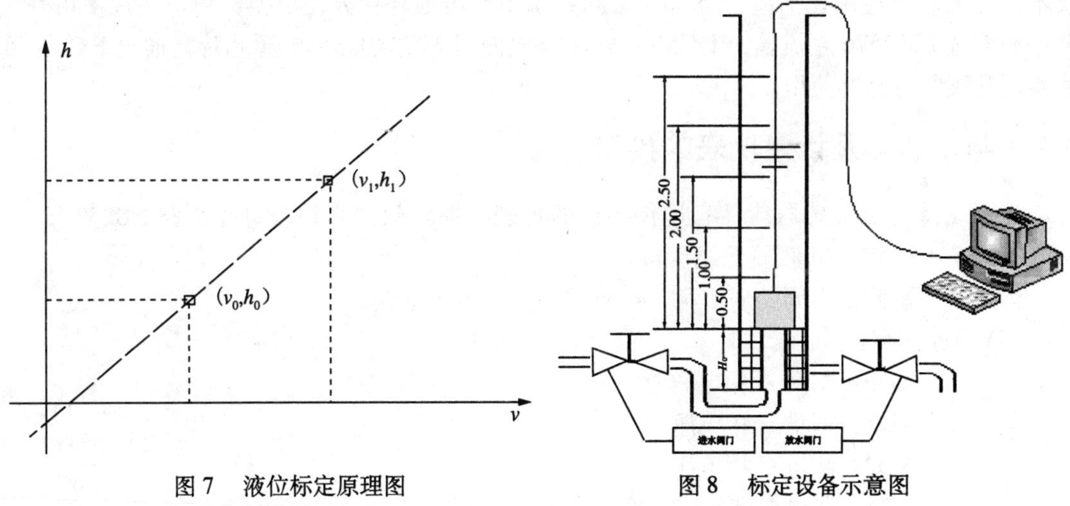

图 7　液位标定原理图　　图 8　标定设备示意图

标定点：P_0（v_0, 0.00）、P_1（v_1, 0.50）、P_2（v_2, 1.00）、P_3（v_3, 1.50）、P_4（v_4, 2.00）、P_5（v_5, 2.50）。

计算 P_1，P_2，P_3，P_4，P_5 对 P_0 的 A、B 值，求得（A_1，B_1）、（A_2，B_2）、（A_3，B_3）、（A_4，B_4）、（A_5，B_5），取计算均值有：

$$A = (A_1 + A_2 + A_3 + A_4 + A_5) /5$$

$$B = (B_1 + B_2 + B_3 + B_4 + B_5) /5$$

3.2　监测仪

监测仪原理图见图 9。

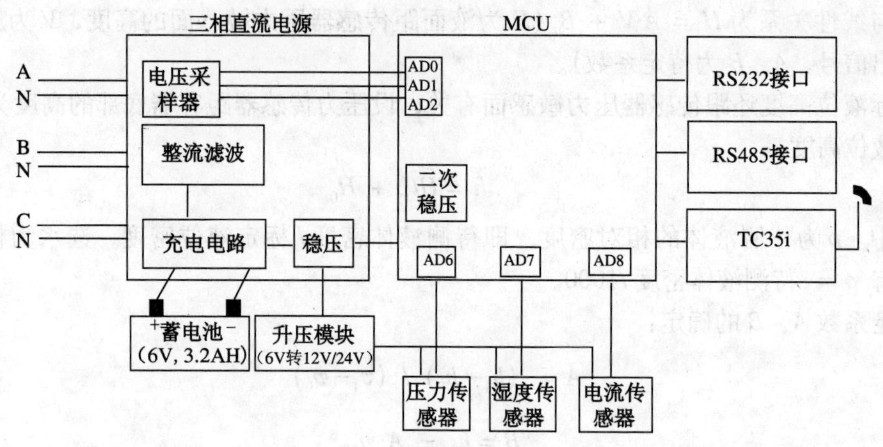

图 9　监测仪原理图

监测仪主控芯片采用 NXP 公司的 LPC2132。

监测仪通信采用移动短信技术，选用西门子生产的 TC35i 短信通信模块。

三相电源：电压采样器采用二极管进行相位隔离、电阻分压取样；充电电路采用浮充技术，充电电压控制在 6.75 ~ 6.85V 之间；备用蓄电池外接方便更换；稳压芯片使用开关型电源芯片 LM2576 直流输出 DC5V；升压模块使用 MC34063A 电源芯片，通过 BUCK 变换实现升压供传感器使用。

3.3　与传感器及计量仪表的接口

为了支持智能传感器或具有远传接口的仪表，监测仪的接口设计了 1 路 RS232 接口、1 路 RS485 接口和 ISM 频段无线接口。

传感器与监测仪之间的通信可采用有线和无线方式通信。

AD 通道分配：

AD0：测量 A 相电压

AD1：测量 B 相电压

AD2：测量 C 相电压

AD6：测量温度传感器输出电压

AD7：测量压力传感器输出电压

AD8：测量电流传感器输出电压

3.4　防盗监测报警

当盗窃分子盗窃变压器、电动机或电缆时，首先须断电或破坏监测仪，然后再拆卸变压器或电机。此时监测仪用短信将缺相、断电、变压器移动、电机移动（用有线或无线开关判定）、保护箱开盖等事件及位置陆续传送到报警接收终端，保卫人员与附近联防人员趁犯罪分子还未察觉时，迅速出动抓捕或堵截，由此可有效地提高破案率与威慑力度，依靠国法的威严减少或杜绝盗窃事件的发生。

同样，当盗窃分子盗窃单井罐原油时，无论采取开阀、罐口抽油或先破坏监测仪方式行窃，监测仪用短信将液位下降、通讯线缆断、保护箱开盖等事件及位置陆续传送到报警接收终端，保卫人员与附近联防工作人员趁犯罪分子还未察觉时，迅速出动抓捕或堵截，由此可有效地减少或杜绝盗油事件的发生。

当盗窃分子盗窃油田 10kV（6kV）电力线路或低压电缆时，监测仪会检测到变压器输出端的电压降、缺相、断电，监测仪用短信将缺相、断电事件及地点陆续传送到报警接收终端……

3.5 故障监测报警

当 10kV（6kV）线路发生缺相、低压电缆断路、令克松动或脱落、变压器异常时，监测仪会检测到变压器输出端欠压或缺相并用短信发出报警信息。

当抽油机停抽、空抽、断杆、曲柄销退扣、传动皮带打滑或脱落时，监测仪会通过电流传感器检测到电机负荷越限并用短信发出报警信息。

当密封圈发生渗漏时，监测仪会收到由密封圈传感器发出的“状态”无线信号（密封圈传感器使用电池工作，正常时不发信号）并转发报警信息。

3.6 数据远程查抄

监测仪通过压力式液位变送器监测单井罐液位，温度传感器监测罐内油液温度，通过电流传感器监测电机负荷，通过带 485 接口压力表监测井口套压，当监测仪收到查抄指令时用短信将液位、温度、负荷冲程曲线、井口套压等数据报出。

4 系统功能

4.1 自动监测报警

(1) 变压器缺（A、B、C）相、欠压、断电报警；

(2) 变压器移动、电机移动报警；

(3) 野外监测仪保护箱开盖报警；

(4) 变压器停用期间或未安装变压器的空载高压线路缺相、断路报警；

(5) 低压电力线路缺相、断路、负荷越限报警；

(6) 抽油机停抽或启动报警；

(7) 密封圈渗漏报警；

(8) 储油罐液位越限报警（防溢出和加热泵露出液面）；

(9) 储油罐液位下降报警（防止盗窃原油）；

(10) 通讯线路断路报警。

4.2 系统维护

(1) 发短信指令测试监测仪工作状态；

(2) 拨号巡检监测仪工作状态；

(3) 本地和异地配置监测仪通讯参数；

(4) 本地和异地配置监测仪工作参数；

(5) 用短信指令配置报警事件。

4.3 查抄设备状态

（1）发短信指令查抄变压器、电动机、抽油机状态；
（2）发短信指令查抄单井储油罐液位；
（3）拨号查抄单井储油罐液位；
（4）定时自动查抄储油罐液位。

4.4 报警信息管理

（1）自动记录保存报警信息；
（2）设置查看报警记录时间；
（3）按时间查看报警记录；
（4）按井号查看报警记录；
（5）自动记录单井罐卸（盗）油量（管理单井产量）；
（6）查看任意时间段单井罐卸（盗）油量。

5 特点及技术参数

5.1 特点

该系统采用移动 SMS、Internet 公网与 ISM 射频无线数传多网联合技术实施通讯，有效地解决了油田局部区域 GSM 信号差或无信号的问题，具有通信网络覆盖面广、安全可靠、网络质量高、安装方便、维护工作量小、运行费用低廉等特点。

5.2 技术参数

（1）防断电工作电源：监测仪使用 220V 交流和长延时备用电池，对于长期停用变压器，监测仪使用太阳能电池和备用电池供电；
（2）全汉字信息：简体汉字短信信息及支持汉字指令；
（3）报警启动时间：不大于 1s；
（4）报警延时：一般小于 10 秒；
（5）报警时警铃响起时间：小于 2 秒；
（6）持续报警时间：直到人为终止；
（7）可设置报警终端：4 个 SIM 卡号；
（8）正常工作平均功耗：不大于 1W；
（9）适应环境温度：−40℃ ~ +75℃ ；
（10）液位变送器防爆等级：本安防爆，0 区使用。

6 系统安装

6.1 远程监测仪安装

（1）运行环境：有 GSM 通讯信号；不能长时间停电（连续 2 天以上）；环境温度在

−40℃ ~ 75℃；湿度不大于 90%；供电接线方式三相四线制（380V 工业用电）；系统功耗不大于 0.5W；电流不大于 0.2A。

（2）接线面板（图 10）：右侧大孔接 380V 四芯电缆；左侧接检测通讯线缆；切记！A、B、C 三相和零线 N 不能接错。

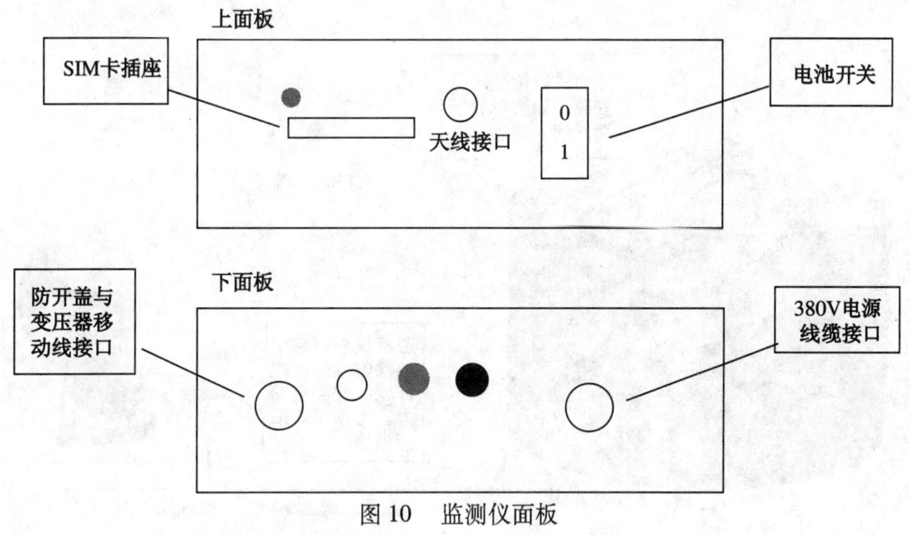

图 10　监测仪面板

（3）接线示意图（图 11）：传感器为选件，其连接方法在传感器章节说明。

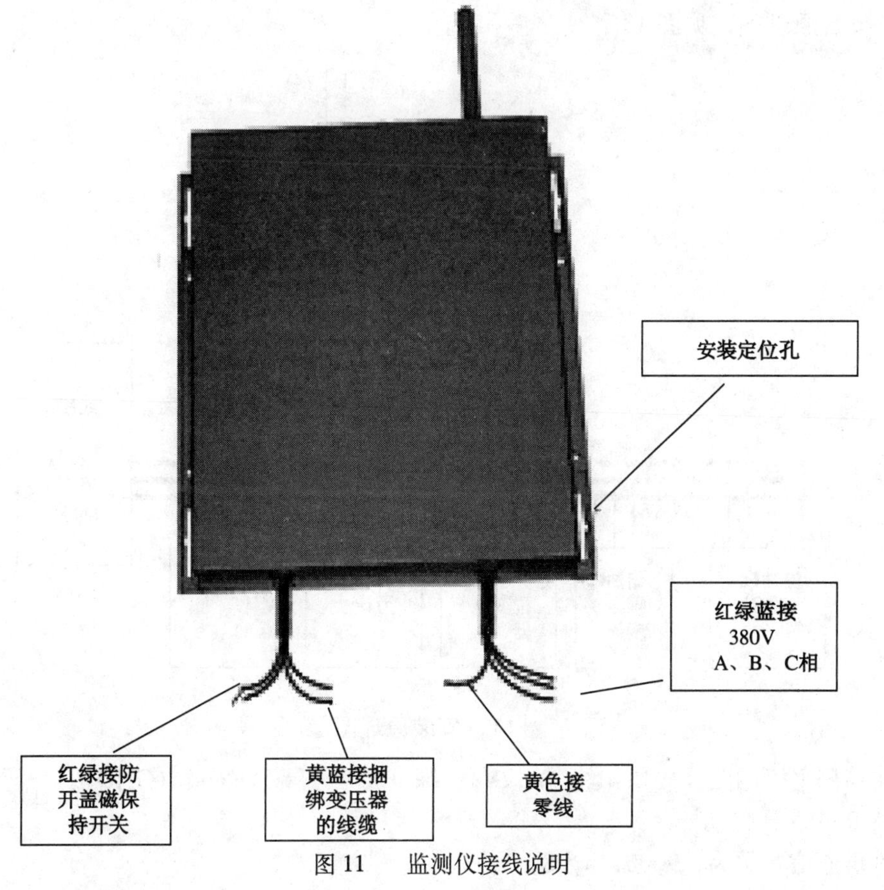

图 11　监测仪接线说明

6.2　液位变送器安装

（1）现场安装示意图：远程监测仪安装于变压器低压侧立杆或尾杆上，液位变送器用铝塑管和固定支架做二次防护后，从量油孔置入罐内，变送器与主机采用地埋管线连接。见图 12。

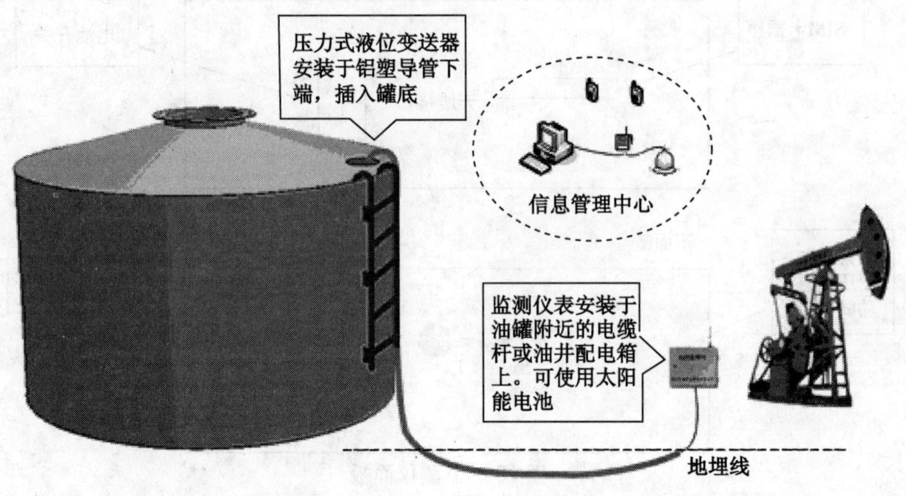

图 12　液位变送器安装

（2）安装原理图，见图 13。

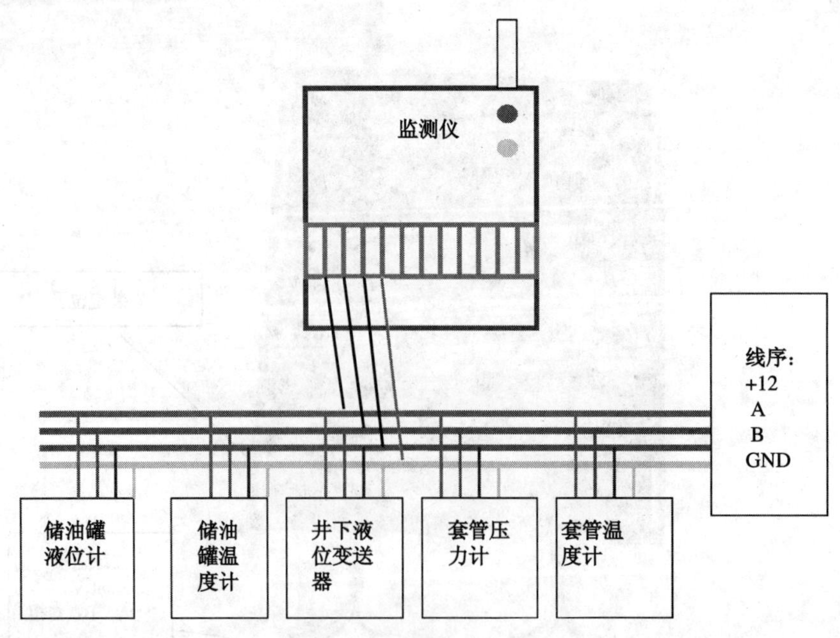

图 13　安装原理图

支持监测主机的四线接口：红（+12V）、绿（A）、蓝（B）、黄（GND）。

支持 RS485 通信功能。

硬件层通信参数为：9600，n，8，1。

7 结束语

中国石油新疆油田公司采油一厂自2005年10月开始陆续在一些变压器防盗重点区域上实施了安装，至今已在红五、红浅、车排子、J131、J129生产作业区投入了170台野外监测设备，建立了5个作业区的报警管理中心。其中：2005年安装了10台SMS−A型监测仪；2006年安装了110台SMS−B型监测仪；2007年安装了52台SMS−C型监测仪和8台SMS−C/Q型监测仪，同年还对2006年上半年安装的50台监测仪进行了升级处理。

SMS−B型是在SMS−A型基础上增加了对高压线路防盗监测、变压器电压越限报警功能，硬件上将开关电源电路改为电子变压器滤波电源，加强了设备对用电环境电压起伏波动的适应性。

SMS−C型是在SMS−B型的基础上增加了异地修改监测仪工作参数、拨号巡检和异地控制监测仪工作状态功能，硬件上增加了定时复位（异常关机自恢复）电路，进一步加强了对恶劣用电环境（超GB工业4级）的适应力。

SMS−C/Q型是在SMS−C型的基础上增加了电动机防盗、单井罐原油防盗、抽油机停抽报警、电机负荷越限报警和单井罐液位、罐内温度远程测量功能。

至此，SMS−C/Q型设备已经基本完成了油田机抽设备动态远程监测系统的设计功能及技术指标。系统实现了变压器、高压线路、低压电缆、单井罐原油、电动机的防盗监测报警功能；实现了断停电、缺相、令克松动、抽油机停抽、变压器电压越限、电机负荷越限故障报警功能；实现了单井罐液位、罐内温度远程测量功能。

油田数据共享与交换服务研究与设计

武建军[1] 李　辉[2] 顾　伟[1]
([1]新疆宏有软件有限责任公司，[2]中国石油新疆油田公司科技信息处)

摘　要　本文通过对目前新疆油田已有的项目数据交换与共享系统（PDL3.0）和油田数据交换系统的应用现状和存在的一些问题，结合数据交换与共享技术的方法及原理，论述了面向服务为中心的油田信息平台的统一元模型的基础上的数据共享合交换模型，并进一步描述了模型的设计与实现。

关键词　元模型　数据交换　数据映射　推技术　拉技术

1　引言

新疆油田经过对数字油田的规划建设，目前中心数据库已具有较完善的各类专业数据资源，应用日趋成熟，但各专业库之间的数据共享途径交错复杂，极大地影响应用集成和各数据库效率与安全管理。

目前在新疆油田内投入应用的项目数据交换与共享系统（PDL3.0）投入生产应用，实现探井井口、井分层、井斜、井曲线、射孔、取心、孔隙度、渗透率等数据由中心数据库向项目库加载，初步建立勘探开发生产与科研数据共享与交换的软硬件环境。在中国石油新疆油田公司勘探开发研究院项目研究中 Landmark 的 Openworks 是最主要的项目数据库之一。系统借助于 Openspirit 中间件接口实现的是单向的数据交换，即从中心数据库的数据到数据交换系统，从数据交换系统到 Openspirit 中间件接口，从 Openspirit 中间件接口到 Openworks 项目数据库。

因此本文在总结已有的数据共享交换系统的经验基础上，结合数据共享交换技术的发展和油田对数据共享交换的需要，在油田信息平台服务框架下，提出了新的油田信息共享与交换服务的设计思路。

2　数据共享与交换模型方法

数据共享与交换技术的发展经历了 3 个阶段，基于数据适配器的交换模型，基于 XML 的数据交换模型，基于统一领域元模型映射的数据交换模型。

基于数据适配器的交换模型作为早期的实现方式之一，数据共享交换是在有限的系统内进行的，系统之间通过适配器实现数据的共享和交换，减少了数据交换的难度，随着系统数据交换范围的不断扩大和需求的日益迫切，早期的这种交换方式很快显示了它的弊端，系统之间耦合性过于紧密，在多个系统中很难实现。

基于 XML 的数据交换模型是针对解决基于数据适配器的交换方式所存在的不足和降低系统的耦合，随着 XML 技术的兴起和日渐流行，基于 XML 的数据交换模型技术快速发展，XML 已经是事实上的数据交换标准，它一方面屏蔽了系统之间的差异性，将 XML 格式的数据文件作为数据交换的介质，具有很好的灵活性和通用性，尤其在跨平台的应用中只要交换的系统遵循共同的模式约定，就可以很容易实现数据共享交换，使得数据共享和交换的成本进一步降低（图1）。

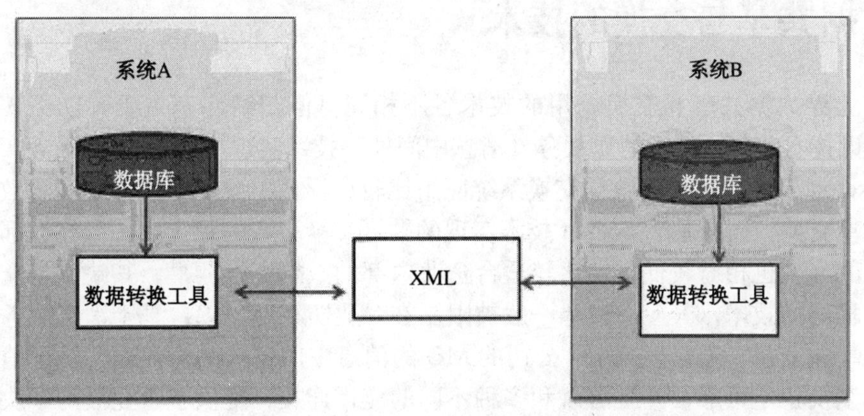

图1　基于XML的数据共享交换模型

基于统一领域元模型映射的数据交换模型又是对基于XML的数据交换模型的进一步抽象和进化，虽然基于XML的数据交换模型很方便解决了不同系统之间数据交换的问题，但是仍存在着一定的缺陷，主要是交换的XML格式文件各不相同，很难统一起来进行整体的语义之间的关联，并且格式文件只是描述了XML文档的结构，也难以确定元素之间的联系，很难应用在一个企业级的复杂的数据共享与交换的环境中。统一领域元模型映射旨在通过标准的概念及引用，建立一个领域内的通用实体表示模型，然后通过该领域模型作为源，建立和各个目标对象模型之间的映射关系和映射规则，然后由数据交换服务引擎根据映射模型之间的关系执行具体的数据交换（图2）。

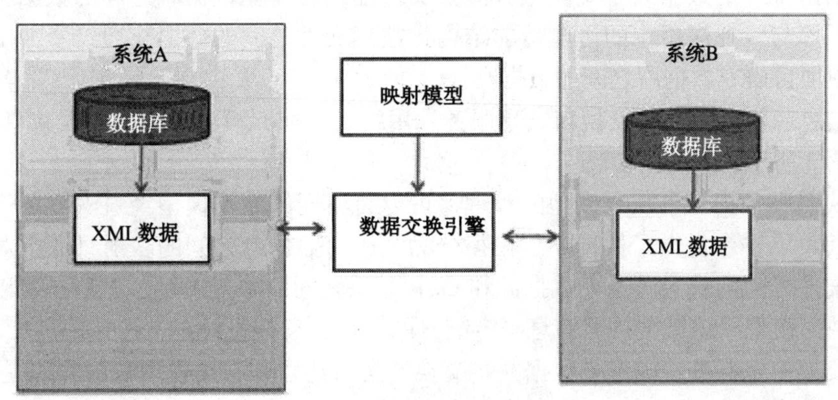

图2　基于统一领域元模型的数据交换

也有文献提出了基于本体的数据共享交换模型，基于本体的数据共享交换模型与本文的基于统一领域元模型映射的数据共享交换模型在概念模型上有一定的相似之处，由于对本体的研究超过了本文的约束和限定，因此在此不做进一步的论述，具体可以参考相关资料和文献。

3　数据共享与交换的技术

目前业界数据共享和交换采用的技术各不相同，但归纳起来主要有以下3种：基于Socket通讯技术实现；基于消息服务（消息中间件）技术实现；基于Web服务实现。目前基于Socket通讯技术实现的数据交换系统应用比较广泛，主要是可以实现同步数据和异步数据的共享交换，而且基于Socket技术实现的数据交换平台的稳定性、可靠性都能得到保证，实现的难度也相对较低，也比较适合企业内部的数据交换共享，其缺点是交换的应用需要采用相同的技术，其应用边界一般被限制在企业防火墙以内；基于消息服务技术实现的数据共享和交换，通常以IBM 公司的MQ的消息中间件产品为代表，基于消息服务的数据共享交换稳定可靠，并且可以和多种不同的应用连接，提供了企业级的解决方案；基于Web服务的数据交换是目前迅速发展的技术，具有很高的灵活性，可以穿越企业防火墙的限制和企业外部的一些应用进行数据交换。

其次从数据共享交换涉众的需求上又可以划分为四类，单源单目标，单源多目标，多源多目标、多源单目标。而从交换方式上可以划分为基于推技术的数据交换和拉技术的数据交换，基于推技术的数据交换通常是发布－订阅模式，可以称之为被动模式，当数据发生变化时，向订阅者通知，因此当数据库的数据发生变化时，如何高效地响应并通知相应的应用（用户）；基于拉技术的数据交换通常是请求－响应模式，通常是应用消费方发出数据交换的请求，然后由数据提供方提供数据交换的信息，当然这种数据的响应也可能是同步或者是异步的方式，这通常和具体的应用要求有关。

4　数据交换与共享服务设计

新疆油田统一的数据共享交换服务需要实现油田各专业数据库之间的数据交换、油田各专业数据库与专业应用中的可解析非结构化数据文件之间的数据交换以及油田各专业数据库与油田项目研究数据库之间的数据交换。

油田信息应用平台数据交换与共享服务采用统一领域元模型映射的数据共享交换模型，其结构如图3所示。

模型映射服务提供了映射模型的管理，可以将不同的数据模型经过映射后进行相应的转换。目前集成平台提供了数据映射模型分为3种：数据源之间的映射（数据对象之间），数据源和文件之间的映射关系，数据源和OSP对象之间的映射关系。以后还可以根据需要加入新的映射模型。该模型按照信息平台统一的元模型框架设计。

数据交换引擎服务：提供了数据共享交换的运行逻辑，根据模型映射服务提供的信息，负责将需要交换的数据按照指定的方式准确传送到相应的目标应用。

数据交换监控管理服务：提供数据交换管理和监控的接口，对数据共享交换中可能出现的异常检测信息、日志功能以及提供数据共享交换的一些管理和监控的要求，如信息被交换的次数，交换的频率等。

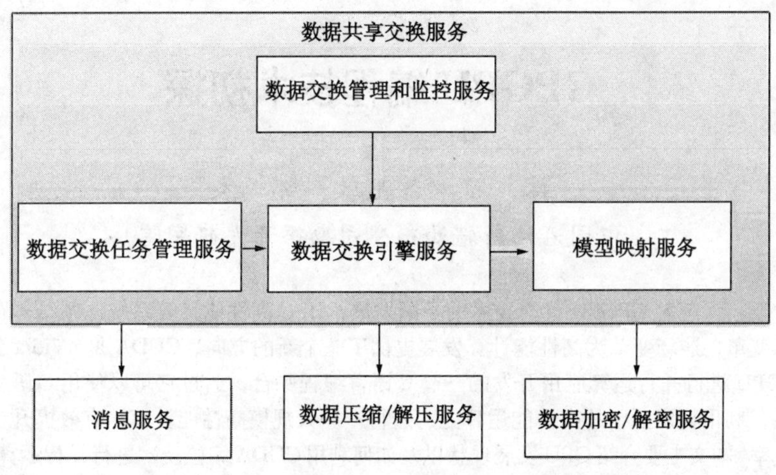

图 3 数据共享交换服务组成图

数据交换任务管理服务：提供了数据共享与交换的任务管理选项。提供以任务或者任务集作为单元进行数据交换。

数据加密或解密服务：作为信息应用平台已有的服务组件主要提供对交换的数据保证安全无误的传输、交换，对发送的数据加密，对于接收的数据解密，该服务包括所采用的加解密算法已经在信息平台中有详细完整的描述，此处不再进一步阐述。

数据压缩或解压服务：提供对交换数据的压缩或解压，提高传输效率，该服务也引用信息应用平台已有的服务组件对交换的数据进行压缩，接收方接收到数据后根据解压模块对数据进行解密。

消息服务：对于异步交换的数据，数据交换引擎服务需要调用消息服务来执行，消息服务已经在信息平台消息中心中实现，因此数据共享交换引擎服务引用该服务即可。

5 结论

构建一个完整的通用的数据共享交换平台事实上是非常困难的，所涉及的技术范围非常广泛，通常每种解决方案都有适用性的限制，基本上局限于某一个具体领域，其次油田需要交换的数据分类很多，交换的数据量大，数据格式多样，对数据交换的时间性要求也不尽相同，为了使新设计的油田数据共享和交换服务满足上述要求，本文在模型方法上采用统一领域元模型映射的数据共享交换模型，采用面向服务的 SOA 设计方法，以服务为核心，按照统一的逻辑组织，采用多种数据交换方式来适应油田内外部的数据共享和交换需要。

参考文献

1 Lahiri T，Abiteboul S，Widom J. Ozone Integrating Structured and Semi-structured Data. 1998
2 王炳清. 通用数据交换中心的设计与实现. 计算机工程，2004，30（B12）
3 李红斌，史殿习. 基于 Web Service 的企业数据交换系统的研究. 电脑知识与技术，2008，(26)
4 罗金群. 异构数据源数据交换引擎的设计与实现. 广东广播电视大学学报，2008，(01)
5 范荣，罗大庸. 基于本体和推技术的数据交换技术研究. 微计算机信息，2008，(02)
6 钟慧玲等. 一个基于 Web Service 的数据交换平台. 微计算机信息，2007，(04)

GPGPU 编程技术初探

林　茂　董玉敏　邹　杰

（中国石油新疆油田公司勘探开发研究院）

摘　要　伴随着 GPGPU 计算技术的不断发展，HPC 高性能计算系统体系结构正在悄然发生着一场变革，这场变革为高性能计算发展提供了一个新的方向。CUDA 是 nVidia 公司提供的利用 GPGPU 进行并行运算应用开发的一套 C 语言编程平台，通过它可以使用 C 语言开发并行运算软件，利用特定显卡的高性能运算能力进行一些大规模高性能计算，有效提升计算机系统的使用效率。本文主要介绍 GPU 发展现状以及如何利用 CUDA 编程技术进行并行运算软件开发。

关键词　HPC（高性能并行计算）　GPU（图形处理芯片）　GPGPU　CUDA　并行计算　线程

1　引言

油气勘探工作离不开大规模高性能计算系统的支持，目前油气勘探普遍采用 PC 集群进行地震数据处理工作。PC 群集技术简单地说就是将若干台 PC 机（或工作站、服务器等）通过互联网络连接在一起，使其像一台计算机一样工作，从而获得接近于或超过超级并行计算机的计算和处理能力的技术。这一技术是 PC 技术和高速网络技术发展的条件下，替代传统 MPP 计算机组成的一种高性能计算机组成方式，主要是解决高性能计算的高费用问题。近几年 PC 集群技术的发展有力地促进了高性能计算的发展，然而该技术还存在诸如能耗高、管理困难、计算与存储系统性能匹配困难以及程序开发复杂等问题，这一技术的进一步应用越来越受到限制。计算机从业人员从多方面考虑相应的解决方案来完善和扩展 PC 集群的应用，其中利用 GPU（图形处理单元）进行数值计算，提高单计算节点性能的 GPGPU 技术就是目前最有发展可能性的一种技术。

2　GPU 与 CPU 的比较

随着计算机技术的不断发展，人们尝试在每个计算节点装备多路 CPU，而每个 CPU 芯片中也开始采用多核技术来提升 CPU 芯片的整体计算效率。而另一方面现阶段每个计算机系统中存在多个处理器，它们分别进行不同数据的处理，例如用于处理网络交换数据的网络控制芯片以及用于图形处理的图形处理器（GPU）。

为了满足人们对实时、高清晰度的 3 D 图形效果的永无止境的需求，用于图像处理的 GPU 已经发展成为一种高度并行化的多线程、众合处理器，具有杰出的计算能力和更高的存储带宽，从而使利用 GPU 计算能力构建新的高性能计算系统架构成为可能。经过这些年技术的发展进步，目前 GPU 浮点运算能力比同等档次的 CPU 芯片要高数倍到十几倍，主要原因就在于 GPU 是专门为计算密集型、高度并行化的计算而设计的。如图 1 所示，GPU 中设计了将更多晶体管用于数据处理，而非数据缓存（caching）和流控制（flow control）。

更具体地说，GPU 内部设计为多条计算流水线并行工作，每个计算流水线都相当于一个 CPU 内部核心（core）的计算单元可以独立完成一组数据的计算处理，因此相当于同时有上百个简易的 CPU 同时进行数据计算，因此它的浮点运算能力要大大超过工作在同一档次的 CPU。当然计算能力的提升也是有代价的，GPU 不具备流程控制单元，只适合于大数据块的顺序处理程序开发。

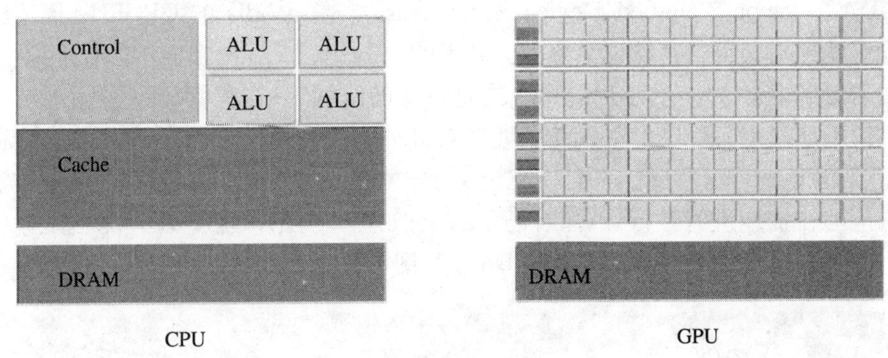

图 1　GPU 与 CPU 结构比较

使用 GPU 进行数值计算和使用 CPU 相比，主要好处包括：

(1) 为满足图像数据处理高效率的需求，现阶段显卡通常采用业界较高性能的 RAM 作为显存，因此 GPU 通常具有更大的内存带宽。

(2) GPU 在设计上具有更大量的执行单元。例如 GeForce 8800GTX 具有 128 个 “stream processors”，频率为 1.35GHz。CPU 频率通常较高，但是执行单元的数目则要少得多。

(3) 和高阶 CPU 相比，目前显卡的价格较为低廉，具有更好的性能价格比。

与此同时，GPU 也存在一些劣势：

(1) 显示芯片的运算单元数量很多，因此对于不能高度并行化的工作，所能带来的帮助就不大。

(2) 显示芯片目前通常只支持 32 bits 浮点数，且多半不能完全支持 IEEE 754 规格，有些运算的精确度可能较低。目前许多显示芯片并没有分开的整数运算单元，因此整数运算的效率较差。

(3) 显示芯片通常不具有分支预测等复杂的流程控制单元，因此对于具有高度分支的程序，效率会比较差。

(4) 目前 GPU 的程序模型仍不成熟，也还没有公认的标准。两个主流提供厂商 nVidia 和 AMD/ATI 就有各自不同的程序模型。

总而言之，GPU 适合一次进行大量相同的工作。CPU 则比较有弹性，能同时进行变化较多的工作。因此基于强大的并行处理能力和极高的存储器带宽，完全可以将 GPU 抽象成一个流处理器（Steam Processor），用于诸如科学计算、数据分析、线性代数、流体模拟等需要大量重复的数据运算和密集的内存存取的应用程序，那么就能获得比 CPU 强悍得多的计算能力。

将 GPU（图形处理器）用于通用目的的计算就被称为 GPGPU（General Purpose

GPU)。正如上面所提到的，目前业内提供 GPGPU 的厂商有两家：nVidia 和 AMD/ATI。其中 nVidia 公司为用户提供了 GPU 编程开发平台——CUDA，下面就对 CUDA 使用进行简单介绍。

3 CUDA 开发平台结构及其配置

"CUDA（Compute Unified Device Architecture）是 nVidia 的 GPGPU 模型，它使用 C 语言为基础，可以直接以大多数人熟悉的 C 语言，写出在显示芯片上执行的程序，而不需要去学习特定的显示芯片的指令或是特殊的结构"，这是 nVidia 公司给出的 CUDA 的定义。对于这段定义程序员可以简单地将 CUDA 开发平台理解为使程序员能够利用 C 语言开发基于 GPU 的一套程序插件包，它定义了一系列函数以及这些函数的使用方法，程序员使用它能够快捷地进行并行计算软件开发。正如图 2 所示，在 CUDA 平台上提供了多种高级语言支持的接口并支持 OpenGL 和 DirectX 图形开发。

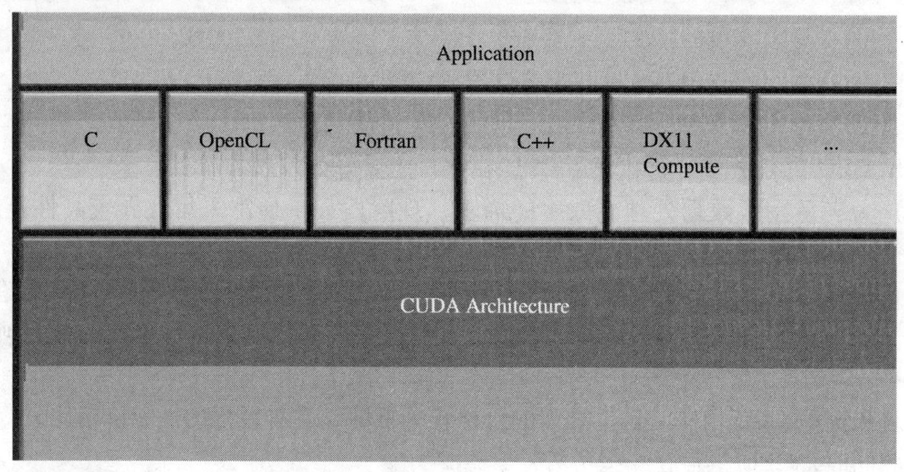

图 2　CUDA 平台提供开发接口情况

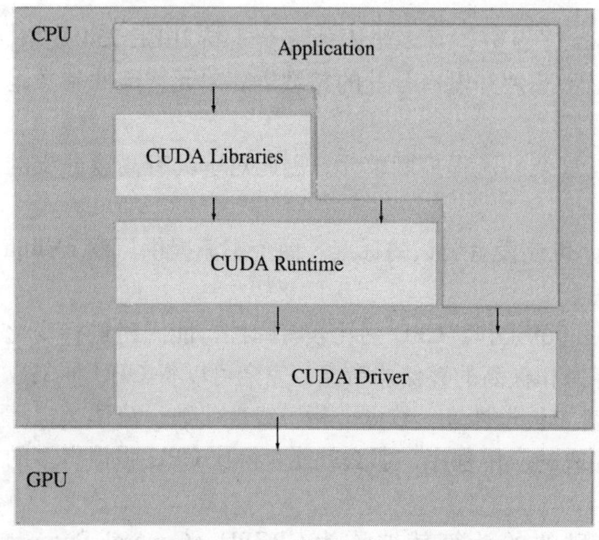

图 3　CUDA 体系结构示意图

而图 3 所示是 CUDA 体系架构图，根据图中所示可以看出 CUDA 大概分为 Library、Runtime、Driver 三个部分，程序员通过对这 3 个部分不同的调用使 CPU 能够调度 GPU 完成高性能并行计算。

由于 CUDA 属于一种新的应用技术，nVidia 公司不能保证所有的显卡都能支持 CUDA，因此要使用 CUD 编程，必须首先测试计算机系统中的显卡是否支持 CUDA 平台。nVidia 提供的很多产品都已经配置了能够支持 CUDA 的 GPU，可以通过检查显卡的厂家名称以及 Model 号来对照 nVidia 提供的支持列表来判断显卡是否符合需要。ATM 的显卡有自己的一套 GPGPU 模型，但遗憾的是这一 GPGPU 模型并未对外公布。nVidia 系列支持 CUDA 的 GPU 包括：

（1）nVidia GeForce 8，9 以及 200 系列 GPU；

（2）nVidia Tesla 计算解决方案；

（3）一些高端的 nVidia Quadro 专业显卡。

最新的显卡支持 CUDA 产品列表可以在 nVidia 网站上找到，具体网址为 http：//www.nvidia.com/object/CUDA_learn_products.html。

安装 CUDA 开发平台的第二项工作就是为显卡安装最新支持 CUDA 架构的驱动程序，如果计算机系统内是双显卡配置，需要在 nVidia 提供的显卡控制面板中关闭 SLI 选项。

安装完正确的显卡驱动程序后就可以正式安装 CUDA 平台了，整个 CUDA 平台包含两个部分：CUDA Toolkit 和 CUDA SDK。目前 nVidia 提供的 CUDA Toolkit 支持 Windows（32 bits 及 64 bits 版本）及许多不同的 Linux 版本。CUDA Toolkit 需要配合 C/C++ compiler。在 Windows 下，目前只支持 Visual Studio 7.x 及 Visual Studio 8（包括免费的 Visual Studio C++ 2005 Express）。Visual Studio 6 和 gcc 在 Windows 下是不支援的。在 Linux 下则只支援 gcc。在 Windows 下，CUDA Toolkit 和 CUDA SDK 都是由安装程序的形式安装的。CUDA Toolkit 包括 CUDA 的基本工具，而 CUDA SDK 则包括许多范例程序以及链接库。CUDA Toolkit 安装完后，预设可以安装在 C：\CUDA 目录里。其中包括几个目录：

（1）bin：工具程序及动态链接库。

（2）doc：文件。

（3）include：header 档。

（4）lib：链接库档案。

（5）open64：基于 Open64 的 CUDA compiler。

（6）src：一些原始码。

安装程序也会设定一些环境变量，包括：

（1）CUDA_BIN_PATH：工具程序的目录，默认为 C：\CUDA\bin。

（2）CUDA_INC_PATH：header 文件的目录，默认为 C：\CUDA\inc。

（3）CUDA_LIB_PATH：链接库文件的目录，默认为 C：\CUDA\lib。

CUDA 开发软件包安装完毕后，需要在应用软件开发平台上进行必要的配置以方便应用开发人员使用，以下是 Window 平台上 VS2005 开发平台为例进行配置：

（1）首先，建立一个 Win32 Console 模式的 project，并新增一个档案，例如 main.cu。

（2）在 main.cu 上右键单击，并选择 Properties －〉General，确定 Tool 选项是选择 Custom Build Tool。

（3）选择 Custom Build Step，在 Command Line 使用以下设定：

- Release 模式："$（CUDA_BIN_PATH）\nvcc.exe"−ccbin "$（VCInstallDir）bin"−c−DWIN32−D_CONSOLE −D_MBCS−Xcompiler/EHsc，/W3，/nologo，/Wp64，/O2，/Zi，/MT−I"$（CUDA_INC_PATH）"−o $（ConfigurationName）\$（InputName）.obj $（InputFileName）
- Debug 模式："$（CUDA_BIN_PATH）\nvcc.exe" −ccbin "$（VCInstallDir）

bin" −c −D_DEBUG −DWIN32 −D_CONSOLE −D_MBCS −Xcompiler /EHsc, /W3, /nologo, /Wp64, /Od, /Zi, /RTC1, /MTd −I"$(CUDA_INC_PATH)"−o $(ConfigurationName)\$(InputName).obj $(InputFileName)

(4) 对所有的配置文件，在 Custom Build Step 的 Outputs 中加入：

$(ConfigurationName)\$(InputName).obj

(5) 选择 project，右键单击选择 Properties，再点选 Linker。对所有的配置文件修改以下设定：

- General/Enable Incremental Linking：No
- General/Additional Library Directories：$(CUDA_LIB_PATH)
- Input/Additional Dependencies：CUDArt.lib

这样应该就可以直接在 Visual Studio 的 IDE 中，编辑 CUDA 程序后，直接 build 以及执行程序了。

4 CUDA 编程模式

在 CUDA 的架构下，一个应用程序分为两个部分：host 端和 device 端。host 端是指在 CPU 上执行的部分，而 device 端则是在显示芯片上执行的部分。Device 端的程序又称为“kernel”。通常 host 端程序会将数据准备好后，复制到显卡的内存中，再由显示芯片执行 device 端程序，完成后再由 host 端程序将结果从显卡的内存中取回。这个调用过程如图 4 所示。

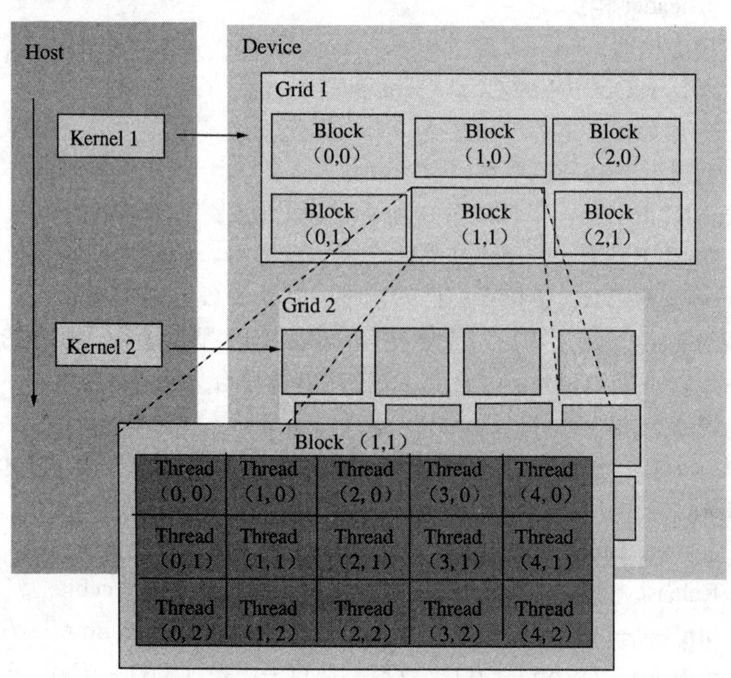

图 4 CUDA 应用程序运行示意图

程序运行时，CUDA 会产生指定数量的线程（thread），每个线程都会执行 Device 端定义的函数，每个 thread 都有自己的一份 register 和 local memory 的空间。系统为每一个线程都会被分配给一个独特的线程 ID，可以通过内置的 threadIdx 变量在 Device 端函数中访问线程 ID。而相互合作的线程可以被定义为一个线程组（thread block），在同一个 block 中可以通过快速共享内存（shared memory）交换数据并进行彼此同步。而由于 thread block 的大小是有限制的（通常为 512 个线程），所以不能把所有的 thread 都塞到同一个 block 里，可以定义同一维度和大小的 thread block 组成一个 grid 。一个 Device 的核对应一个 grid，一个 grid 中的所有线程组共享全局内存。

Device 端程序实际上是一个 C 语言函数，它是对 C 语言的一种扩展，因此 nVidia 建议文件名使用 .CU 为后缀。在 host 端调用这个此函数时，它将由 *N* 个 CUDA 线程并行执行 *N* 次。在定义 Device 端函数时，需要使用 _global_ 声明限定符，而 host 端调用该函数时使用一种全新的“<<<...>>>”语法来制定每次调用的 CUDA 线程数。这里给出一个简单的例子对 CUDA 编程方法进行简单说明，这个程序的主要功能是将计算矩阵 ***X*** 乘以常数 α 再与同阶矩阵 ***Y*** 相加并将结果记录在矩阵 ***S*** 中：

```
#include <stdio.h>
#include <CUDA_runtime.h>

void main () {
    float *S = …,  *X = …,  *Y;  //HOST 端为 CPU 分配存储单元
    int N = …;  // 矩阵的阶数
    float alpha=…;
    // 为 Device 端 GPU 分配存储单元
    float *Xd,  *Yd,  *Sd;
    CUDAMalloc ( (void**)  &Xd,  N * sizeof (float));
    CUDAMalloc ( (void**)  &Yd,  N * sizeof (float));
    CUDAMalloc ( (void**)  &Sd,  N * sizeof (float));
    // 将 Host 端数据复制给 Device 端，为 GPU 准备数据
    CUDAMemCopy (Xd,  X,  N * sizeof (float),  CUDAMemcpyHosttoDevice);
    CUDAMemCopy (Yd,  Y,  N * sizeof (float),  CUDAMemcpyHosttoDevice);
    // 使用  N/256 个线程组，每个线程组 256 个线程，分别调用 Device 端函数进行计算
    saxpy<<<N/256,  256>>> (Xd,  Yd,  Sd,  alpha,  N);
    CUDAMemCopy (S,  Sd,  N * sizeof (float),  CUDAMemcpyDeviceToHost);
    // 释放  GPU 使用的显存资源
    CUDAFree (Xd);  CUDAFree (Yd);  CUDAFree (Sd);
  }
    // 下面是 Device 端程序，每个线程都要执行这段程序
    __global__ void saxpy (float *Xd,  float *Yd,  float *Sd,  float alpha,  int  N)
    {
        int i = threadIdx.x + blockDim.x * blockIdx.x;
```

```
    if (i < N)
            Sd[i] = alpha * Xd[i] + Yd[i];
}
```

5 GPGPU 应用前景

伴随CUDA技术的不断完善，nVidia公司推出专门用于高性能计算的Tesla 计算处理器，使GPGPU不再考虑对图形处理功能而单纯实现高性能纯数据计算。相关厂商也及时推出了使用Tesla计算处理器的CUDA架构高性能计算工作站。将这些计算工作站用网络连接起来就构成了一种新型的PC集群，图5就是某厂商提供的CUDA架构计算工作站性能以及运行CUDA体系的PC机群示意图。从中可以看到一个单独的CUDA工作站内置4个Tesla处理器，每个Tesla处理器内置240个计算线程，因此每套工作站总共有960个计算线程可以用于浮点计算，计算能力达到4 TeraFlops的浮点计算能力，性能有了大幅度的提升。

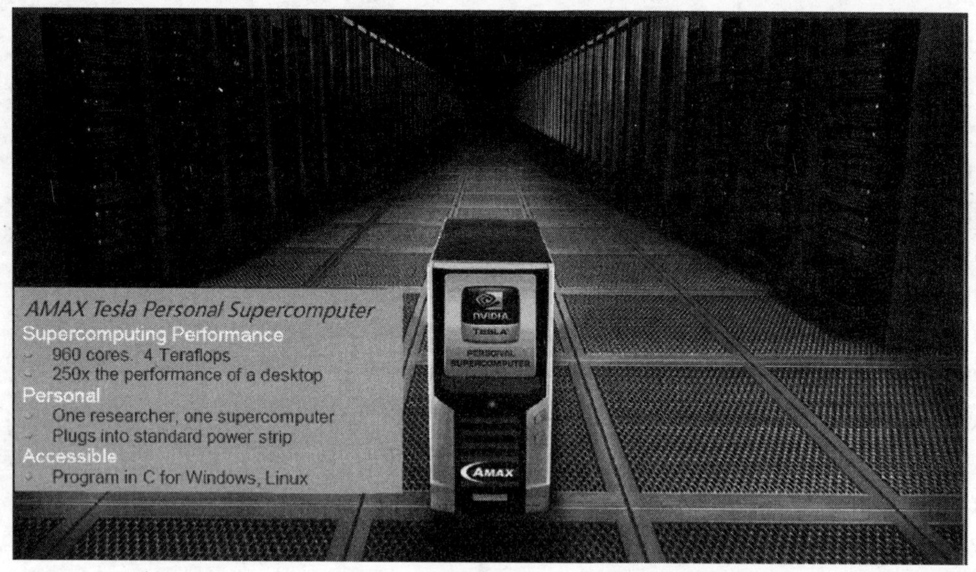

图5 CUDA计算工作站以及PC集群效果图

另一方面，CUDA的推广应用离不开应用系统的开发，当前已经有大量的研究人员与组织正在石油天然气、计算化学与分子动力学、生物信息学以及生命科学、金融计算与期权定价、数学计算、地球科学等多学科应用CUDA技术，成熟的专业应用软件正不断涌现，有效提升相关专业的计算效率。

为应对GPGPU技术的挑战，Intel公司也将在年内推出内置80核的专门用于计算的CPU芯片，随着这些技术的不断应用，GPGPU技术将有可能会与CPU技术相互融合，最终形成一种多处理器、多功能的计算节点构成方式，为高性能计算的发展提供可靠支撑。

第四部分　数据库应用技术

3D 技术在输油气场站管理中的应用与前景

张　监　王新生　郭晓峰

（中国石油西部管道公司塔里木输油气分公司）

摘　要　基于三维计算机图形学，利用 Maya 建模软件，对输油气场站进行三维数字化建模，并以漫游的方式提供了一个交互式 3D 场站综合信息平台，很好地弥补了目前西部管道公司塔里木输油气分公司（以下简称输油气分公司）场站管理中的不足。并对三维空间技术在输油气场站管理中的前景做出预测。

关键词　3D　交互式　数据库

1　引言

随着计算机图形技术的不断发展，人们越来越看重三维图形技术，因为它比平面图更直观，并能给观赏者以身临其境的感觉。在 3D 技术日趋成熟的今天，3D 应用领域已从 3D 游戏逐渐走向了电影，建筑表现，文物古迹复原，虚拟军事演习，城市道路桥梁规划，产品演示动画等等，可见三维技术已相当成熟并已延伸到了各行各业。

输油气场站具有面积大、设备多、工艺管网隐蔽复杂等特点。且输油气公司所辖场站往往不止一个，它们一般散布在较远的距离。用流程图加设备档案数据的传统管理模式要求公司管理人员对各个场站都相当熟悉，这对管理人员是一个很大的挑战。

因此，将 3D 技术引入到输油气场站的管理中来，通过仿真建模的方式实现场站实体的计算机再现，并以漫游的方式提供了一个可搭载多种信息的可视、可控的交互式信息平台。

2　3D 技术简介

3D 是 Three−Dimensional 的缩写，即三维图形。3D 技术就是要利用计算机产生令人赏心悦目的真实感三维图形。为此，必须建立图形所描述场景的几何模型，再用某种光照模型，计算在假想的光源、纹理、材质属性下的光照明效果。

几何模型的创建主要有两种方式：NURBS 和 Polygon（多边形）。其中，NURBS 是 Non−Uniform Rational B−Spline 的缩写，即非均匀有理 B 样条曲线。NURBS 建模的方式本质上是一种用数学公式来定义三维空间中的曲线和曲面，是一种矢量图形，在计算机资源足够的情况下，其最终表现效果非常的精确和光滑。Polygon 多边形建模则是采用平面逼近方式创建曲面，曲面的光滑度取决于构成模型的多边形数量，数量越多越光滑。一般来讲，在对渲染速度有较高要求时，大多选择多边形建模方式，因为多边形建模方式可有效地控制组成模型的多边形面数，从而将整个场景的大小限制在一定范围内，有效提高实时性。本文中的 3D 场站漫游系统即通过这种方式创建场站、设备的几何模型。在得到几何模型的基础上，再赋予模型适当的材质、纹理贴图、光照等属性，即可得到高度仿真的三维图形。

建模所得到的三维图形最终需转化为计算机显示器的栅格形式，就是在平面里显示三维图形。不像现实世界里，真实的三维空间，有真实的距离空间。计算机里只是看起来很像真实世界，因此在计算机显示的三维图形，就是让人眼看上就像真的一样。人眼有一个特性就是近大远小，就会形成立体感。计算机屏幕是平面二维的，我们之所以能欣赏到真如实物般的三维图形，是因为显示在计算机屏幕上时色彩灰度的不同而使人眼产生视觉上的错觉，而将二维的计算机屏幕感知为三维图形。因此，在三维图形进行平移、旋转、缩放、反射、剪切等变换过程中，必须有一些数学算法，实时的调整显示出来的二维图像的形状和色彩灰度。这些算法也正是计算机图形学（Computer Graphics，简称 CG）的主要研究内容之一。

OpenGL 即开放性图形库（Open Graphic Library），是近年来发展起来的一个性能卓越的三维图形标准。OpenGL 作为一种图形硬件的软件接口，具有完全开放的图形开发环境，为程序员提供了强大的二维及三维图形功能，很容易实现模型的各种变换、着色、光照、纹理、交互操作和动画，被广泛应用在计算机仿真以及虚拟现实系统中。OpenGL 虽然具有跨平台、移植性好等优点，但它只能提供基本几何元素的造型函数，并没有提供二维模型的高级命令，只是通过基本的几何图元点、线及多边形来建立三维立体模型，从而使得在 OpenGL 中建立复杂模型相对困难。而采用 3DS MAX， Maya 等专业三维建模软件却可以在短时间内建立起复杂的模型。可是，用 3DS MAX 制作的动画没有交互性，无法实时控制，难以直接在计算机仿真漫游系统中使用，而这种交互功能却是 OpenGL 所具有的优势。故而在实现过程中，采用模型通过 Maya 建模工具，然后转换为 3DS 模型，完成了三维图形的建模。并在 OpenGL 中调用 3DS 模型，以弥补单纯利用 OpenGL 的实例库构造复杂几何体的不足，而且能够实现对模型的实时控制。

3　3D 场站综合信息平台总体结构

系统程序共分为 3D 漫游应用程序和数据库服务器程序两个部分，采用了 C/S 结构，即 Client/Server（客户 / 服务器）模式。服务器通常采用高性能的PC、工作站或小型机，并采用大型数据库系统，如Oracle、Sybase、InfORMix 或 SQL Server。3D漫游应用程序为客户端，负责和用户交互，它具备拾取能力，可以根据用户的鼠标指向来获取相应设备的工艺编号信息，然后根据工艺编号信息构造 SQL 语句并发送到数据库服务器程序端查询。对于客户端和服务器端之间的数据传输采用了无连接的 UDP 传输协议，UDP 协议无需事先连接，使用灵活。对 Oracle 数据库系统的访问采用了 ADO方式。ADO（ActiveX Data Objects，ActiveX 数据对象）是 Microsoft 提出的应用程序接口（API）用以实现访问关系或非关系数据库中的数据。

数据库服务器程序通过 SQL 语句对 Oracle 数据库进行访问，并将查询的结果反馈给 3D 漫游应用程序。

3D 漫游应用程序采用了先进的引擎技术，具备视锥剔除和遮挡剔除能力，可最大限度地提高程序的运行速度。为了更接近现实世界，引擎中内置了三角形级别的碰撞检测算法，该算法能捕获三角形界别的碰撞并对碰撞做出响应。对于这样精确的碰撞检测算法只有在高性能的三维游戏中才能看到，而我们创造性的将其引入到了三维系统中并取得了很好的效果。由于采用了视锥剔除和遮挡剔除以及显示列表技术，我们的系统引擎对三维物体的渲染能力比 Maya 和 3ds Max 这样的专业软件还要强很多倍。

整个 3D 信息平台共分为 3 个部分：信息输入、信息整合和信息输出（图 1）。最终在 3D 漫游程序中所能获取的信息，即是在系统输入过程中所录入的信息，而系统实现过程则是将系统输入的信息有机地整合在一个虚拟的三维场站中来。

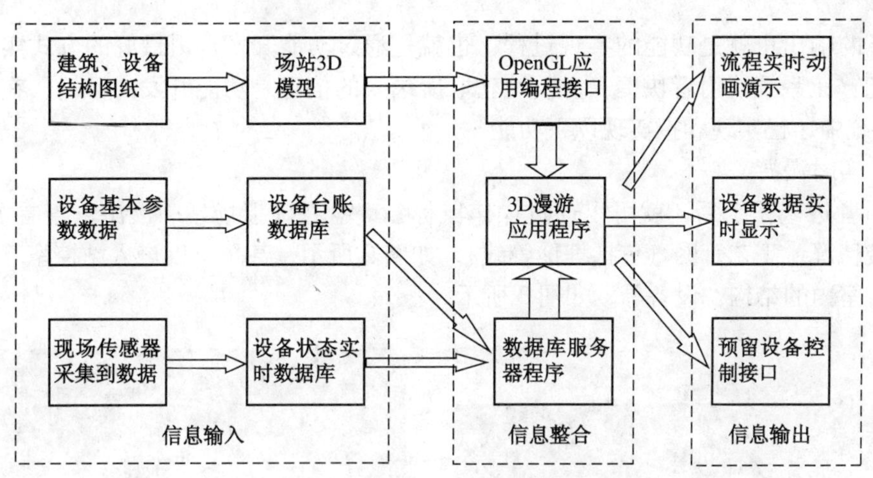

图 1 3D 场站综合信息平台结构框架

3.1 信息输入

3D 模型是整个平台的根本，它是根据建筑的基建图纸、设备的构造图以及场站实际，利用 Maya 这样的专业三维建模软件，按等比例的方式创建的场站内建筑、设备、地貌等的三维模型。这些模型组成了 3D 漫游里虚拟场站的雏形，是信息最终输出的依托，也就是说所有信息都是绑定在这些模型上传递给系统使用者的。而这些模型本身也是场站信息中很重要的内容，包括：场站的概貌，各建筑、设备的相对位置，管网的走向等等。

设备台账数据包括：设备名称、工艺编号、安装地点、生产厂家、保养维护历史等等，一旦设备被安装在场站内，这些数据大部分已确定下来，故而也可称它们为静态数据。而其中少量的数据如：上次维护时间、维护内容等则由设备维护人员在维护后及时添加到数据库中。

与静态数据相对，称设备状态信息为动态数据，因为它们是实时更新的，它们由安装在设备上的传感器采集并最终上传到数据库。这些数据包括：压力、温度、振动、液位、开关状态等。

3.2 信息整合

3D 漫游程序是整个平台的核心，它提供了信息输入的接口，并将这些信息整合在 3D 图形上。它是通过 OpenGL 应用编程接口，使用 C 语言编写程序代码，最终编译生成的。应用 OpenGL 接口，方便地实现了实时漫游的众多操作，如：前进后退、旋转视角等。3D 漫游程序还实现了设备台账数据库和设备状态实时数据库的链接，这些数据是按对象的方式查找匹配给设备的。即在这个系统里，每个设备都是一个独立的对象。这个对象有自己的名字，设备编号或者工艺编号，这个名字是与数据库中的设备一一对应的。而工艺系统，如输油系统或者消防系统也是作为一个对象存在，以方便实现虚拟场站内工艺系统层面的功能开发，如：实时演示输油工艺中原油的流动走向。信息的整合过程实际上是将属于该对象的所有信息捆绑在该对象对应的 3D 模型上。

3.3 信息输出

信息的输出也就是功能的实现过程，也就是通过功能开发，用最好的方式实现信息的输出。能够让系统使用者快捷、方便地获取所录入的信息是功能开发的目标。在我们开发的 3D 系统中，已实现和拟实现以下功能。

（1）实时漫游。

使用者进入系统后，就可以通过操作鼠标、键盘在虚拟场站中漫游，查看场站概貌、设备安装情况、工艺管网（包括埋地管线），如图 2 所示。甚至可以进入站控室等重要建筑物中查看室内的结构、设备等。如图 3 所示。

图 2　轮南输油站 3D 场站概貌

图 3　轮南输油站站控室内

（2）设备数据实时显示。

在漫游的过程中，只要鼠标选定设备，则该设备的台账数据和传感器采集的实时数据都将显示在屏幕一侧。如图 4 所示。

图 4　设备数据实时显示

（3）工艺流程、设备结构动画显示。

在3D系统里，可以获取现实中不能轻易得到的更多信息，如：设备内部构造。这有赖于3D系统内实时动画功能的开发，根据设备结构图纸，创建设备各部件模型，如图5所示。并根据设备实际运行情况建立设备运行过程的实时动画，体现各部件所起的作用。也可将设备拆卸安装过程做成实时动画，反映实际操作过程。在动画演示时，可以在任意角度对其模型进行查看。而输油工艺中油流的动态、一些基本操作过程等也可通过实时动画的方式再现于3D系统内。

图5　球阀内部结构模型

4　3D信息平台的优势

在没有3D平台的情况下，输油气公司设备管理人员如果要详尽了解一个设备的信息该如何做？认真负责的设备管理员会这样做：第一步，查阅设备档案，了解设备基本信息、设备结构；第二步，查阅工艺流程图，看看该设备在工艺流程中起到什么作用；第三步，察看设备的维修保养纪录，了解设备运行情况；第四步，查看设备实时参数；第五步，到现场去实地考察，以获得设备所在的环境信息。可以看出，步骤是相当的繁琐，耗费的时间、精力可想而知。而在3D平台上，这些信息都已捆绑在设备的模型上，你只要点点鼠标就可以获得全部的信息。

3D信息平台的搭建，为信息的获取创造了更便捷、更具亲和力的方式。概括起来，它具有以下优点：

（1）信息获取可视化。视觉一直都是人类获取信息最重要的途径，而3D信息平台以可控漫游的方式，为使用者提供了一个高度仿真的虚拟场站。不仅可以看到现实场站中的建筑、设备，还可以看到现实中很难看到的地下管网或者设备内部结构。通过操作鼠标键盘，使用者就可漫步在3D场站中，而只要将鼠标移到设备模型上，就可以浏览查看该设备的所有信息。操作简单，信息完备。

（2）工艺流程动态化。在3D场站中，工艺流程不再是停留在纸上的原理示意，而是可以看得见的实际过程。通过实时动画的方式，可以在漫游系统内再现油流的实际走向以及各设备在流程中的作用。

（3）相关设备系统化。在这个3D界面中，设备不再是孤立的，像在现实中一样，可以方便地看到设备与设备之间的联系以及各设备在系统中所发挥的作用。

（4）信息搭载开放化。总体而言，3D系统实现了信息的搭载与传递，而且它的搭载能力几乎不受限制，3D系统还预留了其他信息输入接口，可以随时添加一些感兴趣的信息在这个平台上，同样通过功能开发实现这些信息的完美传递。

此外，漫游系统不受地域限制，只要拥有完备的网络以及权限，任何人在任何地方都可通过漫游程序获取场站信息，而且不管现实中几个场站有多远的距离，都可在同一个电脑屏幕漫游在它们的虚拟场站中，获取完备的信息。

5 前景与应用扩展

3D 作为一项新兴技术，在越来越多的领域得到广泛应用。随着技术的进步和普及，除了实现上述功能外。还可通过建立 3D 特效的方式模拟事故预演与处理过程、标准操作等，甚至可以以角色扮演的方式进行操作训练。在完成施工方案后，也可通过 3D 技术进行施工效果预演，进行施工方案的评审。还有，在现有的自动化控制系统内也可引入 3D 技术，实现界面的三维化，在三维的虚拟场站内进行对设备的自控操作。

3D 场站系统为生产管理、施工管理、运行管理和员工培训提供更直观、更便捷、更丰富的信息查询、仿真操作界面，对管理、培训水平的提高有不可估量的价值。可以说，3D 技术在输油气场站管理中还有很大的开发前景。

3D 技术在输油气场站管理中的应用国内尚不多见，但 3D 场站系统更直观、更便捷的人机界面以及与现有管理系统的超强兼容性注定其在未来几年内将成为场站管理的主流系统。

参 考 文 献

1 赵志刚，李宇．Maya8.5 宝典．北京：电子工业出版社，2007

2 和清芳．计算机图形学原理及算法教程．北京：清华大学出版社，2006

3 冯春培等．Oracle 数据库 DBA 专题技术精萃．北京：冶金工业出版社，2004

CDS_AO 成果归档数据管理模式分析与研究

魏　伟　赵金玲　努尔恰西

（中国石油新疆油田公司数据中心）

摘　要　随着中国石油天然气股份有限公司（以下简称中石油）A1 项目推广应用的深入，CDS_AO 成果归档数据建设与管理作为油田生产及二次研究的基础工作，要求成果归档数据具有及时性和准确性，具有生产指挥，二次研究的价值。CDS_AO 成果归档数据建设采用 Oracle 作为后台数据库，划分成果归档数据类型，提高了成果归档数据管理技术水平以及效率，直接高效地服务于油田生产和科学研究。

关键词　成果归档　CDS_AO　管理模式　A1 项目

1　引言

中石油 A1 项目陆续在股份公司各油田推广应用，成果归档数据建设作为 A1 项目推广应用的重要组成部分，也逐渐得到了油田勘探开发科学研究工作者的高度重视。目前 CDS_AO 作为成果归档管理平台主要由数据加载和信息发布两个模块组成，其中数据加载客户端有 Unix 和 Windows 两个版本。

数据加载人员可通过 CDSAO_CLIENT 进入数据加载页面，定义成果类型，准确加载相关各类成果数据，但录入界面过于简单，录入方式单一，且不利于数据管理工作中的入库数据的统计与分析；通过网上查询浏览软件 PE（目前是 2003.18.0 版本），可查询浏览已经加载入库的成果归档数据信息，了解入库情况，但是目前基本只能浏览位图。

CDS_AO 成果归档数据管理的后台数据库建立在 Oracle 数据库系统上，通过 Oracle 数据库管理工具，进行 Oracle 系统数据字典查询，研究成果归档数据类型，掌握成果归档数据建设情况，对成果归档数据的质量、及时性和完整性，均具有一定的实用价值。

CDS_AO 成果归档管理以项目为单位，分为外部数据文件管理以及 Oracle 数据库数据管理两部分。成果归档数据通过客户端加载到数据库之后，在 PE 中实现成果数据发布，建立起了有效管理机制。

2　成果归档数据分析

研究成果数据一般来自研究人员在项目结束之后的总结性文档和图件，也有部分特殊格式的数据体文件。区别于档案室的功能，成果数据管理系统主要体现在对数字化数据的管理能力和方便快捷的检索下载功能。只要是用户认为比较重要的研究成果，对以后的工作和别人有所借鉴的数据，都可以保存在成果数据库中，同时它的整个存储空间可以无限制地扩容。因此，主库的成果归档数据管理从某种程度来讲，所存储的内容没有很严格的范围界定，只要是用户认为比较有价值的成果，都可申请放到归档数据库中。

2.1 数据类型分析

伴随着项目开展过程，产生了各个阶段的成果数据，图 1 根据专业分解提出了成果归档系统要归档的数据。

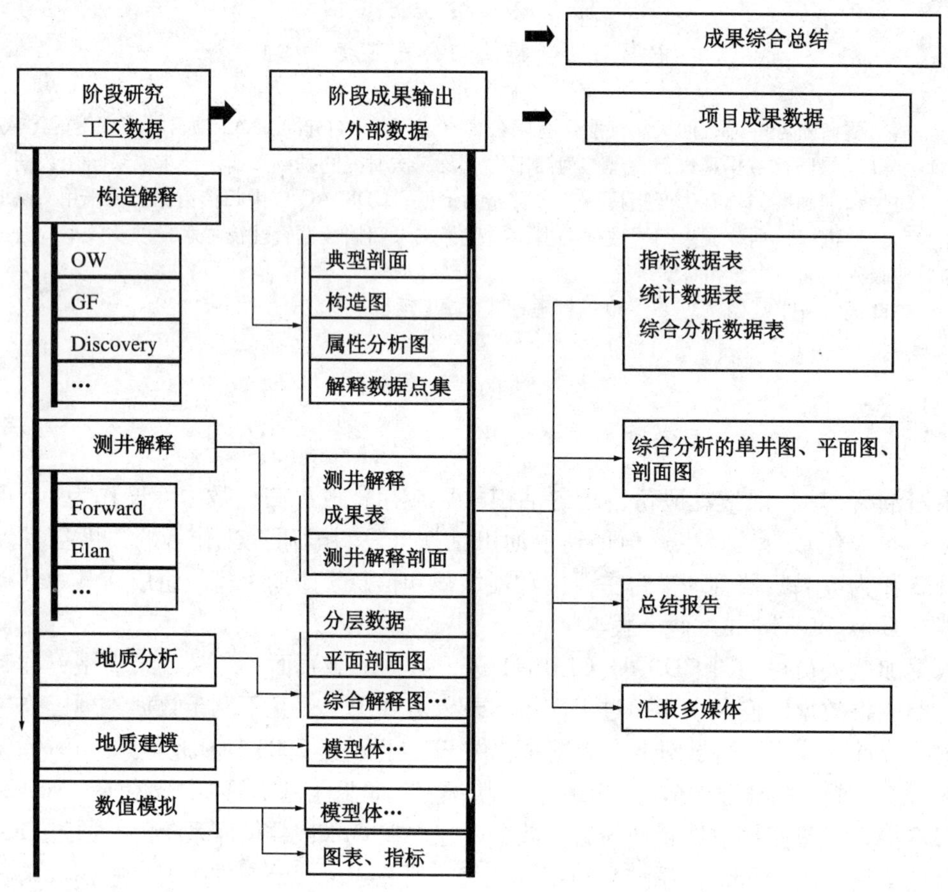

图 1　项目研究过程与成果数据内容

总体上，油气勘探、油藏评价和油田开发的归档数据可按下列数据类型进行整理：

(1) 报告文档：各种报告文档、演示多媒体等；

(2) 表格文件：各种成果表格文件，包括测井解释成果表等；

(3) 成果图件：各类成果图形、图片文件，按原有的图形格式来存放；

(4) 数据体：从专业软件中产生的数据体文件，一般以打包的方式存放；

(5) 层位数据：从专业软件中输出的解释层位数据，以标准 ASCII 的方式输出；

(6) 断层数据：从专业软件中输出的解释断层数据，以标准 ASCII 的方式输出；

(7) 工区归档：工区验收完成后，经过清理的所有数据的打包文件；

(8) 特殊数据体：一些特殊应用产生的数据体文件，按照标准格式存放。

2.2 数据完整性分析

目前 CDS_AO 只是对成果归档数据的格式作出规定，以 Word 文档、幻灯片、ASCII

码文件和打包文件为主，并没有对各种具体归档数据提出规范，这可能导致一些做过研究工作成果数据却没有归档的情况，而导致成果数据的不完整。例如数据体文件，一般以打包文件形式存储，但数据体文件是包含着丰富内容的研究成果，若没有相关标准规范来约束数据体文件，很可能会造成数据体文件中缺失部分成果数据，而造成数据体的不完整。

2.3 归档数据发布

目前，CDS_AO 中的归档数据只能在 PE 中发布，且对于一些矢量图和数据体数据尚不能实现展示，尤其是数据体数据，不能全方位展示。建议在 PE 中实现数据体的回放功能，实现一些主流格式的数据体回放，这样既可以通过 PE 进行数据体质量检查，又方便用户查询和下载。

3 CDS_AO 数据管理

CDS_AO 归档数据管理以单个项目为单位，分为外部数据文件管理以及 Oracle 数据库数据管理两部分。

3.1 外部数据文件管理

单个研究项目一旦确定，便形成了 CDS_AO 外部数据结构，用于存储该项目的所有外部文件数据。外部数据结构由 CDS_AO 索引文件表相关联，形成了外部数据文件的规范化管理以及数据的有效共享。

3.2 Oracle 数据库数据管理

在 Oracle 数据库系统中，一个科研项目对应主索引表中的一条记录，存放着该研究项目的参加人、完成日期、项目描述等相关信息；其他相关索引表则存储归档数据的其他相关信息。通过 Oracle 数据库系统的管理机制管理成果归档数据，具有较高的稳定性和安全性。归档数据的建立、删除和授权等管理工作，通过 Oracle 的 DBA 用户来进行。

4 管理模式

4.1 归档数据管理流程

目前 CDS_AO 管理模式大致分为数据汇交、数据加载、质量检查和成果提取再利用 4 个方面。成果归档数据从项目用户手中汇交上来，按照专业及数据范围定义好之后，用一个特定的数据管理账号，从最终用户的项目研究环境中上传到主库的成果归档数据服务器中，再进行数据编目、文件描述、用户授权，然后创建索引并建立连接的过程。整个加载的过程涉及数据文件的外部迁移和对加载索引信息两个方面的内容。然后根据相关归档数据规范，抽样检查，同时在 PE 中发布。用户可通过权限申请，下载相关成果数据，进行二次研究，并形成新的成果数据。如图 2 所示。

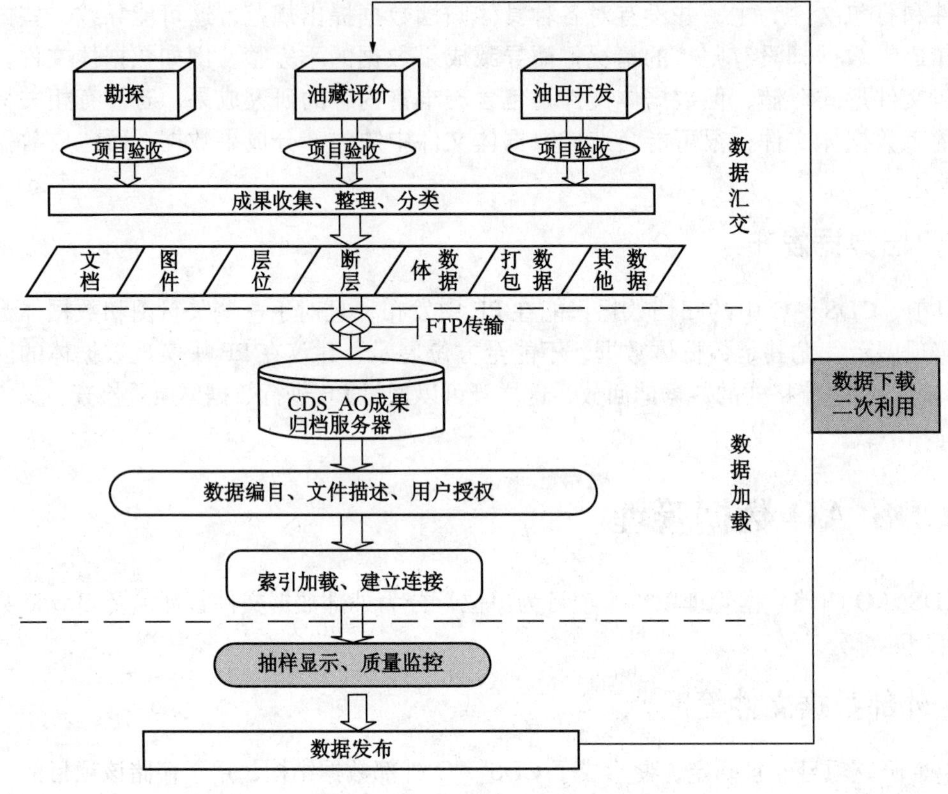

图 2　归档数据管理流程

4.2　建立、健全管理机制

目前，CDS_AO 成果归档系统最大的问题就在于没有与之配套的成果归档数据管理机制，致使 CDS_AO 系统无法正常运作，更无法发挥出其应有的作用。提出以下建议：

(1) 没有强制性规定，受数据源单位的制约。成果数据是广大技术人员智慧的结晶，具有非常高的可复用性，但主要集中在科研人员手中，较为分散，所以首先应该加强数据源单位的约束力。

(2) 不适用于逐个收集汇交的方式。撇开客户端的模式，实现成果数据在网上直接录入归档，可大量节约数据汇交的时间，提高工作效率。

(3) 没有各类成果数据的归档标准和规范；对于勘探、开发等诸多类成果没有相关标准和规范的约束，科研人员完全可以按照自己的意愿来提交成果数据，从而导致成果归档数据质量下降和数据的不完整。

(4) 目前的成果归档数据是在 PE 中发布，但目前 PE 还没有广泛使用，所以入库的成果归档数据还不能发挥其应有的作用，应加快 PE 的推广应用工作。

5　结束语

成果归档数据涉及石油勘探开发各专业领域，内容丰富，但目前成果归档系统和管理模式仍然存在很多问题。其一，各成果子项并没有自己相对统一的规范，因此在国内各油田应用必然会产生一定的局限性；其二，数据收集困难，对数据源没有相关强制性规定，从而会制约系统的推广应用；其三，对研究过程中形成的主要类型的矢量图像数据不能完全展示，在PE中展示数据体数据方面应该得到加强。

在数据类型方面，目前仅考虑勘探、油藏评价、开发研究中形成的研究成果，其他类型的成果数据还需要进一步研究与摸索，使整个成果归档系统在各类科研项目中得到更广泛的重视和应用。

Delphi 环境下利用 Socket 开发数据库系统

庹发金　吴伯莲

(中国石油西部钻探工程有限公司测井公司)

摘　要　本文通过在 Delphi 环境下利用 Socket 来实现数据库开发，利用接口方式，有利于开发效率的提高及系统可靠性、安全性的保证，在实践中得到良好的应用。

关键词　Socket　Corba　接口

1　引言

在开发与数据库相关的系统时，C/S 与 B/S 是较为常见的选择。C/S 多数是利用 ADO 或 ODBC 直接与数据库服务器相连接，开发快捷方便，但由于与数据库服务器相连接的字符串放在客户端，保密性是个很大的问题，略懂反编译的人员，就可以很快获取该信息，从而绕过应用客户端直接与数据库连接，后果很严重。B/S 模式，由于通过 Web Server 与数据库服务器相连接，客户端（也就是浏览器）并不直接与数据库服务器相连接，对数据库服务器而言，安全性好一些。但由于 HTTP 协议本身在网络上是明码通讯的特点，安全性也很一般。当然可以通过 HTTPS 来链接，但对服务器又是一个考验，需要更好的硬件来支持。况且，一个开发 C/S 数据库系统熟练的程序员，会有一种在 B/S 下不能大展拳脚的感觉。虽然目前 B/S 下产生了许多新的模式和方法，但需要改进的空间还很大，与 Delphi 这种快速开发应用系统的平台相比，还有许多路要走。有没有一种好的办法，既能够保持快速开发速度，又可以轻松提高系统安全性的办法呢？有，那就是本文提出的在 Delphi 平台下，利用 Socket 来进行数据库系统的开发。采用这种技术开发的数据库应用系统，不仅能够轻松记录客户端的各种状态，如登录信息等，也可以主动向客户端发出通知信息，要求对方及时完成某项事务。

2　优点

在 Delphi 平台下利用 Socket 来开发数据库系统，优势很明显：既可以享受 Delphi 快速开发的特点，又可以迅速提高系统的安全性，让两层模式轻松变为三层模式。但弊端也明显：程序员需要接触大量底层方法，很繁琐。本文利用接口的方式来解决这个问题，把常规需要用到的方法都做成接口，让大家可以轻松利用这些方法。Delphi 版本选用 Delphi7，开发分为服务器端和客户端，用到了第三方控件 Indy10。

3　开发思路及具体实现

服务器端采用 AdoConnection 与数据库服务器进行连接，考虑到可能会有大量用户连接的情况，Adoquery 等都采用动态生成的方式，将 Adoquery 所获得的数据进行打包，在打包的过程中涉及对 com 对象的操作。打包后的数据通过 Socket 发送给客户端，客户端接收到后进行解包，解包后的数据传递给相应的数据库控件，完成数据信息的传递（图 1）。

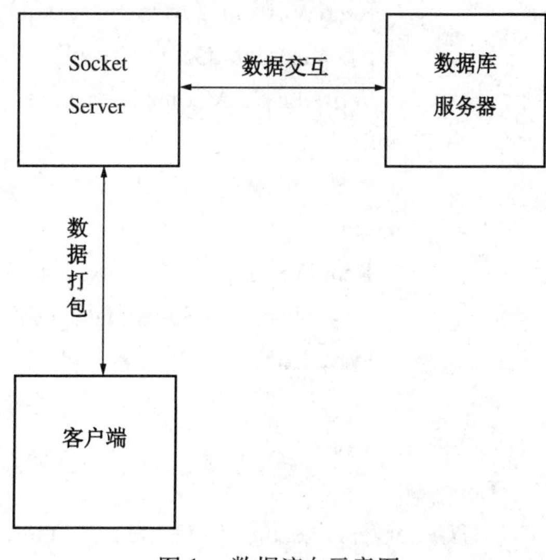

图 1　数据流向示意图

接口方式在 COM 系统及 Corba 系统下应用很充分，但是 COM 方式开发分布式系统其配制历来很繁琐，Corba 方式配置比较简单，但是其防火墙穿透能力很弱，同时平台本身需要付费，在日常开发中应用较少。我们的套结字数据库系统采用接口方式，让大家既可以享受接口所带来的便利，同时轻松拥有强大的客户端控制能力、安全保密能力，最关键是还能够轻松享受庞大 VCL 库带来的便利，何乐而不为呢？下面是具体代码实现：

服务器端编写。摘取主要实现函数展示给大家：

```
procedure Tlogsysf.IdTCPServer1Execute（AContext： TIdContext）;
var
  userdata：TUserinterfacecj;
  s：Tidbytes;
  usercc，toclient：TCommand;
  account，password，sql，oldpass，newpass：widestring;
  ret：integer;
  p：Variant;
  PVData： PByteArray;
  data：string;
begin
    userdata：=TUserinterfacecj（AContext.data）;
    if userdata<>nil then
    begin
       data：=AContext.Connection.IOHandler.ReadString（commandsize）;
       setlength（data， pos（#0，data）-1）;
       if data='login' then
       begin
         ReadWString（AContext，account）;
         ReadWString（AContext，password）;
         ret：=userdata.login（account，password）;
         WriteLong（AContext，ret）;
       end
```

```
        else if data='Getcx' then
        begin
          ReadWString (AContext, sql);
          p: =userdata.Getcjcx (sql);
          WriteAny (AContext, p);
        end
        else if data='Savedata' then
        begin
          ReadWString (AContext, sql);
          ret: =userdata.Savecjdata (sql);
          WriteLong (AContext, ret);
        End
    End
End
```

IdTCPServer1Execute (AContext: TIdContext) 函数实现对网络数据的读取并解析，这里实现了用户的登陆，获取查询数据，保存客户端录入的数据，涵盖了数据库编写中的最简单应用：

```
procedure Tlogsysf.ReadWString (AContext: TIdContext; var Value: WideString);
var
  s: Tidbytes;
  num: integer;
begin
  AContext.Connection.IOHandler.ReadBytes (s, sizeof (integer));
  copymemory (@num, s, sizeof (integer));
  if (num>0) and (num<10*1024) then
  begin
    setlength (s, 0);
    AContext.Connection.IOHandler.ReadBytes (s, num);
    setlength (value, num div 2);
    copymemory (pchar (value), s, num);
    setlength (s, 0);
  end
  else
    value: ='';
end;
```

ReadWString (AContext: TIdContext; var Value: WideString) 函数实现了从网络套结字读取 WideString 字符串，重点是对字符串长度的计算：

```
procedure Tlogsysf.WriteLong (AContext: TIdContext; const Value: integer);
```

```
var
  s: Tidbytes;
begin
  s: =RawToBytes (value, sizeof (integer));
  AContext.Connection.IOHandler.Write (s);
end;
```

WriteLong (AContext: TIdContext; const Value: integer) 函数写入一整型数到网络套结字:

```
procedure Tlogsysf.WriteAny (AContext: TIdContext; const Value: Variant);
var
  s: Tidbytes;
  PVData: PByteArray;
  pbuf: pchar;
  num: integer;
begin
  num: =0;
  if Value<> null then
  begin
    PVData: =VarArrayLock (Value);
    num: =VarArrayHighBound (Value, 1);
    if num>0 then
    begin
      getmem (pbuf, num);
      copymemory (pbuf, PVData, num);
    end;
    VarArrayUnlock (Value);
  end;
  if num>0 then
  begin
    s: =RawToBytes (num, sizeof (integer));
    AContext.Connection.IOHandler.Write (s);
    setlength (s, 0);
    s: =RawToBytes (pbuf^, num);
    AContext.Connection.IOHandler.Write (s);
    setlength (s, 0);
    freemem (pbuf);
  end
  else
```

```
    begin
      num：=0；
      s：=RawToBytes（num，sizeof（integer））；
      AContext.Connection.IOHandler.Write（s）；
      setlength（s，0）；
    end；
  end；
```

WriteAny（AContext： TIdContext； const Value： Variant）函数将 Variant 数据类型写入套结字，这个是系统核心函数之一。因为使用 TAdoQuery 控件查询数据所返回的数据类型就是 Variant 类型，只有将内存中的数据块打包传输，才能使用 Socket 来进行数据库开发。这个函数需要注意对 Variant 类型所占内存大小的计算，这个地方处理不好，整个系统就失去了价值：

```
procedure TUserinterfacecj.ReadAny（out Value： Variant）；
var
  s：TIdBytes；
  num：integer；
begin
  IdTCPClient1.IOHandler.ReadBytes（s，sizeof（integer））；
  copymemory（@num，pchar（s），sizeof（integer））；
  setlength（s，0）；
  if num>0 then
  begin
    IdTCPClient1.IOHandler.ReadBytes（s，num）；
    value：=s；
    setlength（s，0）；
  end
  else
    Value：=null；
end；
```

ReadAny 函数将服务器端传过来的 Variant 类型进行读取并付值给相应变量，让客户端可以正常处理数据库二维数据。

在开发过程中，专门形成了一个接口文件 userinterface.pas，方便调用，在西部钻探工程有限公司测井公司开发的项目中得到良好的应用。

参 考 文 献

1　李　维．Inside 深入核心 VCL 架构剖析．北京：电子工业出版社，2004

2　Jon C Snader．高级 TCP/IP 编程．北京：中国电力出版社，2001

OpenWorks 项目数据模型研究与分析

谭向农　艾　民　刘　鸿

（中国石油新疆油田公司数据中心）

摘　要　随着中国石油天然气股份有限公司（以下简称中石油）A1 项目推广应用的深入，OpenWorks 数据管理作为项目研究环境建设的基础工作，要求 OpenWorks 项目工区所管理的数据资料具备准确性和完整性以及数据管理具有较高的工作效率、深度和广度。采用 Oracle 数据库管理工具对基于 POSC 标准的 OpenWorks 后台数据库管理模型进行研究与分析，掌握勘探开发综合研究常用数据类型在 OpenWorks 数据库中的管理方式以及管理对象之间的约束关系，提高项目研究数据管理技术水平以及工作效率，直接高效地服务于油田科学研究。

关键词　数据模型　OpenWorks　项目研究环境　A1 项目

1　引言

中石油 A1 项目相继在股份公司各油气田推广应用，项目研究环境建设作为 A1 项目推广应用的重要组成部分，得到了油田勘探开发科学研究工作者的高度重视。当前 OpenWorks 作为项目研究环境基础数据管理平台，普遍应用的是 OpenWorks 2003.12.1.3 版本，该版本的项目研究工区数据管理部分采用 OpenWorks 提供的 Project 管理以及 Data 管理两个功能模块实现。

Project 管理实现项目研究工区的创建、管理、数据传输以及坐标投影系统的编辑等功能，应用灵活，实用性强。Data 管理实现入库数据的导入、导出、入库各数据类型的查询浏览、井符号、岩性符号等特征符号的编辑等，功能全面。这两个功能模块已成为从事项目数据管理工作人员不可缺少的工具。

通过网上查询浏览软件 WOW，可查询浏览已经加载入库的项目研究工区数据信息，了解入库情况。

在勘探开发综合研究过程中，需要海量的大块地震数据以及类型丰富的井筒数据，项目数据管理工作中的数据质量确认、数据一致性检查以及入库数据的统计与分析，如果直接在 OpenWorks 的 Project 管理和 Data 管理功能模块中开展，则影响数据建设工作效率。此外，WOW 提供的网上查询浏览界面模式固定，数据统计分析功能弱，科研生产中一些主要数据类型如油气生产、注水等数据在 WOW 中不能直接浏览，仍需要做大量的客户化工作，加大了 OpenWorks 项目数据管理工作的难度。

OpenWorks 项目数据管理的后台数据库建立在 Oracle 数据库系统上，通过 Oracle 数据库管理工具，进行 Oracle 系统数据字典查询，以及登录 OpenWorks 项目工区所对应的 Oracle 管理用户，研究分析项目研究工区数据模型，掌握项目工区数据建设情况，对项目研究数据的建设质量、数据完整性以及基于数据库基础的应用程序开发，均具有一定的实用价值。

2 OpenWorks 数据管理

OpenWorks 数据管理以项目工区为单位，分为外部数据文件管理以及 Oracle 数据库数据管理两部分。勘探开发综合研究常用数据类型通过 OpenWorks 管理工具加载到项目研究工区之后，地震类大块数据体以及井筒各数据类型均通过 OpenWorks 建立起了有效管理机制。

2.1 外部数据文件管理

项目研究工区一旦建立，便形成了 OpenWorks 外部数据结构，用于存储该项目工区的所有 OpenWorks 外部数据。外部数据结构由 OpenWorks 配置管理文件－owdir.dat 定义目录的位置，集成于 OpenWorks 的应用软件所产生的外部成果数据文件将存放在相应的管理目录下，形成了外部数据文件的规范化管理以及数据的有效共享。

加载到项目研究工区的地震数据体，以及地震解释层位数据均以外部数据文件的方式存储，存放目录由该项目研究工区用户下的 .lgclogin 文件中 OW_PMPATH 参数定义。

2.2 Oracle 数据库数据管理

一个项目研究工区对应一个 Oracle 数据库数据管理用户，在 Oracle 数据库系统中，存放着该研究工区的二三维地震工区信息以及其导航数据、地震解释断层数据、井筒数据。通过 Oracle 数据库系统的管理机制管理项目研究工区数据，具有较高的稳定性和安全性。OpenWorks 项目研究工区用户的建立、删除和授权等管理工作，通过 Oracle 的 DBA 用户来进行。

3 数据模型分析

在创建 OpenWorks 项目研究工区的同时，在 Oracle 数据库系统中也相应创建了基于工区管理的数据模型，该数据模型共有数据表（Table）728 张，数据项 11190 个。同时建立了视图（View）73 张、程序包、触发器、索引等数据库对象。

OpenWorks 数据模型基于 POSC 以及 PPDM 标准。PPDM 作为公共石油数据模型，为石油工业上游定义标准的数据模型，与 POSC 数据模型相比，它涉及的上游专业领域较窄。POSC 的 Epicentre 标准是一套面向石油勘探开发的一个统一的具有面向对象特征的逻辑数据模型。

OpenWorks 数据模型涉及石油勘探开发各个领域，现仅对勘探开发一体化研究工作中常用的地震数据类型以及 16 类井筒数据类型进行模型分析。

3.1 地震数据模型

3.1.1 地震导航数据模型

二维地震测线基础信息以及测量成果数据模型、三维地震导航数据模型，主要涉及的数据表以及相互之间的约束关系，如表 1 所示。

表 1　二维地震测线基础信息及测量成果、三维导航数据模型

序号	数据表名称	数据表说明	表间关系分析
1	SEISMIC_LIST_HEADER	二维地震工区名	
2	SEISMIC_LIST_MEMBER	二维地震测线名	与 1 表 LIST_ID 关联
3	SEIS_GEOM_SET	二维地震测线拐点坐标，三维导航信息	与 2 表 SEIS_GEOM_SET_ID 关联
4	BINSET_GRID	二维地震测量成果头信息，三维导航数据四角坐标	与 3 表 SEIS_GEOM_SET_ID 关联
5	BIN_SRC_VEC	二维地震测量成果	VID 与 4 表 BIN_SRC_VID 关联

3.1.2　地震解释断层数据模型

在 OpenWorks 的 Oracle 数据模型中，与断层有关的数据表较多，以“FAULT”开头的数据表均与断层数据有关，主要的数据表及约束关系见表 2。

表 2　地震断层相关数据模型描述

序号	数据表名称	数据表说明	表间关系分析
1	FAULT	断层名信息	
2	FAULT_HEAVE	地震层位断点信息	
3	FAULT_SEGMENT	地震断层线	与 2 表 FAULT_SEGMENT_ID 关联
4	FAULT_SYMBOL	地震断层符号	与 1 表 FAULT_ID 关联

3.2　井筒数据模型

根据勘探开发一体化综合研究常用主流软件井筒数据类型应用需求，归纳出 16 类井筒数据类型支持勘探、油藏评价、开发主要业务开展，16 类数据包括：(1) 井头；(2) 井轨迹；(3) 井曲线；(4) 岩性；(5) 分层；(6) 断点；(7) 电测解释；(8) 射孔；(9) 试油试采；(10) 岩心分析；(11) 压力测试；(12) 月产；(13) 月注；(14) 酸化压裂；(15) 注水剖面；(16) 产出剖面。

16 类数据在 OpenWorks 中对应的数据模型及相关约束关系见表 3。

表 3　OpenWorks 中 16 类井筒数据模型及约束关系

<table>
<tr><th>序号</th><th>数据表名称</th><th>数据表说明</th><th>表间关系分析</th><th>数据类型</th></tr>
<tr><td>1</td><td>WELL_MASTER</td><td>井基础信息</td><td></td><td>井头</td></tr>
<tr><td>2</td><td>DIR_SURVEY_HDR</td><td>井斜基本信息</td><td>与 1 表 WELL_ID 关联</td><td rowspan="4">井斜</td></tr>
<tr><td>3</td><td>DIR_SURVEY_PT</td><td>井斜倾角方位角数据</td><td>与 1 表 WELL_ID 关联</td></tr>
<tr><td>4</td><td>POSITIONAL_LOG_HDR</td><td>井斜偏移量基本信息</td><td>与 1 表 WELL_ID 关联</td></tr>
<tr><td>5</td><td>POSITION_LOG_VEC</td><td>井斜偏移量数据</td><td>WELL_ID 与 1 表 WELL_ID VID
与 4 表 POSITION_LOG_VID 关联</td></tr>
</table>

续表

序号	数据表名称	数据表说明	表间关系分析	数据类型
6	LOG_CURVE_HEADER	井曲线基本信息	与1表WELL_ID	井曲线
7	LOG_CURVE_VEC	井曲线数据	VID与6表LOG_CURVE_VID关联	
8	VC_LOG_CRV_NAME	井曲线名	与6表LOG_CRV_NAME_ID关联	
9	COMPUTED_LITHOLOGY_HDR	岩性基本信息	与1表WELL_ID关联	岩性
10	COMPUTED_LITHOLOGY_CRV	岩性数据	与1表WELL_ID关联	
11	VC_LITHO_CRV_TYPE	岩性分类表	与9、10表LITHO_CRV_TYPE关联	
12	VC_LITHO_CLASS	岩性名称表	与10表LITHO_CLASS关联	
13	PICK	井分层	与1表WELL_ID关联	井分层
14	VC_PICKSURF_NAME	层位名称表	与13表PICK_SURF_ID关联	
15	WELL_FAULT_OBSV	断点	与1表WELL_ID关联	断点
16	WELL_INTERVAL	电测解释基本信息	与1表WELL_ID关联	电测解释
17	WELL_INTERVAL_VALUE	电测解释数据	与16表INTERVAL_TYPE_ID关联	
18	WELL_COMPLETION	完井射孔	与1表WELL_ID关联	射孔
19	VC_STRATUNITNAME	射孔层位名称表	STRAT_UNIT_NAME_ID与18表COMPLETION_FORM关联	
20	WELL_TEST	试油成果	与1表WELL_ID关联	试油
21	WELL_CORE	取心井段	与1表WELL_ID关联	岩心分析
22	WELL_CORE_ANALYSIS	取心分析	与21表CORE_ID关联	
23	WELL_CORE_SAMPLE_ANAL	岩心样品分析(孔渗)	与22表CORE_ID、ANALYSIS_OBS_NO关联	
24	WELL_PRESSURE_BH	压力数据	与1表WELL_ID关联 TOP_FORM_ID与19表STRAT_UNIT_NAME_ID关联	压力测试
25	PDM_PRODUCTION_HDR	生产注水井基本信息	RESERVOIR_ID与19表STRAT_UNIT_NAME_ID关联	月产油
26	PDM_MONTHLY_PROD	月产油数据	与25表PDEN_ID关联	
27	WELL_PROD_ZONE	生产层位数据	与1表WELL_ID关联	
28	VC_ZONE_NAME	生产层位名称表	与27表ZONE_NAME关联	
29	PDM_MONTHLY_INJECTION	月注水数据	与25表PDEN_ID关联	月注水
30	WELL_TREATMENT	酸化压裂数据	与1表WELL_ID关联	酸化压裂
31	PDM_DAILY_INJECTION	注水剖面	与25表PDEN_ID关联	注水剖面
32	PDM_DAILY_PROD	产出剖面	与25表PDEN_ID关联	产出剖面

3.3 数据模型特点

以上仅对OpenWorks 2003.12.1.3版本所对应的Oracle数据库数据模型中的常用数据

类型进行了分析。OpenWorks 数据模型涉及油田勘探开发生产各专业领域，并建立了比较严格的约束关系，其数据模型特点可概括为以下几个方面：

(1) 该模型建立在 POSC 标准基础上，从高层的角度将对象抽象为技术对象与业务对象，并对各种对象分类，通过 O—A—P 的思想将它们有机地组织在一起。

(2) 将油田中发生的各种事件抽象为活动，以活动为中心组织相关对象，在这些对象间或活动间以及对象与活动间可能会建立起一些临时关系，这个临时关系由关联关系描述。

(3) 无论是对象、活动、还是关联关系，均按照层次组织，这就为信息重用奠定了基础，对于重复的信息不必在子类中进行定义，而采用继承机制直接从父类中直接继承。

(4) POSC 数据模型采用面向对象机制，可扩充性是层次模型本身所固有的性质。在实际中，可以根据具体的需要来定义一个新的对象。可扩充性包含两个方面的含义：一个是指模型本身结构的可扩充性、另一个是模型中对象实例的可扩充性。

(5) 特性的一次定义多次引用，即对同一特性只定义一次，具体描述什么对象，就看该特性与什么对象捆绑在一起，就描述哪一个对象的相关特性，这样消除了由于同一特性的重复定义而造成特性的二义性问题。

(6) 可对对象的空间拓扑结构及位置进行完整描述，这类对象称为拓扑对象。

(7) 模型中定义了许多有价值的标准参考值，如岩性符号、井符号、井曲线名称等。

(8) 定义了能够满足油田勘探与开发应用的各种丰富的数据类型。

(9) 定义了数据交换标准，以实现异构数据源间的数据存取。

4 数据模型应用

经过对 OpenWorks 2003.12.1.3 版本数据模型的研究与分析，理解和掌握 OpenWorks 数据模型，在 A1 项目研究环境建设实际工作中得到深入应用，应用范围涉及模型标准表数据的扩充、入库数据的一致性检查以及数据交换接口程序开发 3 个方面。

4.1 模型标准表数据扩充

在 OpenWorks 数据模型中，根据中石油地质图件符号相关规范，将岩性符号、含油气显示等符号在 OpenWorks 环境中进行了编制，扩充了岩性符号标准表，并应用于勘探开发研究。

根据常规测井曲线的相关规范，扩充了测井曲线数据标准，定义了曲线名称、标准计量单位以及数值范围。

4.2 数据一致性检查

在 Oracle 环境中，建立勘探开发基础数据库与 OpenWorks 数据模型连接关系，通过 SQL 进行 OpenWorks 工区数据一致性检查，确保项目工区数据完整性和准确性。

4.3 数据交换接口程序开发

根据 OpenWorks 数据模型，建立基础数据库或其他异构数据库与该模型的映射关系，通过程序二次开发，实现 OpenWorks 数据库与其他数据库之间数据交换，提高数据管理效率，例如，通过 OpenSpirit 中间件，实现 OpenWorks 数据库与油田基础数据库、Geframe

数据库、Petrel 等数据共享与交换。

也可通过 OpenWorks 数据模型，开发相关的数据查询系统，实现项目数据的分析与处理等功能。

5 结束语

OpenWorks 数据模型涉及石油勘探开发各专业领域，具有一定的广度与深度，但与中石油推广应用的勘探开发专业数据库数据模型在通用性方面存在一定的差距。其一，OpenWorks 数据模型不支持中文字符，因此在国内各油田应用必然会产生一定的局限性；其二，OpenWorks 数据模型侧重于勘探开发地质综合研究；其三，石油勘探开发专业应用中一些成熟的专业技术未全面纳入数据模型中考虑，例如，特殊测井技术、油藏实验压汞、粒度分析技术等；其四，对石油研究过程中形成的图像数据存储处理单一，技术方法有待提高。

在数据模型应用方面，目前仅考虑勘探、油藏评价、开发研究中常用数据类型，还需要进一步深入研究与摸索，使其在勘探开发研究应用中发挥更为重要的作用。

参考文献

1 袁 满. POSC Epicentre 数据模型——构建中石油数据模型的方法论. 大庆石油学院学报，1997，(4)

Oracle Standby 在冗灾备份中的应用

张锦江[1]　蒋元明[2]　李　辉[2]

([1] 中国石油西部钻探工程有限公司信息中心，[2] 中国石油新疆油田公司科技信息处)

摘　要　Oracle Standby 是 Oracle Data Guard 中最主要的功能，具备以下特点：高可用、性能提升、数据保护以及故障恢复等。Oracle Standby 是解决数据冗灾和快速恢复的一种实现简单，容易操作的方法，在中国石油天然气集团公司原新疆石油管理局的数据灾备中起到了关键的作用。

关键词　Oracle 数据库　冗灾　备份

1　引言

在企业信息化进程不断加快的今天，保持业务的持续性是企业用户进行数据存储时必须考虑的重要方面。灾难的出现，可能导致生产停顿、客户满意度降低，企业的竞争力会因此大打折扣。震惊世界的“9.11”事件发生后，全世界都看到了金融、电信等行业用户在灾难中的巨大损失。这样，在灾难后如何快速、正确地恢复业务系统就成为摆在企业面前的一个难题。一个先进的、完善的灾备系统将全力地保护系统的稳定运行，让业务飞速发展的同时没有后顾之忧。现在很多优秀的企业在整合业务的同时就考虑了灾备平台的建设。根据应用的现状和灾备方面的规划需要，着重考虑合理地设计和建设一体化数据复制容备保护系统，根据实施原新疆石油管理局冗灾备份的体会，现就以 Oracle Data Guard 的 Standby Database 来介绍如何最直接和有效实现数据库系统冗灾，以供大家参考。

2　Oracle Standby 的概述

Oracle Data Guard 的主要功能就是灾备数据库（Standby Database）功能，它主要是通过将生产库（Primary Database）的重做日志传到并应用到灾备数据库（Standby Database）来使灾备数据库与生产库同步，防止出现数据灾难，如图 1 所示。

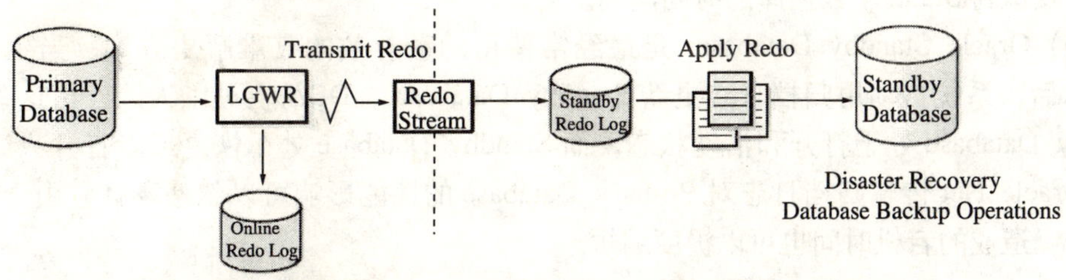

图 1　生产库到灾备数据库流程示意图

2.1　主备数据库的同步方式

（1）将重做日志直接从 Primary Database 同步写到 Standby Database 来完成完全没有

数据损失的灾难保护。这将会给 Primary Database 的性能带来一定的性能损失。

(2) 将归档的重做日志从 Primary Database 异步写到 Standby Database 来使 Primary Database 在极少损失性能的前提下，最小化地减少数据的丢失。

重做日志数据到达 Standby Database 后快速应用到 Standby Database，则在 Primary Database 出现问题时也可以快速地将错误转移到 Standby Database。然而，如果延缓一定时间后再应用重做日志数据，可以避免 Primary Database 的错误快速地传播到 Standby Database。

2.2 Standby Database 的数据保护级别

(1) Guaranteed Protection：规定在修改生产库时，至少有一个备用数据库有效。Oracle 会通过中断主实例的工作来防止主备数据库之间的数据不一致，保证无数据丢失。这种模式对数据库性能的影响较大。

(2) Instant Protection：规定在修改生产库时，至少有一个备用数据库有效。允许主备数据库之间的数据不一致，并当恢复连接后，解决数据不一致的现象。这种模式对生产库的性能影响较小。

(3) Rapid Protection：生产库的修改快速应用在备用数据库上。会出现数据丢失，但对数据库性能的影响小。

(4) Delayed Protection：生产库的修改在延迟一定的时间后应用在备用数据库上。允许生产库与所有的备用数据库有数据分歧，数据的丢失量等同于生产库联机重做日志的未归档数。这种方式对数据库性能的影响小。

2.3 如何限制数据的丢失量

在 Primary/Standby 配置下，所有的归档日志被发送到了 Standby 节点，这使 Standby 节点的数据保持着更新。但是，如果 Primary 数据库意外关闭，联机的日志将会丢失。这使得 Primary 和 Standby 数据库之间会有一个差异。可以用以下的方法来限制这个差异：

(1) DBA 可以选择让 LGWR 在将重做日志数据写到本地磁盘的同时将数据发送到 Standby 数据库。该功能称为 Standby 零数据丢失（Standby Zero Data Loss）。这种方法从本质的角度讲提供了远程重做日志镜像，但带来的问题是会极大地损失性能。

(2) 设置系统初始化参数 ARCHIVE_LAG_TARGET。该参数是一个日志文件开始使用到被发送到 Standby 数据库的时间间隔。

(3) Oracle Standby Database 是最经常使用的最有效的灾难解决方案。当生产库产生日志后，系统自动用归档日志更新 Standby Databases，DBA 也可以人工应用这些日志。Primary Database 处于打开和活动状态，而 Standby Database 处于恢复或者打开只读状态。通过 Oracle Net 传输归档日志对 Primary Database 的性能影响可以忽略不计，由于硬件和软件升级造成的宕机时间也可以极度缩短。

2.4 Standby Database 的分类

Standby Database 可以分为物理的 Standby Database 和逻辑的 Standby Database（图 2）。

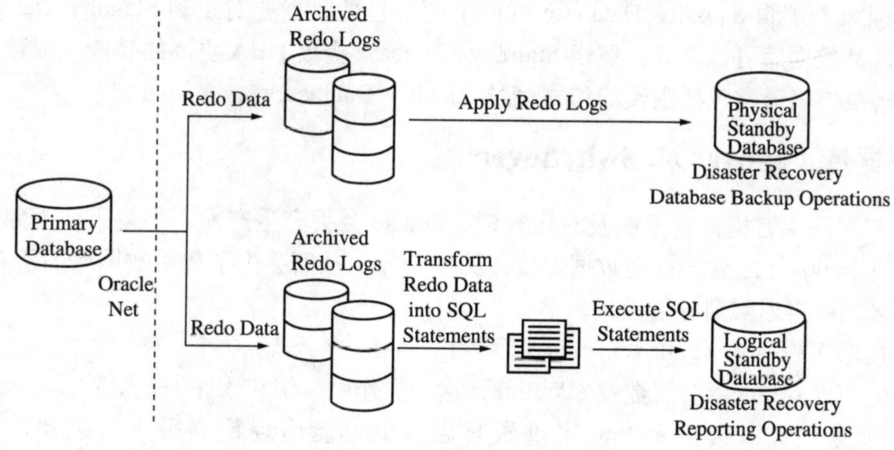

图 2　Standby Database 分类图

多个实例生产库的灾备方案（图 3）：

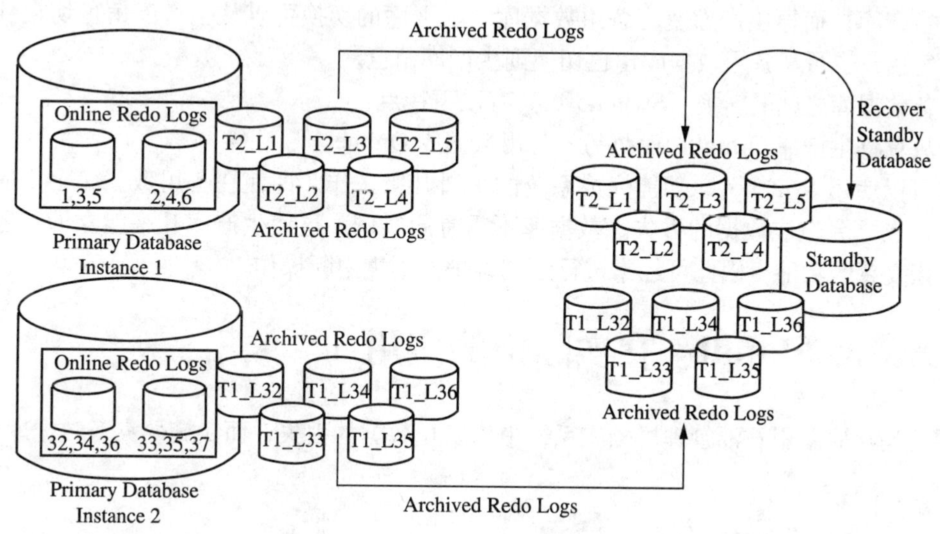

图 3　生产库的灾备方案

（1）物理 Standby Database 的含义是主备数据库在物理上是一样。主备数据库模式一定是一样的，且不能以读或写的方式打开。

（2）逻辑 Standby Database。逻辑 Standby Database 是将归档的日志转化为 SQL 事务，并将它们应用到打开的 Standby Database。因为数据库是打开的，它在物理上与 Primary Database 是不一样的。然而，从逻辑角度讲，主备数据库是一样的，因此可以接管 Primary Database 的处理。在这种情况下，Standby Database 还可以并发地进行其他的工作，例如建立一些与 Primary Database 不一样的索引和物化视图，完成决策支持等任务。逻辑 Standby Database 是最重要的数据保护特性。就像物理 Standby Database 一样，它使用归档的日志在 Standby Database 上进行处理，在 Primary Database 出现问题的情况下也没有问题。

当选择使用物理 Standby Database、逻辑 Standby Database 或两者都用时，要考虑以下一系列的因素：逻辑 Standby Database 可用于两个目的。当要对逻辑 Standby Database 进行改变时，其数据库可以打开。逻辑 Standby Database 需要 DBA 更高的技能。使数据保护极大化的解决方案通常包括逻辑的和物理的 Standby Databases。

2.5 数据库 Failover 和 Switchover

当生产库发生宕机，且不能及时恢复时，Oracle 会丢弃生产库，将备用数据库转变为生产库。当 Failover 之后，备用数据库变成为生产库，从而丢失了备用数据库的所有能力，也就是说，不能再返回到备用模式。

灾备数据库的恢复（Failover）有以下特点：

(1) 生产库 offline，备用数据库 online，这种操作由系统和软件失败引起。

(2) 即使在备用数据库上应用重做日志，也可能出现数据丢失的现象，除非备用数据库运行在 Guaranteed Protection 模式下。原生产库重新使用时必须重启实例 (Start Instance)，备用数据库也需重启实例。

(3) 在生产库正常工作时，Oracle 允许 DBA 将生产库切换到备用数据库，此备用数据库变为生产库，而原生产库变为备用数据库。数据库的切换可以从生产库角色切换到备用数据库角色，也可从备用数据库角色切换到生产库角色。

主备数据库之间的转换（Switchover）有以下特点：

①故意将生产库 Offline，而将另一备用数据库 Online。

②可以使用 Switchover 功能完成系统的平滑升级工作。即使在备用数据库上不应用重做日志，也不会造成数据的丢失。数据库不需重启实例。这使生产库几乎能立即在备用数据库上恢复它的功能，因此可经常进行定期维护而不需中断操作。

3 Oracle Standby 在实际中的应用

图 4 是在原新疆石油管理局档案系统中为防止数据的丢失，而实施的灾备数据库。

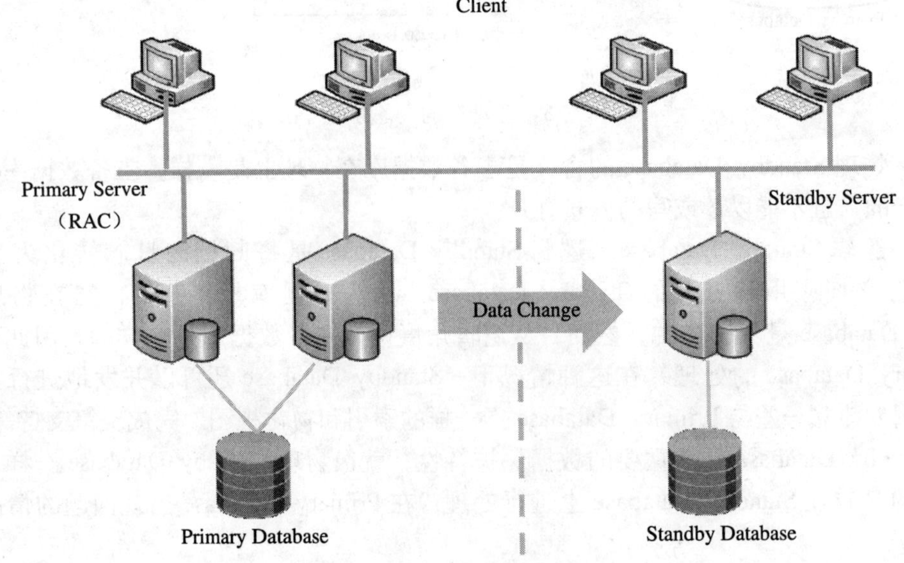

图 4　实施灾备数据库示意图

3.1 在生产库（Primary Database）上的准备工作

（1）在 Primary Database 上设置 Force Logging：

SQL>alter database force logging；

（2）设置 Oracle 生产库为归档模式：

SQL>shutdown immediate；

SQL>startup mount；

SQL>alter database archivelog；

SQL>alter database open；

（3）以 Mount 方式启动数据库，在 Primary Database 上创建 Standby Database 的控制文件：

SQL>shutdown immediate；

SQL>startup mount；

SQL>alter database create standby controlfile as 'd：\oracle\product\oradata\ standby.ctl'

SQL>alter database open；

（4）修改 Primary Databse 的初始化参数 initarchdb.ora 文件，配置归档日志传送目的地：

DB_UNIQUE_NAME='primary'

CONTROL_FILES='d：\oracle\product\oradata\control01.ctl'，'d：\oracle\product\oradata\control02.ctl'，'d：\oracle\product\oradata\control03.ctl'

LOG_ARCHIVE_DEST_1= 'LOCATION= d：\oracle\product\arch'

LOG_ARCHIVE_DEST_2= 'SERVICE=standby'

LOG_ARCHIVE_DEST_STATE_1=ENABLE

LOG_ARCHIVE_DEST_STATE_2=ENABLE

REMOTE_LOGIN_PASSWORDFILE=EXCLUSIVE

LOG_ARCHIVE_FORMAT='arc%s%t%r.arc'

FAL_SERVER=standby

FAL_CLIENT=primary

STANDBY_FILE_MANAGEMENT=AUTO

其中 Standby 是连接串，连接参数在文件 tnsnames.ora 中指定：

```
standby =
  (DESCRIPTION =
    (ADDRESS = (PROTOCOL = TCP) (HOST = standby_server) (PORT = 1521))
    (CONNECT_DATA =
      (SERVER = DEDICATED)
      (SERVICE_NAME = oadb)
    )
  )
```

（5）在灾备库建成后，拷贝控制文件和数据文件到灾备库。

3.2 创建灾备数据库（Standby Database）

（1）在灾备服务器中安装 Oracle 数据库系统，最好是目录结构、SID 与生产库的一致。

（2）将生产库停止，把数据库的数据文件拷贝到当前的灾备数据库相应的位置，覆盖灾备数据库原有的数据库文件。

（3）拷贝由生产库生成的灾备控制文件 standby.ctl 作为灾备库的控制文件，将其放置于存放在同生产库相同的文件目录下，并设置在参数文件中。

（4）拷贝生产库参数文件 initoadb.ora 到灾备库服务器相应的目录中，并作下面几步配置后做为灾备库参数文件。

①对生产库的指向参数：

```
LOG_ARCHIVE_DEST_2= 'SERVICE=primary'
FAL_SERVER= primary
FAL_CLIENT= standby
```

其中 primary 是连接串，连接参数在 D：\oracle\product\10.2.0\db_1\NETWORK\ADMIN 下的 tnsnames.ora 文件中指定：

```
primary =
  (DESCRIPTION =
    (ADDRESS = (PROTOCOL = TCP) (HOST = primary_server) (PORT = 1521))
    (LOAD_BALANCE = yes)
    (CONNECT_DATA =
      (SERVER = DEDICATED)
      (SERVICE_NAME = oadb)
  )
)
```

②接收归档日志的目录的参数 STANDBY_ARCHIVE_DEST=d：\oadb\archive；

③数据文件自动创建参数 STANDBY_FILE_MANAGEMENT=AUTO。

3.3 灾备库启停方法

注意：只有在 RAC 服务器全部宕机之后才能启动灾备库。启动后需要把灾备库的 IP 地址修改为 RAC 系统的虚拟 IP 地址，应用系统才能对其正常访问。

（1）启动：

```
$lsnrctl start
$sqlplus /nolog
SQL>connect / as sysdba；
SQL>startup mount；
SQL>ALTER DATABASE RECOVER MANAGED STANDBY DATABASE DISCONNECT FROM SESSION；
```

（2）停止：

```
$sqlplus /nolog
```

SQL>connect / as sysdba;

SQL>shutdown immediate;

（3）只读打开：

$sqlplus /nolog

SQL>connect / as sysdba;

SQL>shutdown immediate;

SQL>startup;

注意：日志应用在这种状态下暂停，此时灾备库可以进行查询 / 备份等非更新操作。

3.4 灾备库与生产库的转换（Switchover）

（1）在 Primary Database 上：

SQL>select switchover_status from v$database

switchover_status 的值如果是 To standby，可以直接转换，如果是 sessions active，则需要在 switchover 的命令后面加上 with session shutdown：

SQL>alter database commit to switchover to physical standby;

SQL>shutdowm immediate;

SQL>startup mount;

（2）在 Standby Database 上：

SQL> select switchover_status from v$database

switchover_status 的值如果是 To primary，可以直接 switchover，如果是 sessions active，则需要在 switchover 的命令后面加上 with session shutdown：

SQL>alter database commit to switchover to primary;

SQL>shutdown immediate;

SQL>startup;

要想顺利的实现转换，最好在每台服务器上都同时设置好 Primary 和 Standby 的一些初始化参数，虽然其中一些参数只有在 Primary 或者 Standby 其中之一上起作用。

3.5 当生产库发生宕机后，灾备数据库转换为生产库

设置命令：

SQL>alter database recover managed standby database finish;

SQL>alter database commit to switchover to primary;

SQL>shutdown immediate;

SQL>startup;

相关视图：v$archive_dest，v$archive_dest_status，v$log_history，v$archvied_log v$managed_standby，v$archive_gap 。

3.6 常见问题

（1）日志无法传送：

SQL>select dest_name，status，error from v$archive_dest;

察看相应的归档路径的状态是否 Valid，否则根据 Error 信息进行处理。

（2）switchover 失败：

SQL>alter database commit to switchover to physical standby

ORA−01093： alter database close only permitted with no session connected

察看引起该错误的活动 Session：

SQL> select sid，process，program from v$session where type='USER' and sid<>(select distinct sid from v$mystat)；

断开该 Session，或者使用如下命令来做 Switchover：

SQL>alter database commit to switchover to physical standby with session shutdown；

4 应用效果

在中国石油天然气集团公司原新疆石油管理局实施的冗灾备份中，为了达到数据的安全和系统的稳定，不仅对办公和档案系统数据库实施了 RAC 负载均衡，同时也实施了 Standby；通过在两台服务器之间的日志传送，实现了数据的实时备份，数据的丢失量降低到最低。经配置以后，数据库自动将归档日志传到灾备库构造数据，传送过程是连续自动的，无须干预，灾备库和生产库启停对备份过程无影响，只要灾备库和生产库同时在工作，备份过程就自动进行。

4.1 系统的高度可用性

故障恢复时间极短（以分钟计算），一旦发生灾变，灾备库可以经简单操作在数分钟内启动并替代生产库工作。而其他备份式方式，依数据量而定，可能需要数小时或数十小时，并且操作复杂。灾备数据库是最有效的数据备份方式，发生数据丢失的极端情况也就是丢失一个归档日志的数据量，而 RMAN 和备份软件可能丢失二次备份之间的所有数据。

4.2 完善的数据保护

灾备数据库提供了防止数据损坏和用户错误的安全保护。生产库上的存储器级物理损坏不会传播到灾备数据库上。同样，导致生产库永久损坏的逻辑损坏或用户错误也能够得到解决。最后，在将重做数据应用到备用数据库时会对其进行验证。

总之通过 Oracle Standby 不仅可以很好地解决本地的数据备份，同时由于用于主备数据库之间数据传递的归档日志文件都比较小，因此在创建异地的冗灾备份时对网络带宽的要求比较低，实现起来也比较容易。

Oracle 数据库系统内存优化探讨

卢友娥　游　莉

（中国石油新疆油田公司采油二厂）

摘　要　本文通过分析 Oracle 数据库系统的内存结构，引出了内存的几个重要参数，对这些参数的优化设置原则进行了建议，并提供了辅助优化内存参数的一些 SQL 脚本。

关键词　Oracle 数据库　内存参数　优化

1　引言

Oracle 数据库的内存参数的配置是否合适，对于数据库的运行有着极其重要的作用，轻则影响数据库的处理速度，重则使数据库崩溃。然而一些重要参数究竟有什么意义，对数据库的哪些功能产生影响？本文将分析介绍 Oracle 的几个重要内存参数，并对参数配置是否合适做出讨论。

2　内存结构

在做讨论前，我们首先来认识一下 Oracle 数据库的内存结构。

按照系统对于内存的使用方法不同，Oracle 数据库的内存可以分为 5 个部分，即系统全局区（SGA）、程序全局区（PGA）、排序区（Sort Arer）、大池（Large Pool）及 Java 池（Java Pool）。下面分别对这几个部分进行简单介绍。

（1）系统全局区（SGA）。系统全局区（SGA）是一个分配给 Oracle 的包含一个 Oracle 实例的数据库的控制信息内存段，是一组为系统分配的共享的内存结构，又称全局共享区。主要包括以下三个部分：

①数据库高速缓存（the database buffer cache）。数据高速缓存用来存放从数据文件中读到的数据块的备份，所有该实例的用户进程共享数据库高速缓存重的数据，当数据已在数据库高速缓存中，用户进程就不必从磁盘做 I 或 O。

②重演日志缓存（The Redo Log Buffer）。重演日志是 SGA 中一个循环使用的缓存，它保留数据库的变化信息以重做数据库的操作。

③共享池（The Shared Pool）。共享池包含两个主要部分：

a．库缓存（Library Cache）。库缓存包括共享 SQL 区，私有 SQL 区。库缓存中还有 SQL 语句的分析码、执行计划等。

b．数据字典缓存（Dictionary Cache）。数据字典缓存中从数据字典中得到表、列定义、索引、用户、权限等信息。

（2）程序全局区（PGA）。程序全局区是包含单个用户或服务器数据和控制信息的内存区域。程序全局区是在用户进程连接到 Oracle 数据库并创建一个会话时，由 Oracle 自动分配。与 SGA 不同，PGA 为非共享区，主要是用户在编程时的变量与数组的存储区域。

(3) 排序区（Sort Arer）。排序区是为有排序要求的 SQL 语句提供的内存空间，系统使用专用的内存区域进行数据的排序，这部分空间称为排序区。用户数据的排序有两个区域，一个是内存排序区，另一个是磁盘临时段，系统优先使用排序区进行排序，如果内存不够，系统自动使用磁盘临时表空间进行排序。为提高速度，最好用内存排序区。

(4) 大池（Large Pool）。包含在系统全局区（SGA）中，是一个可选内存区，大池是用于数据库备份工具恢复管理器 RMAN 的内存区域。

(5) JAVA 池（Java Pool）。包含在系统全局区（SGA）中，Java 池主要用于支持 Java 语言的开发。

3 内存主要参数及优化原则

(1) 系统全局区(SGA)相关参数。对于 SGA 部分，我们通过 sqlplus 中查询可以看到：

```
SQL> select * from v$sga;

NAME                    VALUE
---------------------------------------
Fixed Size                  442280
Variable Size           3506438144
Database Buffers        2147483648
Redo Buffers               1064960
```

其中：

Fixed Size：存储了 SGA 各部分组件的信息，可以看作引导建立 SGA 的区域。

Variable Size：包含了 shared_pool_size，java_pool_size，large_pool_size 等内存设置。

Database Buffers：指数据缓冲区。在 9i 中包含 db_cache_size，db_keep_cache_size，db_recycle_cache_size，db_nk_cache_size。

Redo Buffers：指日志缓冲区，参数是 log_buffer。在这里要额外说明一点的是，对于 v$parameter，v$sgastat，v$sga，查询值可能不一样。v$parameter 里面的值，是指用户在初始化参数文件里面设置的值，v$sgastat 是 Oracle 实际分配的日志缓冲区大小（因为缓冲区的分配值实际上是离散的，也不是以 Block 为最小单位进行分配的），v$sga 里面查询的值，是在 Oracle 分配了日志缓冲区后，为了保护日志缓冲区，设置了一些保护页，通常我们会发现保护页大小大约是 11k（不同环境可能不一样）。

① Log_buffer。对于日志缓冲区大小的设置，通常没有过多的建议，因为参考 LGWR 写的触发条件之后，我们会发现通常超过 3M 意义不是很大。作为一个正式系统，可能考虑先设置这部分大小为 1 ~ 3M，然后针对具体情况再调整。

② Large_pool_size。对于大缓冲池的设置，假如不使用 MTS，建议在 20 ~ 30M 足够了。这部分主要用来保存并行查询时的一些信息，还有 RMAN 在备份时可能会使用到。如果设置了 MTS，则由于 UGA 部分要移入这里，则需要具体根据 Server Process 数量和相关会话内存参数的设置来综合考虑这部分大小的设置。

Oracle 的 large_pool 用于 MTS、并行查询和 RMAN。如果使用了 MTS 或 RMAN，

large_pool 特别有用，它可以降低用户对 shared_pool 的争用，这个参数不推荐设置（或设为 1M）。

③ Java_pool_size。Oracle 8i 以后版本中，Oracle 数据库内置了对 Java 的支持，短消息系统并未使用这些功能，因此，java_pool_size 的值可以减少到 1M。但如果数据库安装时选择了 JServer 组件，则这个值可以设置为 20 ~ 30M 之间。可以查询 v$option 动态视图，如果 Java 那一项值为 True，则表示安装了 JServer，为 False，表示未安装。

④ Shared_pool_size。Shared_pool_size 是分配给共享 SQL 区的字节数，应保证共享池足够大，以使 Oracle 能在共享池中保持分析和执行语句，以清除不必要的重复扫描。这个参数的设置建议在 150 ~ 500M 之间。如果系统内存为 1G，该值可设为 150 ~ 200M；如果为 2G，该值设为 250 ~ 300M；每增加 1G 内存，该值增加 100M；但该值最大不应超过 1000M。

⑤ Data Buffer。

现在我们来谈数据缓冲区，在确定了 SGA 的大小并分配完了前面部分的内存后，其余的，都分配给这部分内存。通常，在允许的情况下，都尝试使得这部分内存更大。这部分内存的作用主要是缓存 DB Block，减少甚至避免从磁盘上获取数据，在 9i 中通常是由 Db_cache_size 来决定大小的。如果设置了 Buffer_pool_keep 和 Buffer_pool_recycle，则应该加上后面这两部分内存的大小。

在 1G 内存的服务器上，能分配给 SGA 的内存大约为 400 ~ 500M。若是 2G 的内存，大约可以分到 1G 的内存给 SGA，8G 的内存可以分到 5G 的内存给 SGA。当然这里是以默认的排序部分内存 Sort_area_size=64k 进行衡量的，假如需要调大该参数和 Hash_area_size 等参数，应该根据并发的进程的数量，来衡量考虑这个问题。事实上，通常更习惯通过直观的公式化来表达这样的问题：

OS 使用内存 +SGA+ 并发执行进程数 × (sort_area_size+hash_ara_size+2M)< 0.7 × 总内存

由于目前几乎所有的操作系统都使用虚拟缓存，所以实际上如果就算 SGA 设置的比较大也不会导致错误，而是可能出现频繁的内存页的换入与换出（page in/out）。在操作系统一级如果观察到这个现象，那么就需要调整内存的设置。

（2）程序全局区（PGA）相关参数。

① Workarea_size_policy。这也是 Oracle 9i 新引入的参数，如果该参数设为 Auto，Oracle 会为所有的 Session 在 SGA 区之外分配一块大的内存区域作为 UGA，该内存由 Pga_aggregate_target 设置。每个 Session 都在这块大内存区中做排序等操作，从而不用再设置其他的“*_area_size” 参数。该值在 Oracle 9i 中缺省设为 Auto，建议继续使用缺省值。

② Pga_aggregate_target。该参数指定连接到例程的所有服务器进程的目标 PGA 总内存。建议对该值设置为每 1G 内存增加 100M，但最大不要超过 500M。设置了 Workarea_size_policy 和 Pga_aggregate_target 参数后，不用再设置 Sort_area_size 等参数。

（3）排序区（Sort Arer）相关参数。

Sort_area_size。该参数是当查询需要排序的时候，Oracle 将使用这部分内存做排序，当内存不足时，使用临时表空间做排序。这个参数是针对会话（Session）设置的，不是针对整个数据库。即如果应用有 170 个数据库连接 Session，假设这些 Session 都做排序操作，则 Oracle 会分配 8 × 170 等于 1360M 内存做排序，而这些内存是在 Oracle 的 SGA 区之外分配的，即如果 SGA 区分配了 1.6G 内存，Oracle 还需要额外的 1.3G 内存做排序。

建议该值设置不超过 3M，当物理内存为 1G 时，该值宜设为 1M 或更低（如 512K）；

2G 时可设为 2M；但不论物理内存多大，该值也不应超过 3M。

4 如何判定是否优化

如何来判定你设置的一些内存参数是否为优化，可以通过下面一些值来进行辅助判断。

（1）数据库缓冲区命中率。可以通过如下的脚本来进行辅助判断：

```
select 1-（phy.value/（cur.value + con.value)） HIT_RATIO
 from   v$sysstat cur， v$sysstat con， v$sysstat phy
 where  cur.name = 'db block gets'
 and    con.name = 'consistent gets'
 and    phy.name = 'physical reads'
```

结果应该大于 90%，否则应该增大 Db_cache_size 的大小。

（2）库高速缓存命中率。可以通过如下的脚本来进行辅助判断：

```
select sum（pins）hits，sum（reloads）misses，
        sum（pins）/（sum（pins）+sum（reloads)）hitratio
from v$librarycache
```

该值应该接近 100%，否则就增加 Share_pool_size 的尺寸。

（3）字典高速缓存成功率。可以通过如下的脚本来进行辅助判断：

```
select（1-（sum（getmisses）/（sum（gets）+sum（getmisses)))）*100 "Dictionary Hit rate"  from v$rowcache
```

该值应该高于 90%，否则就增加 Share_pool_size 的尺寸。

（4）重做缓冲区等待。可以通过如下的脚本来进行辅助判断：

```
select sum（value） "redo buffer waits" from v$sysstat
where name='redo log space wait time'
```

该值不应该大于 0，否则提高 Log_buffer 的值。也可以通过日志等待的值来进行辅助判断：

```
select value "redo log waits" from v$sysstat
where name='redo log space requests'
```

如果日志等待大于零，表示进程在等待重做日志缓冲区的空间。可以通过增加参数 Log_buffer 的值来调整。

（5）磁盘排序率。可以通过如下的脚本来进行辅助判断：

```
select disk.value "Disk", mem.value "Mem", （disk.value/mem.value）*100 "Ratio %" from v$sysstat disk, v$sysstat mem where mem.name = 'sorts （memory）' and disk.name = 'sorts （disk）'
```

ratio% 应该小于 5%，否则增加 Sort_area_size 的值。

5 结束语

数据库系统的内存优化是一个全面、复杂、动态的过程。本文只涉及其中很简单很常规的部分，希望对 Oracle 数据库系统的初学者和各兄弟单位同行能有所帮助。

多个数据库实例的集中管理和物理 Standby 数据库的建立

陈晓右　哈撒古丽　宋滨涛

（中国石油塔里木油田公司）

摘　要　本文概述了分别运行在不同服务器的三套数据库，集中迁移到一台服务器上，原数据库的实例名称和服务 IP 保持不变，同时，建立一套物理 Standby 数据库，利用 Oracle Data Guard 保护生产数据不受故障、灾难、错误和崩溃的影响。

关键词　数据库　Standby　HACMP

1　引言

目前有三套数据库分别运行在 Sun450、Sun880、P560 服务器上，数据库版本分别是 Oracle 8.1.7.0、Oracle 9.2.0.1。需要把这三套数据库迁移到服务器 P590 上，数据库版本为 Oracle 10.2.0.1。待迁移完成后，在服务器 P590 和 P560 之间实现数据库的 Standby，同时能够完成数据库和对外服务 IP 的切换。根据这些要求，整个实施过程中需要完成以下工作：数据库的迁移；HACMP 的规划实施；数据库 Standby 的实现。考虑到生产系统的安全，首先要保证数据库迁移的完成和稳定运行。

2　数据库迁移（迁移到 P590）

2.1　迁移的数据库列表

迁移的数据库如表 1 所示。

表 1　迁移数据库列表

序号	IP 地址	操作系统	数据库版本	实例名称
1	10.79.20. ×	Solairs	Oracle 8.1.7	Orakf01
2	10.79.20. ×	AIX	Oracle 9.2.0.1	Orakf02
3	10.79.20. ×	Solaris	Oracle 9.2.0.1	Orakf03

2.1　操作系统要求

迁移后的数据库版本为 Oracle 10.2.0.1，需要安装在 AIX 5.3 操作系统之上。对操作系统的版本、系统配置参数和操作系统用户方面有一定要求。主要如下：

（1）必要的操作系统补丁。在 AIX 5.3 上安装 Oracle 10.2.0.1 需要一些必要的补丁包和软件包，在安装 Oracle 产品之前，需要检查操作系统中是否已经安装了这些补丁包和软件包，如表 2 所示。

表 2　必要的操作系统补丁

软件名称	安装要求	备　注
ML/TL	对于 AIX5.3，需要 Maintenance Level 02 或更高	建议升级到 AIX 5300-07
FileSets & Software	bos.adt.base	
	bos.adt.lib	
	bos.adt.libm	
	bos.perf.libperfstat	
	bos.perf.perfstat	
	bos.perf.proctools	
	xlC.aix50.rte：7.0.0.4 或更高	当前最新版本为 xlC.aix50.rte.8.0.0.2，要求安装最新版本
	xlC.rte：7.0.0.1 或更高	当前最新版本为 xlC.rte.8.0.0.0，要求安装最新版本
	IBM XL C/C++ Enterprise Edition V 7.0 for AIX PTF （7.0.0.2）	用于 PL/SQL 和 Pro*C/C++。当前最新版本为 XL C/C++ Enterprise Edition for AIX， V9.0，要求安装最新版本
	gcc 3.3.2 或更高	用于 PL/SQL 和 Pro*C/C++
	mqm.Client.Bnd	用于 ORACLE Messaging Gateway
	mqm.Server.Bnd	
Fixes	IY58143	用于 AIX 5.3 升级
	IY59386	修正 libdepend.mk 文件
	IY60930	修正网络路由操作
	IY66513	修正 LDR_CNTRL 初始化错误
	IY70159	修正 krtl 重分配错误
	IY68989	修正 eFix 错误
其他 Software	JDK 1.4.2（64-bit）	

（2）调整操作系统 Shell 限制。在 AIX 5.3 上安装 Oracle 10.2.0.1 还需要修改安装和运行 Oracle 用户的 Shell Limits，如表 3。

表 3　Shell Limits 修改建议

Shell Limit	建　议
Soft FILE size	−1 （Unlimited）
Soft CPU time	−1 （Unlimited）
Soft DATA segment	−1 （Unlimited）
Soft STACK size	−1 （Unlimited）

（3）调整操作系统配置参数。需要调整 AIX 5.3 配置参数 “Maximum number of Processes allowed peruser”，将其设为 2048。

（4）数据库操作系统用户及用户组。在操作系统层面要求创建如表 4 中的用户和组。

表 4　数据库操作系统用户及用户组

类　型	名　称	备　注
用户	Oracle	组号：800，Oracle 产品用户
组	Oinstall	Oracle 产品安装使用
	Dba	ID 号：801，Oracle 产品属主

2.3　网络要求

由于各个应用系统的修改比较复杂，因此在数据库迁移之后数据库对外提供服务的 IP 保持不变，在迁移完成和系统切换之后，P590 服务器上要绑定 3 个原来数据库服务器的 IP 地址，这 3 个 IP 在安装配置 HA 之后，作为浮动 IP 使用。同时服务器也要分配一个物理 IP，为了保证整个实施过程的顺利进行，还需要分配一个 IP 作为测试使用。主要需要 IP 如表 5 所示。

表 5　需要 IP 制表

序号	IP	用途说明
1	10.79.20.×××	安装配置完 HA 后，P590 的物理 IP
2	10.79.20.×××	测试使用
3	10.79.20.×××	实例 Orakf01 对外提供服务 IP
4	10.79.20.×××	实例 Orakf02 对外提供服务 IP
5	10.79.20.×××	实例 Orakf03 对外提供服务 IP

2.4　Oracle 产品安装

在操作系统、存储和网络准备工作完成后，可进行数据库产品的安装。

2.5　创建数据库实例

在 Oracle 产品安装完成之后，启动数据库配置助手 Dbca 创建数据库实例，一共需要创建 4 个实例，分别是 Orakf01、Orakf02、Orakf03、Test，前 3 个作为生产库使用，Test 作为整个迁移、数据库 Standby、HA 实施过程中测试使用，实例 Test 的迁移内容和 Orakf01 一致。

2.6　在新库中创建表空间

2.7　数据的导出和导入

在此过程中，首先使用新创建的实例 Test 导入原数据库实例 Orakf01 数据进行测试，待测试成功后，再进行其他实例的迁移，数据的导出和导入使用 Export 和 Import 模式进行。

3　数据库 Standby 的实现

在数据库的迁移完成之后，为了保证数据的可靠性和安全性，采用 Oracle Data Guard 保护生产数据不受故障、灾难、错误和崩溃的影响。Data Guard 使备用数据库保持为与生产数据库在事务上一致的副本。这些备用数据库可以距离生产数据库中心任何距离。当生产数据库由于计划中断或者意外中断变得不可用时，Data Guard 可以将任意备用数据库切换到生产角色，从而将中断相关的停机时间减到最少，并防止任何数据的丢失。图 1 为 Oracle Data Guard 的结构概述。

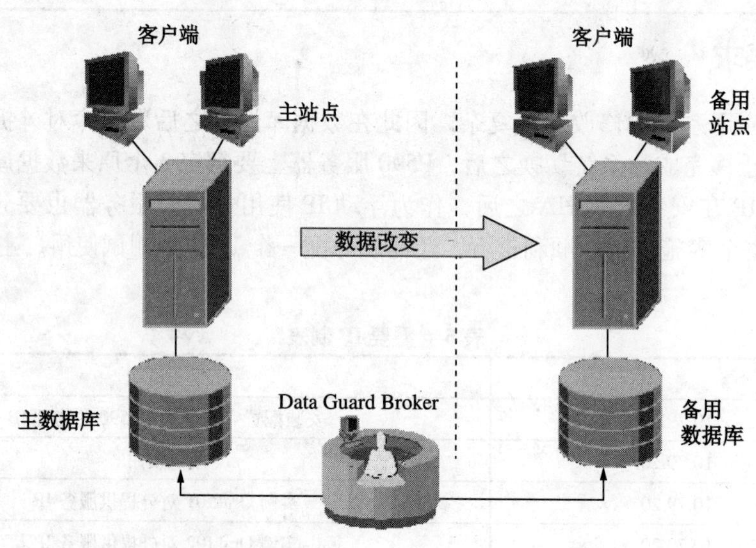

图 1　Oracle Data Guard 结构概述

3.1　P560 服务器环境准备

P560 服务器原来作为一个生产数据库服务器使用，迁移完成之后，在此服务器上安装备用数据库，首先要准备环境，要求环境与主库（P590）的环境完全相同。

3.2　建立物理备用数据库

（1）对主数据库做一次完整热备份，获得备用数据库数据，并拷贝到 P560 服务器；

（2）建立备用数据库参数文件，与主库不一样的参数有 standby_file_management、remote_archive_enable、standby_archive_dest、fal_server、fal_client；

（3）从主服务器拷贝口令文件到备用服务器；

（4）配置主备服务器的网络连接；

（5）在主数据库创建备用服务器控制文件，并将控制文件拷贝到备用数据库所在的控制文件目录下；

（6）启动备用数据库，并进行恢复。

3.3　采用 lgwr 进程传递联机日志的最大性能模式

（1）在备用数据库上创建备用日志；

（2）修改主库的归档路径，alter system set LOG_ARCHIVE_DEST_2='SERVICE=standby LGWR'scope=both；考虑到主库可能被切换到备用数据库，也创建同样的备用日志。

3.4 验证备用服务器是否工作

(1) 在主库上创建临时表并插入数据；

(2) 以只读方式打开从库进行查看，检验是否生效；

(3) 再次设置从库在恢复模式。

4 HACMP 实施

在数据库迁移前后，用户要求每个实例对外提供的数据服务的 IP 地址不变，在 Oracle Data Guard 的实施完成后，考虑到如果主库切换到从库后，主库的 IP 地址无法切换，因此采用 HA 来实现 IP 地址切换。当数据库从主库切换到从库后，通过手工切换 HA 到备用数据库服务器，实现服务 IP 的切换。

4.1 HACMP 网络规划

HACMP 网络规划见表 6。

表 6 HACMP 网络规划

类型	主机	IP 地址 / 掩码	详细说明
服务地址		10.79.20.×	实例 Orakf01 对外提供服务的 IP
		10.79.20.×	实例 Orakf02 对外提供服务的 IP
		10.79.20.×	实例 Orakf03 对外提供服务的 IP
		10.79.20.×	测试使用
永久地址	P590	10.79.20.×	绑定在节点的 IP 地址
	P560	10.79.20.×	
引导地址	P590	10.79.20.×	绑定在节点各网卡的 IP 地址
		10.79.20.×	
	P560	10.79.20.×	
		10.79.20.×	

4.2 资源组规划

资源组规划如表 7 所示。

表 7 资源组规划

序号	资源组名称	方式	绑定 IP
1	Orakf01	rotating	10.79.20.×
2	Orakf02	rotating	10.79.20.×
3	Orakf03	rotating	10.79.20.×
4	test	rotating	10.79.20.×

4.3 HACMP 软件安装

（1）检查 AIX 操作系统配置，看是否 HACMP 安装的先决条件；

（2）准备 HACMP 安装介质，进行 HACMP 的安装；

（3）安装完成后，通过 Smit Hacmp 检查是否安装成功。

4.4 HACMP 配置

（1）编辑 HACMP 相关的网络配置文件，由于在实施 HACMP 之前，规划的对外服务 IP 为固定 IP，因此在进行 HACMP 配置前，需要先把这些 IP 从原来的网络配置中删除；

（2）添加高可用资源，因为只需要实现 IP 的切换，所以只需要添加服务 IP 地址即可；

（3）Extended Configuration 配置；

（4）创建和配置资源组，一共有 4 个；

（5）同步 HACMP 配置。

4.5 HACMP 测试

HACMP 配置完成之后，需要进行测试，测试目的为数据库从主库切换到从库后，切换 IP 到备用服务器，数据库能够正常工作。过程如下：

（1）数据库备库切换为主库；

（2）HA 切换到 P560；

（3）对 Oracle 的网络连接进行配置和检查；

（4）通过应用来检查数据库是否正常工作；

（5）测试成功后恢复到原来状态。

管控一体化技术在采气一厂的应用

单鸿飞　蔺胜利　李华山　杜　宏
（中国石油新疆油田公司采气一厂）

摘　要　中国石油新疆油田公司采气一厂（以下简称采气一厂）应用管控一体化技术已基本实现对生产过程数据的采集、发布及各种简单的处理分析。极大地提高了生产数据的利用率，提高了科研、管理人员的工作效率。本文主要从三方面阐述管控一体化技术应用，第一，各种监控手段在采气一厂的合理高效应用，第二，实现所有站库的生产数据采集、集中存储，第三通过生产数据查询系统实现数据定时发布、历史趋势追溯。使我们在生产数据存储、管理、应用、分析等应用方面奠定了坚实的基础，充分提高了采气一厂生产自动化的管理水平。

关键词　管控一体化　生产自动化　数据采集　数据应用

1　引言

随着科学技术的不断发展，各种先进技术不断进入到生产过程中，生产过程的自动化程度不断提高，劳动效率在不断的提高，自动化技术的应用也由车间级提高到企业级乃至集团级，为了更好地组织好各种生产关系，ERP 技术应运而生，ERP（EnterPrise Resource Planning）即企业资源计划。ERP 是整合了企业管理理念、业务流程、基础数据、人力物力、计算机硬件和软件于一体的企业资源管理系统。这其中衔接生产过程与 ERP 之间的部分称为“管控一体化系统”。

2　管控一体化

管控一体化系统采用计算机、网络、数据库、自动控制和接口通信等诸多先进技术，以生产过程控制系统为基础，通过对企业生产管理、过程控制等信息的处理、分析、优化、整合、存储、发布，运用现代化企业生产管理模式，建立覆盖企业生产管理与基础自动化的综合系统。将企业生产全过程的实时数据和生产管理信息有机集成并优化，实现企业信息共享和有效利用，降低生产消耗，提高产品质量，实现企业生产经营过程的整体优化。主要由三层构成，如图 1 所示。

数据采集层：主要完成数据的区域性集中，实现对生产现场各种数据的自动收集和协议转换，是建立生产管理系统的基础。

数据集中层：利用计算机的网络技术、数据库技术以及接口技术，将各区域的数据进行统一加工、处理和分析、存储、发布，建立有效的信息平台。

数据应用层：利用可视化软件、数据库分析软件等，基于数据采集、数据处理的信息，对系统中的所有数据进行各种处理、分析、再现，建立与生产管理相关的应用系统，为科学的组织、指挥、跟踪与监督生产过程，提供有效的信息平台。

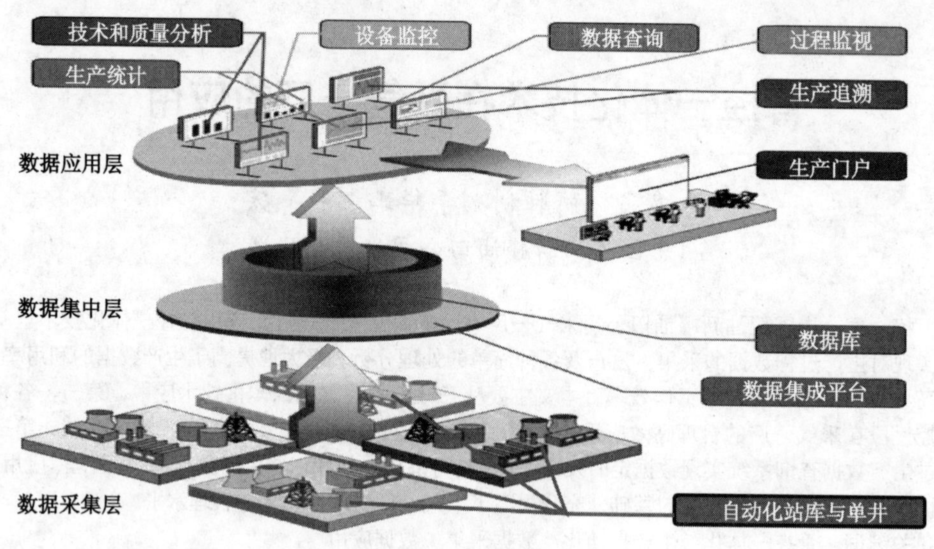

图 1 管控一体化结构图

3 生产自动化应用概况

生产自动化的作用在于能够监测各个环节中的参数，并集中反映给监控人员，为调控生产提供可靠依据，同时也能够按照指令实现部分生产过程的自动控制。天然气的生产过程分采气和集气处理两个方面。采气是将天然气从地层引导至采气井口的过程，集气处理是将分散的天然气集中到一处，进行计量、分离和净化，最终生产出合格管输气和原料油的过程。

采气一厂的各个气田都实现了自动采集数据与生产过程控制，并且绝大部分气井实现了无人值守，高度集中监控，如表 1、表 2 所示。

表 1 采气一厂各站库监控系统统计表

站库名称	监控系统名称	DCS 点数	SCADA 点数	备注
盆 5 气田	安控一和利时油田应用系统	277	132	
莫 7- 莫 11 气田		108	36	
滴西 10 气田		102	6	
五 3 东增压站		25		
克 75 处理站	横河 cs1000	91		
呼图壁气田	横河 cs3000	124	70	
玛河气田		332	8	

表 2 采气一厂生产单元监测参数项目

序号	部位	主要监测参数
1	气井井筒	压力、温度
2	气井井口	一级节流前压力、二级节流前压力、外输压力、井口温度、一级炉管温度、一级节流后温度、二级炉管温度、外输温度、燃料气流量、火焰状态、水套炉液位

续表

序号	部位	主要监测参数
3	水源井	A、B、C 三相电流、电压、地下水位、流量、昨日累计流量、井口压力
4	处理站	温度、压力、流量、液位、状态、露点

其中，新建的玛河气田的主生产过程的参数采集率达到了90%。有了先进的监控系统使得天然气生产变得更加安全、可靠，大大降低劳动力投入和生产管理的难度，同时也为地质研究和工艺研究提供了翔实的数据储备。

目前，工业界系统互联大多采用的协议为OPC协议，而采气一厂使用的监控系统都支持OPC协议，这就为生产数据的集中提供了技术上的支持，能够将控制系统自身的语言转换成为通用的，Orcal数据库能够识别的语言，将生产数据集中到一处。

4　生产自动化数据集中方式

4.1　All-link 应用成果

（1）Alllink工作原理与应用模式。数据采集采用的设备是北京石大赛普的AllLink B322型远程数据终端，它是一种标准的、开放的、高速度、高精度的智能测控装置。主要应用于工业现场下的数据采集和控制。

远程数据终端是个嵌入式产品，硬件平台为嵌入式PC，其CPU兼容于Intel，内置两个标准RS232C串口和两个RJ45以太网口。操作系统为Linux，并安装了DirectXDCOM和liDDE，可支持OPC和DDE。远程数据终端可连接智能仪表（通过串口）、PLC（通过串口或以太网口）、液位仪（通过串口）、DCS（通过串口或以太网口），取得数据并以标准的OPC或DDE方式提供给用户。主要用于远程数据采集和控制。

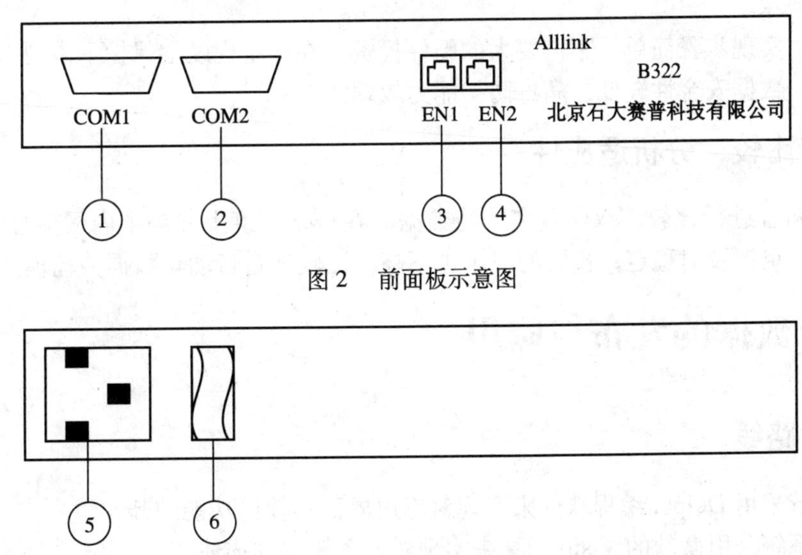

图2　前面板示意图

图3　后面板示意图

（2）Alllink 数据采集的优缺点。

①优点：

a. 结构先进，易于扩展。产品可实现工业现场最基本的控制功能，模块化、积木式结构，使得内部硬件组态非常方便。

b. 卓越的温度特性。适合在恶劣环境中工作，其高温和低温特性为 −20 ～ +75℃，且不需要特殊的加热器和冷却风扇。

c. 低成本，低功耗。具有省电模式。在软件的控制下进入休眠状态，休眠状态电能降至约 120mV，一旦有中断输入，系统就恢复供电。

d. 灵活的通信方式。支持通用的通讯协议，也可自定义通讯协议。可提供两个串行口和两个以太网口，通过组态都能与多种类型的媒体（电话线、光纤、无线电台、微波、卫星）实现通信。可以在通信网络上进行编程和诊断，现场的一切操作均可在控制中心或办公室完成。具有呼叫—报告功能，提高了反应速度，节省了数据流量的通信时间。

e. 强大的软件系统。内置功能强大的监控程序，无需编程，自动实现数据采集、数据处理等功能；多种控制算法几乎可以满足所有工业现场的控制要求。通过设置、组态就可实现一般的检测及控制。

（2）缺点：容易死机、容易中断数据的传输。

4.2 双网卡堡垒机应用成果

（1）工作原理。双网隔离技术是最近几年逐步兴起的技术，其技术原理就是一台普通计算机分成二台虚拟计算机，并可以连接内部网或外部网。这样一来，即便是外部网的虚拟机遭遇到病毒或黑客的袭击，内部网虚拟机的数据安全却仍然可以做到万无一失。并且商业用户还可以在内部网虚拟机的无毒环境下查杀病毒和木马，比较适合于抵御外来入侵的商业间谍。

双网隔离卡在实现双网隔离功能的过程中起着重要的作用，网络安全隔离卡是一个数据安全设备，它实现了内外网信息的间接隔离，在一定程度上保护了内网信息的安全。

（2）优缺点。

①优点：实现步骤简单，不需要大的硬件投资，在一定程度上保护了内网信息的安全。

②缺点：数据安全性较低、病毒防护能力较弱。

4.3 两者比较，分析适应性

通过对两者进行比较，双网隔离本地数据库在一定程度上保护了内网信息的安全，内外网信息交换也很及时稳定，投资的成本也不高，比较适合自动化数据传输模式。

5 生产数据的发布与应用

5.1 技术路线

（1）系统采用 Delphi 编程软件来实现对应用界面和软件功能的开发。

（2）本系统采用微软的 Visio 工具来实现对业务流程的描述。

（3）本系统采用 B/S 的数据录入管理模式。

(4) 本系统采用 ActiveX 技术的信息查询系统。

(5) 本系统采用 Oracle 9I 数据库管理系统。

5.2 系统部署

采气一厂生产自动化数据管理系统体系是一套集数据收集、传输、报表及发布于一体的综合信息系统。系统采用较为先进的浏览器或服务器方式访问数据库进行数据收集、处理；采用目前流行的多层开发模式进行信息发布；同时，在数据库开发方面，大量使用存储过程访问后台数据库并处理数据。因此，整个系统在纵向上可分为三层，即：用户层(客户端应用程序或 IE)；业务层（存储过程、视图、触发器等)；数据存储层（主要是数据库引擎、数据库)，如图 4 所示。

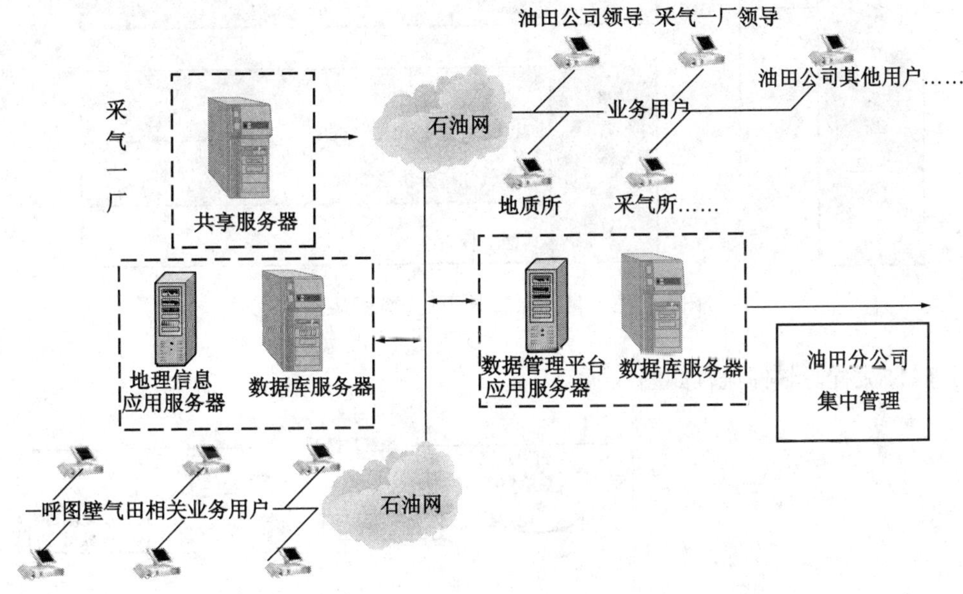

图 4 自动化发布网络示意图

5.3 创新点

(1) 系统采用了先进的实时数据库和 Oracle 数据库，保证了数据采集的实时性，提高了数据的组织、查询、处理能力。

(2) 自动化数据采集采用了 Opc 协议和 Alllink 技术，实现了数据采集模块化，提高了数据传输的效率，增强了数据的安全性。

(3) 系统采用 Delphi 面向对象的编程语言来实现应用界面和软件功能的开发，便于维护和扩展性开发。

(4) 系统采用微软的 Visio 工具来实现对业务流程的描述，条理清楚、流程维护简单、可操作性强。

(5) 系统采用 B/S 的信息管理模式，安装简单，便于维护。

(6) 系统采用 ActiveX 技术，实现了模块化管理。

5.4 项目应用成果

（1）系统框架设计。系统主要完成了数据录入、报表处理、信息发布等功能，集成了视频监控系统、天然气动态分析系统、天然气地面工程系统，使得天然气数据在一定程度上实现了集成应用，如图 5 所示。

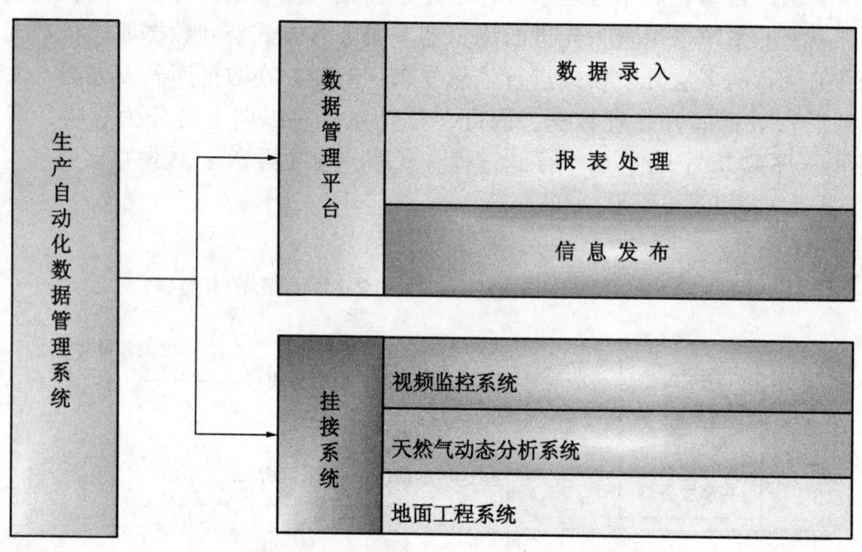

图 5　生产自动化数据管理系统框架图

（2）软件流程。软件流程如图 6 所示。

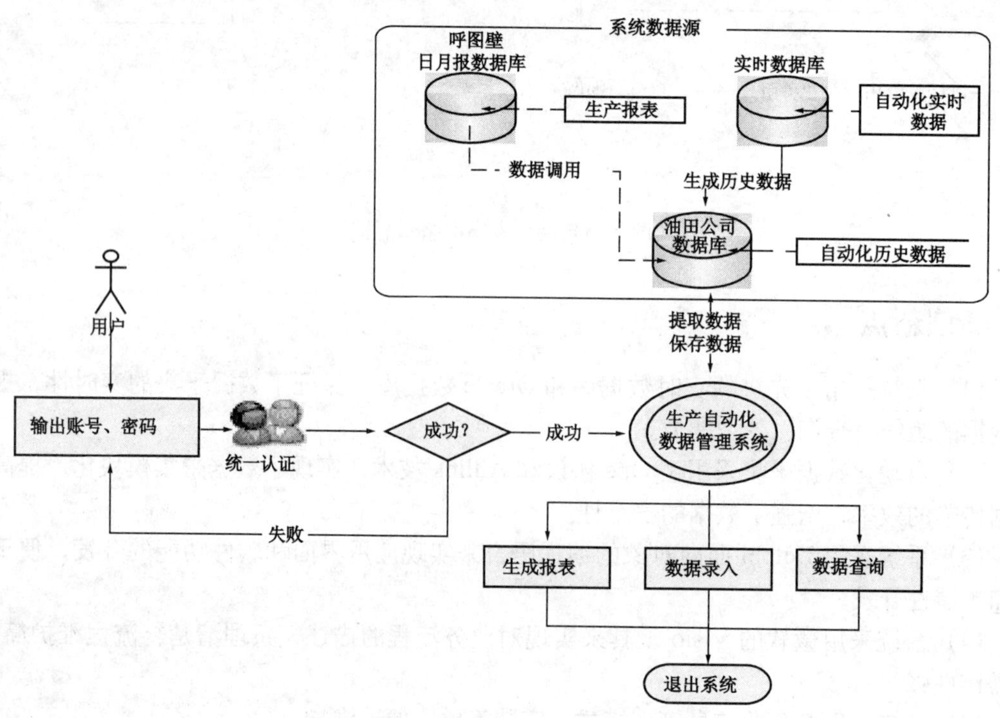

图 6　软件流程图

（3）数据库建立。数据库建立如图 7 所示。

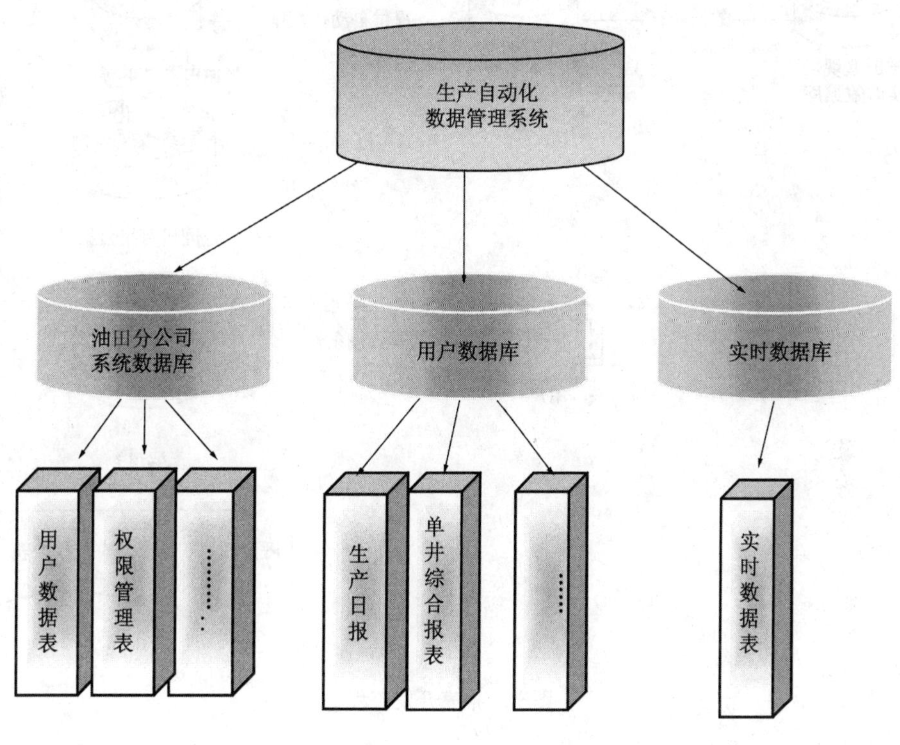

图 7　数据库流程图

（4）数据采集。建立日月报数据库，将采气一厂呼图壁作业区生产数据、工程文档资料等数据录入数据库，如图 8 所示。

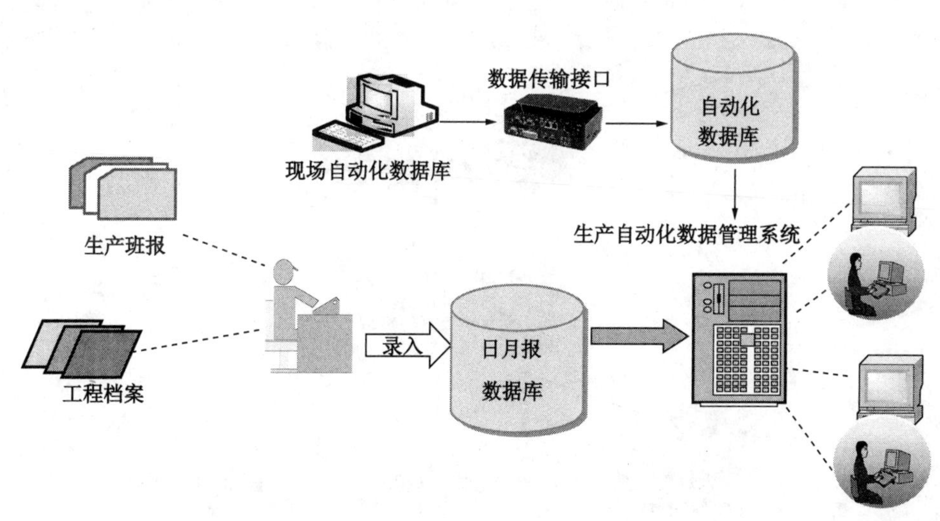

图 8　数据采集流程

（5）报表开发。如图 9 所示。

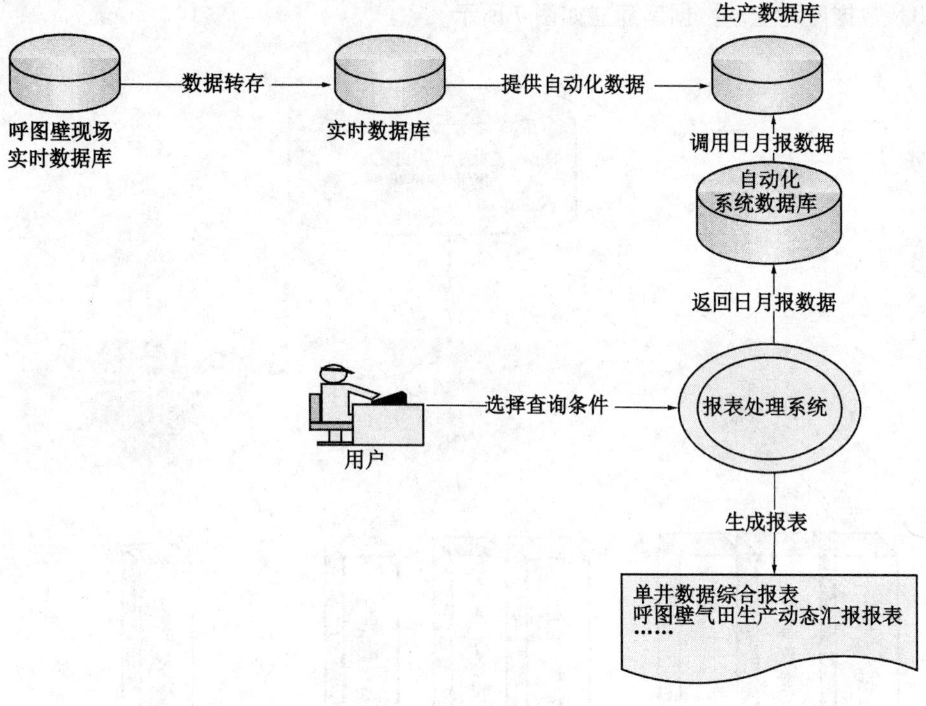

图 9　报表开发流程

（6）数据发布。如图 10 所示

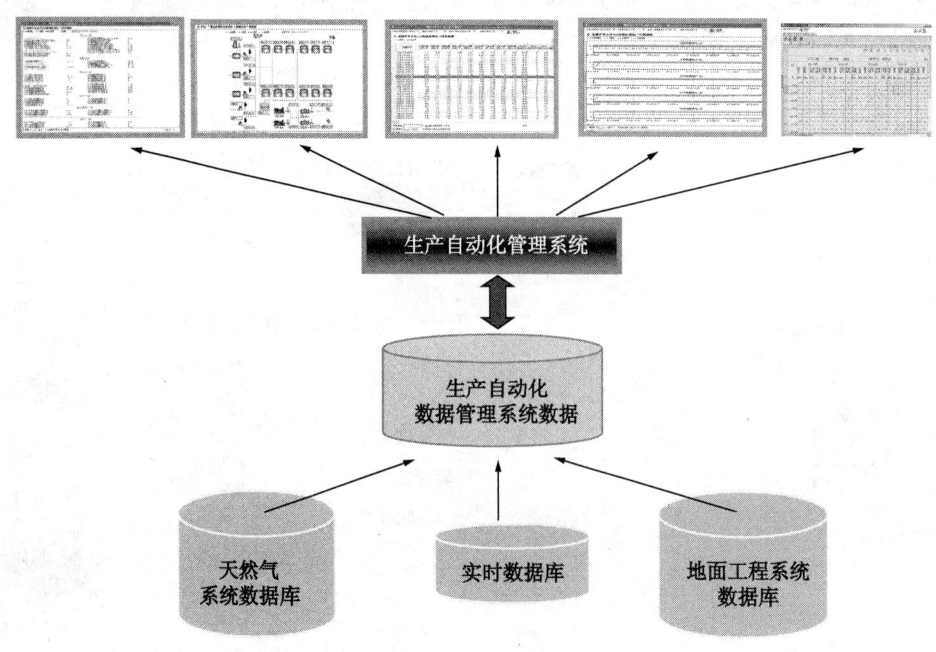

图 10　数据发布流程

5.5 社会效益及经济效益

经过近一年的建设，系统实现了数据录入、报表处理、信息查询等功能，能够为用户提供及时、准确的信息。系统认证采用油田分公司规定的统一认证方式，功能齐全、运行稳定，能够满足采气一厂生产单位的生产应用需求。

该系统利用现代化的信息技术结合先进的管理理念，建立了自动化生产数据采集、处理、查询的管控一体化平台，实现了生产自动化过程的集中统一调度和管理。为最终实现气田生产数字化、自动化、可视化打下了良好的基础。

6 采气一厂管控一体化技术研究方面下一步工作计划

6.1 进一步提高自动化数据采集的覆盖率，提高自动化监控水平

生产数据是管理与科研工作的基础。虽然现在的监控系统能够监测到天然气生产装置的绝大部分参数，但是仍然还有一部分没有监测到，例如套压、井下压力和温度等数据没有进入到自动化系统中，这些数据是以传统手抄纸报表方式的形式存在，数据记录频率为每 2 小时记录一次，这对于精细化研究和分析事故状态下的参数关联性是极为不利的。

随着精细化管理和生产技术的提高，部分人工控制的生产环节已经不能满足生产，需要实现自动控制，例如实现自动节流功能，实现气井自动调产，实现气井自动轮井计量，实现注醇压力自动调节等。使管理指令最大限度地通过自动化的方式调整生产过程。

6.2 加强网络数据传输的安全工作

（1）站库网络安全现状。目前，采气一厂每个生产作业区基本能够使用油网办公，但自动化网络相对独立，使用的是私网地址，形成多个信息孤岛，大部分站点的服务器使用两块网卡，一块配置油网地址，另外一块使用自动化私网地址，通过油网将数据上传到总部。

生产作业区自动化网络部署的比较复杂，部分应用软件绑定了 IP，不方便修改，没有形成完整的、自上而下的、统一的自动化网络平台。

（2）加强站库网络安全建设。根据油气自动化网络的建设现状，油田办公网络和自动化网络一般在传统上都组建在不同的网络平台上，互相之间一般很少直接或者间接的通信，随着油田数据中心的建立，油田数据的采集等要求的提出，各种支持系统和生产自动化系统之间的数据交换和共享显得越来越重要，安全可靠的整合这些系统，建立统一的网络平台可以大大提高油田的生产力，更有效的调配各项资源，对油田市场变化的反应更灵敏。现代自动化应该以油气生产数据采集和处理的应用为导向来建立新型的网络通信平台；以油田生产为中心，组建安全可靠的自动化网络，能够及时地更新油田生产数据；在办公网络和自动化网络之间提供安全防护，根据油田软件的需要实施访问控制列表；在内部各主要部门间和内外网络间进行安全区域划分，保护企业业务系统；整体方案要便于升级，利于投资保护。

(3) 加强站库网络建设目标。根据以上的各种系统和应用的要求，自动化网络通信平台应该能够具备以下的特点和功能：

①高可靠性。最少的停机时间，是确保稳定生产的基础。所以网络的关键部分不应该有单点故障，这些地方包括网络的核心设备和同关键生产环节相关的节点。当网络某单个节点或关键部件发生故障时，应该能够在最短时间内恢复，不影响生产。

②安全性要求。安全要求包括了油田自动化控制生产网和其他的支持网络之间在保证数据交换的前提下安全隔离。对内部网用户的访问要能够提供较强的控制手段，其中包括对网络上的终端用户采用相应的验证手段，对内网中网络病毒的传播防范手段以及同外网连接的安全控制手段。

③实时数据的服务质量保证要求。同生产相关的各种实时系统的数据同其他的办公系统的要求不一样，要求更低的延时，更少的延时变化，更少的丢包率。

④可扩展性。在实用、可靠的基础上，具备技术的前瞻性。尽量利用先进的局域网技术、在未来可以集成多媒体语音或视频技术，使整个系统具有相对更长的生命周期。在方案设计和产品选型时，要充分考虑扩展能力，适应未来的应用发展和技术变化。

⑤可管理性和可维护性。提供端到端的网络管理工具，对网络故障的监控报警可以提供有力的帮助，同时为了考虑今后网络环境中多厂家设备的使用，必须基于 SNMP 和 RMON 等标准的协议。

6.3 进一步提高数据的应用程度

生产自动化管理系统经过两年的开发和完善，主要实现了各个站库的自动化数据采集、发布、站库业务报表、台账、日数据汇总、月数据汇总等功能，提高了生产自动化数据的利用率，但要实现真正的管控一体化还远远不够。下一步要做的主要工作就是利用信息化技术对天然气开采、分离、净化、储存和运输等过程，进行实时监测与优化调度控制管理，实现不同层次信息与知识的融合，提高生产过程的智能和自动化程度，促进气田科学开发。

7 结束语

目前采气一厂的管控一体化工作实际是数字气田建设的一个部分，这其中最关键的部分是将生产数据按照科研算法和管理程序进行重新运算，为管理层和决策层提供翔实的数据，为形成正确的管理指令奠定坚实的基础。同时当这个系统的实时性和可靠性达到网络化控制的水平的时候，管理指令就可以通过这个系统，而不通过人为干预的关节而直达生产现场的具体控制设备，实现逻辑上，生产管理者、决策者就在现场的管控体系，如图 11 所示。

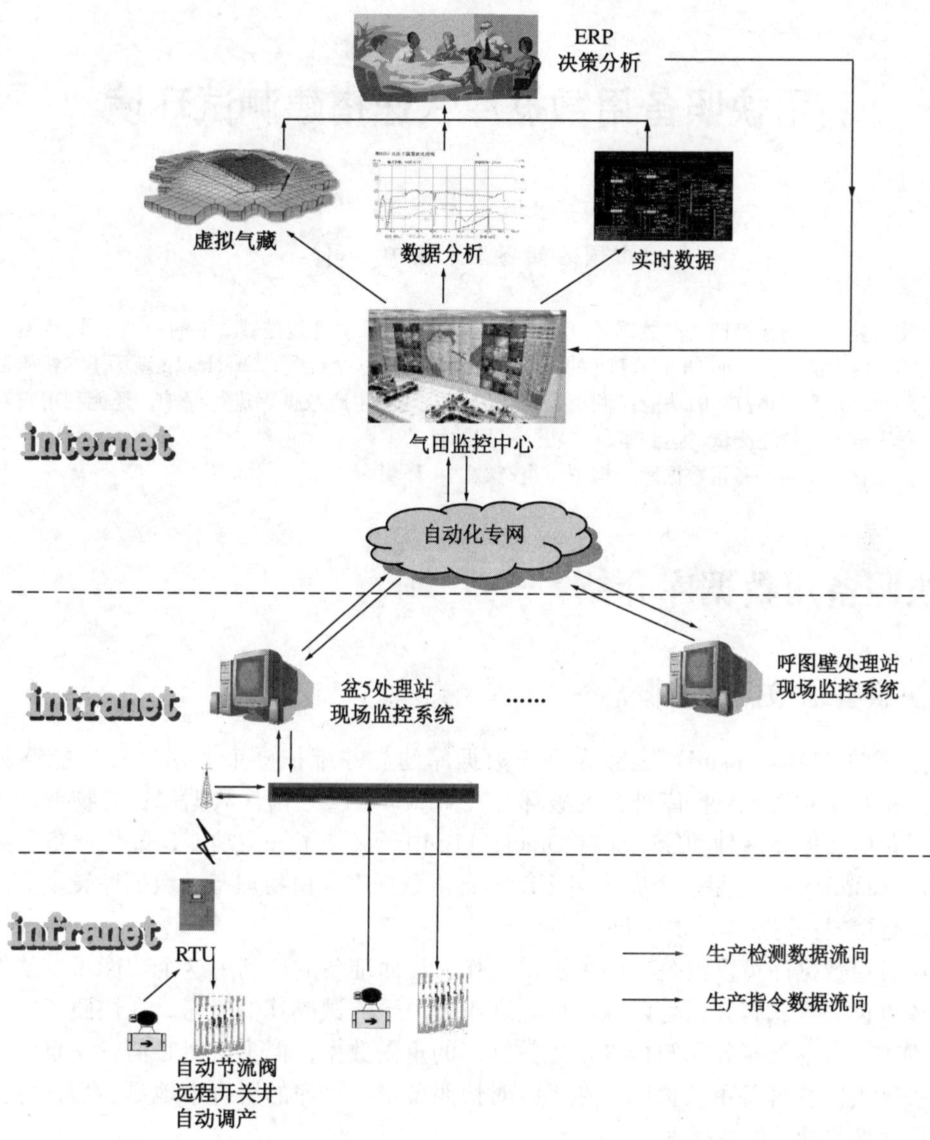

图 11　管控一体化示意图

参 考 文 献

1　卢伯英，佟明安，罗维铭合译．现代控制工程．北京：科学出版社，1980
2　冯登国．计算机通信网络安全．北京：清华大学出版社，2001
3　夏云庆编著．Visual C++ 6.0 数据库高级编程．北京：希望电子出版社，2002

利用快照备用数据库快速搭建测试环境

李永坡　赵桂英
（中国石油塔里木油田公司）

摘　要　“搭建模拟生产数据环境”对程序测试人员来讲往往是最重要的一项工作，也是一件费时、费力的事情。而 Oracle 11g 的出现很好地解决了这个难题。Oracle11g 新添了“快照备用（Snapshot Standby）”的功能，利用它即可以有效地对生产数据库进行保护，还能利用它对业务程序进行有效地测试，达到了一“功”多用的目的。

关键词　快照　备用数据库　模拟　生产数据　环境

1　快照备用数据库介绍

1.1　快照备用数据库的概念

数据保护（Data Guard）能够为生产数据库建立并维护一个备用拷贝，能够防止错误、故障和崩溃对生产数据库进行的破坏。在 Oracle 11g 之前，数据保护有物理备用数据库和逻辑备用数据库两种功能，而在 Oracle 11g 中新添加了一项功能，即快照备用数据库（Snapshot Standby），它是一个完全可更新的备用数据库，由物理备用数据库转换而来，因此可以说是物理备用数据库的一种。

快照备用数据库可以说是专门为测试工作人员而准备的，利用这个功能可以使物理备用数据库以读写模式打开，可以独立地处理事务用于测试或其他用途。在快照备用数据库运行过程中，它继续接收和归档来自主数据库的重做数据，但不应用它们。一旦快照备用数据库被转换回物理备用数据库，在丢弃对快照备用数据库的所有本地更新后，将应用从生产数据库接收的重做数据。

1.2　快照备用数据库的配置

由于快照备用数据库是由物理备用数据库转换而来的。因此，要创建快照备用数据库，我们应该先创建物理备用数据库。

闪回数据库是快照备用数据库最重要的特性之一，也是它用于测试环境中的主要因素之一。在使用快照备用数据库前，首先要确保物理备用数据库是否开启了闪回功能（可以通过“select flashback_on from v$database”语句查询）；如果没有，必须启用备用数据库的闪回功能（在 Mount 状态下使用“alter database flashback ON”来启用）。闪回功能启用后，就可以在物理备用数据库和快照备用数据库之间进行切换了。

1.3　快照备用数据库与物理备用数据库之间的切换

在应用过程中，我们会经常对备用数据库进行物理备用和快照备用的切换。目前常用方法有两种，即利用 DGMGRL 工具和 SQL 语句两种方式进行切换。

（1）物理备用数据库切换到快照备用数据库。

① DGMGRL 工具：调用 DGMGRL，以管理员身份连接至主数据库。执行“convert database to snapshot standby database”命令。

② SQL 语句：以 DBA 身份登录到备用数据库，执行“alter database convert to snapshot standby”；

（2）快照备用数据库切换到物理备用数据库。

① DGMGRL 工具：调用 DGMGRL，以管理员身份连接至主数据库。执行“convert database to physical standby database”命令。

② SQL 语句：以 DBA 身份登录到备用数据库，执行“alter database convert to physical standby”。

2 快照备用数据库的启用

在试验环境中，已经创建好了生产数据库（KTB）和物理备用数据库（KTBSTBY1）。由于在本文中的测试中，主要使用的是 Data Guard 专用工具（DGMGRL），还在环境中配置好了一个名为 DGConfig1 的 DG Broker。以下是 DGConfig1 的一些基本信息：

```
DGMGRL> show configuration
Configuration
  Name:                DGConfig1
  Enabled:             YES
  Protection Mode:     MaxPerformance
  Databases:
    ktb       - Primary database
    ktbstby1 - Physical standby database
Fast-Start Failover:  DISABLED
"DGConfig1" 的当前状态:
SUCCESS
```

（1）物理备用数据库转换为快照备用数据库。调用 DGMGRL，以 DBA 身份并连接至主数据库。执行“convert database ‘ktbstby1' to snapshot standby database”命令就可以将物理备用数据库转换为快照备用数据库：

```
DGMGRL> convert database 'ktbstby1' to snapshot standby;
正在将数据库 "ktbstby1" 转换为快照备用数据库，请稍候……
数据库 "ktbstby1" 已成功转换。
```

（2）快照备用数据库的验证。在成功切换到快照备用数据库后，可以执行“show configuration”命令，验证数据库是否已成功转换：

```
DGMGRL> show configuration
Configuration
  Name:                DGConfig1
  Enabled:             YES
```

```
Protection Mode： MaxPerformance
Databases：
  ktb  - Primary database
  ktbstby1 - Snapshot standby database
Fast-Start Failover： DISABLED
"DGConfig1" 的当前状态：
SUCCESS
```

(3) 快照备用数据库中的数据访问。物理数据库切换为快照备用数据库后，备用数据库的读或写属性打开，此时就可以对备用数据库的数据进行各种操作了。

以 SCOTT 用户登录备用数据库：

```
C：\>set oracle_sid=ktbstby1
C：\>sqlplus scott/123@ktbstby1
```

从现有 emp 表中查询一条记录：

```
SQL> select * from emp where empno='7499';
EMPNO ENAME    JOB       MGR HIREDATE    SAL   COMM   DEPTNO
---------- ---------- ---------- ---------- ----------
7499 ALLEN    SALESMAN   7698 20-2月 -81   1600   300     30
```

新建表 testa，并增加两条记录：

```
SQL> create table testa (id number (2), name varchar (14));
表已创建。
SQL> INSERT INTO testa values ('01', '张三');
已创建 1 行。
SQL> INSERT INTO testa values ('02', '李四');
已创建 1 行。
SQL> commit;
提交完成。
SQL> select * from testa;
    ID NAME
---------- --------------
     1 张三
     2 李四
```

由以上可以看出，连接到快照备用数据库后，就如同在生产数据库中一样，可以对其数据进行访问和开发，这就为开发人员提供了很好的测试环境。

3 快照备用数据库功能测试

3.1 快照备用数据库运行期间的数据保护能力

(1) 日志测试。快照备用数据库在运行期间，继续接收和归档来自于生产数据库的重做数据；在生产数据库中和备用服务器中通过查询归档日志文件来验证快照备用数据库在运行期间是否继续接收和归档来自于生产数据库的重做数据。表 1 是在生产数据库中进行多次日志切换后，对备用数据库归档日志查询的结果。从结果中可以看出，生产数据库每切换一次，快照备用数据库归档日志就多一条，这说明快照备用数据库运行期间，会继续接收和归档来自于生产数据库的重做数据。

表 1　快照备用数据库归档日志查询结果

	生产数据库	快照备用数据库
第一次查询		SQL>select status，sequence#，block# from v$managed _standby where client_process='LGWR'； 'LGWR'； STATUS　SEQUENCE#　BLOCK# --- IDLE　35　401
第二次查询	SQL> alter system switch logfile；	SQL>select status，sequence#，block# from v$managed _standby where client_process='LGWR'； STATUS　SEQUENCE#　BLOCK# ------------- ----------- ------------ IDLE　36　44
……		
第十次查询	SQL> alter system switch logfile；	SQL>select status，sequence#，block# from v$managed _standby where client_process='LGWR'； STATUS　SEQUENCE#　BLOCK# ------------- ----------- ------------ IDLE　44　1

（2）数据测试。

①以 SCOTT 用户名登录生产数据库，建立 Testb 表，并插入两行数据：

C：\>sqlplus scott/123@ktb

SQL> create table testb （id number（2）， name varchar（14））；

SQL> INSERT INTO testb values（'01'，' 张三 '）；

SQL> INSERT INTO testb values（'02'，' 李四 '）；

SQL> commit ；

②使用“alter system switch logfile”语句对主数据库进行日志切换。

③在备用数据库中查询表 Testb 中的记录，发现表 Testb 并不存在，而日志文件已功能传送到备用数据库，这说明快照备用数据库运行期间，会不间断的接收生产数据库的重做数据，但并没有应用：

SQL> select * from testb；

select * from testb

*

第 1 行出现错误：

ORA−00942：表或视图不存在。

④在生产数据库中调用 DGMGRL 工具，将备用数据库切换为物理备用数据库：

DGMGRL> convert database 'ktbstby1' to physical standby；

⑤停止物理备用数据库上的 MRP 进程：

DGMGRL> edit database 'ktbstby1' set state='apply−off'；

⑥关闭备用数据库，以“read only”方式打开备用数据库：

```
C：\>sqlplus "/as sysdba"                ———以 DBA 身份登录备用数据库
SQL> shutdown immediate；                 ———备用关闭数据库
SQL> startup mount；                      ———启动备用数据库到 mount 状态
SQL> alter database open read only；      ———以只读方式打开数据库
```

⑦查询表 Testb 的数据：

```
SQL> conn scott/123                      ———以 SCOTT 身份登录数据库
SQL> select * from testb；               ———查询表 testb 表中的记录
        ID NAME
—————— ————————
         1 张三
         2 李四
```

由以上试验可以看出，快照备用数据库运行期间，会不间断的接收生产数据库的重做数据，但并不立即应用，而是在切换为物理备用数据库后才应用，这样就实现了对生产数据库的保护；对于测试人员来讲，通过简单的快照备用和物理备用相互切换，就可以随时获得生产数据库的最新数据，使测试工作效果更加贴近生产实际。

3.2 快照备用数据库的闪回功能

（1）将备用数据库切换到快照备用数据库：

DGMGRL> convert database 'ktbstby1' to snapshot standby；

创建表 flashdb_test，插入两记录：

```
C：\>sqlplus scott/123@ktbstby1
SQL> create table flashdb_test （id number（2）， name varchar（14））；
SQL> INSERT INTO flashdb_test values（'01'，' test 1'）；
SQL> INSERT INTO flashdb_test values（'02'，' test 2'）；
SQL> commit ；
SQL> select * from flashdb_test；
        ID NAME
——————————— ———————————————
         1 test 1
         2 test 2
```

（2）将备用数据库切换为物理备用数据库。

（3）停止物理备用数据库上的 MRP 进程。

(4) 关闭备用数据库，以“read only”方式打开备用数据库。

以 scott 用户登录备用数据库，查询 flashdb_test 表中的记录，出现以下情况：

```
SQL> select * from flashdb_test;
select * from flashdb_test
              *
第 1 行出现错误：
ORA-00942： 表或视图不存在。
```

用户在快照备用数据库的所有操作，在其切换为物理备用数据库后将全部被丢弃。这样用户可以放心的在快照备用数据库中进行各种数据测试。

3.3 快照备用数据库与生产数据库的切换

(1) 在生产数据库（KTB）中建立表 Switchover_test，并插入两条记录：

```
SQL> create table switchover_test （id number（2）， name varchar（14））；
SQL> INSERT INTO switchover_test values ('01', ' test 1')；
SQL> INSERT INTO switchover_test values ('02', ' test 2')；
SQL> commit ；
SQL> select * from switchover_test；
        ID NAME
---------- ----------------
         1 test 1
         2 test 2
```

(2) 生产数据库和备用数据库的切换。

①切换前 Data Guard 配置：

```
DGMGRL> show configuration
Configuration
  Name：                  DGConfig1
  Enabled：               YES
  Protection Mode：       MaxPerformance
  Databases：
    ktb       - Primary database
    ktbstby1 - Snapshot standby database
Fast-Start Failover： DISABLED
"DGConfig1" 的当前状态：
SUCCESS
```

②生产数据库与备用数据库切换：

```
DGMGRL>switchover to ktbstby1    ———直接切换到生产数据库，产生 ORA-16831 错误
DGMGRL>convert database 'ktbstby1' to physical standby；   ———切换到物理备用数据库
DGMGRL>switchover to ktbstby1                              ———主备库切换
```

③切换成功后 Data Guard 的状态：

```
DGMGRL> show configuration
```

```
Configuration
  Name:              DGConfig1
  Enabled:           YES
  Protection Mode:   MaxPerformance
  Databases:
    ktbstby1 - Primary database
    ktb      - Physical standby database
Fast-Start Failover: DISABLED
"DGConfig1" 的当前状态:
SUCCESS
```

(3) 在新的生产数据库(ktbstby1)中查询表 Switchover_test 中的记录:

```
SQL> conn scott/123@ktbstby1
已连接。
SQL> select * from switchover_test;
        ID NAME
---------- --------------
         1 test 1
         2 test 2
```

只有物理备用数据库才能切换到生产数据库。相应的,快照备用服务器只能切换到物理备用数据库后,才能切换到生产数据库。

4 结束语

快照备用数据库利用闪回特性和不间断接收归档重做数据两个功能,为程序开发人员和测试人员提供了很大的便利条件。在应用过程中,发现此版本也不是十全十美,如在快照备用数据库运行期间,不能像在生产数据库中一样进行实时查询,而且重要的是在此期间生产数据库出现故障,并不能进行快速故障切换。无论如何,Oracle 11g 此次功能的提供,还是解决了许多难题,希望在以后版本中提供更好、更完美的功能。

浅谈 Hash Join 优化 Oracle 海量数据表关联查询

胡显成　刘　莉

（中国石油新疆油田公司百口泉采油厂）

摘　要　本文阐述了 Oracle 表连接方式 Hash Join（哈希连接）的概念、原理和应用背景，以及 Hash Join 在 Oracle 海量数据表关联查询中的优化，并通过实例详细介绍了 Hash Join 在网络管理数据库中的应用和体会。

关键词　Oracle　海量数据　关联查询　Hash Join　优化

1　引言

随着数据仓库技术的不断发展和生产管理系统的广泛应用，数据库已经成为企业的核心资源，Oracle 数据库管理系统由于高可靠性、高性能等方面的特点，在石油行业大部分数据仓库系统中担当了后台数据库的角色。数据库中存储和需要处理的数据量增长很快，有的大表记录数达到数亿条，达到海量数据库级别。如何提高海量数据查询和处理的效率，尤其是对大表之间的关联操作，满足生产系统正常运行的需要，是每一个系统管理人员必须面对的问题。

在进行数据库查询时，常常会遇到复杂 SQL 语句的关联表超过两个，这些表连接的顺序和方式是怎样的呢？ Oracle 有一套自己的处理方法，首先连接其中的两个表，产生一个结果集，然后将产生的结果集与下一个表进行关联，继续这个过程，直到所有表都连接完成，最后产生所需的数据。大多数情况 Oracle 会选择合理优化的方案，但有时由于优化器选择方式的不同，以及统计信息的缺失或不准确，Oracle 自动选择的表连接方式不一定是最优的。数据量小的时候，对性能影响不大，数据量很大时，不合理的表连接将会严重影响查询效率。数据库性能优化是个很大的课题，需要综合考虑，本文着重分析 Hash Join 表连接方式在海量数据表查询优化中所起的作用，适当使用 Hash Join 可以大大提高大表关联查询的效率。

2　Hash Join 概念及特点

Hash Join 称为哈希连接，又称散列连接，是 Oracle SQL 表与表之间的一种关联方式，是一种用于 Equality Join（等值连接）的技术。在 Oracle 中，它是从版本 7.3 开始引入的，Hash Join 只有在 CBO 优化器（Cost Based Optimization：基于代价的优化器）模式下才可以使用。可以通过 Hints 提示 USE_HASH 强制使用 Hash Join，也可以通过修改会话或数据库参数 HASH_JOIN_ENABLED 强制不使用 Hash Join。

Oracle 表连接的典型方式有三种：Nested Loops Join（嵌套循环连接）、Sort Merge Join（排序合并连接）和 Hash Join。一般来说，查询优化器会首先考虑 Nested Loops Join 和 Sort

Merge Join，但如果两个集合量都不小且没有合适的索引时，才会考虑使用 Hash Join。Hash Join 更适合处理大型结果集。Hash Join 不需要在驱动表上存在索引。Oracle 将第一个表加载内存，连接第二个表，驱动表应该选择两者中的较小者。

Hash Join 的主要资源消耗在于 CPU 和内存，它需要在内存中创建临时的 Hash 表，进行 Hash 计算。目前，专用数据库服务器的 CPU 性能和内存容量已经足以满足这种要求。Nested Loops Join 的资源消耗主要在于磁盘 IO（扫描表或索引）和 CPU，要使用索引，否则效率会很低。Sort Merge Join 需要将两张表的数据先做排序，然后做合并 Merge，不使用索引，当驱动表的数据量很大时，可以考虑使用。在绝大多数情况下，Hash Join 的效率比其他 Join 方式效率更高。

3 Oracle 与 Hash Join 相关参数

首先，需要注意的是，Hash Join 只有在 CBO 优化方式下才会被激活。在 Oracle 中与 Hash Join 相关的参数主要有：

（1）HASH_JOIN_ENABLED。控制查询计划是否可以采用 Hash Join 连接。它可以在会话级和实例级修改。默认为 TRUE。

（2）HASH_AREA_SIZE。控制每个会话的 Hash 内存空间大小，可以在会话级和实例级修改。默认值是 Sort Area 空间大小的两倍（2*SORT_AREA_SIZE）。要提高 Hash Join 效率，就要尽量保证 Sort Area 足够大，能容纳下整个小表的数据，Hash Join 会在该参数指定大小的内存中运行。过小的参数会使 Hash Join 的性能比其他连接方式还要低。但是因为每个会话都会开辟一个这么大的内存空间作为 Hash 内存，所以不能过大。

在 Oracle 9i 及以后版本中，Oracle 不推荐在专用数据库服务器中使用这个参数来设置 Hash 内存，而是推荐通过设置 PGA_AGGRATE_TARGET 参数来自动管理 PGA（Process Global Area：进程全局区）内存，保留 HASH_AREA_SIZE 只是为了向后兼容。在专用 Server 中，Hash Area 是从 PGA 中分配的，而在 MTS（Multi Threaded Server：多线程服务器）中，Hash Area 是从 UGA（User Global Area：用户全局区）中分配的。另外，还要注意的是，每个会话并不一定只打开一个 Hash Area，因为一个查询中可能不止一个 Hash Join，这时就会同时打开多个 Hash Area。

建议：根据专用数据库服务器的配置情况适当调大 HASH_AREA_SIZE 或 PGA_AGGRATE_TARGET 的值。

（3）HASH_MULTIBLOCK_IO_COUNT。此参数决定每次读入 Hash Area 的数据块数量，因此它会对 IO 性能产生影响。它只能在 init.ora 或 spfile 中修改。在 Oracle 8.0 及以前版本，它的默认值是 1，在 8i 及以后版本，它的默认值是 0。在 9i 中，这个参数是一个隐藏参数：_HASH_MULTIBLOCK_IO_COUNT，可以通过表 x$ksppi 和 x$ksppsv 查询。在 MTS 中，这个参数将不起作用，只会使用 1。它的最大值受到 OS 的 IO 带宽和 DB_BLOCK_SIZE 的影响，不能大于 MAX_IO_SIZE/DB_BLOCK_SIZE。在 8i 及以后版本，如果这个值设置为 0，则表示在每次查询时，Oracle 自己自动计算该值。这个值对 IO 性能影响非常大，因此，建议不要修改这个参数，使用默认值 0，让 Oracle 自己去计算这个值。

4 Hash Join 过程

一次完整的 Hash Join 如下（将小的数据表作为 Hash Join 的驱动表）：

(1) 计算小表的分区数。Hash Join 的一个重要因素是小表的分区数。这个数字由 HASH_AREA_SIZE、HASH_MULTIBLOCK_IO_COUNT 和 DB_BLOCK_SIZE 参数共同决定。Oracle 会保留 Hash Area 的 20% 来存储分区的头信息、Hash 位图信息和 Hash 表。因此，分区数的计算公式是：

分区数 =0.8* HASH_AREA_SIZE/（HASH_MULTIBLOCK_IO_COUNT*DB_BLOCK_SIZE）

(2) Hash 计算。读取小表数据，并对每一条数据根据 Hash 算法进行计算。Oracle 采用两种 Hash 算法进行计算，计算出能达到最快速度的 Hash 值（第一 Hash 值和第二 Hash 值）。关于这些分区的全部 Hash 值（第一 Hash 值）就成为 Hash 表。

(3) 存放数据到 Hash 内存中。经过 Hash 算法计算的数据根据各个分区的 Hash 值（第一 Hash 值）分别放入相应的分区中，第二 Hash 值存放在各条记录中。

(4) 创建 Hash 位图。创建关于这两个 Hash 值映射关系的 Hash 位图。这个位图包含每个 Hash 分区是否有数据的信息，记录有数据的分区的 Hash 值。

(5) 超出内存大小部分移到磁盘。如果 Hash Area 占满，那么最大一个分区就会写到磁盘（临时表空间）。任何需要写入到磁盘分区上的记录都会导致磁盘分区更新。这样就会严重影响性能，因此一定要尽量避免这种情况。

按照（2）～（5）的过程一直持续到整个小表的数据读取完毕。

(6) 对分区排序。为了能充分利用内存，尽量存储更多的分区，Oracle 会按照各个分区的大小将它们在内存中排序。

(7) 读取大表数据，进行 Hash 匹配。开始读取大表中的数据。按顺序每读取一条记录，计算它的 Hash 值，并检查是否与内存中的分区的 Hash 值一致。如果是，就返回 Join 数据。如果内存中的分区没有符合的，就将大表中的数据写入到一个新的分区中，这个分区也采用与计算小表一样的算法计算出 Hash 值。大表中的数据产生的新分区数应该和小表的分区集的分区数一样。这些新的分区存储在磁盘（临时表空间）。

(8) 完成大表全部数据的读取。

(9) 处理没有 Join 的数据。这时产生一大堆 Join 好的数据，并从小表和大表中计算存储在磁盘上的分区。

(10) 二次 Hash 计算。从小表和大表的分区集中抽取最小的一个分区，使用第二种 Hash 函数计算出并在内存中创建 Hash 表。采用第二种 Hash 函数是为了使数据分布性更好。

(11) 二次 Hash 匹配。从另一个数据源（与 Hash 在内存的那个分区所属数据源不同的）中读取分区数据，与内存中的新 Hash 表进行匹配，返回 Join 数据。

(12) 完成全部 Hash Join。

按照（9）～（11）处理剩余分区，直到全部处理完毕。

5 Hash Join 连接优化实例

网络报表系统需要将网络数据采集系统后台数据库中需要的数据抽取出来，数据查询关联表较多，而且网络数据采集系统数据库存放原始数据的表数据量非常大，不断增长。两个数据库均是 Oracle 数据库，通过数据库连接进行相互通信。需要将前一天所关心的部分网络详细数据整理并导入报表数据库，进行二次开发。这里以链路数据抽取为例进行说明。

（1）数据库硬件环境：联想 PC 服务器（CPU：8×2×3.0GHz；内存：16G；硬盘：320G）。

（2）数据库软件环境：Oracle 9i。

（3）数据表信息：SNMP_TREND_DATASET（SNMP 采集数据集表）和 SNMP_RAW_TREND（SNMP 采集原始数据表）是网络数据采集系统中数据库的表。目前，SNMP_TREND_DATASET 数据量约为 4M，记录数 3.2 万行。SNMP_RAW_TREND 数据量约为 20G，记录数 4.6 亿行，每天 SNMP_RAW_TREND 数据增长很快。V_LINK_LOAD（链路基本信息视图）和 D_LINK_TITLE（链路指标信息表）是网络报表系统的基础数据表，数据量非常小。

（4）优化前直接编写的 SQL：

```
SELECT TO_CHAR（SYSDATE-1，'YYYYMMDD'） DATE_ID，A.LINK_ID，C.LINK_TITLE_ID，
D.SAMPLE_TIMESTAMP，D.SAMPLE_TIME，D.VALUE，
TO_CHAR（SYSDATE，'YYYY-MM-DD HH24：MI：SS'） INSERT_TIME
FROM V_LINK_LOAD A，SNMP_TREND_DATASET@OVDB B，D_LINK_TITLE C，
SNMP_RAW_TREND@OVDB D
WHERE A.NODE_DESC=B.HOST_NAME AND A.INTERFACE_DESC=B.INSTANCE
AND B.TITLE=C.LINK_TITLE_DESC AND B.DATASET_ID=D.DATASET_ID
AND D.SAMPLE_TIMESTAMP>=TO_NUMBER（(TRUNC（SYSDATE-1）
-TO_DATE（'1970-01-01 08：00：00'，'YYYY-MM-DD HH：MI：SS'）) *3600*24）
AND D.SAMPLE_TIMESTAMP<TO_NUMBER（(TRUNC（SYSDATE）-TO_DATE（'1970-01-01 08：00
：00'，'YYYY-MM-DD HH：MI：SS'）) *3600*24）；
```

将该 SQL 运行，查询结果如图 1 所示。

	DATE_ID	LINK_ID	LINK_TITLE_ID	SAMPLE_TIMESTAMP	SAMPLE_TIME	VALUE	INSERT_TIME
1	20080323	249	5	1206251215	2008-03-23 13:46:55 ···	0	2008-03-24 17:11:46
2	20080323	249	5	1206250017	2008-03-23 13:26:57 ···	0	2008-03-24 17:11:46
3	20080323	249	5	1206249417	2008-03-23 13:16:57 ···	0	2008-03-24 17:11:46
4	20080323	249	5	1206248219	2008-03-23 12:56:59 ···	0	2008-03-24 17:11:46
5	20080323	249	5	1206248818	2008-03-23 13:06:58 ···	0	2008-03-24 17:11:46
6	20080323	249	5	1206250615	2008-03-23 13:36:55 ···	0	2008-03-24 17:11:46
7	20080323	249	5	1206247019	2008-03-23 12:36:59 ···	0	2008-03-24 17:11:46
8	20080323	249	5	1206247619	2008-03-23 12:46:59 ···	0	2008-03-24 17:11:46
9	20080323	249	5	1206254810	2008-03-23 14:46:50 ···	0	2008-03-24 17:11:46
10	20080323	249	5	1206254210	2008-03-23 14:36:50 ···	0	2008-03-24 17:11:46
11	20080323	249	5	1206256608	2008-03-23 15:16:48 ···	0	2008-03-24 17:11:46
12	20080323	249	5	1206255409	2008-03-23 14:56:49 ···	0	2008-03-24 17:11:46
13	20080323	249	5	1206252413	2008-03-23 14:06:53 ···	0	2008-03-24 17:11:46
14	20080323	249	5	1206251814	2008-03-23 13:56:54 ···	0	2008-03-24 17:11:46
15	20080323	249	5	1206253611	2008-03-23 14:26:51 ···	0	2008-03-24 17:11:46
16	20080323	249	5	1206253012	2008-03-23 14:16:52 ···	0	2008-03-24 17:11:46
17	20080323	249	5	1206260804	2008-03-23 16:26:44 ···	0	2008-03-24 17:11:46
18	20080323	249	5	1206257207	2008-03-23 15:26:47 ···	0	2008-03-24 17:11:46
19	20080323	249	5	1206256009	2008-03-23 15:06:49 ···	0	2008-03-24 17:11:46
20	20080323	249	5	1206259006	2008-03-23 15:56:46 ···	0	2008-03-24 17:11:46
21	20080323	249	5	1206259605	2008-03-23 16:06:45 ···	0	2008-03-24 17:11:46
22	20080323	249	5	1206260205	2008-03-23 16:16:45 ···	0	2008-03-24 17:11:46
23	20080323	249	5	1206257807	2008-03-23 15:36:47 ···	0	2008-03-24 17:11:46

1:72 (23 rows selected in 88.328 seconds (more...))

图 1　SQL 运行结果图

从上面的执行结果可以看出，查询出首批数据的时间为 88.328 秒。

将该 SQL 通过执行计划进行分析，结果如图 2 所示。

Optimizer goal Choose

Description	Object owner	Object name	Cost	Cardinality	Bytes	Time	Timestamp	IO cost
SELECT STATEMENT, GOAL = CHOOSE							2008-3-24 15:19:56	
NESTED LOOPS							2008-3-24 15:19:56	
NESTED LOOPS							2008-3-24 15:19:56	
NESTED LOOPS							2008-3-24 15:19:56	
NESTED LOOPS							2008-3-24 15:19:56	
NESTED LOOPS							2008-3-24 15:19:56	
NESTED LOOPS							2008-3-24 15:19:56	
MERGE JOIN							2008-3-24 15:19:56	
SORT JOIN							2008-3-24 15:19:56	
REMOTE							2008-3-24 15:19:56	
SORT JOIN							2008-3-24 15:19:56	
REMOTE							2008-3-24 15:19:56	
TABLE ACCESS BY INDEX ROWID	REPORTER	D_LINK_TITLE					2008-3-24 15:19:56	
INDEX RANGE SCAN	REPORTER	D_LINK_TITLE_					2008-3-24 15:19:56	
TABLE ACCESS BY INDEX ROWID	REPORTER	D_NODE					2008-3-24 15:19:56	
INDEX RANGE SCAN	REPORTER	D_NODE_INDX					2008-3-24 15:19:56	
TABLE ACCESS BY INDEX ROWID	REPORTER	D_INTERFACE					2008-3-24 15:19:56	
INDEX RANGE SCAN	REPORTER	D_INTERFACE_					2008-3-24 15:19:56	
TABLE ACCESS BY INDEX ROWID	REPORTER	D_LINK					2008-3-24 15:19:56	
INDEX RANGE SCAN	REPORTER	D_LINK_INDX1					2008-3-24 15:19:56	
INDEX UNIQUE SCAN	REPORTER	PK_D_PROVIDI					2008-3-24 15:19:56	
INDEX UNIQUE SCAN	REPORTER	PK_D_BANDWI					2008-3-24 15:19:56	

图 2　SQL 执行计划结果图

经过观察，Oracle 自动选择 Choose 的优化器优化模式，SQL 执行计划在处理上述的几个数据结果集关联的时候，使用了许多 Nested Loops Join。而且最先连接的是网络数据采集系统数据库的大表，然后再与网络报表数据库的小表进行连接，这样先处理大表的方式会导致每次循环都与大表进行访问，即便全部使用上索引，查询效率也不会达到最优。

在此例子中，由于 SNMP_TREND_DATASET 和 SNMP_RAW_TREND 都是网络数据采集系统数据库的表，网络报表数据库没有这些表的任何信息。所以，Oracle 自己选择的 SQL 执行计划很容易产生不合理情况。

另外，在表连接很多的复杂查询中，Oracle 自己选择的 SQL 执行计划在各个阶段并不相同，也会间接影响系统的稳定。

（5）通过使用 Hash Join 优化后的 SQL：

```
SELECT /*+ORDERED USE_HASH (E F) */ TO_CHAR (SYSDATE-1, 'YYYYMMDD')
DATE_ID, E.LINK_ID, E.LINK_TITLE_ID,
F.SAMPLE_TIMESTAMP, F.SAMPLE_TIME, F.VALUE, TO_CHAR (SYSDATE, 'YYYY-MM-DD
HH24: MI: SS') INSERT_TIME FROM
(SELECT /*+ORDERED USE_HASH (C D) */ C.LINK_ID, C.DATASET_ID, D.LINK_TITLE_ID FROM
(SELECT /*+ORDERED USE_HASH (A B) */ A.LINK_ID, B.TITLE, B.DATASET_ID
FROM V_LINK_LOAD A, SNMP_TREND_DATASET@OVDB B
WHERE B.HOST_NAME=A.NODE_DESC AND B.INSTANCE=A.INTERFACE_DESC)
C, D_LINK_TITLE D
WHERE C.TITLE=D.LINK_TITLE_DESC) E, SNMP_RAW_TREND@OVDB F
WHERE E.DATASET_ID=F.DATASET_ID
AND F.SAMPLE_TIMESTAMP>=TO_NUMBER ((TRUNC (SYSDATE-1) -TO_DATE
```

('1970-01-01 08 : 00 : 00', 'YYYY-MM-DD HH : MI : SS')) *3600*24)

AND F.SAMPLE_TIMESTAMP<TO_NUMBER ((TRUNC (SYSDATE-1+1) -TO_DATE ('1970-01-01 08：00：00', 'YYYY-MM-DD HH：MI：SS')) *3600*24)；

说明：已经清楚了这些关联表的信息和性质，通过前面讲的 Oracle 表连接的典型方式，这种小表和大表的关联，并且多个表关联索引条件较模糊的时候最好使用 Hash Join 连接。通过 Hints 提示 USE_HASH 来强制将数据集使用 Hash Join 连接。配合使用 ORDERED 提示将 FROM 子句中的第一个数据集用于建立 Hash 驱动表。由于 A 数据集 V_LINK_LOAD 比 B 表 SNMP_TREND_DATASET 小许多，将 A 表作为 Hash 驱动表。同样，数据集 C 和 E 做驱动表。

注意：多个数据表关联时，一定要把最大数据表放在最后使用 Hash Join 连接。

Hints 使用方法：Hints 应用在它们所在的 SQL 语句块，包含 Hints 提示的注释（“+”号表示该注释是一个 Hints 提示，必须直接跟在“/*”的后面，中间不能有空格）只能出现在 SELECT 等关键字的后面，否则提示无效。一个语句块只能有一个包含 Hints 提示的注释，如果有多个 Hints 提示，则每个提示之间用一个或多个空格隔开，这里“/*+ORDERED USE_HASH（A B）*/”用到了两个 Hints 提示。

Hints 提示对其他 SQL 语句或语句的其他部分没有影响。如果没有正确使用 Hints 提示，Oracle 将忽略该 Hints，不会报错。

通过给 SQL 添加 Hints 提示，让其按照意愿执行，有时是一件很困难的事情，需要不断的尝试各种不同的 Hints 和表顺序。对于 USE_HASH 提示，建议同 ORDERED 提示一起使用，否则不容易指定哪个表为驱动表。

（6）将优化后的 SQL 运行，查询结果如图 3 所示。

	DATE_ID	LINK_ID	LINK_TITLE_ID	SAMPLE_TIMESTAMP	SAMPLE_TIME	VALUE	INSERT_TIME
1	20080323	224	5	1206201602	2008-03-23 00:00:02 ...	0	2008-03-24 15:24:02
2	20080323	94	5	1206201602	2008-03-23 00:00:02 ...	0	2008-03-24 15:24:02
3	20080323	98	5	1206201602	2008-03-23 00:00:02 ...	0	2008-03-24 15:24:02
4	20080323	102	5	1206201602	2008-03-23 00:00:02 ...	0	2008-03-24 15:24:02
5	20080323	92	5	1206201602	2008-03-23 00:00:02 ...	0	2008-03-24 15:24:02
6	20080323	222	5	1206201602	2008-03-23 00:00:02 ...	0	2008-03-24 15:24:02
7	20080323	265	5	1206201602	2008-03-23 00:00:02 ...	0	2008-03-24 15:24:02
8	20080323	220	5	1206201602	2008-03-23 00:00:02 ...	0	2008-03-24 15:24:02
9	20080323	96	5	1206201602	2008-03-23 00:00:02 ...	0	2008-03-24 15:24:02
10	20080323	224	6	1206201602	2008-03-23 00:00:02 ...	0	2008-03-24 15:24:02
11	20080323	94	6	1206201602	2008-03-23 00:00:02 ...	0	2008-03-24 15:24:02
12	20080323	98	6	1206201602	2008-03-23 00:00:02 ...	0	2008-03-24 15:24:02
13	20080323	102	6	1206201602	2008-03-23 00:00:02 ...	0	2008-03-24 15:24:02
14	20080323	92	6	1206201602	2008-03-23 00:00:02 ...	0	2008-03-24 15:24:02
15	20080323	222	6	1206201602	2008-03-23 00:00:02 ...	0	2008-03-24 15:24:02
16	20080323	265	6	1206201602	2008-03-23 00:00:02 ...	0	2008-03-24 15:24:02
17	20080323	220	6	1206201602	2008-03-23 00:00:02 ...	0	2008-03-24 15:24:02
18	20080323	96	6	1206201602	2008-03-23 00:00:02 ...	0	2008-03-24 15:24:02
19	20080323	90	5	1206201602	2008-03-23 00:00:02 ...	0	2008-03-24 15:24:02
20	20080323	90	6	1206201602	2008-03-23 00:00:02 ...	0	2008-03-24 15:24:02
21	20080323	273	5	1206201602	2008-03-23 00:00:02 ...	0	2008-03-24 15:24:02
22	20080323	273	6	1206201602	2008-03-23 00:00:02 ...	0	2008-03-24 15:24:02
23	20080323	11	2	1206201604	2008-03-23 00:00:04 ...	398018933	2008-03-24 15:24:02

10:117　23 rows selected in 0.219 seconds (more...)

图 3　优化后 SQL 查询结果

从上面的执行结果可以看出，查询出首批数据的时间仅为 0.219 秒。

我们将该 SQL 通过执行计划进行分析，结果如图 4 所示。

Optimizer goal Choose

Description	Object owner	Object name	Cost	Cardinality	Bytes	Time	Timestamp	IO cost
SELECT STATEMENT, GOAL = CHOOSE			241	17	19754		2008-3-24 15:25:47	241
FILTER							2008-3-24 15:25:47	
HASH JOIN			241	17	19754		2008-3-24 15:25:47	241
HASH JOIN			230	97	106021		2008-3-24 15:25:47	230
TABLE ACCESS FULL	REPORTER	D_LINK_TITLE	2	409	10225		2008-3-24 15:25:47	2
HASH JOIN			227	97	103596		2008-3-24 15:25:47	227
NESTED LOOPS			8	409	90389		2008-3-24 15:25:47	8
NESTED LOOPS			8	409	85072		2008-3-24 15:25:47	8
HASH JOIN			8	409	79755		2008-3-24 15:25:47	8
TABLE ACCESS FULL	REPORTER	D_INTERFACE	2	409	26585		2008-3-24 15:25:47	2
HASH JOIN			5	409	53170		2008-3-24 15:25:47	5
TABLE ACCESS FULL	REPORTER	D_LINK	2	409	26585		2008-3-24 15:25:47	2
TABLE ACCESS FULL	REPORTER	D_NODE	2	409	26585		2008-3-24 15:25:47	2
INDEX UNIQUE SCAN	REPORTER	PK_D_BANDWI		1	13		2008-3-24 15:25:47	
INDEX UNIQUE SCAN	REPORTER	PK_D_PROVIDI		1	13		2008-3-24 15:25:47	
REMOTE			49	39860	3376142		2008-3-24 15:25:47	
REMOTE			6	6892	475548		2008-3-24 15:25:47	

图 4　优化后 SQL 执行计划分析

经过观察，Oracle 自动选择 Choose 的优化器优化模式，SQL 执行计划在处理上述的几个数据结果集关联时候，数据集 V_LINK_LOAD 视图内的小表连接使用 Nested Loops Join 对性能几乎无影响，关键大表使用了 Hash Join 连接。而且最先连接的是网络报表数据库的小表，最后再与网络数据采集系统数据库大表进行连接，这样最大表的访问只进行一次，查询效率得到非常大的提高。

6　结束语

Oracle 自身的优化是很聪明的，绝大多数情况下它会选择正确的优化，减轻了系统管理员的负担，但有时它也聪明反被聪明误，选择很差的执行计划。深入地理解和掌握 Oracle 表连接对于优化数据仓库的性能至关重要，尤其对于多表关联的复杂关键 SQL 和海量数据表查询，优化工作非常有必要。当小表和大表关联查询以及多表关联索引条件模糊时，需要考虑 Hash Join 连接，通过分析 SQL 的执行计划，找出不合理的地方，添加 Hints 进行人为干预指定连接方式，改变执行计划，从而可以提高查询的效率，增强系统的稳定性。

另外，在并行系统中，Hash Join 对 CPU 的消耗更加明显。所以在 CPU 紧张时，最好有限制地使用 Hash Join。

参 考 文 献

1　盖国强．ORACLE 数据库性能优化．北京：人民邮电出版社，2005
2　（美）刘易斯．基于成本的 ORACLE 优化法则．赵　恒，李政仪译．北京：清华大学出版社，2007
3　李　强，陶辅周．ORACLE 中 SQL 查询语句的优化．计算机应用研究，1994，11，(4)

使用 EMC Legato NetWorker 实现对业务数据的 SAN 备份

张振华　宋滨涛　王彦南

（中国石油塔里木油田公司开发事业部）

摘　要　本文介绍了如何使用 Legato NetWorker 实现重要业务数据的 SAN 备份。文中从 Legato NetWorker 数据备份系统的部署环境开始，详细描述了如何安装配置备份服务器、磁带库及客户端，从而实现 SAN 架构下 LAN Free 模式的数据备份。

关键词　SAN　备份　数据　客户端

1　引言

在信息化高速发展的今天，数据作为一种资产越来越重要，如何有效实现企业重要业务数据的快速安全备份，是系统管理员的重要职责之一。随着存储局域网（Storage Area Network，简称 SAN）的普及，LAN-Free 形式的数据备份和恢复方案，得到了相当广泛的应用。在 SAN 环境下，采用存储网络的 LAN-Free 备份，需要备份的服务器通过 SAN 连接到磁带机上，在 LAN-Free 备份客户端软件的触发下，读取需要备份的数据，通过 SAN 备份到共享的磁带机。这种独立网络不仅可以使 LAN 流量得以转移，而且它的运转所需的 CPU 资源低于 LAN 方式，这是因为光纤通道连接不需要经过服务器的 TCP/IP 栈，而且某些层的错误检查可以由光纤通道内部的硬件完成。这样不仅可以实现大量数据的快速备份，而且可以极大地降低数据备份对网络资源的占用，保证了生产系统的可靠性和稳定性。

2　部署环境

2.1　备份环境

（1）备份服务器采用 HP DL580G4，需要通过 LAN-Free 备份的服务器为 3 台 IBM X 系列的服务器和 1 台 IBM560Q 的 Oracle 数据库服务器，每台服务器安装 1 块以上的 HBA 卡；其他客户端包括 Windows、Unix 通过 LAN 备份的方式进行数据备份。这里假定 HP DL580G4 的网络主机名为 Kfbackupserver，3 台 IBM X 系列的服务器主机名分别为 Servera、Serverb、Serverc，IBM560Q 的主机名为 Kfdatabase。

（2）磁带库采用 IBM TS3310，配置 3 个 LTO3 的驱动器，60 个槽位；存储设备采用 DS4800，配置容量 8TB。

（3）光纤交换机为 3 台 IBM 2005-B16，两台连接 DS4800，1 台连接磁带库 TS3310，服务器通过 HBA 卡分别连接在光纤交换机上。

2.2 架构图

备份环境架构图如图 1 所示。

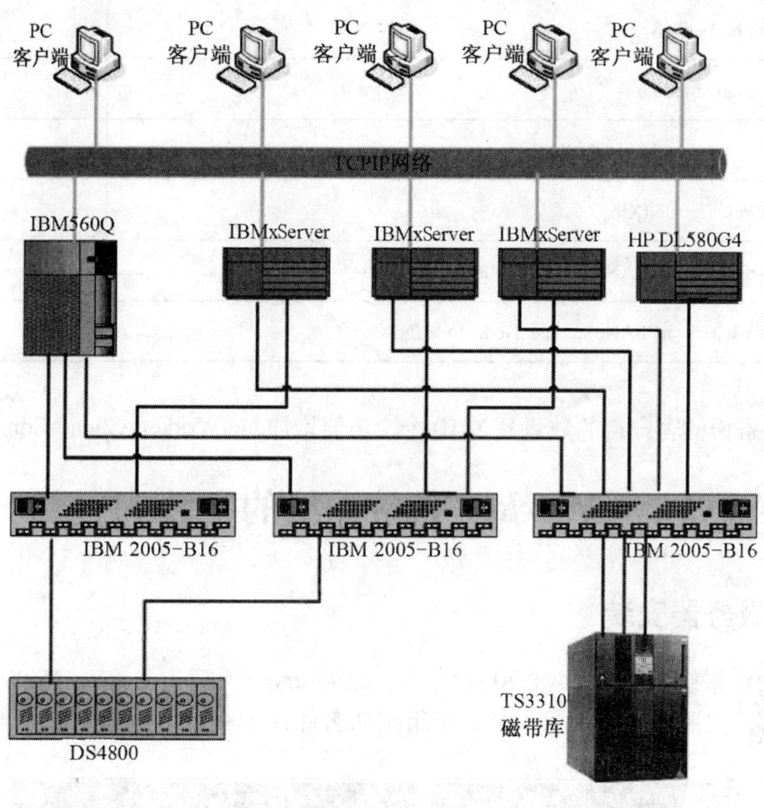

图 1　备份环境架构图

3　软硬件环境准备

（1）在备份服务器 Kfbackupserver 上进行如下操作：

①进行操作系统 Windows 2003 安装，进行系统补丁升级和防病毒软件安装；

②进行 HBA 卡的硬件安装和驱动程序安装，并将 HBA 卡通过光纤跳线接入磁带库所连接的光交换机上；

③进行磁带库 TS3310 驱动程序的安装。

以上工作完成后，在“设备管理器”可以看到 3 个 IBM　LTO3 的磁带机和 1 个 IBM3576 介质变换器。

（2）3 台 IBM X Server　安装过程同上，IBM 560Q　数据库服务器操作系统为 Aix5.3，安装好的磁带库可以通过 lsdev 的命令来查看结果。

（3）备份软件解决方案。根据备份需求，需要配置表 1 所列模块。

表 1　备份需配置模块列表

名　称	数量
NetWorker for Windows ，Network Edition （10 clients）	1
Autochanger Module 1–64 Slots	1
Dynamic Driver Share Module	3
NetWorker Module for Oracle， UNIX client	1
NetWorker ClientPak for UNIX	1
NetWorker NetWork Edition SAN Storage Node for Windows	3
NetWorker NetWork Edition SAN Storage Node for UNIX	1

如果同时备份的客户端的数量超过 10 个，需要增加 NetWorker Client Connections 模块。

4　LEGATO NetWorker 备份系统的安装

4.1　备份服务器安装

（1）在操作系统为 Windows 2003 的 Kfbackupserver 上插入 Legato NetWorker 7.3.1 安装光盘确认后，按照提示要求写入公司及组织的名称，下一步见图 2。

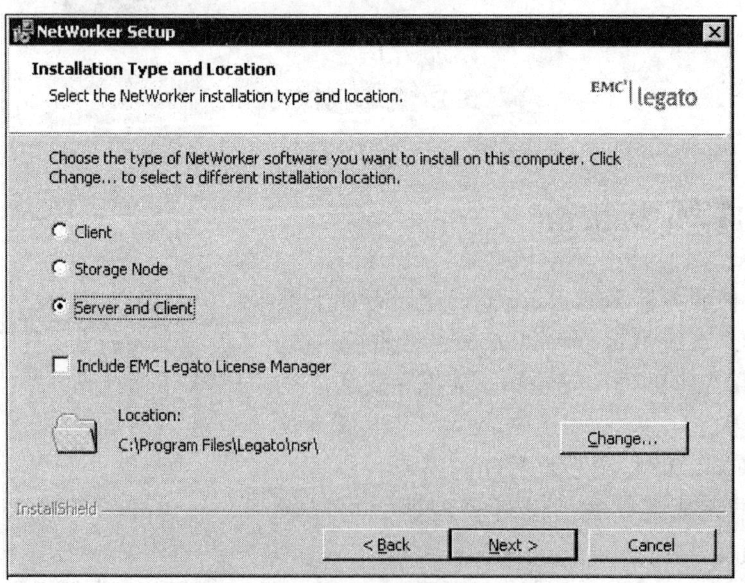

图 2　备份服务器软件安装图

选择 Server and Client ，继续下一步，提示添加 NetWorker Server 来备份 Kfbackupserver 数据，Kfbackupserver 是 HP DL580G4 服务器的主机名，在安装之前请在本机的网络配置

文件 Hosts 进行配置。继续下一步完成安装。

（2）备份软件管理控制台的安装。

当安装备份服务器软件后，还需要安装管理控制台软件用来管理和配置备份，选择 Install Networker Management Console 根据提示完成管理控制台的安装。通过浏览器打开管理控制台，http：//kfbackupserver：9000/，点击 Enterprise 按钮，添加备份服务器 Kfbackupserver。打开 NetWorker Server Kfbackupserver，见图 3。

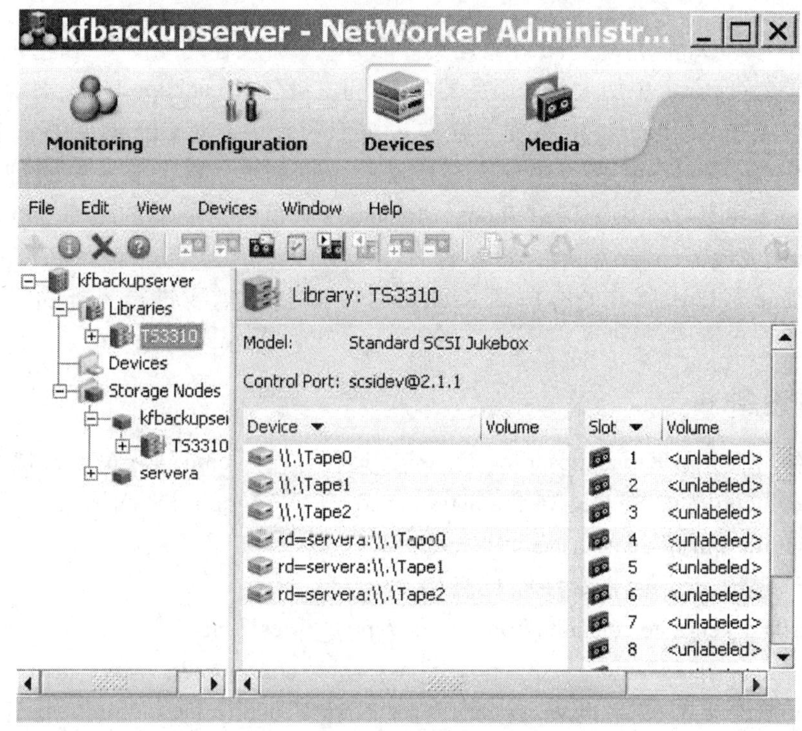

图 3　备份软件管理控制台安装图

（3）软件注册。

在购置表 1 中的软件模块后，Legato 将给用户购置的每个模块，按模块购置数量提供 Enable Code，用户可以使用该模块功能 45 天，待用户服务器的 Hostid 确定后，再向 Legato 申请 Auth Code，输入 Auth Code 后，用户就可以永久的使用该软件模块的功能。

打开管理控制台，在图 3 中点击 Configuration 按钮，在左边树形列表中，对 Registrations 鼠标右键选择 New，出现 Create Registration 窗口，输入 Enabler code，点击 OK 确认后完成使用 45 天的注册。收到 Auth Code 后，点击 Registrations，在右侧列表中双击相应的模块，输入 Auth Code，即可完成该模块永久使用的注册。

根据表 2 中的方案要求，需要输入 11 个 Enable Code，再输入 11 个 Auth Code 才能完成整个备份系统的注册。

4.2　客户端的安装

（1）对于需要 LAN−Free 备份的客户端，3 台 IBM X Server 和 1 台 IBM560Q 在安装时选择 Storage Node，根据提示完成客户端的安装。在 IBM560Q 的 AIX 系统环境下，安装界面与 Windows 相似，根据提示用户很容易选择 Storage Node 类型，备份的服务器录入 Kfbackupserver，根据提示完成安装。

（2）对于不需要通过 LAN–Free 备份的大多数客户端，如普通 PC 机和数据量小的服务器，在安装时选择 Client 类型，根据提示完成安装。

（3）在 IBM560Q 另外还要安装 Oracle 模块，根据提示完成安装。

4.3 注册客户端

首先，在 Kfbackupserver 的网络配置文件 Hosts 中加入客户端的 IP 和主机名，在客户端的网络配置文件 Hosts 中加入备份服务器的 IP 和主机名 Kfbackupserver。

在图 3 中点击 Configuration 按钮，在左边树形列表中，对 Clients 鼠标右键点击 New 注册新的客户端，在 Name 栏目中录入客户端的主机名称，输入要备份的目录或文件系统 Save Set，选择客户端索引管理 Index Management 策略、所属的组 Group 和备份计划 Schedule，确认完成客户端的注册。

对于 Oracle 数据库所在的客户端 Kfdatabase，注册后需要进行另外的配置，这里不多述。

4.4 配置设备

（1）在备份服务器 Kfbackupserver 上，从“运行”输入 cmd 进入命令行状态：

```
C：\Documents and Settings\Administrator>cd C：\Program Files\Legato\nsr\bin
C：\Program Files\Legato\nsr\bin>jbconfig
```

根据提示选择 2，给磁带库命名 TS3310

```
Turn NetWorker auto–cleaning on （yes / no） [yes]? no
you need to bypass auto–configure. Bypass auto–configure? （yes / no） [no] yes
Is （any path of） any drive intended for NDMP use? （yes / no） [no]
Is any drive going to have more than one path defined? （yes / no） [no] yes
Drive 1， element 256， system device name = \\.\Tape2，
          local bus， target， lun value = 2.2.0，
          WWNN=500308C09A1E709C model LTO Ultrium–3
Device path 1 ? [\\.\Tape2]
Device path 2 ? servera：\\.\Tape2
Device path 3 ? serverb：\\.\Tape2
Device path 4 ? serverc：\\.\Tape2
Device path 5 ? kfdatabase：\\.\Tape2
```

对于 Tape0，Tape1 的路径定义和上面的一样。

```
Only model LTO Ultrium–3 drives have been detected.
Are all drives in this jukebox of the same model? （yes / no） [yes]
A Dedicated Storage Node can backup only local data to its devices.
Should kfsoft be configured as a Dedicated Storage Node? （yes / no） [no] yes
Jukebox has been added successfully
Would you like to configure another jukebox? （yes/no） [no]
```

（2）要注意的是，在使用 jbconfig 命令配置磁带库前，要使用 Legato networker 提供的命令 inquire 磁带库设备详细情况，确认 Kfbackupserver 的 \\.\Tape2 与 Servera、Serverb、Serverc、Kfdatabase 的 \\.\Tape2 是同一个磁带驱动器，也就是他们的 WWNN 数值是一致的，这里假定他们是一致的。对于 \\.\Tape0 和 \\.\Tape1 同样也要考虑这个问题。

（3）对于一个磁带驱动器多个路径的配置，同样也在管理控制台完成，点击 Devices 按钮，在左边树形列表中，添加存储节点 Servera、Serverb、Serverc、Kfdatabase，在每个存储节点上搜索设备，然后通过鼠标右键选择 re-configure library，重新配置磁带库 TS3310，根据提示即可完成磁带驱动器多个路径的配置。

4.5 配置 LAN-Free 客户端，实现 SAN 备份

这里以 Servera 为例进行配置，首先注册 Servera，然后双击客户端 Servera，在 Servera 的属性配置窗口中，对 Storage nodes 项进行修改，去掉其他的存储节点，仅保留 Servera，见图 4。这样 Servera 的数据通过光纤通道，在备份服务器的控制管理下，直接备份到磁带库 TS3310 中，从而实现了 Servera 在 LAN-Free 模式下的数据备份。

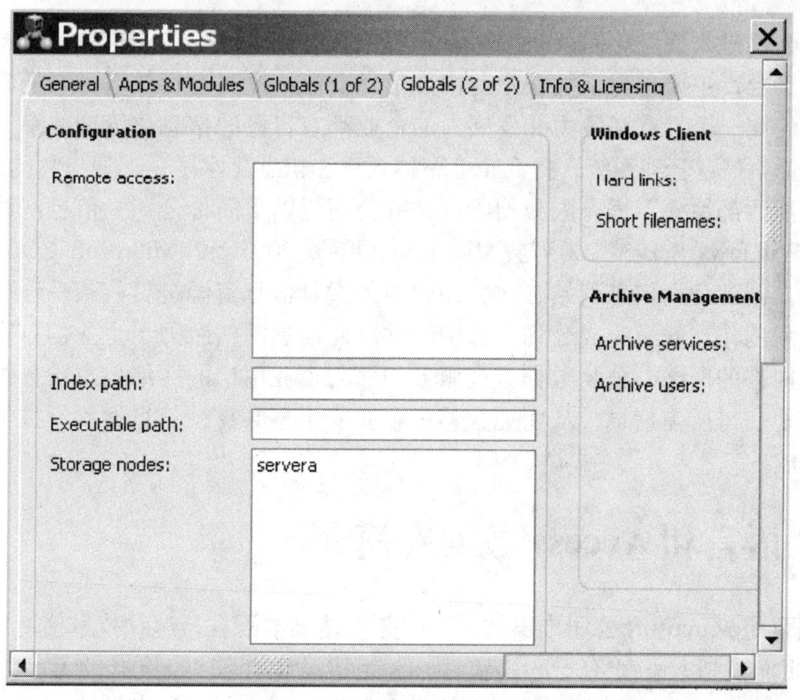

图 4　Servera 数据备份图

5 结束语

对于业务数据量大，全备份容量上 100GB 甚至达 1TB 以上的客户端，采用 LAN-Free 模式可以有效完成快速的数据备份，减少了对网络通道的堵塞，保证了生产系统的稳定性与可靠性，在油田大块数据备份领域具有良好的推广前景。除了采用 LAN-Free 模式实现快速的数据备份外，还可以采用 Server-less 模式的数据备份，这种模式需要第三方的软件支持才能完成。

数据库在网站建设中的应用

罗扬淑　柏中兴

（中国石油西部钻探工程有限公司国际钻井公司）

摘　要　把 Microsoft Windows Server 2003 与 Microsoft Office 2003 和 Microsoft SQL Server 2000 集成在一起，应用 ASP 服务器端脚本语言，创建公司信息网站，完成整个企业的信息共享、信息搜索、宣传展示及各部门的信息集成。

关键词　信息网站　数据库　管理

1　引言

当今社会已进入信息化时代，应用计算机、网络技术等现代先进的信息技术，建设企业管理信息平台，主要是为了加快企业内部信息交流，提高运行效率，降低成本，提升竞争力。所以任何一个具有竞争力和发展力的企业都有自己的信息化管理体系，利用现代信息技术构建企业信息管理系统，提高企业整体效率和信息化水平，加速自身的发展。

中国石油西部钻探工程有限公司国际钻井公司（以下简称公司）信息网站建设借助于 Microsoft Windows Server 2003与 Microsoft Office 2003 和 Microsoft SQL Server 2000 集成在一起，创建公司信息网站。对公司国内外大量信息资源进行收集、整理，通过专业精湛的设计和制作，建设完成公司局域网网站。此信息网站致力于企业信息化服务，具有服务于企业内部的网络办公、数据查询服务和面向企业用户的网络信息服务，使用户更加快速、方便地获得所需信息，从而完成整个企业的信息共享、信息搜索、宣传展示及各部门的信息集成。

2　ASP 语言和 Access 数据库简介

ASP 语言是 Mircosoft 公司推出的一种服务器端脚本语言，这种技术使用户轻松地结合 Html Web 页面、脚本语言（Script）和 Actiex 组建设计动态、交互式的 Web 服务器端应用程序，与客户端相互传递信息。ASP 中的命令和脚本语言都由服务器来解释执行，执行结果产生动态 Web 页面并送到服务器；而在浏览器端实现动态主页技术的脚本命令则是由浏览器来解释执行，开发者不必担心别人下载程序从而知道编程逻辑。其主要优点是工具完善，无需编译，无需特别的编辑工具，运行效率高，将程序文本和 HTM 文本集成于 ASP 文件，更便于编程、检查与调试。

Office Access 性能稳定、功能齐全，能很好地和 Windows NT 集成在一起，是一种结构化查询语言，能实现不同数据库系统的互联，具有良好的开放性，支持 Internet，主要用于动态存储和读取大量数据，能精确地进行数据备份和数据恢复，因其使用须经注册，且用户必须授予访问权限，一般用户无法窃入，故运行安全，易于管理。

3　网站数据库的设计表及作用

公司信息网站建设用的数据库名是 szj#72，设计的数据表达 30 多个，每个数据表都对应管理网站信息的不同数据信息，如图 1 所示。

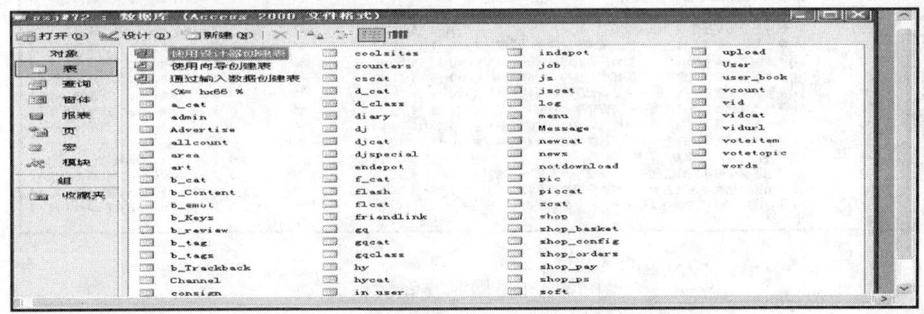

图 1　公司网站数据库和使用的数据库表

admin 是网站管理员，具有最高权限，管理后端管理网站的所有功能模块如图 2 所示；对注册会员进行审核，授予适当的权限，授权用户方可在网站发布信息和进行信息交流，如图 3、图 4、图 5 所示。

admin : 表

admin_id	admin_name	admin_password	type	dj	lock	admin
1	admin	494766da74eee5168c2ad58b74eee5168c2ad58b		4	0	
2	xw72	0e28631c794dd2144a03be9b794dd2144a03be9b		4	0	
4	ssyyy	c14d3d3ed6a7926a4aacbb03d6a7926a4aacbb03		1	0	news, art
5	zjlys	0c066eae16cc1da9303841aa16cc1da9303841aa		1	0	news, art, up, Use
(自动编号)				0	0	

图 2　admin 网站管理员数据表

User : 表

UserID	UserName	Password	Question	Answer	Email	Sex	RegDate	Las
24	ssyyy	c14d3d3ed6a7926a4aacbb0	yy	9d594ff960030b921d42b91	126yxq@126.com	男	7-6-21 22:05:14	10.80
25	abcc	e7c0a0df202715565302695	aaa	0c64418510cefb2b06eee5c	216yxq@126.com	男	07-7-4 16:04:27	192.1
26	abcd	c14d3d3ed6a7926a4aacbb0	df	e343279857ea7f69a597324	216216yxq@126.c	男	07-7-13 9:28:34	192.1
27	pet_bb	6c402633adbd680fda623c2	我妹妹姓什么	8370a3b8d7ced690b3f4b35	shuangshuang_er	女	07-8-3 10:36:19	10.87
28	zjlys	63ea3e2e17763f690c03da2	申请注册	9cc6d2dea13c05e17ef4d05	zjjsgs@tuha.net	女	7-9-30 22:36:25	10.80
29	masg0903	511916e54699c59fa8d1aa3	123	b505ffed0d024130f58c5cf	masg0903@sohu.c	男	7-10-1 21:01:18	10.80
30	我爱NANA	10aa73063fd97fb598f3da	卿卿是谁	2fe092b049a982e304c5cb5	liweiming26@163	男	7-10-5 13:20:42	10.80
31	123456789	49ba59abbe56e057f20f883	123456	49ba59abbe56e057f20f883	123456@tuha.net	男	07-10-6 2:20:27	10.80
32	shihuaixiang	81931da0aefd0e1a5015bc	shi	75ef3e8eee5ae1ffe424349	shihuaixiang@12	男	7-10-6 10:26:31	10.80
33	MOUMOUMOU	49ba59abbe56e057f20f883	123456	2f4d8f805192562 56cfb975	MOUMOU@TUHA.NET	男	7-10-6 11:50:22	10.80
34	gujiang	965eb72c92a549dd5a33011	数学	a0b923820dcc509a6f75849	452266794@qq.co	男	7-10-6 16:58:49	10.80
35	luozhaoyang	9832e347ac2a2a44684182 2	1	6a3f36d3d676c1b808451dd	luozyzj@hotmail	男	07-10-7 9:35:55	10.80
36	624866942go	d2319e348e40b4d12a05da	danwei?	2a7e2f3473b2c282652f93f	thxzb@hotmail.c	男	7-10-8 11:05:46	
37	wangshiquan	56569685d32e0c38f6fc63	who?	ef70dff97959067b723c5c2	wangsqzj@tuha.n	男	7-10-9 13:10:54	10.80
38	zhangyun	5e17aa3a10608628ae587b2	职业	959389aaf0425d804c9fafc	664098641@qq.co	男	7-10-9 14:54:56	10.87
39	Kassandra	708792b487982815334 1f6	一般密码?	708792b487982815334 1f6f	elioe@163.com	女	7-10-9 18:26:16	
40	fanwencai	9b2009476808d8cf4db0ec	是否保密	87edb4817ced8427be65fdd	thfwc@sian.com	男	7-10-9 19:48:32	10.80
41	wangdan	4670be13dff45687a81eba1	???	6effaa6e7f1e3e3ba9fdc5f	flyingfly@163.c	女	-10-10 11:43:58	10.87
42	zhangweini	259f07ac92b5b07ac9a1d5	111	e6ac95ea2c0343a2395834d	sdzwn@163.com	女	-10-10 15:46:12	10.80
43	xueweiqiang	f85cda6a9c764e0e44b51b2	123456	1511b4f6020ec61ded35205	xuewqzj@tuha.ne	男	-10-12 18:17:19	10.87
44	70528	6a0b08e77af52805f0c4e5	你是谁?	a5ac6143259d3ea63c51e54	lyp1379@163.com	男	-10-13 20:47:58	10.80
45	zhanggsh	7c4ba986c3b2efa5c1d221	你好	bac5b8f0b531cca054652cc	zqztr.good@163.	男	-10-14 18:40:24	10.80

记录：2　共有记录数：25

图 3　User 是网站会员注册数据表

news : 表

news_id	cat_id	news_date	news_title	news_color	news_author	news_ahome	news_content	news_count	news_keyword
91	13	2007-7-24 15:15:40	吐哈钻井又一支		网络	网络转摘	&nb	30	国外 |GW33
92	13	2007-7-24 15:26:49	吐哈ECDC-6钻机		网络	网络转摘	<FONT face=Aria	7	海外 |ECDC
93	12	2007-7-24 15:49:40	60147钻井队酒东		佚名	钻井三公司网络	<DIV> &nbs	19	酒东
94	12	2007-7-24 15:51:43	传承磨溪经验 破		赵毓	钻井三公司网络	<DIV align=cent	13	柳11
95	16	2007-7-24 16:02:45	高扬前进的风帆		吕晶 赵毓	钻井三公司网络	<DIV align=cent	21	党建
96	13	2007-7-24 23:36:58	市场提升成为国		吕晶 赵毓	钻井三公司网络	<DIV> "Today I	14	市场
97	12	2007-7-24 23:39:51	远赴千里解决井		陈志强	钻井三公司网络	<DIV> &nbs	43	难题
98	13	2007-7-24 23:42:36	吐哈第一口长斜		盖靖安	钻井三公司网络	<DIV>	43	定向
99	13	2007-7-24 23:46:43	吐哈SKGW24#队里		赵毓	钻井三公司网络	<DIV> &nbs	28	SKGW
100	12	2007-7-24 23:55:20	吐哈70547钻井队		网络	钻井三公司网络	&nb	47	探井
102	17	2007-7-31 18:27:18	党委副书记、纪		方木生	钻井三公司网络	<DIV align=cent	17	讲话
103	17	2007-7-31 18:29:15	公司经理、党委		喻著成	钻井三公司网络	<DIV align=cent	23	讲话
108	14	2007-10-7 10:32:16	关于开通公司自		zjlys	钻井三公司网络	<DIV> &nbs	97	通知
109	16	2007-10-8 16:29:43	钻井三公司领导		网络	原创	<P>	92	慰问
110	12	2007-10-8 16:41:37	钻井三公司"提		网络	原创	<P align=left>	48	提速
111	14	2007-10-9 17:08:45	关于OA办公系统	#FF00FF	zjlys	原创	<P> </P>	95	OA
112	14	2007-10-11 10:43:28	关于钻井三公司	#FF00FF	zjlys	原创	<P><STRONG><FON	121	网络
动编号)	0	2007-10-22 23:23:20						0	

图 4　News 是网站新闻数据表

■ art : 表

art_id	cat_id	art_title	art_date	art_count	isbest	art_content	art_keyword
17	32	钻井三公司落实指挥部精细化管理推进会具体措施	07-7-25 9:27:41	16	0	<DIV align=cent	推进
18	32	钻井三公司精细化管理实施方案	07-7-25 9:33:02	14	0	<DIV>为了认真贯	精细化
19	32	吐哈石油勘探开发指挥部2007年“精细管理”工作要点	07-7-25 9:57:01	8	0	<DIV>	精细化
20	32	精细为本管理为重努力提高精细化管理水平	7-7-25 10:07:12	9	0	<DIV>自开展“精	精细
21	32	精耕细作 厚积薄发 开创精细化管理新局面	07-8-1 16:21:49	22	1	<DIV align=cent	精细化
23	34	钻井三公司举办“迎国庆 学铁人 创和谐”合唱比赛	07-10-1 9:29:57	98	0	<DIV> &nbs	钻井三公司
26	34	钻井三公司努力创建平安和谐单位	7-10-8 16:32:13	12	0	<P class=MsoNor	和谐
27	34	弘扬大庆精神 夯实基础工作 ——记吐哈钻井三	7-10-8 16:34:51	24	0	<P class=MsoNor	大庆精神
28	33	钻井三公司监督周报 温馨警示保平安	7-10-8 16:43:37	29	0	<P>	QHSE
29	34	钻井三公司基层建设“回头看”	7-10-8 16:46:53	41	0	<P>	基层建设
31	34	争当国际化青年先锋之－－铁人精神永驻辉煌（泥浆技术	-10-17 10:31:57	64	0	<P class=MsoNor	大庆精神！铁人
34	34	争当国际化青年先锋之－－为钻井事业竭尽绵薄之力（40	-10-17 14:51:44	168	0	<P class=MsoNor	大庆精神！铁人
36	34	争当国际化青年先锋之－－感怀铁人精神（40679钻井队	-10-18 21:11:59	44	0	<P class=MsoNor	大庆精神！铁人
37	34	争当国际化青年先锋之五－－弘扬大庆精神 打造钻井品	-10-19 19:18:33	17	0	<P class=MsoNor	大庆精神！铁人
38	34	争当国际化青年先锋之六－－将青春献给石油（50718钻	-10-19 19:21:30	25	0	<P class=MsoNor	大庆精神！铁人
39	34	争当国际化青年先锋之七－－铁人，中华民族的骄傲（生	-10-19 19:25:28	30	0	<SPAN style="FO	大庆精神！铁人
40	34	争当国际化青年先锋之－－争当新时代的铁人（青海项目	-10-19 21:46:20	20	0	<DIV align=cent	铁人
41	32	钻井三公司70529队精细化管理重在过程	7-10-23 9:16:18	12	0	<P align=center	精细化
42	34	争当国际化青年先锋之九－－大庆精神铁人精神 我们永	7-10-23 9:31:35	37	0	<P class=MsoNor	大庆精神！铁人
43	34	争当国际化青年先锋之十－－学大庆精神铁人精神有感	7-10-23 9:35:51	13	0	<P class=MsoNor	大庆精神！铁人
44	34	争当国际化经营青年先锋之十一－－立足本职岗位 践行	7-10-23 9:40:27	20	0	<P class=MsoNor	大庆精神！铁人
动编号)	0		-10-25 14:48:10	0	0		

图 5　Art 是网站文章数据表

4　网站主要功能模块框架

网站主要功能模块如图 6 所示。

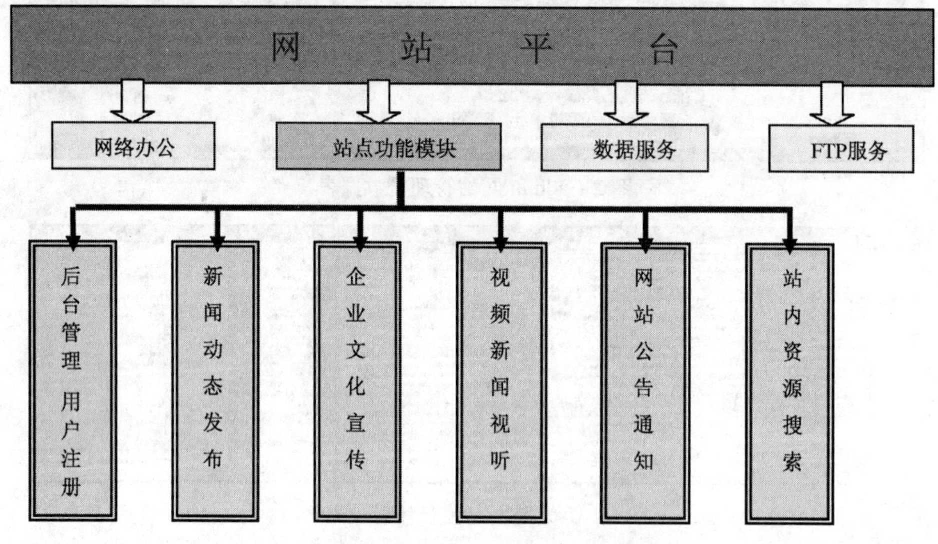

图 6　网站主要功能模块框架图

5　网站主要程序功能

5.1　后台管理

网站用后台管理的方法进行权限范围控制，对注册用户授予适当的权限，可参与网站的新闻、文章、图片、视听素材等菜单项目的上传工作，待管理员审核通过后发布，如图 7 和图 8 所示。此网站便于公司员工参与网站建设，网站内容的收集广泛、真实，更贴近公司生产和管理。

图 7　管理员登陆后台管理

会员列表（按登陆次数排列）　-会员搜索　-积分管理

按登陆数　按登陆时间　按新注册　按高积分　管理会员　VIP会员　正常的会员　锁定的会员　待审的会员

选择	用户名	等级	性别	注册日期	登录数	E-mail	主页	QQ	最后登录时间	操作		状态
□	ssyyy	(普)	男	2007-6-21 22:05:14	21				2007-10-19 8:34:04	删除	修改	正常
□	zjlys	(普)	女	2007-9-30 22:36:25	17				2007-10-24 10:42:04	删除	修改	正常
□	zhangyun	(普)	男	2007-10-9 14:54:56	8				2007-10-23 14:46:22	删除	修改	正常
□	wangzhiquan	(普)	男	2007-10-9 13:10:54	8				2007-10-25 8:09:15	删除	修改	正常
□	masg0903	(普)	男	2007-10-1 21:01:18	6				2007-10-24 14:33:19	删除	修改	正常
□	70528	(普)	男	2007-10-13 20:47:58	3				2007-10-14 21:16:23	删除	修改	正常
□	我爱NANA	(普)	男	2007-10-5 13:20:42	3				2007-10-5 17:37:25	删除	修改	正常
□	wangdan	(普)	女	2007-10-10 11:43:58	3				2007-10-12 9:58:39	删除	修改	正常
□	fanwencai	(普)	男	2007-10-9 19:46:32	3				2007-10-11 9:46:00	删除	修改	正常
□	luozhaoyang	(普)	男	2007-10-7 9:35:55	3				2007-10-16 15:05:33	删除	修改	正常

本页全选：□

会员删除　会员激活　会员锁定　设为普通　设为VIP

共有会员：33个。首页　上一页　1 2 3 4 下一页　尾页

图 8　管理员后端管理菜单

5.2　新闻动态发布

授权用户 zjlys 会员登录网站后进行新闻稿件上传，上传组建包含的内容有新闻标题，新闻的作者、新闻来源、新闻所属类别，关键字等等，文本区可上传图片和文字，对文字可进行一定的修饰，然后点击新增提交，如图 9 所示，此新闻稿件利用程序组建上传到服务器新闻 News 数据表中待审。

管理员后端对新闻进行管理，与发布人联系确认后点击编辑，审查新闻的内容是否适合在网站发布，若通过点击 Pass，否则删除，保证了公司新闻稿件的真实、准确，如图 10，图 11 所示。如果发布人发布的新闻图片和文字不规范，管理员可进行编辑修改，保证网站主页所载新闻的结构格式一致，使其总体协调，便于阅读。

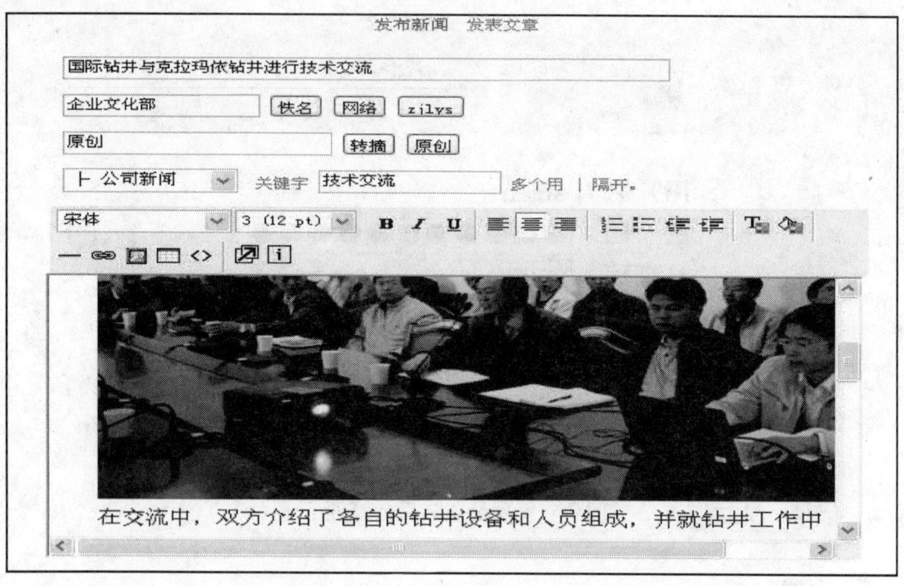

图 9　文本区上传图片

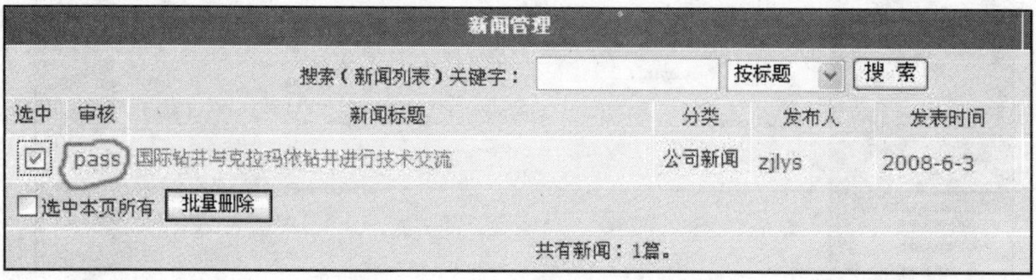

新闻管理

搜索（新闻列表）关键字：　按标题　搜 索

选中	审核	新闻标题	分类	发布人	发表时间
☑	pass	国际钻井与克拉玛依钻井进行技术交流	公司新闻	zjlys	2008-6-3

☐选中本页所有　批量删除

共有新闻：1篇。

图 10　管理员后端对新闻进行管理

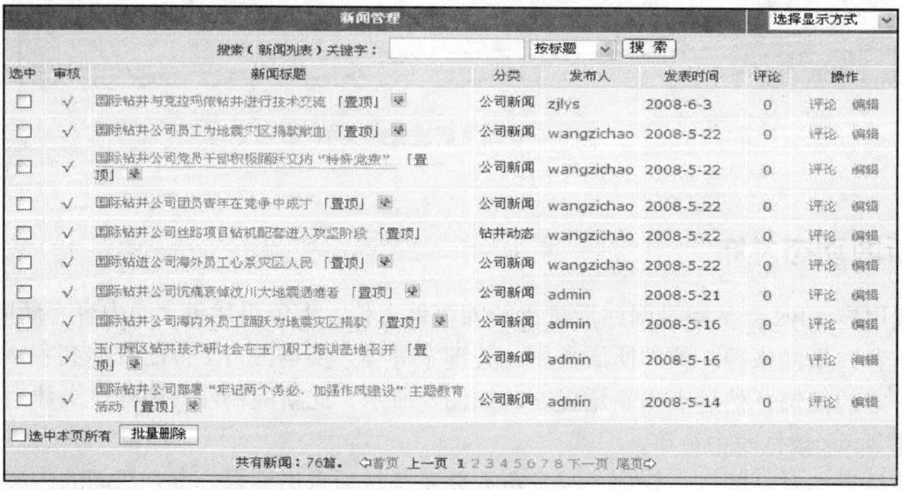

新闻管理　选择显示方式

搜索（新闻列表）关键字：　按标题　搜 索

选中	审核	新闻标题	分类	发布人	发表时间	评论	操作
☐	√	国际钻井与克拉玛依钻井进行技术交流 「置顶」	公司新闻	zjlys	2008-6-3	0	评论 编辑
☐	√	国际钻井公司员工为地震灾区捐款献血 「置顶」	公司新闻	wangzichao	2008-5-22	0	评论 编辑
☐	√	国际钻井公司党员干部积极踊跃交纳“特殊党费” 「置顶」	公司新闻	wangzichao	2008-5-22	0	评论 编辑
☐	√	国际钻井公司团员青年在竞争中成才 「置顶」	公司新闻	wangzichao	2008-5-22	0	评论 编辑
☐	√	国际钻井公司丝路项目钻机配套进入攻坚阶段 「置顶」	钻井动态	wangzichao	2008-5-22	0	评论 编辑
☐	√	国际钻进公司海外员工心系灾区人民 「置顶」	公司新闻	wangzichao	2008-5-22	0	评论 编辑
☐	√	国际钻井公司沉痛哀悼汶川大地震遇难者 「置顶」	公司新闻	admin	2008-5-21	0	评论 编辑
☐	√	国际钻井公司海内外员工踊跃为地震灾区捐款 「置顶」	公司新闻	admin	2008-5-16	0	评论 编辑
☐	√	玉门探区钻井技术研讨会在玉门职工培训基地召开 「置顶」	公司新闻	admin	2008-5-16	0	评论 编辑
☐	√	国际钻井公司部署“牢记两个务必、加强作风建设”主题教育活动 「置顶」	公司新闻	admin	2008-5-14	0	评论 编辑

☐选中本页所有　批量删除

共有新闻：76篇。 ⇦首页 上一页 1 2 3 4 5 6 7 8 下一页 尾页⇨

图 11　新闻发布

点击对应新闻标题的操作，就可对本条新闻进行编辑修改，编辑修改功能与发布新闻的功能基本相同，有文档粘贴、图片插入、附件插入，字体字号选择等功能，如图 12 所示。

图 12　新闻编辑

新闻模块显示程序交互性动态处理管理员 Pass 后的新闻稿件，按所属新闻类别和发布时间检索并在网站主页新闻动态栏显示出来，主页显示新闻数可修改调用的程序，任意改变显示的新闻数。新闻标题后面注有小图片的表示其为图片新闻，不带为文字新闻。FlashNews 程序调用新闻动态里的图片新闻，循环播放最近最新指定的新闻条数，增强了新闻动态的生动、形象和直观感，如图 13 所示。

图 13　新闻检索

5.3　企业文化宣传

企业文化宣传数据表（图 14）为 Art 数据表，与新闻发布管理的方法和实现的程序原理相同，故不再重述。

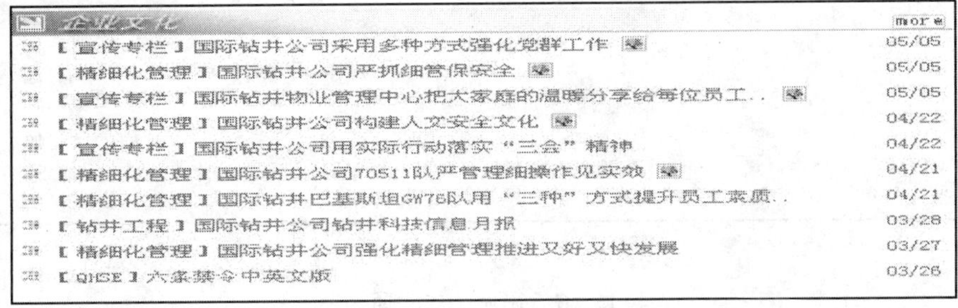

图 14　企业文化宣传数据表

5.4 视频新闻、网络视听

登录后台管理或会员中心，应用上传组建上传视听素材到 Movie 数据表中待审，经管理员审核后，视听显示程序动态更新并按程序设计格式将其显示在主页网络视听栏。应用网络视听播放器实现网络视频素材的播放，此播放器支持 MTV、FLASh、WMV 等视频格式，如图 15 所示。

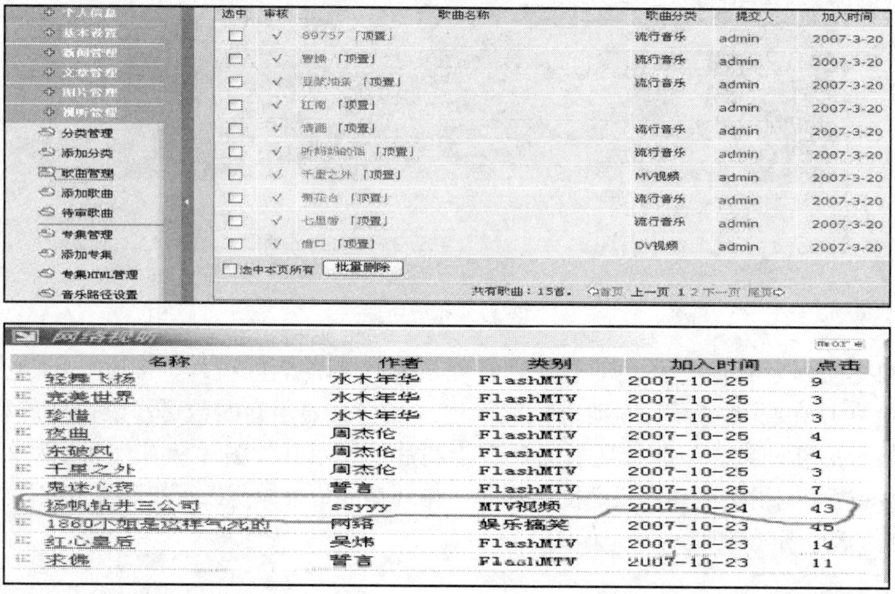

分类管理
添加分类
歌曲管理
添加歌曲
待审歌曲
专集管理
添加专集
专集HTML管理
音乐路径设置

选中	审核	歌曲名称	歌曲分类	提交人	加入时间
□	√	89757 「顶置」	流行音乐	admin	2007-3-20
□	√	[illegible] 「顶置」	流行音乐	admin	2007-3-20
□	√	豆浆油条 「顶置」	流行音乐	admin	2007-3-20
□	√	江南 「顶置」		admin	2007-3-20
□	√	[illegible] 「顶置」	流行音乐	admin	2007-3-20
□	√	听妈妈的话 「顶置」	流行音乐	admin	2007-3-20
□	√	千里之外 「顶置」	MV视频	admin	2007-3-20
□	√	菊花台 「顶置」	流行音乐	admin	2007-3-20
□	√	七里香 「顶置」	流行音乐	admin	2007-3-20
□	√	借口 「顶置」	DV视频	admin	2007-3-20

□选中本页所有 批量删除

共有歌曲：15首。 首页 上一页 1 2 下一页 尾页

网络视听

名称	作者	类别	加入时间	点击
轻舞飞扬	水木年华	FlashMTV	2007-10-25	9
完美世界	水木年华	FlashMTV	2007-10-25	3
珍惜	水木年华	FlashMTV	2007-10-25	3
夜曲	周杰伦	FlashMTV	2007-10-25	4
东风破	周杰伦	FlashMTV	2007-10-25	4
千里之外	周杰伦	FlashMTV	2007-10-25	3
鬼迷心窍	誓言	FlashMTV	2007-10-25	7
扬帆钻井三公司	ssyyy	MTV视频	2007-10-24	43
1860小姐是这样气死的	网络	娱乐搞笑	2007-10-23	45
红心皇后	吴炜	FlashMTV	2007-10-23	14
求佛	誓言	FlashMTV	2007-10-23	11

图 15 视听新闻上传

这个功能版块初衷是播放公司的视频资料，如现场操作、技术展示、重大会议现场录制的视频新闻等等，视频播放更生动、形象、直观，通过视频观赏宣传和展示公司风采。

5.5 网站公告通知

此版块只有管理员有权在全站发布重要的公共信息、公告通知，管理员直接对发布在网站上的公共信息负责。公告通知文档可以是 doc、xls、htm、ppt 等格式，如图 16 所示。

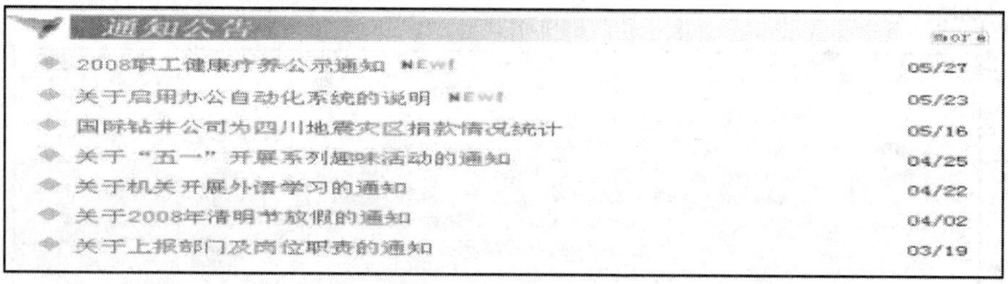

通知公告

标题	日期
2008职工健康疗养公示通知 NEW!	05/27
关于启用办公自动化系统的说明 NEW!	05/23
国际钻井公司为四川地震灾区捐款情况统计	05/16
关于“五一”开展系列趣味活动的通知	04/25
关于机关开展外语学习的通知	04/22
关于2008年清明节放假的通知	04/02
关于上报部门及岗位职责的通知	03/19

图 16 网站公告、通知

5.6 站内资源搜索

在主页站内搜索栏选择搜索的类别，填写搜索的关键字，点击搜索，搜索引擎程序根据提交的搜索条件查找，并显示搜索后的相关信息，如图 17 所示。

图 17　站内资源搜索

6　应用效果

公司信息技术人员经过一段时间的总体规划、专业设计和制作，完成了公司信息网站的建设，并逐步推广应用。公司企业信息平台实现了整个企业的资源共享、信息传递、网上沟通交流。通过网络与信息技术，使信息流、物流、生产管理等有机结合，基本实现了无纸化办公和日常工作流程的计算机化，提高了企业整体工作效率和信息化管理水平，推动了公司计算机应用水平的进一步提高，产生了明显的经济和社会效益，实现了有效益的信息化。

地震勘探数据库系统的开发和应用

姜元刚

（中国石油新疆油田公司勘探开发研究院）

摘　要　地震勘探数据库系统通过在新疆油田两年多来的初步应用，取得了数据收集、整理、建库、管理、统计和汇总等宝贵经验，为勘探科研生产数据的查询和统计提供了有力的支撑，同时也为今后数据库进一步开发明确了方向。

关键词　勘探数据库　系统研究　开发技术　系统应用

1　引言

油田勘探和开发数据库的建立是数字油田建设的重要组成部分，是构成数字油田的基石。目前，无论是国外大公司，还是国内石油、石化两大集团，都已把油田数字化和信息化提到了重要议事日程上，并且投入大量的人力和财力用于收集、整理、规范繁琐的数据。因此，勘探数据库的建设不管是对油田信息化工程还是科研生产，都是迫在眉睫的首要任务。

2　系统设计

地震勘探数据库建设的总体目标是对上游分布式数据库、异构数据库的集成、管理和应用技术支撑（地震勘探数据管理网络结构见图 1）；实现股份公司—油田公司—研究院等 3 级数据库管理，重点是将实现油田公司级数据库的集成和管理，建立油田公司级综合数据库；实现对数据源（如研究院、研究所等）数据库接口的支持，通过 IE 系统分散录入数据。

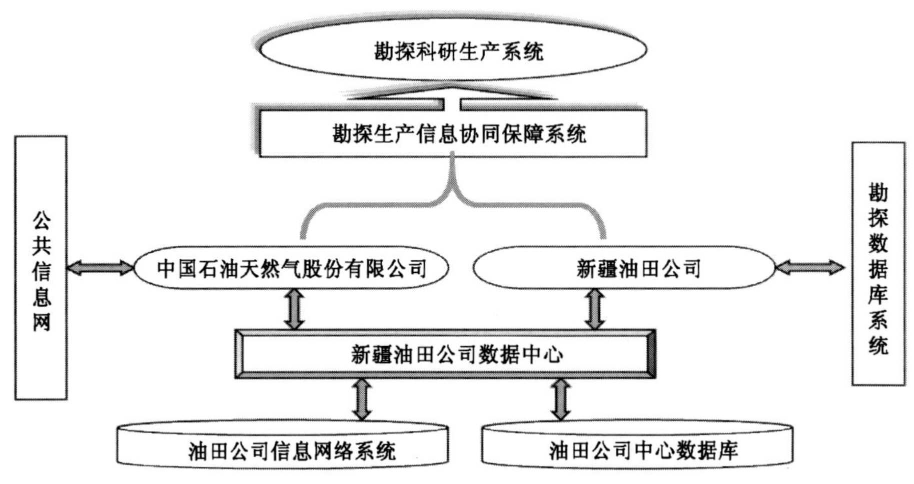

图 1　地震勘探数据管理网络结构图

地震勘探数据库的设计思想是由3层结构组成的系统，即客户、服务器、数据库，层次划分见图2。客户向服务器发送请求，服务器从数据库读取数据并返回数据给客户。

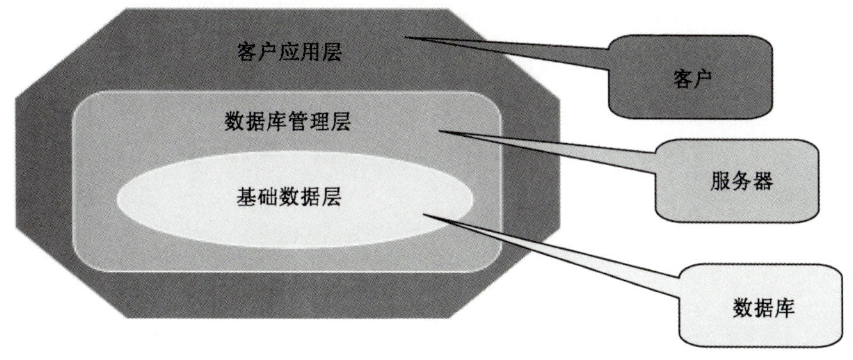

图2　地震勘探数据管理层次示意图

客户操作的方式是目录树、图形用户界面及返回信息的可视化，即服务管理业务逻辑，数据库存储数据。其中，将业务逻辑放在中间层的好处在于当业务逻辑改变以后，客户无需做任何改变。客户端为瘦客户机，只负责IE环境目录树、图形用户界面及信息的可视化。

系统由多个构件组成，最细的划分是一个N层结构。每个层次的数据库都有连接、服务上报和管理本层数据库的功能。各层由一个信息高速公路贯通，即为客户提供服务，地震勘探数据管理服务平台见图3。结合勘探数据库分布性和异构特点，系统的功能主要有：

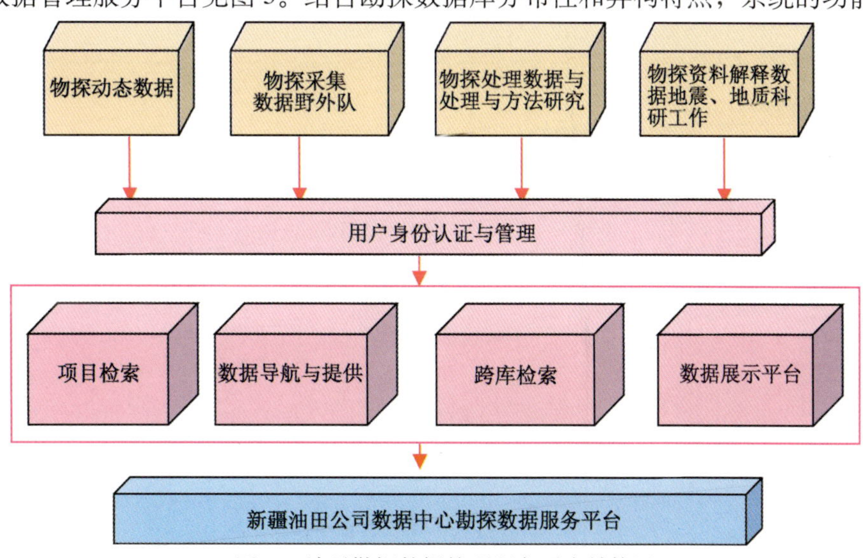

图3　地震勘探数据管理服务平台结构图

（1）数据库建库工具：通过定制的模板（勘探信息系统数据结构及填写规定），可以在Oracle数据库建立测区数据库。

（2）数据库管理工具：提供数据结构、代码维护、系统维护、安全设置等功能，是表格数据主要录入、编辑工具。

（3）图形数据文件和加载：与数据库相关联的地质数据图形的上传、下载工具，是可视化查询的重要信息来源。

（4）地震数据加载工具：由于地震数据的特殊性，设计了地震常用数据格式解读和加载数据工具。

(5) 可视化查询：通过图形可视化，搜索和导航的模式查询数据库数据。本系统开发了图形查询，以新疆准噶尔盆地为勘探区域的 GIS 查询图见图 4，使用表格查询勘探数据见图 5。地震基础数据的 3 种数据查询方式，提高了查询效率和准确度。并使用专业人员较为熟悉的常用表格和行业图形方式显示查询结果。

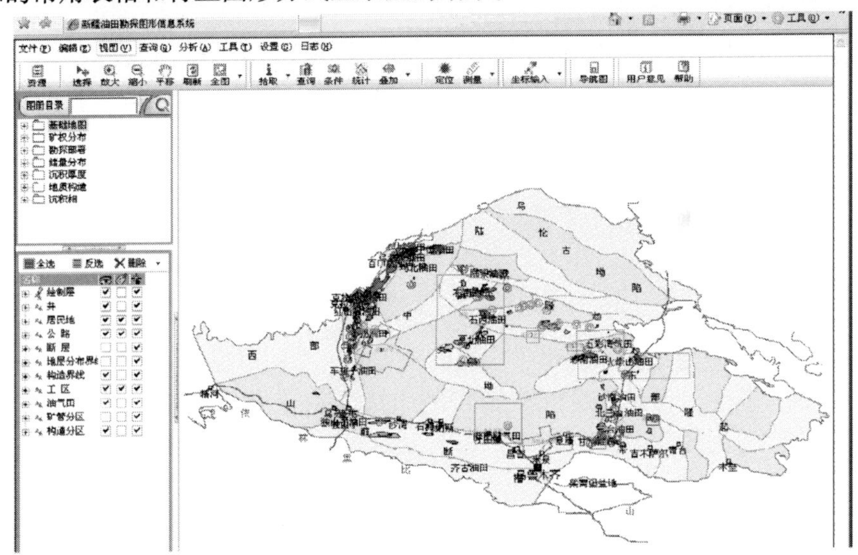

图 4　GIS 图形查询浏览数据

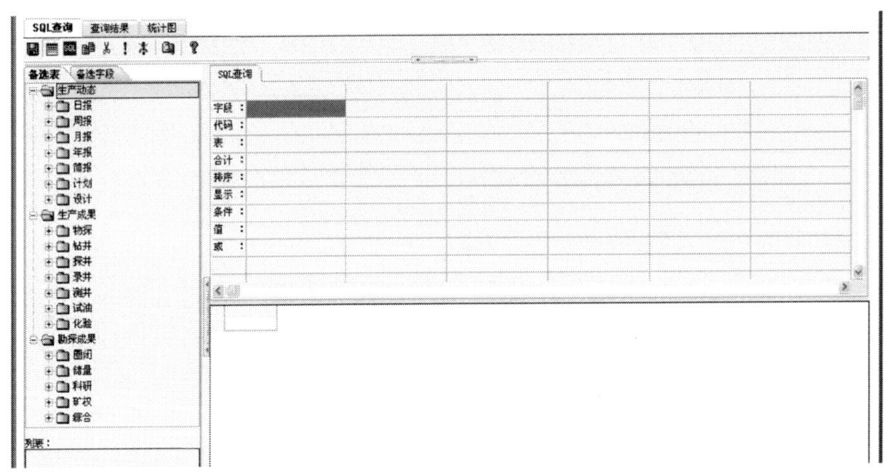

图 5　表格查询浏览数据

3　系统实现

3.1　数据结构

地震勘探数据库的基础首先是要定义和建立数据文件（表）的逻辑关系。根据新疆勘探数据的特点设计了系统表，主要数据部分采用中国石油天然气集团公司统一的 ERP 图。这样既可以满足集团公司标准化、规范化的特点，同时又突出了新疆勘探数据库的特色。

(1) 系统表。为了更有效管理数据库，根据设计的逻辑关系，新疆勘探数据库定制了

167 个系统表。只要使用本系统创建、管理和应用数据库，都必须使用这些表。

（2）代码表。许多数据都有其共同的特性，即使是不同的测区也有很多相同的数据，类似于一种油田公司数据标准。可以使用外键的方式连接相关的字段，一方面可避免大量的重复录入（数据冗余），另一方面可对数据的安全、标准、规范起到约束作用。这样的代码表共有 55 个（以字母 ADW 和 AJWF 开头）。

（3）基础数据表。基础数据和代码数据有很多相同点，但是根据测区的不同也有不同点（局部）。如，根据专业的不同，设计有物探动态管理表 11 个、基础表 22 个、非地震表两个、地震资料处理表 10 个、综合研究基础数据表 6 个、VSP 测井基础数据表 4 个。中国石油新疆油田公司物探数据管理表目录见表 1。

表 1　地震勘探数据管理表目录

<table>
<tr><td>1</td><td rowspan="11">动态管理表</td><td>项目进展情况表</td><td>34</td><td rowspan="2">非地震</td><td>非地震综合数据管理表</td></tr>
<tr><td>2</td><td>解释月报</td><td>35</td><td>非地震综合成果报告管理表</td></tr>
<tr><td>3</td><td>解释月总结</td><td>36</td><td rowspan="10">地震资料处理</td><td>资料处理设计报告管理表</td></tr>
<tr><td>4</td><td>二维地震剖面处理动态表</td><td>37</td><td>资料处理成果报告管理表</td></tr>
<tr><td>5</td><td>二维处理测线出站表</td><td>38</td><td>资料处理验收报告管理表</td></tr>
<tr><td>6</td><td>二维出站测线明细表</td><td>39</td><td>二维数据处理测线基础数据管理表</td></tr>
<tr><td>7</td><td>三维地震剖面处理动态表</td><td>40</td><td>二维资料处理成果数据管理表</td></tr>
<tr><td>8</td><td>三维处理出站表</td><td>41</td><td>二维资料处理速度数据管理表</td></tr>
<tr><td>9</td><td>三维出站测线明细表</td><td>42</td><td>三维数据处理区块基础数据管理表</td></tr>
<tr><td>10</td><td>处理项目阶段进展情况</td><td>43</td><td>三维资料处理成果数据管理表</td></tr>
<tr><td>11</td><td>VSP 处理周报</td><td>44</td><td>三维 CDP 坐标数据管理表</td></tr>
<tr><td>12</td><td rowspan="22">基础表</td><td>地震勘探工区踏勘报告管理表</td><td>45</td><td>三维资料处理拐点坐标、速度管理表</td></tr>
<tr><td>13</td><td>地震采集项目验收报告管理表</td><td>46</td><td rowspan="6">综合研究基础数据</td><td>资料处理解释立项报告管理表</td></tr>
<tr><td>14</td><td>二维勘探部署管理表</td><td>47</td><td>资料处理解释开题设计报告管理表</td></tr>
<tr><td>15</td><td>二维部署测线拐点坐标数据管理表</td><td>48</td><td>资料解释成果报告管理表</td></tr>
<tr><td>16</td><td>二维地震采集设计管理表</td><td>49</td><td>资料解释成果附图管理表</td></tr>
<tr><td>17</td><td>二维地震采集实验报告管理表</td><td>50</td><td>资料解释成果散点数据管理表</td></tr>
<tr><td>18</td><td>二维地震采集总结报告管理表</td><td>51</td><td>资料解释验收报告管理表</td></tr>
<tr><td>19</td><td>二维测线基础数据管理表</td><td>52</td><td rowspan="4">VSP 测井基础数据表</td><td>VSP 测井技术信息管理表</td></tr>
<tr><td>20</td><td>二维测线仪器因素管理表</td><td>53</td><td>VSP 测井设计、完井报告管理表</td></tr>
<tr><td>21</td><td>二维采集井激发参数管理表</td><td>54</td><td>VSP 数据处理成果管理表（SEGY）</td></tr>
<tr><td>22</td><td>二维采集震源激发参数管理表</td><td>55</td><td>VSP 处理技术报告、时深关系与速度管理表</td></tr>
<tr><td>23</td><td>二维采集成果数据管理表</td><td rowspan="11" colspan="3">合计 55 张表，771 个数据项</td></tr>
<tr><td>24</td><td>三维勘探部署管理表</td></tr>
<tr><td>25</td><td>三维地震采集设计管理表</td></tr>
<tr><td>26</td><td>三维地震采集实验报告管理表</td></tr>
<tr><td>27</td><td>三维地震采集总结报告管理表</td></tr>
<tr><td>28</td><td>三维线束基础数据管理表</td></tr>
<tr><td>29</td><td>三维线束仪器因素管理表</td></tr>
<tr><td>30</td><td>三维线束井激发参数管理表</td></tr>
<tr><td>31</td><td>三维线束震源激发参数管理表</td></tr>
<tr><td>32</td><td>三维线束成果数据管理表</td></tr>
<tr><td>33</td><td>低速带数据管理表</td></tr>
</table>

3.2 系统配置

(1) 数据库安装。勘探数据数据库服务器最低配置要求：

CPU：INTER P4，2.8GE；

RAM：1GB；

HDD：70GB。

注意：服务器必须安装 SQLSERVER2000 或更高版本。

创建数据库：在 SQLSERVER 上创建系统库 SYSKT36_ZYK 和用户库 NEW_KTSJK。

恢复数据库：根据提供的数据库备份文件 SYSKT36_ZYK 和 NEW_KTSJK，用前面建立的数据库分别恢复到系统库 SYSKT36_ZYK 和用户库 NEW_KTSJK 两个数据库上。

(2) 应用服务器配置要求。以下是服务端最低配置要求：

CPU：INTER P4，2.8GE；

RAM：1GB；

HDD：70GB。

服务端的安装：专用软件在服务端完成安装，然后用服务端配置工具进行配置，连接数据库。

(3) 客户机配置。客户机最小配置要求：

CPU：PIII 800 以上；

RAM：256MB 以上；

HDD：40GB 以上；

显示分辨率：1024×768；

操作系统：Windows XP/2000/2003；

浏览器：IE 5.0 以上；

字处理软件：Microsoft Office 2000/2003。

3.3 数据库创建

我们设计了一个 Microsoft Access 文件，它是勘探数据库字典，也是建库的模板。这个文件包含了所有表、字段、视图、触发键以及表的分类的详细信息和关联关系，通过 SQL Server 或 Oracle 数据库提供的接口，可直接在数据库系统中创建用户指定结构的勘探数据库。如果需要修改，或者是重新定义一个数据库，只要修改模板文件即可。

4 系统应用

4.1 数据打包工具

如果已经建了勘探数据库，并且数据库中已有大量的数据，一种简单的方法就是从原始数据库中提取纲要性的信息，如表、字段、代码、字段间的约束与限制等，导入到新的数据库中。数据打包工具一方面可以节省大量的时间，减少数据冗余，另一方面还能起到规范化、标准化的作用。

4.2 数据管理工具

数据管理工具是系统中重要的常用工具，不同的用户可以根据授权实现对表数据的查询、增加、删除、修改，并且支持数据批量操作。使用这个工具，用户可以直观地浏览数据库结构、表结构、代码结构。为了加快数据录入速度，可以利用 Microsoft Excel 通过复制、导入的方法添加数据，也可以把表数据输出到 Excel 文件。

4.3 用户管理工具

用户管理工具是系统安全机制的保证，它不仅可以添加、删除用户，而且可以根据需要对用户进行授权，甚至到列权限和行权限。

4.4 层次管理工具

为了快速准确管理勘探数据，对数据进行了 4 种分类：表定义分类、代码定义分类、盆地分类和构造单元分类。按照分类，采用层次型方法对数据库的表、字段、记录进行添加、删除和修改等编辑，通过拖动节点，对树结构的修改直观准确。

4.5 查询应用工具

（1）基本数据查询。可以按照年代、项目查询，也可以根据用户自定义模板查询。它支持数据库多表查询，并且还可以对查询信息进行统计分析预测（散点图、统计直方图、统计饼图、列表、排序等），输出打印查询结果。

（2）专业数据查询。有些数据不同于表格数据，是长记录流数据，它们不仅数据量大，而且表现的方式各异，典型的是地震和测井数据。一方面它们不能像表格数据那样直接进行录入和输出，另一方面也无法读数甄别对错，只有通过专门的录入和查询工具。

（3）图形查询。图形工具不仅可以编辑修改多种格式的图形，同时也可以对数据库中的图形进行管理，包括添加、删除、下载。系统的图形查询功能：首先，通过图形中对象属性，使用导航的方式查看对象的数据；然后，根据数据的类型，做直方图、回归分析、预测分析等智能处理。

5 结论

地震勘探数据是油田建设和发展的宝贵财富。勘探数据的集中管理，对于建设新疆绿色、环保、数字化油田非常必要，是油田科技进步的象征。通过勘探数据库系统的开发和应用，提高了管理效能，资源得到共享，加快了油田开发的进度，功效十分显著。中国石油新疆油田公司勘探数据库系统的开发和应用初步目标的实现，为今后拓展系统的功能提供了宝贵经验。对不断提高新疆数字油田的建设水平，加快石油企业现代化建设具有重要意义。

参 考 文 献

1 王宏琳．地球物理勘探软件平台技术．北京：石油工业出版社，1999

2 张宝君．勘探数据库系统的开发和应用．江汉石油职工大学学报，2005，18，(06)

小型数据库应用系统的快速开发实践

赵士坤　刘秀益　张讲丽
（中国石油西部钻探工程有限公司克拉玛依钻井公司）

摘　要　快速原型法和迭代法是软件开发中常用的方法，本文结合了两种方法之所长，根据在开发过程中的经验，探讨如何快速开发小型数据库应用系统。本文论述了如何在脱离网络环境条件下，快速开发基于 C/S 架构的固井作业史管理系统的分析、设计、系统开发的思路。系统采用基于 PB 技术的 C/S 结构、菜单树做导航，Saybase 作为数据库；系统开发过程中使用的关键技术为动态数据窗口技术和 OLE 控件技术。通过 SQL 文件的导入、导出实现数据共享，通过对 Excel 文件的操纵，实现批量数据的录入和导出。系统从功能上分为数据采集、数据存储、报表打印、数据备份、统计分析、用户管理等几个主要模块，基本满足了固井现场对数据管理的需要，完成了固井数据从人工管理到软件管理的跨越式发展。为固井现场技术人员和固井资料管理人员提供了资料管理的有效手段。

关键词　固井作业　报表　PB　C/S　数据共享　动态数据窗口　OLE 控件

1　引言

中国石油西部钻探工程有限公司固井压裂工程公司（以下简称固井工程公司）每年固井工作量有几百口井，历史数据则有几千口井固井作业史，因而对固井工程数据的管理就显得非常重要。固井工程公司以往的数据管理都是手工填写纸制报表，这样的数据管理方式存在着数据填写混乱、没有统一规则、报表容易丢失、自然损坏严重、长期管理困难等诸多弊端。固井作业资料堆积如山，在需要检索历史数据的时候查找起来非常的不方便，数据得不到充分的应用。固井作业史管理的现状已经难以适应油田信息化发展的需要。需要开发一套等对固井作业数据进行有效管理的系统，使数据的传递更方便，管理更高效，真正的实现数据共享，提高固井工程数据的使用效率。系统在新疆油田钻井公司信息中心历经一年时间的调研和开发后终于完成。该系统为固井作业数据的采集、管理、分析、打印、存储等都提供了便捷有效的手段，为数据管理人员提供了有力的技术支持，成为工程技术人员和固井作业信息管理人员的好帮手。

2　系统分析

2.1　系统流程分析

固井工程公司的生产现场特点：分散在大漠戈壁深处、无网络环境保障、固井数据的传输和管理十分困难。随着甲方对固井资料管理的要求不断提高，只有及时准确地上交固井作业史资料才能满足甲方的需求。固井作业数据采集要由固井技术员在施工地完成，资料完成后要上交甲方电子文档和书面打印资料——固井作业史，然后将相同的资料传给基地的资料员进行保存管理。由此可以看出资料的传递有两条线，目的是实现数据的共享，采用 Saybase 数据库，在程序中提供导入、导出功能将生成的 SQL 数据库文本文件传递给甲方和基地。然后甲方或者基地可以将 SQL 导入到该系统中，实现数据共享。由于不同的单位需要的资料不一样，而且在涉及添加剂用量及其使用类型的时候，这些数据是固井工程公司的工程机密，不能对外泄露，这样就需要对用户进行权限管理，对不同的用户设置不同的权限，然而在没有网络环境的条件下对用户权限管理存在诸多困难，所以要对管理员的权限进行有效的管理，只有管理员可以分配用户，并根据需要对用户的权限进行管理，没有权限的用户在导航树中看不到相应的内容，这样就解决了权限管理问题。基于以上的分析可以看出，系统的重点应该是数据的共享，也就是数据的导入、导出，其他功能如：报表的打印、统计分析和用户管理等只有在实现了数据共享的条件下才有意义，下面将对各个功能进行分析，本着贴近实际、服务现场的原则，采用 Powerbuilder9.0 开发平台，Powerbuilder9.0 自带的 Saybase asa8.0 数据库系统作为后台数据库，对开发这套固井作业史信息管理系统的关键技术进行分析，讲述如何快速地完成小型数据库系统的开发。

2.2 系统功能分析

这个部分是实现应用系统快速开发的关键，重点是圈定业务范围和业务重点，也就是说要准确地确定所开发的应用系统的业务边界和业务重点，然后根据业务重点先行开发，找到一个成熟的适合业务对象的程序框架先行实现重点的业务要求，然后再不断地完善业务边界，这就是快速开发的关键。

经过对业务需求的调研和分析，为了解决上述流程中的问题，可将固井信息管理系统分为 5 个模块，这 5 个模块涵盖固井作业资料处理的所有业务，通过对系统的合理规划和分析，达到符合显示生产流程的设计。这 5 个模块是：(1) 固井作业史数据采集；(2) 固井数据统计分析；(3) 固井作业史打印；(4) 数据导入、导出；(5) 用户权限管理。程序的 IPO 图如图 1 所示。

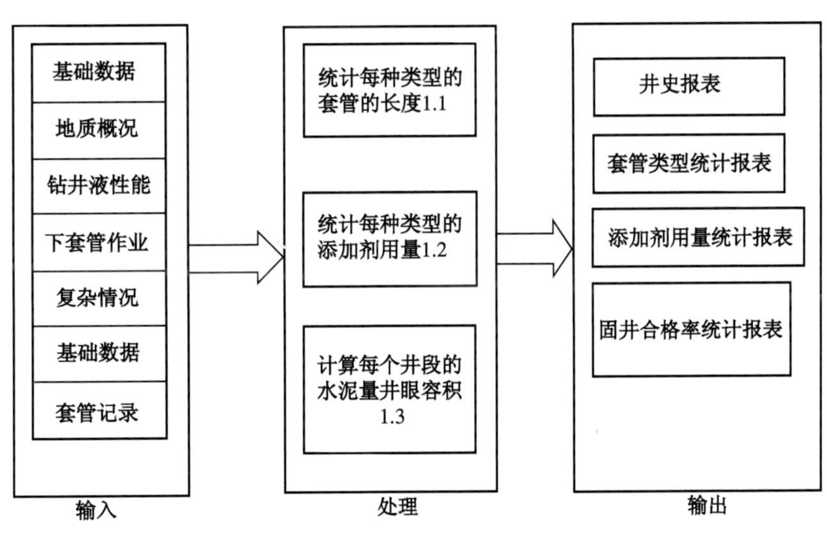

图 1 IPO 图

3 总体和概要设计

3.1 PB 本地数据库的应用

Saybase 的 ASA 数据库是 PB 自带的数据库，在开发单机应用系统中被广泛应用。PB（PowerBuilder 的缩写）广泛的应用于 C/S 结构系统的开发，它的特点是开发周期短、报表处理高效，开发效率高，可以连接本身自带的 Saybase ASA 数据库，在客户机上运行后台数据库，不用再部署 SQL Server 或者其他大型的数据库，在不增加成本的情况下提高系统部署效率。一般 P3 以上机器上都可以很好地运行，而且速度很快。

应用系统开发规范：Windows 操作系统、C/S 结构模型结构、本地 Saybase 数据库。本地 ASA 数据库为用户提供一个数据存储环境，PB 提供灵活快速的报表制作方法，使用数据窗口对象技术制作复杂报表，方式为所见即所得，数据处理方便灵活不需要用数据库连接控件，而且数据更新、保存和报表打印的开发效率十分高。

3.2 体系结构

系统采用 C/S 的方式来实现。对于在外作业的井队和基地数据采集量大且实时性要求较高，使用 C/S 模式，可以降低实施难度，提高信息安全性。本系统的体系结构如图 2 所示。

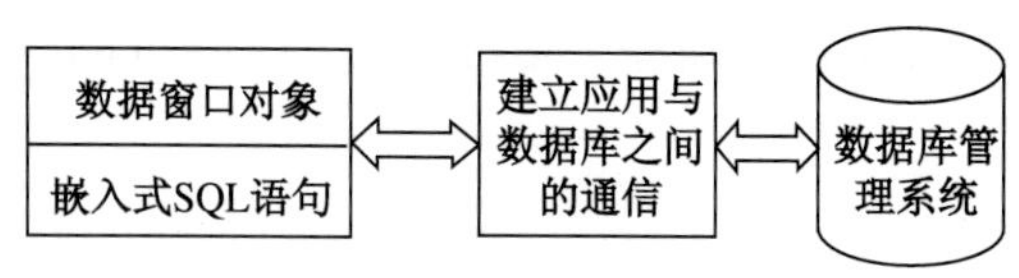

图 2 体系结构图

典型的 Powerbuilder 应用系统由两部分构成，分别是服务器端和客户端。

（1）服务器应用：实现事务逻辑，为客户提供服务，可以在数据库服务器端编写各种应用程序如访问数据库的存储过程和各种逻辑，还有触发器等进行各种数据库操作。

（2）客户应用：建立用户界面，与用户进行交互。同时需要调用服务器提供的事务逻辑。

客户应用由 3 部分构成：（1）用户界面：与用户进行交互；（2）DataWindow 数据窗口对象，负责与数据源进行连接与交互；（3）Connection（连接对象）：用于建立与服务器应用的连接。

PowerBuilder 中事务的管理，作为数据库的前台开发工具 PowerBuilder 支持事务管理的操作。在 PowerBuilder 中有一种称作事务 Transaction 的对象，这个对象是 PowerBuilder 应用与数据库的通讯区域。PowerBuilder 在应用开始时建立一个全局事务对象 SQLCA。Powerscript 中常用的事务管理的命令有 4 个：Commit，Rollback，Connect，Disconnect。当需要应用与数据库建立连接时使用 Connect 这一操作命令，取消连接时执行 Disconnect，这两个命令一般分别用在应用的开始和结束，也就是 Application 的 Open 和 Close 事件中。当一个事务的数据库修改成功地完成后，修改须提交数据库，Commit 语句是一个旧事务结束和一个新事务开始的界限。在修改被提交前，数据库的数据并没有被真正地修改，这些修改被保留在某个工作区，只有做修改的用户才能看到这些被修改后的值，提交后，则所有的用户就可以看到了。

应用程序与存储数据的数据库进行通信的步骤如下：(1) 设置事务对象的属性；(2) 与数据库建立连接；(3) 执行所需要的数据库操作；(4) 断开与数据库的连接。

4　固井作业史管理系统子模块设计

4.1　数据采集模块设计

数据采集模块是所有模块的基础，所有其他模块操作的数据都是操作从数据采集窗口中录入并保存到数据库的记录，数据采集模块由以下几个部分组成：(1) 基础数据采集；(2) 地质概况数据采集；(3) 复杂情况数据采集；(4) 钻井液性能数据采集；(5) 下套管作业数据采集；(6) 注水泥作业数据采集；(7) 特殊工艺数据采集；(8) 水泥量计算数据采集；(9) 套管记录数据采集；(10) 套管类型数据采集；(11) 套管长度数据采集。

设计思想是以树作为导航枢纽，所有的数据录入窗口都是通过双击树的对应条目，然后打开对应的数据输入子窗口，在树的上方设置两个下拉列表用于显示检索的记录的关键字，关键字是“井号”和“固井日期”组成的联合关键字；程序的逻辑是在基础数据库表中只有可能存在井号相同的两条记录，原因是同一口井可能固井多次，中完，完井都有可能，这样就必须找到一个区分其他记录的字段和“井号”一同作为联合关键字，然后通过这个关键字实现对表中数据的定位和检索，也就是说，一口井的固井作业史是从基础数据开始的，只有将基础数据中包括“井号”和“固井日期”的条目都输入了记录，才能输入某口井的地质概况等其他的数据。数据采集模块的窗口运行效果图如图 3 所示。

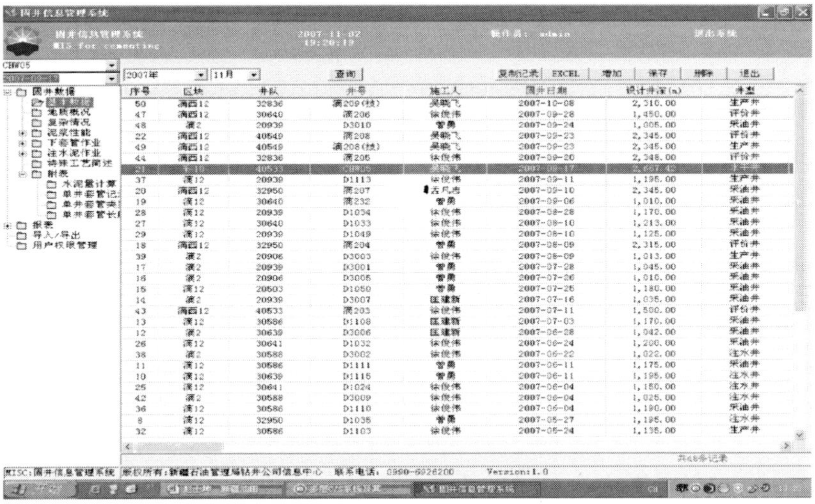

图 3　数据采集运行效果图

4.2　固井数据统计分析

固井数据的统计分析是为高层提供参考和指导的部分，如果说把一个管理信息系统比做一部歌剧的话，那么统计分析部分应该就是歌剧的高潮部分，这个部分综合已经采集的基础信息的方方面面，统计出一个统计报表或者统计图，提供给使用者一个直观、准确的感性信息。

这个模块包括以下几个部分：(1) 添加剂用量统计；(2) 套管类型及其长度统计；(3) 固井合格率统计。

添加剂用量统计是按年度、季度、月度统计每种类型的添加剂的使用量，统计的内容是按分公司、井队、井号、固井日期、添加剂名称、使用量等进行区分统计的，这样复杂的统计报表可以分成两部分解决：一是显示统计数据，数据的内容是按分公司、井队、井号、固井日期、添加剂名称、使用量等信息进行统计区分的；二是要能按年度、季度、月度查询并在数据窗口中显示这些内容的详细信息；经过上面的分析过程可知数据窗口对象类型的选择非常重要而且显而易见了，用 Group 分组类型的数据窗口对象是十分合适的，然后在窗口中用下拉列表选择年份、季度、月份等信息，通过在下拉列表中的 Selectchanged () 中的 SQL 语句结合检索条件 Retrieve () 实现对数据按年份、季度、月份的过滤，实现客户提出的目标。套管类型及其长度的统计、固井合格率设计的目标也是这样的，实现过程类似。

运行效果图如图 4 所示。

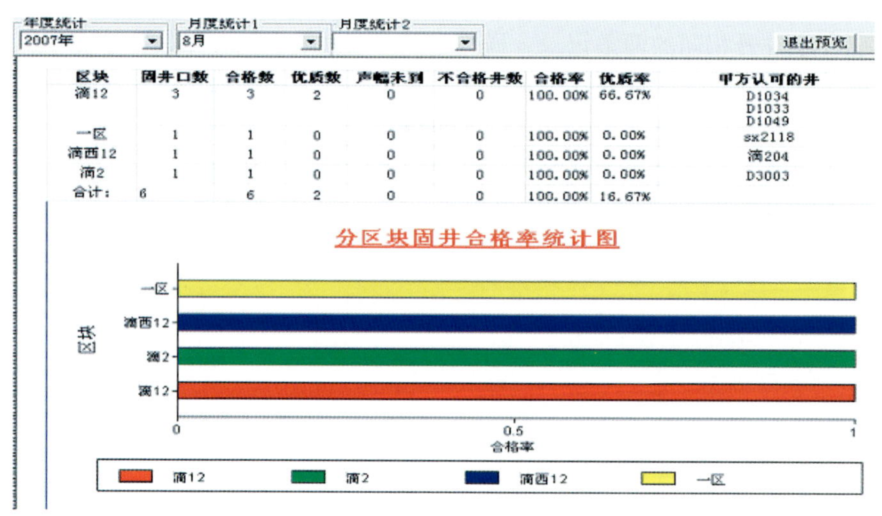

区块	固井口数	合格数	优质数	声幅未到	不合格井数	合格率	优质率	甲方认可的井
滴12	3	3	2	0	0	100.00%	66.67%	D1034 D1033 D1049
一区	1	1	0	0	0	100.00%	0.00%	sx2118
滴西12	1	1	0	0	0	100.00%	0.00%	滴204
滴2	1	1	0	0	0	100.00%	0.00%	D3003
合计：	6	6	2	0	0	100.00%	16.67%	

图 4　固井合格率统计分析图

4.3　固井作业史报表打印

报表的打印是整个系统的关键部分，这个报表要上交给甲方和留做自己存档。这个报表系统将取代现有的手工填写方式，使得报表的格式更统一、更规范、减少人为因素造成的错误。

报表是根据采集到的基础数据信息利用复合报表技术形成的；实现报表浏览的程序逻辑如下：(1) 利用复合报表 Composite 整合多种样式的简单报表，形成满足用户需求的复杂报表；(2) 报表的浏览，要实现这个功能可以在窗口中设置下拉列表框，根据下拉列表框中选中的显示内容，显示对应的报表，由于固井作业史的报表有一套手工的报表格式，所有可以固定报表的格式，根据页码进行浏览，然后根据需要打印数据窗口中显示的报表内容；(3) 报表的打印，报表的打印可以分成两种方式：一种就是通常使用的所见即所得的方式，就是要事先固定数据窗口所连接的数据窗口对象，也就是连接静态数据窗口对象，打印的时候只能打印数据窗口中显示的内容；另一种方式是根据固井作业史报表的特点在程序中可以灵活运用，从而实现全篇报表打印。由于报表的内容是固定的 8 项内容：基础数据、地址概况、复杂情况、泥浆性能、注水泥作业、下套管作业、水泥量计算、套管记录等内容，所以可以设置固定的循环次数 8 次每次重新指定数据窗口的连接对象，然后调用 Print () 打印该记录，然后以次类推实现循环打印。需要注意的是页码的计算问题，因为有的页内容不只是一页，可能是多页，是根据记录数的不同而不同的，所以页码的计算要十分注意，计算方法将在关键技术中阐述。

4.4 数据导入、导出

数据导入、导出是固井作业史管理系统的另一个关键部分，固井现场对实时数据的准确和及时性要求十分严格。固井施工队通常是在人烟稀少的野外工作，因而网络条件是很少具备的，在缺乏网络的条件下，如何实现数据的快速传递和共享是十分重要和棘手的问题。通过将系统中采集到的数据利用 Saybase 数据库的导出、导入功能，可以实现在同一系统下不同用户数据的共享和快速传递，满足了现场需要。流程如图 5 所示。

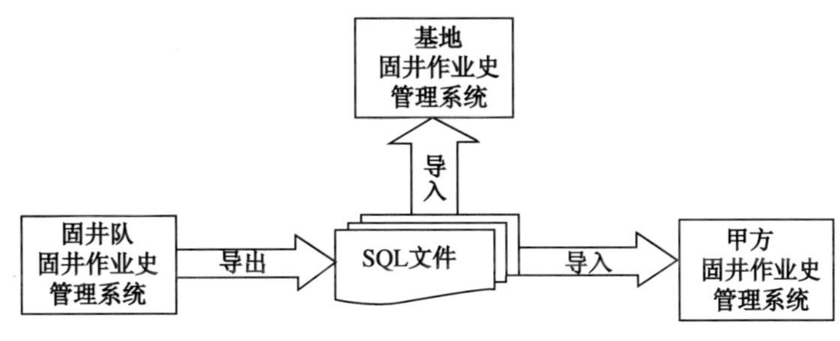

图 5　导入、导出流程图

导出和导入 SQL 文件的关键技术是动态数据窗口的应用，这个问题将在关键技术中阐述。

4.5 用户及其权限管理

由于是多用户的系统，而且用户的角色有所不同，所以对不同的用户权限进行控制是十分必要的。固井信息管理系统中，使用的权限控制策略是这样的：(1) 只有管理员能分配新用户，修改用户的权限和删除该用户；(2) 分配了权限的用户在树状导航菜单中，只能看到拥有权限的条目，并且可以操作；(3) 使用复选框选择用户权限。

首先，在数据库中建立包括用户名、密码以及各个模块名字的字段；目的是用数据库中的字段记录用户的名字和在某个模块上的权限，每个模块权限的字段用布尔类型字段，当为 1 表示拥有权限，0 代表没有权限；在窗口中提供增加、删除、保存功能按钮对用户的权限进行设置，当然，只有管理员可以使用这些功能，默认的情况下当增加一个新用户时，用户拥有除了管理员权限以外的所有权限，这样的方式利于操作，管理员可以对不必要的权限给予撤销。程序的实现逻辑分析如上面所述，用户权限管理运行效果图如图 6 所示（admin 是管理员）：

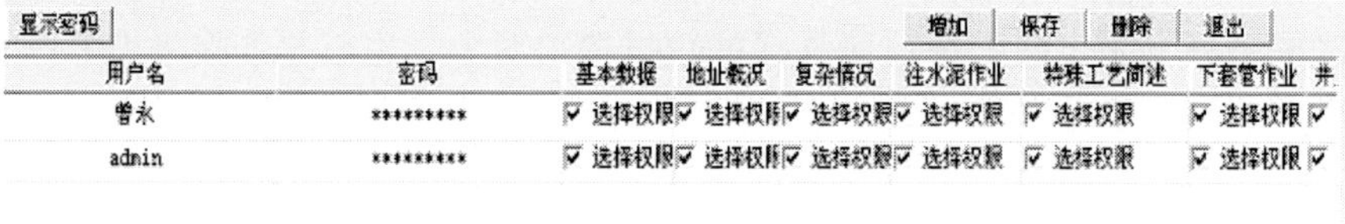

显示密码　　增加　保存　删除　退出

用户名	密码	基本数据	地址概况	复杂情况	注水泥作业	特殊工艺简述	下套管作业	井
曾永	*********	☑ 选择权限	☑ 选择权限	☑ 选择权限	☑ 选择权限	☑ 选择权限	☑ 选择权限	☑
admin	*********	☑ 选择权限	☑ 选择权限	☑ 选择权限	☑ 选择权限	☑ 选择权限	☑ 选择权限	☑

图 6　用户权限管理

5　软件系统研发中的关键技术

5.1　动态数据窗口技术

在导入、导出模块中应用这个技术，实现数据的导入、导出功能。动态数据窗口是一种非常实用的技术，熟练掌握并运用这一技术可以为程序开发人员提供一条解决问题的好途径。PowerBuilder 用 Create（）函数创建动态数据窗口，其语法格式为：dw.Create（Syntax[，ErrString]），其中：dw 为需创建的动态数据窗口名；Syntax 为创建动态数据窗口的语法字符串；ErrString 为可选参数，用来存放发生错误时的错误信息；SyntaxFromSQL（）函数功能：基于 SQL 的 Select 语句产生创建数据窗口的语法；语法格式：Transaction. SyntaxFromSQL（SqlString，StyleString，ErrorString）；其中：Transaction. 为已连接的事务对象，一般即为 SQLCA；SqlString 为 SQL--SELECT 语句；Stylestring 为数据窗口的显示风格字符串，比较复杂，一般常用“Style（Type=Grid）”；ErrorString 用来存放发生错误时的错误信息。一般来说，SyntaxFromSQL（）函数灵活性高、功能强，因此创建动态数据窗口大都使用该函数，下面简要介绍固井信息管理系统中使用动态数据窗口中的关键技术。

首先，将打开选择文件对话框，然后将选择的文件保存到临时文件夹下 ret=GetFileSaveName（" 保存 "，path，file_bf，"sql"，" 所有文件（*.*），*.*"，"c：\"，32770）；然后打开文件：li_FileNum_bf =Fileopen（file_bf，StreamMode!，Write!，LockWrite!，Append!），定义 SQL 执行语句 sql="SELECT * from "+table_name+" WHERE well_no='"+s_jh+"' and cement_date=date（'"+s_date+"'）"，作用是在指定的表中取得满足“井号”和“固井日期”条件的的所有记录；下面的语句是关键，将上面定义的 sql 语句做为参数传递给函数：

```
new_syntax=SQLCA.SyntaxFromSQL（sql，'Style（Type=Grid）'，error_syntaxfromSQL）
        IF Len（error_syntaxfromSQL） = 0 THEN
            dw_2.Create（new_syntax， error_create）
```

如果返回为 0，说明创建成功，然后用 Create 函数创建动态数据窗口；在读数据的时候要判断文件的长度是否大于 32K，如果是那么将其分割成若干个 32K 的包，然后循环读写：

```
IF ll_len > 32765 THEN
   IF Mod（ll_len， 32765） = 0 THEN
   loops = ll_len/32765
ELSE
   loops = （ll_len/32765） + 1
```

END IF

然后利用下面两个函数实现对数据的读和写：

FileRead（li_FileNum， temp）、filewrite（li_FileNum_bf，temp）。到此数据的导入、导出的关键技术应用完成。

5.2 PB 通过 OLE 操纵 Excel、Word

本程序在套管记录模块实现了此功能，能将数据窗口的数据导出到 Excel 文件中，也可以将外部的 Excel 文件导入到当前的数据窗口中实现数据的批量导入。

OLE（对象连接与嵌入），是一种在应用程序中连接其他应用程序或控件的技术。利用 OLE 控件可以在窗口中嵌入 OLE 兼容的应用程序，例如，可以在窗口中放置 OLE 控件，并定义该控件连接 Word、Excel、Powerpoint 等应用软件，这样就可以利用这些软件来处理文档、电子表格、幻灯片等数据。

思路如下：首先，打开文件选择器将文件打开 li_rtn = GetFileOpenName（" 选择 excel 文件 ", &ls_path， ls_excel， "xls", &+ "excel Files（*.xls）, *.xls" ）将 Excel 文件保存到目录（已经定义好的字符串变量）ls_path 下，然后判断文件是否存在如果存在 T FileExists（ls_path）THEN， 则 创 建 OLE 对 象 OLEObject xlappxlApp = CREATE OLEObject 连接 Excel 应 用 程 序 xlApp.ConnectToNewObject（"Excel.Application"）， 打 开 文 件 xlApp.Workbooks.Open（ls_path），然后从第 2 行开始循环读取 Excel 中的数据，因为第 1 行是文件的标题 FOR l_cnt = 2 TO l_rows STEP 2，按照 Excel 表格中的字段的类型循环取得每列的数据，然后循环将取得的数据用 DW 的 SETITEM 函数插入到数据窗口中，这样就实现了外部 Excel 文件到 PB 的 Datawindow 数据窗口的数据批量导入，大大提高了数据录入的效率，从外部 Excel 中读数据到数据窗口中的语句为：

dw_1.SetItem（l_newrow，2，string（xlapp.activeworkbook.activesheet.cells[l_row，2].FormulaR1C1））dw_1.SetItem（l_newrow，3， Dec（xlapp.activeworkbook.activesheet.cells[l_row，3].FormulaR1C1））

6 结束语

快速开发小型数据库应用系统是具有实际应用价值的研究课题。本论文结合实际问题，面向工程实践，将管理和技术相结合，利用 Powerbuilder 技术，开发了油气井固井作业史管理系统。本文所完成的主要研究工作如下：

（1）提出了固井作业史管理工作当中存在的问题和瓶颈，对固井作业史管理系统开发与设计进行了进一步的探索，以满足现场施工的实际需要。

（2）如何建立快速模型，实现在把握整体框架基础上的快速开发。

（3）在对比其他管理系统的基础上，切合西部钻探克拉玛依钻井公司固井公司井队分散、远离网络、对固井信息要求及时等特点，应用比较实用的技术解决开发过程中的难题。该系统采用了动态数据窗口、OLE 对象技术实现了对常用的 Excel、Word 文件的操作，通过导出和导入 SQL 文件实现数据的传输和共享，解决了无网络环境条件下数据传输和共享的难题。目前，这套系统已经投入生产实际应用中并满足了固井作业现场对数据管理的需求。

参 考 文 献

1 何建勋，蔡　毅等．POWERBUILDER8.0 基础篇．北京：清华大学出版社．2002

2 何旭洪，余建英．POWERBUILDER8.0 数据库系统开发实例导航．北京：人民邮电出版社，2002

3 晓通网络数据库研究所．POWERBUILDER6.0/6.5 函数、事件、属性精解．呼和浩特：内蒙古人民出版社，1998

4 刘红岩，何　军．POWERBUILDER 原理与应用指南．北京：电子工业出版社，1999

第五部分　油田信息化建设技术及应用

A2 系统在塔里木油田的推广实践与认识

张振华　赵丽宏　哈撒古丽
（中国石油塔里木油田公司开发事业部）

摘　要　本文介绍了油气水生产数据管理系统即 A2 系统在塔里木油田的实施情况。文中从塔里木油田的实际情况出发，分析塔里木油田实施 A2 系统的困难和复杂性，介绍了在塔里木油田的推广过程以及在推广进程中碰到的问题及解决的方法，文中最后部分重点提出了对 A2 系统推广的认识，为今后类似系统的推广提供了借鉴经验。

关键词　推广　认识　A2 系统　数据

1　引言

油气水生产数据管理系统，简称 A2，是中国石油天然气股份有限公司（以下简称中石油）“十一五信息总体规划”中上游生产信息系统的重要信息系统之一，其基本目标是，以油气水生产管理为核心，实现统一的油气水井生产数据采集、存储、处理、查询、应用展示等功能的数据管理应用系统。A2 系统在业务上覆盖了从油气水井生产相关的生产数据采集，到作业区及油田分公司级数据汇总处理、数据查询、数据分析、管理报表、关键数据综合展示等专业应用。A2 系统的推广实施是一项庞大的系统工程，根据整个项目的进展计划，中石油要求各推广单位在 2007 年 12 月底全部上线。如何顺利成功地完成 A2 系统在塔里木油田的实施，成为塔里木油田 2007 年最为重要的信息化建设任务之一。

2　塔里木油田 A2 系统推广的复杂性

塔里木油田地处祖国西部，地理环境条件恶劣，油气藏埋藏深，多数在 5000m 以下，油气藏类型复杂多样，涵盖了黑油、稠油、凝析油、天然气等，一个采油厂同时管理了多种油气藏类型的油气田，同时采油厂与采油厂之间，采油厂与基地之间距离远而分散；A2 系统在试点实施中将数据模型分成了三类：黑油、稠油、天然气。塔里木油田要推广 A2 系统，就必须将这三类油气藏系统都试点结束后，根据取得的成果，对三套数据采集系统进行融合客户化后才能实施。这样，在时间上、空间上及工作量方面增加了 A2 系统在塔里木油田实施的复杂性。

3　推广实施

3.1　A2 推广历程

塔里木油田 A2 推广项目，2006 年 4 月底开始，经历了以下几个过程：

（1）2006 年 4 月—2006 年 6 月，现场调研与需求分析。

（2）2006 年 6 月—2006 年 9 月，完成塔里木油田 A2 详细实施方案编写、硬件环境和软件环境准备工作。

（3）2006 年 10 月—2007 年 3 月，完成东河油田油水井试点实施工作。

（4）2007 年 4 月—2007 年 12 月，油水井子系统推广数据准备；天然气部分客户化开发与功能定制；稠油部分客户化开发与功能定制；集成系统的安装部署；基础数据配置与数据迁移；功能模块测试与修改完善；系统集成测试；系统推广上线试运行与现场技术培训。

（5）2008 年 1 月至今，系统运行维护，目前系统运行良好。

3.2 推广实施

（1）推广前期工作。塔里木油田 A2 系统实施的最复杂最艰难的阶段是第四阶段即 2007 年 4 月到 12 月，虽然在 2007 年 3 月完成了东河油田油水井的试点工作，作业区资料人员仅对数据采集系统进行了试用，并未真正进入实用阶段。主要原因是大庆、辽河、西南油气田的试点工作还未结束，不能给推广油田提供最终的成果，包括数据采集系统、报表及应用部分。这样作为塔里木油田只有做好前期的数据准备工作，等待拿到最终的成果后，结合塔里木油田的实际，进行客户化后，才能大规模的在塔里木油田进行推广。联合项目组在 2007 年 8 月底陆续拿到了黑油、稠油、天然气试点的成果，这时距离塔里木油田 A2 推广验收的时间已经不到 4 个月了，时间非常紧张。在这段时间里联合项目组完成了 A2 系统推广的数据准备工作，并完成了 A2 系统软件环境的调整工作。

（2）现场调研。联合项目组在对油田的开发业务及其相关专业系统分析后，一致认为，A2 系统推广的核心问题首先是油气水生产数据采集系统的单轨运行，数据采集是 A2 系统推广的切入点。要想顺利地推广数据采集系统，就必须结合原有的数据采集系统，对 A2 采集系统进行客户化工作。从 2007 年 8 月底开始，联合项目组历时一个多月的时间，行程 8000 多公里，走访了塔里木油田的 10 个作业区，和作业区的总地质师、工程技术人员、数据管理人员对数据的采集进行了充分的交流，对作业区提出的问题进行了梳理，逐个解决；对作业区现有的生产报表进行了收集，经过提炼，制定出了作业区级生产综合报表的规范。到 2007 年 10 月底，客户化工作基本结束。

3.3 与原有系统衔接

（1）原有的系统。在此以前塔里木油田的油气水生产管理基于 1997 年建立的油田开发数据库，数据模型是中石油 1997 年的开发数据库结构。在开发数据库的基础上，先后建成塔里木油田油气综合日报系统、作业区数据采集与报表系统、油气藏月报数据处理系统、开发动态应用系统、采油工程数据管理系统、动态监测数据管理系统等。其中前 3 个系统运行时间 9 年以上，成为油田开发生产管理不可缺少的数据管理系统，为油田的生产管理、科研决策提供了及时准确的信息支持。

（2）与原有系统的对接。A2 系统的推广，必须停掉原有的数据采集系统，实现采集系统的单轨运行，为了保证现有的数据应用系统的运行，必须解决原有开发数据库的数据源问题。经过联合项目组认真研究，决定对数据采集系统进行进一步的客户化。通过在 A2 数据采集端实现向 A2 主库和开发数据库同时提交数据的方法，来保证数据的一致性，解决现有系统的数据问题，从而保证现有系统的正常运转。

同时，为了实现数据采集的统一性，减少作业区数据录入人员的工作量，对塔里木油田油气综合日报系统采集端的部分内容和 A2 采集端进行了整合，这样作业区数据录入人员只需要进入 A2 采集端就可以完成整个数据的录入工作。

3.4 系统上线监控

在上述工作完成后，2007 年 11 月 13 日，联合项目组召开 A2 上线推广启动会，随后联合项目组开始依次到东河、克拉两个作业区进行现场培训和数据录入辅导，联合项目组人员驻扎作业区现场，和作业区数据录入人员工作在一起，对数据录入和报表进行实时监控，随时交流，出现问题及时解决，在这期间，处理了大量的细节问题。在东河、克拉两个作业区取得认识和经验后，全面铺开全油田的上线推广工作，到 12 月中旬，实现了全油田 10 个作业区 A2 系统的全面上线。

4 认识

4.1 用户的习惯改变难

A2 系统的推广，必将打破用户原有的工作习惯。原有用户使用的数据采集采用类似于 Excel 的表单式数据录入，A2 系统采用的是卡片式录入，在推广的初期，A2 系统存在问题多，数据采集慢，给推广工作带来了很大难度，为了保证原有系统的运行，采集系统双轨运行，联合项目组通过努力工作，与最终用户充分结合，同时不断优化数据采集端，设置快捷键，提高录入速度，逐步得到用户的认可，改变了用户的习惯，最终实现采集系统的单轨运行。

4.2 领导重视

A2 系统的上线推广，得到了各级单位领导的大力支持，首先，联合项目组主动到油气生产的开发事业部和天然气事业部与主管领导进行充分沟通，对主管领导提出的问题都有明确的答复和解决办法，得到了领导的一致认可。

4.3 现场调研与用户结合充分

A2 系统的上线推广，实施地点大部分在前线作业区，联合项目组在系统实施过程中，多次到作业区一线现场进行调研，和作业区的工程技术人员充分沟通，全面翔实地了解了塔里木油田各作业区油气生产管理的业务流程，并收集了大量的对油气水生产管理系统的意见和建议，通过对这些问题的处理，不断改进应用系统，为上线推广工作奠定了基础。

4.4 项目组人员结构合理

此次塔里木油田 A2 系统联合项目人员由 Landmark 项目组、数字油田、开发事业部、天然气事业部及中石油总部项目督导组、乙方维护单位等人员组成。既有油田专业技术人员、信息技术人员，又有项目管理人员，为项目的上线推广提供了人力资源保证，Landmark 丰富的项目管理经验，使得项目的开展有条不紊，紧张有序，项目组成员之间关系融洽，沟通及时，最终实现了系统的成功上线运行。

5　结束语

A2 系统的实施，在中石油范围中实现了对油气水生产数据的统一管理，建立了统一的数据库模型，实现了中石油范围内的数据共享，为今后在此数据库的基础上，建立统一的新的应用系统打下了坚实的数据基础，同时也将为中石油提高国际竞争力发挥重要作用。对塔里木油田而言，除了带来上述的收益外，在 A2 数据模型的基础上，建立了塔里木油田作业区的生产综合数据报表规范，为事业部及作业区自己的生产管理带来了极大的便利。

LOD 技术在三维模型发布中的应用研究

黄 健 梁 洁

（中国石油新疆油田公司数据中心）

摘 要 随着数字油田建设步伐的逐步加快，油田设备设施的虚拟仿真应用越来越重要，但是海量模型的网络发布一直是个难题，本文通过对LOD 技术的研究提出了相应的三维网络LOD、三维网络的压缩、模型的简化以及纹理的处理等方法，解决海量模型在网络发布的难题。

关键词 三维地理信息系统 LOD 虚拟现实

1 引言

2005 年 7 月，中国石油新疆油田公司（以下简称油田公司）正式启动准噶尔盆地三维地理信息系统建设。三维地理信息系统应用已有的基础地理数据，构建具有地理精度的准噶尔盆地真实三维场景，并在其中多角度查看现实中的地物、油井等，管理地面油田设施，查询相关属性信息，并实现了与油田分公司其他信息系统的集成，为油田生产提供辅助决策手段。

随着“数字油田”建设的步伐不断加快，三维地理信息系统的工作逐步由技术研究向实际生产应用方面拓展，其中三维模型的制作工作成为虚拟油田的一项紧迫的基础性工作，需要投入大量人力、物力进行油田设备设施的建模工作，为此中国石油新疆油田公司数据中心（以下简称数据中心）举办了以“数字油田·虚拟油城”为主题的三维模型制作竞赛。

三维模型制作竞赛活动从 2007 年 5 月启动到 8 月 24 日结束，先后经历了模型制作培训阶段、模型制作阶段、视频片宣传展映阶段、竞赛评比会阶段等 4 个阶段的活动，通过此次活动完成了油田公司重点站库的模型制作、培养了三维地理信息系统模型制作的人才、突破了三维地理信息系统模型制作的技术难点、扩大了三维地理信息系统的影响力。为了加快三维地理信息系统模型的建设工作，再接再厉完成油田的设备设施的建模，从 9 月开始启动第二期的竞赛活动。三维地理信息系统模型共有 11 个单位参赛，提交模型数约为 8256 左右，比一期 3023 个模型多 5233 个，增长了 273%。

三维模型制作竞赛中的成果加载到三维地理信息系统中结合高清晰的地形模型，构建出来一个虚拟仿真的数字油田，如图 1 所示。但是海量模型加载到系统后导致在场景的飞行浏览时出现跳帧、停顿等不流畅等现象，为了解决此项问题，提出了采用不同细节层次(Level of Detail： LOD）技术解决这个问题。

2 LOD 技术的基本思想

LOD 理论自 1976 年 Clark 在这一领域所进行的开创性工作以来， 30 多年来被广泛的

图 1　油田设备设施三维模型

用于飞行仿真、复杂三维场景的快速绘制、交互可视化和虚拟现实等领域。其基本思想是对同一场景或场景中的物体，使用不同细节的描述方法得到一组模型，在图形绘制中依据视点选择合适的细节层次模型进行绘制。LOD 描述模型更符合人的认知特征，一方面是提高实时调度渲染速度和解决不同尺度下 3D 分析的一条重要途径，另一方面出于数据获取和应用需求的多样性，不同的应用往往要生产不同细节层次的模型数据。为此，在基于三维油田设备设施模型的应用中，对复杂场景和地物类型通常采用 LOD 模型进行多细节层次表达。

为了保证视觉效果的逼真程度和绘制速度，专门针对三维油田设备设施应用的建筑物 LOD 模型研究成为必需。建筑物 LOD 模型的建立和应用通常和基于不同层次精度和复杂度的几何对象（面、体、影像等）的不同表达相关。在油田设备设施可视化表达当中，为保持视觉上的逼真性，建筑物 LOD 模型表达所依赖的一个基本原则是场景细节的变化不为视觉所感知，这种不被感知通常是针对生理上的视觉感知而言的。然而，依据经验，在油田设备设施模型的可视化表现中，即使油田设备设施的简化能够被人眼感知，但油田设备设施仍然可以被识别，并且能够满足三维油田模型的应用需求。从这一角度而言，油田设备设施模型有不同的应用模式，不同应用模式对细节层次的需求成为油田设备设施 LOD 研究需要考虑的一个重要方面。此外，三维油田模型应用中的油田设备设施模型不仅具有复杂的几何结构，同时还具有相片质感的逼真纹理。这两类数据在三维油田设备设施模型的数据获取、逼真可视化表现、数据管理与数据应用中都有不同的特性，从某种角度而言，三维油田设备设施模型中 LOD 模型多细节层次的构建，就是几何与纹理这两类数据的平衡和统一。

3 LOD 技术的实现方法

通过多方面调研和实验针对油田设备设施三维模型的模型多、模型复杂、标准化等特点，提出了采用多种技术综合解决三维模型在系统运行中的问题，主要实现方法通过以下几方面进行阐述。

3.1 三维网格的细节层次

通过网格简化算法，得到的三维模型数据量大大减少，与原始模型相比更便于绘制和传输。但是用户的需求是多样化的，因此有时仅仅有单一分辨率的模型是不够的，还需要得到不同细节层次（Level of Detail： LOD）的逼近模型。这就需要三维网格的多分辨率建模技术。

（1）离散 LOD 模型。最简单的多分辨率模型是由一系列独立的、有不同 LOD 层次的逼近模型组成的。它们一般按照逐渐简化的顺序排列，相互之间没有外在的联系（图 2）。在浏览和传输时，系统根据绘制当前帧的需求，从这组离散模型中选择最合适的一个。由于不同 LOD 层次的逼近模型中三角形数目往往相差很大，因此在它们之间切换时就会产生“跳跃”的视觉效果，影响绘制质量。研究者们使用了一些不同的方法消除这种影响，例如在不同 LOD 层次的模型间切换时使用 α 透明通道进行混合，使之产生渐变效果，或者在模型之间进行插值计算，使其平滑切换的几何变形（Geomorphing）技术。这些措施能够使绘制效果有所改善，但也使得绘制系统的负担大大增加。

图 2 离散逼近模型

（2）连续 LOD 模型。离散 LOD 的模型虽然计算简单，使用方便，绘制也很快捷，但由于离散的 LOD 层次是有限的，因而在很多场合下不能满足用户多样化的需求。然而提供足够多层次的逼近模型又是不现实的，因为必须考虑到模型存储和转换的代价。另一方面，在同一个逼近模型，特别是大尺度的模型中，如果在距离视点较远和较近的区域使用相同的 LOD 层次，也会影响绘制的效果。如果全局的 LOD 很高，则远处的区域也会包含大量的三角形，影响绘制速度；如果为了减少三角形数而降低 LOD 层次，则近处的三角形又会过于稀疏。解决上述问题的一个有效方法是建立具有连续分辨率的逼近模型，即允许同一个模型上的 LOD 层次连续变化。图 3 就是一个连续分辨率模型的例子，其中上图为一个单分辨率逼近模型，整个模型使用单一的 LOD 层次；下图为多分辨率逼近模型，靠近视点的区域的 LOD 很高，而在远离视点的区域中 LOD 层次连续降低，三角形数目也大幅减少。在这样的多分辨率模型中，随着视点的移动，模型上的 LOD 层次分布也将随之变化，因此这一方法也称为“基于视点（View-dependent）”的绘制方法。基于视点方法得到的一系列离散的逼近模型是一种非常灵活的绘制方法，在大型模型，特别是地形模型的浏览中非常有效。建立连续 LOD 多分辨率模型的方法已经有很多种。多数方法都是在网格简化的过程中生成某种记录结构，在浏览绘制时可以根据用户（观察者）的需要，快速地从这种结构中抽取出需要的多分辨率逼近模型。目前最常见的多分辨率结构主要有基于迭代收缩算法的顶点层次树结构，以及基于顶点抽取算法的图结构等。

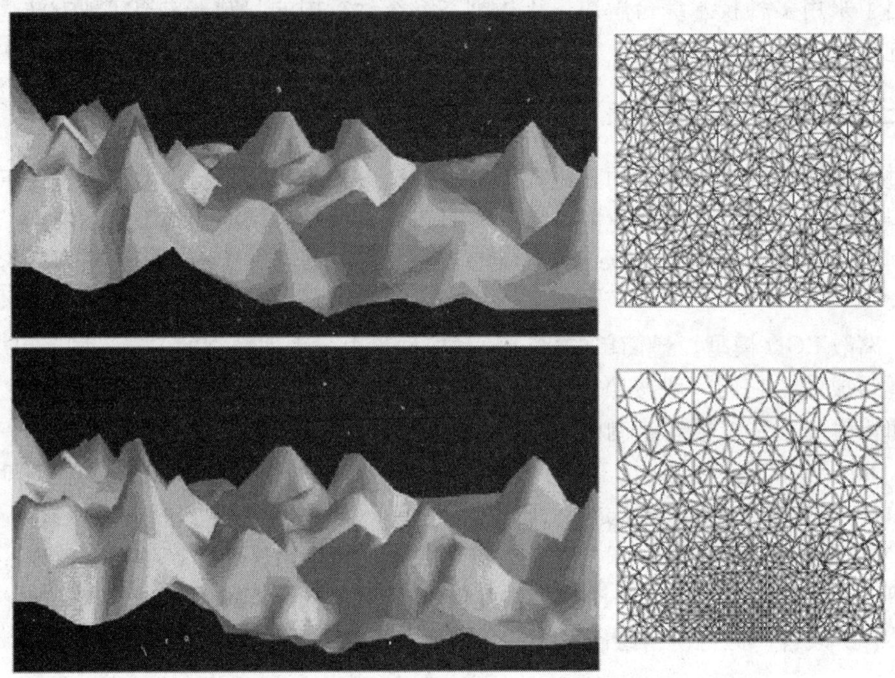

图 3　一个基于视点的连续分辨率模型（下）与单分辨率模型（上）的比较

（左侧为绘制效果，右侧为网格显示俯视图）

3.2　三维网格的压缩

网格简化方法通过减少三角网格中的顶点和三角形数目，降低了模型的存储、传输数据量，并且可以通过网格重建、多分辨率建模的方法，在绘制过程中恢复出必要的细节。三维网格压缩方法采取的则是另一种途径，即通过编码或解码过程减少网格模型的几何、拓扑信息的存储量，而不直接对网格模型的细节信息进行消减。最常用的网格压缩方法是将三角形网格模型拆分为连续的三角形条带（Triangle Strips），于是三角形顶点的重复记录就大大减少，节省了存储空间。这种方法有很多的应用和发展。此外，通过平行四边形预测方法还可以减少顶点坐标的存储量。另一类网格压缩方法通过坐标量化等手段对网格的几何信息进行编码，这是一种有损的压缩方法。而近年来出现的一些方法中，通过重新建网将原始网格转化成半规整的网格，然后利用一些常规的信号处理工具，如小波分析，对网格的几何信息进行压缩。这样网格在几何和拓扑两方面的压缩都是有损的。近年兴起的“点绘制（point−based）”的方法也可以看作是一种网格压缩的手段。它完全抛弃了网格模型中的拓扑连接关系，仅保存几何信息部分，因而使数据量大大减少，但是模型绘制的效果也相应地有所损失。网格压缩方法在减少数据量的同时并不对模型的细节信息进行简化，因此在数据传输中十分有用；但是它也因此无法提供不同 LOD 的多分辨率模型。目前有很多方法将网格编码算法应用于大数据量模型简化的 out−of−core 方法中，取得了很好的效果。

3.3 模型的简化方法

按照构造简化逼近模型的方式，简化算法可以分为细化提升（Refinement）和抽取简化(Decimation）两大类。细化提升算法从一个简单的初始逼近模型开始，逐渐向其中增加元素，直至该逼近模型达到逼近误差的要求；而抽取简化算法则是从原始模型开始，逐渐删除一些元素，直到逼近误差达到允许的上限。在简化的过程中，一些算法禁止对模型的拓扑结构进行改变，从而可以忠实原始模型。网格简化实例如图 4 所示，去除平面部分冗余数据后，模型并未损失几何特征地保存模型的拓扑性质。相反，有些算法为了大量消减三角形，则直接考虑了对拓扑细节的简化。另外，一般的简化算法通常都假设简化的对象是流形（Manifold），即每个顶点周围的邻域都可以拓扑等价于一个圆盘。事实上，通过一些预处理方法，是可以将非流形的网格转化成流形的。将网格沿非流形边界剪裁开来，边界上的顶点被复制，于是顶点周围的局部区域就成为一个流形。基于这样的前提，在本文也假设三角形网格都满足流形的条件。对于形状复杂的三维网格模型，构造它的初始逼近网格并不容易，因此细化提升的方法应用得比较少。常见的一些网格简化方法多属于抽取简化方法，大致可归类如下：

（1）顶点聚类方法。将网格分割成小块，每一块中的顶点聚合为一个新顶点。该方法简单高效，易于实现，但简化质量通常较差。区域合并方法：先将网格表面分成若干区域，然后将区域的边界简化成多边形，最后对多边形进行三角剖分，得到简化网格。简化质量较高，但实现比较复杂。

（2）小波分解方法。利用小波分解理论将表面模型分解成一个基本形状加上一系列顺序的表面细节。得到的逼近模型质量较差，且无法完全重建。

（3）顶点抽取方法。迭代简化算法，每次删除一组顶点后，将留下的空洞进行三角剖分。易于实现，简化模型的质量也比较高，是目前常用的方法之一。

（4）迭代收缩方法。目前最为常用的一种方法，每次迭代中将网格中的一对顶点合并成为一个新的顶点。易于实现，简化模型的质量很高。有可能改变模型的拓扑结构。

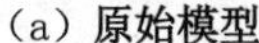

（a）原始模型

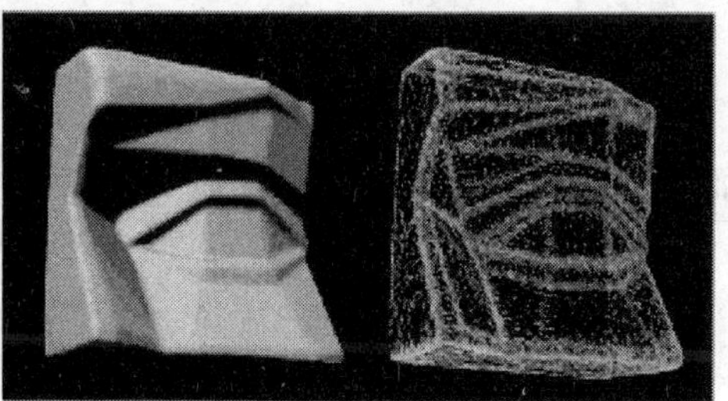

（b）简化后的模型

图 4　网格简化实例

上述几类算法在一般数据量的三维模型上能够取得较好的简化效果，尤其是顶点聚类、顶点抽取和迭代收缩方法，应用十分广泛。但是，由于三维网格中的顶点、三角形之间在几何、拓扑上都是相互关联的，因此常规的算法一般都要求将整个原始模型同时调入内存进行简化计算。然而计算机内存的容量是有限的，因此对于数据量非常庞大的三维模型，这些方法是无法进行处理的。

3.4　纹理的处理

采用纹理映射的方式模拟大量的油田设备设施细节。既真实、逼真地再现了油田设备设施特色，又减小了模型的数据量。使用纹理贴图替代实体模型来表现模型细节，可减小模型的数据量及复杂程度。纹理映射的做法是一次将纹理数据载入内存中，为了尽量缩小贴图，减小纹理文件数据的大小，系统采用了DDS图形文件压缩格式。DDS（Direct Digital Synthesizer）是微软DirectX特有的纹理格式，它是以2的*n*次方算法存储图片，如果将bmp、jpg、tga、png等图片做纹理贴图，需要在显存中进行处理做加载格式转换，所以以DDS格式存储的文件，在打开时加载速度最快。用OpenGL自行压缩BMP文件为DDS文件，并在绘制程序中直接使用DDS 格式的文件。Mipmap技术是将原始纹理图像表达为具有不同分辨率的纹理数据，形成一个逐渐减少分辨率的图像金字塔，也就是纹理的LOD。DDS的主要特点就是文件量小且集成多级的Mipmap贴图。在大量处理纹理的时候，可以节省纹理传输的带宽。在该格式的纹理文件中，由于预先计算并存储了多级别的Mipmap纹理，所以在运行过程中，只需要GPU直接解压即可以自动地与绘制的面进行匹配，不需要再利用OpenGL来实时计算纹理的Mipmap。该格式的纹理数据是直接从外存调入的，从调入到存储在显卡的高速缓冲中，均不需要任何的计算过程，其解压缩、插值计算均是由硬件独立完成的，从而在不降低渲染质量的基础上有效地提高了系统运行的速度。

4　结束语

新疆油田在数字油田建设方面进行了很多探索，在三维地理信息建设中也取得了一定效果，但也暴露出一些问题，本文通过对LOD技术的研究，提出解决虚拟仿真中存在的问题的思路，从技术角度都是可行的，希望该项技术可以在数字油田的建设中发挥积极的作用。

参 考 文 献

1　李清辉等编著．数字油田信息平台构架．北京：石油工业出版社，2008

地理信息在数字油田中的建设与应用

支志英　戴双玲

（中国石油新疆油田公司数据中心）

摘　要　通过地理信息数据建设，结合已经建成的各种专业数据库，借助功能强大的支撑平台，实现了新疆油田全方位的虚拟展示，为科研、生产、管理人员提供了在电脑桌面上完成油田生产管理、决策和施工作业模拟的工作环境，在油田生产的诸多方面取得了良好应用效果，大大地提高了工作效率。

关键词　基础地理　地理信息　数字油田

1　引言

在近年新疆油田（以下简称油田）生产的过程中，中国石油新疆油田公司加大了勘探力度，勘探区域逐渐向沙漠、盆地边缘延伸，勘探、开发难度越来越大。这些地区具有人烟稀少、地形陌生、地域广阔的特点，对油田地理信息的需求越来越迫切。大比例尺基础地理数据不但可以满足油田各部门生产管理维护需要，更好地为油田勘探、开发、生产管理及配套设施服务。

特别是2000年起，“数字新疆油田”建设工作全面展开，地理信息作为重要的数据基础有计划的展开。

2　总体规划

2002年，中国石油新疆油田公司首先组织制定了油气生产地理信息系统总体方案，在管理、技术、标准、系统、数据建设等方面确定了实现目标和策略。接着，启动了地理信息标准建设，完成了油田空间数字平台开发，为地理信息系统建设奠定了基础。2004年，制定地理信息数据库建设方案，根据生产实际需求确定了1∶50000、1∶10000、1∶2000、1∶500四级比例尺的基础地理数据建设序列。

（1）1∶50000数据主要用于油田勘探部署和大区规划，建设范围要覆盖全盆地。

（2）1∶10000数据主要用于勘探设计、开发建设对基础地理图的要求，覆盖油区。

（3）1∶2000数据主要用于油田生产管理和工程设计，覆盖油田开发生产区。

（4）1∶500数据主要用于设备设施密集区管理，覆盖大型站库和居民点。

同时启动了油田地面建设地理信息数据的建设工作。

新疆油田的各种专业数据库非常丰富，借助功能强大的支撑平台，融合地理信息数据，实现了新疆油田的虚拟展示，为科研、生产、管理人员提供了在电脑桌面上完成油田生产管理、决策和施工作业模拟的工作环境，在油田生产的诸多方面取得了良好应用效果，大大地提高了工作效率。

3　地理信息数据建设

3.1　采用卫星影像，进行 1：50000 数据建设

2005 年开展准噶尔盆地 1：50000 基础地理数据库建设。采用法国 Spot-5 和美国 Landsat-7 卫星遥感数据，通过正射校正、数字镶嵌、影像调色、分幅制图、精度评估等技术处理，生成准噶尔盆地 1：50000 正射影像图（DOM）数据库。通过采用国家测绘局 1：50000 高程模型（DEM）数据和数字线划图（DLG）数据，经格式转换和数据处理，生成准噶尔盆地 1：50000 高程（DEM）数据库和线划图（DLG）数据库。建成了覆盖全盆地的 1：50000DOM、DEM、DLG 基础地理数据库。

3.2　利用已有测绘成果，进行 1：10000 数据建设

作为油田开发地面工程规划的基础工作之一，油田公司陆续组织了盆地西北缘、腹部和东部油区的 1：10000 地形的测量工作，但这些基础图没有完全进行数字化、没有统一管理、没有实现数据库管理，不能供地理信息系统使用，部分图纸实时性较差，不能反映出现实油田的真实情况，需要修测和补测。

在进行 1：10000 地形图数据建设时，先将已有的 1：10000 地形数据分次分批入库，由于已有数据是不同时期、采用不同软件、依据不同标准制作完成的，入库时会造成部分属性数据或图形数据的丢失，因此完成数据入库转换之后，对数据进行人工整理，以保证数据的完整性。

2005 年、2006 年完成已有数据的入库，其中 DLG 数据 1859 幅、近 4×10^4km^2，覆盖油田生产区，DOM 数据 2300km^2，主要包括陆梁地区、车拐地区、霍 10 地区和盆 5 地区（图 1）。

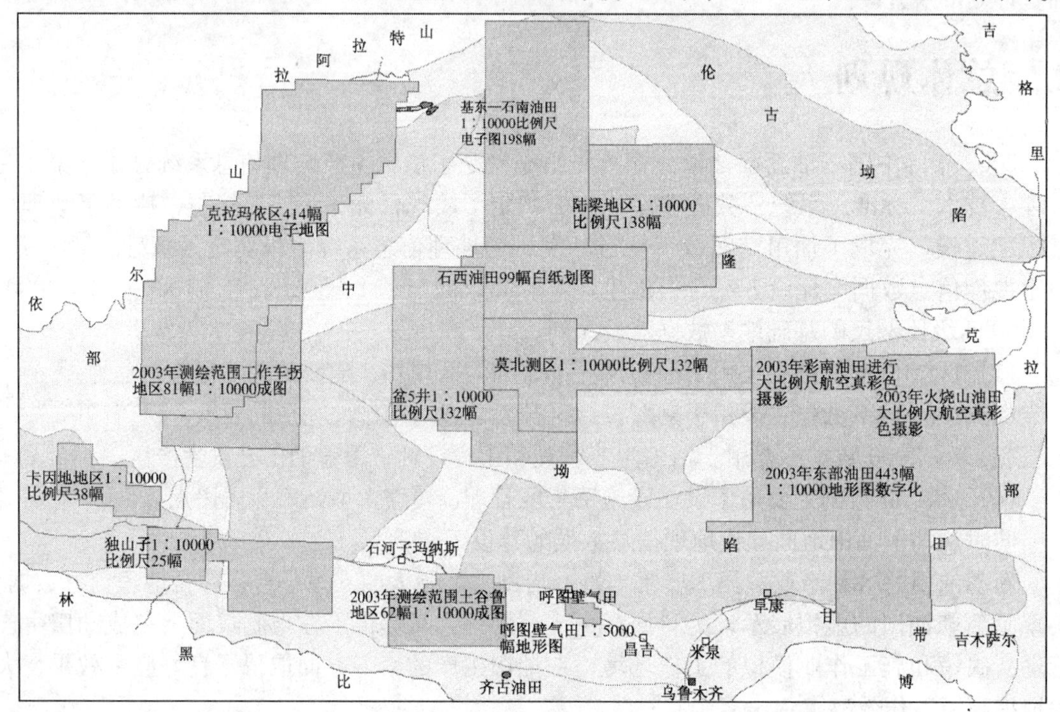

图 1　中国石油新疆油田公司 1：10000DLG 数据入库范围图

3.3 通过航空测量，进行 1：2000 和 1：500 数据建设

准噶尔盆地中西部油区 1：2000 比例尺航空测绘及数据处理项目从 2005 年 2 月开始，历时 3 年，完成准噶尔盆地中西部 5000km² 重点生产地区的航空摄影测量（图 2），获取了 1：2000 比例尺地形数据，建立了 1：2000 比例尺 DOM、DEM、DLG 数据库。

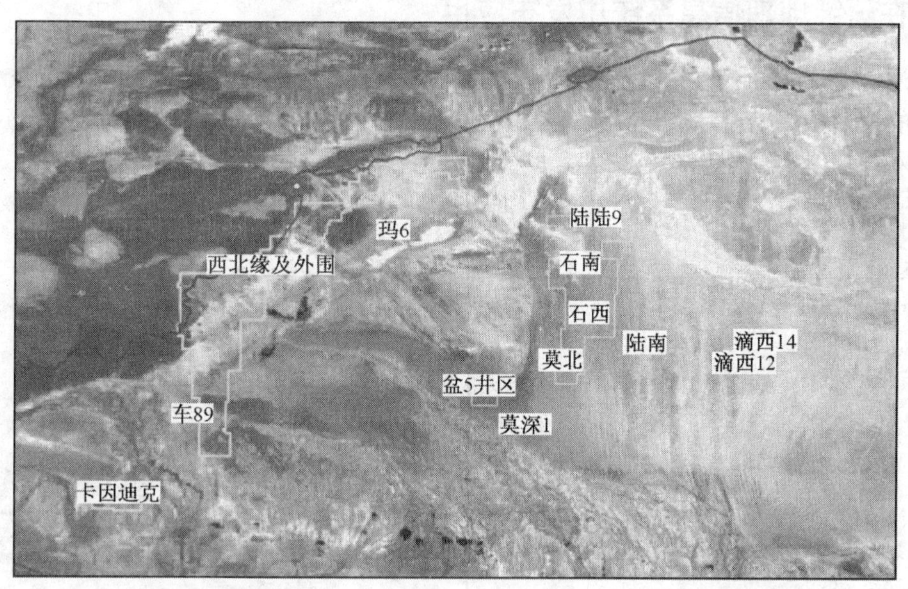

图 2　中国石油新疆油田公司 1：2000 DOM、DEM、DLG 数据入库范围图

整个项目经过航空摄影、胶片扫描、数据处理、数据质检、数据入库 5 个阶段的工作，其中数据处理阶段又包括像控测量、空三加密、调绘、DLG 数据处理、DEM 数据处理、DOM 数据处理等流程。

在项目各阶段，按照严格的数据质量控制流程，包括航空测绘、胶片扫描、数据处理单位的三级质检，依据国家相关的数据检测和评价标准对数据成果进行了严格的质量检查，并采用边建边用的方式，对试用中发现的问题及时修改完善。

4　地面工程数据建设

按照中国石油新疆油田公司整体安排，各采油厂先后对所管辖的油区进行了管线探测。经过 2005 年到 2007 年的连续建设，2007 年 8 月已经将地下主要管线探测完毕，并整理进入采油厂地面工程数据库。共计施测地下管线 7631km、电力线 2604km、道路 2198km、处理站 203 座、计量站 1918 座。

各采油厂都实现了通过地面工程系统进行现场设施查询、模拟施工，并能开展一定的分析和管理维护工作。地下管网的数字化，大大提高了油田现场管理维护的效率和科学性，减少了事故和停产，取得了明显的效益。各采油厂都在生产中获得了减少停产、节约材料、加快工程进度等实际的效益。

5　应用情况

自 2005 年底，中国石油新疆油田公司各单位及部分市政单位陆续开展了基础地理数据的应用，特别是准噶尔盆地中西部油区的 1：2000 比例尺 DOM、DEM、DLG 数据应用效果显著，取得良好的经济效益和社会效益。

5.1　在三维地理信息系统中发布应用

通过自主研发的三维地理信息系统，成功实现了 1：50000、1：10000、1：2000 不同比例尺的地形数据融合和海量数据发布，同时通过地面工程数据、油田景观模型叠加，同时通过右键功能实现与生产信息的集成应用，为数字油田提供了一个可视化平台，如图 3 所示。

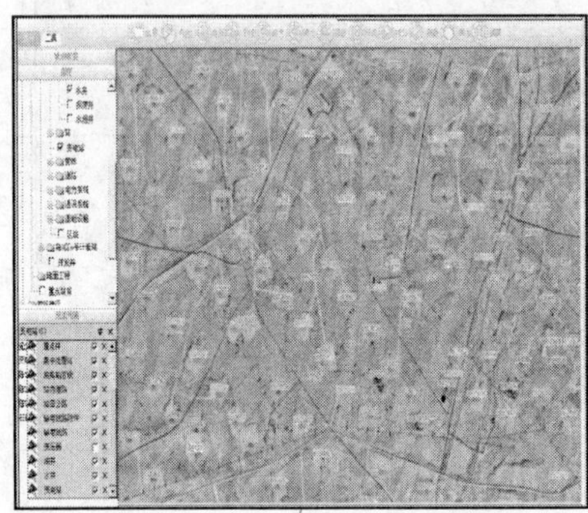

图 3　基础地理数据在三维地理信息系统中发布效果图

5.2　辅助地面工程产能建设设计

2006 年以来，地面工程规划设计人员应用基础地理信息数据开展研究工作，先后应用于老区调整改造方案 8 个、新老区产能建设地面方案 16 个、大型地面工程规划 6 个。老区调整改造方案如 J188 转油站、夏子街联合站、红浅联合站、92 号联合站、61 号转油站，通过应用影像数据，搞清了站区各系统分布相对位置以及所在的区域位置，为站内是否有扩改建位置提供有利数据支持，如图 4 所示。

5.3　油田开发应用

利用 1：2000 比例尺数据标示出地面障碍，在布井方式上重新优化，直井不能开发的区域考虑用水平井开采，大大提高了方案的可行性，取得了很好的效果，如图 5 所示。

5.4　辅助地震勘探设计

克拉玛依油田二次开发三维地震勘探项目，工区范围从采油二厂油区至红山嘴油区，工区地表地貌有戈壁、沙漠、山地、沼泽，人工地物有油田设施、农田、水库、道路管线、居民地等，该项目的人工地震激发点、地震波接收点达 18 万个，密度大，激发点的布设要

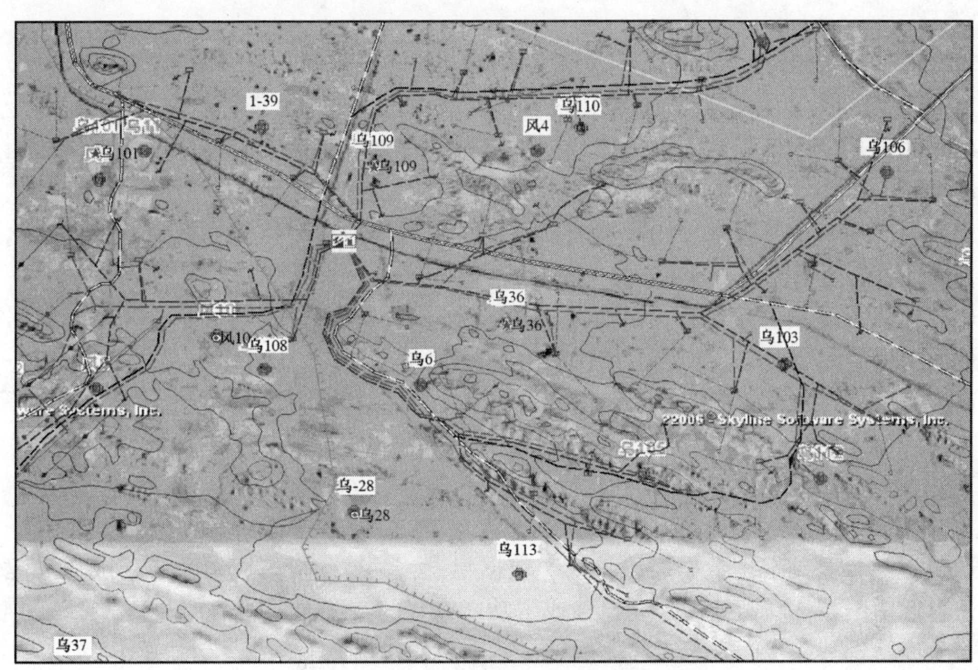

图 4　乌 36 井区产能建设地面规划图

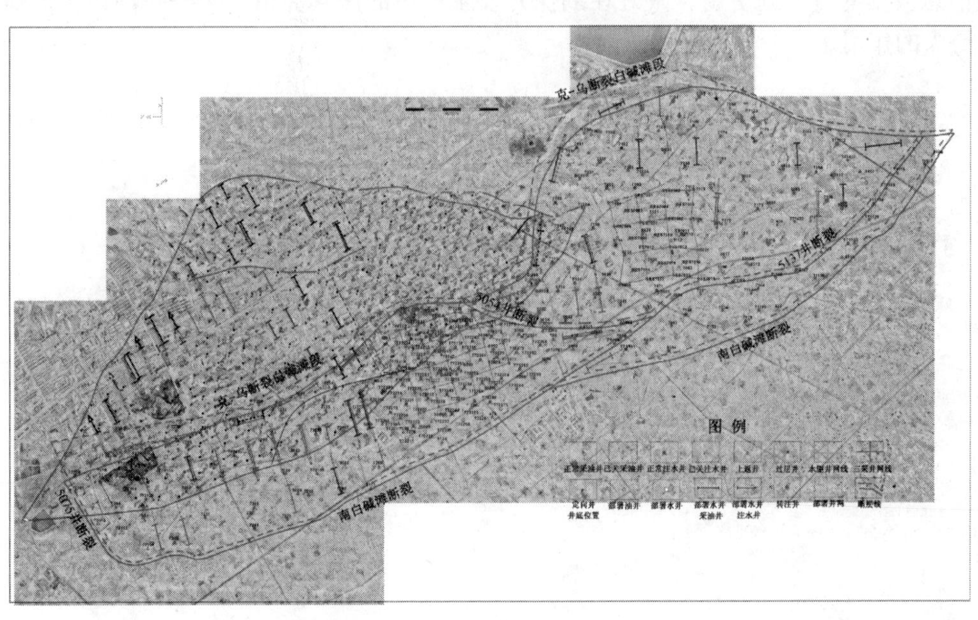

图 5　克拉玛依油田二次开发先导试验区部署图

考虑安全因素（必须在规定的安全距离以外激发）和加密的要求，由于该工区地表地物分布太复杂，为了施工的顺利进行，以 1∶2000 航测数据作为底图展布实测物理点，起到检查物理点布设情况和导航的作用。

3D 数据精度非常高，地表地物清晰可辨，为炮点设置提供了很好的指导作用，节省了大量的现场踏勘，有效提高了工作效率。

5.5 其他应用

地理信息数据在中国石油新疆油田公司还广泛应用于以下方面：

（1）油田建设选址规划。如风城油田公寓选址规划、采油二厂办公区规划、黑油山驻地选址规划。

（2）辅助油田生产管理。如采油二厂原油污水处理站和天然气处理站站库自动化网络规划，重油公司生产流程管理等。

（3）地面工程数据库更新。石西油田、采油一厂、重油公司等利用 1∶2000 数据补充更新地面工程空间数据库，节约了重新测绘的费用。

（4）数字城市建设应用。如克拉玛依区数字化城市管理责任网格划分、信息发布等。

6 结束语

通过近几年基础地理数据建设、生产数据建设、标准建设、应用系统集成体系建设等工作，目前中国石油新疆油田公司已建成了功能完善的数字油田展示平台，并在油田勘探、开发、生产管理、综合研究等专业发挥越来越重要的作用。

新疆油田正处在快速发展阶段，地面建设速度快，对基础地理数据的及时更新需求迫切。通过数据更新的制度化、规范化，结合航空测量、卫星影像等数据获取方式，组织好地理信息数据的有计划更新，做好在勘探开发生产中的深入应用，必将在油田生产建设中发挥更大的作用。

浅谈地面工程数据正常化管理

郭　英　郑金凤　游　莉

（中国石油新疆油田公司采油二厂）

摘　要　针对 GIS 应用系统特点和现有空间数据维护的不足，提出“分类分散维护”空间数据维护方案，探讨了这种方案的设计和实现，并通过其在政务 GIS 中的典型应用说明其具有实用性。

关键词　地面工程　空间数据维护　GIS

1　引言

地面工程信息系统经过近年来持续不断的建设，已经逐步走向成熟，进入深入应用阶段。地面工程管理人员希望通过一个从油田地面建设到油田开发生产的信息一体化和可视化的系统，方便进行生产指挥调度、事故处理、工程改扩建和新上工程项目的选址等工作，减少工作过程中现场往返次数，降低生产成本，提高工作效率。这些信息要准确、可靠、完整地提供，数据建设极为关键。

地面工程数据按建设来源可分为产能建设数据、运行动态数据、维护维修数据；按数据特性可分为空间数据、基本信息数据。地面工程数据与普通生产信数据相比，有其特殊性和复杂上，主要体现在空间数据上。中国石油新疆油田公司采油二厂（以下简称采油二厂）从 1999 年开始地理信息的地面工程系统建设，目前已经形成了丰富的地面工程数据资源，基本实现了地面工程数据的正常化管理。采油二厂在数据实时采集、入库、发布及应用中有了一定的经验体会，在此和大家共同探讨。

2　地面工程数据管理内容

要实现地面工程数据的正常化管理，首先要清楚管理的数据范围、特性和数据来源等。地面工程数据较为复杂，涉及油田生产和建设各方面的数据，以下将从数据类别、数据来源以及数据管理部门来全方位了解地面工程数据。

2.1　地理信息系统数据主要分空间定位数据与基本属性数据

（1）空间定位数据主要包括：

①地面基本设备设施：

井类：油井、注水井；

站库类：注采联合计量站、简易站、中心站、注水站、转油站、注聚站、天然气（包括深、浅冷装置）处理站、原油处理站、变电所；

管线类：其中除井口到计量站的单井管线为示意数据以外，集油、注水、天然气、供水、站库消防系统数据为实测数据；

阀池类：集油阀池、注水阀池、给排水阀池、污水阀池数据；

电力系统：高低压电力线、变压器、补偿器、电缆等；

道路类：国道、油田公路；

其他类：水渠、居民地、房屋等。

②设备设施维护：

管线维修、更换：管线维修点、线数据；

计量站异地：计量站异地数据；

站库设备改造：站库内设备设施更换，改造、改建数据；

电力网改造：线路的优化、变压器的拆迁数据。

(2) 基本属性数据：与空间定位数据一一对应。

2.2 数据源

(1) 产能建设。

产能建设数据由开发公司负责提交，生产运行科组织验收，信息档案管理站对验收合格数据入库、整理、定制、发布。由时代公司测绘整理形成 ACCESS 数据库，并根据填写其负责的非空字段。

(2) 自建工程。

由采油二厂内负责实施的工程项目所产生的数据，包括站库建设项目、管网改造、阀池改建、计量站异地、站库设备设施改造、电力设备设施改造等，由项目负责单位对数据进行采集入库并进行属性填写。

(3) 日常维护。

管线维修、配水间维修、计量间维修、厂区办公建筑的维修。

2.3 数据管理部门

(1) 科室：

生产运行科：输油线的改造、跨区队的流程数据；

工艺所：产能建设、重点站库工艺改造、厂区建设，其他工程建设项目施工完后竣工数据的整理、统计、入库及属性数据填写；

地质研究所：产能建设中的井位坐标数据；

信息档案管理站：数据定制、发布。

(2) 生产单位：

采油作业区队：集油、注水干支线、单井管线、计量站异地、变压器拆迁、本区队负责电力线的维修、维护产生的空间定位数据，以及其属性数据和抽油机设备数据，产能建设中采油区队职责范围的非空字段填写；

注输联合站：站库管线、设备的更换维修产生的空间定位数据与属性数据的填写；

天然气处理站：站库管线、设备的更换维修产生的空间定位数据与属性数据的填写。

3 数据正常化管理常见问题及建议

3.1 空间定位数据采集系统缺少技术支持

数据维护是地面工程数据管理的日常工作，属性数据已开发完成录入系统，但空间数据的维护比较困难，没有提供给用户简单快捷的维护系统。目前空间数据的维护需要信息档案管理站的技术人员来完成数据入库、校对、修改工作，使数据不能从数据源点完成各类数据的入库工作，存在数据更新存在脱节现象。

系统应提供支持各级用户的数据采集方案，通过空间数据采集系统可以将各类介质（坐标数据、竣工图纸、数据库、其他常用绘图软件）上的数据完整、高效地采集到地理信息系统中，并提供编辑功能。系统应该提供各类数据的接口，如目前广泛使用的 AutoCAD 中的数据在转入到系统时就丢失大量信息，这样就需要对丢失的信息进行二次地补录，造成人力物力的浪费。

3.2 自建项目数据管理流程不顺畅易导致数据难以实时入库

地面工程日常管理数据来源与各单位自建项目和日常维修等工作，如采油作业区队单井管线维修、集油注水支线维修、计量站异地（配水间异地、计量间异地、建立简易站）、抽油机设备数据维护，以及采油厂大型自建项目站库建设、改造，管网大修改造，采油厂厂区办公建筑维修改造等。

在这些生产中产生的数据应根据业务工作建立各自的数据管理流程以及制定相关的制度，来保障数据的及时上报入库。数据发生变更后，各数据负责单位应一方面及时对其属性数据进行更新，另一方面要及时使用鼎创测绘仪器对计量站、管线、阀池进行测绘，获取最新的空间数据。这样才能确保数据库中的属性数据和空间数据始终是最新数据信息，为生产分析提供正确的依据。

对于重点工程项目竣工，流程管理人员参与验收，验收报告必须附有合格的竣工测绘数据；对于建设过程中发生的变更，施工单位或设计单位在规定时间内将变更资料及数据上报油田工艺研究所进行现场校对，合格的数据结果提交入库。

3.3 产能建设项目数据常见问题及建议

产能项目主要包括井、计量站、集油管线、注水管线、油田道路、阀池、电力输电线、电力设备等分布在采油厂的不同岗位。目前该类数据的提供来自专业的测绘公司，数据提交滞后和产能建设数据的不完整是经常面临的问题。这些问题应该建立相应的管理制度，并提供数据标准规范给测绘公司来确保数据的正常提交。

另外每年的产能项目数据入库前的验收较为重要，目前验收数据存在不少问题。在验收时应该有一套完整的全年产能项目工程量统计台账，需要有专人负责统计收集形成台账，以备有据可查，改变产能建设数据测绘方提交什么数据而只能被动接收的局面。

3.4 数据库逻辑结构需要不断完善

截至目前，属性数据库有待完善，在数据填写中字段的类型或长度，在项目应用中字段的缺省，由于地理信息系统部分数据没有与其他数据库形成平滑的关联，使数据库的冗余增加，如：部分属性数据可以从开发数据库、设备管理数据库中提取，避免数据的重复建设；地理信息要反映油田生产的动态变化，特别是油井、水井的相互变更的情况，这就需要数据库设计应考虑到油田生产的各个方面。

3.5 提供更深层次的应用分析功能

“以用促建”也是一种比较实用的数据管理方法，还应该加强应用系统功能建设，提供更深层次的分析功能，如：按管线属性以及流程中的阀门、拐点、计量站生成管网拓扑关系，以便快速建立各类管网数据拓扑关系和阀门控制关系，电力网数据拓扑关系和变压器最大负荷分析等。这些功能的应用，一方面较大地方便用户，同时也能让用户在应用中发现数据存在的问题，从而更好地促进数据的正常化管理。

4 地面工程数据管理思想探讨

4.1 “分类分散维护”的空间数据维护思想

目前，结合混合模式 GIS 应用系统的特点和现有空间数据维护的不足，专家提出了一种针对该模式下空间数据的维护策略“分类分散维护”。主要思想就是针对系统涉及的不同空间数据特点进行分类，对不同的类别数据采用相对应的最合适、高效的数据维护方式。改变现有 C/S 集中式维护的诸多不足，降低了空间数据维护的难度和成本，提高系统数据的时效性和系统的实用性。

GIS 应用系统的空间数据一般可分为基础空间数据和专题空间数据，基础空间数据是指系统涉及范围内的行政区、居民地、交通、水系等基础框架数据。专题空间数据是系统业务应用所需的空间数据，不同应用所需的数据不同。

基础空间数据具有变化周期长、更新代价高的特点，一般是按年按月来更新。如果每个系统都自已来维护的话。势必重复投人，造成资源大量浪费，既不必要也不现实。基于国家基础空间数据共享的需要，这类信息应该由国家专门部门，如国家基础地理信息中心、各测绘局、基础数据生产单位等来负责空间数据的生产和维护更新，在 C/S 模式下将购买或索取到的更新数据进行质量审查和相应处理后进行批量更新。

专题空间数据具有变化周期短、更新频繁的特点，根据应用需求还可以将其分为基础专题空间数据和业务专题空间数据。前者指业务处理需要的专业基础数据，如森林防火地理信息系统中的防火要素扑火队、护林点等，可以按周、按天来更新。而后者指业务处理过程中产生的数据，如森林防火地理信息系统中的火灾处理相关数据，更新要求多为实时更新、及时响应。针对这些数据特点，采用按业务特点分别由各业务部门负责维护，而在同一部门内部，按区域特点由基层单位进行数据更新和维护，由 C/S 部门审核验证后入库。对实时更新要求的业务专题空间数据则进行特殊处理，通过“绿色通道”通过程序检核直接入库，如发生火灾必须将火灾相关信息实时入库。同时针对不同部门，通过共同的平台、数据库标准和集中控制机制来统一管理空间数据库，实现资源共享。这样既保障空间数据能够及时、有效地更新处理，也方便访问不同地区及不同部门的数据，将处理的高效性和高度的可访问性有机地结合起来。

专题临时数据库专题空间工作数据库 B/S 维护用户数据审核合格入库不合格恢复 C/S 审核用户基础空间数据库 C/S 维护用户基础数据生产单位实时更新周期更新工作库基础数据应用数据绿色通路。

4.2 分类分散空间数据维护的设计与实现

4.2.1 分类分散空间数据维护技术实现

要实现混合模式 GIS 应用系统空间数据“分类分散维护”思想要求系统必须具有 C/S 模式下空间数据维护功能、B/S 模式下同样具有空间数据维护功能和 C/S 还必须具有对 B/S 维护审核控制的功能。现有的 C/S 数据维护功能和对 B/S 维护的审核已经是很成熟的技术，已经不是问题了。主要问题在于 B/S 模式下实现数据维护存在一定难度。B/S 模式实现数据维护主要有以下几种方式：

（1）基本信息提交到服务器后，由 C/S 处理。

这种方式间接利用现有 C/S 强大成熟的空间数据维护功能，将 C/S 数据维护功能做成 Web Services 或者通过远程方法调用方式，B/S 用户将需要编辑对象信息以特定形式发送到 C/S 端，C/S 端接收后调用响应模块进行空间数据维护更新。这种方式适合各种类型政务 GIS 系统，但需要较大的开发投入，技术复杂，实现较困难。

（2）利用空间数据库和空间数据库引擎提供的 API。

利用空间数据库和空间数据库引擎提供的 API 实现 B/S 维护，如 ESRI 在空间数据库引擎 ArcSDE 基础上开发了一套基于 OGC 简单要素标准（Simple Feature Specification）实现的 API，面向开放系统开发，可以用于客户端与 ArcSDE 的交互过程。目前提供基于 C 语言和 Java 语言的实现，通过这些可以实现对空间数据库建立连接并对空间数据的管理和空间分析功能。这种方式适合中小型政务 GIS 系统，投入相对低，能实现基本的空间数据维护，技术比较成熟，但对于复杂空间数据维护稍显不足。

（3）利用现有 WebGIS 软件的空间数据编辑维护功能。

随着 GIS 平台走向网络化，不少的 GIS 复杂功能也开始可以通过网络来完成。B/S 模式下图形的编辑无疑是 GIS 网络化成熟的一个标志。如 ArcGIS Server 便提供网络环境下空间数据复杂编辑功能，它在 ArcSDE 中添加了基于服务器端的 GIS 处理能力，不仅仅是数据的访问，还提供集中管理、多用户编辑的能力。这种方式适合大型政务 GIS 系统应用，因为系统软件投入相对高，能实现复杂的空间数据维护；但目前这种技术还不是很成熟，处在发展中。

5 结束语

采油二厂从 1999 年开始地理信息的地面工程系统建设，至今也有近 10 年的历程，其中也经历过弯路，但最终迈入正轨。系统和数据的建设逐步完善，地面工程数据从建设进入正常化管理。目前新疆油田已建立了覆盖油田公司二级单位和外部服务公司的 36 个面向数据中心的一级数据源点，数据从采集、传输、处理、入库、发布、应用和服务等方面进入相应的流程，实现了正常化管理。相信这样的数据管理，将为“数字油田”提供一份丰富的强有力的数据支持。

风城油田信息化建设规划探讨

蒋其斌

(中国石油新疆油田公司风城油田作业区)

摘　要　风城油田作业区成立于2007年12月，在信息化建设方面处于起步阶段，根据中国石油新疆油田公司信息建设的统一部署，风城油田作业区必须尽快在短时间内跟上兄弟单位信息建设的步伐，在2008年信息化建设显得尤为关键。本文对风城油田作业区信息化建设的现状、存在问题、建设目标和计划进行了阐述。

关键词　风城油田　信息化建设　开发系统

1　引言

风城油田作业区前身是属于中国石油新疆石油管理局的低效油田，于2007年9月划归中国石油新疆油田公司，2007年12月成立中国石油新疆油田公司油气开发生产二级单位风城油田作业区，下辖风城油田、乌尔禾油田和夏子街油田3个油田。风城油田作业区在信息建设的各个方面基本都是起步阶段。随着油田开发，方方面面的信息化需要跟上兄弟单位的建设步伐，才能对口上级职能部门，实现信息的上传下达。基于企业信息建设要求，需要对风城油田信息化建设做进一步规划。

2　信息现状

2.1　组织机构及人员

风城油田于2008年元月成立信息档案管理站，现有管理人员7人，其中管理人员两名，档案管理人员两名，新闻宣传人员1名，信息管理人员两名，人员严重短缺。

机构岗位设置如图1所示。

2.2　信息设备

2.2.1　服务器

现有服务器两台，为2007年9月购置的联想万全R630，CPU3.4，内存16G，硬盘560G。微机做人事管理服务器一台，视频会议工作站一台。微机在安全性、稳定性、处理能力上根本无法与专业服务器相比，系统容易崩溃，不能满足应用需要。服务器资源严重不足，需新增服务器，如表1所示。

表1　现有服务器应用列表

序号	服务器应用名称	型号及配置	购置日期	备注
1	人事管理服务器	Dell 4600 微机一台	2002.10	需更新
2	开发动态日月报管理系统	联想万全 R630	2007.9	

续表

序号	服务器应用名称	型号及配置	购置日期	备注
3	井下作业数据管理系统	联想万全 R630	2007.9	
4	视频会议系统	Dell 2600 工作	2001.11	
5	试油系统	Dell 4600 微机一台	2002.10	需更新

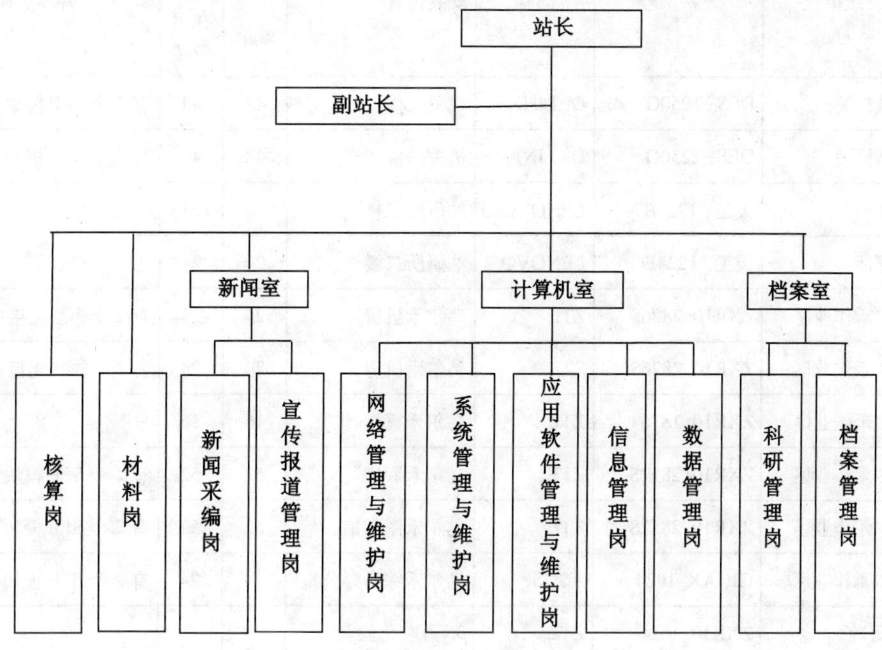

图 1　机构岗位设置图

2.2.2　计算机

作业区有台式计算机 117 台，便携式计算机 12 台，其中 4 台便携式计算机需要报废(表 2)。

表 2　作业区台式机汇总表

序号	计算机类型	台数	备注
1	P4/3.0G 以上（包含）	48	
2	P4/2.8G	12	
3	P4/2.4G	12	
4	P4/2.0G	45	需要报废
合计		117	

2.3　网络现状

作业区现有办公场所 4 处，机关设在市区并分散成为 2 个点，乌尔禾基地和夏子街基地 2 个点。办公场所分散且相距较远，目前都是租用通讯公司网络，且夏子街基地网络处于由百口泉采油厂托管状态。

风城油田作业区各单位的网络结构为星型结构，各个单位均为性能低下的二层设备与油田分公司核心交换机互联（表3）。各单位主干链路基本通过租用通讯公司百兆光缆连接，另外（油研所）租用通讯公司10M链路。

表3　现有交换机设备

序号	三级单位	设备型号	品牌	安装位置	10M/100M 电口		备　注
					数量	在用数量	
1	风城机关	DES−1250G	D−LINK	机关一楼	48	44	有2个SFP模块化接口
2	风城机关	DES−1250G	D−LINK	机关一楼	48	40	有2个SFP模块化接口
3	油研所	天工 1224E	LENOVO	油研所二楼	24	24	
4	油研所	天工 1224E	LENOVO	油研所二楼	24	24	
5	乌尔禾作业区	ZXR10 2826S	ZTE	乌尔禾机房	24	24	有2个模块化接口
6	乌尔禾作业区	ZXR10 2826S	ZTE	乌尔禾机房	24	24	有2个模块化接口
7	乌尔禾作业区	ZXR10 1816	ZTE	乌尔禾机房	16	16	
8	乌尔禾作业区	ZXR10 2852S	ZTE	乌尔禾库房	52	52	有2个SFP模块化接口
9	乌尔禾作业区	ZXR10 2852S	ZTE	乌尔禾图书馆	52	52	有2个SFP模块化接口
10	乌尔禾作业区	GIGAX 1024	ASUS	乌尔禾综合办公室	24	24	有2个SFP模块化接口
11	35万吨	ZXR10 1024	ZTE	35万吨化验室	24	2	
12	夏子街机关	3300XM	3COM	夏子街机关2楼	24	24	
13	夏子街机关	4400SE	3COM	夏子街机关2楼	24	24	有1个 SUPERSPACL3扩展卡
14	夏子街公寓	3300	3COM	夏子街公寓79#	24	24	有1个 SUPERSPACL2扩展卡
15	夏子街阅览室	3000	3COM	夏子街阅览室	24	24	1个GBIC多模模块

随着数字化油田建设的深入及自动化与网络信息密切结合，生产、经营管理对数据的及时性、准确性要求越来越高，主干之间的百兆链路已远远不够，需要实现主干链路千兆连接，百兆到桌面。由于交换设备性能低下、老化，缺少必要的网络防护措施，病毒，木马等不断入侵，网络效率低，网络极其不稳定，甚至中断，影响生产数据的传输。为提高网络效率，维护和统一管理，需要将交换设备升级为3层的可网管交换机。

2.4　信息应用系统

应用系统建设完全处于起步阶段，需要建设的应用信息系统包括开发生产8大类信息系统、地理信息系统、自动化应用系统、电子公文系统、企业信息门户建设、财务和计划专业应用系统、档案信息系统、人力资源系统、视频会议系统以及油田公司各类应用系统的应用与培训。

3　总体目标与主要任务

3.1　建设原则

信息化就其本身而言是一个动态发展的过程，随着作业区的不断发展和新的信息技术的不断涌现，信息化的内容与理论也会得到不断的充实和更新。受到作业区信息基础、规模、资金等条件的限制，我们采取分步骤、分阶段、分主次的实施方案，坚持“统筹兼顾、分部实施；急用先建、以用促建；统一管理、安全保密”的原则。

3.2　总体目标

在建设原则的基础上，整合利用现有网络信息资源和不断完善系统服务功能为重点，尽快建成能够与油田公司信息高速公路接轨的信息基础设施，建成集信息开发、应用、建设、管理与服务一体化，全区上下贯通、左右连接、运转协调、便捷高效的比较完整的信息化体系，使风城油田作业区的信息化建设基本赶上中国石油新疆油田公司各个开发生产兄弟单位。

3.3　主要任务

基本完成信息化体系建设。建立比较完整的网络硬件、应用系统、开发数据库的管理体系。2008 年建设重点，进行网络规划与维护，实现网络正常化；建立开发数据库和开发应用系统建设与完善，进行开发应用系统的培训；搭建信息门户；为生产运行服务，网络软件视频会议运行正常；实现 OA 电子公文系统、人力资源系统、档案管理系统、合同管理系统、财务和计划专业软件正常化以及其他信息系统应用建设；信息管理、档案管理和科研管理制度的建立与完善；各类信息系统的应用培训。

4　需要解决的问题

（1）管理与技术人员。信息档案管理站由于刚刚组建，在各个专业方面都存在技术人员短缺，急需充实管理与技术人员。需要设立专人进行系统与网络维护管理；专人进行开发数据库和系统运维管理；专人进行企业信息门户建设；专人进行自动化系统建设与管理；专人进行其他日常专业应用软件的维护；专人进行科研管理；专人进行档案管理；专人进行新闻宣传管理。

（2）信息设备。在网络建设方面，需要对现有网络设备进行规划和升级；需要新增各类应用服务器；台式计算机和笔记本电脑需要大量购进才能满足现有工作需要。

（3）规章制度建立。成立作业区信息化领导小组，确保信息建设的顺利进行；建立信息档案管理制度；建立信息档案管理的各类岗位责任制度；建立科研管理制度。

信息管理人员和信息设备是信息建设的基础，规章制度的建立是信息建设有力保证。

5　工作计划

由于作业区信息化建设刚刚起步，本着“统筹兼顾、分部实施、急用先建、以用促建的建设”的原则，首先进行信息化建设工作分类。

(1) 首先建设 2008 年元月要求正常运行应用系统，包括以下几个方面：

①网络管理：对现有的信息网络进行运维管理，保证网络的畅通。

②电子公文系统：以便电子公文上传下达畅通，并和油田分公司公文系统进行接轨。

③日月报生产管理系统：日月报系统运行正常化，与开发生产上级管理部门进行对接，以及进行日常生产管理。

④企业信息门户：能够正常进行作业区信息发布和日常信息交流。

(2) 其次是 2008 年信息建设规划具体如下：

①建立信息档案管理站的岗位规范、规章制度、工作职责。

a. 风城油田信息化建设管理规定；

b. 风城油田作业区信息档案管理站职责；

c. 风城油田作业区档案管理规定；

d. 风城油田作业区科研管理规定；

e. 风城油田作业区信息档案管理站考核细则；

f. 风城油田作业区论文发表、评选及奖励办法；

g. 风城油田作业区科技管理办法；

h. 风城油田作业区科技成果奖评定与奖励办法；

i. 信息档案管理站站长职责；

j. 信息档案管理站副站长职责；

k. 应用软件管理与维护岗岗位职责；

l. 信息门户建设管理与维护岗岗位职责；

m. 系统网络管理维护岗岗位职责；

n. 数据管理岗岗位职责；

o. 科研管理岗岗位职责；

p. 档案管理岗岗位职责；

q. 核算岗岗位职责；

r. 材料岗岗位职责；

s. 信息宣传岗岗位职责；

t. 自动化管理岗岗位职责。

②完成 8 大开发数据库的建设，并使相应应用系统运行正常化。

a. 日月报生产管理系统；

b. 井下作业数据库管理系统；

c. 试井数据管理系统；

d. 分析化验数据库管理系统；

e. 生产测试管理系统；

f. 地面工程信息系统；

g. 天然气数据管理信息系统；

h. 采油工程数据管理系统。

③作业区职能管理部门相关专业应用软件，在应用过程使其正常化，主要包括如下：

a. 合同管理系统；

b. 设备管理系统；

c. 人力资源管理系统；

d. 网络软件视频会议系统；

e. ERP 管理系统；

f. 油田分公司门户相应应用系统等。

④加强信息基础建设，摸清作业区网络、服务器和计算机设备现状，做出当年设备购置计划并上报上级管理部门。

由于人员紧张，信息基础和网络运维，采取外包的形式，对作业区现有信息设备和网络进行管理和维护。

6 结束语

信息化建设周期长，见效慢，风城油田作业区信息化建设作为新疆油田建设数字油田的一部分，只有加快建设，才能尽快赶上兄弟单位的建设步伐。风城油田作业区的信息化建设，存在一个逐步发展和完善的过程。出于自身现代化基础、规模、资金等条件的限制，只有采取分步骤、分阶段、分主次的实施方案。这样，才有利于在信息化建设中增强自觉性，减少盲目性，从而不畏难、不急躁、不停顿地实现各个阶段性目标和总体目标。

高效构建油田信息网络基础体系

陈仕意
（中国石油新疆油田公司数据中心）

摘　要　网络设施是企业信息化建设与应用的基础，如何经济有效地建设并保障其高效运行是企业面临的重要问题。本文根据油田企业的特点和需求，从网络层次结构、网络安全架构、网络管理架构三个方面就如何构建信息网络基础进行了初步探讨，对油田企业信息网络基础设施建设和管理具有一定的指导作用。

关键词　信息网络　网络体系架构　网络安全　网络管理

1　引言

油田生产是一种高投入、高风险的行业，其特点是生产过程复杂、生产区域大、流动性强、不确定因素多。信息化是一种提高油田生产效率、降低风险、节约生产成本的有效手段。因此，近几年来，国内外石油企业都高度重视信息化建设，通过信息技术提升企业竞争能力。如何经济有效地建设适应油田企业的网络基础架构，是油田信息化面临的一个首要问题。

当前网络技术的发展非常迅猛，网络建设需要关注的问题也越来越多。从千兆以太网到万兆以太网、从 IPV4 到 IPV6，从网络安全到网络管理等等，令人眼花缭乱、无从下手。究竟选用哪种技术？从哪方面入手呢？下面通过总结中国石油新疆油田公司近年来网络建设的经验进行说明。

2　油田网络体系架构

任何一种技术都有其适用性，也是为满足特定需求而诞生的。一个好的油田网络设计，应该在充分调研油田信息分布和流量分布的基础上，理清网络层次架构，对网络每个层次对性能的要求做出合理的分析，这样才能有针对性地选择不同的技术和产品。

针对油田生产的特点，我们总结出油田网络应该分为 5 个层次，即骨干层、园区层、油区层、站库层、井口层（图 1）。

骨干层：是油田公司的网络核心，承担各单位园区网的汇接、数据中心的接入以及各种对外出口等，其基本要求是高性能、高可靠性，在设计上除性能外还要充分考虑可扩展性、可管理性、冗余保护等方面。目前骨干层一般都采用千兆或万兆以太网技术。

园区层：是各个单位的办公网络，承担各单位的桌面接入及会聚核心。园区网要求具有较高的性能和可靠性，同时由于园区网一般接入的办公桌面计算机较多，因此对设备端口密度和可扩展性有一定的要求。园区网与骨干网一般采用千兆或万兆以太网互连，传输介质一般采用光纤。

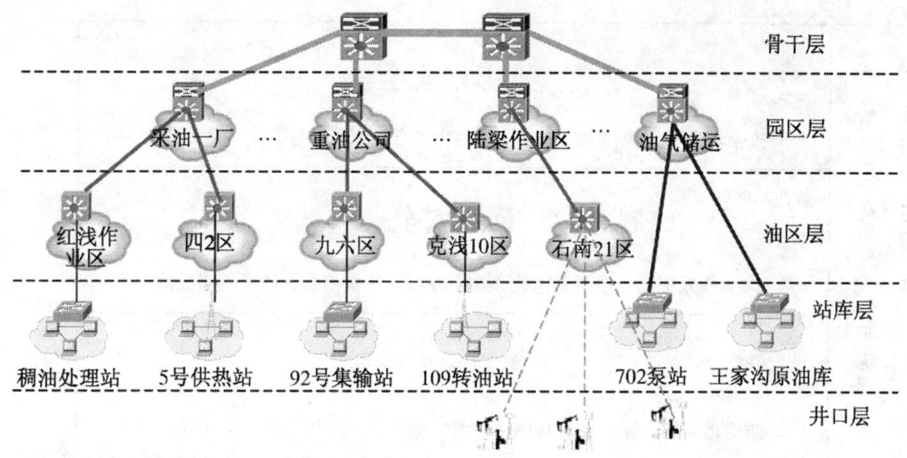

图1 油田网络层次架构

油区层：油区层一般是指生产前线一个相对独立的生产单元网络，包括一个油区或作业区，一般承担前线办公指挥角色，因此也称为前线办公网。油区层对网络可靠性要求较高，与各单位园区网采用百兆以太网互连。由于油区网和园区网一般距离较远，大多采用租用电信运营商的专用电路方式接入。

站库层：站库层一般是指生产前线一个重要的生产设施，或是一个生产班组，如各种原油（天然气）处理站、原油库、泵站等。站库网络接入的用户数量不多，对网络性能一般要求不高，但对网络可靠性有一定要求。站库网络一般就近接入油区网络，接入带宽一般是 10M ~ 100M，可以采用有线或无线接入方式。

井口层：井口层是油田网络的最基础接入单元，包括油（气、水）井和计量站，一般只有实现井口自动化数据采集的油区才有井口网络。由于井口（计量站）数量多、分布广，因此一般采用无线接入方式（目前常用的有数传电台、WLAN、CDMA/GPRS 等无线技术）。

通过网络层次划分，对每个层次的网络需求准确定位，就可以对不同层次网络采用不同的技术和产品，从而达到充分发挥设备效率、节约成本的目的。

3 网络安全体系架构

随着信息技术应用的普及，企业对信息技术的依赖性越来越强，随之而来的是信息安全问题越来越凸显。数据的安全性、信息的保密性、应用系统的稳定可靠性是困扰企业信息安全最严重的问题。面对各种各样的信息安全事件，许多企业往往疲于应对，慌不择路地引进了一大堆信息安全产品，结果发挥的作用有限，有些甚至完全成了摆设。

如何构建完善的企业信息安全体系？一般的说，信息安全包括管理和技术两个方面，从管理层面来说，主要包括信息安全管理政策、执行标准及规范、安全操作流程、安全审计、处罚措施等。从技术层面来说，目前有很多种体系结构，我们从油田企业信息应用的特点出发，总结出一种按网络结构划分的体系结构，即服务端安全、网络安全、客户端安全，具体结构如图 2 所示。

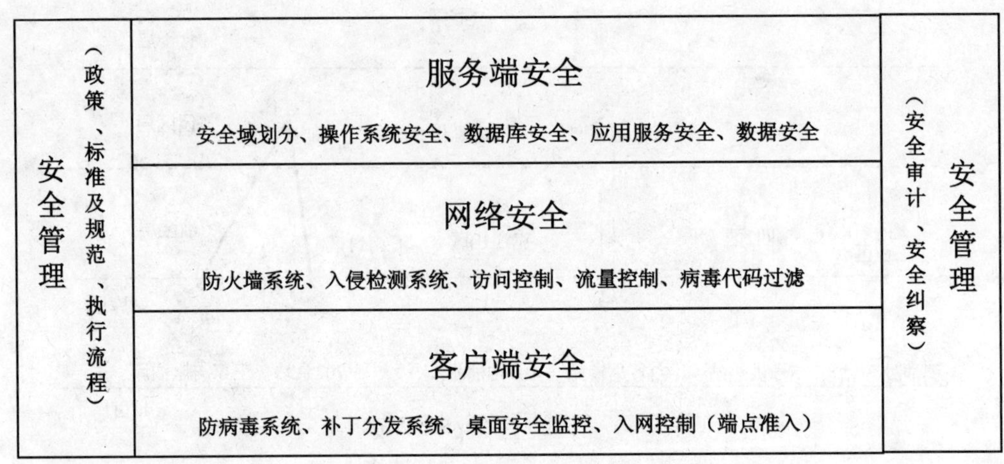

图 2　油田网络安全体系架构

服务端安全：包括系统安全和数据安全，其中系统安全包括操作系统安全（即客户端安全）、数据库安全、应用软件（服务）系统安全，数据安全包括数据存储加密及数据备份等。此外，为了进一步保护服务端，还可以根据服务器提供的不同服务类型划分到不同的安全域，通过网络访问控制以增强安全性。服务端安全是网络安全体系的核心层，也是保护信息资产安全的关键点，涉及数据安全和服务的可用性，因此是我们重点关注的对象。

网络安全：包括防火墙系统（提供网络层以下的控制）、入侵检测系统（行为监测）、访问控制和流量控制、病毒代码过滤等，网络安全关注的重点是网络底层协议安全，即如何从网络层面做到安全控制和管理。网络安全是确保服务可用性的关键。

客户端安全：包括防病毒系统、补丁分发系统、桌面安全监控管理系统、入网控制（端点准入）系统。客户端安全尽管只是涉及单个用户，但其影响是很大的，也是信息安全最薄弱的环节和出现问题最多的点。一般做网络安全的技术人员往往忽视客户端安全，但客户端安全做不好会让我们耗费很多的精力去解决。

通过以上的层次划分，我们对如何部署网络安全就非常清晰了，针对 3 个层次的不同需求部署不同的产品即可。应该说明的是，有些安全产品是涵盖多层次的，如有些防病毒产品，就包括了网络端和客户端。

4　网络管理体系架构

谈到网络管理，人们一般首先都会想到各种网络管理平台软件，像国外的 HP OPENVIEW、IBM TIVILI、CA UNICENTER，国内的网强、游龙等。无可否认，这些网管软件都具有强大的管理功能，相对来说比较专业，但很多企业买来部署后，使用的效果不是很理想，有多方面的原因，其中主要的原因还是不能完全适应企业网络管理人员的需求。有些软件功能过于繁杂，什么都有，反而把网络管理功能本身湮没了，导致部署使用起来都很复杂，令人望而生畏，不愿意用；有些软件是针对电信运营商管理人员开发的，并不完全适合一般企业用户，且缺少网络管理人员最常用、最希望的工具。如一般网络管理人员的拓扑发现功能，适合与网络结构经常变动而网络管理人员又无法及时掌控的情况，而大多企业网络结构一般并不经常变化，即使变化网络管理人员都很了解。而企业网络管理人员最需要的针对桌面用户、应用服务监控管理的许多功能，一般网管软件并不提供。

比较理想的企业网络管理模型涵盖了网元管理、网络管理、服务管理、业务管理和桌面管理（图3）。

网元管理（EMS）主要是对网络设备、服务器节点的管理，包括设备状态监测、设备配置修改、设备故障告警等。

网络管理（NMS）主要是针对网络拓扑结构和策略管理，包括拓扑发现和生成、流量监控与分析、策略配置下发等。

服务管理（SMS）主要是针对管理和服务流程的管理，包括问题管理、服务流程管理、技术支持管理等。

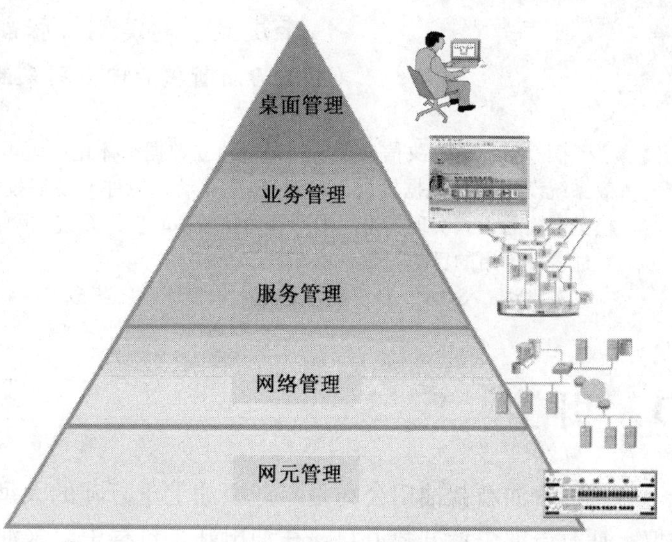

图3 企业理想网络管理模型

业务管理（BMS）主要是针对网络应用服务的管理，包括数据库服务、中间件、DNS、MAIL、门户及用户自行开发的业务应用服务的监测和控制。

桌面管理（UMS）主要是针对网络终端用户的管理，包括用户行为管理、用户远程支持等。通过用户管理可以对用户在网络中的行为进行监测和控制，强制其按管理规则执行，同时还可对用户提供直接的支持和帮助。

除此之外，从企业信息化整体来说，还涉及数据监控管理。数据管理（DMS）主要是针对业务应用所需的数据采集、入库过程管理，包括数据采集管理、数据加载管理、数据质量管理等。数据管理相对比较专业，实现难度和复杂性较大，一般不作为网络管理本身的内容，但它却是企业信息管理的核心内容。

如前所述，完全满足上面的理想网络管理模型的成熟产品是没有或很少的，可行的办法是在基础的网络管理平台之上根据自己的需求做定制或二次开发。

5 结束语

现代IT技术发展非常迅速，各种新的网络技术和产品层出不穷，选择什么样的技术、什么产品来构建企业信息网络基础，的确不是一件简单的事情。一个企业必须根据自己的特点和需求出发，才能建立高效、合理的网络基础架构。以上针对油田企业从网络层次结构、网络安全架构、网络管理架构三个方面就如何构建信息网络基础进行了初步探讨，一些经验也适合其他企业。我们相信，随着企业信息化的不断深入和人们对信息化的认识的提高，企业信息基础设施建设也将由盲目型转向应用需求为导向型，建设的效率也将大大提高。

基于SOA架构的采油生产管理应用集成

李庆显　赵美刚　张新政

（中国石油新疆油田公司采油二厂）

摘　要　为解决信息孤岛问题，建立数据一体化、应用集成化、业务网上流转自动化的高效系统。采用元数据模型、MDA模型驱动，组件开发等技术，构建数据管理平台。利用业务模型定制的方式实现了采油生产管理领域多套应用系统的融合集成，达到了各子系统之间互联、互通、互调用的目的，效果较好。

关键词　SOA　业务模型定制　模型驱动　集成

1　引言

中国石油新疆油田公司是年产原油上千万吨的大型国有企业，下辖11个采油生产单位，拥有采油生产井数万口。在油田开采过程中，采油生产井受多种因素影响发生异常，长期以来，异常井管理靠人工判断，造成发现异常及进行措施设计效率低、周期长、油井时率降低，原油损失大。采油生产中异常井管理一直是原油上产工作的重中之重，也是管理中的难点问题。据最新报告显示，国内各油田的信息化项目研究均未涉及采油异常业务管理问题。

各生产单位软件系统，受当时背景限制，都是独立于其他系统设计开发完成，具有缺憾之处：离散、平台各异、功能单一，不利于各业务层面使用，维护费用高；数据方面：数据源点不一致，共享程度低、信息孤岛、数据流模糊，要达到深层次应用必须进行整合。

围绕采油生产异常业务，本着“运用信息化快捷的发现异常，以精细化管理减少异常，生产一体化准确运作消除异常”的理念，在新疆油田分公司的统一部署下，以生产异常业务管理为主线，以建立一套数据集成、应用系统集成为基础，实现采油生产异常业务网上流转的高效平台成为采油生产领域信息化的重要研究内容。

2　总体思路

坚持“整体规划、整体建设、总体设计、分步实施、逐步完善”和“统一标准、统一平台、统一立项、统一管理、数据共享”的指导原则，在此基础上开发综合、统一、高效、安全的集成化应用系统。由于采油生产涉及的范围较广，系统开发不能够只针对具体的应用需求进行系统开发而应按照高度抽象化的应用需求进行平台框架、功能组件的设计开发。待平台框架和主要通用组件完成后，再应用软件工程的快速原型化法进行开发。

开发系统原型的过程就是建立系统应用模型的过程，系统模型主要包括系统功能定义、元数据、数据获取SQL语句和简单的业务逻辑等。业务逻辑采用数据库中存储过程（Stored Procedure）来描述。对于无法采用模型定义语言（MDL）描述的内容，采用专门的模块编程来实现。通用模块和专用模块之间遵循统一的规范和标准。所有的应用模型全部由模型数据库进行管理。

采用开放式系统设计思路，以数据集成、系统集成为基础。通过统一数据结构、建立数据管理体系、开发并集成各应用系统，最终达到采油生产异常业务流转目的。使系统从数据采集到信息的发布完全采用系统数据字典定义的方式即定制来完成信息系统的组织和应用。

3　技术方案

在国际上，为了实现数据共享，20 世纪 90 年代后一些国家的石油公司、大学研究机构与相关组织联合发起并成立了基于 XML 的石油石化行业标准：POSC（Petrotechnical Open Standards Consortium）其目的是开发一套集数据集成、软件集成于一体的数据交换标准，降低石油开发信息交换与维护的成本。到目前为止，POSC 发布的最有影响的就是 Epicentre 数据模型。

在信息化技术方面，元模型技术、模型驱动技术、工作流技术、数据仓库技术等是近几年来研究与应用的热点。元模型是对各种信息模型抽象，一个元模型实际上代表一类模型的标准化框架，一个元模型的定义也代表相关标准的实用化。模型驱动是当前各软件开发工具提供商争相采用的技术。模型驱动技术可使油田信息化从依赖软件开发转换为面向业务，面向用户，实现客户定制。工作流技术在理论上相对是比较成熟的技术，在流程企业应用比较广泛，当前在石油行业的工作流应用主要局限于文档模式（如文件流转），但结合石油行业特点的、基于应用集成的研究工作较少。数据仓库方面，近年来建立数据仓库大型企业不少，但成功者甚微，导致人们对数据仓库的失望，分析其原因，主要是缺少完整的基础层—业务数据的集成。

具体来讲，基于数据共享与交换技术的软件系统框架发展经历了 3 种架构模式：消息中间件（MON）、企业应用集成（EAI）、面向服务架构（SOA）。MON（如：Tuxedo、MQseries 等）实现了应用系统的多层架构，降低了系统建设的复杂度；EAI 可对不同系统快速改造实现数据共享、交换及转换，可提供诸如工作流、门户、数据集成、应用服务器、消息中间件等中间件以完成系统的整合；SOA 是一种系统设计和实现方法，以服务为核心，提出企业服务总线（ESB）概念，通过建立标准的数据交换和管理接口，实现各系统互联互通，实现完全的分布式架构。

综上所述，在技术方案上，结合信息化相关的前沿技术，如元模型技术、模型驱动技术、WEB 服务技术、工作流技术、系统框架架构技术等，对系统总体架构进行论证和大量的实验；同时结合石油行业特点建立了数据管理平台，通过业务模型定制实现了应用系统集成，通过采油生产数据资源体系的建立实现了业务数据集成。系统实现了数据资源在各系统间互通、互联，无缝集成的各应用系统功能结点可以互调用，实现了完整的采油业务网上流转。

4　系统架构设计与实现

网络布局上，整个系统在纵向上可分为三层，即：用户层、应用服务层、数据服务层。用户层：客户机使用 IE6.0 以上浏览器访问系统；应用服务层：架设应用服务器（IIS 服务，平台服务），服务监控服务器；数据服务层：数据库服务器。

软件技术上，建立数据管理平台 DMP（Data Management Plantform），该平台总体架构基于 SOA（Service-Oriented Architecture）思想，借鉴了 SOA 的层次划分思想，将平台划分为 4 个层次：总线层、数据模型层、模型服务层、应用层。

系统采用 B/S 三层架构方式访问数据库进行数据采集、处理、发布；采用目前先进的多层模式进行软件平台开发；同时，在数据库开发方面，大量使用 Oracle 存储过程封装业务算法，实现数据库后台访问并处理数据，以提高系统性能。数据管理平台通过定义明确的需求，采用模型驱动体系构架技术，建立起通用构架与专用组件相结合的方式，使信息系统开发在很大程度上由原来复杂的、充满风险的代码编写，变成了边建、边用、边改、用户完全参与的模型定制。大大简化了信息系统开发的复杂性，并起到了降低风险、加快开发建设速度的作用。利用数据管理平台，管理信息系统（Management Information System，MIS）建设将变得非常简单，建设的主要工作将是建模，各种各样的模型组成了油田的信息系统，按照这种建设思路，平台建设将在更大范围内发挥作用。

数据管理平台体系架构是整个项目的基础。体系架构的具体内容：

（1）总线层（ESB）。包括服务注册、数据传输、数据存储、查询监控、数据权限、数据质量、安全服务等，通过建立标准的数据交换和管理接口，实现了各系统数据的互联、互通。该层支持同步和异步消息通信，其中异构数据交换标准基于 XML 实现。

（2）数据模型层。包括数据模型及元数据管理，实现了系统的各种信息高度抽象的元模型管理。

（3）模型服务层。是系统的核心层，系统所需的各种服务（如：消息服务和数据传输服务等）由该层利用功能组件及应用业务模型库共同构建而成，实现了业务逻辑的封装、业务流程的编排等功能。公共组件包括：生产数据管理类、业务流程管理、网络协同工作类、信息安全管理类、数据共享交换类、信息集成类、油田信息门户类等。

（4）应用层。基于 MDA（Model Driven Architecture）模型驱动架构是以业务流驱动、应用模型驱动的集成化应用系统构成，如图 1 所示。

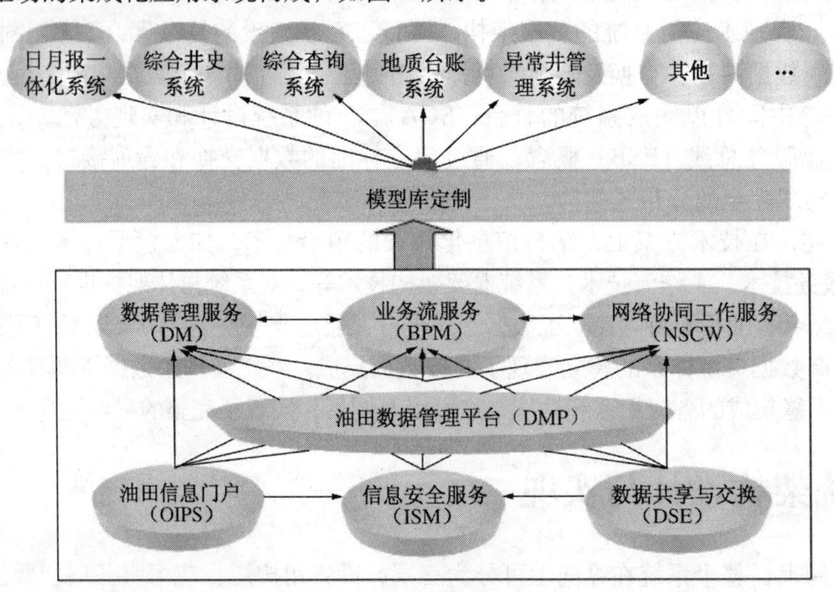

图 1　数据管理平台构成

①生产数据管理服务（Data Management）：主要负责采油生产数据管理。其功能包括数据

采集录入、统计报表处理、数据检索发布、数据质量控制、数据实时监控、数据备份恢复等。

②业务流程管理服务 BPM（Business Process Management）：实施对油田生产、管理、决策过程的信息支持。按照已经建立好的企业模型和业务模型，在计算机中形成一个虚拟的业务工作环境，实现油田生产、管理、决策的业务过程的信息化。其功能达到企业业务过程再造的目的。

③网络协同工作服务 NSCW （Network Supported Cooperative Work ）：在油田企业内部网提供一个团队工作的协同工作环境，使用户能够随时随地进行业务交流和知识共享。其功能包括团队管理、协作环境支持、即时通讯、远程管理、任务计划、项目管理等。

④数据共享与交换服务 DSE（Data Share & Exchange）：实现整个油田环境下的数据分发、交换及传输。在企业级范围内确保数据的唯一性和一致性，实现数据共享的目的。由一系列相对独立的系统和工具组成。内容主要包括：数据复制与迁移、数据传输加载（支持同构 / 异构）、E&P 研究项目数据交换（实现研究项目数据库与油田基础数据库的双向数据交换）等。

⑤信息安全管理服务 ISM（Information Security Management）：主要负责油田各类信息在方便快捷应用的同时，保证数据的安全性。它包括用户管理、数据加密、用户安全认证、系统安全认证、数据和应用资源管理、权限管理、访问日志管理等。

⑥油田信息门户系统 OIPS（Oilfield Information Portal System）：提供油田信息交流、业务处理、协同工作的用户认证及个性化入口界面。任何用户只能从门户进入油田系统，系统的用户可以按照其拥有的权限进入由信息平台定制的各类信息系统，而不需要频繁地进行身份验证。

5　采油核心领域应用系统的集成

在采油生产管理业务中，长期以来生产异常一直是阻碍原油上产的一大难题。及时发现、及时处理异常，解决以往工作效率低问题成为我们研究的重点之一。以采油异常业务处理为主线，以采油生产核心业务五大集成系统为支撑，以信息预警、诊断分析定位、措施设计、规范操作、系统跟踪等环节为框架，采取业务流程化处理手段，进行全方位辐射、链条式衔接的处理方法，形成采油生产业务动态管理网络闭环，如图 2 所示。

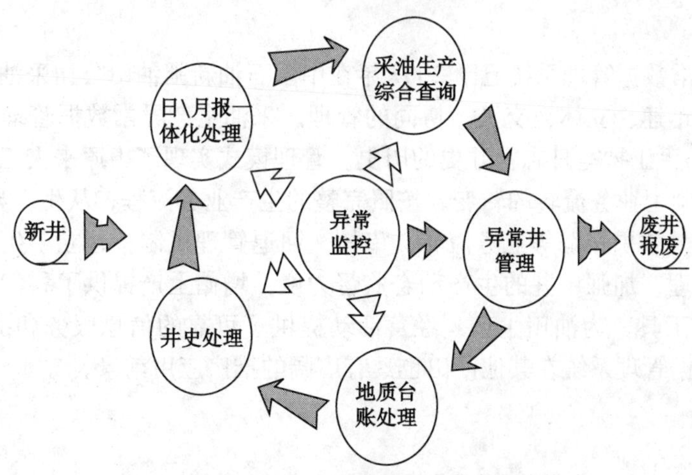

图 2　基于油井生命周期的异常业务集成模式

（1）采用业务网上流转技术、协同工作技术，创建了基于油井生命周期的、覆盖油田开采业务全过程的采油生产异常业务网上流转模式，实现生产业务集成应用。以信息推送、主动服务为核心理念实现生产业务流转网络化、自动化。

①采用了“日月报一体化处理”技术，建立了日月报一体化系统，利用数理模型、计算机自动处理、人工审核确认的模式，实现了生产日报自动生成地质月报。

②采用了“异常诊断”技术，建立了异常业务处理模型，实现了生产异常预警、处理、业务流转机制。

③采用了WEB发布技术，建立了综合信息发布，实现了各类业务数据关联应用。

④采用了XML技术，建立了数据共享与交换系统，实现了异构数据集成。

⑤建立了网络协同工作系统，实现了采油异常业务消息感知、流程进度感知。消息感知：一种感知工具，除具有类似QQ的聊天工具的功能外，系统可以自动激活并广播消息或通知。进度感知：针对异常井，首先须要进行地质方案的设计，然后根据地质方案通知书进行工艺设计，再根据施工设计单进行施工等等，在这其间的每个工作模块中包含各种设计及审核。在整个过程中让相关用户能够感知到项目的进度，了解目前正在进行的任务以及执行单位和执行者。流程监控以“图形化流程界面”展示该功能。

（2）成功构建了高效的数据资源体系。

①采用数据仓库技术，建立了采油生产异常业务管理数据资源体系，统一了新疆油田开发动态数据库逻辑结构，实现了数据应用一体化。

②建立了基于数据流程的元数据管理体系。元数据定义了油田数据采集、传输、质检、存储、查询、共享、应用等各个环节的操作方法和管理模式，系统可根据元数据的定义实现数据从采集入库到应用全过程的描述和管理。

③建立了基于规则库的数据质量校验机制。通过数据字典管理、校验规则管理、表达式语义分析，系统自动、及时地对入库各业务环节数据进行校验并发布数据质量公告。

④制定了与数据建设相配套的采油信息管理制度，实现数据管理的正常化。管理制度包括：数据入库管理办法、数据质量考核制度、数据安全管理规定、异常业务管理细则、电子信息管理细则等。

6 结束语

采油生产异常数据管理系统已于2007年在中国石油新疆油田公司采油二厂应用，实现了生产异常业务迅速、立体、交叉、协同的管理。采油生产异常数据管理系统的投用结束了延续50多年的手工抄写日志、井史的历史。管理模式实现了由原来人工纸质报送到数据资源集成共享到网上业务流转的转变。按照完整的生产业务流程，从生产异常识别、监督、分析到措施设计、效果跟踪等业务流转、审核、回退管理机制，建立了生产业务流管理系统，为精细化管理、加强单井的生产动态监督力度、增储上产提供了科学手段；成为生产管理、科研必备工具，为油田生产、经营活动提供了可靠的信息服务和决策支持。同时，采油生产异常数据管理系统在其他油田也具有广阔的推广应用前景。

企业成功实施 ERP 的几点建议

程　才
（中国石油乌鲁木齐石化公司网络管理中心）

摘　要　企业实施 ERP 实际上就是在引进和接受一种新的企业管理思想和方案。企业在市场竞争中，争取优良业绩的同时，不断关注和引进新兴的技术方案和先进的行业管理方案，来保证企业整体不断向上发展的生命力。实施 ERP 不只是单纯地教会终端用户去使用一套软件，更是需要企业全员学习方法，改进业务管理流程，重塑管理思想的过程。

关键词　ERP 软件　ERP 项目　ERP 实施

1　引言

ERP（Enterprise Resource Planning，企业资源计划系统）是指建立在信息技术基础上，实现以信息技术搭建平台，以系统化的管理思想，为企业决策层及员工提供决策运行手段的管理平台。企业实施 ERP 实际上就是在引进和接受一种新的企业管理思想和方案。企业在市场竞争中，争取优良业绩的同时，不断关注和引进新兴的技术方案和先进的行业管理方案，来保证企业整体不断向上发展的生命力。

目前中国石油天然气股份有限公司（以下简称中石油）各地区公司陆续开始实施全业务的 ERP，去年部分企业开始推广 ERP 中的 HR（Human Resource）人力资源管理模块，在经历了这个项目在中国石油乌鲁木齐石化公司实施的整个过程中，学到了很多先进的管理理念，但是也看到，好的软件在实施和投用中，难的不是技术关，而是一种思路的转变。在这个模块的推广和实施过程中总结了一些经验，可以为后续 ERP 的实施提供一些思路和方法。

2　以扎实的 ERP 商业计划来赢得高级管理小组对项目的支持

仅有技术是不可能帮助达成商业目标的。所有 ERP 项目的成功离不开一个设计周全、久经考验的商业计划。整个 ERP 项目通常需要 12 ~ 36 个月的时间才能付诸实施，而且通常人力、物力、财力耗费巨大，能够坚持持续能力至关重要。所以，必须制定相对完善和扎实的实施计划，利用大量的具有说服能力的实例来科学分析，说明开展 ERP 项目的充分理由，以此得到整个业务小组的支持。ERP 项目的实施更多的是出于更宽泛的业务目的，从现实业务中挖掘内在潜力，大家对项目实施的目的和远景要了如指掌，争取事先获得对项目内容和投入资金的批准，从而得到高级管理层的全力支持。

ERP 项目牵扯的部门人员、设备相当多，涉及庞杂的业务流程、角色、职责、标准以及数据定义，而这些变革无法自下而上地开展。这就需要一个有效的管理小组，小组中配备的人员必须能够完全按照高级管理者的指令进行项目任务的下达和实施，更关键的是这个小组要有一位高级行政人员进行积极有效地领导。从业务角度来看，这位高级管理人员通常是由负责地区公司的财务或者行政要职的一把手担任，尤其是那些涉及关键的业务转型、并且关乎公司未来的项目。ERP 项目会触发一些困难的、有时甚至是恶性的问题，对现有工作模式发生变化甚至会出现流程再造等问题以及相关业务人员对新系统的抵触问题，而承担责任的这位高级管理人员就可以及时妥当地通过行政指令来加以解决，并观察指挥部是否能够理解并接受这些决定且加以完善和使用。

本次实施 HR 过程中，中国石油乌鲁木齐石化公司以主要领导挂帅，成立了专门的项目领导小组，亲自督促，及时通过项目例会来掌握项目进度和解决项目在实施过程中遇到的困难。

3 抓好 ERP 实施的关键过程

3.1 与数据有关的各项工作要提前启动

整理和收集原始数据在整个 HR 实施过程中非常重要，没有这些历史数据，HR 的实施是毫无意义的，很多业务流程是没有办法打通的。同时数据的一致性和准确性对于实施 ERP 也是至关重要的，因为前期数据的准备直接影响后期的使用。ERP 项目投资巨大，系统的有效使用依赖于原始输入数据的准确性。

在项目启动时就应考虑数据问题，尽可能多地将信息从各方面收集起来，并准确的导入到新系统中，而不要等到系统上线前的两个月才如梦初醒。要决定采用何种新的数据标准，清理和转移现有数据也需要大量时间。在最初的收集阶段，积极与项目支持组进行技术对接，实现数据采集模板的高效性，确保数据能够完整无缺的从现有系统或者数据中采集到，并做好数据导入后的验证工作，保证数据不缺失。这将保证有关人、财、物等的重要信息与未来的业务发展保持一致。

中国石油乌鲁木齐石化公司实施 HR 过程中面临的数据问题非常复杂，这里有 3 套不同的软件管理人事数据，而这些数据都有着不同的侧重点，为保证任何现有资料不丢失，专门配备了 IT 技术能力强和业务能力强的人员来采集这些数据，从这三套软件中共提取了近 60 万条数据，并不断验证数据的准确性和严谨性，减少了数据并行期间的维护。

3.2 必须重视系统整合团队的建议

实施 ERP 时，企业经常花费大量的时间和金钱选择一个强有力的系统整合团队(System Integrator，SI)，这个团队不仅要有 IT 专业技术人员，而且要有熟悉各项业务的骨干。SI 的建议可以帮助企业降低成本，成为企业的左膀右臂，因为 ERP 对企业而言有可能只是第一次或者第二次接触，而 SI 也许已经数十次或者上百次经历过类似案例。必须将自己企业的真实现状和业务流程及时高效的反馈给 SI，以便 SI 做出最好的规划。

3.3 创造与企业文化相容的解决方案，充分发挥全新的整合信息的威力

企业实施 ERP 项目，不等于拥有排除万难的灵丹妙药，重要的是 ERP 解决方案的“风格”要与企业的文化传统相容。企业实施 ERP 的目的就是为企业服务，管理人员也许希望

在一个全球业务中央集权式的环境中工作，如果企业的文化崇尚分权式的创业精神，那就无法运用技术强行改变企业的文化。因此，如果企业的结构十分离散，那最好选择安装分权式的 ERP 应用程序，或者直面将要来临的巨大变革。

ERP 技术是切实可行的，ERP 项目 30% 的挑战来自技术层面，而剩余的 70% 则来自人员和流程。很少有人由衷地喜欢变革，当公司转向实施 ERP 时，变革无法避免。全新的 ERP 技术会影响许多人员，他们需要培训以掌握流程。从而从业务和技术双方面发挥 ERP 的威力。

4　要着眼于 ERP 的长线利益

4.1　“上线”不是项目结束

ERP 的实施绝不仅仅是一个简单的项目，“上线”并不是终点，而是一个新旅程的开始。一般来说，ERP 项目的先期投资非常大，而期望的应用生命周期在 10 ~ 20 年左右。企业组织起一个团队，不能在 15 ~ 30 个月的时间完成了项目“上线”后，就解散。保留 ERP 项目实施小组的主要人员——包括业务和技术人员，可以保障 ERP 的应用，处理应用中的瓶颈问题，改进系统。

4.2　对系统启用后暂时的低潮要有充分的心理准备

大部分 ERP 项目对企业构架的改变是革命性的，有时候企业一半以上的后台交易系统被替代，从而影响到 90% 的业务流量。这不仅仅是技术转型，它很大程度上改变了一个企业的业务流程、企业文化、企业知识以及工作环境。因此，项目上线后随之而来的适应期是不可避免的。即使那些在实施阶段非常顺利的项目，也无法避免新系统启动后的适应期。企业必须通过详细计划、试点试用、内部教育和风险分析等一系列手段，减少这种情况发生的可能性。

5　结束语

在企业实施 ERP 不只是单纯地教会终端用户去使用一套软件，更是需要企业全员学习方法，改进业务管理流程，重塑管理思想的过程。由于 ERP 软件覆盖面广，涵盖内容多，涉及的相关技术较为复杂，以上所提到的几点建议有助于降低企业实施 ERP 软件的风险和难度。

企业信息系统需求工程方法探讨

马秦晋[1]　徐小辉[2]　王　鹏[1]

([1]中国石油新疆油田公司数据中心，[2]中国石油新疆油田公司勘探开发研究院)

摘　要　本文以中国石油新疆油田分公司企业信息系统为背景，阐述了需求工程的重要性以及需求工程方法，试图为寻求企业信息系统需求工程的有效途径和工作方法做一些有意义的探索。

关键词　企业信息系统　软件工程　需求工程　软件需求　方法

1　现状分析

在企业信息化建设过程中，采用软件工程的概念、原理、技术和方法来开发与维护软件，正在越来越广泛地被实践和应用。作为软件工程重要环节的软件需求，也越来越凸显其在企业信息系统开发过程中不可或缺的地位。中国石油新疆油田公司已开发的近百套企业信息系统，大多是在软件工程方法指导下开发的。由于历史原因，这些系统的开发基本是以软件项目的组织形式独立完成的，因而其软件需求工作也是独立开展的。它们各自都有着较好的需求基础支撑，从而保证了这些系统在各自所涉及的专业领域内的应用能得以顺利展开。

但是，随着企业信息化建设的不断深入，企业信息化已不再满足于完成单一功能的信息系统，而是要求将各专业信息系统集成应用，这就对以软件项目组织形式而获取的软件需求提出了挑战：由于需求的局限性，势必造成软件需求的不完整、不统一，相互隔离与重叠，从而制约了企业信息系统集成应用的发展。同时，软件需求工作在实际操作中也存在着这样或那样的不尽如人意之处：信息系统的开发者和使用者缺乏良好沟通、相关需求信息不能较好地在开发者和使用者之间传递与加工、需求知识没有实现积累和迭代、专业分析工具没有得到普及和使用等。那么，如何才能有效地避免这些问题的发生呢？显然，需求工程是解决这些问题的有效手段。

2　需求工程方法

需求工程是企业信息系统开发的基石，只有寻求需求工程的有效途径和方法才有可能保证企业信息系统最终客观、真实、全面地反映需求，从而防止需求信息在获取、分析等环节失真，规避企业信息系统因需求失真而带来的软件开发风险。

2.1　需求工程定义

所谓需求工程就是在需求阶段所从事的活动，即包含与发现、记录和维护企业信息系统的需求相关的所有活动。需求工程主要考虑问题域和系统责任，其目的是得到一个正确、完整、一致并且无二义性的需求规约，并将此规约作为后续企业信息系统开发、验证的基础。需求工程是软件工程的子领域，其本身又可具体分为需求开发和需求管理两个领域。如图 1 所示。

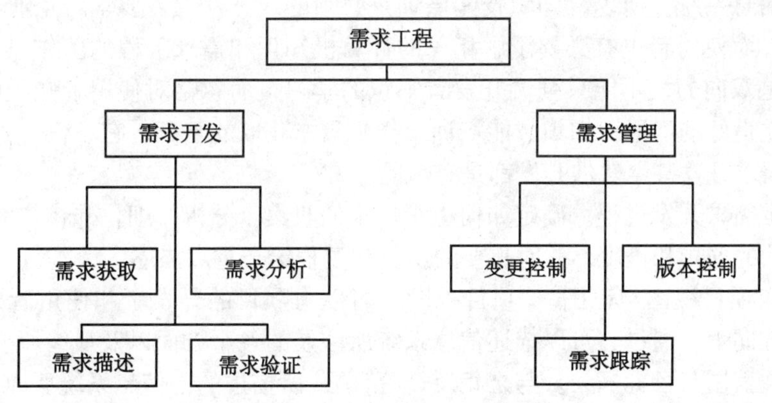

图 1　需求工程层次示意图

需求开发可以进一步分成：需求获取、需求分析、需求描述和需求验证。需求开发的主要任务就是获得准确、完整的需求分析结果。是由非形式的需求陈述转化为完整的需求定义，再由需求定义转换到相应形式功能规约的过程，处于软件开发的起始阶段。需求开发的核心是：以体系结构为中心、以使用实例为驱动、注重过程的增量迭代。

需求管理可以进一步分成：变更控制、版本控制和需求跟踪。需求管理是 CMMI 受管理级（2 级）的一个关键过程域，其主要任务是要在用户和实现用户需求的企业信息系统之间达成共识，控制企业信息系统的需求变更，为软件工程和管理建立基线，保持软件计划、软件开发与全生命周期中的所有活动始终不偏离需求的轨道。需求管理的核心是：发现需求存在的问题，不断改进，从而进一步提高需求质量。

2.2　需求开发方法

如上所述，需求开发分为需求获取、需求分析、需求描述和需求验证 4 个阶段。这 4 个阶段并没有明显的界限，其中需求获取是整个需求开发的基础，是获得需求数据的关键阶段。需求分析与需求获取可以并行展开，即及时获取及时分析，以提高需求开发的速度。需求分析是需求获取的延续，是获得需求信息的阶段。需求描述是对所获取的需求及需求分析结果进行显性化的处理阶段。而需求验证是对需求的进一步确认，只有得到确认后的需求才可作为系统开发下阶段（系统设计与软件开发）的基础。需求开发必须通过多次迭代才能够完善和提高。

2.2.1　需求获取

需求获取的主要任务就是收集与企业信息系统开发有关的素材，获取用户的原始业务需求。该阶段的关键是通过需求双方的有效沟通，保证原始业务需求的正确性、完整性，尽量减少需求的遗漏或缺失。该阶段工作为以下几个方面。

（1）知识技能培训。需求实际上就是企业信息系统的开发者（一般是指企业信息系统的开发人员）和使用者（一般是指企业信息系统的最终使用人员，即系统最终用户）对其开发成果所达成的共识。而这种共识的基础就是合作、交流和沟通。由于两者从事不同专业的工作，存在领域差异，即使用者对与企业信息系统相关的计算机知识较欠缺，同时开发者对企业业务领域知识也不足，致使交流无法有效展开，这就可能直接影响双方之间的良好沟通。缺乏良好沟通，就不可能获得准确的需求，也就不可能开发出完全满足使用者需求的企业信息系统。所以，知识技能培训是必须的。开发者需要学习企业业务领域的基础专业知识，而使用者也有必要了解相关的计算机知识和需求工程的工作过程。即知识技能培训应该是双向的，不能只强调开发者知识的学习，而忽略对使用者知识的培训，否则仍然无法建立良好的沟通。知识技能培训工作是需求获取的基础，它不仅对需求获取有益，而且对整个需求开发甚至软件开发都是有益的。

（2）确定需求开发过程。确定如何组织需求的收集、分析、细化并核实的步骤和过程，制定需求活动的安排和进度，并对重要的步骤和过程给予重点描述。

（3）建立项目视图与范围。“项目视图”可以将项目的开发者和使用者定位到一个共同和明确的方向上，通过它可以描述信息系统所涉及的各个方面以及最终所要达到的目标，是项目的宏观蓝图与目标框架。与之相反，“范围”所描述的是信息系统所应该包含的部分和不应包含的部分。范围的说明，在包含与不包含之间划清了界限，作为评估需求或潜在特性的参考，它规定了项目的局限性。以项目视图和范围为需求获取的提纲，从这些要点出发收集使用者的各项信息的有关业务需求。成果：编写“项目视图和范围文档”。

（4）收集企业机构设置。“企业机构设置”主要包括：机构划分、岗位职责以及各机构关系等。收集企业机构内部的业务岗位布局，岗位职责范围，可为构造企业宏观描述、深刻理解和分析企业业务需求提供支持。而掌握企业运行环境，了解企业群体之间的关系和往来，将有利于实现企业信息系统外部接口的设定和与外部系统的集成应用和兼容性。同时，还需要了解企业用户群范围，对其进行分类并归纳他们各自的特点，以有助于企业信息系统在用户使用频率、使用特性及优先级等方面的设计与开发。成果：绘制“企业组织结构图”。

（5）获取企业数据需求。收集企业各个业务岗位的数据源，数据加工处理技术及算法，输入输出的数据与结构，岗位所涉及的数据结构与表达，与周围业务岗位的数据接口以及系统与外部系统的界限及数据接口。以明确系统使用者在什么时间需要获得什么数据，怎样使用这些数据，以及这些数据的流动过程。成果：绘制数据流程图。

（6）获取企业业务需求。收集和掌握企业各个业务岗位的使用实例，即用户使用企业信息系统完成所需任务的描述。掌握用户工作顺序，观察用户执行业务的过程。并将企业各个业务过程链接成有机整体，熟悉业务链间的衔接条件和转换因子，构成各个业务流的系统表达，业务术语的界定等。同时，收集企业运行中所存在的问题或在用信息系统的问题，以快速获取大量丰富的改进及优化建议，补充和完善已收集的业务需求。成果：绘制业务流程图。

（7）整理企业历史数据。收集各类历史数据，并掌握这些数据的存储现状、分析结果，收集手工系统的异常表现和陷阱，以及对紧急事件的处理策略。

（8）确认需求。采用个别交流或书面表达的方式，进行系统开发者和使用者的有效沟通和需求反馈。以确认开发者所获取的需求是正确的、完整的。

需要指出的是，需求获取应该立足于企业全局有计划、有步骤地组织实施，任何单个软件项目的需求获取，都应在全局指导下进行。只有从全局出发所获取的需求才可能是完整的，统一的。应该尽量避免单个项目各自为政获取软件需求的做法，以杜绝由于需求的局限性，而造成的软件需求的不完整、不统一，相互隔离与重叠的现象。

2.2.2 需求分析

需求分析的主要任务就是提炼、分析和审查需求获取的结果。通过需求分析可对需求获取的各种结果进行分类解析，利用有关知识及方法描述在需求获取阶段所获得的信息，以科学表达的方式反映使用者的需求。该阶段工作为以下几个方面。

(1) 分析需求可行性。分析每项需求实施的可行性，明确与每项需求实现相联系的风险，包括与其他需求的冲突，对外界因素的依赖和技术障碍。

(2) 开发原型系统。当开发者或使用者不能最终确定需求时，为使用者开发一个原型系统，使用户通过实践获得关于未来系统的具体概念，从而更准确地提出需求。也有利于需求双方达成需求共识，及时发现需求错误。

(3) 确定需求优先级。应用分析方法确定使用实例、系统特性或单项需求实现的优先级别。为保证软件项目的顺利开展，必须权衡合理的项目范围、进度安排、人力资源以及质量目标等。而需求优先级的确定，可以帮助实现这种权衡。设定优先级的一般方法是：把需求分成三类，参见表 1。

表 1 需求优先级设定

命名	意 义
高	一个关键任务的需求，延迟开发将影响下一环节开发任务
中	支持必要的系统操作，最终所要求的需求。如有必要，可延迟开发但不能删除
低	功能或质量上的增强，实现这些需求会使系统更完美，否则也不会影响系统的主要功能。在项目需要权衡时，这是可以删除的部分

(4) 建立需求模型。建立需求的图形分析模型，是对《软件需求说明书》极好的补充形式。它能提供不同的信息与关系，有助于找到不正确的、不一致的、遗漏的和冗余的软件需求。需求可视化表示的模型包括数据流图、实体关系图、状态转化图、对话图和类图等，使用这些图可以对问题域进行建模。下面给出的是采用统一建模语言（UML）表述的一个油气开发业务模型的实例。其建模步骤为：

①建立包层次模型。清理需求获取的成果，并据此建立包层次模型作为需求分析的起点。

②建立每个包的用例模型。对包层次模型的每一个包（子系统），归结更具体的业务用例（功能模块），即子系统内部的 Implementation Use Cases；用活动图详细的描述每个用例的业务流程，并用明确的结构化语言给出具体的表述。

③建立每个包的静态模型。根据 Implementation Use Cases，把系统相关的数据库基表转换成 E−R 图，再转换成类图（逆向工程）；同时，分析和理解油气开发业务过程，并将其用类图精确描述（正向工程）。在此基础上根据用例业务流程的活动图完善每个包的类图结构。

④建立每个包的动态模型。进一步用顺序图、协作图、活动图、状态图等来表达每个包的类图结构所蕴涵的动态模型。

⑤建立每个包的功能模型。用数据流图作补充，对每个包内部的数据处理功能给出更明确的说明。

⑥优化和验证整个业务模型。最后，根据以上成果重新描述和修订包层次业务过程，并据此优化包层次模型。建模是一个不断完善的过程。

（5）编写数据字典。“数据字典”一般在系统设计时完成，但在需求阶段至少应完成其数据项的定义，以确保用户与开发者使用一致的数据定义和术语。

2.2.3 需求描述

需求描述的主要任务就是将软件需求显性化。在企业信息系统开发中，主要是通过《软件需求说明书》的编写来实现显性化的。同时，业务规范的编写与需求跟踪能力矩阵的创建，作为对《软件需求说明书》的补充描述，也是需求描述中不可缺少的工作步骤。需要指出的是需求描述形成的需求规格说明应该不断细化，它应该随着需求验证而不断地补充和完善。该阶段工作为以下几个方面。

（1）建立统一的软件需求说明标准模板。编写《软件需求说明书》必须采用统一的模板。可先采用 GB 8567—1988《计算机软件产品开发文件编制指南》描述的软件需求说明书模板，但需根据企业信息系统自身的特点对其进行适当的改动。

（2）编写《软件需求说明书》。根据统一模板的内容及要求，编写企业信息系统《软件需求说明书》。

（3）编写业务规范。业务规范是有关业务过程的操作原则。可以将其写入《软件需求说明书》中，作为业务需求的一个独立部分，也可以将其作为独立的业务规范文档编写。某些业务规范将引出相应的功能需求，当然这些需求也应能追溯相应业务规范。

（4）创建需求跟踪能力矩阵。在需求开发过程中（而不要等到需求管理时），建立一个矩阵将每项需求与实现、测试它的设计和代码部分联系起来。这样的需求跟踪能力矩阵同时也将功能需求和高层的需求及其他相关需求联系起来。

2.2.4 需求验证

需求验证的主要任务就是为了确保需求描述所获取的需求说明达到必要的质量要求。该阶段工作为以下几个方面：

（1）审查需求文档。对需求文档进行正式审查是保证软件项目质量的有效方法。由项目组织者、系统使用者、项目经理、开发人员、测试人员等参与评审，根据软件需求质量要求，对《软件需求说明书》及相关模型进行仔细的验证，从中发现认识与理解的差距，暴露软件需求扭曲的隐患。另外在需求开发期间所做的非正式评审也是有所裨益的，例如会议、讲解和讨论等形式，只有这样才能保证验证的全面和深刻，才能达到验证的标准。

（2）编写用户手册初稿。起草一份用户手册大纲，用浅显易懂的语言描述出所有对用户可见的功能，使用户尽早触及软件项目开发的雏形，了解软件项目的体系与架构，以利于需求双方的沟通，发现软件需求的隐藏错误。

2.2.5 需求迭代

需求开发是一个循序渐进的过程，需要经过若干次的回溯反复过程，需求才可趋近完善，这一过程称为需求迭代。

用户由于企业生产发展的需要或其他原因，对已经存在的需求提出改进和异议，这时的软件需求因为注入新的需求而从有序变成无序，新的需求打破了原有的有序状态，只有进行再次的循环整合才可以得到下一次的有序需求结果。这种反复螺旋上升式的循环使需求开发工作不断细化，趋近于完善。从这个意义上说，需求开发不是一蹴而就的事情，而是需要经过若干次不断修改和充实的过程，是一个不断细化的循环解析过程。

2.3 需求管理方法

需求管理是需求工程的另一个方面，需求管理包括在需求工程进展过程中维持需求约定集成性和精确性的所有活动。如上所述，需求管理分为变更控制、版本控制和需求跟踪3个阶段。需求管理的最好办法是使用合适的需求管理工具，以管理版本和变更、存储需求属性、跟踪需求状态。

2.3.1 变更控制

“不断改变的需求”是需求管理的难点。一般说来，需求在企业信息系统开发过程中百分之百是会变动的，这种变动一方面由于使用者对系统的逐步了解，提出更加细致的需求，而这些需求是在最初需求获取的时候被使用者所遗漏的，这些变更属于补充型变更；另一方面，由于系统开发的周期性问题，使用者在系统开发过程中随着企业生产的发展业务需求发生了变化，这就要求相应的软件需求也发生变化，而这种变化是开发者必须接受的，否则企业信息系统根本不能满足用户的最新需要，这些变更属于改进型变更；再一方面就是开发者原设计方案不能满足系统指标（数据传递速度、安全性等），或者由于开发者的疏忽对需求产生理解歧义，对需求从最初就理解错误等原因造成的需求变更，这些变更属于改正型变更。因此对于需求变更的管理是需求管理的重中之重。该阶段工作为以下几个方面。

（1）确定需求变更控制过程。首先要确定一个适合企业信息系统选择、分析和决策需求变更的过程。一旦有需求变更出现，都必须严格遵循此过程进行处理。只有严格按照需求变更过程管理需求变更，才能有效地控制需求变更。

（2）进行需求变更影响分析与评估。变更评估是处理需求变更必须进行的环节，应评估每项被选择的需求变更，以确定它对项目计划安排和其他需求的影响。参照需求跟踪矩阵，明确与变更相关的其他需求、设计模板、源代码和测试用例，并评估完成这些任务需要的工作量，为是否实施变更提供决策依据。

2.3.2 版本控制

需求文档的每一个版本必须被统一确定，以保证需求的唯一性和一致性。该阶段工作为以下几个方面。

（1）建立需求基准版本和需求控制版本文档。确定一个需求基准，即由需求变更而引起版本变化的原则。之后的需求变更都遵循变更控制这一原则。

（2）维护需求变更的历史记录。记录变更需求文档的版本、变更要求和原因等。

2.3.3 需求跟踪

需求跟踪的目的就是保证在企业信息系统开发全生命周期的各个阶段，用户需求（原始需求以及需求变更）都获得体现和落实，而不被扭曲和遗漏。该阶段工作为以下几个方面。

（1）完善需求跟踪能力矩阵。通过进一步完善需求与系统元素（例如：设计元素、代码、测试用例等）的联系链，保证对需求的跟踪或追溯。

（2）需求跟踪和追溯。利用需求管理工具或手工，通过需求跟踪能力矩阵，对需求实施正向跟踪，即以用户需求为切入点，检查《软件需求说明书》中的每个需求是否都能在后继系统开发工作中找到对应点。或逆向追溯，即检查设计文档、代码、测试用例等工作是否都能在《软件需求说明书》中找到出处。

（3）跟踪每项需求的状态。为需求状态建立一个数据表。其中每一条记录保存一项功能需求，以记录每项需求的重要状态属性。

（4）衡量需求稳定性。通过记录基准需求的数量和每周或每月的需求变更（添加、修改、删除）数量，分析需求的稳定性。

3　建议与体会

（1）需求获取应该立足于企业全局有计划、有步骤地组织实施，任何单个软件项目的需求获取，都应在全局指导下进行；

（2）尽可能多地使用描述性工具，建立需求的图形分析模型。它作为对《软件需求说明书》极好补充，有助于开发者和使用者在需求方面形成一致的、综合的理解；有助于发现软件需求错误；有助于对所获取的需求进行有效地分析与利用；

（3）建立需求双方的良好沟通是需求获取的保证，而业务知识的获取是良好沟通的基础。需要指出的是，业务知识的获取是双向的：不能只强调开发者知识的获取，使用方者也有获取业务知识的必要性；

（4）需求开发不能一蹴而就，它是一个循序渐进的过程，需要经过若干次的回溯反复，才能日趋完善。

参考文献

1　（美）K.E. 维格斯著．计算机科学丛书．软件需求．陆丽娜等译．北京：机械工业出版社，2000

2　那一沙．需求工程的知识转移模型与策略研究．天津大学管理学院博士论文，2006

3　张海藩．软件工程导论．北京：清华大学出版社，1998

4　（美）Roger S.Pressman．软件工程——实践者的研究方法．黄柏素译．北京：机械工业出版社，1999

5　James Rumbaugh，Ivar Jacobson，Grady Booch．UML 参考手册．北京：机械工业出版社．2000

浅谈三维建模方法及在数字油田中的应用

姜 力 刘 莉

（中国石油新疆油田公司百口泉采油厂）

摘 要 以应用为主的三维地理信息系统模型，通过 Skyline TerraExplorer Pro 和 3ds Max 模型制作，并发布应用到 GIS，从而推进了 GIS 应用，实现了油田设施在计算机中的展示、研究与管理，加快了数字油田建设，并促进了克拉玛依标志性建筑三维模型的早日完成。

关键词 3ds Max Skyline TerraExplorer Pro 建模 GIS 应用

1 引言

近年来，Skyline 系列软件进入三维地理可视化领域并在越来越多的行业提供专业的解决方案。利用 Skyline Soft 的一组用于规划、分发、显示和编辑空间信息的系列产品与相关的地理信息系统相结合，将 Skyline TerraSuite 作为一种平台，把不同的地理数据封装起来，实现了真正的三维可视化地理信息展示，不论是在办公室、家里或是野外都能方便获取相关信息。

2 概述

2.1 地理信息系统的基本概念

地理信息系统（Geographical Information System，以下简称 GIS）是一种决策支持系统，与其他信息系统的主要区别在于其存储和处理的信息是经过地理编码，地理位置及与该位置有关的地物属性信息成为信息检索的重要部分。在地理信息系统中，现实世界被表达成一系列的地理要素和地理现象，这些地理特征至少有空间位置参考信息和非位置信息两个组成部分。

2.2 术语

3ds Max：利用该软件有效解决了制作复杂的 3D 工作流程及油田设施，并利用了角色动画的功能实现了抽油机运转。

Skyline TerraExplorer Pro（以下简称 TE）：利用该软件创建、注记和发布具有照片实景效果的三维场景，并对其进行编辑，在上面添加二维或三维的物体、路径、场所以及地理信息文件，浏览空间数据，并进行测量及各种分析。

Skyline TerraSuite：利用航空影像、卫星数据等 2D 或 3D 信息源（包括 GIS 数据集层）快速地融合数据、更新数据库，并且有效地支持大型数据库和实时信息流通讯技术，此系统还能够展现给用户 3D 地理空间影像。

2.3 实现原理

以 3ds Max 为实体模型制作工具，以 Photoshop cs2 为材质制作修改工具，根据实物建模、贴附材质、渲染生成，完成数据格式转换后，将生成的 Panda DirectX 文件加载到 TE 软件中，进行整体效果优化，完成整合，最后利用 GIS 展示带有抽油机动画的油田生产现场。

3 建模方法

3.1 3D Max 模型制作方法及技巧

(1) 创建模型。通过创建命令面板（Create）用于建立各种三维几何体、二维图形、灯光、摄像机、空间扭曲物体等及修改器列表中的挤出、倒角、编辑网格、UVW 贴图、车削、锥化等命令，创建出各种符合实际要求的模型。

(2) 材质贴图。只有通过材质才能真实地模拟出现实世界中物体的颜色、质感、反射、折射、透明度、纹理、感光等视觉效果。

材质的制作及修改，通过使用 Photoshop cs2 将实地拍摄的照片剪裁、拼接实现材质的完整性；利用印章工具、修补工具等修正照片中缺失的部分；利用自由变换、旋转等调整图片的视角；利用图像调整功能改变图片大小提高运行速度；通过色阶、亮度、对比度等调整画面的整体效果；利用蒙版、通道功能实现多图层画面的吻合。

(3) 灯光渲染。笔者在克拉玛依市飞机场室内建模布光采用的顺序是：先定主体光的位置与强度，在机场出发厅镂空顶上方，决定辅助光的强度与角度，分配背景光与装饰光。从而产生布光效果并达到主次分明，互相补充。

(4) 动画制作。将对象移动、旋转或变形的过程记录为动画，改变环境设置对话框中雾、体雾、体光和燃烧的相位及漂移值可以制作逼真的动画环境，正向运动和反向运动技巧是制作行走和关联动画的关键因素，所有的动画设置都能在 TrackView 中进行调整，通过 VideoPost 进行最后的渲染合成，同时，还能够进行视频录制。

3.2 TE 中建模的技术应用

(1) 准备阶段。MPT 文件（通过 skyline 系列产品中的 TerraBuild 将大量 DEM 影像数据和 DOM 高程数据最终合成的三维场景文件）。

对建模实物的实地拍摄，其目的在于掌握实物外观的整体及局部特征，制作出较为逼真的模型。拍摄纹理时尽量拍摄建筑物的正面照片，每一面都要拍摄并尽可能保证每面墙完整。

(2) 模型结构创建编辑。首先将一个模型分解为 N 个部分进行单个创建，依次画出模型的其他部分，对模型进行整边、屋顶、节点的编辑调整。为方便贴图及房屋的美观，一个建筑物应尽可能用少的 building 来完成，即主体尽可能多的包括房屋的各部分，但遇到建筑物抬高，高度不同时必须另建模块。

(3) 材质图片处理、贴附。截取整面墙的范围，当图片范围不足一面墙时，可截取一部分图片进行拼接、复制或通过参数设置墙体。定义图像大小，保持图片宽度值为 2 的 N

次方，需上下排列时，高度值也需设为 2 的 N 次方。

(4) 3D 模型载入 TE。将 3D 模型最终在 GIS 中展示，首先要把模型文件加载到 TE 软件中进行调试、打包，加载过程是通过把 PandaDXExport6.dle 插件拷贝到 3ds Max 安装路径 plugins 下，再利用 3ds Max 软件将做好的 *.MAX 文件转换成 TE 软件可以识别的 Panda DirectX 文件。最后利用 TE 软件 Lode 3D Model 功能模块将模型导入。

(5) TE 数据打包、发布。首先在本地路径创建一个新的文件夹用于存放最终数据，打包完成后的文件夹下包括： Default.fly 文件、系统自建的 data 文件夹（里面包含建模所用的全部材质图片），选择 MPT 及 TerraExplorer 时，也一同在该文件夹下。最后将打包生成的 Default.fly 文件和 data 文件夹上传至 GIS 系统服务器的相关目录下，即所有二维及三维模型数据在 GIS 中成功发布。

4 技术应用亮点

4.1 巧妙利用 3ds Max 合并命令挽回损失

在制作复杂 3D 模型过程中，遇到打开场景时出现“断言失败错误、文件打开失败错误”，报告系统故障造成场景未能正确保存，文件受损，并且强行关闭时，可以利用“合并场景”命令：另开一个 3ds Max 窗口，选择“文件”菜单 >“合并”，浏览至包含该错误文件，单击“打开”按钮，“合并”对话框中显示了场景中的所有组件，逐步缩小范围确定哪一个或哪些对象引起了加载失败。通过合并打开未被破坏的组件，另存即可。

4.2 飞近可见室内设施

图 1 为百口泉采油厂稠油处理站综合泵房在 TE 中的模型展示。通过调整房屋 Building Properties 中的 Min. Visibility Distance 的值为 50，即观看距离小于等于 50m 时外部房屋不可见，从而呈现屋内综合泵全套设备。

图 1　综合泵房 TE 模型展示

4.3 *.gif 格式的流程图导入 TE

图 2 为百口泉采油厂稠油处理站外输泵房在 TE 中的模型展示。通过编辑 Static 3D Model Properties 中的 Message 属性中 Create Message 功能加载 *.gif 带闪动光标的污水外

输流程图。当 Drag Mode 模式下光标移至该设备单击时即可显示流程图。

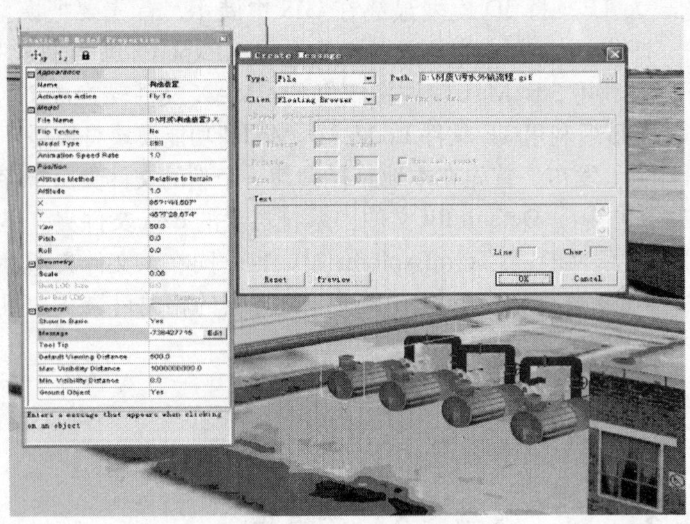

图 2　外输泵房 TE 模型展示

4.4　3D 动画最终发布在 GIS 中

图 3 是百口泉采油厂百 21 作业区采油现场。TE 中展示的抽油机模型为动画效果。此效果的生成是通过 3ds Max 软件将做好的抽油机 .Max 文件转换成 Panda DirectX 文件时，Pandasofts DirectX Exporter 设置 Animation 中的相关参数及选中 X File Settings 中的 Include Animation 复选框，最终将 TE 中抽油机模型的 Static 3D Model Properties 属性框中的 Model Type 中设为 Animation 模式。

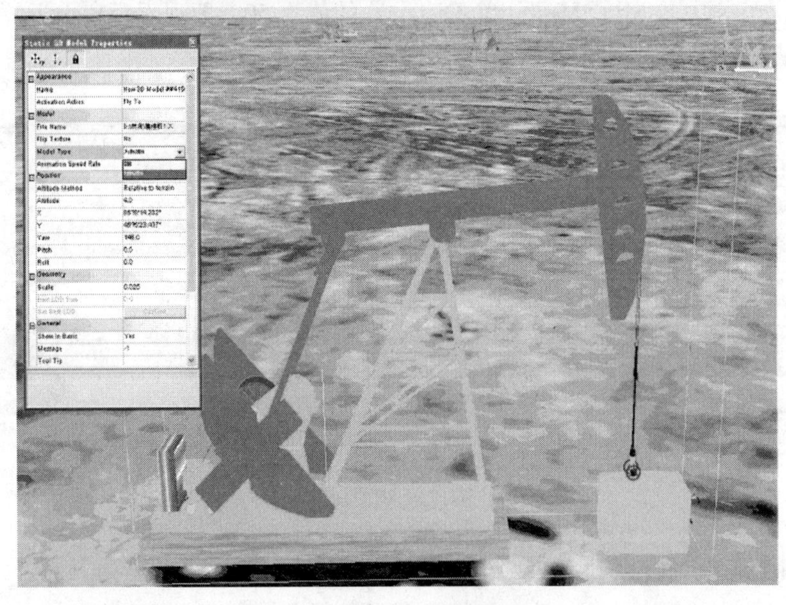

图 3　采油现场 TE 模型展示

4.5 将 3D 模型批量导入 TE

通过批量导入技术将百口泉采油厂稀油和稠油共计 3464 口生产井的二维井位坐标与三维动画抽油机模型及标注一一对应。

首先，将二维数据通过连接数据源、筛选数据、指定坐标系统、数据导出转换成 FLY 文件应用到三维系统中。

接着，根据源数据的特性，确定是使用经纬坐标系方式导出的 SHP 文件，并用默认方式生成 FLY 文件；还是使用投影坐标系方式导出的 SHP 文件，用重投影方式生成的 FLY 的文件。

最后，在 TE 中 Layer Settings 将二维 JH[井号] 与抽油机 .X 文件相关联，并设为 Animation，从而实现 TE 中批量导入与二维井位坐标对应的动画效果抽油机模型。

4.6 AutoCAD 平面图导入 3ds Max 辅助建模

在克拉玛依飞机场建模过程中，由于机场航拍图效果不佳，影响模型的精准程度，且机场内部建筑结构复杂，所以采取了利用机场建设时精确的 AutoCAD 平面建筑图导入 3ds Max 中辅助建模，这样确保建模严格符合实际要求。

5 三维模型在 GIS 系统中的应用

5.1 油田设施和生产流程展示

整个建模工作展示了：百口泉地区 3464 口井的空间数据模型，井位坐标；总长 360km 的 329 条管线数据； 生产基地、注输联合站、稠油处理站、天然气处理站及作业区采油站的站内房屋和生产设备，同时展示了具有动画效果的抽油机（覆盖所有稠油、稀油生产现场）；并在重要岗位展示 *.gif 格式的流程图。模型总量达到 2000 余件。

5.2 市区标志性建筑展示

展示了克拉玛依飞机场候机楼外观及楼内设施，航管楼，货运楼等外围建筑及设施。

6 存在问题及改进方向

TerraExplorer 5.0 某些功能不够完善，应用不方便。如：无法实现地下三维模型展示，TE 中电线杆不能灵活摆放，模型不能批量调整，对材质规格要求过于严格，必须是 2 的 N 次方，材质易出现扭曲现象，3D 中参数设置及灯光效果 TE 中无法实现等。

参 考 文 献

1 王 璞编．3DS MAX7.0 入门与提高教程．西安：西北工业大学音像电子出版社，2005

2 刘 刚，王 强，牛文静编著．光影空间 3ds Max 9 建模 / 灯光 / 材质 / 渲染技术实例教程．北京：人民邮电出版社，2007

如何避免需求管理的误区

解香梅

（中国石油克拉玛依石化公司信息所）

摘 要 如何采用有效手段保证软件项目的需求分析符合用户的最终目标，是本文探讨的主题。

关键词 需求分析 需求管理

1 需求管理误区

需求管理包括：需求分析的确定，用户需求的变更以及后续工作的连锁反应等，其中用户的需求发生变更是系统开发过程中经常出现的状况。相信大家都经历过需求变更的痛苦，项目被拖延，成本高涨，十有七八是需求管理没有做好导致的。需求管理方面的常见问题包括：

（1）因为赶项目进度等原因，在很多需求还没有明确的情况下，便开始开发工作。

（2）开始客户只能提出模糊的需求，客户喜欢让你先做个东西给他看，然后他才逐渐提出真正的需求，而需求调研人员，对此没有什么好的处理办法。

（3）客户以种种原因不签需求，项目组在不签需求的情况下，便开始开发工作。

（4）客户不承认之前提出来的需求，项目组又不能开罪客户，项目成员苦不堪言。

（5）需求经常变化，无法控制。

如上问题产生的根本原因是我们的系统分析人员在工作方法上存在一些误区。在需求分析阶段，我们常见的做法是，从项目调研阶段仅限于对客户的基层人员进行访谈，希望能够让客户说出本身的要求，从而把握客户的需求，编写所谓调研报告或需求说明书。这就意味着把专业工作交给客户来执行，最后的结果往往是由于客户对系统要求不明确，导致技术人员花费很长时间进行的调研仍未能准确把握用户需求；或者访谈的客户可以很明确地认识到本身工作上的要求，但这只属于他本人工作岗位及工作层次上的需求，导致技术人员未能把握整个解决方案的目标，未能清晰整体工作的过程来建立目标的功能，这样提出来的需求只能解决局部、片面的问题，未能达到“解决方案”的目标。

2 解决办法

面对如上问题，最好的解决办法是启用商业管理师。商业管理师可以是资深的系统管理师，曾经在工作的过程中对某一个行业的运营相当了解，包括在某个行业中曾经负责开发多种不同的项目，对企业的运营需求和运营方向全面理解；也可能是一个部门的业务经理，经过培训后理解如何进行管理，如何建立商业模式等，然后负责项目初期的信息收集、管理及设计工作。

另外，从事需求管理的技术人员需要掌握需求管理的几个要点，其中包括：

（1）理解需求。开发者应该理解客户的需求，如果这点做不到，后面的工作是没有意义的。所以，那种没有充分理解用户需求就仓促开发的做法是不合适的。

首先需要理解客户如何执行工作。技术人员对客户进行访谈，目的并不是把握客户的需求，而是理解客户目前如何执行自身的工作。访谈报告只包括目前工作如何在部门中实施，是现状的描述，所以往往能够得到客户的认同及确认。技术人员在访谈结束后整理现状，考虑整个工作流程是否合理，如何才能够达到项目的目标，然后从客户建立系统的最终目的中建立商业模式，再从商业模式中建立主要的工作模块，从工作模块中建立运营流程，再从运营流程中建立项目需求，这时候才转交技术人员建立项目功能规格。

（2）确认需求。要消除客户的顾虑，首先签署需求不是单方面的约束，其实也是对开发方的约束，就是说我们要承诺做出这样的一个东西，如果做不出来，客户可以追究我们的责任；另外一个方面，要跟客户说清楚，需求是可以变的，现在签署只是标志着当前的一个工作里程碑，当前签订的需求，是我们后续工作的一个基准。

（3）管理需求变更。在软件项目的开发过程中，需求变更贯穿了软件项目的整个生命周期，从软件项目的立项、研发、维护过程中，用户的经验在增加，对使用软件的感受有变化以及整个行业的新动态等情况都会促使用户提出新的需求，希望系统完善功能、优化性能、提高用户友好性。在软件项目管理过程中，项目经理经常面对用户的需求变更，如果不能有效处理这些需求变更，项目计划会一再调整，软件交付日期一再拖延，项目研发人员的士气将越来越低落，将直接导致项目成本增加、质量下降及项目交付日期的推后。这决定了项目组必须拥有需求管理策略。

针对用户需求的变更，要掌握以下观点和方法：

①要充分理解客户提出来的需求变更，深究其原因，不能客户一说变就变。超过一半的客户变更要求，其实都是有其他更好的替代办法的。

②客户提出来的变更要求，要书面记录，并让客户确认，和客户讨论需求变更过程来往的邮件要保存好，和客户面谈、聊电话后，要发邮件总结此次会谈达成的要点共识，总之就是要有书面记录。

③客户提出来的需求变更，要管理所有的影响，包括增加多少工作量，需要修改或者增加哪些设计文档代码，可能会引发什么风险等。所有这些要列出清单，反馈给客户，让客户确认。

综上所述，我们只要确认项目的最终目标，从结果分析来建立所需的功能，便能够有效地让客户认同这些主要功能，认同项目的需求，为项目在可控的基础上成功实施打下坚实的基础。

无线数据传输在石油和工程技术行业中的应用研究

韩承伟[1] 赵丽萍[2]

([1]中国石油新疆油田公司井下作业公司，[2]中国石油新疆油田公司科技信息处)

摘 要 本文结合中国石油新疆油田公司井下作业公司无线网络运用的实际，从网络的组成、可实现的功能、应用中的特点等方面，通过无线网络在石油行业和石油工程技术服务行业的无线网络技术应用案例，阐述无线数据传输网络解决了企业信息系统数据传输、油田自动化与视频图像传输、油井监控以及戈壁或沙漠腹地网络覆盖等需求具有的重要意义。

关键词 无线网桥 无线 AP VPN 无线网络技术案例 应用研究

1 引言

石油行业和石油工程技术服务行业一直是无线网络应用的一个重要场所。油田分布地形起伏不平，各采油井区油井、各工程技术服务队伍分散、距离远，采用传统网络布线方式完成通讯成本极其昂贵，如：敷设光缆费用很高，施工难度很大。以前的油田油井监控系统、油田工程技术服务施工队伍的信息传递大多采用超短波、CDMA、GPRS 等作为数据监控、数据传输的主要通讯方式。由于超短波通讯和 CDMA、GPRS 带宽及速率的限制使油井数据和施工数据的采集滞后较大，无法实现数据的完整性、准确性、实时性。

随着网络技术的不断发展，无线网络通信技术得到较为迅速的提高，目前无线网络速度已达到 54M、108M，从而为油田信息系统数据传输、油田自动化与视频图像传输、油井监控的实现提供更为先进和科学的解决方案，使戈壁或沙漠腹地延伸网络架设、油井数据的实时监控、工程技术服务的远程视频技术诊断成为可能，如：使用无线网技术进行无线数据传输，费用不及敷设光缆的十分之一，而且实施方便、困难小、效率高、传输质量好、维护简单方便。

2 无线网络技术应用的可行性分析

（1）基本情况。中国石油新疆油田公司井下作业公司（以下简称公司）是一个为油田提供钻井、大修、小修、压裂、运输等专业服务的工程技术服务公司，业务涉及多个学科领域，是一个人员与技术高度密集，集技术、管理与经济等为一体的企业；公司现有在职员工 3810 人，拥有 90 个具有资质的井下作业施工队伍，其中有 26 个大修队、59 个小修队和 5 个酸化压裂队。

（2）网络现状。公司已完成主干网络和二级网络建设，网络覆盖全公司各业务部门、各分公司、项目部及直属车间队，中心交换机与各工作组交换机之间使用光纤形成星型连接，并与管理局局域网连接的百兆快速以太网，形成了 10 个千兆、3 个共享百兆的主干光纤、电路传输通道；为了解决公司小拐、车排子、红浅生产基地、西北缘、乌尔禾钻井指挥部和钻井生产基地、酸化压裂公司、二分公司、三分公司、五分公司、管子工具公司、运输分公司等部分分公司、生产基地、生产指挥部的网络搭建和信息网络接入，实现公司生产、经营、管理、科研、办公的信息资源共享，公司实施了无线网桥、无线 AP 和 VPN 技术，进一步完善了公司信息网络，提高了网络安全性和网络可扩展性。

(3) 网络系统结构。网路系统结构如图 1 所示。

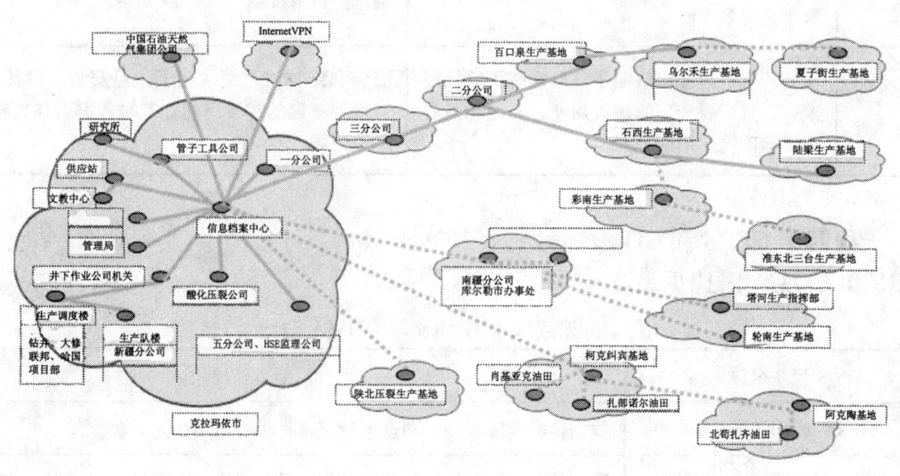

图 1　新疆石油管理局井下作业公司网络分布示意图

(4) 光纤和无线网桥对比。

光纤和无线网桥性能对比见表 1。

表 1　光线和无线网桥性能对比

项目	性能对比	
	光　纤	无线网桥
成本	除设备费外，还有数目不小的施工费用	基本上就是设备费
传输距离	多模 2 ~ 3km；单模几十千米以上	室内 100m，室外增加放大器可至 50km
速度及稳定性	快且信号稳定，一般为 100M、1000M	稍慢信号衰减，一般为 11M、54M、108M
安全性	连接稳定性较高，自然损坏率高，且线缆容易遭到人为破坏；但是对于通信来说，有线网络可以处理非常高速的带宽，并且可以提供较好的安全性	连接稳定性很高，自然损坏率低，且很难受到人为破坏；无线网络用户对重要数据需要特别加密以增加安全性
扩展性	扩展性弱，受地势影响，不能自由移动和任意铺设	无线覆盖范围大，几乎不受地理环境的限制，还可以在无线网络覆盖的范围内进行自由移动
灵活性	网络布局受到布线格局的限制，如：建筑物中没有预留线路或横穿马路，布线及调试的工程量非常大，网络中各节点搬迁和移动也非常麻烦	两端架设无线设备即可，快则几分钟完成，在搬家或更换上网地点时也不会损失布线费用，只需要把无线接入设备拆走，就带走了所有网络部件，相当简单方便

续表

项目	性能对比	
	光　纤	无线网桥
维护费用	网络布线成本高，劳动强度高，日后维护难度高，网络本身组建、维护和升级的费用都比较高，而且线路容易损坏，给维护和扩容等带来诸多不便	网络组建容易，设置和维护都比较简单。只需一次投入就可解决所有的问题，具有零布线费用、零网络维护费用特点
简便性	安装和维护过程简洁明了，但安装工序比较繁琐，且需要一定的建设周期，有时还需要和其他部门或单位协调	安装和维护过程简洁明了，但安装工序比较繁琐，且需要一定的建设周期，有时还需要和其他部门或单位协调

(5) 无线网卡 GPRS 和 CDMA 对比。

GPRS 和 CDMA 对比见表 2。

表 2　无线网卡 GPRS 与 CDMA 对比

序号	设备名称	性能对比
1	GPRS 无线网卡（移动）	数据传输速度较慢、网速不稳定；月租费用 100 元／台
2	CDMA 无线网卡（联通）	数据传输速度较快、网速较稳定；月租费用 100 元／台

(6) 无线通信方式对比。

无线通信对比见表 3。

表 3　无线通信方式对比

方式 项目	无线电台通信方式	无线局域网通信方式
产品质量	高	高
通信速度	低：960bps	高：可达 10M、54M
视频传输	不支持	支持
价格	低	高
运行费	高：需支付频率占用费 800 元／（年·台）	低：频率占用费按流量计费
可靠性	高：可独立完成通信功能，设备影响小	较高：可独立完成通信功能，设备影响较大
通信效率	较高：受地理环境和通信距离影响小，适应性强，可靠传输距离远，可达 35~40km	高：受地理环境和通信距离影响小，适应性强，可靠传输距离远，可达 35~70km
技术成熟性	成熟、性能可靠，建设周期短，在新疆油田有应用	成熟、性能可靠，建设周期短，在内地油田有应用
现场施工	施工简单，施工费用低	施工简单，施工费用低

通过以上的对比分析，无线网络的整体网络结构采用一级网络结构模式，也就是说每个数据采集点分结点直接和中心点通信，这样的网络结构故障点少，易于维护和管理，同

时提高了网络冗余性，中心点与各分结点之间通过无线 Ethernet 网进行通讯，运行 TCP/IP 协议，适合石油和工程技术服务行业的无线数据传输的需求。

在实际施工中，运用最多的是以色列奥维通 5.8G 和 2.4G 无线网桥和无线 AP 设备，无线网桥和无线 AP 的工作频段是公用频段。无线网桥的带宽 125MHz，共有 10 个信道，其中不重叠的信道 5 个（20 MHz）；中心点主设备为 AU-D-SA-VL-54-120，采用标准 10/100Base-T 网络接口，该设备可根据实际需求配置全向、扇区或锅状天线，最大通信速率 54Mbps，并且随着远端分结点数的增加，对带宽的需求提高，可以通过增加中心基站设备来提高基站的整体信息吞吐量，每增加一个中心基站设备，信息吞吐量提高 54Mbps，频道带宽 20MHz；同时，以色列奥维通 5.8G 和 2.4G 无线网桥和无线 AP 设备的以太网 I/O 采用美国 SIXNET 公司的军品级产品，该设备具有维护方便、可扩展性强等优点，通过使用可大大减少维护工作量，提高处理问题的速度。

3 无线网络技术的特点及解决方案

3.1 无线网络设备技术指标：Alvarion BreezeACCESS VL

（1）射频与调制。见表 4。

表 4 射频与调制数据

<table>
<tr><td>频率</td><td colspan="9">5.725–5.850 GHz　　5.47 ~ 5.725GHz</td></tr>
<tr><td>操作模式</td><td colspan="9">时分双工</td></tr>
<tr><td>射频接入方式</td><td colspan="9">OFDM</td></tr>
<tr><td>通道带宽</td><td colspan="9">10 MHz</td></tr>
<tr><td rowspan="3">天线</td><td>SU 天线</td><td colspan="8">21dBi，10.5°（水平）×10.5°（垂直），兼容 EN 302 085，Class TS 1，2，3，4，5</td></tr>
<tr><td rowspan="2">扇区天线</td><td colspan="8">16dBi，90°（水平）×6°（垂直），兼容 EN 302 085，Class CS 3</td></tr>
<tr><td colspan="8">15dBi，120°（水平）×6°（垂直），兼容 EN 302 085，Class CS 3</td></tr>
<tr><td colspan="2">AU 输出功率（天线接口）</td><td colspan="8">15 to 21dBm，调整刻度 1dB</td></tr>
<tr><td colspan="2">SU 输出功率（天线接口）</td><td colspan="8">–17 到 21dBm，ATPC</td></tr>
<tr><td colspan="2">调制方式</td><td colspan="8">BPSK，QPSK，16QAM，64QAM</td></tr>
<tr><td colspan="2">传输速率，Mbps</td><td>6</td><td>9</td><td>12</td><td>18</td><td>24</td><td>36</td><td>48</td><td>54</td></tr>
<tr><td colspan="2">接受灵敏度，dBm</td><td>–88</td><td>–87</td><td>–86</td><td>–84</td><td>–81</td><td>–77</td><td>–72</td><td>–70</td></tr>
</table>

（2）数据通信。见表 5。

表 5 通信数据

符合标准	IEEE 802.3 CSMA/CD
VLAN 支持	IEEE 802.1Q
2 层通信	桥接
加密	同步协议–ESSID；WEP 128；VLAN 支持 IEEE 802.1Q ；用户 IP 地址或协议过滤；通过管理 Access 说明和 IP 地址过滤

（3）接口——用户端。见表6。

表6　设备接口

<table>
<tr><th>设备</th><th>接　口</th><th>描　述</th></tr>
<tr><td rowspan="3">SU-NI</td><td>RJ45</td><td>10/100Base-T 以太网接口， 内置2个 LED指示灯（参见指示灯介绍）连接PC用交叉线连接HUB用直通线</td></tr>
<tr><td>RJ45</td><td>10/100Base-T 以太网口+连接室外的电源必须使用CAT-5屏蔽电缆</td></tr>
<tr><td>AC IN</td><td>3向电源插头</td></tr>
<tr><td>SU-RA</td><td>RJ45</td><td>10/100Base-T 以太网接口，内置2个 LED指示灯（参见指示灯介绍）</td></tr>
</table>

（4）独立中心单元。见表7。

表7　独立中心单元

<table>
<tr><th>设备</th><th>接　口</th><th>描　述</th></tr>
<tr><td rowspan="3">AU-NI</td><td>RJ45</td><td>10/100Base-T 以太网接口， 内置2个 LED指示灯（参见指示灯介绍）连接PC用交叉线连接HUB用直通线</td></tr>
<tr><td>RJ45</td><td>10/100Base-T 以太网口+连接室外的电源必须使用CAT-5屏蔽电缆</td></tr>
<tr><td>AC IN</td><td>三向电源插头</td></tr>
<tr><td>AU-RE</td><td>RJ45</td><td>10/100Base-T 以太网接口， 内置2个 LED指示灯（参见指示灯介绍）</td></tr>
</table>

（5）标准中心设备。见表8。

表8　标准中心设备

<table>
<tr><th colspan="2">设　备</th><th>接口</th><th>描　述</th></tr>
<tr><td rowspan="4">AU-E-BS</td><td rowspan="2">AU-BS</td><td>RJ45</td><td>10/100Base-T 以太网接口，内置2个 LED指示灯（参见指示灯介绍）
连接HUB电缆：直通线</td></tr>
<tr><td>RJ45</td><td>10/100Base-T 以太网口+连接室外的电源
必须使用CAT-5屏蔽电缆</td></tr>
<tr><td rowspan="2">AU-RE</td><td>RJ45</td><td>10/100Base-T 以太网接口，内置2个 LED指示灯（参见指示灯介绍）
连接PC电缆： 交叉线</td></tr>
<tr><td>ANT</td><td>N型接头，50欧姆，避雷保护</td></tr>
<tr><td colspan="2">BS-PS-AC</td><td>AC IN</td><td>3相AC电源插头</td></tr>
</table>

（6）指示灯——用户端。见表9。

表9　指示灯

<table>
<tr><th>设备</th><th>名　称</th><th>描　述</th></tr>
<tr><td rowspan="3">SU-NI</td><td>电源</td><td>54VDC电源</td></tr>
<tr><td>LINK</td><td>室内室外以太网连接</td></tr>
<tr><td>以太网指示灯</td><td>室内单元以太网连接
□ 检测到以太网连接
□ 未检测到以太网连接</td></tr>
<tr><td rowspan="4">SU-RA</td><td>状态</td><td>室外单元自检</td></tr>
<tr><td>以太网</td><td>室内单元到室外单元以太网指示
□ 检测到以太网连接
□ 未检测到以太网连接</td></tr>
<tr><td>W-LINK</td><td>无线链路通讯状态</td></tr>
<tr><td>RSSI</td><td>接收信号强度（10 LED显示）</td></tr>
</table>

（7）独立中心单元。见表 10。

表 10　独立中心单元

<table>
<tr><th>设备</th><th>名　称</th><th>描　述</th></tr>
<tr><td rowspan="3">AU−NI</td><td>电源</td><td>54VDC 电源</td></tr>
<tr><td>LINK</td><td>室内室外以太网连接</td></tr>
<tr><td>以太网指示灯</td><td>室内单元以太网连接
□ 检测到以太网连接
□ 未检测到以太网连接</td></tr>
<tr><td rowspan="4">AU−RE</td><td>状态</td><td>室外单元自检</td></tr>
<tr><td>以太网</td><td>室内单元到室外单元以太网指示
□ 检测到以太网连接
□ 未检测到以太网连接</td></tr>
<tr><td>W−LINK</td><td>无线链路通讯状态</td></tr>
<tr><td>RSSI</td><td>接收信号强度（10 LED 显示）</td></tr>
</table>

（8）电源——用户端。见表 11。

表 11　电源

设　备	说　明
整体	功耗：25W
SU−NI	AC 电源输入：85 ~ 256 V，47 ~ 63 Hz
SU−RA	54VDC，从室内单元通过 CAT−5 屏蔽电缆供电

（9）标准中心设备。见表 12。

表 12　标准中心设备

设　备	说　明
整体	整个机箱 240W 最大 （1 PS， 6 AU）
BS−PS−AC	AC 电源输入： 85 ~ 256 V， 47 ~ 65 Hz DC 电源输入： 54V； 3.3V
BS−AU	3.3VDC， 54VDC 电源
AU−RE	54VDC，从 BS−AU 通过 CAT−5 屏蔽电缆供电
AU−BS（BS−AU 加 AU−RE 室外单元）	功耗： 30W

（10）机械特性——用户端。见表 13。

表 13　机械性能

设　备	结　构	尺　寸
整体	室内 SU 单元，外接电源模块和室外单元	
SU−NI	金属外壳，桌面或贴墙安装	15.4cm × 8.4cm × 5.6cm
SU−RA	金属外壳加塑料外壳集成天线，抱杆或贴墙安装	30cm × 30cm × 7.2cm

（11）中心单元。见表 14。

表 14　中心单元

设　备	构　成	尺　寸
BS-SH	19in 机箱 （3U） 或桌面安装	13cm × 48.2cm × 25.6cm
BS-PS-AC	AC 直流供电模块	12.9cm × 7cm × 25.3 cm
BS-AU	AU-BS 接入单元的室内模块	13cm × 3.5cm × 105 cm

（12）环境。见表 15。

表 15　工作环境要求

工作温度	室外单元	-40 ~ 55℃
	室内单元	0 ~ 40℃
工作湿度	室外单元	5% ~ 95% 非冷凝，防水保护
	室内单元	5% ~ 95% 非冷凝

（13）标准协议。见表 16。

表 16　标准协议

类　型	标　准
EMC	FCC Part 15 Class B　　CE EN55022 Class B
安全	UL 1950，EN 60950
避雷保护	EN 61000-4-5，Class 3（2kV）
环境	工作：ETS 300 019 Part 2-3 Class 3.2E（室内单元）ETS 300 019 Part 2-4 Class 4.1E（室外单元），运输：ETS 300 019-2-2 Class 2.3，存储：ETS 300 019-2-1 Class 1.2E
射频	FCC Part 22；ETS 301 253

3.2　无线网络方案示意图

无线网络方案示意图见图 2、图 3。

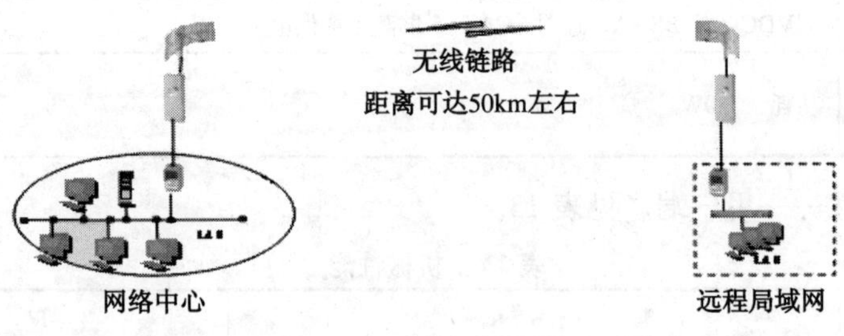

图 2　点对点无线网络方案示意图

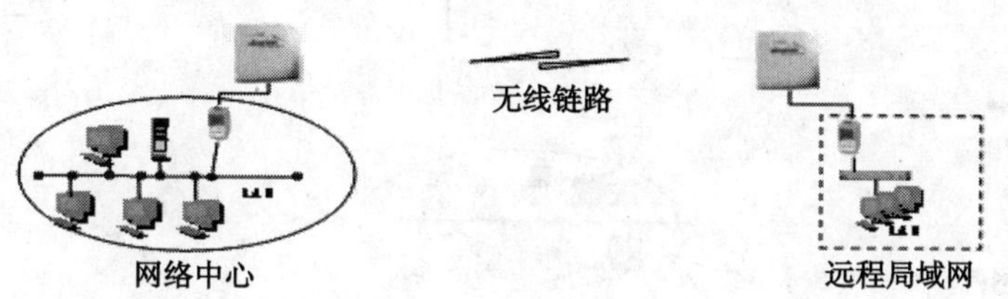

图 3　点对点（集成天线）无线网络方案示意图

3.2.1　井下作业公司点对点无线网络实施方案

井下作业公司点对点无线网络实施方案（图 4）有：

（1）小拐生产基地至一分公司生产楼通讯塔（两地相距 60 多千米）；

（2）红浅生产基地至一分公司生产楼通讯塔（两地相距 20 多千米）；

（3）车排子生产基地至车排子采油作业区（两地相距 100 多千米）；

（4）乌尔禾钻井指挥部至百口泉生产通讯塔（两地相距 40 多千米）；

（5）西北缘钻井指挥部至二分公司生产队部楼（两地相距十几千米）。

通过公司野外生产基地和野外生产指挥部的点对点的无线网络的实施，解决了生产基地地域偏远、CDMA 无线网络覆盖信号很差、网络搭建困难、信息传递不畅等问题，通过无线网络的现场使用，实现了施工现场的信息数据传递、远程视频技术诊断、视频会议、视频培训等网络应用需求，缩短了停工待料时间，提高了生产管理效率，降低了现场信息传递的安全风险和生产成本。

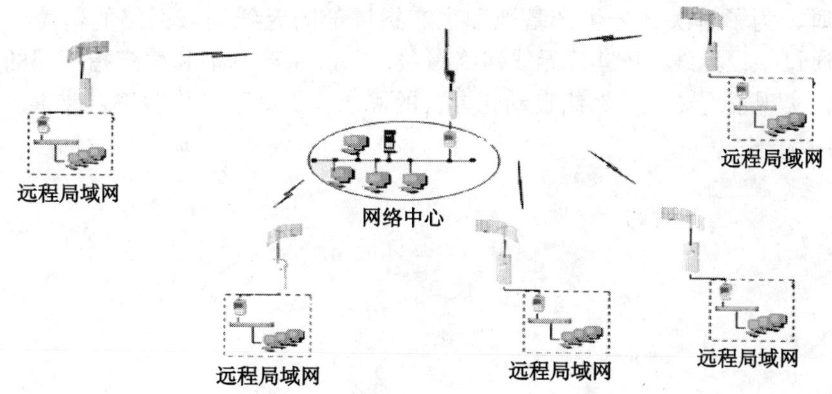

图 4　点对多点无线网络方案示意图（以 1 对 8 为例）

3.2.2　井下作业公司点对多点无线网络实施方案

井下作业公司点对多点无线网络实施方案（图 5）有：

（1）酸化压裂公司机关至压裂 4 队；压裂 5 队；录井队；型砂车间；砂罐队；润滑油库。

（2）一分公司生产楼通讯塔至管子站；红浅生产基地，小拐生产基地。

（3）二分公司生产队部楼至修井车队；修井准备队；压裂作业队，特车一队；特车二队。

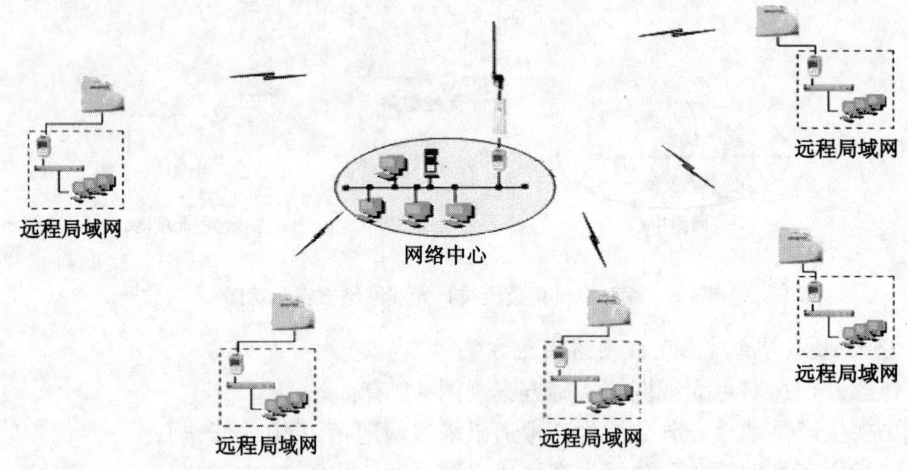

图5　点对多点（集成天线）无线网络方案示意图（以1对8为例）

(4) 三分公司生产调度室通讯塔至检泵车间；配液站；运输二队。

(5) 五分公司生产楼至机电安装公司；修井准备队；特车一队；特车二队；运输一队；百口泉钻修楼生产基地。

通过在一、二、三、五、酸化压裂等分公司部分单位进行点对多点的无线网络实施，解决了各单位分布分散，网络施工难度大，网络搭建成本高等问题，通过无线网路的实施，实现了各单位网络信息传递、生产数据传输、办公自动化系统和生产信息系统的应用需求，提高了生产经营管理效率和办公自动化管理水平。

与此同时，为了解决部分生产基地和生产指挥部的无线局域网络的覆盖，根据现场实际情况，通过架设无线 AP 进行无线网络覆盖，解决生产基地和生产指挥部的各信息点的网络接入，实现了现场人员网络自动化办公的需求，提高了工作效率，改善了工作方式(图6、图7)。

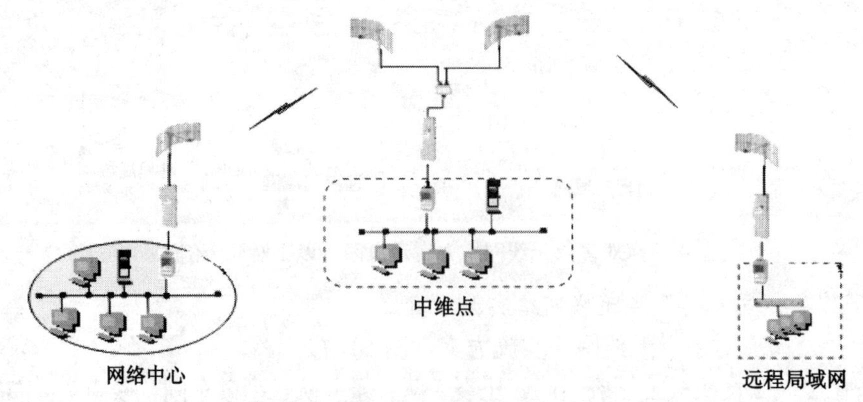

图6　点对点（过中继，用功分器）无线网络方案示意图

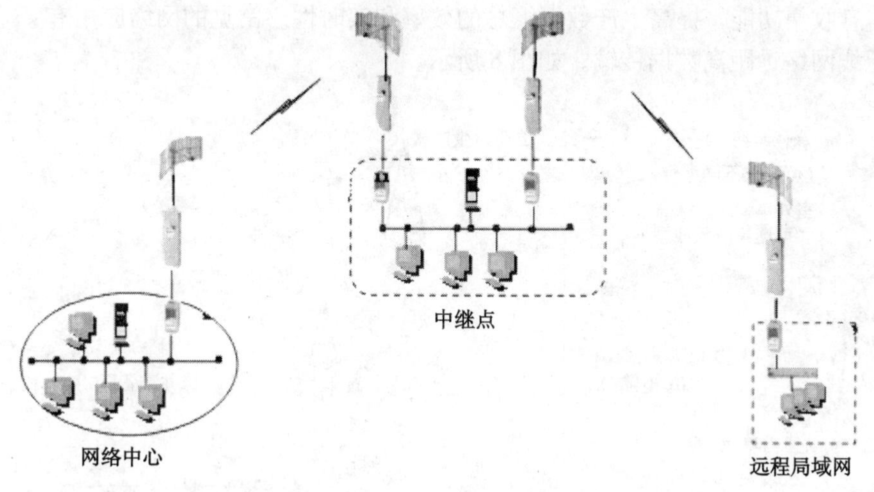

图 7　点对点（过中继，背靠背）无线网络方案示意图

3.3　无线网络的特点

（1）传输距离远。对于远距离的采油区，利用“一对一”的无线微波设备 Run5800 进行远距离传输，可达到 50 ~ 70km 的传输距离。

（2）灵活的扩展性。对于采油区主站到各采油站的近距离传输，可以利用无线 AP 安装的便捷性，快速的架设起点对点或者点对多点的无线桥接，灵活的增加或者减少所用 AP 的数量。

（3）传输稳定性。Run5800 微波传输设备可以在几十千米的远距离传输情况下，保证传输速率的稳定，具有很强抗干扰性。

（4）保密性好。由于直接序列扩频通信的低功率谱辐射和 PN 码的自相关等特点，使它辐射出去的信号形似噪声，同时使得专门用于接收电磁信号的侦察接收机也难以侦测到扩频信号的存在。即使侦测到扩频信号，由于不知道 PN 码的长度和相位，也无法解译出信息的内容，因此具有相当的保密特性。

（5）架设方便、可移动、维护方便，无线微波设备和无线 AP 混合组网方式安装方便，并具有可移动性，解决了铺设电缆所不能解决的问题（例如跨河跨山、海岛等不易铺设的地方）。减少了铺设电缆、光缆所耗费的人力、物力、财力，降低了投资规模，并具有建网周期短，组网快速灵活；通信质量好，通信容量高；便于管理维护，出现故障后恢复周期短的优点。

4　无线网络的现场运用和经济效益评价分析

4.1　无线网络的现场运用

根据油田各采油厂、采油作业区和石油工程技术服务单位分布的地理位置实际情况以及其数据通讯信息量、数据安全、传输距离等特点要求，需结合光纤、扩频微波、WLAN 三种传输技术的特点，通过网络搭建和无线网络桥接等方式，来实现各单位生产数据的实时传输和信息收集功能，提高生产数据汇总的效率和实时性。常见的网络应用有：

（1）无线网络远距离数据传输。如图 8 所示。

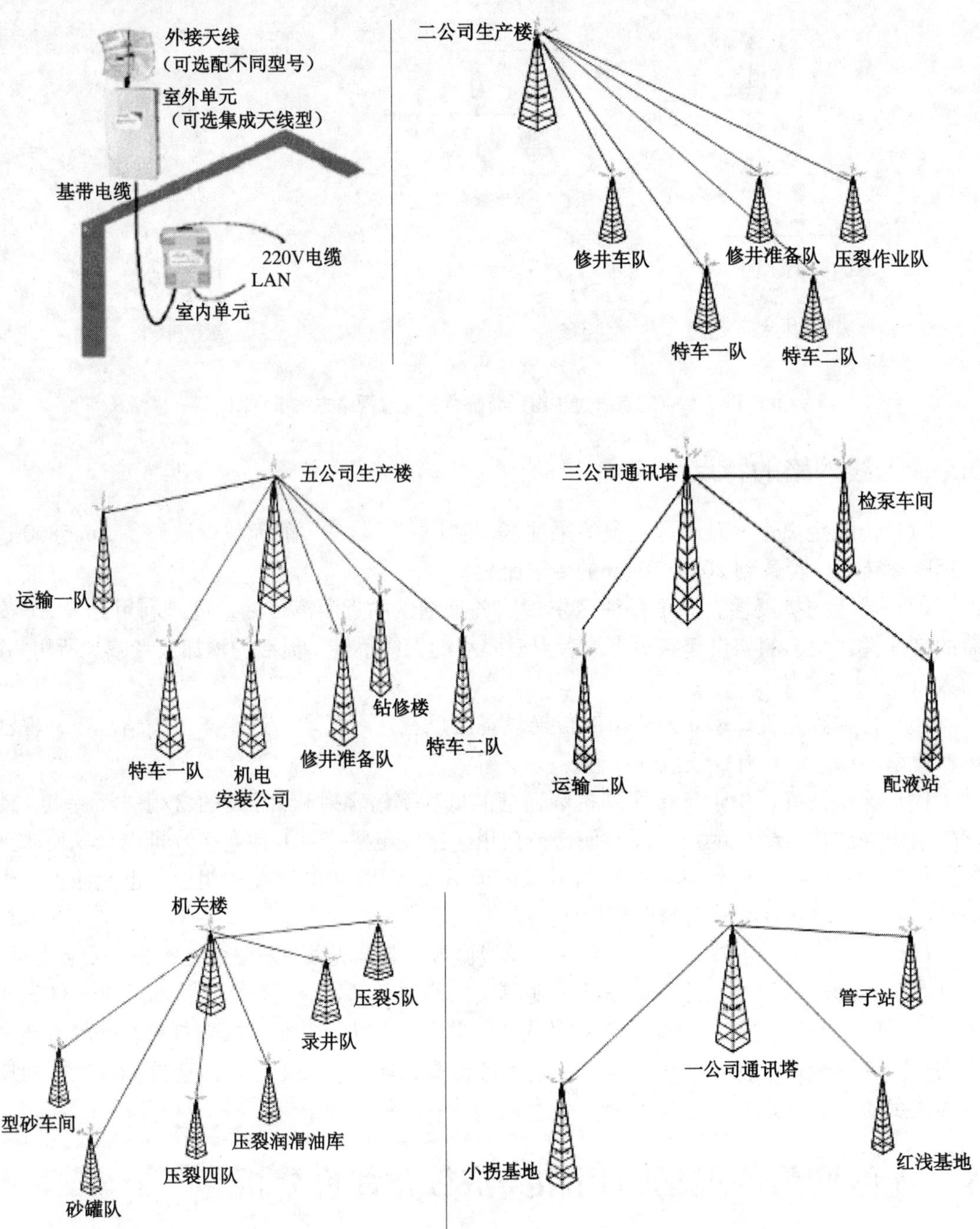

图 8　无线网络远距离传输示意图

（2）无线网络的视频监控。

监控中心一共包括视频显示系统、矩阵控制系统、硬件视频解码系统、网络交换系统、软件视频解码系统、硬盘录像系统组成。如图 9 所示，通过无线网络接收到的视频流媒体传输到网络交换机上，视频编解码器设备通过网线连接到网络交换机上，把网络上的视频流媒体解码还原成模拟的视频信号。视频解码器的视频输出和485的控制线一起连接到视频矩阵相应的接口，视频矩阵的视频输出通过视频线缆连接到电视墙进行显示。遥控键盘通过数据线和视频矩阵相连接，通过遥控键盘可以对远端的视频监控点进行摄像机的旋转、变焦等等一系列的控制。计算机也可以连接到网络交换机上，通过计算机安装的视频软件进行显示和控制及各种条件的录像。

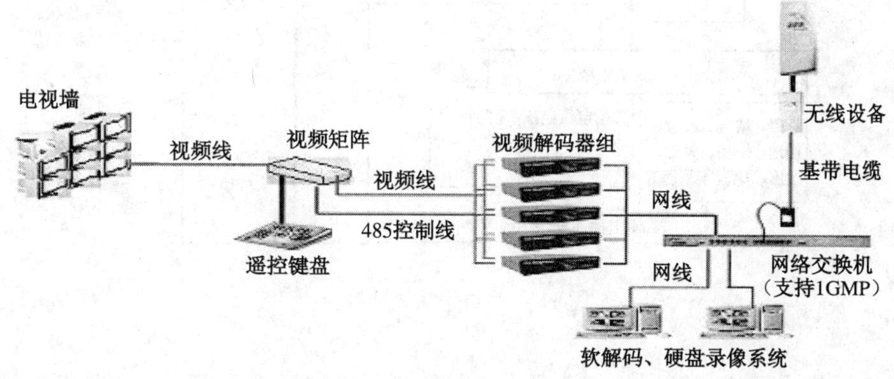

图9　无线网络视频监控示意图

（3）无线网络的油井监控如图10所示。

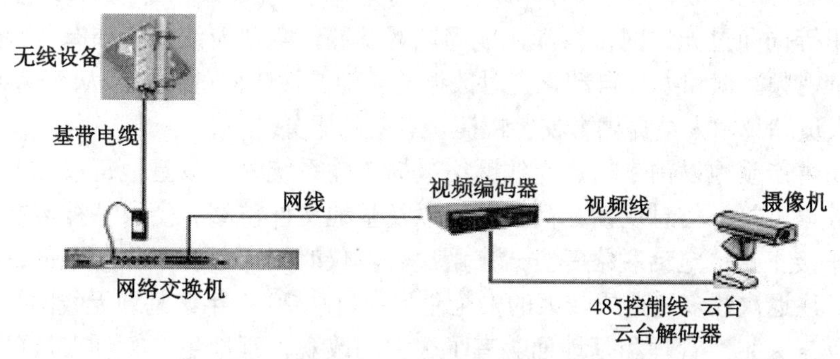

图10　无线网络油井监控示意图

井口控制系统主要由以太网I/O、综合保护电量采集模块、无线网桥及24V电源等组成（图11），可完成所有油井的登记、数据采集、储存、分析、诊断及维护；所采集的各类参数能正确了解抽油机工作情况、单井运行成本，通过电机的短路、过载、接地、缺相、欠压、过压、电流不平衡、晃电自启动等保护功能，为抽油机可靠的工作和运行提供了保障。

4.2　无线网络经济效益评价

井下作业公司自2005年10月无线局域网系统建成后，9个中心点26个分结点无线网桥微波基站经过两年多的运行，系统运行稳定，现场办公自动化数据和生产数据及信息系统数据的远程传输正常，视频图像清晰，达到了预期效果。

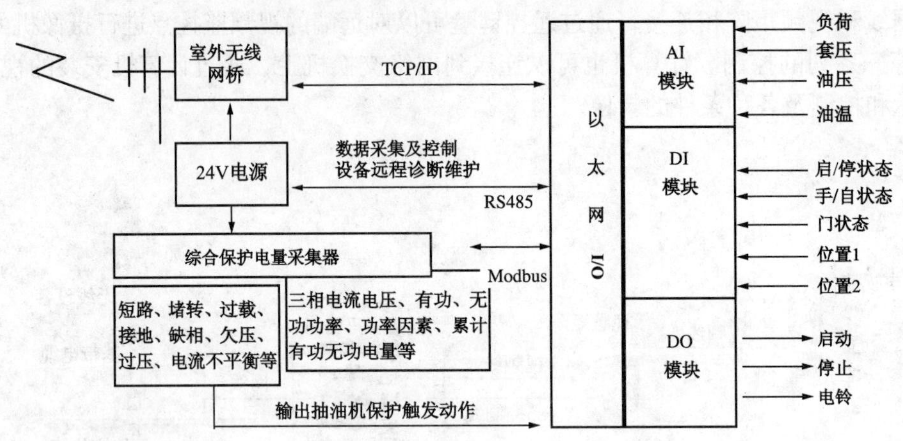

图 11　井口子系统结构图

随着集团公司ERP、管理局、油田分公司和井下作业公司ERP及员工技能培训等信息化系统的运行实施，对信息化数据采集、网络办公自动化、野外井队远程视频技术诊断等需要大大增加，野外作业队伍随着油田数字化和施工作业面扩大，对无线网络局域网建设的需求也大大增加，网络覆盖受到地域、环境、范围、信息带宽、稳定性、建设费用、施工便捷性等因素影响，要求我们不得不从传统的光纤布线、CDMA、GPRS无线网卡租用、卫星电话租用等向通过无线网桥搭建无线局域网发展，实现无线网络和有线网络的有机结合，解决大量视频数据和办公自动化实时数据的无地域性障碍的传输，从而达到资源共享，为各级管理人员和技术人员提供方便、快捷、有效的服务。

如：小拐生产基地以前未搭建无线网络数据传输系统时，该基地每口井上修措施的传送、审批、数据上报、信息反馈、问题处理以及基地文件传阅、会议精神传达、培训学习等都是通过车接车送、电话联络等方式来解决，不仅时间滞后、工作效率低，而且浪费了人力、物力，往返次数多还造成较大的安全隐患；自从2006年该基地无线网络数据传输系统投入使用以来，生产管理和基地面貌有了很大的改观，基地生产管理人员可以通过无线网络数据传输系统及时传达和传阅公司的文件和会议精神，及时反馈生产经营信息，及时上报油田公司的生产数据，对每口井措施的传阅和施工工序的审批及问题处理等都能通过网络来实现自动化办公，提高了工作效率，节约了成本费用，减少了安全隐患；同时，通过无线网络丰富了职工的文化生活，职工通过网络进行交流、学习、培训和远程视频会议等。

5　结束语

随着互联网的诞生，网络通信已广泛地应用于各行各业，并促进了各专业的发展。尤其是无线网络技术渗透到行业规模大、全球化程度高的采油领域和石油工程技术服务行业，更发挥了其优势，极大地提高了油田油井系统的自动化程度和信息数据采集的及时性、准确性及完整性，井下作业公司在野外生产基地、野外生产指挥部和各分公司项目部的部分单位成功实施了无线网络数据传输系统，积累了丰富的无线网络技术应用经验，这将在今后油田自动化领域、企业办公自动化信息系统、远程视频会议系统、远程视频技术诊断系统、视频监控、网络电话等有更广阔的应用前景。

参 考 文 献

1 郭彦中．油井远程智能监控系统．现代电子技术．2006，(09)

新疆油田的集成应用环境建设

石　峰
（中国石油新疆油田公司数据中心）

摘　要　新疆油田在 2007 年底完成了数字油田集成应用环境的建设工作。数字油田集成应用环境为新疆数字油田的访问和展示提供了统一入口，它实现了数字油田内部资源的统一管理和统一访问，为新疆油田各层用户提供了信息获取、信息反馈、交流协作、日常业务处理的统一工作平台。

关键词　企业集成　集成应用环境

1　引言

中国石油新疆油田公司在几年前就开始了信息平台建设。经过几年的实践，形成了独具自身信息化特色的信息平台建设思路。新疆油田整体应用的信息平台是“数字新疆油田信息平台”，目前由该平台定制开发的信息系统已广泛应用于中国石油新疆油田公司勘探、开发、油气储运、生产管理、经营管理等领域。但是随着应用的不断深入，信息资源在各领域之间、企业各部门之间的相互依赖性越来越明显，迫切需要一个集成的、开放的、面向用户的且具有柔性的集成应用环境。

因此，从 2006 年开始，新疆油田开始组织实施集成应用环境的建设工作。到 2007 年底，新疆油田的数字油田集成应用环境基本建设完成。数字油田集成应用环境为新疆数字油田的访问和展示提供了统一入口，它实现了数字油田内部资源的统一管理和统一访问，为新疆油田各层用户提供了信息获取、信息反馈、交流协作、日常业务处理的统一工作平台。

2　基础构架

数字油田集成应用环境总体采用 SOA 体系结构，除客户端外，所有服务均以独立的 Web Service 方式提供。从结构上，集成应用环境分为三层：集成环境客户端、应用集成层、系统服务层。集成环境客户端集成了各信息系统中处理业务功能的业务处理模块，实现对各信息系统业务处理功能的显示和调用。应用集成层负责管理系统集成的相关信息，包括对各应用系统中系统模块、模型等的集中管理。系统服务层则由各系统的服务组成，为业务处理模块提供数据（图 1）。

3　建设实施过程

集成应用环境的建设是一个多专业协同实施的过程，它采用多项业界领先的、新兴的软件开发技术和理念，包括智能客户端技术、模型驱动构架（Model Driven Architecture，MDA）技术、ASP.net 2.0、AJAX 和 Web Service 技术等，为新疆油田的数字油田建设提供了更加先进的技术支撑。

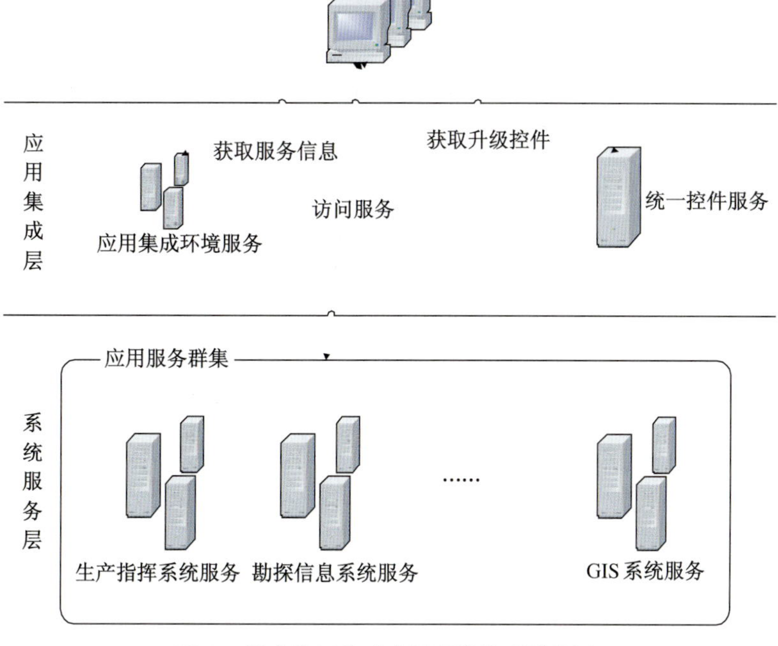

图 1 数字油田集成应用环境体系结构图

数字油田集成应用环境的建设过程可以分为三个部分：系统版本统一、控件统一升级和集成环境开发。系统开发工作从 2006 年 3 月开始，2007 年在开发工作完成的基础上开始实施对新疆油田各信息系统的集成工作。2007 年 7 月启动控件统一和信息系统的集成工作，2007 年 10 月数字油田集成应用环境 1.2 正式上线运行，完成新疆油田目前在用信息系统的集成。

3.1 系统版本统一

数字油田集成应用环境从 2007 年 6 月开始启动各信息系统的版本统一工作，到 2007 年 8 月底全部完成，共计完成 52 套信息系统的版本统一工作。由此，新疆油田在用系统的组件、模型、服务接口均实现了统一，为集成环境对业务处理模块的统一管理提供了基础。

3.2 控件统一管理

数字油田集成应用环境实现了各信息系统的组件统一管理。通过统一的组件更新服务器来实现各个系统的升级和维护以及新系统的发布。对于用户来说，只需要设置集成环境的自动更新选项，集成环境就会自动完成全部系统的升级工作。

集成环境的组件统一管理系统构架图如图 2 所示。

集成环境的组件统一管理工作流程如下：

(1) 启动集成环境客户端时，客户端首先连接集成应用环境的应用服务，通过应用服务连接组件、用户资源、用户日志资源库，获取应用系统组件版本信息，并与客户端组件版本相比较，生成组件升级列表。

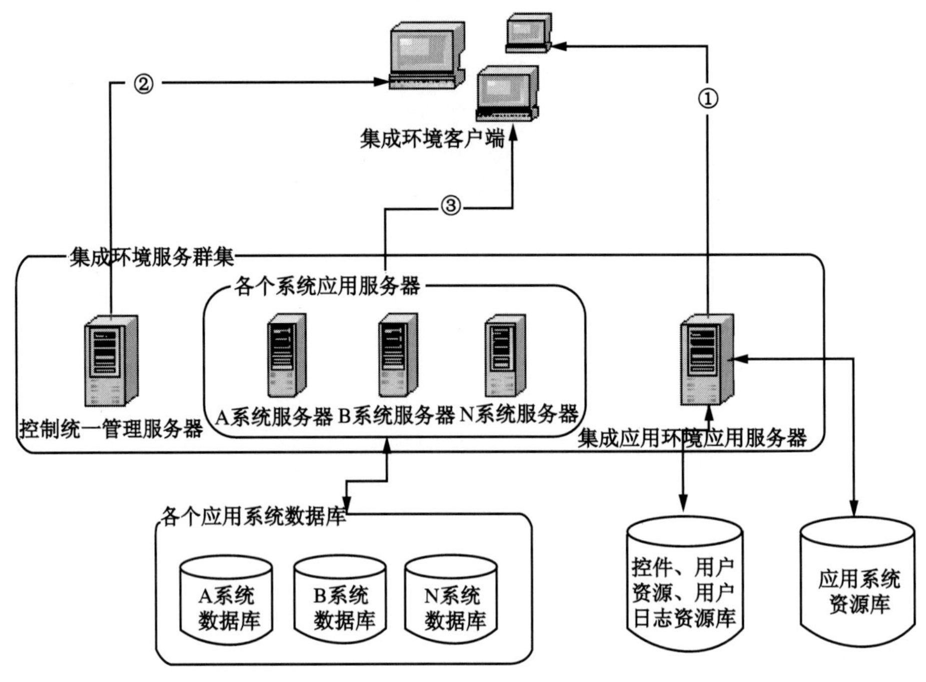

图 2　数字油田集成应用环境组件统一系统构架图

（2）集成环境客户端根据组件升级列表连接组件统一管理服务器，下载新版组件，进行应用系统升级。

（3）升级结束，集成环境客户端正常访问应用系统服务。

数字油田集成应用环境从 2007 年 6 月开始启动各信息系统的组件版本统一管理工作，到 2007 年 8 月底完成了全部信息系统的组件版本统一管理。

3.3　集成环境开发

集成环境的开发工作主要包括集成客户端和集成应用服务的开发。集成客户端集成了各应用系统中处理业务功能的业务处理模块。用户在处理各系统的业务功能时，业务处理模块并不是直接连接到集成应用服务器上的，而是直接连接到该业务功能所在的系统的应用服务器上，通过所在的系统的应用服务器获取要处理的数据，显示在集成客户端。如果一个用户对多个应用系统中的应用功能都需要处理时，可以在应用资源重组模块里按自己习惯的方式将需要处理的各系统中的应用功能重新组合在一起，以便将来处理业务时方便使用。

集成客户端采用插件模式来实现，首先集成客户端的主体框架由一些核心服务组成，主要包括插件管理中心、属性管理中心、插件装配服务，这些服务都是为装配到本系统中的插件服务的，提供插件的装配、插件之间的通信等功能；各个插件所提供的功能应该是一个完整的应用功能；插件中所需要的服务、数据等在系统框架中都不提供，都由各个插件内部提供，所有插件都继承统一的接口，方便插件管理中心管理。总体框架如图 3 所示。

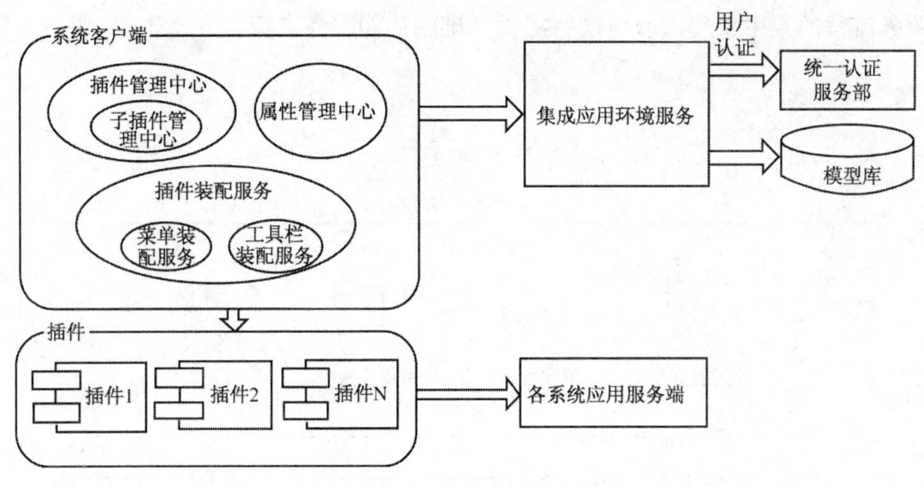

图 3　数字油田集成应用环境客户端总体框架图

3.4　系统资源统一管理

数字油田集成应用环境在系统组件统一管理的基础上实现了系统资源的规范化和统一管理。目前系统已集成了 71 套在用系统，包括 55 套统一平台定制系统，3 套自主研发非统一平台定制系统，3 套外协研发系统，10 套股份公司下发系统。对于外协和股份公司下发的系统，将整个的系统作为一个功能资源管理。对于使用统一平台定制的系统，将系统内部的业务功能作为单独资源实现了统一管理，实现功能资源共享和复用。

系统资源统一管理提供了两个层面的功能：一是系统管理员可以对系统中可供使用的资源进行管理，对系统中集成的各个系统的增加、删除、修改及各个系统中所包括应用功能的增加与删除。二是普通用户可以将自己在各个系统中需要处理且有权限的应用功能，按照自己的要求以树型方式进行重新组织，以达到提高工作效率的作用。

4　应用效果

数字油田集成应用环境实现了现有信息系统的集成，实现了信息系统功能模块级别的统一管理，杜绝了目前大量存在的各信息系统相似或相同功能模块的重复开发。使新疆油田信息系统的开发进入了新的开发模式，新的信息系统只需要专注于特殊业务领域功能模块的开发，公共功能模块可以直接引用其他信息系统的功能资源，极大地降低了系统研发的人力成本。

数字油田集成应用环境为用户提供了灵活方便的自行组织应用系统的功能，深入到油田生产、管理、科研的很多方面，成为油田公司各级用户的个人业务处理环境，提供信息查询、数据提取、业务处理等功能，提高了工作效率，降低了劳动成本。

5　下一步建设方向

数字油田集成应用环境将进一步实现专业化集中管理。未来的集成环境总体可分为三层，如图 4 所示，客户层提供个性化的访问工具，控制层则实现企业范围内的资源、数据、信息、业务流程的集中管理，服务层将提供基础的功能服务支持。

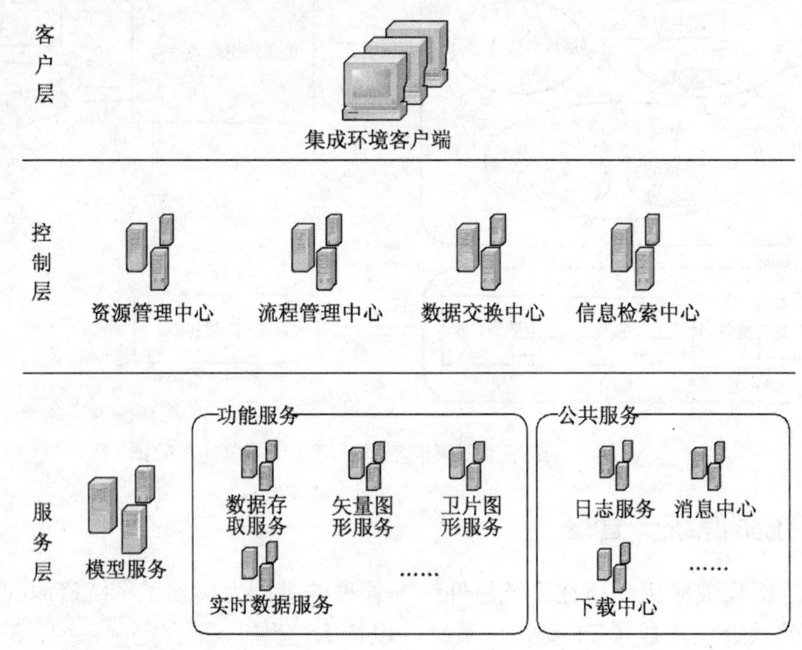

图4　数字油田集成应用环境体系结构图

资源管理中心是整个集成环境的核心，它提供整个企业信息资源开发利用的信息资源管理（Information Resource Management，IRM），使信息作为一种资源而得到优化的配置和使用。

流程管理中心要为企业提供业务过程建模、管理、监控、分析等全生命周期的管理职能，负责组织企业的运营过程，协调部门与部门、人与人之间的协作过程，调度工作项在业务人员之间的分配。

数据交换中心是从数据层面连接分离的各个业务应用的桥梁。数据交换中心负责在适当的时候从各功能服务中收集数据，对数据进行数据格式的映射、转换，并发送给所有的订阅者，使得企业各部门能够利用信息集成的成果，辅助决策和管理。

信息检索中心以元搜索引擎（Metasearch Engine）为核心，整合已有检索系统（包括搜索引擎、数据库检索系统等），提供企业全局的信息资源检索平台，允许用户或系统选择不同的目标资源来同时进行一个或多个检索，并将检索结果以统一的形式反馈，从而达到各类信息资源整合处理的目的，具备跨平台、跨数据库、整合检索及异地调度等功能。

6　结束语

中国石油新疆油田公司数字油田集成应用环境的建成在中国石油天然气股份有限公司是第一家，它是油田信息化建设在计算机技术、互联网技术和虚拟现实技术等联合框架上以油田为参照系的多学科融合；是油田信息建设从分散到集中，从无序到有序的发展。

数字油田集成应用环境的建成，将改变油田已有的信息系统应用模式，实现多业务统一入口，在原有基础再次提高用户的工作效率。使之成为生产、管理、科研人员强有力的辅助工具，充分发挥信息技术优势，快速、准确、全面反映企业现状，为油田公司各层用户提供优良的研究和决策的协同工作环境。

参 考 文 献

1 王景光．信息资源管理．北京：高等教育出版社，2002

2 傅 鹂，鲁亚林．面向服务的企业应用集成探讨．现代计算机，2006，(11)

3 郭 兰，申 鹏．论信息资源管理在科研管理领域的运用价值．贵州民族学院学报（哲学社会科学版），2006，(06)

4 李雅琼．基于元搜索引擎的异构数据检索系统研究．情报杂志，2006，(12)

5 蔡 明，张体首．基于本体的搜索引擎研究．微计算机信息，2006，(36)

创建信访资源应用网络平台，提高信访工作水平

苏秦娟　宗　伟

（中国石油新疆油田公司信访办）

摘　要　信访资源应用网络平台采用基于 Web 的三层体系结构，以数据库为核心，信访资源管理规则和流程（即应用程序）与 Web 服务紧密结合，独立于数据库系统。用户端通过浏览器以网页的方式执行应用规则，访问数据库。底层设计以先进的服务器 JAVA 虚拟机后台数据处理技术为核心，真正实现表单与数据分离，构造了一个个性化的、开放式的与数据类型无关的客户端为 B/S 模式的信访资源应用网络平台，形成企业有效的信访资源配置并进行信访协同，满足信访要求，实现分散信息综合管理自动化、办公流程人性化。

关键词　信访资源规划　网上协同办公　数据共享

1　引言

信访工作是企业稳定的“测温器”和“晴雨表”，是企业联系群众的桥梁和纽带，其成效如何也直接关系到和谐克拉玛依的建设。尤其是当前，新疆油田正处于改革发展的关键时期，也是各种社会矛盾凸显期。按照市委构建和谐克拉玛依的要求，当前稳定工作的重点是加强信访工作力量，不断提高信访工作水平，有效化解信访突出问题，为克拉玛依市、中国石油新疆油田公司的经济发展创造和谐稳定的社会环境。

因此，利用网络技术整合新疆油田信访资源非常必要，这不仅是提高信访工作水平的需要，而且是贯彻落实中央、集团公司和市油田党委关于重视信访工作、加强信访工作要求的具体举措。

多年来，在缺乏信息规划体系支持的情况下，传统的手动工作模式在信访信息的运作及工作管理方面存在诸多问题。主要表现为：

（1）信访业务流程及管理运作效率低。日常的受理工作和各类报表局限于手工操作，大量的时间花在翻阅历史资料和数据统计上。

（2）应急响应速度慢。数据统计分析手段落后，数据来源靠人工统计，数据的真实性和及时性差，缺乏对领导决策的及时支持能力，对突发事件的应急响应速度慢。

（3）数据利用能力差。重要的档案资料统计跟踪困难，接访数据历史回溯性差。

（4）信访职能没有充分发挥。受时间和精力的限制，信访办不能有效行使“协调、指导、督查”三项职能对基层日常来访接待、信访受理等工作全方位的动态跟踪监测。

（5）数据共享能力差，信息流传成本高、速度慢。无法随时掌控全局信访形势，而且对热点、难点问题难以进行及时分析。

2　创建信访资源应用网络平台

建立信访资源网络平台，运用 ERP 理念和网络技术，通过资源规划、权限规划，对大

量的信访数据和业务流程进行全面分析、梳理和规划，对信息收集、处理、储存、传播、利用等工作进行高效管理，是企业信访管理工作的新理念。

2.1 信访资源网络平台要突出信访信息资源综合开发利用，搞好总体规划

吸收国内外先进的管理思想，并结合中国石油新疆油田公司的实际情况和管理基础，统一规划，满足企业信息流的集成管理，突出信息资源开发利用的核心地位，做到油田公司和下属单位的高度统一，实现从“信息—统计—管理—协同”的高度结合。

2.2 信访资源网络平台要建立信息资源管理体系，搞好信息资源规划

信息资源规划（Information Resource Planning，简称 IRP)，是指信息管理部门或下属各单位的信息采集、处理、传输和使用的全面规划。

信访资源网络平台开发的关键点之一就是搞好信息资源的开发利用，并通过统一的信息资源规划（IRP)，由信访办和软件开发商实现以下机制。

（1）信访办公室的信息职能定位：

①负责研究提出油田公司信息资源开发和利用的规划方案建议，并具体组织实施；

②负责油田公司信息资源的共享、交换和整合工作；

③负责研究拟定油田公司信息资源的管理规范和技术标准；

④负责集中管理油田公司重要的信息资源；

⑤为下属管理部门及单位提供信息咨询服务。

（2）软件开发商在保证信息安全的前提下实现信息资源规划：

①建立统一标准的信息数据平台——整合下属各二级单位信息资源，建立共享信息库；

②通过局域网查询局属单位的相关信息；

③统一管理油田公司所属单位的信息标准。

2.3 信访资源网络平台要抓好信访业务协同，搞好总体设计

信访资源网络平台要使各级信访工作部门能在此系统进行数据交互，实现各单位之间的信息传递，达到信访事务网上办公条件。将已受理及终结的信访事项有关信息录入系统数据库，依据授权的管理密级实现数据共享。实现各级信访工作人员在同一办公平台上处理信访业务，能对每一件信访案件进行全程跟踪。建立信息资源平台，对信访各类信息进行动态管理，实现信息共享、查询、归档等功能。

3 理论基础

20 世纪 80 年代，美国的企业计算机应用遇到了“数据处理危机”的困难，即许多应用系统开发投资大、周期长、成效差。为解决这些问题，詹姆斯·马丁（James Martin）提出了一套“信息工程”的理论方法，被实践证明是十分有效的。我国以罗晓沛教授和高复先教授等信息化专家为核心，从 1986 年开始系统地引进这套理论方法，并结合实践进

行研究和创新发展。

有代表性的理论方法有信息工程方法论（IEM）和数据管理（DA）等。

3.1 信息工程方法论（IEM）

信息工程方法论（Information Engineering Methodology，简称 IEM），是 20 世纪 80 年代末 90 年代初，以著名的管理大师詹姆斯·马丁（James Martin）为代表的美国学者，基于数据模型理论和数据实体分析方法，融合“数据稳定性原理”所提出的信息系统建设的方法论。IEM 方法论已经成为国际上信息系统建设的主流方法论之一。

信息工程方法有 3 条非常重要的原则，即：

(1) 所有信息系统的开发建设都应该以数据为中心，不应该以处理为中心。

(2) 数据结构是稳定的，而业务流程是多变的。

(3) 最终用户必须真正参加信息系统的开发。

基于前述的基本原理和前提，马丁阐述了一整套自顶向下规划（Top-Down Planning）和自底向上设计（Bottom-Up Design）的信息系统建设的方法论，如图 1 所示。

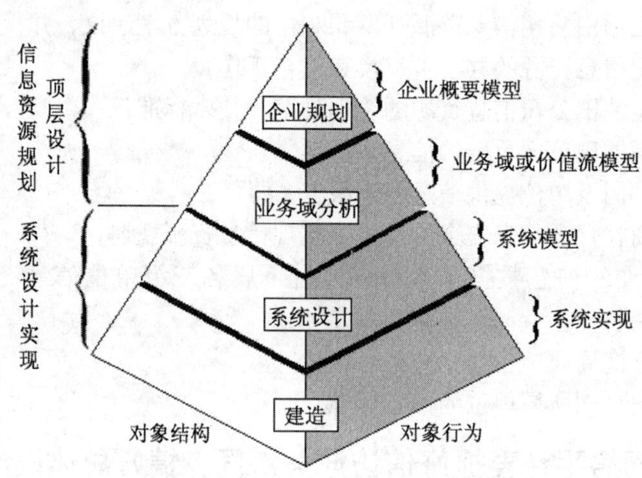

图 1　信息系统建设方法论示意图

3.2 数据管理（DA）

数据管理（Data Administration）是 20 世纪 80 年代中期信息资源管理快速发展、信息高速公路建设、CIO 制度建立及其职业发展的产物，其代表性人物是美国著名数据管理专家威廉·德雷尔及其非常著名的代表性专著《数据管理》(Data Administration：A Practical Guide to Successful Data Management)，在专著中他系统地总结了信息资源管理的基础——数据管理标准化方面的经验。他的名言是：“没有卓有成效的数据管理，就没有成功高效的数据处理，更建立不起来整个企业的计算机信息系统”。他强调信息系统设计人员了解和掌握数据管理的标准。

4　信访资源平台实现方式

4.1　权限规划

系统由什么人来使用、如何使用是信息平台开发过程首先要考虑的问题。首先要根据操作的种类定义基础角色，用于规范什么人可以用什么方式（例如，创建、读、写 、删除等）访问什么样的资源，如表 1 所示，这里的资源包括服务器、数据库、数据库内的文档和文档的字段。

表 1　系统角色及权限说明

角　色	说　明
读　者	只能读数据库的内容
作　者	作者可以创建新的和读其他数据，但是不能修改存在的数据
储存者	储存者只能向数据库内写内容
编辑者	编辑者可以读、写和修改数据库中的信息
设计者	可以更新或改变数据库的设计和结构
管理者	管理者“拥有”数据库，并且可以增加、修改或删除用户

4.2　用户规划

由于信访资源网络平台用户本身也在系统规划范围内，所以对用户规划采用统一模式。这种模式有 3 个特点：

（1）按企业所属的部门进行定编岗位分配角色，由管理员赋予各个角色相应的权限，指明该角色对哪些数据可读、可添、可改、可删等。如果该岗位的职能发生变化，管理员可以随时重新定义该岗位所对应的角色的权限。

（2）用户以其在系统数据库内所登记的真实身份（如姓名、身份证号、部门和岗位等）登录他目前所在岗位对应的系统角色，当然他就具备了该角色的权限。一旦该用户离开该岗位（调离、退休等），该用户便无法再登入该岗位所对应的角色。

（3） 用户验证机制贯穿始终，用户对系统的任何操作都将先通过动态验证。这就一改以往用户一旦进了大门便畅通无阻的弊病。

4.3　架构规划

信访资源网络平台可采用图 2 所示的基于 Web 的 3 层体系结构，以数据库为核心，信访资源管理规则和流程（即应用程序）与 Web 服务紧密结合，独立与数据库系统。用户端通过浏览器以网页的方式执行应用规则，访问数据库。采用“整体规划、分步实施、平滑过渡、无缝衔接”的原则，最终实现“内容实用、性能稳定、操作简便、安全可靠、技术领先”的目的。

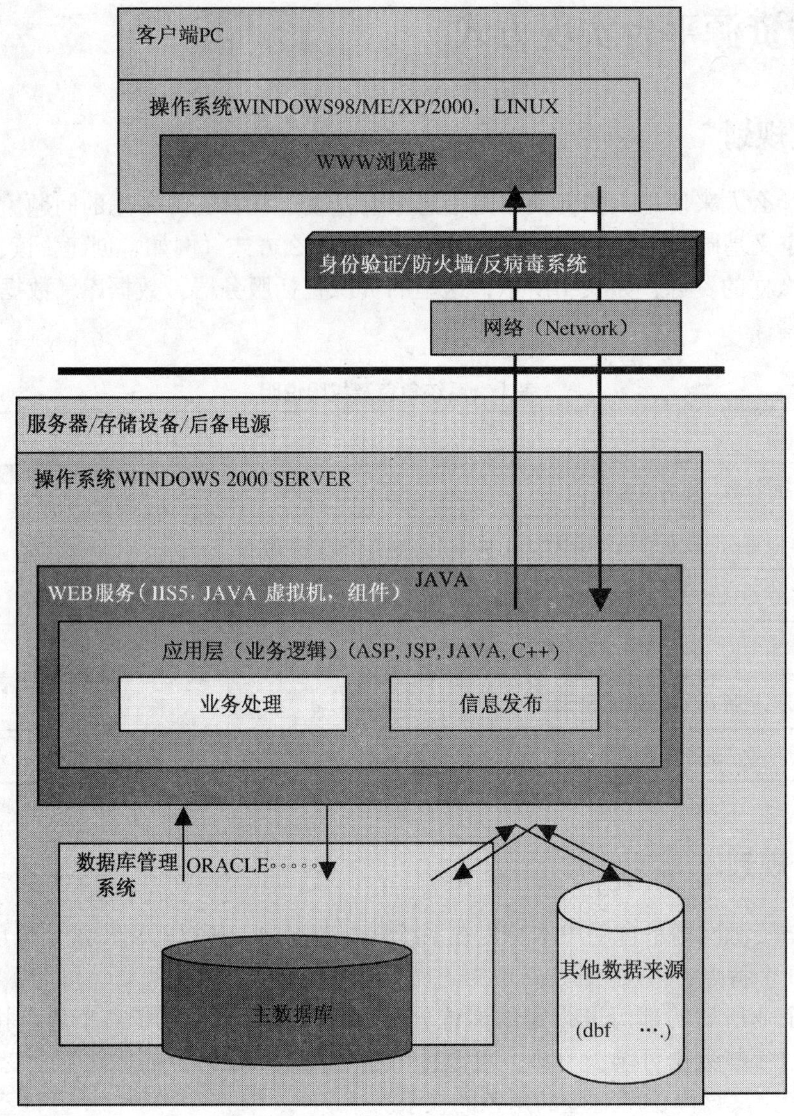

图 2　信访资源整体架构示意图

4.4　数据库及数据仓库建设

信访数据挖掘（DM）系统设计的一个关键问题是如何将 DM 系统与信访数据库（DB）系统和（或）信访数据仓库（DW）系统集成或耦合。如果 DM 系统作为一个孤立的系统或嵌入应用程序中，则不存在 DB 或 DW 系统与它通信。这种简单的方案称为不耦合，其中 DM 设计所关注的主要问题停留在开发挖掘可用数据集的有效算法。然而，当 DM 系统工作在一个需要与其他信息系统成分（如 DB 和 DW 系统）通信的环境下，可能的集成方案包括不耦合、松散耦合、半紧密耦合和紧密耦合。

数据挖掘系统应当与一个 DB/DW 系统耦合。松散耦合尽管不太有效，也比不耦合好，因为它可以使用 DB/DW 的数据和系统设施。紧密耦合是高度期望的，但其实现并非易事，在此信访领域还需要更多的研究。半紧密耦合是松散和紧密耦合之间的折中。重要的是识别常用的数据挖掘原语，提供这些原语在DB/DW系统中的有效实现。由数据挖掘原语构成的数据字典是信访数据挖掘（DM）系统设计的核心。

4.5 信访资源规划

主要对每一信访业务域进行较详细的分析，以建立信访业务域的对象和事件的详细模型。在需求分析阶段对信息资源进行联合需求规划。

在联合需求规划的基础上进行信息权限管理,信息权限管理（Information Rights Management，IRM）是一项持续存在的文件级技术，旨在保护文档和重要信息免受未经授权的访问。

底层设计以先进的服务器Java虚拟机后台数据处理技术为核心、真正实现表单与数据分离、构造了一个个性化的开放式的与数据类型无关的客户端为B/S 模式的信访信息管理系统。充分利用现有资源（计算机设备、网络环境、人力、管理、信誉、组织结构、信访人员的热情等企业资源），形成企业有效的信访资源配置并进行信访协同、满足信访要求、实现分散信息综合管理自动化、办公流程人性化。

5 应用实例

2007年1月以来，中国石油新疆油田信访办根据以上设计理念和网络技术，开发了《新疆油田分公司信访信息管理系统》，共建立了信访协同、信访信息、公共信息、综合台账、基础资料、综合信息应用等6大类共60个子模块，具有网上信访登记、协同办公、历史档案管理、信息搜索等功能。2007年9月，该系统在原新疆石油管理局信访办、离、退休职工管理中心、钻井公司、准东公司进行测试。

经过一个多月的测试，《信访信息管埋系统》设计方案的各项使用功能和安全性能达到设计方案的要求，共完成应用组件60项。2007年12月6日，通过了合同验收小组专家的验收，并在原新疆石油管理局42个单位上线运行。2008年，又将信访信息管理系统在油田公司进行了推广使用，现有用户单位43个（其中西部钻探4个），《信访信息管理系统》授权编辑工作岗位72个。截至目前，发布各类信息14416篇，排查出企业重组、改制、工资福利、困难救助等方面的突出问题35 件，及时解决棘手问题20件，化解信访隐患16起。录入了含原管理局、油田公司机关、各二级单位2000年以来日常信访受理单5340条；收集了1960年以来的历史数据9076条，信访数据入库率达96%，入库数据使用率达100%。使中国石油新疆油田公司信访工作手段实现了由传统方式向高科技方式的转变，率先为中国石油天然气股份有限公司信访工作自动化开了好头。

6 结束语

目前，通过建立信访资源网络规划平台，有效地克服了以往工作模式所产生的弊端，实现了信访数据共享，内外部重要信息传递及获取速度大幅提升。通过平台可全面即时展示油田公司信访动态、协同办公状态，并自动统计，分析信访数据，极大地减少了工作量，提高了工作效率。同时为有关部门及时准确地研判信访态势、制定有效措施、促进科学决策提供了参考。

参 考 文 献

1 李宝山主编．管理经济学．北京：企业管理出版社，1999
2 圆宏主编．Java 与模式．北京：电子工业出版社，2002
3 刘伯莹主编．MRP II/ERP 原理与实施．天津：天津大学出版社，2004

需求工程在地震勘探计算环境管理平台开发中的应用研究

董玉敏　王校民

（中国石油新疆油田公司勘探开发研究院）

摘　要　随着软件开发技术的发展进步，需求工程在软件开发项目中发挥着越来越重要的作用。通过需求工程流程在新疆油田地球物理研究所计算环境管理平台开发中的实施案例分析，探讨了需求工程对企业信息化建设的长效促进作用。

关键词　需求工程　企业信息化建设

1　引言

在软件开发过程中，需求工程利用多种有效的技术和方法在信息系统开发过程中进行综合需求分析，确定客户需求；同时，帮助需求工程人员理解问题域，尽可能明确详细地定义待开发系统特征。因更多与人交互的特点，不仅需求工程的最终产品需求文档的质量难于控制，需求流程自身也难以严格的量化控制管理，需求工程因此具备更多的技术—人文相结合的综合性特点。

“用户主导、面向领域”的需求分析方法在技术—人文相结合方面颇具代表性，兼顾了“客户主导”和“术业有专攻”的矛盾。一方面，用户的参与和主导保障了需求工程能够真正建立计算机领域和应用领域之间的合理映射，自动适应系统需求的不断变化；另一方面，在面向领域的框架帮助下，需求工程人员能够低门槛地进入专业应用领域，集中精力解决客户个性化需求。

在开发新疆油田地球物理研究所计算环境管理平台时，借鉴“用户主导、面向领域”的需求分析方法，提高了开发效率，同时，探讨了需求工程对企业信息化建设的促进作用。

2　需求工程在软件开发项目中的作用

需求工程在软件开发实践中遭遇到两方面的困扰。一方面，需求工程人员对应用领域的陌生和应用人员的强势，容易造成需求工程人员顺从应用人员的要求，“有求必应”，造成需求和需求变更失控，信息系统建设失去重点，开发陷于困局。另一方面，应用主导和应用强势，容易使应用人员对信息系统不准确、不全面的认知放大到开发项目中，造成在应用人员需求主导下开发的信息系统只是简单重复现有落后的业务流程，无法满足提高业务运行效率的基本信息化建设要求以及其他需要。因此，应用人员与开发人员之间的交流沟通，专业应用领域和软件开发领域的交流沟通，成为行业应用开发项目最重要的工作，需求工程通过体系化的作业方式，支持了用户和开发人员的交流。

在工程作业形式上，需求工程通过工具和记号系统地描述待开发信息系统及其行为特征和相关约束，形成需求文档，并对不断变化的需求给予支持。在作业流程上，通过需求获取、需求建模、需求规格生成、需求验证、需求管理五个子流程组成一个不断重复迭代的需求变更演进管理系统，为信息系统提供从开发、运行、维护、升级到消亡的整个生命周期的支持。

需求工程的重要性在著名的软件危机 CHAOS 报告后，得到更为广泛的关注。在 CHAOS 报告中软件开发成功因素的前三位：用户参与（15.9%）、管理层支持（13.9%）、清晰的需求表述（13.0%）；失败因素的前四位： 缺乏用户参与（12.8%）、不完整的需求和定义（12.3%）、变化的需求和定义（11.8%）、缺乏管理层支持（7.5%）；都与需求工程要素紧密相关。其后 Standish Group 连续 11 年的跟踪研究表明，随着软件开发项目成功率缓慢但稳定的提高，软件项目成功因素更为集中地体现到需求工程要素上，需求工程在软件开发项目中发挥着越来越重要的作用。

3 计算环境管理平台开发中需求工程实施总结分析

3.1 地物所计算环境管理平台开发简介

中国石油新疆油田公司地球物理研究所（以下简称地物所）是以计算机为主要工作平台的知识密集型组织，主要依托计算机系统从事石油地震勘探资料采集监督、数据处理、资料解释及地质综合研究和计算机应用研究，是中国石油新疆油田公司大规模计算机系统的汇聚地。随着“数字油田”持续深入建设，计算环境成为地物所不可或缺的运行平台。计算环境的安全性、可靠性、高效性、易用性以及保障计算环境在油气勘探研究领域的国内领先地位，使得地物所计算环境的设计、建设、维护、管理的重要性日益凸显。

地物所计算环境管理平台即是在此背景下，自主开发建设的信息系统。在衡量待开发信息系统的应用背景、开发人员状况、需求获得及确认途径等因素后，确定了系统开发的技术路线、开发环境以及“快速迭代”的开发原则。地物所计算环境管理平台从知识共享和作业流程规范化两方面加强计算环境管理基础工作，同时，为计算环境管理人员和油气勘探应用平台使用人员多层次多角度技术交流提供了便利，为地物所计算环境的规划设计、完善优化提供了决策支持。

3.2 需求工程实施特点分析

地物所计算环境管理平台由地物所系统网络项目组负责开发建设，平台开发人和平台主要使用人是同一群体，需求工程的实施因而具备其特殊性，主要表现在以下几方面：

（1）需求获得及确认的高效性。需求工程流程在实施过程中，因开发人员与需求来源的密切联系，开发人员和需求来源的沟通理解效率非常高，导致了需求获得及确认的高效性，主要分为四步：

第一步，提出需求。确定开发技术方案后，由了解计算环境全面情况的系统网络项目组进行需求分析、系统设计，和编程人员进行“对子”（peer−peer）交流后，使用 17 个工作日快速完成原型开发。

第二步，协商需求。利用原型，组织平台主要使用人员进行使用方法讲解，启动使用体验。在使用过程中，对功能模块进行完善。

第三步，明确需求。使用一段时间后，组织平台主要使用人员进行交流沟通，完善并固化平台模块，生成平台第一个大版本。

第四步，“流程再造（Reengineering)”。投入使用6个月后，根据科研生产管理实际情况变动，结合平台运行状况，对计算环境管理业务流程进行“流程再造”，生成平台第二个大版本，提高计算环境管理工作效率。

(2) 需求变更的持续性。平台处于持续改进完善中，需求也处于变更中，对需求文档更新及管理提出了很高要求。

(3) 需求管理的复杂性。平台持续改进完善，需进行需求管理，对计算环境管理业务进行“流程再造”，进一步完善平台功能时，需求管理的压力更大。

(4) 需求文档的滞后性。为提高原型开发速度，在完成需求工程的第一步后，生成需求文档的第一版本。在完成平台的第二个大版本后，需求文档才相应完善。

3.3 需求工程对企业信息化建设促进作用

通过地物所计算环境管理平台需求工程的实践，认为在企业信息化建设中，应在以下几方面充分发挥需求工程的作用：

(1) 基础工作。在需求工程实施的第一步“提出需求”、第二步“协商需求”，是对组织流程进行清查梳理，提高组织运行的有序性。在第四步“流程再造”时，实现信息化建设的本质，提高组织运行效率。需求工程的实施，有效解决了业务流程梳理和流程优化设计的难题。

(2) 促进作用。需求文档支持了管理平台的开发，因其描述的业务遍及地物所的业务，该文档对其他信息系统有一定参考意义，管理平台积累的基础数据对其他信息系统的开发也有促进作用。推而广之，在开发一个组织的基本运行支持信息系统时，认真实施需求工程，积累需求工程经验和组织的基础数据，共享这些知识和数据，可大力促进组织的信息化建设。

4 结束语

在企业信息化建设中始终如一地认真实施需求工程，一方面可以共享企业组织的信息资源，提高信息化建设效率；另一方面也可对企业已有在线信息系统的生命周期状态进行确认，建立企业信息化建设持续深入的长效机制。

参 考 文 献

1 Jarke M et al．Scenario Management：An Interdisciplinary Approach．Requirements Engineering Journal，3，3，1998：155 ~ 173

2 Kotonya，G，Sommerville，I.Requirements Engineering—Processes and Techniques．John Wiley & Sons Ltd，1998

3 Pohl，K. Three Dimensions of Requirements Engineering：Framework and Its Application．Inform Syst，19(3)，1994：243~258

4 The Standish Group．http：//www.standishgroup.com/sample_research/chaos_1994_1.php

5 The Standish Group．http：//www.standishgroup.com/sample_research/index.php

6 The Standish Group．http：//www.standishgroup.com/sample_research/index.php

7 973国家重点基础研究发展计划．http：//www.973.gov.cn/ReadCont.aspx?aid=265

油田信息项目管理探讨

杨 斌 李华山 蔺胜利 王 敬
（中国石油新疆油田公司采气一厂）

摘 要 本文主要介绍信息项目管理的一些基本知识，同时结合数据采集系统项目进行分析，提出合理化建议，并强调信息项目的管理在油田上的应用。

关键词 项目管理 工作流程 Webservers 数据采集 系统风险

1 引言

中国石油新疆油田公司信息系统经过多年建设，取得了很好的应用效果，为油田信息化和数字化做出了突出贡献，但随着油田改革的逐步深入和计算机技术发展，信息化项目的管理也遇到了很大挑战，油田信息项目的开发是一项涉及面广，技术难度大的综合性系统工程，需要投入大量的人力、财力、物力、时间等资源。只有对油田信息项目整个开发过程按照系统的观点，使用现代项目管理的科学理念和方法进行控制，才可能取得较为理想的效果。

本文将结合信息项目管理和数据采集系统项目分析进行探讨。

2 什么是项目管理

项目管理是指在一定资源如时间、资金、人力、设备、材料、能源、动力等约束条件下，为了高效率地实现项目的既定目标（即到项目竣工时计划达到的质量、投资、进度），按照项目的内在规律和程序，对项目的全过程进行有效的计划、组织、协调、领导和控制的系统管理活动。项目是具有明确目标的一次性任务，具有明显的生命周期，阶段性强。项目管理是面向所有工程项目的管理，是运用系统科学的原理对工程项目进行计划、组织与控制的系统管理方法。项目管理要解决的基本问题就是如何按所选择的研制方法，对开发项目进行有效的计划、组织、协调、领导、控制。项目的管理是“一把手”工程，领导参与是关键。项目经理必须合理配置项目参加人员，制定项目建设的有关规范，及时产生详尽的报表，正确评价项目的进展情况。

3 加强信息系统开发项目管理的重要意义

已经在国民经济诸多领域中成功运用的项目管理方法，也完全可以用于信息系统开发项目的管理。管理信息系统开发是一项长期的任务，信息系统的“开发项目”包含信息系统分析、设计和实施的整个过程。它由项目负责人（项目经理）负责，利用可获得的资源为用户组织系统的建设。根据系统科学的观点，小项目可以构成一个大项目，一个大项目可以分解成若干个小项目。项目管理实质上是保证整个系统开发项目顺利、高效地完成的一种过程管理技术，贯穿于系统开发的整个生命周期。信息系统开发也是一项系统工程项目，如同其他工程项目一样，研制开发一个信息系统也需要在给定的时间内计划、协调和合理使用配置各种资源，对信息系统进行项目管理的重要性有以下四点：

（1）可以进行系统的思考，进行切合实际的全局性安排；

（2）可为项目人力资源的需求提供确切的依据；

（3）通过合理的计划安排对项目进行最优化控制；

（4）能够提供准确、一致、标准的文档数据。

4 管理信息系统开发项目的工作流程

管理信息系统开发项目的工作流程与信息系统开发过程的阶段划分有关。典型的管理信息系统开发过程的阶段划分如图1所示。

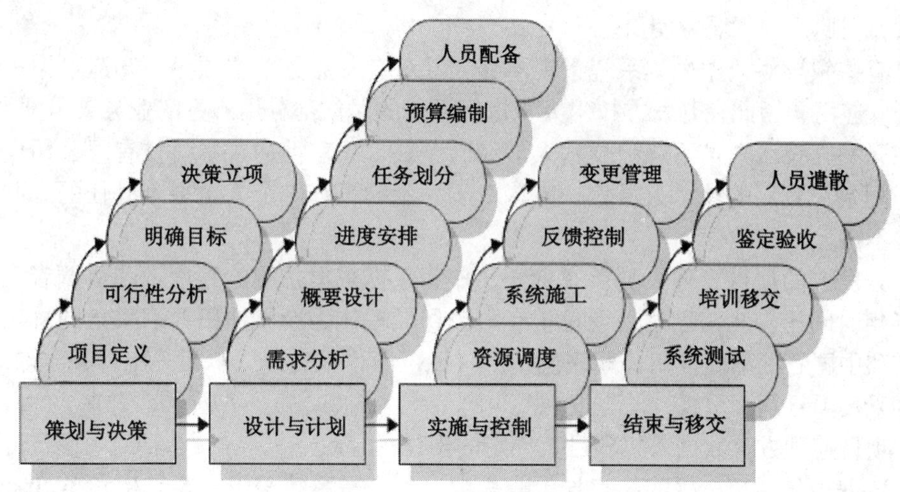

图1 典型管理信息系统开发过程阶段划分图

对于一个大型信息系统项目的管理一般分为4个阶段：第一阶段为策划与决策，其包括对项目的定义，对项目可行性的分析，明确目标后立项；第二阶段为设计与计划阶段，包括对项目的需求分析，概要设计，同时要安排好进度，做好对任务的划分、预算编制和人员的安排；第三阶段为实施与控制阶段，包括对资源的调度，系统施工，同时要反馈控制和变更管理；第四阶段为结束与移交，包括对系统的测试，对相关人员的培训，汇报鉴定验收，项目组解散。

5 数据采集项目实施背景

中国石油新疆油田公司开发数据录入中存在的相同数据在多个点采集或采集点录入的数据不在采集单位产生而造成的数据入库不及时、不一致、冗余等问题，同时在应用的过程中发现还存在数据项不完善的现象，需要对标准扩充。因此制定了源头数据库采用源头采集思想，制定了新的数据库结构标准，减少数据的重复录入，确保数据的唯一性和准确性。

针对以上情况，中国石油新疆油田公司数据中心和北京世达兴泰科技有限公司签订协议，由北京世达兴泰科技有限公司负责完成数据采集项目，中国石油新疆油田公司各基层单位配合完成，首先在采油一厂搞试点工作，然后推向其他采油厂。

经过半年的努力数据采集项目完成，但并没有达到预期的目标。首先，应用岗位不到原计划的20%，原计划在地质所、工艺所、采气所、生产技术科、化验室、基层采气队、井下作业公司等单位推广。其次是数据采集系统部分功能没有达到用户的要求。

6 数据采集项目失败分析

(1) 项目可行性方面调研不够，项目原计划对油田八大数据库（开发动态，开发静态，采油工程，分析化验，生产测试，井下作业，试井，天然气）做全面的数据采集，但是目前很多用户方的业务人员已经有相关的应用系统，并且目前的应用系统已经很好地满足业务要求，比如生产测试和试井，而推广的数据采集系统的功能还没有用户以前使用的系统功能强大，因此用户不愿意使用。

(2) 有些领导对数据采集系统重视不够，甚至有些业务单位领导不知道数据采集系统在我厂开发应用，因此在开发方技术人员进行调研的时候部分用户方的业务人员配合不够。

(3) 开发方技术人员不够和技术人员经验欠缺，北京世达兴泰科技有限公司作为系统开发方，配备在我厂的技术人员仅一人，对于大量的工作一个人是很难胜任的，同时技术人员经验不够。

(4) 开发方的项目管理人员负有责任，作为数据采集系统的管理者和协调者，在项目进行的半年时间里，北京世达兴泰科技有限公司经理作为新疆油田数据采集的总负责人基本上没有和中国石油新疆油田公司采气一厂（以下简称采气一厂）相关主管领导沟通协调，导致数据采集项目不够重视。

(5) 项目监理方对数据采集项目负一定的责任。

(6) 数据采集系统本生的缺点导致其失败，首先是系统采用 C/S 结构和 Webservers 方式，客户端需要安装，并且安装非常麻烦。由于采气一厂很多使用部门都距厂区几百公里，并且业务人员计算机水平不高，这使安装部署成为很麻烦的事情。因此很多应用系统都是采用 B/S 模式，用户已习惯了这种方式，所以推广 C/S 模式难度很大。

(7) 针对采气一厂用于数据采集的系统重复，目前使用的就有采油厂生产数据管理系统，中国石油天然气股份有限公司推广的 A2 系统，这些系统都有强大的数据采集录入功能，同时中国石油天然气股份有限公司要求必须用 A2 系统，这就和采气一厂数据采集系统产生矛盾。

(8) 数据采集系统功能限制，只有单一的数据采集功能，而没有数据处理应用功能，但用户却需要采集和应用都有的系统，这和业务人员的需求有一定的矛盾。

(9) 没有系统、科学地培训计划，在项目实施过程中，虽然甲方人员介入项目中，但没有前期的培训计划，培训没有系统性、科学性。

(10) 其他原因，比如采气一厂是稀油与天然气并重，使得任务量增大，系统在其他厂没有遇到的复杂问题在采气一厂出现；另外采气一厂是老厂，很多井号重复，开发人员在详细设计时并不知情，这就导致了在系统原有的详细设计基础上重新设计，增加很大的工作量。

7 油田信息化项目管理建议

目前，中国石油新疆油田公司信息化项目一般采用专业的软件公司和油田数据中心合作或直接或间接与厂级单位的信息档案管理站合作开发，油田信息化不仅仅是一个技术工程，更是一个管理工程和系统工程，因此油田信息化项目存在一定风险。

对于大的项目，油田公司数据中心在选择软件公司的时候应该选择有油田系统开发经验的公司，同时应该在项目规划阶段，重视第三方专业咨询；在项目建设过程中有意识地引入第三方监理；在项目评估阶段，重视第三方的验收评估。通过引入专业的第三方，全过程地为项目管理保驾护航，减少项目风险。

对于厂级单位，主管信息化的领导要高度重视，实践证明领导的重视和项目的成败有很大关系，应该成立以领导为组长的联合项目组，信息档案管理站项目组成员应该做好专业软件公司技术人员和用户业务人员的协调，组织定期沟通。

对于专业的软件公司，要重视油田项目系统风险，系统在这里指的是由信息化相关要素组成的动态联系的有机体系。主要指的是用户自身的组织规范化、组织的观念转变、组织责任与控制体系的适应性等。一个信息化项目如果没有相适应的组织体系和观念体系做保障，很难想象项目不会面临风险。重视项目前期的进度计划和成本预算，强化过程的进度监控和成本控制；重视项目前期的需求分析和目标量化，强化过程的质量测试和阶段性评估控制。重视企业自身的技术培训和基础设施建设，以强化技术能力，同时选择有技术优势和经验的开发商合作，以减少技术风险；重视企业自身的管理规范化，同时积极与开发方以及第三方专家组成高效的项目管理小组，对项目实施有效控制，以减少管理风险；重视企业观念的转变和组织体系的转变，为项目顺利推行提供良好的支撑环境。

8 结论

对信息系统的建设来说，项目管理是十分重要的，尤其是油田信息化项目管理，因其涉及方方面面的人员，包括软件开发人员、管理人员、后期维护人员和广大的最终用户。为保证系统开发的顺利进行，除了要建立一整套的管理职责和规范，还要引入强有力的监督机制，同时要引起主管领导的重视，这样信息化项目才能做好，应用好，才能产生应有的经济效益和社会效益。

参 考 文 献

1 周跃进等编著．项目管理．北京：机械工业出版社，2007

2 池仁勇主编．项目管理．北京：清华大学出版社，2004

3 王庆育编著．软件工程．北京：清华大学出版社，2004